国防特色院士文库

随机无穷维动力系统

郭柏灵　蒲学科　著

北京航空航天大学出版社

北京理工大学出版社　哈尔滨工业大学出版社
哈尔滨工程大学出版社　西北工业大学出版社

内容简介

本书共分10章，主要内容涉及几类重要的随机偏微分方程及其随机动力系统。前3章着重介绍概率论以及随机过程中的一些预备知识，包括Itô随机积分理论；从第4章开始，主要讨论由布朗运动以及Lévy过程驱动的随机非线性偏微分方程。本书详细介绍了这些随机偏微分方程的解的存在性理论及其长时间行为，如随机整体吸引子及其Hausdorff维数估计等理论，涵盖了这些方程的一些前沿结果以及作者研究的最新成果。

本书可供大学数学专业、应用数学专业和计算数学专业的高年级学生、研究生、教师以及相关的科技工作者阅读参考。

图书在版编目(CIP)数据

随机无穷维动力系统/郭柏灵，蒲学科著. —北京：北京航空航天大学出版社，2009.11

ISBN 978-7-81124-909-5

Ⅰ.随… Ⅱ.①郭…②蒲… Ⅲ.无限维—动力系统(数学) Ⅳ.O19

中国版本图书馆CIP数据核字(2009)第161479号

随机无穷维动力系统

郭柏灵　蒲学科　著

责任编辑　刘晓明

*

北京航空航天大学出版社出版发行

北京市海淀区学院路37号(100191)　发行部电话 010-82317024　传真 010-82328026

http://www.buaapress.com.cn　E-mail:bhpress@263.net

涿州市新华印刷有限公司印装　各地书店经销

*

开本:787×1 092　1/16　印张:18.25　字数:467千字

2009年11月第1版　2009年11月第1次印刷　印数:3 000册

ISBN 978-7-81124-909-5　定价:78.00元

前　言

近10年来，随机非线性偏微分方程及其动力系统问题大量出现于物理、力学、金融、生物等相关领域，例如大气海洋中的环流问题、非线性波在随机介质中的传播问题、风险资产、股票等价格的波动规律等均有相应的随机偏微分方程描述。早在20世纪70年代，Bensoussan，Temam[1]，Pardoux[2,3]等不少数学家就对随机非线性偏微分方程进行了研究。随机无穷维动力系统的研究晚了一些，1994—1997年，数学家Crauel，Flandoli以及Debussche[4,5]等建立了有关随机无穷维动力系统理论的基本框架并研究了其在某些随机非线性发展方程中的应用，例如，建立了随机整体吸引子的存在性及其Hausdorff维数估计以及随机不变测度理论等。特别是最近10多年来，随机非线性偏微分方程及其动力系统以及它的数值计算的研究得到了蓬勃的发展，不少数学家，如G. Da Prato，J. Zabczyk，H. Crauel，F. Flandoli，A. de Bouard以及A. Debussche等均得出了一系列很有价值的研究结果，其中Prato和Zabczyk还出版了一些很好的专著[6,7]。

作者及其合作者从2005年起开始收集、学习有关随机过程(其中包括Lévy过程及分数阶Wiener过程)和随机非线性偏微分方程及其动力系统的著作和文献，并在讨论班上作了报告，同时和国外学者也进行了学术交流和讨论；结合我国大气、海洋问题以及非线性波在随机介质中的传播问题等进行了初步的研究，得出了一些和实际物理问题有关的理论结果。

写这本书的目的，一方面是总结我们这几年学习的心得体会和一些研究结果；另一方面也是更重要的是介绍目前国际上的某些前沿进展和结果，并盼能引起我国广大偏微分方程以及数值计算研究工作者的重视和关注。作者试图以简洁的方式和通俗易懂的语言介绍有关这方面的最基本的内容，希望能使读者节省一些时间掌握这些内容，并在此基础上开展一些研究工作。必须指出，由于这一方向是有关概率论和偏微分方程的交叉学科，因此是具有一定难度的，但我们认为这是可以克服的。

作者衷心感谢陈木法院士，特别是他的优秀博士生(已工作)王健对书稿进行了认真的审阅，并提出了许多宝贵意见。由于作者水平有限，书中错误在所难免，敬请读者指正。

郭柏灵

2009年3月

目　　录

第1章　概率论和随机过程的一些预备知识

这一章是为以后各章做准备的，主要介绍概率论和随机过程中的一些预备知识，特别是Wiener过程、Poisson过程以及Lévy过程的一些基本性质。由于这章中的不少内容可参阅其他文献，因此有关内容只写出结论，不予证明；对于鲜见于其他文献而又比较重要的定理，则予以简单的证明。

1.1　概率论的预备知识

1.1.1　概率空间

在我们所处的物质世界和社会环境中，每时每刻都会遇到许多不确定性与随机性。在随机现象的研究中，需要做大量的观测和试验。所谓随机试验指的是具有某种特性的试验，通常要求试验可以在相同的条件下重复，试验的可能结果不止一个，且能事先明确地确定所有可能结果的范围，但不能准确预言哪个结果会出现。为方便起见，随机试验简称为试验，通常用E表示。随机试验E的每个可能结果称为一个基本事件或样本点，常用ω表示；而E的全体样本点构成的集合称为基本事件空间，通常用Ω表示。事件则定义为样本点的某个集合，通常用大写字母$A,B,C,\cdots$表示。当且仅当它所包含的一个样本点出现时，称某事件发生。

以大家熟悉的"掷骰子"为例。在投掷一个骰子的试验中，虽然无法预测结果如何，但无非有"出现1点"，……，"出现6点"这6个可能结果之一，从而$\Omega=\{1,2,3,4,5,6\}$，由6个元素组成，反映掷骰子试验的6个基本结果。在这个试验中，"掷出素数点"则是一个事件，它由2,3,5这3个基本事件构成。

成功地将概率论实现公理化的是前苏联数学大师柯尔莫哥洛夫(Kolmogrov)，时间是在1933年。他不仅实现了概率论的公理化，而且提出的公理为数很少且极为简单，他就是在这样的基础上建立起了概率论的宏伟大厦。

在柯氏公理体系中，与事件相对应的概念是考虑由Ω的子集构成的一个集类$\mathscr{F}$。$\mathscr{F}$不必包含Ω的一切可能的子集，但必须满足一定的条件。$\mathscr{F}$的每个成员就称为"事件"。事件有概率，其大小随事件而异，即概率实际上就是事件的函数。与此对应，在柯氏的公理化体系中，引进了一个定义在$\mathscr{F}$上的函数P。对$\mathscr{F}$中的元素A，$P(A)$对应于事件A的概率。

在实际中，往往要对事件进行各种运算，从而自然就有Ω可测子集的运算是否仍为可测的问题。为此引入σ代数的概念。

定义1.1.1　Ω为一样本空间，如果它满足

① $\Omega\in\mathscr{F}$；

② 如果$A\in\mathscr{F}$，则$A^c\overset{\text{def}}{=\!=}\Omega-A\in\mathscr{F}$；

③ 如果$A_i\in\mathscr{F}$，则$\bigcup_{i=1}^{\infty}A_i\in\mathscr{F}$，

则称Ω的某些子集组成的集类$\mathscr{F}=\{A:A\subset\Omega\}$为$\Omega$中的一个$\sigma$-代数。

约定,如果$\mathscr{F}$由样本空间Ω中的一些可测子集组成且满足σ-代数的三条公理的集类,就称$\mathscr{F}$为事件域,并把$\mathscr{F}$中的元素称为事件。对于固定的样本空间Ω,可以构造很多σ-代数,然而并不是每一个σ-代数都是事件域。同时Ω中的事件域也不是只有一个。如$\mathscr{F}_1=\{\varnothing,\Omega\}$,$\mathscr{F}_2=\{\varnothing,A,A^c,\Omega\}$,$A\subset\Omega$,可以断定$\mathscr{F}_1$是事件域,然而却不能断定$\mathscr{F}_2$是否为事件域,因为并不知道$A$是否可测。

以后如不加说明,则总把$\mathscr{F}$看成事件域,并当且仅当元素$A\in\mathscr{F}$时,称A为事件,此时$(\Omega,\mathscr{F})$称为可测空间。下面给出概率的定义。

定义 1.1.2 设$(\Omega,\mathscr{F})$为一可测空间,P为定义于事件域$\mathscr{F}$上的实值集合函数,如果P满足

① 对每个$A\in\mathscr{F}$都有$P(A)\geqslant 0$;

② $P(\Omega)=1$;

③ $A_i\in\mathscr{F}(i=1,2,\cdots,\infty)$,且当$i\neq j$时,$A_iA_j=\varnothing$,则

$$P(\bigcup_{i=1}^{\infty}A_i)=\sum_{i=1}^{\infty}P(A_i)$$

则称P为概率测度,简称概率。

这样的三元组$(\Omega,\mathscr{F},P)$称为概率空间。以后总将$(\Omega,\mathscr{F},P)$中的Ω看成样本空间,$\mathscr{F}$为Ω中的事件域,而将P看成对应于$(\Omega,\mathscr{F})$的一个确定的概率。定义中的性质分别称为概率的非负性、规范性与完全可加性。

引入概率空间之后,就可以考察事件之间的关系以及事件的运算,并且可以讨论条件概率。如果A,B不能在同一次试验中都发生(但可以都不发生),则称两事件A,B互斥。如果一些事件中任意两个都互斥,则称这些事件是两两互斥的。关于互斥事件的概率有如下定理。

定理 1.1.1 若干个互斥事件之和的概率,等于各事件的概率之和:

$$P(A_1+A_2+\cdots)=P(A_1)+P(A_2)+\cdots$$

这里事件的个数可以是有限的或者是无限的。

此定理称为概率的加法定理,其重要条件是各事件必须两两互斥。

所谓条件概率,就是在附加一定的条件之后的概率。从广义上讲,任何事件都是条件概率,因为人们是在一定的试验基础上去考虑事件的概率的,而试验即规定有条件。由于在概率论中,规定试验的那些基础条件被认为是已定不变的,如果不再加入其他条件或者假设,则算出的概率就叫做“无条件概率”,即通常所说的概率。当说到条件概率时,总是指另外附加的条件,通常是在“已知某事件发生了”的条件下的概率。

例如,仍考虑“掷骰子”的试验。这里,在投掷的过程中要求骰子必须是均匀的正方体,投掷高度也要达到一定的要求。这些条件是试验固有的,不作为附加条件。考虑事件A:“掷出素数点”,B:“掷出奇数点”,C:“掷出偶数点”,即

$$A=\{2,3,5\},\qquad B=\{1,3,5\},\qquad C=\{2,4,6\}$$

可以计算出A的(无条件)概率是1/2。现在若加上条件“已知B发生”,则可能情况只有3种:1,3,5,其中2种有利于A发生,故在此条件下,A的条件概率是$P(A\mid B)=2/3$。同样,在给定事件C发生的条件下,A的条件概率为$P(A\mid C)=1/3$。

定义 1.1.3 设$(\Omega,\mathscr{F},P)$为一概率空间,$A,B\in\mathscr{F}$为两事件,且$P(B)\neq 0$,则“在给定B发生的条件下”A的条件概率,记为$P(A\mid B)$,定义为

$$P(A \mid B) = P(AB)/P(B) \tag{1.1.1}$$

其中，$P(AB)$ 表示事件 A,B 的积事件，即 $P(AB) = P(A \cap B) = P(A,B$ 都发生)。

概率论中一个非常重要的概念是事件的独立性。考虑两事件 A,B，一般来说，事件 A 的无条件概率 $P(A)$ 与在给定 B 发生下的条件概率 $P(A \mid B)$ 是有差异的。这说明事件 A,B 之间是有一定的联系的。若 $P(A \mid B) > P(A)$，则说明 B 的发生使 A 发生的可能性增大了；反之，若 $P(A) = P(A \mid B)$，则 B 的发生与否对 A 发生的可能性毫无影响。这时在概率论上就称 A,B 两事件独立，即

$$P(AB) = P(A)P(B) \tag{1.1.2}$$

定义 1.1.4　事件 A,B 若满足式(1.1.2)，则称 A,B 独立。

由此出发，还可以考虑多个事件的独立性。

定义 1.1.5　设 $A_1,A_2,\cdots$ 为有限个或者无限个事件。如果其中任意有限个事件 A_{i_1}，$A_{i_2},\cdots,A_{i_m}$ 都成立，即

$$P(A_{i_1},A_{i_2},\cdots,A_{i_m}) = P(A_{i_1})P(A_{i_2})\cdots P(A_{i_m}) \tag{1.1.3}$$

则称事件 $A_1,A_2,\cdots$ 相互独立。

由独立性定义立即可以得到如下的概率乘法定理。

定理 1.1.2　若干个独立事件 $A_1,A_2,\cdots,A_n$ 的积的概率等于其各自概率的乘积，即

$$P(A_1A_2\cdots A_n) = P(A_1)P(A_2)\cdots P(A_n)$$

乘法定理的作用与加法定理一样，把复杂事件的概率计算归结为更简单的事件概率的计算。当然，这是要有条件的：相加是互斥，相乘是独立。

应该注意到独立事件的一部分也是相互独立的，即若 A,B,C,D 相互独立，则 A,C 或者 B,C,D 也相互独立。若事件 $A_1,A_2,\cdots$ 相互独立，那么将其任意部分改为对立事件时，所得的事件仍相互独立。

接下来介绍全概率公式和贝叶斯公式。设 $B_1,B_2,\cdots$ 为有限或无限个事件，它们两两互斥且在每次试验中至少发生一个，即

$$B_iB_j = \varnothing(\text{不可能事件}), \qquad i \neq j$$

$$B_1 + B_2 + \cdots = \Omega(\text{必然事件})$$

考虑任意事件 A。因为 Ω 是必然事件，从而 $A = A\Omega = AB_1 + AB_2 + \cdots$。因为 $B_1,B_2,\cdots$ 两两互斥，从而 $AB_1,AB_2,\cdots$ 也两两互斥。依据加法定理可知

$$P(A) = P(AB_1) + P(AB_2) + \cdots \tag{1.1.4}$$

再由条件概率的定义可知 $P(AB_i) = P(B_i)P(A \mid B_i)$，从而

$$P(A) = P(B_1)P(A \mid B_1) + P(B_2)P(A \mid B_2) + \cdots \tag{1.1.5}$$

此式就称为“全概率公式”。从式(1.1.4)和式(1.1.5)可知：全部概率 $P(A)$ 被分解为许多部分之和。还可以这样理解，把 B_i 看作导致事件 A 的一种可能途径。

对不同途径，A 发生的概率即条件概率 $P(A \mid B_i)$ 各不相同，而采取哪种途径则是随机的。直观上理解，在这种机制下，A 的综合概率 $P(A)$ 应该在最小的 $P(A \mid B_i)$ 和最大的 $P(A \mid B_i)$ 之间，而又因为各种途径被使用的机会 $P(B_i)$ 不同，从而概率 $P(A)$ 应该是各 $P(A \mid B_i)$ 的加权平均，而权正好是对应的 $P(B_i)$。

在全概率公式的假设之下，有

$$P(B \mid A) = P(AB_i)/P(A) = P(B_i)P(A \mid B_i)/\sum_j P(B_j)P(A \mid B_j) \tag{1.1.6}$$

这个公式就叫做贝叶斯公式。从形式上，这个公式只不过是条件概率与全概率公式的简单推论。它之所以著名，原因在于其具有现实以至哲理意义。先看 $P(B_i)$，它们是在没有进一步的信息（不知事件 A 是否发生）的情况下，人们对诸事件 B_i 发生可能性大小的共识。现在有了新的信息（知道 A 发生），人们对 B_i 发生可能性大小则有了新的估计。如果把事件 A 看成是结果，诸事件 $B_1,B_2,\cdots$ 看成是导致 A 的可能的原因，则可以形象地把全概率公式看作是"由原因推结果"；而贝叶斯公式则正好相反，其作用在于"由结果推原因"。事实上，这一思想现在已经发展成为一整套统计推断方法，称为"贝叶斯统计"。

1.1.2 随机变量及其概率分布

随机变量，顾名思义就是其值随机会而定的变量。严格地讲，给定概率空间$(\Omega,\mathscr{F},P)$，随机变量定义为Ω上的可测映射$X:\Omega\to R^d$。当$d\geqslant 2$时，X也通常称为随机向量，而d就是随机向量的维数。随机变量可以分为离散型和连续型两种，视随机变量的取值而定。随机变量的研究是概率论的中心内容，这是因为在一个随机试验中，人们所关心的往往是与所研究的特定问题有关的某些量，而这些量就是随机变量。

接下来考虑随机变量的分布。

定义 1.1.6 设 X 为一随机变量，则函数

$$F(x)=P(X\leqslant x),\qquad -\infty<x<\infty \tag{1.1.7}$$

称为 X 的分布函数，其中 $P(X\leqslant x)$ 表示事件$\{\omega:X(\omega)\leqslant x\}$ 的概率。

这里并没有要求随机变量是离散的或是连续的。显然，分布函数具有如下性质：$F(x)$ 是单调非降的。当 $x\to-\infty$ 时，$F(x)\to 0$；而当 $x\to\infty$ 时，$F(x)\to 1$。

首先考虑离散型随机变量 X，其全部可能的取值为$\{a_1,a_2,\cdots\}$，则

$$p_i=P(X=a_i),\qquad i=1,2,\cdots$$

称为X的概率函数。一个重要的例子是Poisson分布。若随机变量X的取值为$\{0,1,2,\cdots\}$，且概率函数为

$$P(X=i)=\mathrm{e}^{-\lambda}\lambda^i/i!$$

则称 X 服从 Poisson 分布，常记为 $X\sim P(\lambda)$。此处，$\lambda>0$，为一常数。

对于连续型随机变量的分布，不能用离散型变量的方法描述。原因在于连续型随机变量的取值充满一个区间，不能一一列出。刻画连续型随机变量的一个方法是使用分布函数以及概率密度函数。

定义 1.1.7 设连续型随机变量 X 具有概率分布函数 $F(x)$，则 $F(x)$ 的导数 $f(x)=F'(x)$ 就称为 X 的概率密度函数。

密度函数 $f(x)$ 具有如下性质：

① $f(x)\geqslant 0$；

② $\int_{-\infty}^{\infty}f(x)\mathrm{d}x=1$；

③ 对任意的 $a<b$，有

$$P(a\leqslant X\leqslant b)=F(b)-F(a)=\int_a^b f(x)\mathrm{d}x$$

一个重要的连续型分布的例子是正态分布。其概率密度函数为

$$f(x)=\frac{1}{\sqrt{2\pi}\sigma}e^{-(x-\mu)^2/2\sigma^2},\qquad -\infty<x<\infty$$

通常将这样的随机变量记为 $X\sim N(\mu,\sigma^2)$。

自然地可以将上述结论推广到随机向量的情形。考虑 d 维随机向量 $\boldsymbol{X}=(X_1,X_2,\cdots,X_n)$，其分量 $X_1,X_2,\cdots,X_n$ 都是一维随机变量。为了避免重复，下面仅考虑连续型随机向量的情形，此时 $\boldsymbol{X}$ 的取值充满 R^n 的某个区域。对 R^n 的某个集合 A，引入记号：$\boldsymbol{X}\in A$ 表示事件 $\{\omega:\boldsymbol{X}(\omega)\in A\}$。

定义 1.1.8　若 $f(x_1,x_2,\cdots,x_n)$ 为 R^n 上的非负函数，使得对 R^n 中的任意集合 A，有

$$P(X\in A)=\int_A f(x_1,x_2,\cdots,x_n)\mathrm{d}x_1\cdots\mathrm{d}x_n \tag{1.1.8}$$

则称 f 是 X 的密度函数。

与一维情形类似，可以用概率分布去描述多维随机向量的概率分布，其定义为

$$F(x_1,x_2,\cdots,x_n)=P(X_1\leqslant x_1,X_2\leqslant x_2,\cdots,X_n\leqslant x_n)$$

然而在多维情形，分布函数极少应用。

对于随机向量 $\boldsymbol{X}=(X_1,X_2,\cdots,X_n)$，它的每个分量 X_i 都是一维随机变量，它们都有各自的分布 $F_i,i=1,2,\cdots,n$，它们都是一维分布，称为随机向量 $\boldsymbol{X}$ 或者其分布 F 的“边缘分布”。边缘分布完全由原分布 F 确定。考虑连续型随机向量 $\boldsymbol{X}=(X_1,X_2)$，其概率密度函数为 $f(x_1,x_2)$。由于事件 $(X_1\leqslant x_1)=(X_1\leqslant x_1,X_2<\infty)$，从而

$$F_1(x_1)=P(X_1\leqslant x_1)=\int_{-\infty}^{x_1}\mathrm{d}t_1\int_{-\infty}^{\infty}f(t_1,t_2)\mathrm{d}t_2$$

以 x_2 替代 t_2，还可以得到 X_1 的概率密度函数：

$$f_1(x_1)\xlongequal{\text{def}}\frac{\mathrm{d}F_1(x_1)}{\mathrm{d}x_1}=\int_{-\infty}^{\infty}f(x_1,x_2)\mathrm{d}x_2$$

对 X_2 可作同样的处理。在高维情形，对 $X=(X_1,X_2,\cdots,X_n)$ 可以类似地得到

$$f(x_1)\xlongequal{\text{def}}\frac{\mathrm{d}F_1(x_1)}{\mathrm{d}x_1}=\int_{-\infty}^{\infty}\cdots\int_{-\infty}^{\infty}f(x_1,x_2,\cdots,x_n)\mathrm{d}x_2\cdots\mathrm{d}x_n$$

应当指出，“边缘”分布就是通常的分布，并无任何特殊含义。它只不过强调了：这个分布是由 X_i 作为随机向量 $\boldsymbol{X}=(X_1,X_2,\cdots,X_n)$ 之一的分量，且是从后者的分布之中派生出的分布而已。

前面引入了条件概率，并由此讨论了事件的独立性。下面接着讨论条件概率分布以及随机变量的独立性。所谓一个随机变量或向量 $\boldsymbol{X}$ 的条件概率分布，就是在给定某种条件下的 $\boldsymbol{X}$ 的概率分布。一般具有这样的形式：给定两个随机变量 X,Y，在给定了 Y 取某些值的条件下，去求 X 的条件分布。

仍以连续型随机变量为例。设二维随机向量 $\boldsymbol{X}=(X_1,X_2)$ 有概率密度函数 $f(x_1,x_2)$，考虑在限定 $a\leqslant X_2\leqslant b$ 的条件下，X_1 的条件分布。由于

$$P(X_1\leqslant x_1\mid a\leqslant X_1\leqslant b)=P(X_1\leqslant x_1,a\leqslant X_1\leqslant b)/P(a\leqslant X_1\leqslant b)$$

利用 X_2 的边缘分布的密度函数 f_2，可知

$$P(X_1\leqslant x_1\mid a\leqslant X_1\leqslant b)=\int_{-\infty}^{x_1}\mathrm{d}t_1\int_a^b f(t_1,t_2)\mathrm{d}t_2\Big/\int_a^b f_2(t_2)\mathrm{d}t_2$$

这就是 X_1 的条件分布函数。对此关于 x_1 求导可得条件密度函数

$$f_1(X_1\mid a\leqslant X_1\leqslant b)=\int_a^b f(x_1,t_2)\mathrm{d}t_2\Big/\int_a^b f_2(t_2)\mathrm{d}t_2$$

有意思的是考虑极限情形 $a=b$。通过极限步骤可以说明

$$f_1(x_1 \mid x_2)=f_1(x_1 \mid X_2=x_2)=$$
$$\lim_{h\to 0} f_1(x_1 \mid x_2\leqslant X_2\leqslant x_2+h)=$$
$$\lim_{h\to 0}\int_{x_1}^{x_2+h} f(x_1,t_2)\mathrm{d}t_2 \Big/ \lim_{h\to 0}\int_{x_1}^{x_2+h} f_2(t_2)\mathrm{d}t_2=$$
$$f(x_1,x_2)/f_2(x_2)$$

这就是在给定 $X_2=x_2$ 的条件下 X_1 的条件概率密度函数。在上式中,当然需要假设 $f_2(x_2)>0$,以保证此式有意义。此式还可改写为

$$f(x_1,x_2)=f_2(x_2)f_1(x_1 \mid x_2) \tag{1.1.9}$$

这对应于条件概率公式 $P(AB)=P(A)P(B)$。对于高维情形 $X=(X_1,X_2,\cdots,X_n)$,其概率密度函数为 $f(x_1,x_2,\cdots,x_n)$,则

$$f(x_1,x_2,\cdots,x_n)=g(x_1,x_2,\cdots,x_k)h(x_{k+1},x_{k+2},\cdots,x_n \mid x_1,x_2,\cdots,x_k)$$

其中,g 是$(X_1,X_2\cdots,X_k)$ 的概率密度,而 h 则是在给定 $X_1=x_1,x_2,\cdots,x_k$ 的条件下,X_{k+1},$X_{k+2}\cdots,X_n$ 的条件概率密度。此式也可以视为条件概率密度 h 的定义。将式(1.1.9) 关于 x_2 积分可得

$$f_1(x_1)=\int_{-\infty}^{\infty} f(x_1,x_2)\mathrm{d}x_2=\int_{-\infty}^{\infty} f_1(x_1 \mid x_2)f_2(x_2)\mathrm{d}x_2 \tag{1.1.10}$$

此式当然可以认为是全概率公式在概率密度情况下的表现形式。

接下来讨论随机变量的独立性。沿用上面的记号,如果 $f_1(x_1 \mid x_2)$ 不依赖于 x_2,而只是 x_1 的函数,则表明 X_1 的分布情况与 X_2 的取值完全无关,这时就称 X_1 和 X_2 这两个随机变量在概率意义上独立。此独立的概念与事件的独立概念完全类似。

定义 1.1.9 设 n 维随机变量 $X=(X_1,X_2,\cdots,X_n)$ 的联合概率密度函数为 $f(x_1,x_2,\cdots,x_n)$,而 X_i 的边缘密度函数为 $f_i(x_i)$,$i=1,2,\cdots,n$。如果

$$f(x_1,x_2,\cdots,x_n)=f_1(x_1)f_2(x_2)\cdots f_n(x_n)$$

就称随机变量 $X_1,X_2,\cdots,X_n$ 相互独立或者简称独立。

变量的独立性概念还可从下面的角度去考虑。按照前面的分析,如果 $X_1,X_2,\cdots,X_n$ 相互独立,则变量的概率不受其他变量的影响,从而事件

$$A_1=(a_1\leqslant X_1\leqslant b_1),\cdots,A_n=(a_n\leqslant X_n\leqslant b_n)$$

是相互独立的。也可以将这个要求作为变量 $X_1,X_2,\cdots,X_n$ 独立的定义,它和上面的定义是等价的。

1.1.3 随机变量的数字特征

前面讨论了随机变量的概率分布,这种分布是随机变量的概率性质最完整的刻画。而随机变量的数字特征则是由随机变量的分布决定的常数,它也刻画了随机变量的某一方面的性质。

最简单也是最重要的数字特征莫过于数学期望和方差。首先考虑离散型随机变量 X,它的所有可能取值为有限个 $a_1,a_2,\cdots,a_m$,其相应的概率分布为 $P(X=a_i)=p_i,i=1,2,\cdots,m$,则其数学期望定义为 $\mathrm{E}(X)=\mathrm{E}X=\sum_{i=1}^{m} a_i p_i$。这导致如下一般情形的定义。

定义 1.1.10　设 X 为离散型随机变量，取无穷个值 $a_1, a_2, \cdots$，相应的概率分布为 $P(X = a_i) = p_i, i = 1, 2, \cdots$，如果

$$\sum_{i=1}^{\infty} |a_i| p_i < \infty \tag{1.1.11}$$

则称

$$\mathrm{E}X = \sum_{i=1}^{\infty} a_i p_i$$

为随机变量 X 的数学期望；相应地对连续型随机变量 X，设其概率密度函数为 $f(x)$，如果

$$\int_{-\infty}^{\infty} |x| f(x)\mathrm{d}x < \infty$$

则称

$$\mathrm{E}(X) = \int_{-\infty}^{\infty} x f(x)\mathrm{d}x \tag{1.1.12}$$

为 X 的数学期望。

条件式(1.1.11) 以及式(1.1.12) 是为了保证级数收敛。

与条件分布的定义相似，随机变量 Y 的条件数学期望，就是它在给定某个附加条件之下的数学期望。以只有两个变量 X 和 Y 的情形为例，要求在给定 $X = x$ 的情况下 Y 的期望，记为 $\mathrm{E}(Y \mid X = x)$。在不至于混淆的情况下，也简记为 $\mathrm{E}(Y \mid x)$。设已知 (X,Y) 的联合密度，在给定 $X = x$ 条件下，Y 的条件概率密度函数为 $f(y \mid x)$。由定义可知

$$\mathrm{E}(Y \mid x) = \int_{-\infty}^{\infty} y f(y \mid x)\mathrm{d}y$$

如果说条件分布是变量 X 和 Y 之间的相依关系在概率上的完全刻画，那么条件期望就在一个很重要的方面刻画了二者的关系。它反映了随着 X 的取值 x 的变化，Y 的平均值的变化情况，从而 $\mathrm{E}(Y \mid X)$ 为一随机变量，它随 X 的变化而变化。在统计学中，常把条件期望 $\mathrm{E}(Y \mid x)$ 作为 x 的函数，称为 Y 对 X 的“回归函数”。

从条件数学期望，可以得出求通常的无条件数学期望的一个重要公式。回忆全概率公式 $P(A) = \sum_i P(B_i)P(A \mid B_i)$，它可以理解为通过 A 的条件概率 $P(A \mid B_i)$ 来求得无条件概率 $P(A)$ 的一个表达式。更确切地，$P(A)$ 就是条件概率 $P(A \mid B_i)$ 的加权平均，权即是事件 B_i 的概率 $P(B_i)$。以此类推，变量 Y 的无条件期望，应等于其条件期望 $\mathrm{E}(Y \mid x)$ 对 x 的加权平均，其权与 X 在 x 点的概率密度 $f_1(x)$ 成比例，即

$$\mathrm{E}(Y) = \int_{-\infty}^{\infty} \mathrm{E}(Y \mid x) f_1(x)\mathrm{d}x$$

这个式子的证明是容易的。上式右端恰好是随机变量 $\mathrm{E}(Y \mid X)$ 关于 X 的期望，从而得到

$$\mathrm{E}(Y) = \mathrm{E}(\mathrm{E}(Y \mid X))$$

这个公式的意义如下：一个变量 Y 的期望，等于其条件期望的期望。

顺带提一下，在上面条件期望的定义中，重要的并不是 Y 的值，而是在 Y 的信息下能得到关于 X 的什么信息，从而可以直接考虑 Y 生成的 σ- 代数，同时也为了在方程中应用。下面讨论关于 $\mathscr{F}$ 的子 σ- 代数条件期望。给出如下定义。

定义 1.1.11　令 $(\Omega, \mathscr{F}, P)$ 为一概率空间，$\mathscr{G} \subset \mathscr{F}$。如果 $X: \Omega \to R^n$ 为可积的随机变量，则定义 $\mathrm{E}(X \mid \mathscr{G})$ 为满足下述条件的随机变量：

① $\mathrm{E}(X \mid \mathscr{G})$ 是 $\mathscr{G}$- 可测的；

② $\int_A X \mathrm{d}P = \int_A \mathrm{E}(X \mid \mathscr{G}) \mathrm{d}P, \forall A \in \mathscr{G}$。

条件期望有如下性质：

命题 1.1.1 ① 如果 X 是 $\mathscr{G}$- 可测的，则 $\mathrm{E}(X \mid \mathscr{G}) = X$ a. s. 。

② 如果 a,b 是常数，那么 $\mathrm{E}(aX + bY \mid \mathscr{G}) = a\mathrm{E}(X \mid \mathscr{G}) + b\mathrm{E}(Y \mid \mathscr{G})$ a. s. 。

③ 如果 X 是 $\mathscr{G}$- 可测的，且 XY 是可积的，则 $\mathrm{E}(XY \mid \mathscr{G}) = X\mathrm{E}(Y \mid \mathscr{G})$ a. s. 。

④ 如果 X 独立于 $\mathscr{G}$，则 $\mathrm{E}(X \mid \mathscr{G}) = \mathrm{E}(X)$ a. s. 。

⑤ 如果 $\mathscr{E} \subset \mathscr{G}$，则

$$\mathrm{E}(X \mid \mathscr{E}) = \mathrm{E}(\mathrm{E}(X \mid \mathscr{G}) \mid \mathscr{E}) = \mathrm{E}(\mathrm{E}(X \mid \mathscr{E}) \mid \mathscr{G}) \text{a. s. 。}$$

⑥ 如果 $X \leqslant Y$ a. s. ，则 $\mathrm{E}(X \mid \mathscr{G}) \leqslant \mathrm{E}(Y \mid \mathscr{G})$ a. s. 。

这里不证明此命题，读者可以参阅参考文献[8]；同时，不加证明地引入下面的 Jensen 不等式。关于一般情形的 Jensen 不等式，可以参阅相关的实分析的教材。

引理 1.1.1 设 $\Phi: R \to R$ 是凸的，$\mathrm{E}(|\Phi(X)|) < \infty$，那么

$$\Phi(\mathrm{E}(X \mid \mathscr{G})) \leqslant \mathrm{E}(\Phi(X) \mid \mathscr{G})$$

为了刻画随机变量的分散程度，可以引入方差的概念。

定义 1.1.12 设 X 为随机变量，分布为 F，则

$$\sigma_X^2 = \mathrm{var}(X) = \mathrm{E}(X - \mathrm{E}X)^2$$

称为 X 或者 F 的方差，而 σ_X 称为 X 或 F 的标准差。

容易说明如下关系：$\mathrm{var}(X) = \mathrm{E}(X^2) - (\mathrm{E}X)^2$。作为推广，可以考虑 X 的矩(moment)的概念。令 c 为常数，k 为正整数，则称 $\mathrm{E}[(X - c)^k]$ 为随机变量 X 关于 c 的 k 阶矩。特别地，当 $c = 0$ 时称为原点矩，而当 $c = \mathrm{E}X$ 时则称为中心矩。

下面介绍协方差和相关系数的概念。仍以二维随机向量 (X,Y) 为例。由于 X,Y 本身为一维随机变量，可以分别定义其期望和方差，记为

$$\mathrm{E}X = m_1, \quad \mathrm{E}Y = m_2; \qquad \mathrm{var}(X) = \sigma_1^2, \quad \mathrm{var}(Y) = \sigma_2^2$$

人们感兴趣的是反映分量之间关系的量，其中重要的是协方差(covariance)和相关系数(correlation)。

定义 1.1.13 称 $\mathrm{E}[(X - m_1)(Y - m_2)]$ 为 X,Y 的协方差，记为 $\mathrm{cov}(X,Y)$；而称 $\mathrm{cov}(X,Y)/(\sigma_1\sigma_2)$ 为 X,Y 的相关系数，并记为 $\rho(X,Y)$。

不难由 Schwarz 不等式得出 $\mathrm{cov}(X,Y) \leqslant \sigma_1\sigma_2$，从而 $-1 \leqslant \rho(X,Y) \leqslant 1$。若 X,Y 独立，则有 $\mathrm{cov}(X,Y) = 0$，从而 $\rho(X,Y) = 0$。然而反之却不成立，相关系数 $\rho(X,Y)$ 为 0，却不能推出 X,Y 独立。原因在于相关系数实际上只是“线性相关系数”，它并不刻画 X,Y 之间一般的关系程度。当然也有特例。当 X,Y 是二维正态时，由 $\rho(X,Y) = 0$ 能推出 X,Y 独立，此时独立和相关是一回事。

最后介绍大数定理和中心极限定理。在概率论中存在这样的情况，如果 $X_1, X_2, \cdots, X_n$ 是一些随机变量，则 $X_1 + X_2 + \cdots + X_n$ 的分布算起来一般比较复杂。因而人们自然会问：是否可以利用极限的方法来进行近似计算呢？事实表明，这一方法不仅是可能的，在许多时候更是非常方便的。在很一般的情况下，和的极限分布就是正态分布。这使得正态分布的地位在概率论中得到大大提升。习惯上把和的分布收敛于正态分布的那一类定理叫做“中心极限

定理”。还有一类情况，即所谓的“大数定理”，它是由概率的统计定义“频率收敛于概率”而来的。考虑 n 次独立试验，每次均观察 A 是否发生。记

$$X_i = \begin{cases} 1, & \text{事件 } A \text{ 在第 } i \text{ 次试验中发生} \\ 0, & \text{事件 } A \text{ 在第 } i \text{ 次试验中不发生} \end{cases} \quad (i = 1,2,\cdots,n) \tag{1.1.13}$$

则 n 次试验中 A 一共出现了 $\sum\limits_i X_i$ 次，即频率为 $p_n = \sum\limits_i^n X_i / n = \overline{X}_{(n)}$。若令 $P(A) = p$，则“频率收敛于概率”是说，在某种意义下，当 n 很大时，p_n 接近于 p。这就是一般情况下的大数定理。“大数”的意思即是涉及大量数目的观测值 X_i，它表明定理描述的现象只有在大量次数的试验和观测之下才能成立。

定理 1.1.3　设 $X_1, X_2, \cdots, X_n, \cdots$ 是独立同分布的随机变量，假设它们公共均值为 μ，方差存在并记为 σ^2，则对任意给定的 $\varepsilon > 0$，有

$$\lim_{n\to\infty} P(|\overline{X}_{(n)} - \mu| \geqslant \varepsilon) = 0 \tag{1.1.14}$$

此定理表明了当 n 很大时，“$\overline{X}_{(n)}$ 接近于 μ”的确切含义：它的意义是概率上的，不同于微积分意义下一数列 μ_n 收敛于 μ 的情形。在概率论中，将这样的收敛叫做“$\overline{X}_{(n)}$ 依概率收敛于 μ”。

这里不证明这个定理，但给出切比雪夫(Chebyshev) 不等式，它在定理的证明中是有用的。

切比雪夫不等式如下：

若 $\mathrm{var}(Y)$ 存在，则

$$P(|Y - \mathrm{E}Y| \geqslant \varepsilon) \leqslant \mathrm{var}(Y)/\varepsilon^2$$

定理 1.1.3 的一个重要特例是前面提到的“频率收敛到概率”：

$$\lim_{n\to\infty} P(|p_n - p| \geqslant \varepsilon) = 0 \tag{1.1.15}$$

此定理就是最早的一个大数定理，是伯努利(Bernoulli) 在 1713 年证明的，常称为伯努利大数定理。在上一定理中要求 $X_1, X_2, \cdots$ 的方差存在，但是在这些随机变量服从相同分布的场合，并不需要这一要求，有如下的辛钦(Khintchine) 定理。

定理 1.1.4　设随机变量 $X_1, X_2, \cdots$ 相互独立，服从相同的分布，且具有数学期望 $\mathrm{E}X_k = \mu, k = 1,2,\cdots$，则对于任意正数 ε，有

$$\lim_{n\to\infty} P(|\overline{X}_{(n)} - \mu| < \varepsilon) = 1$$

伯努利大数定理是辛钦定理的特殊情况，辛钦定理在应用中是很重要的。

中心极限定理的意义已经阐述了，这里给出它们的具体形式。为此令

$$\Phi(x) = \frac{1}{\sqrt{2\pi}} \int_{-\infty}^{x} \mathrm{e}^{-t^2/2} \mathrm{d}t$$

为标准正态分布 $N(0,1)$ 的分布函数。

定理 1.1.5　设 $X_1, X_2, \cdots, X_n, \cdots$ 为独立同分布的随机变量，$\mathrm{E}X_i = \mu, \mathrm{var}(X_i) = \sigma^2$，$0 < \sigma^2 < \infty$。则对任意实数 x，有

$$\lim_{n\to\infty} P\left[\frac{1}{\sqrt{n}\sigma}(X_1 + \cdots + X_n - n\mu) \leqslant x\right] = \Phi(x) \tag{1.1.16}$$

定理的意思是，均值为 μ、方差为 σ^2 的独立同分布的随机变量 $X_1, X_2, \cdots, X_n$ 之和 $\sum\limits_{k=1}^{n} X_k$

的标准化变量，当 n 充分大时，近似地服从标准正态分布，即

$$\frac{\sum_{k=1}^{n} X_k - n\mu}{\sqrt{n}\sigma} \sim N(0,1) \qquad (\text{近似地})$$

此定理通常称为林德伯格-列维定理。考虑如下的特例：令 X_i 为式(1.13)所定义，$X_1+X_2+\cdots+X_n$ 就是某事件 A 在 n 次独立试验中发生的次数。

定理 1.1.6 设 $X_1, X_2, \cdots, X_n, \cdots$ 独立同分布，X_i 满足分布

$$P(X_i = 1) = p, \qquad P(X_i = 0) = 1 - p, \qquad 0 < p < 1$$

则对任意实数 x，有

$$\lim_{n\to\infty} P\left[\frac{1}{\sqrt{np(1-p)}}(X_1 + X_2 + \cdots + X_n - np) \leqslant x\right] = \Phi(x)$$

此定理称为棣莫弗-拉普拉斯定理，是历史上最早的中心极限定理。

作为本节的结束，下面列举几种重要的收敛性以及它们之间的关系(实际上前面已经提到了依概率收敛)。这些在概率论以及随机过程的研究中会经常遇到。

定义 1.1.14 设 $\{X_n; n \geqslant 1\}$ 为随机变量序列，若存在随机变量 X，使得对任意的 $\varepsilon > 0$，有

$$\lim_{n\to\infty} P(|X_n - X| \geqslant \varepsilon) = 0$$

则称随机变量序列 $\{X_n; n \geqslant 1\}$ 依概率收敛到 X，记为 $X_n \xrightarrow{P} X$。

如果事件 $\{\omega: \lim_{n\to\infty}(X_n(\omega) - X(\omega)) = 0\}$ 的概率为 1，即

$$P\left[\lim_{n\to\infty}(X_n - X) = 0\right] = 1$$

则称随机变量序列 $\{X_n; n \geqslant 1\}$ 几乎必然(a.s.)收敛到 X，也称为随机变量序列以概率 1 收敛于 X，记为 $X_n \to X$ a.s.。

设 $X, X_n (n \geqslant 1)$ 都有有限的 p- 阶矩。如果

$$\lim_{n\to\infty} \mathrm{E}(|X_n - X|^p) = 0$$

则称为随机变量序列 $\{X_n; n \geqslant 1\}$ 以 L^p 范数收敛到 X，记为 $X_n \xrightarrow{L^p} X$。特别地，如果 $p = 2$，则称 $\{X_n; n \geqslant 1\}$ 均方收敛到 X。

上述三种收敛性的关系是：均方收敛和几乎必然收敛都蕴含依概率收敛，反之不成立；另外，均方收敛和几乎必然收敛则互不包含。相反，如果 X_n 以概率收敛到 X，则由 Riesz 定理可知，存在子列 X_{n_k} 几乎处处收敛到 X。

1.2 随机过程的预备知识

下面简单介绍随机过程的一些基本概念。所谓随机过程，简单地讲就是一族定义在同一概率空间 $(\Omega, \mathscr{F}, P)$ 上的随机变量 $X = \{X(t,\omega)\}_{t\geqslant 0}$。有时也将 $X(t,\omega)$ 记为 $X_t(\omega)$ 或者 X_t。

定义 1.2.1 设 $(\Omega, \mathscr{F}, P)$ 为概率空间，T 是给定的参数集，若对每一个 $t \in T$，有一个随机变量 $X(t,\omega)$ 与之对应，则称随机变量族 $\{X(t,\omega)\}_{t\in T}$ 是 $(\Omega, \mathscr{F}, P)$ 上的随机过程，通常简记为 $\{X(t)\}_{t\in T}$。$X(t)$ 的所有可能状态构成的集合称为状态空间或者相空间 $\mathscr{S}$，T 称为参数集，通常表示时间。

从另外一种观点来看，可以将随机过程$\{X(t,\omega)\}_{t\in T}$看作是定义在$T\times\Omega$上的二元函数。对固定的$t\in T$，$X(t,\omega)$是$(\Omega,\mathscr{F},P)$上的随机变量；而对固定的$\omega\in\Omega$，$X(t,\omega)$是定义在T上的普通函数，将此称为随机过程$\{X(t,\omega)\}_{t\in T}$的一个样本函数或者轨道。

在这里不得不提到的是 Kolmogorov 定理，它的基本出发点和结论如下：要把实际问题纳入随机过程这一概率模型，首先必须建立一个概率空间$(\Omega,\mathscr{F},P)$及其上的一组随机元，使得这族随机元中的任何有限维联合分布都与在直观分析中所得到的那些相同。一般来说$(\Omega,\mathscr{F})$并不难得到，如取$\Omega=\mathscr{S}^T$，而$\mathscr{F}=\Sigma^T$，这里Σ是$\mathscr{S}$的开子集生成的最小σ-代数。难点在于概率测度P的构造，而且在实际问题中只能知道一些有限维分布。为了保证P由这些有限维分布唯一决定，还需要一些相容性条件。

设有$(\Omega,\mathscr{F},P)$上取值于状态空间$(\mathscr{S},\Sigma)$的随机过程$X=\{X_t\}_{t\in T}$，对任意整数n以及$t_1,t_2,\cdots,t_n\in T$，随机元$(X_{t_1}(\cdot),\cdots,X_{t_n}(\cdot))$的概率分布或者说联合分布就是$(\mathscr{S}^n,\Sigma^n)$上的概率测度$p_{t_1,\cdots,t_n}(\cdot)$：

$$p_{t_1,\cdots,t_n}(\cdot)\overset{\text{def}}{=\!=\!=}P(\omega:(X_{t_1}(\cdot),\cdots,X_{t_n}(\cdot))\in B),\qquad B\in\Sigma^n$$

这里Σ^n就是$\mathscr{S}^n$的开子集生成的σ-代数。此时称$p_{t_1,\cdots,t_n}(\cdot)$为$X$在时刻$t_1,t_2,\cdots,t_n$的边缘测度。显然测度族$p_{t_1,\cdots,t_n}(\cdot)$：$\{n\geqslant 1,t_1,t_2,\cdots,t_n\in T$，互不相同$\}$具有如下性质：

(K.1)　$p_{t_1,\cdots,t_n,\cdots,t_{n+m}}(B\times\mathscr{S}^m)=p_{t_1,\cdots,t_n}(B),B\in\Sigma^n$；

(K.2)　设有$\{1,2,\cdots,n\}$上的一个排列$\tau:\tau\{1,2,\cdots,n\}=\{i_1,i_2,\cdots,i_n\}$，同时令$\tau$集合变换$\tau B=\{(x_{i_1},x_{i_2},\cdots,x_{i_n});(x_1,x_2,,\cdots,x_n)\}$，则

$$p_{t_1,\cdots,t_n}(B)=p_{t_{i_1},\cdots,t_{i_n}}(\tau B)$$

称(K.1)和(K.2)为 Kolmogorov 相容性条件。问题的反面是给定了满足相容性条件的一族分布，是否一定可以找到概率测度P，使得(K.1)和(K.2)在P下满足呢？这正是 Kolmogorov 定理考虑的问题，并作出了肯定的回答。

考虑完备可分度量空间$\mathscr{S}$及其开子集所生成的σ-代数Σ，此时称$(\mathscr{S},\Sigma)$为 Polish 空间，称下面的集合为柱集：

$$\Gamma_{t_1,\cdots,t_n}=\{\omega=(\omega_t,t\in T)\in\mathscr{S}^T;(\omega_{t_1},\cdots,\omega_{t_n})\in B\},\qquad B\in\Sigma^n$$

$t_1,\cdots,t_n\in T$且互不相同。令

$$\mathscr{C}=\{\Gamma_{t_1,\cdots,t_n};B\in\Sigma^n,\forall t_1,\cdots,t_n\in T,\text{互不相同},n\geqslant 1\}$$

记

$$\Omega=\mathscr{S}^T\qquad\mathscr{F}=\sigma(\mathscr{C})$$

定理 1.2.1(Kolmogorov)　设$\mathscr{S}$是完备可分度量空间即 Polish 空间，概率分布族

$$\{p_{t_1,\cdots,t_n}(\cdot);n\geqslant 1,\forall t_1,\cdots,t_n\in T,\text{互不相同}\}$$

满足相容性条件，则在$(\Omega,\mathscr{F})$上存在唯一的概率测度P，使得

$$P\{\omega=(\omega_t);((\omega_{t_1},\cdots,\omega_{t_n})\in B)\}=p_{t_1,\cdots,t_n}(B)$$

对一切$n\geqslant 1$，互不相同的$t_1,\cdots,t_n\in T$以及$B\in\Sigma^n$都成立。

Kolmogorov 定理的重要性是不言而喻的，没有它，就不能对随机过程建立严格的分析学基础。随机过程的构造往往都要归结到某个函数空间上测度的存在性，因此函数空间上测度论与积分理论也随之获得了深入的研究和发展。早在 19 世纪，物理学家就已经关心热现象中的布朗运动了。为了从微观现象的分析来解释热现象中的宏观规律，物理学家发现可以

通过对布朗运动轨道的某种泛函求平均来得到宏观物理量。但这种计算长期以来一直被认为仅仅是物理现象的解释，而不是数学演算。直到 1922 年，Wiener 在连续函数空间上构造出一个概率测度，关于这个测度的积分恰恰就是对布朗运动轨道的泛函的平均，从而成功地给物理学家的形式计算赋予了严格的数学基础。这个测度也被命名为 Wiener 测度。而函数空间上测度论和积分理论与微分方程理论密切相关，这方面的首创工作是属于 Kac 的，他在 1949 年运用 Wiener 积分首次给出方程

$$u_t = u_{xx} + vu$$

的初值问题解的解析表达式，其中 v 是已知势函数，从而揭示了二阶抛物方程与函数空间上积分之间的内在联系。而在 Kac 工作之前，物理学家 Feynman 已经将路径积分方法（一种类似于函数空间上的积分）引入量子力学，并用这种方法给出了 Schrödinger 方程的解，所以上述微分方程的 Wiener 积分解被称为 Feynman－Kac 公式。Feynman－Kac 公式的重要性不仅在于它给出了上述微分方程的解析表达式，而且在于它在扩散过程理论以及量子力学理论中的广泛应用。

按照概率特点，随机过程大致可以分为独立增量过程、Markov 过程（马氏过程）、Gauss 过程和平稳过程。下面分别加以简单介绍。

1. 独立增量过程

令 $t_1 < t_2 < \cdots < t_n, t_i \in T, 1 \leqslant i \leqslant n$。如果增量

$$X_{t_1}, X_{t_2} - X_{t_1}, \cdots, X_{t_n} - X_{t_{n-1}}$$

相互独立，则称 X 为独立增量过程。如果对一切 $0 \leqslant s < t$，增量 $X_t - X_s$ 的分布仅依赖于 $t-s$，则称 X 具有平稳增量。平稳增量的独立过程称为独立平稳增量过程。

独立增量过程的意义在于：它在任一个时间间隔上过程状态的改变，不影响任何一个与它不相重叠的时间间隔上状态的改变。

2. Markov 过程

如果对任意 $t_1 < t_2 < \cdots < t_n < t, x_i, 1 \leqslant i \leqslant n$，都有

$$P(X_t \in A \mid X_{t_1} = x_1, X_{t_2} = x_2, \cdots, X_{t_n} = x_n) = P(X_t \in A \mid X_{t_n} = x_n)$$

则称 $X = \{X_t\}_{t\in T}$ 为 Markov 过程。此式表明过程的状态仅依赖于当前时刻，而与过去状态无关，这样的性质称为马氏过程的无后效性。同时，称 $P(s,x;t,A) = P(X_t \in A \mid X_s = x)$ 为转移概率函数，即在 s 时刻在状态 x，而在 t 时刻转移到状态 $x \in A$ 的概率。鉴于马氏过程是相当重要的一类过程，将在下面专门加以讨论。

3. Gauss 过程

如果对任意正整数 n 和 $t_1, t_2, \cdots, t_n \in T$，$(X_{t_1}, X_{t_2}, \cdots, X_{t_n})$ 是 n 维正态随机变量，则称随机过程 $\{X_t\}_{t\in T}$ 为正态过程或者 Gauss 过程。正态过程是一类相当重要的过程，其地位相当于正态随机变量在概率论中的地位。维纳（Wiener）过程 $\{W_t\}_{t\in T}$ 是正态过程的一种特殊情形。

定义 1.2.2（Gauss 系） 如果对 $\forall t_1, t_2, \cdots, t_n \in I$，$(X_{t_1}, \cdots, X_{t_n})$ 的联合分布都是 Gauss 分布，即正态分布及其退化情形，则概率空间 $(\Omega, \mathscr{F}, P)$ 上的随机过程 $X = \{X_t\}_{t\in I}$ 称为 Gauss 系。具体地，有

$$\mathrm{E e}^{i} \sum_{k=1}^{n} \lambda_{k} X_{t_{k}}=\mathrm{e}^{i} \sum_{k=1}^{n} \lambda_{k} \mathrm{E} X_{t_{k}}-\frac{1}{2} \sum_{i, j} \lambda_{i} \operatorname{cov}(X_{t_{i}}, X_{t_{j}}) \lambda_{j}$$

4. 平稳过程

如果对任意常数 τ 和正整数 $n, t_1, t_2, \cdots, t_n \in T, t_1+\tau, t_2+\tau, \cdots, t_n+\tau \in T$，$(X_{t_1}, X_{t_2}, \cdots, X_{t_n})$ 和 $(X_{t_1+\tau}, X_{t_2+\tau}, \cdots, X_{t_n+\tau})$ 有相同的联合分布，则称随机过程 $\{X_t\}_{t\in T}$ 为平稳过程。

如果 $\mathrm{E}X_t=$ 常数且对任意 $t, t+h \in T$，其协方差

$$\mathrm{E}(X_t-\mathrm{E}X_t)(X_{t+h}-\mathrm{E}X_{t+h})$$

存在且与 t 无关，则称随机过程 $\{X_t\}_{t\in T}$ 为宽平稳过程。

显然具有二阶矩的平稳过程一定是宽平稳过程，但是反之不成立。

例 1.2.1(白噪声)　设 $X=\{X_n\}_{n\in\mathbb{Z}}$ 是实的或者复的随机变量序列，且 $\mathrm{E}X_n=0$，$\mathrm{E}\{|X_n|^2\}=\sigma^2<\infty$，$\mathrm{E}X_nX_m=\delta_{nm}\sigma^2$，其中

$$\delta_{nm}=\begin{cases}1, & n=m \\ 0, & n \neq m\end{cases}$$

易知 X 为宽平稳序列。通常称 $X=\{X_n\}_{n\in\mathbb{Z}}$ 为白噪声。

1.2.1　Markov 过程

为了微分方程的需要，这里主要考虑连续时间参数的马氏过程；有时为了启发思考，也会涉及一些离散时间参数的马氏过程。首先考虑状态空间 $\mathscr{S}$ 是离散的情形，此式称为马尔柯夫链。

前面已经提到，马氏过程在已知现在时刻 t_n 以及一切过去时刻所处状态的条件下，将来时刻 t_{n+1} 的状态仅依赖于现在时刻，而与过去时刻无关。其转移概率

$$p(s,t,i,j)=P(X_t=k \mid X_s=i)$$

表示在 s 时刻过程位于状态 i，而在 $t(\geqslant s)$ 时刻转移到状态 j 的概率。若上述转移概率与 $t-s$ 无关，则称连续时间马氏链具有齐次转移概率，并将 $p(s,t,i,j)$ 简记为 $p_{ij}(t-s)$，且称 $\boldsymbol{P}(t-s)=(p_{ij}(t-s)), i,j, \in \mathscr{S}, t\geqslant s$ 为转移概率矩阵。显然对 $\forall s\leqslant\tau\leqslant t$，转移概率满足

$$p(s,t;i,j)=\sum_{k\in I} p(s,\tau;i,k)p(\tau,t;k,j) \tag{1.2.1}$$

此式即是连续时间马氏链的 Chapman－Kolmogorov 方程(简称 C－K 方程)。此式是容易理解的。当过程从 i 出发，经过时间间隔 $\tau-s$ 转移到 $k\in\mathscr{S}$ 的概率是 $p(s,\tau;i,k)$，再从 k 出发经过时间间隔 $t-\tau$ 转移到状态 j 的概率是 $p(\tau,t;k,j)$，从而由马氏过程的无后效性可知，从 i 出发经时间间隔 $t-s$ 转移到 j，而于中间时刻 τ 经过 k 的概率是 $p(s,\tau;i,k)p(\tau,t;k,j)$。由于过程在中间时刻可以转移到任何状态 $k\in\mathscr{S}$，从而应关于 $k\in\mathscr{S}$ 求和。所以马氏链应满足 C－K 方程，这反映了马氏过程的无后效性。

由此出发，转移概率矩阵 $\boldsymbol{P}(s,t)$ 便具有如下性质：

①$\boldsymbol{P}(s,t)$ 是非负矩阵，且

$$\boldsymbol{P}(s,t)\boldsymbol{1}=\boldsymbol{1} \qquad (\boldsymbol{1}=(1,1,\cdots,1,\cdots,)^{\mathrm{T}})$$

② $\boldsymbol{P}(s,\tau)\boldsymbol{P}(\tau,t)=\boldsymbol{P}(s,t)$ $(\forall s<\tau<t)$。

这样时间齐次的马氏链就对应于

$$\boldsymbol{P}(s,t+s)=\boldsymbol{P}(0,t)\qquad(\forall s,t\in T)$$

仍将它记为 $\boldsymbol{P}(t)$，则 C－K 方程变为

$$\boldsymbol{P}(s)\boldsymbol{P}(t)=\boldsymbol{P}(s+t)\qquad(\forall s,t\in T)$$

这表明$\{\boldsymbol{P}(s)\}_{s\in T}$ 组成一个半群。

如不具体说明，下面总假设时间是齐次的马氏过程。由此还可以得到在离散参数 $T=\mathbb{Z}^+$ 的情形。对任意的 $n\in\mathbb{Z}^+$ 都有 $\boldsymbol{P}(n)=(\boldsymbol{P}(1))^n$，即 $\boldsymbol{P}(n)=\mathrm{e}^{n\ln\boldsymbol{P}}$，其中 $\boldsymbol{P}$ 为一步转移概率矩阵。那么对连续时间参数 $t\in R$ 的情形，是否有类似的表示，即 $\boldsymbol{P}(t)=\mathrm{e}^{t\boldsymbol{Q}}$ 呢？其中 $\boldsymbol{Q}$ 为某个与 t 无关的实数矩阵。假设存在，那么 $\boldsymbol{Q}$ 满足

$$\boldsymbol{P}'(0)=\lim_{t\to0}\frac{\boldsymbol{P}(t)-\boldsymbol{P}(0)}{t}=\lim_{t\to0}\frac{\mathrm{e}^{t\boldsymbol{Q}}-\boldsymbol{I}}{t}=\boldsymbol{Q}$$

此处假设

$$\lim_{t\downarrow0}\boldsymbol{P}(t)=\boldsymbol{I}\qquad(\boldsymbol{I}\text{ 为单位阵})$$

满足此正则性条件的转移阵 $\boldsymbol{P}$ 称为标准的。这提示我们研究 $\boldsymbol{P}(t)$ 在 $t=0$ 时刻的导数是否存在。

定理 1.2.2 设转移矩阵是标准的，且记 $q_i=q_{ii}$，则

$$\lim_{t\downarrow0}\frac{p_{ii}(t)-1}{t}=-q_i\tag{1.2.2}$$

存在但可能无限；而

$$\lim_{t\downarrow0}\frac{p_{ij}(t)}{t}=q_{ij}\qquad(i\neq j)\tag{1.2.3}$$

存在且有限。

此定理的证明可以参见一般的随机过程教材，如参考文献[9]。利用 Fatou 引理可知

$$0\leqslant q_{ij}\leqslant q_i\leqslant+\infty,\qquad\sum_{j\neq i}q_{ij}\leqslant q_i$$

一般地，如果一个矩阵 $\boldsymbol{Q}=(q_{ij})$ 满足性质

(Q.1) $q_{ii}=-q_i\leqslant0$（可以取 $-\infty$）；

(Q.2) $0\leqslant q_{ij}<+\infty(i\neq j)$；

(Q.3) $\sum_{j\neq i}q_{ij}\leqslant q_i$，

则称矩阵 $\boldsymbol{Q}$ 为 $\boldsymbol{Q}$- 矩阵。

由定理可知，对于标准的马氏过程，矩阵 $\boldsymbol{Q}=(q_{ij})$ 为 $\boldsymbol{Q}$- 矩阵。若还有 $\sum\limits_{j\neq i}q_{ij}=q_i<+\infty$，则称 $\boldsymbol{Q}$ 是保守的。

定义 1.2.3 对某个 $\boldsymbol{Q}$- 矩阵 $\boldsymbol{Q}$，若有马氏链使得式(1.2.2)、式(1.2.3) 成立，则称此马氏链为 $\boldsymbol{Q}$ 的 $\boldsymbol{Q}$- 过程。

利用 $\boldsymbol{Q}$ 矩阵可以推出任意时间间隔 t 的转移概率所满足的微分方程，从而可以求解概率矩阵。由 C－K 方程

$$p_{ij}(t+h)=\sum_{k\in\mathscr{S}}p_{ik}(h)p_{kj}(t)\tag{1.2.4}$$

可知

$$p_{ij}(t+h)-p_{ij}(t)=\sum_{k\neq i}p_{ik}(h)p_{kj}(t)-\Big[1-p_{ii}(h)\Big]p_{ij}(t)$$

两边除以 h 后取极限 $h\to 0$，可得

$$\lim_{h\to 0}\frac{p_{ij}(t+h)-p_{ij}(t)}{h}=\lim_{h\to 0}\sum_{k\neq i}\frac{p_{ik}(h)}{h}p_{kj}(t)+q_{ii}p_{ij}(t)$$

若上述极限和求和可以交换次序，则可以得到 Kolmogorov 向后方程

$$p'_{ij}(t)=\sum_{k\neq i}q_{ik}p_{kj}(t)+q_{ii}p_{ij}(t)\tag{1.2.5}$$

定理 1.2.3　*假设 $\sum_{k\in\mathscr{S}}q_{ik}=0$，则对一切 i,j 以及 $t\geqslant 0$，Kolmogorov 向后方程(1.2.5)成立。*

这里之所以称为向后方程，是因为从 C－K 方程(1.2.4) 出发，有

$$p_{ij}(t+h)=\sum_{k\in\mathscr{S}}P\{X_{t+h}=j\mid X_0=i,X_h=k\}\times P\{X_h=k\mid X_0=i\}=\sum_{k\in\mathscr{S}}p_{ik}(h)p_{kj}(t)$$

在计算 $t+h$ 时刻状态的概率分布时，退后到时刻 h 的状态下取条件概率。如果仅退回到 t 时刻取条件概率

$$p_{ij}(t+h)=\sum_{k\in\mathscr{S}}p_{kj}(h)p_{ik}(t)\tag{1.2.6}$$

就可以得到 Kolmogorov 向前方程

$$p'_{ij}(t)=\sum_{k\neq i}p_{ik}(t)q_{kj}+p_{ij}(t)q_{jj}\tag{1.2.7}$$

然而此式仅在状态空间有限的情况下成立，原因是此时上述极限与求和一般来说是不可交换的。

定理 1.2.4　*设马氏链状态空间有限，其转移阵 $\boldsymbol{P}$ 标准，则 Kolmogorov 向前方程(1.2.7) 成立。*

由于对可数状态马氏链，如其转移阵 $\boldsymbol{P}$ 标准，则 $\boldsymbol{Q}$- 矩阵一定保守，从而此时向前、向后方程均成立。它们可以写为如下简单的形式：

$$\boldsymbol{P}'(t)=\boldsymbol{P}(t)\boldsymbol{Q},\qquad \boldsymbol{P}'(t)=\boldsymbol{Q}\,\boldsymbol{P}(t)$$

在初始条件 $\boldsymbol{P}=\boldsymbol{I}$ 下求解此微分方程，可以得到唯一解

$$\boldsymbol{P}(t)=\mathrm{e}^{t\boldsymbol{Q}}$$

这表明对任意有限维保守 $\boldsymbol{Q}$- 矩阵 $\boldsymbol{Q}=(q_{ij})$，一定存在唯一的转移矩阵 $\{\boldsymbol{P}(t),t\in R^+\}$ 使得

$$\boldsymbol{P}'(0+)\overset{\text{def}}{=\!=}(p'_{ij}(0+))=\boldsymbol{Q}$$

Kolmogorov 向前、向后方程尽管在形式上有差别，但可以证明它们所求得的解是相同的。

我们不仅要考虑转移矩阵，还希望考虑过程 X 在 t 时刻的概率分布 $p_j(t)=P(X_t=j)$。显然

$$p_j(t+\tau)=\sum_{i\in\mathscr{S}}p_i(\tau)p_{ij}(t)\tag{1.2.8}$$

取 $\tau=0$，便得到

$$p_j(t)=\sum_{i\in\mathscr{S}}p_ip_{ij}(t)$$

在 Kolmogorov 向前方程(1.2.7) 两端乘以 p_i，关于 i 求和得

$$\sum_{i\in\mathscr{S}} p_i p'_{ij}(t) = \sum_{i,k\in\mathscr{S}} p_i p_{ik} q_{kj} = \sum_{k\in\mathscr{S}} p_k(t) q_{kj}$$

通常称此方程为 Fokker - Planck 方程，和前面一样的原因，它在有限状态空间成立。于是得到如下定理。

定理 1.2.5 齐次马氏过程在 t 时刻的概率分布 $p_j(t), j\in\mathscr{S}$（有限）满足如下 Fokker - Planck 方程：

$$p'_j(t) = -p_j(t)q_j + \sum_{k\neq j} p_k(t) q_{kj} \tag{1.2.9}$$

对过程的概率分布，有一种特殊情形是重要的，即不变概率测度。

定义 1.2.4 设 $\pi = (\pi_1, \cdots, \pi_k, \cdots,)$ 使得

$$\sum_i \pi_i p_{ij} = \pi_j, \qquad p_j \geqslant 0(\forall j), \qquad \pi_j \text{ 不全为零}$$

则称 π 为 P 的一个不变测度。若还有 $\sum_j \pi_j = 1$，则称之为不变概率测度。

例 1.2.2 生灭过程。

生灭过程是一类重要的马氏过程，它在排队系统、可靠性理论、生物、医学、经济管理、物理、通信和交通等方面都有广泛的应用。

假设马氏链 $X = \{X_t\}_{t\geqslant 0}$，其状态空间为 $\mathscr{S} = \{0,1,2,\cdots\}$，若 $P(t) = p_{ij}(t)$ 满足：当 h 充分小时，有

$$\left.\begin{array}{ll} p_{i,i+1}(h) = \lambda_i h + o(h), & \lambda_i \geqslant 0, \quad i \geqslant 0 \\ p_{i,i-1}(h) = \mu_i h + o(h), & \mu_i \geqslant 0, \quad i \geqslant 1 \\ p_{ii}(h) = 1 - (\lambda_i + \mu_i)h + o(h), & \mu_0 = 0, \quad i \geqslant 0 \\ p_{ij}(h) = o(h), & |i-j| \geqslant 2 \end{array}\right\} \tag{1.2.10}$$

则称 X 为生灭过程。λ_i 为出生率，μ_i 为死亡率。若 $\mu_i \equiv 0$，则称 X 为纯生过程；若 $\lambda_i \equiv 0$，则称 X 为纯灭过程。其 $\boldsymbol{Q}$ 矩阵是容易写出来的，它显然是保守 $\boldsymbol{Q}$- 矩阵，且其转移阵 $\boldsymbol{P}(t)$ 和 $\boldsymbol{Q}$ 满足向前、向后方程，分别为

$$p'_{ij}(t) = -p_{ij}(t)(\lambda_i + \mu_i) + p_{i,j-1}(t)\lambda_{j-1} + p_{i,j+1}(t)\mu_{j+1} \tag{1.2.11}$$

$$p'_{ij}(t) = -(\lambda_i + \mu_i)p_{ij}(t) + \lambda_i p_{i+1,j}(t) + \mu_i p_{i-1,j}(t) \tag{1.2.12}$$

其概率分布满足 Fokker - Planck 方程

$$\left.\begin{array}{l} p'_0(t) = -p_0(t)\lambda_0 + p_1(t)\mu_1 \\ p'_j(t) = -p_j(t)(\lambda_j + \mu_i) + p_{j-1}(t)\lambda_{j-1} + p_{j+1}(t)\mu_{j+1} \end{array}\right\} \tag{1.2.13}$$

例 1.2.3 一个特例。

考虑状态空间为 $\mathscr{S} = \{0,1\}$ 的上述生灭过程。此时矩阵

$$\boldsymbol{Q} = \begin{pmatrix} -\lambda & \lambda \\ \mu & -\mu \end{pmatrix}$$

利用 Kolmogorov 向前方程，有

$$p'_{00}(t) = \mu p_{01}(t) - \lambda p_{00}(t) = (-\lambda + \mu)p_{00}(t) + \mu$$

注意到初值条件 $p_{00}(0) = 1$，求解此方程可得

$$p_{00}(t) = \mu_0 + \lambda_0 \mathrm{e}^{-(\lambda+\mu)t}$$

其中，$\lambda_0 = \dfrac{\lambda}{\lambda+\mu}$，$\mu_0 = \dfrac{\mu}{\lambda+\mu}$。同理可得

$$p_{00}(t)=\mu_0+\lambda_0 e^{-(\lambda+\mu)t},\qquad p_{01}(t)=\lambda_0\left[1-e^{-(\lambda+\mu)t}\right]$$

$$p_{11}(t)=\lambda_0+\mu_0 e^{-(\lambda+\mu)t},\qquad p_{10}(t)=\mu_0\left[1-e^{-(\lambda+\mu)t}\right]$$

若过程具有初始分布

$$\pi_0=p_0=P(X_0=0)=\mu_0,\qquad \pi_1=p_1=P(X_0=1)=\lambda_0$$

则 t 时刻的分布为

$$p_0(t)=p_0p_{00}(t)+p_1p_{10}(t)=\mu_0$$
$$p_1(t)=p_0p_{01}(t)+p_1p_{11}(t)=\lambda_0$$

从而 $\pi=(\mu_0,\lambda_0)$ 为系统的一个不变测度，又 $\pi_0+\pi_1=1$，它还是不变概率测度。

最后讨论一般的马氏过程并给出一些基本概念。称空间$(\mathscr{S},\Sigma)$ 为 Polish空间，如果$\mathscr{S}$是完全可分的度量空间，$x,y\in\mathscr{S}$之间的距离是 $\mathrm{d}(x,y)$，而 Σ 为 $\mathscr{S}$的全体开子集生成的 σ- 代数，则记 $B(x,\delta)$ 为 $\mathscr{S}$中以 x 为圆心、以 δ 为半径的开球。考虑概率空间$(\Omega,\mathscr{F},P)$ 上的马氏过程

$$X=\{X_t\}_{t\in R^+},\qquad (\Omega,F,P)\rightarrow(S,\Sigma)$$

并假设适当的正则性条件，其相应的转移概率为

$$p(s,t;x,A)=P(X_t\in A\mid X_s=x)\qquad(\forall s\leqslant t,x\in\mathscr{S},A\in\Sigma)\tag{1.2.14}$$

如果它仅依赖于 $t-s$，则称为时间齐次的马氏过程。若还有 $p(s,t;x,A)=\int_A\rho(s,t;x,y)\mathrm{d}y$，则称 $\rho(s,t;x,y)$ 为转移概率密度函数。特别当 X 是时齐时，转移密度函数记为 $\rho(t,x,y)$。可以给出相应的 C-K 方程：对 $0\leqslant s\leqslant\tau\leqslant t<\infty$，有

$$p(s,t;x,A)=\int_{\mathscr{S}}p(\tau,t;y,A)p(s,\tau;x,\mathrm{d}y)\qquad(x\in\mathscr{S},A\in\Sigma)$$

其密度函数也满足相应的表达式。

注意到式(1.2.14) 可以改写为

$$p(s,t;x,A)=\mathrm{E}(1_A(X_t)\mid X_s=x)\qquad(\forall s\leqslant t,x\in\mathscr{S},A\in\Sigma)\tag{1.2.15}$$

因此可以将示性函数推广为一般的函数，并得到

$$(P_{s,t}f)(x)=\mathrm{E}(f(X_t)\mid X_s=x)\qquad(\forall s\leqslant t,x\in\mathscr{S})\tag{1.2.16}$$

其中，要求 $f\in B_b(\mathscr{S})\overset{\text{def}}{=\!=}\{f:f$ 是$(\mathscr{S},\Sigma)\rightarrow(R^1,\mathscr{B}_1)$ 的有界可测函数$\}$，其上的模定义为极大模 $\|f\|=\sup\limits_{x\in\mathscr{S}}|f(x)|$。此时 $B_b(\mathscr{S})$ 构成一 Banach 空间。利用条件期望的性质不难得到

$$(P_{s,t}f)(x)=\int_{\mathscr{S}}f(y)p(s,t;x,\mathrm{d}y)\qquad(\forall s\leqslant t,x\in\mathscr{S})\tag{1.2.17}$$

如果马氏过程是时齐的，则 $P_{s,t}=P_{0,t-s}\overset{\text{def}}{=\!=}P_{t-s}$。记

$$B_0(\mathscr{S})=\{f\in B_b(\mathscr{S}):\|P_tf-f\|\rightarrow 0,\text{当 }t\rightarrow 0\}$$

则不难说明$\{P_t\}_{t\geqslant 0}$ 是$B_0(\mathscr{S})\rightarrow B_0(\mathscr{S})$ 的强连续收缩正算子半群，称之为 Markov 转移半群，且称 $B_0(\mathscr{S})$ 为强连续中心。如果

$$\lim_{t\downarrow 0}\frac{P_tf-f}{t}$$

在 $\|\cdot\|$ 意义下存在，并记为 $\mathscr{A}f$，则称 $\mathscr{A}$ 为无穷小生成元或简称生成元。这样，P_t 按照上式定义了一个算子 $\mathscr{A}$(可能无界)，$\mathscr{D}(\mathscr{A})\overset{\text{def}}{=\!=}\left\{f:\lim\limits_{t\downarrow 0}\frac{P_tf-f}{t}\text{存在}\right\}$ 称为 $\mathscr{A}$ 的定义域。显然

$\mathscr{D}(\mathscr{A}) \subset B_0(\mathscr{S})$。

设在概率空间$(\Omega,\mathscr{F},P)$上有一个非降的σ-代数流$\{\mathscr{F}_t\}_{t\geqslant 0}$。考虑随机变量$\tau:\Omega\to[0,\infty]$，如果对任意的$t\in[0,\infty]$，事件$\{\tau\leqslant t\}$都是$\mathscr{F}_t$可测的，则称$\tau$为停时。如果对$\forall t>0, A\in \Sigma$以及关于$\mathscr{F}_t$的停时$\tau$都成立，即

$$\mathrm{E}(1_A(X_{t+\tau})\mid \mathscr{F}_\tau)=p(t,X_\tau,A) \qquad \text{对 a. e. } \omega\in\{\omega:\tau(\omega)<+\infty\}$$

则称时齐马氏过程$X=\{X_t\}_{t\geqslant 0}$具有强马氏性。直观地讲，就是在考虑马氏性时，“现在”的时刻t是参数$T=R^+$中的一个数；而在考虑强马氏性时，“现在”的时刻τ可以是任意停时。对强马氏性的研究是相当重要的，从而什么样的马氏过程具有强马氏性这一问题也变得至关重要。一般来说，时间参数离散的马氏过程都具有强马氏性，而时间参数连续的马氏过程并不一定具有强马氏性。然而可以证明对一个轨道右连续的马氏过程，如果其转移函数族满足Feller性质，则过程具有强马氏性[9]。

定义 1.2.5 如果对$\forall t>0$及有界连续函数f（相应的，有界可测函数f）都有P_tf有界连续，则称马氏过程的转移函数族$\{p(t;x,A)\}$或相应的半群P_t具有Feller性（相应的，强Feller性）；若马氏过程对应的半群是Feller半群（相应的，强Feller半群），则称此过程为Feller过程（相应的，强Feller过程）。

记$\mathcal{M}_1(E)$为定义在$(\mathscr{S},\Sigma)$上的所有概率测度构成的集合。对$t\geqslant 0,\mu\in\mathcal{M}_1(\mathscr{S})$，定义

$$P_t^*\mu(A)=\int_{\mathscr{S}}P(t;x,A)\mu(\mathrm{d}x), \qquad t\geqslant 0, \qquad A\in\Sigma \tag{1.2.18}$$

定义 1.2.6 如果

$$P_t^*\mu=\mu, \qquad \forall t\geqslant 0$$

则称概率测度$\mu\in\mathcal{M}_1(\mathscr{S})$关于Markov半群$\{P_t\}$是不变的。

1.2.2 遍历论的基本知识

热力学中有一条基本定律：“任何孤立系统趋于平衡态”。在这个假设下，为了观察一个系统的任何物理量，往往通过长时间观察，取物理量在过程中的平均

$$\frac{1}{T}\int_0^T f(\theta_t\omega) \tag{1.2.19}$$

然后令$T\to\infty$，以极限值表示对物理量的观测值。一个自然的问题是：这个极限存在吗？在什么情况下存在，以及在什么意义下存在？这也是统计力学中的一个基本的数学问题。特别引人注意的一个问题是：时间平均式(1.2.19)是否渐近于空间平均，即下式是否成立：

$$\mathrm{E}f(\omega)\xlongequal{\text{def}}\int f(\omega)\mathrm{d}P(\omega)$$

在20世纪初期就有独立同分布列的强大数律，解决了$\{f(\theta_k\omega);k=0,1,2,\cdots\}$相互独立同分布这一情形的上述问题。此后von Neumann和Birkhoff对一般情形分别在均方收敛意义下（平均遍历定理）与几乎处处收敛意义下（个别遍历定理）给出了极限的存在性。

考虑概率空间$(\Omega,\mathscr{F},P)$上可逆的可测变换群$\theta_t:\Omega\to\Omega, t\in R$，所谓可测指的是对任意的$A\in\mathscr{F}$，都有$\theta_t^{-1}A\xlongequal{\text{def}}\{\omega:\theta_t\omega\in A\}\in\mathscr{F}$。如果还满足

$$P(\theta_tA)=P(A), \qquad \forall A\in F, \qquad t\in \mathrm{R}$$

则称此变换是保测变换，此时也称 $S=(\Omega,\mathscr{F},P,\theta_t)$ 为一动力系统。群 $\{\theta_t;t\in R\}$ 诱导了(实的或者复的)空间 $\mathcal{H}=L^2(\Omega,\mathscr{F},P)$ 上的一个线性变换：

$$U_t\xi(\omega)=\xi(\theta_t\omega),\qquad \xi\in\mathcal{H},\qquad \omega\in\Omega,\qquad t\in R$$

由 θ_t 的保测度性质可知，U_t 是酉算子，从而由 $\|U_t\|=1$ 等度连续条件成立，由 Hilbert 空间 $\mathcal{H}$ 的序列弱紧性可以得到 J. von Neumann 的平均遍历定理：对任意 $\xi\in\mathcal{H}$，有下式存在，即

$$s\text{-}\lim_{T\to\infty}\frac{1}{T}\int_0^T U_t x=x_0\in\mathcal{H}\tag{1.2.20}$$

其中，s- 表示强极限。

其证明在有关遍历论的参考书中可以找到，如张恭庆《泛函分析讲义》[10] 下册。

下面考虑 Birkhoff 个别遍历定理。如果对任意的 $t\in R$，

$$P(\theta_t A\cap A)=P(A)=P(\theta_t A)$$

或者等价地

$$U_t\chi_A=\chi_A,\qquad P\text{-a. s.}$$

则称 $A\in\mathscr{F}$ 为关于 θ_t 或者关于动力系统 S 的不变集。

定义 1.2.7　如果对任何不变集都有 $P(A)=0$ 或者 $P(A)=1$，则称保测变换 θ_t 或者动力系统 $S=(\Omega,\mathscr{F},P,\theta_t)$ 是遍历的。

定理 1.2.6　令 $(\Omega,\mathscr{F},P)$ 为概率空间，$\Theta:\Omega\to\Omega$ 为其上的保测变换，则对任意的 $\xi\in\mathcal{H}$，存在 $\xi^*\in\mathcal{H}$，使得

$$\lim_{n\to\infty}\frac{1}{n}\sum_{k=0}^{n-1}\xi(\Theta^k(\omega))=\xi^*(\omega),\qquad P\text{-a. s.}$$

且

$$\xi^*(\omega)=\xi^*(\Theta(\omega)),\qquad P\text{-a. s.},\qquad \omega\in\Omega$$

以及

$$E\xi=E\xi^*$$

这里 $\mathrm{E}\,\xi=\int_\Omega\xi(\omega)P(\mathrm{d}\omega)$ 为 ξ 的期望。

这一定理保证了时间平均在几乎处处意义下的收敛，而且还可以证明 $S=(\Omega,\mathscr{F},P,\theta_t)$ (蕴含 θ_t 保测)是遍历的，当且仅当对任意的 $A,B\in\mathscr{F}$ 时，有

$$\lim_{T\to\infty}\frac{1}{T}\int_0^T P(\theta_t A\cap B)\mathrm{d}t=P(A)P(B)$$

在有些书上也将此式作为遍历的定义，这二者是等价的。

前面引入了 Markov Feller 半群以及不变测度的概念，现在接着引入随机连续的概念。随机过程 $X=\{X_t\}_{t\in R}$ 称为是随机连续的(stochastically continuous，参见定义 1.3.6)。如果 $P(|X_t-X_{t_0}|\geqslant\varepsilon)\to 0(t\to t_0)$，相应地(或者说等价地)Markov 半群 $\{P_t\}_{t\geqslant 0}$ 称为随机连续的；如果

$$\lim_{t\to 0}P_t(x,B(x,\delta))=1,\qquad \forall x\in\mathscr{S},\qquad \delta>0$$

当 P_t 随机连续时，则对每个 $x\in\mathscr{S}$，$T>0$，有

$$\frac{1}{T}\int_0^T P_t(x,\Gamma)\mathrm{d}t=R_T(x,\Gamma),\qquad \Gamma\in\Sigma$$

就定义了一个概率测度。对任意的 $\nu \in \mathcal{M}_1(\mathscr{S})$，可以定义 $R_T^*\nu$ 为

$$R_T^*\nu(\Gamma) = \int_{\mathscr{S}} R_T(x,\Gamma)\nu(\mathrm{d}x), \qquad \Gamma \in \Sigma$$

显然对任意的 $\varphi \in B_b(\mathscr{S})$，有

$$\langle R_T^*\nu,\varphi\rangle = \frac{1}{T}\int_0^T \langle P_t^*\nu,\varphi\rangle \mathrm{d}t$$

在这种意义下记

$$R_T^*\nu = \frac{1}{T}\int_0^T P_t^*\nu \mathrm{d}t$$

下面的定理告诉我们怎样去构造一个不变测度，它是属于 Krylov - Bogoliubov 的。

定理 1.2.7 设 $\{P_t\}_{t\geqslant 0}$ 为一 Feller 半群，如果对某个 $\nu \in \mathcal{M}_1(\mathscr{S})$ 以及序列 $T_n \uparrow \infty$，当 $n \to \infty$ 时 $R_{T_n}^*\nu$ 弱收敛到 μ，则 μ 是 $\{P_t\}_{t\geqslant 0}$ 的一个不变测度。

该定理的证明，读者可以参见参考文献[7]。

推论 1.2.1 如果对某个 $\nu \in \mathcal{M}_1(\mathscr{S})$ 以及序列 $T_n \uparrow \infty$，当 $n \to \infty$ 时 $\{R_{T_n}^*\nu\}$ 是胎紧(tight) 的，则 $\{P_t\}_{t\geqslant 0}$ 存在一个不变测度。

如果对 $\varepsilon > 0$，存在 $\mathscr{S}$上的紧子集 K_ε，使得对 $\forall t \in T, \mu_t(\mathscr{S} - K_\varepsilon) < \varepsilon$ 成立，则测度族 $\{\mu_t$ 是 $\mathscr{S}$上的概率测度，$t \in T\}$ 是胎紧的。对胎紧的概率族，利用 Tychonoff 定理可以证明。

命题 1.2.1 设$(\mathscr{S},\Sigma)$ 为一可分度量空间，若其上的概率测度$\{\mu_n \in M_1(\mathscr{S}), n \geqslant 1\}$ 是胎紧的，则 μ_n 有弱收敛子列。

由此可知，推论 1.2.1 是显然的。

下面进一步讨论不变测度和遍历论之间的关系，并以此结束本节的内容。为此，引入所谓的和 P_t 相联系的标准动力系统。给定 Markov 半群 $\{P_t\}_{t\geqslant 0}$，设其具有不变测度 $\mu \in \mathcal{M}_1(\mathscr{S})$，构造在$\mathscr{S}$- 值函数空间$\Omega = \mathscr{S}^R$上的标准动力系统$S^\mu = (\Omega, \mathscr{F}, P^\mu, \theta_t)$。下面的证明将用到 Kolmogorov 定理。记 $\mathscr{F}^\mu = \Sigma^R$，对任意的不变测度 $\mu \in \mathcal{M}_1(\mathscr{S})$，以及任意有限集 $I = \{t_1, t_2, \cdots, t_n\} \subset R, t_1 < t_2 < \cdots < t_n$，可以定义$(\mathscr{S}^I, \Sigma^I)$ 上的概率测度 P^μ：

$$P_I^\mu(\Gamma) = \int_{\mathscr{S}} P_{t_1}(x,\mathrm{d}x_1)\cdots\int_{\mathscr{S}} P_{t_{n-1}-t_{n-2}}(x_{n-2},\mathrm{d}x_{n-1})\cdot$$
$$\int_{\mathscr{S}} P_{t_n-t_{n-1}}(x_{n-1},\mathrm{d}x_n)\chi_\Gamma(x_1,\cdots,x_n), \qquad \Gamma \in \Sigma^I$$

对此有限维分布利用 Kolmogorov 定理可知，存在(Ω, P^μ) 上唯一的概率测度 P^μ，使得

$$P^\mu(\{\omega:(\omega_{t_1},\cdots,\omega_{t_n}) \in \Gamma\}) = P_I^\mu(\Gamma), \qquad \Gamma \in \Sigma^{\{t_1,\cdots,t_n\}}$$

记

$$X_t(\omega) = \omega(t), \qquad \omega \in \Omega, \qquad t \in R$$
$$\mathscr{F}_t^\mu = \sigma\{X_s : s \leqslant t\}, \qquad t \in R$$

过程在下述意义下是 Markov 的，即

$$P^\mu(X_{t+h} \in \Gamma \mid \mathscr{F}_t^\mu) = P^\mu(X_{t+h} \in \Gamma \mid \sigma(X_t)) =$$
$$P_h(X_t,\Gamma), \qquad P^\mu\text{-a. s.}\, \Gamma \in \Sigma^R$$

更一般地，有

$$P^\mu(X_{t+} \in \Gamma \mid \mathscr{F}_t^\mu) = P^\mu(X_{t+} \in \Gamma \mid \sigma(X_t)) = P^{X_t}(\Gamma), \qquad P^\mu\text{-a. s.}\, \Gamma \in \Sigma^R$$

引入可逆的可测变换群 $\theta_t:\Omega\to\Omega(t\in R)$：

$$(\theta_t\omega)(s)=\omega(t+s),\qquad t,s\in R$$

如果 μ 是不变的，那么过程 $\{X_t\}_{t\in R}$ 是平稳的：

$$P^\mu(X\in\theta_t\Gamma)=P^\mu(X\in\Gamma),\qquad \forall t\in R,\qquad \Gamma\in\Sigma^R$$

其中，$\theta_t\Gamma=\{\omega:\theta_t^{-1}\omega\in\Gamma\}$，且变换 θ_t 是保测度的。从而如果 μ 是不变的，则 $S^\mu=(\Omega,\mathscr{F},P^\mu,\theta_t)$ 定义了一个动力系统，称为与 P_t 和 μ 相联系的标准动力系统（canonical dynamical system）。与前面一样，θ_t 也可以诱导 $\mathcal{H}^\mu=L^2(\Omega,\mathscr{F}^\mu,P^\mu)$ 上的线性变换 $U_t,t\in R$：

$$U_t\xi(\omega)=\xi(\theta_t\omega),\qquad \xi\in\mathcal{H},\qquad \omega\in\Omega,\qquad t\in R$$

这可以说明：如果 P_t 是随机连续的 Markov 半群，μ 为它的不变测度，那么相应的在 $(\Omega,\mathscr{F}^\mu,P^\mu)$ 上的标准过程 $\{X_t\}_{t\in R}$ 也是随机连续的。

定义 1.2.8　如果相应的动力系统 S^μ 是遍历的，则称 P_t 的不变测度 $\mu\in\mathcal{M}_1(E)$ 是遍历的。

定理 1.2.8　令 $\{P_t\}_{t\geqslant 0}$ 为随机连续的 Markov 半群，μ 为它的不变测度，则下述条件是等价的：

① μ 是遍历的；

② 如果 $\varphi\in L^2_{\mathrm{C}}(\mathscr{S},\mu)$（相应的，$L^2(\mathscr{S},\mu)$），且

$$P_t\varphi=\varphi,\qquad \mu\text{-a. s. 对任意的 } t>0$$

则 φ 是 μ-a. s. 为常值；

③ 如果对于某个 $\Gamma\in\mathscr{F}^\mu$ 以及任意的 $t>0$，有

$$P_t\chi_\Gamma=\chi_\Gamma,\qquad \mu\text{- a. s.}$$

则要么 $\mu(\Gamma=1)$，要么 $\mu(\Gamma)=0$。

④ 对任意的 $\varphi\in L^2_{\mathrm{C}}(\mathscr{S},\mu)$（相应的，$L^2(\mathscr{S},\mu)$），有

$$\lim_{T\to\infty}\frac{1}{T}\int_0^T P_s\varphi\,\mathrm{d}s=\langle\varphi,1\rangle,\qquad L^2_{\mathrm{C}}(\mathscr{S},\mu)\text{（相应的，}L^2(\mathscr{S},\mu)\text{）}$$

1.3　鞅

令 $(E,\mathscr{E})$ 为可测空间，$(\Omega,\mathscr{F},P)$ 为一完备的概率空间，其中 $\mathscr{F}$ 为 Ω 的 σ- 代数。如果 $\mathscr{F}$ 的 σ- 子代数族 $\{\mathscr{F}_t\}_{t\in I}$ 满足：只要 $s\leqslant t$，就有 $\mathscr{F}_s\subseteq\mathscr{F}_t$，则称 $\{\mathscr{F}_t\}_{t\in I}$ 为滤(filtration)；如果还有

$$\mathscr{F}_t=\mathscr{F}_{t+}\overset{\text{def}}{=\!=}\bigcap_{s>t}\mathscr{F}_s,\qquad \forall t\in I$$

则称滤 $\{\mathscr{F}_t\}_{t\in I}$ 为右连续。

定义 1.3.1　如果对 $\forall t\in I$，X_t 关于 $\mathscr{F}_t$ 都是可测的，则称 E- 值随机过程 $X=\{X_t\}_{t\in I}$ 为适应的，通常记为 $X_t\in\mathscr{F}_t$。

这里 E- 值随机过程 $\{X_t\}_{t\in I}$ 是可测的指的是，它作为 $I\times\Omega$ 到 E 的映射是可测的，其中 $I\times\Omega$ 上的测度是乘积 σ- 代数 $\mathscr{B}(I)\times\mathscr{F}$。记过程本身所生成的 σ- 代数为 $\mathscr{F}_t^X=\sigma\{X(s):0\leqslant s\leqslant t\}$，显然过程 $\{X_t\}_{t\in R}$ 关于这样的滤是适应的，通常将 $\mathscr{F}_t^X$ 称为自然滤。如果 X 是 $\{\mathscr{F}_t\}_{0\leqslant t\leqslant\infty}$ 适应的，则显然 $\mathrm{E}(X(s)\mid\mathscr{F}_s)=X(s)$(a. s.)。直观地讲，过程是适应的，意味着 $\mathscr{F}_t$ 应该包含为了决定 X 直到 t 时刻的行为所需要的所有信息。由此出发一定可以推知：如果 X

是 $\mathscr{F}_t$ 适应的，则对任意 $t \geqslant 0$，$\mathscr{F}_t^X \subseteq \mathscr{F}_t$ 成立。

定义 1.3.2 令 $\{X_t\}_{t\in I}$ 为定义在概率空间 $(\Omega,\mathscr{F},P)$ 上的 E- 值随机过程。E- 值随机过程 $\{Y_t\}_{t\in I}$ 称为 X 的修正(modification)或者版本(version)。对任意的 $t\in I$，都有 $P(X_t=Y_t)=1$。如果存在 X 的修正 Y，且 Y 具有 P-a. s. 的连续轨道，那么就称 X 具有连续修正。

显然 X 的修正和 X 具有相同的有限维分布。

定义 1.3.3 设 $(\Omega,\mathscr{F},\{\mathscr{F}_t\},P)$ 为赋予滤的概率空间。如果对任意的 $t\in I$ 都有 $\{\omega:\tau\leqslant t\}\in\mathscr{F}_t$，则称 $\tau:\Omega\to[0,+\infty]$ 为(关于 $\{\mathscr{F}_t\}$ 的)停时(stopping time)。

设 $(B,|\cdot|_B)$ 为 Banach 空间(在不引起误会的情况下也通常将 $|\cdot|_B$ 写为 $|\cdot|$)，如果

$$\mathrm{E}\,|X|_B \xlongequal{\text{def}} \int_\Omega |X(\omega)|_B P(\mathrm{d}\omega) < \infty$$

则称 B- 值随机变量 X 是可积的。类似地，如果 $\mathrm{E}\,|X|_B^2<\infty$，则称随机变量 X 是平方可积的。同理，如果对任意的 $t\in I$，随机变量 X_t 是可积的(平方可积的)，则称 B- 值随机过程 $\{X_t\}_{t\in I}$ 是可积的(平方可积的)。下面给出一些连续性的定义。

定义 1.3.4 如果

$$X(t+)\xlongequal{\text{def}}\lim_{s\downarrow t,s\in I}X(s)=X(t),\qquad \forall t\in I$$

则称 B- 值随机过程 $\{X_t\}_{t\in I}$ 是右连续的。

如果

$$X(t)=\lim_{s\to t,s\in I}X(s),\qquad \forall t\in I$$

则称 X 是连续的，称过程 X 是 càdlàg 的(法语：continue à droite et limites à gauche，左极右连)。如果 X 是右连续的且存在左极限，则对任意 $t\in I$，极限 $\lim\limits_{s\uparrow t,s\in I}X(s)$ 存在，且记为 $X(t-)$。

定义 1.3.5 如果

$$\lim_{r\to\infty}\sup_t\int_{\{|X_t|\geqslant r\}}|X_t|_B\mathrm{d}P=0$$

则一族 B- 值随机变量 $(X_t)_{t\in I}$ 称为一致可积的。

下面给出随机连续的概念。

定义 1.3.6 如果

$$\lim_{s\to t,s\in I}P(|X(t)-X(s)|_B>\varepsilon)=0,\qquad \forall\varepsilon>0,\qquad \forall t\in I$$

则 B- 值随机过程 $X=\{X_t\}_{t\in I}$ 是随机连续的(或者以概率连续)。

显然，如果 $I\subset R$ 是紧的，则随机连续的过程 X 是一致随机连续的，即

$$\forall\varepsilon>0,\qquad \exists\delta>0:\forall t,s,\in I:|t-s|\leqslant\delta,\qquad P(|X(t)-X(s)|_B>\varepsilon)<\varepsilon$$

下面给出可料的概念。记 $\mathcal{P}_I$ 为可料 σ- 域，即由 $I\times\Omega$ 的所有形如 $(s,t]\cap I\times A$ 的子集所生成的最小的 σ- 代数，其中 $s,t\in I$，$s<t$，且 $A\in\mathscr{F}_s$。若 $I=[0,\infty)$，通常简记 $\mathcal{P}_I$ 为 $\mathcal{P}$。特别地，当 $I=[0,\infty)$ 时，它是如下形式的集合生成的最小的 σ- 代数：

$$(s,t]\times A,0\leqslant s<t<\infty,\qquad A\in\mathscr{F}_s\qquad \text{以及}\qquad \{0\}\times A,\qquad F\in\mathscr{F}_0$$

定义 1.3.7 如果作为 $(I\times\Omega,\mathcal{P}_I)$ 到 $(E,\mathscr{E})$ 的映射是可测的，则取值于可测空间 $(E,\mathscr{E})$ 的随机过程称为是可料的。

可料过程显然是适应的，参见参考文献[11]。

命题 1.3.1 如果 $X=\{X_t\}_{t\in[0,T]}$ 是 $[0,T]$ 上 B- 值随机连续的适应过程，那么过程 X

具有$[0,T]$上的可料修正。

在随机方程的研究中，经常会用到如下关于随机变量族的正则性结果。关于它的证明，读者可以参见参考文献[12]，其更一般性的结果可以参见参考文献[13]。

定理 1.3.1(Kolmogorov - Loève - Chentsov)　令(E,ρ)为完备度量空间，$\{X_v\}_{v\in R^d}$为一族 E- 值的随机变量，如果存在 $a,b,c>0$，使得

$$E[(\rho(X_v,V_u))^a]\leqslant c\mid u-v\mid^{d+b},\qquad u,v\in R^d$$

那么存在另一个随机变量族 Y，使得对所有的指标 u，有 $X(u)=Y(u)$(a. s.)，且 Y 是局部 Hölder 连续的(a. s.)，其 Hölder 指标 $\alpha\in(0,b/a)$。

定义 1.3.8　如果 B- 值可积的随机过程$\{X_t\}_{t\in I}$是$\{\mathscr{F}_t\}$- 适应的，且

$$E(X_t\mid\mathscr{F}_s)=X_s,\qquad\forall t,\qquad s\in I,\qquad t\geqslant s$$

则称 X_t 为关于 $\mathscr{F}_t$ 的 B- 值鞅(或者简称鞅，martingale)。

通常将鞅记为 $M=M_t$ 或者 $M=M(t),t\in I$。如果鞅具有连续修正，则称为连续鞅。如果 $B=R^1$，即 X 为实值随机过程，那么还可以定义上鞅和下鞅的概念。如果实值可积的随机过程$\{X_t\}_{t\in I}$是$\{\mathscr{F}_t\}$- 适应的，且

$$E(X_t\mid\mathscr{F}_s)\leqslant(\geqslant)X_s,\qquad\forall t,\qquad s\in I,\qquad t\geqslant s$$

则称为关于 $\mathscr{F}_t$ 的上鞅(supermartingale)(相应的下鞅，submartingale)。

定义 1.3.9　称 B- 值随机过程$\{X_t\}_{t\geqslant 0}$是关于$\{\mathscr{F}_t\}$的 B- 值局部鞅(或者简称局部鞅)，如果它是$\{\mathscr{F}_t\}$- 适应的且存在$\{\mathscr{F}_t\}$停时序列 $\tau_n\uparrow\infty$，使得过程$\{X^{\tau_n}(t)\overset{\text{def}}{=\!=}X(t\wedge\tau_n);t\geqslant 0\}$是鞅。通常将这样的停时列称为基本列。

定义 1.3.10　如果对几乎所有的 $\omega\in\Omega$，$\{X(t,\omega);t\geqslant 0\}$都具有有限变差，则称适应的随机过程$\{X_t\}_{t\geqslant 0}$是有限变差的(finite variation)。如果存在$\{\mathscr{F}_t\}$- 停时 $\tau_n\uparrow\infty$ 使得过程 $X^{\tau_n}(t)\overset{\text{def}}{=\!=}X(t\wedge\tau_n),t\geqslant 0$ 是有限变差过程，则称过程$\{X_t\}_{t\geqslant 0}$是局部有限变差过程。

定义 1.3.11　如果 $X(t)$ 具有分解 $X(t)=M(t)+V(t),t\geqslant 0$，其中 M 是局部鞅，而 V 是具有局部有限变差的适应过程，则称$\{\mathscr{F}_t\}$- 适应的 B- 值随机过程$\{X_t\}_{t\geqslant 0}$是关于$\{\mathscr{F}_t\}$的 B- 值半鞅(或者简称半鞅)。

命题 1.3.2　令 X- 为 B- 值可积过程。如果对所有的 $t,s\in I,t>s$，随机变量 X_t-X_s 独立于 $\mathscr{F}_s$，那么过程 $Y(t)\overset{\text{def}}{=\!=}X_t-EX_t,t\in I$ 是鞅。

此命题是条件期望性质的直接结论，即如果随机变量 X 独立于 $\mathscr{F}$ 的子 σ- 代数 $\mathscr{G}$，那么 $E(X\mid\mathscr{G})=EX$，P-a. s.，参见命题 1.1.1。

定理 1.3.2　设 $X=\{X_t\}_{t\in R^+}$ 为一适应的 càdlàg 过程。如果对任意的停时 τ，$E(\mid X_\tau\mid)<\infty$ 且 $E(X_\tau)=0$，那么 X 为一致可积鞅。

证明：令 $0\leqslant s<t<\infty$，并记 $\Lambda\in\mathscr{F}_s$。考虑

$$u_\Lambda=\begin{cases}u & (\omega\in\Lambda)\\ \infty & (\text{否则})\end{cases}$$

那么对任意的 $u\geqslant s$，u_Λ 为一停时，而且

$$\int_\Lambda X_u\,dP=\int X_{u_\Lambda}\,dP-\int_{\Omega/\Lambda}X_\infty\,dP=-\int_{\Omega/\Lambda}X_\infty\,dP$$

另一方面，对于 $u\geqslant s$，由假设条件 $E(X_{u_\Lambda})=0$ 可知，对 $\Lambda\in\mathscr{F}_s(s<t)$ 有

$$E(X_t 1_A) = E(X_s 1_A) = -E(X_\infty 1_{\Omega/A})$$

从而 $E(X_t \mid \mathscr{F}_s) = X_s$，$X$ 为鞅$(0 \leqslant t \leqslant \infty)$。

命题 1.3.3 ① 如果 B- 值随机过程 $\{M(t)\}_{t\in[0,T]}$ 为鞅，那么 $\{|M(t)|_B\}_{t\in[0,T]}$ 为下鞅；

② 设 g 为单调递增的凸函数，且将 $[0,\infty)$ 映到 $[0,\infty)$，如果 $E(g(|M(t)|_B))<\infty(t\in[0,T])$，则 $\{g(|M(t)|_B)\}_{t\in[0,T]}$ 为下鞅。

证明:① 令 $s,t\in[0,T]$，$s<t$，那么利用条件期望的性质可知

$$\begin{aligned} |M(s)|_B = |E(M(t)\mid\mathscr{F}_s)|_B \leqslant \\ |E(|M(t)|_B\mid\mathscr{F}_s)| \leqslant \\ E(|M(t)|_B\mid\mathscr{F}_s) \end{aligned}$$

② 如果 $|M(s)|_B \leqslant E(|M(t)|_B\mid\mathscr{F}_s)(s<t)$，$P$-a. s.，那么由 Jenson 不等式可知

$$\begin{aligned} g(|M(s)|_B) \leqslant g(E(|M(t)|_B\mid\mathscr{F})) \leqslant \\ E(g(|M(t)|_B\mid\mathscr{F}_s)), \qquad P\text{-a. s.} \end{aligned}$$

证毕。

特别地，由 ② 可以看出，如果 $E\left|M(t)\right|_B^p<\infty$，则 $\left|M(t)\right|_B^p\leqslant E(|M(t)|_B\mid\mathscr{F}_s)$。从而过程 $\{|M(t)|_B\}_{t\in[0,T]}$ 构成一下鞅。利用此命题以及关于下鞅的极大不等式(参见参考文献[14])，便可以得到如下的鞅不等式。

定理 1.3.3 ① 如果 $\{M_t\}_{t\in I}$ 为 B- 值鞅，其中 I 为一可数集，那么对任意的 $p\geqslant 1$，任意的 $\lambda>0$ 成立，有

$$P(\sup_{t\in I}|M_t|_B\geqslant\lambda)\leqslant\lambda^{-p}\sup_{t\in I}E(\left|M_t\right|_B^p)$$

特别地，如果 $p>1$，还有

$$E(\sup_{t\in I}\left|M_t\right|_B^p)\leqslant\left(\frac{p}{p-1}\right)^p\sup_{t\in I}E(\left|M_t\right|_B^p)$$

② 若 I 不可数，当鞅 $M(t)$ 为连续时，上述估计仍然成立。

关于下鞅，还有著名的 Doob 任意抽样定理成立。此定理在整个下鞅的理论中是非常重要的。为了完整起见，我们分别写出在离散和连续情形的 Doob 任意抽样定理。其证明可以参见 Kallenberg 的著作[12]。

定理 1.3.4(Doob optional sampling) 令 $\{X_n\}_{n=1,2,\cdots,k}$ 为关于 $\{\mathscr{F}_n\}$ 的下鞅(相应的，上鞅，鞅)，令 $\tau_1,\tau_2,\cdots,\tau_m$ 为 $\{\mathscr{F}_n\}$- 递增的停时序列，取值于 $\{1,2,\cdots,k\}$，则序列 $\{X_{\tau_i}\}_{i=1,2,\cdots,m}$ 是关于 $\{F_{\tau_i}\}$ 的下鞅(相应的，上鞅，鞅)。

类似地有如下的连续时间情形。

定理 1.3.5(Doob optional sampling) 令 $\{X_t\}_{t\in[0,T]}$ 为右连续的关于 $\{\mathscr{F}_t\}$ 的下鞅(相应的，上鞅，鞅)，令 $\tau_1,\tau_2,\cdots,\tau_m$ 为递增的停时序列，取值于 $[0,T]$，则序列 $\{X_{\tau_i}\}_{i=1,2,\cdots,m}$ 是关于 $\{\mathscr{F}_{\tau_i}\}$ 的下鞅(相应的，上鞅，鞅)。

接下来介绍 Doob 的下鞅不等式。记 $X(t)$ 的正部为 $X^+(t)\overset{\text{def}}{=\!=}\max\{X(t),0\}$。先证明如下的离散情形，而连续情形可以作为它的一个简单的结论。

命题 1.3.4 令 $\{X_n\}_{n=1,2,\cdots,k}$ 为下鞅，则

$$rP(\max_n X_n\geqslant r)\leqslant EX_k^+,\qquad \forall r>0$$

证明:定义 $A=\{\max_n X_n\geqslant r\}=\bigcup_{n=1}^k A_n$，其中 $A_1=\{X_1\geqslant r\}$，且

$$A_n = \{X_1 < r\} \cap \cdots \cap \{X_{n-1} < r\} \cap \{X_n \geqslant r\}, \qquad n = 2, \cdots, k$$

显然 $A_n \in \mathscr{F}_n$ 且在 A_n 上 $X_n \geqslant r$。因此

$$\mathrm{E}(X_k \chi_{A_n}) = \mathrm{E}(\mathrm{E}(X_k \mid \mathscr{F}_n)\chi_{A_n}) \geqslant \mathrm{E}(X_n \chi_{A_n}) \geqslant rP(A_n)$$

并由此推出

$$rP(A) \leqslant \mathrm{E}(X_k \chi_{A_n}) \leqslant \mathrm{E}X_k^+$$

定理 1.3.6(Doob inequality)　设 $\{X_t\}_{t \geqslant 0}$ 为右连续下鞅，则

$$rP(\sup_{t \in [0,T]} X_t \geqslant r) \leqslant \mathrm{E}X^+(T), \qquad \forall r > 0, \qquad \forall T \geqslant 0$$

证明：选取$[0,T]$的含 T 在内的有限子集构成的递增序列$\{Q_k\}$，且使得 $Q = \bigcup_k Q_k$ 在$[0,T]$中稠密。对任意 $\varepsilon \in (0,r)$，有

$$\{\sup_{t \in [0,T]} X_t \geqslant r\} \subset \bigcup_k \{\max_{t \in Q_k} X_t \geqslant r - \varepsilon\}$$

从而

$$P(\sup_{t \in [0,T]} X_t \geqslant r) \leqslant \mathrm{E} \leqslant \frac{1}{r-\varepsilon} X_T^+$$

取极限 $\varepsilon \downarrow 0$ 便得到结论。

下面介绍 Doob 关于下鞅的正则性结论，它表明在一定条件下一个下鞅具有 càdlàg 的修正。由于它是关于下鞅的结论，从而关于上鞅也是成立的，目前它已经被用来得到很大一类随机过程的 càdlàg 修正的存在性。关于它的证明，读者可以参见参考文献[15]。

定理 1.3.7　任何随机连续的下鞅$\{X_t\}_{t \in I}$具有 càdlàg 修正。

利用定理 1.3.6 和定理 1.3.7，可以得到如下的结论。

定理 1.3.8　令$\{M(t)\}_{t \geqslant 0}$为随机连续的平方可积鞅，取值于 Hilbert 空间$(U, \langle \cdot, \cdot \rangle_U)$，则 M 具有 càdlàg 修正(仍记为 M)，满足不等式

$$P(\sup_{t \in [0,T]} | M(t) |_U \geqslant r) \leqslant \frac{\mathrm{E} | M(T) |_U^2}{r^2}, \qquad \forall T \geqslant 0, \qquad \forall r > 0 \tag{1.3.1}$$

且

$$\mathrm{E} \sup_{t \in [0,T]} | M(t) |_U^{\alpha} \leqslant \frac{2}{2-\alpha} (\mathrm{E} | M(T) |_U^2)^{\alpha/2}, \qquad \forall T \geqslant 0, \qquad \forall \alpha \in (0,2) \tag{1.3.2}$$

证明：令$\{e_k\}$为 Hilbert 空间的一组标准正交基，且记

$$M_n(t) = \sum_{k=1}^{n} \langle M(t), e_k \rangle_U e_k, \qquad n \in \mathbb{N}, \qquad t \geqslant 0$$

显然 M_n 是鞅。由于$\langle M, e_k \rangle_U$是随机连续的实值鞅，从而是下鞅，因此具有 càdlàg 修正，从而每个 M_n 都具有 càdlàg 修正。由于显然 $\sum_{k=n+1}^{m} \langle M(t), e_k \rangle_U^2, t \geqslant 0$ 为下鞅，利用 Doob 下鞅不等式可得

$$I_{n,m} \xlongequal{\text{def}} P(\sup_{t \in [0,T]} | M_n(t) - M_m(t) |_U \geqslant r) =$$
$$P(\sup_{t \in [0,T]} \sum_{k=n+1}^{m} \langle M(t), e_k \rangle_U^2 \geqslant r^2) \leqslant \frac{1}{r^2} \mathrm{E} \sum_{k=n+1}^{m} \langle M(t), e_k \rangle_U^2$$

因此，当 $n, m \to \infty$ 时，$I_{n,m} \to 0$。利用 Borel-Canteli 引理可知，存在子列 $M_{n_l}, l = 1, 2, \cdots$，$P$-a. s. 一致收敛到某个 càdlàg 过程 M，它是原过程的一个修正。进一步利用 Doob 下鞅不等

式，便得到式(1.3.1)。注意到对 $Y \stackrel{\text{def}}{=\!=} \sup_{t\in[0,T]} \left|M(t)\right|_U^\alpha$ 以及 $b \stackrel{\text{def}}{=\!=} \mathrm{E}\left|M(T)\right|_U^2$ 成立，且

$$\mathrm{E}Y = \mathrm{E}\int_0^\infty \chi_{[0,Y]}(r)\mathrm{d}r = \int_0^\infty \mathrm{E}\chi_{[0,Y]}(r)\mathrm{d}r = \int_0^\infty P(Y \geqslant r)\mathrm{d}r \leqslant$$

$$b^{\alpha/2} + \int_{b^{\alpha/2}}^\infty P(Y \geqslant r)\mathrm{d}r \leqslant b^{\alpha/2} + \mathrm{E} \mid M(T) \mid_U^2 \int_{b^{\alpha/2}}^\infty r^{-2/\alpha}\mathrm{d}r \leqslant$$

$$b^{\alpha/2} + \mathrm{E} \mid M(T) \mid_U^2 \frac{b^{\frac{\alpha}{2}(-\frac{2}{\alpha}+1)}}{\dfrac{2}{\alpha}-1} \leqslant \frac{2}{2-\alpha}(\mathrm{E} \mid M(T) \mid_U^2)^{\alpha/2}$$

从而结论(1.3.2)成立。

下面介绍 Doob – Meyer 定理。给定滤 $\{\mathscr{F}_t\}$ 以及 $T \in [0,\infty)$，记 $\Sigma_{[0,T]} \stackrel{\text{def}}{=\!=} \{\tau$：为停时，且使得 $P(\tau \leqslant T) = 1\}$。

定义 1.3.12 如果对任意 $T \in [0,\infty)$ 随机变量 $\{X(\tau)\}_{\tau\in\Sigma_{[0,T]}}$ 是一致可积的，则称关于滤 $\{\mathscr{F}_t\}$ 右连续的下鞅 $X = \{X(t)\}_{t\geqslant 0}$ 属于类(DL)。

定理 1.3.9(Doob – Meyer) 任意属于类(DL)的 càdlàg 的下鞅 X，都存在唯一分解 $X(t) = N(t) + A(t), t \geqslant 0$。其中 N 是鞅，而 $A(t)$ 为可料的增过程，且 $A(0) = 0$(a. s.)。

定理的证明可以参见 Kallenberg[12]，Rogers 和 Williams[15] 或者 Jakubowski[16] 的著作。将此定理应用于过程 $\{\mid M(t) \mid_B^2\}_{t\geqslant 0}$ 便得如下结论。

引理 1.3.1 设 $M = \{M(t)\}_{t\geqslant 0}$ 为 B- 值右连续的平方可积鞅，则由此定义新的过程 $\mid M \mid_B^2 = \{\mid M(t) \mid_B^2\}_{t\geqslant 0}$ 是属于类(DL)的下鞅。

证明：由命题 1.3.3 可知，过程 $\mid M \mid_B^2$ 是下鞅，从而仅需证明 $\mid M \mid_B^2$ 属于类(DL)。固定 $T < \infty$，且令 $\tau \in \Sigma_{[0,T]}$，利用连续情形的 Doob 任意抽样定理可知

$$\mid M(\tau) \mid_B^2 \leqslant \mathrm{E}(\mid M(T) \mid_B^2 \mid \mathscr{F}_\tau)$$

因此

$$\lim_{r\to\infty} \sup_{\tau\in\Sigma_{[0,T]}} \int_{\{\mid M(\tau) \mid_B^2 \geqslant r\}} \mid M(\tau) \mid_B^2 \mathrm{d}P \leqslant \lim_{r\to\infty} \sup_{\tau\in\Sigma_{[0,T]}} \int_{\{\mid M(\tau) \mid_B^2 \geqslant r\}} \mid M(T) \mid_B^2 \mathrm{d}P \quad (1.3.3)$$

由不等式

$$\sup_{\tau\in\Sigma_{[0,T]}} P(\{\mid M(\tau) \mid_B^2 \geqslant r\}) \leqslant \frac{\mathrm{E} \mid M(T) \mid_B^2}{r^2}$$

可知，引理成立。

记 $\mathcal{M}^2(B)$ 为所有 B- 值平方可积，关于 $\{\mathscr{F}_t\}$ 为鞅，且使得 $\{\mid M(t) \mid_B\}_{t\geqslant 0}$ 是 càdlàg 的所有过程 $M = \{M(t)\}_{t\geqslant 0}$ 所构成的空间。如果 $B = R$，则记 $\mathcal{M}^2(R) = \mathcal{M}^2$。如果 M 是随机连续的，则 Doob 的正则性结论表明下鞅 $\mid M \mid_B^2$ 具有 càdlàg 修正。如果 B 是 Hilbert 空间，定理 1.3.8 也表明 M 具有 càdlàg 修正。事实上，在 Hilbert 空间，总可以假设 $\mathcal{M}^2(B)$ 的元素是 càdlàg 的。现在利用 Doob – Meyer 分解，如果 $M \in \mathcal{M}^2(B)$，则存在唯一可料的增过程 $\{\langle\langle M, M\rangle\rangle_t\}_{t\geqslant 0}$，使得 $\langle\langle M,M\rangle\rangle_0 = 0$，且 $\{\mid M(t) \mid_B^2 - \langle\langle M,M\rangle\rangle_t\}_{t\geqslant 0}$ 是鞅。称这样的增过程 $\{\langle\langle M, M\rangle\rangle_t\}_{t\geqslant 0}$ 为 Meyer 角括号过程或者可料变分过程。令 $M,N \in \mathcal{M}^2(B)$，可以定义新的过程

$$\langle\langle M,N\rangle\rangle \stackrel{\text{def}}{=\!=} \frac{1}{4}(\langle\langle M+N,M+N\rangle\rangle - \langle\langle M-N,M-N\rangle\rangle)$$

另一方面，由于对 $M,N \in \mathcal{M}^2$，有

$$M(t)N(t) = \frac{1}{4}(|M(t)+N(t)|^2 - |M(t)-N(t)|^2)$$

从而过程$\{M(t)N(t)-\langle\langle M,N\rangle\rangle_t\}_{t\geqslant 0}$是鞅。更一般地，如果$(U,\langle\cdot,\cdot\rangle_U)$为 Hilbert 空间，$M$，$N\in\mathcal{M}^2(U)$，那么过程$\{\langle M(t),N(t)\rangle_U-\langle\langle M,N\rangle\rangle_t\}_{t\geqslant 0}$是鞅。

尽管不会用到，但是还是介绍一下更一般的 Doob - Meyer 分解定理。读者可以参见 Protter 的著作[17]。

定理 1.3.10　任意下鞅$X=\{X_t\}_{t\in I}$都具有分解$X(t)=X_0+N(t)+A(t)$，其中$A=\{A_t\}_{t\in I}$是适应的增过程，而$N=\{N_t\}_{t\in I}$是局部鞅。

给定过程$X=\{X_t\}_{t\geqslant 0}$以及停时τ，X^τ通常表示过程$\{X_{t\wedge\tau}\}_{t\geqslant 0}$。对某一类过程$\chi$(如鞅，上鞅等)，记$\chi_{\text{loc}}$为对应的局部类，即存在停时序列$\tau_n\uparrow\infty$，使得对任意的$n\in\mathbb{N}$都有$X^{\tau_n}\in\chi$。在此记号下，$\mathcal{M}_{\text{loc}}(B)$以及$\mathcal{M}^2_{\text{loc}}(B)$相应地表示局部鞅以及局部平方可积鞅。记$\mathcal{BV}$为实值适应的 càdlàg 过程，且在有限时间区间上具有有界变差的过程所构成的空间。

定义 1.3.13　如果 càdlàg 适应的实值过程X可表达为$X=M+A$的形式，则称X是半鞅，其中$M\in\mathcal{M}^2$，$A\in\mathcal{BV}$；如果$M\in\mathcal{M}^2_{\text{loc}}$，$A\in\mathcal{BV}_{\text{loc}}$，则称$X$是局部半鞅。

引入所谓鞅M的二次变差过程$[M,M]$。关于定理的证明读者可以参见 Métivier 的著作[18]。

定理 1.3.11　对任意的$M\in\mathcal{M}^2$，存在适应的 càdlàg 增过程$[M,M]$，称为M的二次变差过程。

① 对任意$[0,\infty)$的划分$\Pi_n:0<t_0^n<t_1^n\cdots$，使得当$k\to\infty$时，$t_k^n\to\infty$，以及$\lim\limits_{n\to\infty}\sup\limits_j(t_{j+1}^n-t_j^n)=0$，且

$$[M,M]_t=\lim_{n\to\infty}\sum_j\left[M(t_{j+1}^n\wedge t)-M(t_j^n\wedge t)\right]^2$$

其极限是在$L^1(\Omega,\mathscr{F},P)$的意义下取的。

② $M^2-[M,M]$是鞅。

③ 如果M具有连续轨道，那么$\langle\langle M,M\rangle\rangle=[M,M]$。

类似于 Meyer 角括号，还可以对$M,N\in M^2$定义过程

$$[M,N]\xlongequal{\text{def}}\frac{1}{4}([M+N,M+N]-[M-N,M-N])$$

且此时

$$[M,N]_t=\lim_{n\to\infty}\sum_j\left[M(t_{j+1}^n\wedge t)-M(t_j^n\wedge t)\right]\left[N(t_{j+1}^n\wedge t)-N(t_j^n\wedge t)\right]$$

下面介绍的 Burkholder - Daxis - Gundy 不等式(简称 BDG 不等式)在实际的应用中是十分重要的，其证明可以参见 Kellenberg 的著作[12]。

定理 1.3.12　对任意的$p>0$，存在常数$C_p\in(0,\infty)$，使得对任意$M_0=0$的实值连续鞅M以及$T\geqslant 0$，且

$$C_p^{-1}\mathrm{E}\langle\langle M,M\rangle\rangle_T^{p/2}\leqslant\mathrm{E}\sup_{t\in[0,T]}|M_t|^p\leqslant C_p\mathrm{E}\langle\langle M,M\rangle\rangle_T^{p/2}$$

在更一般的情形，对不连续的鞅过程有类似的 BDG 不等式成立。

定理 1.3.13　对任意的$p\geqslant 1$，存在常数$C_p\in(0,\infty)$，使得对任意$M_0=0$的 càdlàg 的

实值平方可积鞅 M 以及 $T \geqslant 0$，且

$$C_p^{-1}\mathrm{E}[M,M]_T^{p/2} \leqslant \mathrm{E}\sup_{t\in[0,T]}|M_t|^p \leqslant C_p\mathrm{E}[M,M]_T^{p/2}$$

下面进一步讨论$\mathcal{M}^2(B)$的结构。固定时刻 $T>0$，并记$\mathcal{M}_T^2(B)$为 B- 值平方可积的连续鞅 $M(t)$ 构成的空间，为方便起见，简记为$\mathcal{M}_T^2$。

定理 1.3.14 空间$\mathcal{M}_T^2$ 在范数 $|M|_{\mathcal{M}_T^2}$ 下构成 Banach 空间，其中

$$|M|_{\mathcal{M}_T^2} = (\mathrm{E}\sup_{t\in[0,T]}|M(t)|_B^2)^{\frac{1}{2}}$$

证明：由前述定理可知，$|M|_B = \{|M(t)|_B\}_{t\in[0,T]}$ 为下鞅，且 $|M|_{\mathcal{M}_T^2}$ 为一范数。下面证明完备性。设$\{M_n\}$为一 Cauchy 列，即

$$\mathrm{E}(\sup_{t\in[0,T]}|M_n(t)-M_m(t)|_B^2)\to 0, \qquad m,n\to\infty$$

此式表明存在子列 M_{n_k}，使得

$$P\left(\sup_{t\in[0,T]}|M_{n_{k+1}}-M_{n_k}|_B \geqslant 2^{-k}\right)\leqslant 2^{-k}$$

利用波雷尔-康特立(Borel-Cantelli)引理可知，M_{n_k} 在区间$[0,T]$一致地以概率1收敛于某连续过程 $M=\{M(t)\}_{t\in[0,T]}$。显然对任意的 $t\in[0,T]$，序列$\{M_{n_k}\}$ 均方收敛于 $M(t)$，且对 $0\leqslant s\leqslant t\leqslant T, k=1,2,\cdots$，下式成立，即

$$\mathrm{E}(M_{n_k}\mid\mathscr{F}_s) = M_{n_k}(s), \qquad P\text{-a. s.}$$

从而令 $k\to\infty$ 便可以得到

$$\mathrm{E}(M(t)\mid\mathscr{F}_s) = M(s), \qquad P\text{-a. s.}$$

因此 $M\in\mathcal{M}_T^2$，且 M_n 以 $\|\cdot\|_{\mathcal{M}_T^2}$ 范数收敛到 M。

前面已经介绍了局部鞅以及鞅的概念，下面进一步考查它们之间的区别与联系，并以此作为本节的结束。下面的例子[17]会用到布朗运动以及 Itô 积分的一些知识，读者可以参见后面的内容。这里没有循环推理。

例 1.3.1 记 $B=\{B_t\}_{t\geqslant 0}$ 为 R^3 中的一布朗运动，并使得 $B_0=x\in R^3(x\neq 0)$。令 $u(y)=\dfrac{1}{|y|}$，$y\in R^3$，则 u 是 R^3 中的上调和函数。利用后面将要介绍的 Itô 公式可知，$X_t=u(B_t)$ 为正的上鞅。另一方面，令 $\tau_n=\inf\left\{t>0: |B_t|\leqslant\dfrac{1}{n}\right\}$。由于在球 $B\left(0,\dfrac{1}{n}\right)$之外函数 u 是调和的，利用 Itô 公式便知 $u(B_{t\wedge\tau_n})$ 为鞅。又 $u(B_{t\wedge\tau_n})$ 具有上界 n，可知它还是一致可积的。另外，如果 $B_0=x\neq 0$，利用布朗运动的性质可知$\lim\limits_{t\to\infty}\mathrm{E}(u(B_t))=0$，但是显然有 $\mathrm{E}(u(B_0))=\dfrac{1}{|x|}$，从而 $u(B_t)$ 不可能是鞅。

一个自然的问题是：在什么时候，一个局部鞅构成一个鞅？下述论断要用到极大函数：$M_t^*=\sup\limits_{s\leqslant t}|M_s|$，$M^*=\sup\limits_s|M_s|$。

定理 1.3.15 设 $M=\{M_t\}_{t\geqslant 0}$ 为一局部鞅，且对任意的 $t\geqslant 0$ 都有 $\mathrm{E}(M_t^*)<\infty$，那么 M 为鞅。如果还有 $\mathrm{E}(M^*)<\infty$，则 M 为一致可积鞅。

证明：记$(\tau_n)_{n\geqslant 1}$为一停时基本列，即 $\tau_n\uparrow\infty$。如果 $s\leqslant t$，$\mathrm{E}(M_{t\wedge\tau_n}\mid\mathscr{F}_s)=M_{s\wedge\tau_n}$，则利用控制收敛定理可知，$\mathrm{E}(M_t\mid\mathscr{F}_s)=M_s$；如果还有 $\mathrm{E}(M^*)<\infty$，则利用 $|M_t|\leqslant M^*$ 可知，$\{M_t\}_{t\geqslant 0}$ 是一致可积的。

1.4 Wiener 过程和布朗运动

1828 年，苏格兰植物学家布朗观察到悬浮在液体中的花粉微粒作无规则运动，这一运动后来被解释为液体分子的随机碰撞。为了从数学上研究这样的运动，用 $B_t(\omega)$ 表示花粉微粒 ω 在 t 时刻的位置，将其纳入随机过程的研究框架是适当的。在这方面取得突破性进展的是苏联数学家 Kolmogorov，他在 1918 年对这一现象在理论上作了精确的数学描述，并进一步研究了布朗运动轨道的性质。这些工作使得对布朗运动及其泛函的研究得到迅速的发展，并逐渐深入到概率论以及其他的数学分支，使其成为现代分析的重要部分。

利用 Kolmogorov 定理，为了构造 $\{B_t\}_{t\geqslant 0}$，仅需找到满足 Kolmogorov 相容性条件的概率测度 $\{\nu_{t_1,\cdots,t_{t_k}}\}$。这些测度必须要符合我们所看到的直观事实。

固定 $x\in R^d$，定义

$$p(t,x,y)=(2\pi t)^{-n/2}\exp\left(-\frac{|x-y|^2}{2t}\right),\qquad y\in R^d,\qquad t>0$$

对 $0\leqslant t_1\leqslant t_2\leqslant\cdots\leqslant t_k$ 定义 R^{dk} 上的测度：

$$\nu_{t_1,\cdots,t_k}(F_1\times\cdots\times F_k)=\int_{F_1\times\cdots\times F_k}p(t_1,x,x_1)p(t_2-t_1,x_1,x_2)\cdots p(t_k-t_{k-1},x_{k-1},x_k)\mathrm{d}x_1\cdots\mathrm{d}x_k \tag{1.4.1}$$

其中，$\mathrm{d}x$ 为 Lebesgue 测度，且约定 $p(0,y,x)\mathrm{d}x=\delta_y(x)$。利用 Kolmogorov 相容性条件(K.1) 将此定义延拓到所有有限序列 t_i，并注意到对所有的 $t\geqslant 0$ 有$\int_{R^d}p(t,x,y)\mathrm{d}y=1$，从而 Kolmogorov 相容性条件(K.2) 成立。应用 Kolmogorov 定理可知，存在概率空间$(\Omega,\mathscr{F},P^x)$ 以及其上的随机过程$\{B_t\}_{t\geqslant 0}$，使得任意有限维分布由式(1.4.1) 给出，即

$$P^x(B_{t_1}\in F_k,\cdots,B_{t_k}\in F_k)=\int_{F_1\times\cdots\times F_k}p(t_1,x,x_1)\cdots p(t_k-t_{k-1},x_{k-1},x_k)\mathrm{d}x_1\cdots\mathrm{d}x_k \tag{1.4.2}$$

如此构造的过程称为从 x 出发的布朗运动，此时 $P^x(B_0=x)=1$。值得指出的是，这样定义的布朗运动并不是唯一的，即存在多个$(\Omega,\mathscr{F},P^x,B_t)$ 使得式(1.4.2) 成立。但这并不影响我们的讨论，事实上可以选取任意这样的布朗运动进行讨论。正如下面将看到的，布朗运动的路径是连续的 a.s.，从而可以将几乎所有的 $\omega\in\Omega$ 和从$[0,\infty)$ 到 R^d 的连续函数 $t\mapsto B_t(\omega)$ 视为一致。因此也可以采用如下观点：布朗运动就是赋予一定概率测度 P^x 的空间$C([0,\infty),R^d)$(由式(1.4.1) 和式(1.4.2) 确定)。这样选取的布朗运动称为“标准布朗运动”(canonical Brownian motion)。除了直观以外，这样选取的一个好处在于便于对 $C([0,\infty),R^d)$ 上的测度作进一步深入的分析。进一步关于无穷维空间上的测度论的知识，读者可以参见张恭庆的《泛函分析讲义》[10]。

可以说明这样的布朗运动具有下述性质：① 布朗运动是 Gauss 过程，即任何有限维联合分布是正态分布；② 它是独立增量过程；③ 布朗运动的轨道是连续的(更确切地讲，存在连续修正)。由此出发，还可以得到更一般的 Wiener 过程的定义，为此设已经给定概率空间$(\Omega,\mathscr{F},\{\mathscr{F}_t\}_{t\geqslant 0},P)$。

定义 1.4.1 如果取值于 R^d 的随机过程 $B=\{B_t\}_{t\geqslant 0}$，满足

① 对 $0\leqslant s<t<\infty$，增量 B_t-B_s 独立于 $\mathscr{F}_s$；

② 对任意的 $s,t>0$，$B_{s+t}-B_s$ 是 Gauss 随机变量，服从分布 $N(0,Ct)$，即期望为 0，方差矩阵为 Ct 的 Gauss 随机变量，

则称 B 为 d- 维 Wiener 过程或者布朗运动。如果 $P(B_0=x)=1$，则称 B 为从 x 出发的布朗运动。特别地，当 $d=1,C=\sigma^2=1,x=0$ 时，称 B 为标准布朗运动，此时 $B_t\sim N(0,t)$。

不妨考虑一维情形。直观地，$B_t(\omega)$ 表示在 t 时刻花粉 ω 所在位置的坐标。设液体是均匀的，此时可设从 s 时刻到 $s+t$ 时刻的位移 $B_{s+t}-B_s$ 是许多独立的小位移的和，即

$$B_{s+t}-B_s=\left(B_{s+\frac{t}{n}}-B_s\right)+\cdots+\left[B_{s+\frac{(n-1)t}{n}}-B_{s+\frac{(n-2)t}{n}}\right]+\left[B_{s+\frac{nt}{n}}-B_{s+\frac{(n-1)t}{n}}\right]$$

根据中心极限定理，自然可以设 $B_{s+t}-B_s$ 服从正态分布 $N(0,\sigma^2 t)$。由液体的均匀性，σ 应不依赖于 s,t 以及空间变量 x。

细心的读者已经发现这里的定义和前面由过程提取的性质稍微有点差别：这里的定义并没有要求轨道的连续性。事实上 ①、② 已经决定了 B 的分布，但是连续性不能完全由 B 的分布决定。利用 Kolmogorov-Loève-Chentsov 定理（KLC 定理）1.3.1，可以证明轨道的连续性，事实上还可以证明其 Hölder 连续性。

考虑 d- 维布朗运动。设 $t>s\geqslant 0$，对所有的整数 $m=1,2,\cdots$，有

$$\begin{aligned}\mathrm{E}(|B_t-B_s|^{2m})=&\frac{1}{(2\pi r)^{d/2}}\int_{R^d}|x|^{2m}\mathrm{e}^{-\frac{|x|^2}{2r}}\mathrm{d}x= && (r=t-s>0)\\&\frac{1}{(2\pi)^{d/2}}r^m\int_{R^d}|y|^{2m}\mathrm{e}^{-\frac{|y|^2}{2}}\mathrm{d}y= && (y=x/\sqrt{r})\\&Cr^m=C|t-s|^m\end{aligned}$$

从而利用 KLC 定理（$a=2m,d=1,b=m-1$）可知，布朗运动 B 是 Hölder 连续的（a. s.），其 Hölder 指标为

$$0<\alpha<\frac{b}{a}=\frac{1}{2}-\frac{1}{2m}\qquad(\forall m)$$

定理 1.4.1 对几乎所有的 ω 以及任意 $T>0$，布朗运动的样本轨道 $t\mapsto B_t(\omega)$ 在 $[0,T]$ 上一致 α - Hölder 连续（$\forall\alpha\in(0,1/2)$）。

这也表明任何 Wiener 过程都具有连续的样本轨道（a. s.）。

反之还可以问，这里的 α 可以提得更高吗？之所以问这样的问题，是因为在微分方程的研究中（或者更广泛地说在数学中），好的正则性一般会蕴含更好的结果。然而回答是令人失望的：对任意的 $\alpha>\frac{1}{2}$，它都不是 α - Hölder 连续的。

定理 1.4.2 对任意 $\frac{1}{2}<\alpha\leqslant 1$ 以及几乎所有的 ω，$t\mapsto B_t(\omega)$ 无处 α - Hölder 连续。特别地，布朗运动的样本轨道无处可微。

推论 1.4.1 布朗运动在任意有限的区间上都不是有界变差的。

尽管如此，仍有下述均方意义下的收敛定理。定义区间 $[s,t]$ 上的划分

$$\Pi_n: s=t_0^n<t_1^n<\cdots<t_{m_n-1}^n<t_{m_n}^n=t$$

令

$$\| \Pi_n \| \xlongequal{\text{def}} \max_{1 \leqslant k \leqslant m-1} | t_{k+1}^n - t_k^n |$$

则如下定理成立。

定理 1.4.3　对于布朗运动 $B = \{B_t\}_{t \in [s,t]}$，定义

$$S_n \xlongequal{\text{def}} \sum_k | B_{t_{k+1}^n}(\omega) - B_{t_k^n}(\omega) |^2$$

则当 $\| \Pi_n \| \to 0 (n \to \infty)$ 时，$S_n \to t - s$ 在 $L^2(\Omega, \mathscr{F}, P)$ 的意义下收敛。

证明：在上述记号下，有

$$S_n - (t - s) = \sum_k (B_{t_{k+1}^n} - B_{t_k^n})^2 - (t_{k+1}^n - t_k^n)$$

由于被加项相互独立且均值为 0，故

$$\mathrm{E}(S_n - (t-s))^2 = \sum_k \mathrm{E}[(B_{t_{k+1}^n} - B_{t_k^n})^2 - (t_{k+1}^n - t_k^n)]^2 = \sum_k \mathrm{E}[(Y^2 - 1)(t_{k+1}^n - t_k^n)]^2$$

这里 Y 是服从 $N(0,1)$ 的正态分布，从而上式变为

$$\mathrm{E}[S_n - (t-s)]^2 \leqslant \mathrm{E}(Y^2-1)^2 \| \Pi_n \| \sum_k (t_{k+1}^n - t_k^n) = \mathrm{E}(Y^2-1)^2 (t-s) \| \Pi_n \| \to 0$$

事实上，对于标准布朗运动 $B = \{B_t\}_{t \in [s,t]}$，有

$$\lim_{n \to \infty} S_n = t - s, \qquad \text{a. s.}$$

这一点的证明要用到向后鞅收敛定理，其证明可以参见 Protter 的著作[17]。

下面的命题可以作为布朗运动的等价定义。仅考虑标准布朗运动。

命题 1.4.1　设 $B_0 = 0, B = \{B_t\}_{t \geqslant 0}$ 为布朗运动，当且仅当它是 Gauss 系，且满足期望性质

$$\mathrm{E}B_t = 0, \qquad \mathrm{E}(B_t B_s) = t \wedge s \tag{1.4.3}$$

证明：如果它是布朗运动，那么由布朗运动的定义可知它是 Gauss 系，且容易验证上述期望性质(1.4.3)。特别地，

$$\mathrm{E}B_t B_s = \frac{1}{2}\mathrm{E}[B_t^2 + B_s^2 - (B_t^2 - B_s)^2] = \frac{1}{2}(t + s - | t - s |) = t \wedge s$$

反之，如果 Gauss 系满足上述期望性质，则可以得到独立增量性以及分布性质，且不难说明它是布朗运动。

命题 1.4.2　若 $\{B_t; t \in R^+\}$ 为布朗运动，且 $B_0 = 0$，则下述结论成立：

① $\{B_{s+t} - B_s; t \in R^+\}$ 仍服从布朗分布；

② $\left\{\frac{1}{\sqrt{\lambda}} B_{\lambda t}; t \in R^+\right\}$ 仍服从布朗分布；

③ $\left\{ t B_{\frac{1}{t}}; t \in R^+\right\}$ 仍服从布朗分布；

④ $\{B_{T-s} - B_T; s \in [0, T]\}$ 仍服从布朗分布。

此命题的证明并不困难，利用上面的等价定义仅需要计算其相应的期望性质即可。以 ③

为例

$$\mathrm{E}(tB_{\frac{1}{t}}sB_{\frac{1}{s}}) = ts\left(\frac{1}{t} \wedge \frac{1}{s}\right) = ts\,\frac{1}{t \vee s} = t \wedge s$$

从定理1.4.3可以看出，当 t 很小时，$B_{t+s} - B_s$ 应该大致和 $\sqrt{|t|}$ 同阶。对 $B_{s+t} - B_s$ 的更精确的估计有一系列的结果，特别应指出的是如下的 loglog 型估计。

命题 1.4.3 对于布朗运动 $\{B(t);t \in R\}$，有

$$\overline{\lim_{t\downarrow 0}} \frac{B(s+t) - B(s)}{\sqrt{t\log\log(1/t)}} = 1, \qquad \text{a. s.} \tag{1.4.4}$$

$$\overline{\lim_{t\uparrow \infty}} \frac{B(s+t) - B(s)}{\sqrt{t\log\log t}} = 1, \qquad \text{a. s.} \tag{1.4.5}$$

证明：仅需证明 $s = 0$ 且 $B(0) = 0$ 时结论成立即可。先证

$$\overline{\lim_{t\downarrow 0}} \frac{B(t)}{\sqrt{t\log\log(1/t)}} \leqslant 1 \tag{1.4.6}$$

令 $\delta > 0$，$\varphi(t) = \sqrt{2t\log\log(1/t)}$，并取序列 $t_n \downarrow 0$。考虑事件

$$A_n = \{\text{对于至少一个 } t \in [t_{n+1},t_n], B(t) > (1+\delta)\varphi(t)\}$$

由于如果 $t \uparrow$ 单调，则 $\varphi(t) \uparrow$ 也单调，从而

$$A_n \subset \{\sup_{1\leqslant \tau\leqslant t_n} B(t) > (1+\delta)\varphi(t_{n+1})\}$$

另一方面，由估计

$$P(\max_{0\leqslant j\leqslant n} B(t_j) > \lambda) \leqslant 2P(B(t_n) > \lambda), \qquad \forall \lambda > 0$$

可知，如果 $x > 0$，则

$$P\Big[\sup_{0\leqslant t\leqslant t_n} B(t) > x\sqrt{t_n}\Big] \leqslant 2P[B(t_n) > x\sqrt{t_n}] =$$

$$2P\left[\frac{B(t_n)}{\sqrt{t_n}} > x\right] = \sqrt{\frac{2}{\pi}}\int_x^{\infty} \mathrm{e}^{-z^2/2}\,\mathrm{d}z \leqslant$$

$$\sqrt{\frac{2}{\pi}}\,\frac{1}{x}\int_x^{\infty} z\,\mathrm{e}^{-z^2/2}\,\mathrm{d}z = \sqrt{\frac{2}{\pi}}\,\frac{\mathrm{e}^{-x^2/2}}{x}$$

取 $x = x_n = (1+\delta)\dfrac{\varphi(t_{n+1})}{\sqrt{t_n}}$ 便得到

$$P(A_n) \leqslant \sqrt{\frac{2}{\pi}}\,\frac{\mathrm{e}^{-x^2/2}}{x_n}$$

取 $t_n = q^n (0 < q < 1)$ 以及 $\lambda = q(1+\delta)^2 > 1$，则

$$x_n = \{2\log[\alpha(n+1)^{\lambda}]\}^{1/2}, \qquad \alpha = \log(1/q)$$

从而

$$P(A_n) \leqslant \frac{C}{(n+1)^{\lambda}\log(n+1)}, \qquad C \text{ 为常数}$$

于是 $\sum P(A_n) < \infty$，由波雷尔-康特立引理，$P(A_n \text{i. o.}) = 0$（这里，i. o. 表示无限多个 A_n 发生）。这意味着

$$\overline{\lim_{t\downarrow 0}} \frac{B(t)}{\sqrt{2t\log\log(1/t)}} \leqslant 1+\delta$$

由 δ 的任意性可知式(1.4.6) 成立。

其次证明

$$\overline{\lim_{t\downarrow 0}}\frac{B(t)}{\sqrt{2t\log\log(1/t)}}\geqslant 1 \tag{1.4.7}$$

再从序列 $t_n\downarrow 0$ 开始。令 $Z_n=B(t_n)-B(t_{n+1})$，对任意的 $x>0$，$\varepsilon>0$，有

$$P(Z_n>x\sqrt{t_n-t_{n+1}})=P\left[\frac{B(t_n)-B(t_{n+1})}{\sqrt{t_n-t_{n+1}}}>x\right]=\frac{2}{\sqrt{2\pi}}\int_x^{\infty}e^{-z^2/2}dz$$

由分部积分可得

$$\frac{1}{x}e^{-x^2/2}=\int_x^{\infty}\left(1+\frac{1}{z^2}\right)e^{-z^2/2}dz\leqslant\left(1+\frac{1}{x^2}\right)\int_x^{\infty}e^{-z^2/2}dz$$

从而

$$\int_x^{\infty}e^{-z^2/2}dz\geqslant\left(x+\frac{1}{x}\right)^{-1}e^{-x^2/2}$$

由此当 $x>1$ 时，有

$$P(Z_n>x\sqrt{t_n-t_{n+1}})\geqslant\frac{1}{2\sqrt{2\pi}x}e^{-x^2/2}$$

取 $t_n=q^n$，$0<q<1$，则

$$x=x_n=(1-\varepsilon)\frac{\varphi(t_n)}{\sqrt{t_n-t_{n+1}}}=\frac{1-\varepsilon}{\sqrt{1-q}}\sqrt{2\log(n\log 1/q)}=\sqrt{\beta\log(\alpha n)}$$

其中，$\alpha=\log 1/q$，$\beta=2(1-\varepsilon)^2/(1-q)$，而选取 q 充分小，使得 $\beta<2$。于是

$$P(Z_n>(1-\varepsilon)\varphi(t_n))\geqslant\frac{C}{n^{\beta/2}\sqrt{\log n}},\qquad C\text{ 为正常数}$$

从而

$$\sum_{n=1}^{\infty}P(Z_n>(1-\varepsilon)\varphi(t_n))=\infty$$

由于事件 $\{Z_n>(1-\varepsilon)\varphi(t_n)\}$ 相互独立，因此由波雷尔-康特立引理便得到

$$P[Z_n>(1-\varepsilon)\varphi(t_n)\text{i. o. }]=1$$

将式(1.4.4) 的证明用到布朗运动 $\{-B(t)\}$ 上，便得到

$$P[B(t_{n+1})<-(1+\varepsilon)\varphi(t_{n+1})\text{i. o. }]=1$$

它与上式综合起来就得到 a. s.

$$B(t_n)=Z_n+B(t_{n+1})>(1-\varepsilon)\varphi(t_n)-(1+\varepsilon)\varphi(t_{n+1})=$$

$$\varphi(t_n)\left[1-\varepsilon-(1+\varepsilon)\frac{\varphi(t_{n+1})}{\varphi(t_n)}\right],\qquad\text{i. o.}$$

对任意的 $\delta>0$，通过选择 ε，q 充分小，使得

$$1-\varepsilon-(1+\varepsilon)\sqrt{q}>1-\delta$$

并注意到 $\dfrac{\varphi(t_{n+1})}{\varphi(t_n)}\to\sqrt{q}\,(n\to\infty)$，可得

$$P\{B(t_n)>[1-\delta\varphi(t_n)]\text{i. o. }\}=1$$

由 δ 的任意性便知式(1.4.7) 成立，从而式(1.4.4) 成立。

考虑过程

$$\widetilde{B}(t) = \begin{cases} tB(1/t) & (t > 0) \\ 0 & (t = 0) \end{cases}$$

由前述命题可知$\{\widetilde{B}(t)\}_{t\geqslant 0}$仍为布朗运动，应用式(1.4.4)的结论不难证明式(1.4.5)。

推论 1.4.2 对于布朗运动$\{B(t)\}_{t\geqslant 0}$，下式成立，即

$$\underline{\lim}_{t\downarrow 0}\frac{B(s+t)-B(s)}{\sqrt{t\log\log(1/t)}}=-1,\qquad \text{a. s.}$$

$$\underline{\lim}_{t\uparrow \infty}\frac{B(s+t)-B(s)}{\sqrt{t\log\log t}}=-1,\qquad \text{a. s.}$$

定理 1.4.4(布朗运动的鞅性) 设$\{B_t; t\in R^+\}$为标准的$\mathscr{F}_t$-布朗运动，则

① B_t 为 $\mathscr{F}_t$-鞅；

② $B_t^2 - t$ 为 $\mathscr{F}_t$-鞅；

③ $\exp(\sigma B_t - (\sigma^2/2)t)$ 为 $\mathscr{F}_t$-鞅。

证明： 如果$s\leqslant t$，则$B_t - B_s$独立于σ-代数$\mathscr{F}_s$，因此$\mathrm{E}(B_t - B_s \mid \mathscr{F}_s) = \mathrm{E}(B_t - B_s)$。由标准布朗运动的期望性质可知，$\mathrm{E}(B_t - B_s) = 0$，结论①成立。另一方面，由

$$\mathrm{E}(B_t^2 - B_s^2 \mid \mathscr{F}_s) = \mathrm{E}[(B_t - B_s)^2 + 2B_s(B_t - B_s) \mid \mathscr{F}_s] = \mathrm{E}[(B_t - B_s)^2 \mid \mathscr{F}_s] + 2B_s\mathrm{E}(B_t - B_s \mid \mathscr{F}_s)$$

以及结论①可知

$$\mathrm{E}(B_t^2 - B_s^2 \mid \mathscr{F}_s) = \mathrm{E}[(B_t - B_s)^2 \mid \mathscr{F}_s]$$

由布朗运动具有独立平稳增量立即可得

$$\mathrm{E}[(B_t - B_s)^2 \mid \mathscr{F}_s] = \mathrm{E}(B_{t-s}^2) = t - s$$

最后证明③。注意到对标准正态随机变量g，下式成立，即

$$\mathrm{E}(\mathrm{e}^{\lambda g}) = \frac{1}{\sqrt{2\pi}}\int_{-\infty}^{+\infty}\mathrm{e}^{\lambda x}\mathrm{e}^{-x^2/2}\mathrm{d}x = \mathrm{e}^{\lambda^2/2}$$

另一方面，如果$s < t$，则由B_s是$\mathscr{F}_s$可测的，可知

$$\mathrm{E}(\mathrm{e}^{\sigma B_t - \sigma^2 t/2} \mid \mathscr{F}_s) = \mathrm{e}^{\sigma B_s - \sigma^2 t/2}\mathrm{E}(\mathrm{e}^{\sigma(B_t - B_s)} \mid \mathscr{F}_s)$$

由于$B_t - B_s$独立于$\mathscr{F}_s$，从而下式成立，即

$$\mathrm{E}[\mathrm{e}^{\sigma(B_t - B_s)} \mid \mathscr{F}_s] = \mathrm{E}[\mathrm{e}^{\sigma(B_t - B_s)}] = \mathrm{E}(\mathrm{e}^{\sigma B_{t-s}}) = \mathrm{E}[\mathrm{e}^{\sigma g\sqrt{t-s}}] = \exp\left[\frac{1}{2}\sigma^2(t-s)\right]$$

故结论③成立。

上述定理给出了布朗运动的鞅性质。反之，还可以建立鞅对布朗运动的刻画，即 Lévy 对布朗运动的鞅刻画，其证明推迟到讲述 Itô 公式之后。

定理 1.4.5(布朗运动的鞅刻画) 令$X = \{X_t\}_{t\geqslant 0}$为适应过程，具有连续的样本路径，均值为0，且对任意的$1\leqslant i,j\leqslant d, s,t\geqslant 0$，其协方差阵为$\mathrm{E}X_i(t)X_j(s) = a_{ij}(s\wedge t)$。令$\boldsymbol{A} = (a_{ij})$为$d\times d$正定矩阵，那么下述条件等价：

① X 是协方差矩阵为 $\boldsymbol{A}$ 的布朗运动；

② X 是鞅，$\langle\langle X_i, X_j\rangle\rangle(t) = a_{ij}t$，$\forall 1\leqslant i,j\leqslant d, t\geqslant 0$；

③ 对任意的 $u\in R^d$，过程$\{\mathrm{e}^{i(u,X(t))+\frac{t}{2}(u,au)}\}_{t\geqslant 0}$是鞅。

下面考虑布朗运动的马氏性、半群及其生成元(参见有关马氏过程的内容)。由于布朗运

动是时齐的独立增量过程，从而它也是时齐的马氏过程。它的转移函数记为 $p(t,x,A)$。

$$
\begin{aligned}
p(t,B_0,A) \xlongequal{\text{def}} & \mathrm{E}[1_A(B_t)\mid \mathscr{F}_0]= \\
& \mathrm{E}(1_A[B_t-B_0+x)\mid \mathscr{F}_0]|_{x=B_0} \qquad (B_0\in\mathscr{F}_0) \\
& \mathrm{E}(1_A[B_t-B_0+x)]|_{x=B_0} = \\
& \int 1_A(z+x)\frac{\mathrm{e}^{-\frac{z^2}{2t}}}{\sqrt{2\pi t}}\mathrm{d}z\Big|_{x=B_0} = \\
& \int_A \frac{\mathrm{e}^{-\frac{(y-x)^2}{2t}}}{\sqrt{2\pi t}}\mathrm{d}y\Big|_{x=B_0}
\end{aligned}
$$

从而转移密度函数为

$$
p(t,x,y)=\frac{1}{\sqrt{2\pi t}}\mathrm{e}^{-\frac{(y-x)^2}{2t}}
$$

考虑$\dfrac{\partial p(t,x,y)}{\partial t}$，直接计算可得

$$
\frac{\partial p(t,x,y)}{\partial t}=\frac{1}{2}\frac{\partial^2 p}{\partial y^2} \tag{1.4.8}
$$

$$
\frac{\partial p(t,x,y)}{\partial t}=\frac{1}{2}\frac{\partial^2 p}{\partial x^2} \tag{1.4.9}
$$

这两个方程对应于 Kolmogorov 后退方程与前进方程(1.2.5) 和前进方程(1.2.6)。

布朗运动的转移半群是

$$
P_t f(x)=E_x f(B_t)=\int \frac{1}{\sqrt{2\pi t}}\mathrm{e}^{-\frac{(y-x)^2}{2t}}f(y)\mathrm{d}y
$$

下面考察半群的生成元。为此，考察$\dfrac{P_t f(x)-f(x)}{t}$。为了方便起见，特将 f 限制在 $C_u(R^1)\xlongequal{\text{def}}\{f:R^1\to R^1$，有界一致连续$\}$ 上。事实上，由强连续中心的定义，C_u 包含在 P_t 强连续中心里。直接计算可得

$$
\frac{P_t f(x)-f(x)}{t}=\int \frac{1}{\sqrt{2\pi}}\mathrm{e}^{-\frac{z^2}{2}}\frac{f(x+\sqrt{t}z)-f(x)}{t}\mathrm{d}z \tag{1.4.10}
$$

如果

$$
C_u^2(R^1)\xlongequal{\text{def}}\{f\in C_u(R^1): f'' \text{ 一致连续且有界}\}
$$

那么

$$
\begin{aligned}
\mathscr{A}f(x)= & \lim_{t\downarrow 0}\int \frac{\mathrm{e}^{-\frac{z^2}{2}}}{\sqrt{2\pi}}\left[\frac{f'(x)}{\sqrt{t}}z+\frac{f''(x+\theta\sqrt{t}z)}{2t}tz^2\right]\mathrm{d}z= \\
& \lim_{t\downarrow 0}\int \frac{\mathrm{e}^{-\frac{z^2}{2}}}{\sqrt{2\pi}}\frac{1}{2}[f''(x+\theta\sqrt{t}z)-f''(x)]\mathrm{d}z+\frac{1}{2}f''(x)= \\
& \frac{1}{2}f''(x)
\end{aligned}
$$

因此

$$
\left\|\frac{P_t f-f}{t}-\frac{1}{2}f''\right\|\to 0,\qquad f\in\mathscr{D}(\mathscr{A})
$$

而且

$$\mathscr{A}f = \frac{1}{2}f''$$

一般说来，要找出 $\mathscr{D}(\mathscr{A})$ 不是件容易的事情，通常找到 $B_0(\mathscr{S})$ 的一个稠密子集就够了，这里 $C_u^2(R^1)$ 显然在 $B_0(\mathscr{S})$ 中稠密。联系到生成元和 Q 矩阵之间的类似关系，也就说明了为什么这里的 Kolmogorov 向前、向后方程具有上述的形式。至于什么时候 Kolmogorov 向前方程成立，目前已有许多结论，这涉及偏微分方程的很多理论，特别是抛物方程理论。有兴趣的读者可以参见一般扩散过程的著作以及偏微分方程的著作，如参考文献[19]。

下面以具体构造布朗运动结束本节的内容。第一个严格的布朗运动存在性的证明是 Wiener 在 1923 年给出的，它基于 Daniell 在无穷维空间上构造测度的方法。后来人们在仅假设独立同 Gauss 分布的随机变量列的存在下，利用 Fourier 级数构造了布朗运动。下面的构造是属于 Lévy 和 Ciesielski 的，参见参考文献[20,21]。

一个构造的关键是利用 Haar 系。

定义 1.4.2　如果 $h_0 = 1$，且对 $2^n \leqslant k < 2^{n+1}, n = 1,2,\cdots$，有

$$h_k(t) \overset{\text{def}}{=\!=} \begin{cases} 2^{n/2}, & \dfrac{k-2^n}{2^n} \leqslant t < \dfrac{k-2^n+1/2}{2^n} \\ -2^{n/2}, & \dfrac{k-2^n+1/2}{2^n} < t \leqslant \dfrac{k-2^n+1}{2^n} \\ 0, & \text{其他} \end{cases} \tag{1.4.11}$$

则系 $\{h_k(\cdot)\}_{k=1}^{\infty}$ 称为定义在[0,1]上的 Haar 系。可以说明 Haar 系构成 $L^2(0,1)$ 上的完备标准正交基。令 $X_k(\omega)$ 为定义在概率空间 $(\Omega,\mathscr{F},P)$ 上的一族独立同正态分布 $N(0,1)$ 的随机变量序列，以及 $s_k(t) \overset{\text{def}}{=\!=} \int_0^t h_k(s)\mathrm{d}s\ (0 \leqslant t \leqslant 1)$，则可以证明序列

$$W(t,\omega) \overset{\text{def}}{=\!=} \sum_{k=0}^{\infty} X_k(\omega)s_k(t) \qquad (0 \leqslant t \leqslant 1)$$

对 a.s. $\omega \in \Omega$ 在[0,1]上一致收敛，而且

① $W(\cdot)$ 是定义在[0,1]上的布朗运动；

② 对 a.s. ω，样本路径 $t \mapsto W(t,\omega)$ 是连续的。

1.5　Poisson 过程

Poisson 过程和布朗运动是连续时间参数随机过程理论中最重要的两类过程。上一节已经粗略地介绍了布朗运动和它的一些性质，接下来本节将介绍 Poisson 过程及其相关性质。Poisson 过程最初是由法国人 Poisson 引入的，并因此得名。它是描述许多偶然现象的一种重要的随机过程，最著名的例子包括盖克计数器上的粒子流、电话总机所接收到传呼的次数、交通流中的事故数、地震记录，等等。这类变化过程具有相同的变化类型。下面将从数学上给出 Poisson 过程的定义并讨论它的一些数学性质。

假设已经给定概率空间及其上的滤 $(\Omega,\mathscr{F},\{\mathscr{F}_t\}_{0\leqslant t\leqslant\infty},P)$ 且满足通常的要求。记 T_n 为严格递增的正的随机变量序列，且取 $T_0 = 0$(a.s.)。

定义 1.5.1　过程 $N=\{N_t;0\leqslant t\leqslant\infty\}$ 定义如下：

$$N_t=\sum_{n\geqslant 1}\mathbb{1}_{t\geqslant T_n}$$

其中，N_t 取值于 $\mathbb{N}^+\xlongequal{\text{def}}\mathbb{N}\cup\{\infty\}$，示性函数 $\mathbb{1}_{t\geqslant T_n}$ 定义为

$$\mathbb{1}_{t\geqslant T_n}=\begin{cases}1, & t\geqslant t_n(\omega)\\ 0, & t<t_n(\omega)\end{cases}$$

这样的过程称为与序列 $\{T_n;n\geqslant 1\}$ 相联系的计数过程。

定义 $T=\sup\limits_n T_n$，则

$$[T_n,\infty)=\{N\geqslant n\}=\{(t,\omega):N_t(\omega)>n\}$$

$$[T_n,T_{n+1})=\{N=n\},\qquad [T,\infty)=\{N=\infty\}$$

这里随机变量 T 称为 N 的爆破时间。如果 $T=\infty$ a. s.，则称计数过程 N 不爆破。由此立即可推出其增量为

$$N_t-N_s\xlongequal{\text{def}}\sum_{n\geqslant 1}\mathbb{1}_{s<T_n\leqslant t}$$

其中，N_t-N_s 表示在 $(s,t]$ 时间内事件到达的次数。可以看出，不爆破的计数过程具有左极右连的样本轨道(i. e. càdlàg)。

下一定理揭示了计数过程和适应性之间的关系。

定理 1.5.1　当且仅当相应的随机变量 $\{T_n;n\geqslant 1\}$ 是停时时，计数过程 N 是适应的。

证明：如果 $\{T_n;n\geqslant 1\}$ 是停时，且 $T_0=0$，a. s.，那么对任意的 n，事件

$$\{N_t=n\}=\{\omega:T_n(\omega)\leqslant t<T_{n+1}(\omega)\}\in\mathscr{F}_t$$

从而 $N_t\in\mathscr{F}_t$，N 是适应的。

反之，如果 N 是适应的，那么 $\{T_n\leqslant t\}=\{N_t\geqslant n\}\in\mathscr{F}_t$，从而 T_n 是停时。

在此基础上，给出 Poisson 过程的定义。

定义 1.5.2　如果

① 对任意的 $o\leqslant s<t<\infty$，N_t-N_s 独立于 $\mathscr{F}_s$；

② 对任意的 $o\leqslant s<t<\infty$，$o\leqslant u<v<\infty$，且 $t-s=v-u$，N_t-N_s 和 N_v-N_u 同分布，

则不爆破、适应的计数过程 N 称为 Poisson 过程。

这样的定义在实际中并不好用，它仅告诉我们独立增量是平稳的，而没有提供任何分布的信息。下述定理在实际中是非常有用的。

定理 1.5.2　设 N 是 Poisson 过程，则存在 $\lambda>0$，使得

$$P(N_t=n)=\frac{\mathrm{e}^{-\lambda t}(\lambda t)^n}{n!}\tag{1.5.1}$$

对任意的 $n=0,1,2,\cdots$ 成立。

定理表明 N_t 具有参数为 λt 的 Poisson 分布。

证明：证明分为如下 4 个步骤：

步骤 1　对任意的 $t\geqslant 0$，$P(N_t=0)=\mathrm{e}^{-\lambda t}$ 对某个 $\lambda\geqslant 0$ 成立。

注意到 $\{N_t=0\}=\{N_s=0\}\cap\{N_t-N_s=0\}(0\leqslant s<t<\infty)$，由增量的独立性以及平稳性可知

$$P(N_t=0)=P(N_s=0)P(N_t-N_s=0)=P(N_s=0)P(N_{t-s}=0)$$

记 $\alpha(t)=P(N_t=0)$，则 $\alpha(t)=\alpha(s)\alpha(t-s)$。由 $\alpha(t)$ 关于时间 t 的右连续性可知，要么对任意的 $t\geqslant 0$，$\alpha(t)=0$ 成立；要么 $\alpha(t)=\mathrm{e}^{-\lambda t}$ 对某个 $\lambda\geqslant 0$ 成立。如果 $\alpha(t)=0$，则对 $t\geqslant 0$，$N_t(\omega)=\infty$ a. s. 。这和 N 是一个计数过程矛盾。

步骤 2 $P(N_t\geqslant 2)=o(t)$，即 $\lim\limits_{t\to 0}\dfrac{1}{t}P(N_t\geqslant 2)=0$。

令 $\beta(t)=P(N_t\geqslant 2)$，由 Poisson 过程 N 的轨道函数是非减的，可知 β 也是非减的。容易验证 $\lim\limits_{t\to 0}\dfrac{1}{t}\beta(t)=0$ 等价于 $\lim\limits_{n\to\infty}n\beta(1/n)$。将 $[0,1]$ 分为 n 个等长的子区间，并令 S_n 为包含至少两次到达事件的子区间的个数，由增量的独立性和平稳性可知，S_n 为 n 个独立同分布的取值为 $\{0,1\}$ 的随机变量的和，从而服从二项分布 (n,p)，其中 $p=\beta(1/n)$，则 $\mathrm{E}S_n=np=n\beta(1/n)$。由 N 为计数过程可知，事件的到达时间是严格递增的，即 $T_n<T_{n+1}$ a. s. ，从而对固定的 ω，当 n 充 分大时，任何上述的子区间都不会有两次及其以上的事件到达。这意味着 $\lim\limits_{n\to\infty}S_n(\omega)=0$ a. s. 。由于 $S_n\leqslant N_1$ 以及 $\mathrm{E}N_1<\infty$，则由控制收敛定理可知，$\lim\limits_{n\to\infty}n\beta(1/n)=\lim\limits_{n\to\infty}\mathrm{E}S_n=0$。

步骤 3 $\lim\limits_{t\to 0}\dfrac{1}{t}P(N_t=1)=\lambda$。

直接由 $P(N_t=1)=1-P(N_t=0)-P(N_t\geqslant 2)$ 可知

$$\lim_{t\to 0}\frac{1}{t}P(N_t=1)=\lim_{t\to 0}\frac{1-\mathrm{e}^{-\lambda t}+o(t)}{t}=\lambda$$

步骤 4 结论。

记 $\varphi(t)=\mathrm{E}(\alpha^{N_t})(0\leqslant\alpha\leqslant 1)$。对 $0\leqslant s<t<\infty$，由增量的独立性以及平稳性可知，$\varphi(t+s)=\varphi(t)\varphi(s)$，因此 $\varphi(t)=\mathrm{e}^{t\psi(\alpha)}$。另外，

$$\varphi(t)=\sum_{n=0}^{\infty}\alpha^n P(N_t=n)=$$

$$P(N_t=0)+\alpha P(N_t=1)+\sum_{n=2}^{\infty}\alpha^n P(N_t=n)$$

因此

$$\psi(\alpha)=\varphi'(0)=\lim_{t\to 0}\frac{\varphi(t)-1}{t}=$$

$$\lim_{t\to 0}\frac{P(N_t=0)-1+\alpha P(N_t=1)+o(t)}{t}=-\lambda+\lambda\alpha$$

从而 $\varphi(t)=\mathrm{e}^{-\lambda t+\lambda\alpha t}$，且

$$\varphi(t)=\sum_{n=0}^{\infty}\alpha^n P(N_t=n)=\mathrm{e}^{-\lambda t}\sum_{n=0}^{\infty}\frac{(\lambda t)^n\alpha^n}{n!}$$

比较其系数可得

$$P(N_t=n)=\mathrm{e}^{-\lambda t}\frac{(\lambda t)^n}{n!},\qquad n=0,1,2,\cdots$$

定义 1.5.3 在上述定理中的参数 λ 称为强度参数或者事件的到达率。

推论 1.5.1 参数为 λ 的 Poisson 过程 $N=(N(t);t\in R^+)$ 具有如下数字特征：

$$\mathrm{E}(N_t)=\lambda t,\qquad \mathrm{var}(N_t)=\lambda t$$

下面给出一些 Poisson 过程的样本路径的性质：

① 对任意的实数 δ，使得 $t \geqslant 0, t+\delta \geqslant 0$，则下式成立，即

$$P(N_{t+\delta} \neq N_t) = 1 - P(N_{t+\delta} = N_t) = 1 - \mathrm{e}^{-\lambda|\delta|} \leqslant \lambda |\delta|$$

由此可知 Poisson 过程是随机连续的。

② 对任意的 $0 \leqslant s < t$，有

$$P(N_t - N_s \geqslant 0) = \sum_{k=0}^{\infty} P(N_t - N_s = k) = 1 \tag{1.5.2}$$

由此可知样本路径函数在 R^+ 上是以概率 1 不减的。

③ 几乎一切样本轨道函数都是不连续的，故几乎一切样本路径函数都有间断点。事实上，当 $t \to \infty$ 时，有

$$P(N_t(\omega) \text{ 在}[0,t] \text{ 中连续}) = P(N_t(\omega) = N_0(\omega)) = \mathrm{e}^{-\lambda t} \to 0$$

若令 $A_\infty = \{N_t(\omega) \text{ 在}[0,\infty) \text{ 连续}\}$，$A_t = \{N_s(\omega) \text{ 在}[0,t] \text{ 连续}\}$，则当 $t \geqslant s$ 时，$A_t \subset A_s$，从而

$$P(A_\infty) = P\left(\bigcap_{n=1}^{\infty} A_n\right) = \lim_{n\to\infty} P(A_n) = \lim_{n\to\infty} \mathrm{e}^{-\lambda n} = 0$$

④ 对几乎一切样本路径函数，在每一跳跃点的跃度为 1，即

$$\left| \lim_{t\to t_0+, s\to t_0-} N_t - N_s \right| = 1 \tag{1.5.3}$$

实际上，如在$[0,t]$中，有一跃度大于 1 的跳跃点，则下式必成立，即

$$\max_{0<j<n}\left[N\left(\frac{j+1}{n}t\right) - N\left(\frac{j-1}{n}t\right)\right] > 1, \qquad n \geqslant 1$$

但是此事件的概率不超过

$$\sum_{j=1}^{n-1} P\left[N\left(\frac{j+1}{n}t\right) - N\left(\frac{j-1}{n}t\right) > 1\right] =$$

$$(n-1)\left(1 - \mathrm{e}^{-2\lambda t/n} - \mathrm{e}^{-2\lambda t/n}\frac{2\lambda t}{n}\right) \to 0, \qquad n \to \infty$$

由此可知，在$[0,t]$中存在跃度大于 1 的概率为 0。

⑤ 任意固定时刻 $t_0 \geqslant 0$，几乎一切样本函数都是连续的。实际上，如 $t_0 > 0$，则有

$$P[N(t_0+\varepsilon,\omega) - N(t_0-\varepsilon,\omega) > 0] = 1 - \mathrm{e}^{-2\lambda\varepsilon} \to 0, \qquad \varepsilon \to 0$$

当 $t_0 = 0$ 时，仅能考虑右连续，则

$$P[N(\tau,\omega) - N(0,\omega) > 0] = 1 - \mathrm{e}^{-\lambda\tau} \to 0, \qquad \tau \to 0$$

⑥ 定义 $\tau_n(\omega)$ 为 Poisson 过程 N 的第 n 个事件的到达时刻，则

$$\tau_0 = 0$$

$$\tau_n = \inf\{t : t > \tau_{n-1}, N_t = n\}, \qquad n \geqslant 1$$

从而随机变量序列

$$S_n(\omega) = \tau_n(\omega) - \tau_{n-1}(\omega)$$

表示第 n 个事件的等待时间。显然下列事件等价，即

$$(N_t \geqslant n) = (\tau_n \leqslant t)$$

$$(N_t = n) = (\tau_n \leqslant t < \tau_{n+1}) = (\tau_n \leqslant t) - (\tau_{n=1} \leqslant t)$$

从而 τ_n 的分布函数为

$$P(\tau_n \leqslant t) = 0, \qquad t < 0$$

$$P(\tau_n \leqslant t) = P(N_t \geqslant n) = 1 - \mathrm{e}^{-\lambda t}\sum_{k=0}^{n-1}\frac{(\lambda t)^k}{k!}, \qquad t \geqslant 0$$

从而 τ_n 的概率密度函数为

$$f_{\tau_n}(t) = \frac{\lambda(\lambda t)^{n-1}}{(n-1)!}\mathrm{e}^{-\lambda t}\,\mathbb{1}_{t\geqslant 0}$$

特别地当 $n=1$ 时，有

$$P(S_1 \leqslant t) = P(\tau_1 \leqslant t) = (1-\mathrm{e}^{-\lambda t})\,\mathbb{1}_{t\geqslant 0}$$

即 $S_1 \sim \mathrm{E}(\lambda)$ 为参数为 $\lambda > 0$ 的指数分布。那么 $S_2,\cdots,S_n,\cdots$ 的分布呢？对此有如下定理。

定理 1.5.3 当且仅当随机变量序列 $\{S_n\}_{n\geqslant 1}$ 独立且服从参数同为 λ 的指数分布时，计数过程 $N=\{N_t\}_{t\geqslant 0}$ 是 Poisson 过程。

这个定理的证明较长，从而略去。读者可以参见参考文献[22]。

定理 1.5.4 记 $N=\{N_t\}_{t\in R^+}$ 为参数为 λ 的 Poisson 过程，则 $N_t-\lambda t$ 和 $(N_t-\lambda t)^2-\lambda t$ 均为鞅。

证明：由于 λt 是确定的(非随机的)，故过程 $N_t-\lambda t$ 和 $(N_t-\lambda t)^2-\lambda t$ 的期望均为 0，并且是鞅，且满足如下的数字特征：对 $0\leqslant s<t<\infty$，有

$$\mathrm{E}[N_t-\lambda t-(N_s-\lambda s)\mid \mathscr{F}_s]=\mathrm{E}[N_t-\lambda t-(N_s-\lambda s)]=0$$

对 $(N_t-\lambda t)^2-\lambda t$ 同样的结论成立。

1.6 Lévy 过程

本节介绍 Lévy 过程，它是包含布朗运动以及 Poisson 过程在内的更广泛的一类随机过程。下面将给出其定义并重点讨论 Lévy - Itô 定理以及 Lévy - Khintchine 公式。

1.6.1 特征函数和无穷可分性

考虑概率空间 $(\Omega,\mathscr{F},P)$ 上取值于 R^d 的随机变量 X，具有概率分布 P_X。X 的特征函数 $\varphi_X(\xi):R^d\to\mathbb{C}$ 定义如下：

$$\varphi_X(\xi)=\int_\Omega \mathrm{e}^{\mathrm{i}(\xi,X(\omega))}P(\mathrm{d}\omega)=\int_{R^d}\mathrm{e}^{\mathrm{i}(\xi,y)}P_X(\mathrm{d}y),\qquad \xi\in R^d$$

一般地，如果 p 是 R^d 上的概率测度，它的特征函数则定义为

$$\varphi_p(\xi)=\int_{R^d}\mathrm{e}^{\mathrm{i}(\xi,y)}p(\mathrm{d}y)$$

并可以证明此特征函数唯一地决定了测度 p。

例 1.6.1(Gauss 随机变量) 如果随机变量 $X=(X_1,X_2,\cdots,X_d)$ 具有密度函数

$$f(x)=\frac{1}{\sqrt{(2\pi)^d\det \boldsymbol{A}}}\exp\left\{-\frac{1}{2}[x-m,\boldsymbol{A}^{-1}(x-m)]\right\}$$

其中，$m\in R^d$，$\boldsymbol{A}$ 为严格正定对称的 $d\times d$ 维矩阵，则称 X 为 Gauss 的或者正态的，记为 $X\sim N(m,A)$。参数的意义为，$m=\mathrm{E}(X)$，$\boldsymbol{A}=\mathrm{E}[(X-m)(X-m)]$ 为协方差阵。容易计算

$$\varphi_X(\xi)=\exp\left[\mathrm{i}(m,\xi)-\frac{1}{2}(\xi,A\xi)\right]$$

例 1.6.2(复合 Poisson 随机变量) 考虑 $(Z(n);n\in\mathbb{N})$ 为一列取值于 R^d 的独立同分布的随机变量，并具有共同的分布律 μ_Z。$N\sim\pi(\lambda)$ 为独立于 $Z(n)$ 的 Poisson 随机变量。复合

Poisson 随机变量定义为

$$X = Z(1) + \cdots + Z(N)$$

则 X 的特征函数如下：

$$\begin{aligned}\varphi_X(\xi) = & \sum_{n=0}^{\infty} \mathrm{E}\{\exp[\mathrm{i}(\xi, Z(1) + \cdots + z(N))] \mid N = n\} P(N = n) = \\ & \sum_{0}^{\infty} \mathrm{E}\{\exp[\mathrm{i}(\xi, Z(1) + \cdots + Z(n))]\} \mathrm{e}^{-\lambda} \frac{\lambda^n}{n!} = \\ & \mathrm{e}^{-\lambda} \sum_{0}^{\infty} \frac{[\lambda \varphi_Z(\xi)]^n}{n!} = \exp[\lambda(\varphi_Z(\xi) - 1)]\end{aligned}$$

其中，$\varphi_Z(\xi) = \int_{R^d} \mathrm{e}^{\mathrm{i}(\xi, y)} \mu_z(\mathrm{d}y)$。

定义 1.6.1　设 X 为取值于 R^d 的随机变量，其分布律为 μ_X。如果对任意的 $n \in \mathbb{N}$，存在独立同分布(i. i. d.)的随机变量序列 $Y_1^{(n)}, Y_2^{(n)}, \cdots, Y_n^{(n)}$，使得

$$X \stackrel{d}{=} Y_1^{(n)} + Y_2^{(n)} + \cdots + Y_n^{(n)} \tag{1.6.1}$$

其中，$\stackrel{d}{=}$ 的意义是同分布，则称 X 是无穷可分的。

记 $\mathcal{M}_1$ 为由 R^d 上的 Borel 概率测度构成的集合。定义两概率测度的卷积如下：

$$\mu_1 * \mu_2(A) = \int_{R^d} \mu_1(A - x) \mu_2(\mathrm{d}x), \qquad \forall A \in \mathcal{B}(R^d)$$

其中，$\mu_i \in \mathcal{M}(i = 1,2)$，$A - x = \{y - x, y \in A\}$。若存在 $\mu^{1/n} \in \mathcal{M}_1$ 使得 $\mu = \mu^{1/n} * \cdots * \mu^{1/n}$（$n$ 重），则称 μ 具有 n 次卷积根 $\mu^{1/n}$。

无穷可分的概念还可以推广到 $\mu \in \mathcal{M}$。如果它具有任意的 n 次卷积根 $\mu^{1/n} \in \mathcal{M}_1$，则称 $\mu \in \mathcal{M}_1(R^d)$ 无穷可分。不难证明。

命题 1.6.1　$\mu \in \mathcal{M}_1(R^d)$ 无穷可分，当且仅当对任意的 $n \in \mathbb{N}$ 存在 $\mu^{1/n} \in \mathcal{M}_1(R^d)$ 时，使得

$$\varphi_\mu(\xi) = [\varphi_{\mu^{1/n}}(\xi)]^n, \qquad \forall \xi \in R^d$$

定义 1.6.2　如果

$$\int_{R^d - \{0\}} (|y|^2 \wedge 1) \nu(\mathrm{d}y) < \infty \tag{1.6.2}$$

则称 $R^d - \{0\}$ 上的 Borel 测度 ν 为 Lévy 测度。

注意到对任意的 $\varepsilon \in (0,1]$ 都有 $|y|^2 \wedge \varepsilon \leqslant |y|^2 \wedge 1$，由定义便知

$$\nu((-\varepsilon, \varepsilon)^c) < \infty, \qquad \forall \varepsilon > 0$$

定理 1.6.1(Lévy - Khintchine 公式)　如果存在向量 $\boldsymbol{b} \in R^d$、正定的 $d \times d$ 维矩阵 $\boldsymbol{A}$ 以及 $R^d - \{0\}$ 上的 Lévy 测度 ν，使得对任意的 $\xi \in R^d$，

$$\varphi_\mu(\xi) = \exp\left\{\mathrm{i}(b, \xi) - \frac{1}{2}(\xi, A\xi) + \int_{R^d - \{0\}} [\mathrm{e}^{\mathrm{i}(\xi, y)} - 1 - \mathrm{i}(\xi, y) \chi_{\hat{B}}(y)] \nu(\mathrm{d}y)\right\} \tag{1.6.3}$$

其中，$\hat{B} = B_1(0)$，则 $\mu \in \mathcal{M}_1$ 是无穷可分的。

反之，任何具有式(1.6.3)右端形式的映射都是 R^d 上某个无穷可分测度的特征函数。

此定理的证明将放在后面。通常将三元组 (b, A, ν) 称为无穷可分随机变量 X 的特征，定

理的特例是：

- Gauss 随机变量　b 为均值，$\boldsymbol{A}$ 为协方差阵，$\nu = 0$。
- Poisson 随机变量　$b = 0, A = 0, \nu = \lambda\delta_1$。
- 复合 Poisson 随机变量　$b = 0, A = 0, \nu = \lambda\mu$。其中 $\lambda > 0$，μ 为 R^d 上的概率测度。

1.6.2 Lévy 过程概述

考虑线性空间$(E,\mathscr{E})$，其中 σ- 代数 $\mathscr{E}$ 使得加法和减法运算是可测的。对于我们所关心的情形，这样的空间通常是 R^d 或者更一般的 Banach 空间。下面给出 Lévy 过程的定义。

定义 1.6.3　如果取值于 E 的随机过程 $X = \{X_t\}_{t\geqslant 0}$ 满足

(L1) $X_0 = 0$　a.s.；

(L2) X 具有独立的和稳定的增量，即对任意的 $0 \leqslant t_1 < t_2 < \cdots < t_n$，$(E,\mathscr{E})$ 值随机变量 $X(t_1) - X(t_0), X(t_2) - X(t_1), \cdots, X(t_n) - X(t_{n-1})$ 是独立的且随机变量 $X(t) - X(s)$ 的分布不依赖于 $t - s$；

(L3) X 是随机连续的，即对任意的 $a > 0, s \geqslant 0$，有

$$\lim_{t\to s} P(|X_t - X_s| > a) = 0$$

则称 X 为 Lévy 过程。

由定义立即可以看出，如果 $X = \{X_t\}_{t\in R^+}$ 是 Lévy 过程，那么 $X_t(t\geqslant 0)$ 是无穷可分的。事实上，对任意的 $n \in \mathbb{N}$，有

$$X_t = Y_1^{(n)}(t) + \cdots + Y_n^{(n)}(t)$$

其中

$$Y_k^{(n)}(t) = X_{\frac{kt}{n}} - X_{\frac{(k-1)t}{n}}$$

由(L2) 可知，$Y_k^{(n)}(t)$ 是独立同分布的。

通常将 X_t 的特征函数记为 $\varphi_{X_t}(\xi) = \mathrm{e}^{\eta(t,\xi)}(\forall t \geqslant 0, \xi \in R^d)$，并将 $\eta(t,\cdot)$ 称为 Lévy 符号。利用 Lévy 过程的定义以及无穷可分性不难知道 $\eta(t,\xi) = t\eta(1,\xi)$。通常也将 $\eta(\xi) = \eta(1,\xi)$ 称为 X_1 的 Lévy 符号。显然 $\eta(\xi) = \log\{\mathrm{E}[\mathrm{e}^{\mathrm{i}(\xi,X_1)}]\}$。

将 Lévy - Khintchine 公式应用到 Lévy 过程 $X = \{X_t\}_{t\geqslant 0}$，可知对任意的 $t \geqslant 0, u \in R^d$，有

$$\mathrm{E}(\mathrm{e}^{\mathrm{i}(\xi,X_t)}) = \exp\left(t\left\{\mathrm{i}(b,\xi) - \frac{1}{2}(\xi,A\xi) + \int_{R^d-\{0\}}[\mathrm{e}^{\mathrm{i}(\xi,y)} - 1 - \mathrm{i}(\xi,y)\chi_{\hat{B}(y)}]\nu(\mathrm{d}y)\right\}\right)$$

沿用前面的称谓，显然(b,A,ν) 就是 X_1 的特征。

下面具体考察几个常见的 Lévy 过程及其 Lévy 符号。

例 1.6.3(带漂移的布朗运动)　令 $b \in R^d$，$B(t)$ 为 m 维布朗运动，$\boldsymbol{A}$ 为 $d\times d$ 维的正定对称矩阵，$\boldsymbol{\sigma}$ 为 $d\times m$ 维的矩阵，使得 $\boldsymbol{\sigma\sigma}^{\mathrm{T}} = \boldsymbol{A}$。考虑 R^d 中的过程 $C = \{C(t)\}_{t\in R^+}$，且

$$C(t) = bt + \sigma B(t)$$

则 C 为一 Lévy 过程，其 Lévy 符号为

$$\eta_C(\xi) = \mathrm{i}(b,\xi) - \frac{1}{2}(\xi,A\xi)$$

若 $b = 0$，则记 $B_A(t) = C(t)$ 以强调 A 为布朗运动 $C(t)$ 的协方差。

例 1.6.4(复合 Poisson 过程)　例 1.6.2 已经考察了复合 Poisson 随机变量，将其稍作改动便得 Poisson 随机过程。令 $N=(N(t));t\geqslant 0)$ 为一独立于 $Z(n)$ 的强度参数为 λ 的 Poisson 过程，定义复合 Poisson 随机过程 $Y=\{Y(t)\}_{t\geqslant 0}$ 为

$$Y(t)=Z(1)+\cdots=Z(N(t))$$

并记为 $Y(t)\sim\pi(\lambda t,\mu_Z)$。容易验证，$Y$ 是 Lévy 过程，其 Lévy 符号为

$$\eta_Y(\xi)=\int_{R^d}[\mathrm{e}^{\mathrm{i}(\xi,y)}-1]\lambda\mu_Z(\mathrm{d}y)$$

显然，当 $d=1,Z(n)=1(\mathrm{a.s.})$，复合 Poisson 过程退化为 Poisson 过程。

细心的读者会发现，上述计算和 Lévy - Khintchine 公式中的 Lévy 符号是一致的，即 Lévy - Khintchine 公式的前面部分分别对应带漂移的布朗运动和复合 Poisson 过程，而剩下的最后一部分的意义将在后面的讨论中逐渐展示给读者。为此先引入补偿 Poisson 过程。记 $\widetilde{N}(t)=\widetilde{N}(t)-\lambda t$，其中 $N(t)$ 为参数为 λ 的 Poisson 过程，则称过程 $\widetilde{N}=(\widetilde{N}(t);t\geqslant 0)$ 为补偿 Poisson 过程。鞅性质，以及数字特征 $\mathrm{E}(N(t))=0$，且 $\mathrm{E}(\widetilde{N}(t)^2)=\lambda t$ 等已经在定理 1.5.4 中作了一些讨论。

关于 Lévy 过程轨道的性质有如下的定理。

定理 1.6.2　任意 Lévy 过程都具有 càdlàg 修正，并仍然为 Lévy 过程。

1.6.3　Lévy - Itô 分解

对于 Lévy 过程 $X=\{X(t)\}_{t\geqslant 0}$，引入跳过程(jump process)$\delta X=\{\Delta X(t)\}_{t\geqslant 0}$：

$$\Delta X(t)=X(t)-X(t-1)$$

其中，$X(t-)=\lim\limits_{s\uparrow t}X(s)$ 为 X 在时刻 t 的左极限。易知如果 X 是(a.s.)递增的 Lévy 过程，并且 $\Delta X(t)$ 取值于$\{0,1\}$，那么 X 是 Poisson 过程。另外，ΔX 是适应过程，但是(一般来说)不是 Lévy 过程。考察 Poisson 过程 $N=\{N(t)\}_{t\geqslant 0}$，对于 $0\leqslant t_1<t_2<\cdots<\infty$，容易验证

$$P(\Delta N(t_2))-\Delta N(t_1)=0\mid\Delta N(t_1)=1\mid\neq P(\Delta N(t_2)-\Delta N(t_1)=0)$$

故 ΔN 不具有独立增量性质，从而不是 Lévy 过程。

下面考虑具有特定跳跃幅度的次数。令 $0\leqslant t<\infty,A\in\mathcal{B}(R^d-\{0\})$，定义跳跃幅度落在 A 中的次数为

$$N(t,A)=\#\{0\leqslant s\leqslant t:\Delta X(s)\in A\}=\sum_{0\leqslant s\leqslant t}\chi_A(\Delta X(s))$$

显然对任意的 $\omega\in\Omega,t\geqslant 0$，函数 $A\to N(t,A)(\omega)$ 是$\mathcal{B}(R^d-\{0\})$ 上的计数测度且

$$\mathrm{E}(N(t,A))=\int N(t,A)(\omega)\mathrm{d}P(\omega)$$

是$\mathcal{B}(R^d-\{0\})$ 上的 Borel 测度。记 $\mu(\cdot)=\mathrm{E}(N(1,\cdot))$ 并称为 X 的 Lévy 测度。如果 0 不属于 $\overline{A}$(表示 A 的闭包)，则称 $A\in\mathcal{B}(R^d-\{0\})$ 为下有界的。

引理 1.6.1　如果 A 是下有界的，那么对任意的 $t\geqslant 0$ 有 $N(t,A)<\infty$ a.s.。

证明：为此，考虑停时序列$\{\tau_n^A\}_{n\in\mathbb{N}}$。

$$\tau_1^A=\inf\{t>0:\Delta X(t)\in A\}$$
$$\tau_n^A=\inf\{t>\tau_{n-1}^A:\Delta X(t)\in A\}$$

由于 X 具有 càdlàg 路径，则必然有 $\tau_1^A > 0$ a. s. ，以及 $\lim\limits_{n\to\infty}\tau_n^A = \infty$ a. s. 。事实上，如果其中之一不成立，那么幅度在 A 中的跳将会有聚点。而这是不可能的(见参考文献[23] 定理 2.8.1)。从而说明对任意的 $t \geqslant 0, N(t,A) = \sum\limits_n \chi_{\{\tau_n^A \leqslant t\}} < \infty$a. s. 。

值得注意的是，当 A 不是下有界时，上式不成立；此时将可能有无穷多次小跳聚集(accumulation)。

令$(S,\mathcal{A})$ 为可测空间，$(\Omega,\mathscr{F},P)$ 为概率空间。

定义 1.6.4 $(S,\mathcal{A})$ 上的随机测度 M 定义为一族随机变量$(M(B),B \in \mathcal{A})$，使得

① $M(\varnothing) = 0$；

② (σ- 可加性) 对任意不两两相交的序列$(A_n \in \mathcal{A}, n \in \mathbb{N})$，下式成立，即

$$M(\bigcup_{n\in\mathbb{N}}) = \sum_{n\in\mathbb{N}} M(A_n), \qquad \text{a. s.}$$

③ 对任意$\mathcal{A}$中不相交的集族$(B_1,B_2,\cdots,B_n)$，随机变量 $M(B_1),M(B_2),\cdots,M(B_n)$ 相互独立。

特别地，如果对任意 $M(B) < \infty$，随机变量 $M(B)$ 服从 Poisson 分布，则称 M 为 Poisson 随机测度。

考虑 $S = R^+ \times U$，其中 U 为赋予 σ- 代数$\mathcal{U}$的可测空间，而$\mathcal{A} = \mathcal{B}(R^+) \otimes \mathcal{U}$。令 $p = \{p(t)\}_{t\geqslant 0}$ 为取值于 U 的适应过程，并使得 M 是 S 上的 Poisson 随机测度，其中 $M([0,t) \times A) = \#\{0 \leqslant s < t; p(s) \in A\}(\forall t \geqslant 0, A \in \mathcal{U})$。通常称 p 为 Poisson 点过程，称 M 是它的 Poisson 随机测度。

当 U 为拓扑空间，$\mathcal{U}$为它的 Borel σ- 代数时，对任意的 $A \in \mathcal{U}$，定义过程 $M_A = \{M_A(t)\}_{t\geqslant 0}$，其中 $M_A(t) = M([0,t) \times A)$。

定义 1.6.5 如果存在$V \in \mathcal{U}$使得只要$\overline{A} \cap V = \varnothing$，就有$M_A$是鞅，则称$M$是鞅值测度，而称 V 为相应的禁止集(forbidden set)。

考虑$U = R^d - \{0\}$，而$\mathcal{U}$是它的 Borel σ- 代数。设 $X = \{X(t)\}_{t\geqslant 0}$ 为 Lévy 过程，则 ΔX 是 Poisson 点过程，而 N 就是它的 Poisson 随机测度。对任意的 $t \geqslant 0$ 以及 A 下有界，定义补偿 Poisson 随机测度为

$$\widetilde{N}(t,A) = N(t,A) - t\mu(A)$$

则容易说明$\{\widetilde{N}(t,A)\}_{t\geqslant 0}$ 是鞅，从而 $\widetilde{N}$ 延拓为鞅值测度，其禁止集为$\{0\}$。

命题 1.6.2 ① 对任意的 $t > 0, \omega \in \Omega, N(t,\cdot)(\omega)$ 是$\mathcal{B}(R^d - \{0\})$ 上的计数测度；

② 对任意下有界的 $A \in \mathcal{B}(R^d - \{0\})$，$(N(t,A);t \geqslant 0)$ 是 Poisson 过程，具有强度参数 $\mu(A) = \mathrm{E}(N(1,A))$；

③ 对任意下有界的 $A \in \mathcal{B}(R^d - \{0\})$，$(N(t,A);t \geqslant 0)$ 为一鞅值测度。

A 为下有界。令 f 为$R^d \to R^d$ 的 Borel 可测函数，则对任意的 $t > 0, \omega \in \Omega$，可以定义 f 的积分

$$\int_A f(x)N(t,\mathrm{d}x)(\omega) = \sum_{x\in A} f(x)N(t,\{x\})(\omega) \tag{1.6.4}$$

并将此称为 f 的 Poisson 积分。易知 Poisson 积分是取值于 R^d 的随机变量，当 t 变动时，形成一具有 càdlàg 轨道的随机过程 —— 复合 Poisson 过程。对于 $t \geqslant 0, \xi \in R^d$，其特征函数为

$$\mathrm{E}\left(\exp\left\{\mathrm{i}\left[\xi,\int_A f(x)N(t,\mathrm{d}x)\right]\right\}\right)=\exp\left\{t\int_A\left[\mathrm{e}^{\mathrm{i}(\xi,x)}-1\right]\mu_f(\mathrm{d}x)\right\}$$

其中，$\mu_f=\mu\circ f^{-1}$。

由于 $N(t,\{x\})\neq 0$ 等价于至少存在某个 $u\in[0,t]$ 使得 $\Delta X(u)=x$，从而可以将上式重写为

$$\int_A f(x)N(t,\mathrm{d}x)=\sum_{0\leqslant u\leqslant t}f(\Delta X(U))\chi_A(\Delta X(u))\tag{1.6.5}$$

若记 $(\tau_n^A;n\in\mathbb{N})$ 为 Poisson 过程 $N=(N(t,A);t\geqslant 0)$ 的事件到达时刻，那么上式还可以改写为

$$\int_A f(x)N(t,\mathrm{d}x)=\sum_{n\in\mathbb{N}}f(\Delta(\tau_n^A\wedge t))$$

相应地，利用 Poisson 补偿测度的定义，可以对 $f\in L^1(A,\mu_A)$ 定义其补偿 Poisson 积分

$$\int_A f(x)\widetilde{N}(t,\mathrm{d}x)=\int_A f(x)N(t,\mathrm{d}x)-t\int_A f(x)\mu(\mathrm{d}x)$$

不难看出过程 $\{\int_A f(x)\widetilde{N}(t,\mathrm{d}x)\}_{t\geqslant 0}$ 为鞅，并且其特征函数为

$$\mathrm{E}\exp\left\{\mathrm{i}\left[\xi,\int_A f(x)\widetilde{N}(t,\mathrm{d}x)\right]\right\}=\exp\left\{t\int_A\left[\mathrm{e}^{\mathrm{i}(\xi,y)}-1-\mathrm{i}(\xi,y)\mu_f(\mathrm{d}x)\right]\right\}$$

定理 1.6.3　设 $A_i(i=1,2)$ 下有界且不相交，则 Poisson 积分所构成的随机过程 $\left\{\int_{A_1}f(x)N(t,\mathrm{d}x)\right\}_{t\geqslant 0}$ 和 $\left\{\int_{A_1}f(x)N(t,\mathrm{d}x)\right\}_{t\geqslant 0}$ 相互独立。

定理的证明可以参见参考文献[23]中的定理 2.4.6。

设 $X=\{X(t)\}t\geqslant 0$ 为 Lévy 过程，并令 $A=\{x:|x|\geqslant 1\}$，显然 A 下有界。考虑复合 Poisson 过程

$$\left\{\int_{|x|\geqslant 1}xN(t,\mathrm{d}x)\right\}_{t\geqslant 0}$$

并由此定义新的过程 $Y=\{Y(t)\}_{t\geqslant 0}$ 如下：

$$Y(t)=X(t)-\int_{|x|\geqslant 1}xN(t,\mathrm{d}x)$$

可以证明 Y 也是 Lévy 过程。对这样的 Lévy 过程 Y，可以定义新的 Lévy 过程 $\hat{Y}=\{\hat{Y}(t)\}_{t\geqslant 0}$ 如下：

$$\hat{Y}(t)=Y(t)-\mathrm{E}(Y(t))$$

根据以上讨论可以验证 $\hat{Y}$ 为 càdlàg 的期望为零的平方可积鞅。进一步，可以将 $\hat{Y}(t)$ 分解为

$$\hat{Y}(t)-Y_c(t)+Y_d(t)$$

其中，Y_c 和 Y_d 为独立的 Lévy 过程，Y_c 具有连续的样本路径，且存在 $d\times d$ 维的正定矩阵 $\boldsymbol{A}$，使得

$$\mathrm{E}(\mathrm{e}^{\mathrm{i}(xi,Y_c(t))})=\mathrm{e}^{-t(\xi,A\xi)/2}$$

而

$$Y_d(t)=\int_{|x|<1}x\widetilde{N}(t,\mathrm{d}x)$$

即分解为连续部分和间断部分：连续部分 $\hat{Y}_c$ 可以证明为布朗运动，而间断部分 Y_d 就是小跳的补偿和。由上面的计算可知

$$\mathrm{E}(\mathrm{e}^{\mathrm{i}(\xi,Y_d(t))})=\exp\{t\int_{|x|<1}[\mathrm{e}^{\mathrm{i}(\xi,x)}-1-\mathrm{i}(\xi,x)]\mu(\mathrm{d}x)\},\qquad\forall t\geqslant 0,\qquad\xi\in R^d$$

至此,读者已经明白在 Lévy - Khintchine 公式最后一部分的意义了。综合上述分解过程,便得到如下的 Lévy - Itô 分解:

定理 1.6.4(Lévy - Itô 分解) 设 $X = \{X(t)\}_{t\geqslant 0}$ 为 Lévy 过程,则存在 $b \in R^d$,具有协方差阵为 A 的布朗运动 B_A 以及独立的 $R^+ \times (R^d - \{0\})$ 上的 Poisson 随机测度 N,使得对任意的 $t \geqslant 0$,有

$$X(t) = bt + B_A(t) + \int_{|x|<1} x\widetilde{N}(t,\mathrm{d}x) + \int_{|x|\geqslant 1} xN(t,\mathrm{d}x) \tag{1.6.6}$$

其中,$b = \mathrm{E}\left[X(1) - \int_{|x|\geqslant 1} xN(1,\mathrm{d}x)\right]$。

作为定理推论,还可以证明 Lévy - Khintchine 公式,即定理 1.6.1。事实上,由独立性

$$\mathrm{E}(\mathrm{e}^{\mathrm{i}(\xi,X(t))}) = \mathrm{E}(\mathrm{e}^{\mathrm{i}(u,Y_c(t))})\mathrm{E}(\mathrm{e}^{\mathrm{i}(u,Y_d(t))})\mathrm{E}(\mathrm{e}^{\mathrm{i}(u,\int_{|x|\geqslant 1} xN(t,\mathrm{d}x))})$$

以及前面关于其数字特征的计算可知,Lévy - Khintchine 公式成立。

这里放弃了许多证明的细节,有兴趣的读者可以参见 Applebaum 的著作[23](第 2 章)或者 Bertoin 的著作[24]。

下面以一些关于 Lévy 过程的半鞅的性质来结束本节。

命题 1.6.3 任意 Lévy 过程 $X = (X(t);t \geqslant 0)$ 都是半鞅。

事实上,由 Lévy - Itô 分解可知,对任意的 $t \geqslant 0$,有

$$X(t) = M(t) + C(t)$$

其中,$M(t) = B_A(t) + \int_{|x|<1} x\widetilde{N}(t,\mathrm{d}x)$,$C(t) = bt + \int_{|x|\geqslant 1} xN(t,\mathrm{d}x)$。已知 M 为鞅,而 $Y(t) = \int_{|x|<1} x\widetilde{N}(t,\mathrm{d}x)$ 是复合 Poisson 过程,从而对于$[0,t]$上的任意划分$\mathcal{P}$,有

$$\operatorname{var} \mathcal{P}(Y) \leqslant \sum_{0\leqslant s\leqslant t} |\Delta X(s)| \chi_{[1,\infty)}(\Delta X(s)) < \infty, \qquad \text{a. s.}$$

故命题成立。

1.7 分数阶布朗运动

在自然界中,还有一类重要的随机过程 —— 分数阶布朗运动。本节以简短的篇幅对这类随机过程作一定的介绍,有兴趣的读者可以参考有关方面的著作。分数阶布朗运动最初由 Kolmogorov 在 Hilber 空间框架中定义并作了许多研究[25]。

具有指数(Hurst 指数)$H \in (0,1)$ 的分数阶布朗运动 W^H 是一具有协方差函数

$$\mathrm{E}(W^H(t),W^H(s)) = \frac{1}{2}(t^{2H} + s^{2H} - |t-s|^{2H}), \qquad s,t \geqslant 0$$

的中心 Gaussian 过程。当 $H = \frac{1}{2}$ 时即为布朗运动。分数阶布朗运动具有平稳增量:

$$\mathrm{E}\left\{[W^H(t) - W^H(s)]^2\right\} = |t-s|^{2H}$$

以及 H- 自相似性:对任意的 $c > 0$,有

$$\left\{\frac{1}{C^H}W^H(ct)\right\}_{t\geqslant 0} \stackrel{d}{=} \{W^H(t)\}_{t\geqslant 0}$$

这里“$\stackrel{d}{=}$”表示同分布。

对于 $H \neq \frac{1}{2}$，W^H 既不是半鞅，也不是 Markov 过程。下面列举分数阶布朗运动的一些性质。

① 时间齐次性。对任意的 $s > 0$，过程 $(W^H(t+s) - W^H(s); t > 0)$ 是一个具有 Hurst 参数 H 的分数阶布朗运动。

② 对称性。过程 $(-W^H(t); t > 0)$ 也是一具有 Hurst 参数 H 的分数阶布朗运动。

③ 尺度性。对任意的 $c > 0$，过程 $(c^H W^H(t/c); t \geqslant 0)$ 是一具有 Hurst 参数 H 的分数阶布朗运动。

④ 时间可逆性。过程 $(X(t); t \geqslant 0)$，其中 $X(0) = 0$，$X(t) = t^{2H} W^H(1/t)$，对任意 $t > 0$ 也是一具有 Hurst 参数 H 的分数阶布朗运动。

命题 1.7.1　对于 $H \in [0,1]$，分数阶布朗运动的样本函数 W^H 几乎是 $\alpha(\alpha < H)$ 阶 Hölder 连续的。

下面介绍分数阶布朗运动的几种表示。

① 运动平均表示。

$$W^H(t) = \frac{1}{c_1(H)} \int_{-\infty}^{\infty} [(t-x)_+^{H-\frac{1}{2}} - (-x)_+^{H-\frac{1}{2}}] M(\mathrm{d}x), \qquad t \in R$$

其中，$c_1(H) = \sqrt{\int_0^{\infty} [(1+x)^{H-\frac{1}{2}} - x^{H-\frac{1}{2}}]^2 \mathrm{d}x + \frac{1}{2H}}$，$M(\mathrm{d}x)$ 为 Gaussian 随机测度，$(a)_+ = a\chi_{[0,\infty)}(a)$。

② 调和分析表示。

$$W^H(t) = \frac{1}{c_2(H)} \int_{-\infty}^{\infty} \frac{\mathrm{e}^{\mathrm{i}xt} - 1}{\mathrm{i}x} |x|^{\frac{1}{2}-H} M(\mathrm{d}x), \qquad t \in R \tag{1.7.1}$$

其中，$c_2(H) = \sqrt{\frac{\pi}{H\Gamma(2H)\sin \pi H}}$。

③ Volterra 表示。

$$W^H(t) = \int_0^t K^H(t,s) \mathrm{d}B(s), \qquad t \geqslant 0 \tag{1.7.2}$$

其中，$K^H(t,s) = \frac{(t-s)^{H-\frac{1}{2}}}{\Gamma\left(H+\frac{1}{2}\right)} \Gamma\left(H-\frac{1}{2}, \frac{1}{2}-H, H+\frac{1}{2}, 1-\frac{t}{s}\right)$，$s < t$，$\Gamma$ 为 Gauss 超几何函数，$(B(t); t \geqslant 0)$ 为布朗运动。而 $K^H(t,s)$ 还可以表示为

$$K^H(t,s) = c_H \left[\frac{t^{H-\frac{1}{2}}}{S^{H-\frac{1}{2}}} (t-s)^{H-\frac{1}{2}} - \left(H - \frac{1}{2}\right) \int_0^t \frac{u^{H-\frac{1}{2}}}{s^{H-\frac{1}{2}}} (u-s)^{H-\frac{1}{2}} \mathrm{d}u \right]$$

且 $c_H = \sqrt{\frac{\pi H(2H-1)}{\Gamma(2-2H)\Gamma\left(H+\frac{1}{2}\right)^2 \sin\left[\pi\left(H-\frac{1}{2}\right)\right]}}$。

第 2 章　随机积分及 Itô 公式

这一章讨论随机积分，特别是 Itô 积分的定义及其性质，并着重讨论 Itô 公式。为了在偏微分方程中应用的需要，2.3 节还专门讨论无穷维空间中相应的随机积分及其性质。这些结论无论是在理论上还是在应用上都是十分重要的，读者可以参见参考文献[6,17,23,26]。

2.1　随机积分

本节的目的是定义函数 H 关于随机过程 $X_t = X_0 + M_t + A_t (M_0 = 0, A_0 = 0)$ 的随机积分 $\int H \mathrm{d}X_t$，其中 M_t 是局部平方可积鞅，A_t 为适应的、在紧集上有界变差的 càdlàg 过程。对有界变差(FV) 函数 A，以及连续的积分项 H，可以定义积分 $\int H \mathrm{d}A$。当 A 为有界变差过程时，上述积分的定义仍然适用。

作为例子，考虑关于补偿 Piosson 过程 $M_t = N_t - \lambda t$ 的积分。补偿 Poisson 显然为有限变差过程，而且为一实值鞅。为简单起见，考虑有界的、联合可测的过程 H 作为被积元，从而

$$
\begin{aligned}
I_t = \int_0^t H_s \mathrm{d}M_s = \int_0^t H_s \mathrm{d}(N_s - \lambda s) = \\
\int_0^t H_s \mathrm{d}N_s - \lambda \int_0^t H_s \mathrm{d}s = \\
\sum_{n=1}^{\infty} H_{\tau_n} 1_{t \geqslant \tau_n} - \lambda \int_0^t H_s \mathrm{d}s
\end{aligned}
$$

其中，$(\tau_n)_{n\geqslant 1}$ 为 Poisson 过程 N_t 的事件到达时间。现在设 H 是有界的、适应的，并具有连续样本路径的过程，利用控制收敛定理可知

$$
\begin{aligned}
\mathrm{E}(I_t - I_s \mid \mathscr{F}_s) = \mathrm{E}\Big(\int_s^t H_u \mathrm{d}M_u \mid \mathscr{F}_s\Big) = \\
\mathrm{E}\Big(\lim_{n\to\infty} \sum_{t_k, t_{k+1} \in \pi_n} H_{t_k} (M_{t_{k+1}} - M_{t_k}) \mid \mathscr{F}_s\Big) = \\
\lim_{n\to\infty} \sum_{t_k, t_{k+1} \in \pi_n} \mathrm{E}\{\mathrm{E}[H_{t_k}(M_{t_{k+1}} - M_{t_k}) \mid \mathscr{F}_{t_k}] \mid \mathscr{F}_s\} = 0
\end{aligned}
$$

这表明积分 I 是鞅，这个事实同样表明适应有界的连续过程关于鞅的随机 Stieltjes 积分仍然为鞅。

但是对一般的平方可积鞅 M_t 定义随机积分却不是显然的。下面以布朗运动为例说明对其定义随机积分的困难所在 —— 它在任意有限区间上都不是有界变差的。为此需要下述的 Banach - Steinhaus 定理，其证明可以参考泛函分析方面的著作，如 K. Yosida 的著作[27]。

定理 2.1.1　记 X 为一 Banach 空间，Y 为一赋范线性空间。$\{T_\alpha\}_{\alpha\in I}$ 为从 X 到 Y 的有界线性算子族，如果对任意的 $x \in X$，$\{T_\alpha x\}$ 有界，那么集合 $\{T_\alpha\}$ 有界。

考虑[0,1] 上右连续的函数 $x(t)$，Π_n 为[0,1] 上不断细分的二进有理划分，且 $\lim\limits_{n\to\infty} \mathrm{mesh}(\Pi_n) = 0$。人们自然要问，当 x 满足什么条件时，当 $n \to \infty$ 时，对连续函数 h 下式收

敛，即

$$S_n = \sum_{t_k, t_{k+1} \in \Pi_n} h(t_k)[x(t_{k+1}) - x(t_k)] \tag{2.1.1}$$

由以上分析可知，当 $x(t)$ 具有有限变差时，上式收敛于积分 $\int_0^1 h(s)\mathrm{d}x(s)$。然而下述定理表明，$x$ 具有有限变差也是必要的。

定理 2.1.2　如果对任意的连续函数 $h(s)$ 都有 S_n 收敛，那么 x 有限变差。

证明：记 X 为连续函数在最大模范数下所构成的 Banach 空间。对 $h \in X$，令

$$T_n(h) = \sum_{t_k, t_{k+1} \in \Pi_n} h(t_k)[x(t_{k+1}) - x(t_k)]$$

对任意固定的 n，容易构造 $h \in X$，使得 $h(t_k) = \mathrm{sign}[x(t_{k+1}) - x(t_k)]$，且 $\| h \| = 1$。对于这样的 h，有

$$T_n(h) = \sum_{t_k, t_{k+1} \in \Pi_n} | x(t_{k+1}) - x(t_k) |$$

从而

$$\| T_n \| \geqslant \sum_{t_k, t_{k+1} \in \Pi_n} | x(t_{k+1}) - x(t_k) |, \qquad \forall n$$

而且 $\sup_n T_n \geqslant \{x$ 的全变差$\}$。另一方面，对任意的 $h \in X$，$\lim\limits_{n\to\infty} T_n(h)$ 存在，因此 $\sup\limits_n \| T_n(h) \| < \infty$。由 Banach - Steinhaus 定理可知，$\sup\limits_n \| T_n \| < \infty$，故 x 的全变差有限。

2.1.1　Itô 积分

首先考虑最简单的情形。记 $B_s(\omega)$ 为标准布朗运动，对此定义积分

$$\int_0^t f(s, \omega)\mathrm{d}B_s(\omega) \tag{2.1.2}$$

并考虑它在某种意义下的存在性。令 $0 \leqslant S < T$，首先考虑对简单函数定义上述积分，然后通过简单函数去逼近一般的函数，从而获得一般函数的上述随机积分。设 f 具有形式

$$\varphi(t, \omega) = \sum_{j \geqslant 0} e_j(\omega) \cdot \chi_{[j \cdot 2^{-n}, (j+1) \cdot 2^{-n})}$$

其中，χ 为示性函数，n 为自然数。自然想到用

$$\int_S^T \varphi(t, \omega)\mathrm{d}B_t(\omega) = \sum_{j \geqslant 0} e_j(\omega)[B_{t_{j+1}} - B_{t_j}](\omega)$$

定义上述积分，其中选取

$$t_k = t_k^n = \begin{cases} k \cdot 2^{-n}, & S \leqslant k \cdot 2^{-n} \leqslant T \\ S, & k \cdot 2^{-n} < S \\ T, & k \cdot 2^{-n} > T \end{cases}$$

然而下面的例子表明，除非对 $e_j(\omega)$ 作更多的假设，否则上述定义是有问题的。

例 2.1.1　考虑

$$\varphi_1(t, \omega) = \sum_{j \geqslant 0} B_{j \cdot 2^{-n}}(\omega) \cdot \chi_{[j \cdot 2^{-n}, (j+1) \cdot 2^{-n})}$$

$$\varphi_2(t, \omega) = \sum_{j \geqslant 0} B_{(j+1) \cdot 2^{-n}}(\omega) \cdot \chi_{[j \cdot 2^{-n}, (j+1) \cdot 2^{-n})}$$

由 B_t 的独立增量性可知

$$\mathrm{E}\left[\int_0^T \varphi_1(t,\omega)\mathrm{d}B_t(\omega)\right] = \sum_{j\geqslant 0}\mathrm{E}[B_{t_j}(B_{t_{j+1}} - B_{t_j})] = 0$$

然而通过直接计算可知

$$\mathrm{E}\left[\int_0^T \varphi_2(t,\omega)\mathrm{d}B_t(\omega)\right] = \sum_{j\geqslant 0}\mathrm{E}[B_{t_{j+1}}(B_{t_{j+1}} - B_{t_j})] = \sum_{j\geqslant 0}\mathrm{E}[(B_{t_{j+1}} - B_{t_j})^2] = T$$

由此可见，尽管 φ_1,φ_2 都可以作为 $f(t,\omega) = B_t(\omega)$ 的合理的逼近，然而用它们定义的积分却相去甚远。

一般地，可以用 $\sum_j f(t_j^*,\omega)\cdot\chi_{[t_j,t_{j+1})}(t)$ 去逼近给定的函数 $f(t,\omega)$，其中 $t_j^*\in[t_j,t_{j+1}]$，并定义$\int_S^T f(t,\omega)\mathrm{d}B_t(\omega)$ 为 $\sum_j f(t_j^*,\omega)[B_{t_{j+1}} - B_{t_j}]$ 在某种意义下的极限。然而上述例子说明，不同于一般的 Riemann - Stieltjes 积分，t_j^* 的不同选取将导致不同的结果。如下关于 t_j^* 的选择，是最常见也是最有用的两种：

① $t_j^* = t_j$（对应左端点），这导致 Itô 积分，并记为

$$\int_S^T f(t,\omega)\mathrm{d}B_t(\omega)$$

② $t_j^* = (t_j + t_{j+1})/2$（对应中点），这导致 Stratonovitch 积分，通常记为

$$\int_S^T f(t,\omega)\circ\mathrm{d}B_t(\omega)$$

为了积分式(2.1.2) 有意义，往往需要将被积函数 $f(t,\omega)$ 限制在一定的函数类里。

定义 2.1.1 记 $B_t(\omega)$ 为 n- 维布朗运动，定义 $\mathscr{F}_t = \mathscr{F}_t^{(n)}$ 为由随机变量族$\{B_s(\omega)\}_{s\leqslant t}$ 生成的 σ 代数（设 $\mathscr{F}_t$ 包含所有的零测集），即 $\mathscr{F}_t$ 是包含所有形如

$$\{\omega: B_{t_1}\in F_1,\cdots,B_{t_k}\in F_k\},\qquad t_j\leqslant t, j\leqslant k = 1,2,\cdots$$

的集合的 σ- 代数，其中 $F_j\subset R^n$ 为 Borel 子集。

直观地，$\mathscr{F}_t$ 表示 B_s 直到时间 t 的历史，函数 $h(\omega)$ 是 $\mathscr{F}_t$ 可测的，意味着函数 $h(\omega)$ 的值可以被 $B_s(\omega): s\leqslant t$ 的值确定。$h_1(\omega) = B_{t/2}$ 是 $\mathscr{F}_t$ 可测的，而 $h_2(\omega) = B_{2t}$ 不是 $\mathscr{F}_t$ 可测的。用适应的概念来说，$h_1(t,\omega) = B_{t/2}(\omega)$ 是 $\mathscr{F}_t$ 适应的，而 $h_2(t,\omega) = B_{2t}(\omega)$ 不是 $\mathscr{F}_t$ 适应的。

定义 2.1.2 令$\mathcal{V} = \mathcal{V}(S,T)$ 为函数族

$$f(t,\omega):[0,\infty)\times\Omega\to R$$

使得

① $(t,\omega)\to f(t,\omega)$ 是$\mathcal{B}\times\mathscr{F}$可测的，其中$\mathcal{B}$是$[0,\infty)$ 上的 Borel σ- 代数；

② $f(t,\omega)$ 是 $\mathscr{F}_t$ 适应的；

③ $\mathrm{E}\int_S^T f(t,\omega)^2\mathrm{d}t < \infty$。

首先关于 1- 维布朗运动 B_t 定义函数 $f\in\mathcal{V}$的 Itô 积分

$$\mathcal{I}[f](\omega) = \int_S^T f(t,\omega)\mathrm{d}B_t(\omega)$$

这个想法是自然的：首先对简单函数定义积分，然后说明对于一般的 $f\in\mathcal{V}$可以通过（在某种

意义下）逼近的方法定义积分。如果函数 $f \in \mathcal{V}$具有形式

$$\varphi(t,\omega) = \sum_j e_j(\omega)\chi_{[t_j,t_{j+1})}(t)$$

则称 f 是基本的。由$\mathcal{V}$的定义可知，e_j 是 $\mathscr{F}_t$ 可测的。对这样的函数直接定义积分如下：

$$\int_S^T \varphi(t,\omega)\mathrm{d}B_t(\omega) = \sum_{j\geqslant 0} e_j(\omega)[B_{t_{j+1}} - B_{t_j}](\omega) \tag{2.1.3}$$

引理 2.1.1(Itô 等距)　如果 $\varphi(t,\omega)$ 是有界的并且是基本的，则

$$\mathrm{E}\left[\left(\int_S^T \varphi(t,\omega)\mathrm{d}B_t(\omega)\right)^2\right] = \mathrm{E}\left[\int_S^T \varphi(t,\omega)^2\mathrm{d}t\right] \tag{2.1.4}$$

证明：记 $\Delta B_j = B_{t_{j+1}} - B_{t_j}$。由于当 $i<j$ 时，$e_ie_j\Delta B_i$ 和 ΔB_j 是独立的，因此当 $i=j$ 时，$\mathrm{E}(e_ie_j\Delta B_i\Delta B_j) = \mathrm{E}(e_j^2)\cdot(t_{j+1}-t_j)$；而当 $i\neq j$ 时等于 0。从而由积分的定义可知

$$\mathrm{E}[(\int_S^T\varphi\mathrm{d}B)^2] = \sum_{i,j}\mathrm{E}(e_ie_j\Delta B_i\Delta B_j) = \sum_j \mathrm{E}(e_j^2)\cdot(t_{j+1}-t_j) = \mathrm{E}\left(\int_S^T\varphi^2\mathrm{d}t\right)$$

接下来利用此等距性质将积分延拓到一般的 $f \in \mathcal{V}$。

步骤 1　若 $g \in \mathcal{V}$有界，且对任意的 ω，$g(\cdot,\omega)$ 连续，则存在基本函数列 $\varphi_n \in \mathcal{V}$，使得

$$\mathrm{E}[\int_S^T (g-\varphi_n)^2\mathrm{d}t] \to 0, \qquad n\to\infty$$

事实上，定义 $\varphi_n(t,\omega) = \sum_j g(t_j,\omega)\cdot\chi_{[t_j,t_{j+1})}(t)$。由 $g\in\mathcal{V}$可知，φ_n 是基本的，且由 $g(\cdot,\omega)$ 对任意的 ω 都连续可知，对任意的 ω，当 $n\to\infty$ 时$\int_S^T(g-\varphi_n)^2\mathrm{d}t\to 0$。利用有界收敛定理便可得结论。

步骤 2　若 $h\in\mathcal{V}$有界，则存在有界函数列 $g_n\in\mathcal{V}$，使得对任意的 ω 和 n，$g_n(\cdot,\omega)$ 都是连续的，且当 $n\to\infty$ 时，有

$$\mathrm{E}[\int_S^T (h-\varphi_n)^2\mathrm{d}t] \to 0$$

假设 $|h(t,\omega)| \leqslant M(\forall t,\omega)$。对任意的 n，定义 R 上的非负连续函数 ψ_n，使得

① $\psi_n(x) = 0$，当 $x\leqslant -\dfrac{1}{n}$ 或者 $x\geqslant 0$；

② $\int_{-\infty}^{\infty}\psi_n(x)\mathrm{d}x = 1$。

定义 $g_n(t,\omega) = \int_0^t \psi_n(s-t)h(s,\omega)\mathrm{d}s$，则对任意的 ω，$g_n(\cdot,\omega)$ 连续，且 $|g_n(t,\omega)|\leqslant M$。由 $h\in\mathcal{V}$可知，$g_n(t,\cdot)$ 还是 $\mathscr{F}_t$ 可测的，且由于$\{\psi_n\}$ 构成一逼近恒等列，因此对任意的 ω，当 $n\to\infty$ 时，有

$$\int_S^T (g_n(s,\omega)-h(s,\omega))^2\mathrm{d}s \to 0$$

从而由有界收敛定理可知结论成立。

步骤 3　若 $f\in\mathcal{V}$，则存在序列$\{h_n\}\subset\mathcal{V}$，使得对任意的 n，h_n 有界，且当 $n\to\infty$ 时，有

$$\mathrm{E}[\int_S^T (f-h_n)^2\mathrm{d}t] \to 0$$

令

$$h_n(t,\omega)=\begin{cases}-n, & f(t,\omega)<n\\ f(t,\omega), & -n\leqslant f(t,\omega)\leqslant n\\ n, & f(t,\omega)>n\end{cases}$$

则由控制收敛定理可得结论。

现在就可以完成 Itô 积分的定义:对 $f\in\mathcal{V}$应用上述步骤,可以选择基本列 $\varphi_n\in\mathcal{V}$,使得

$$\mathrm{E}[\int_S^T|f-\varphi_n|^2\mathrm{d}t]\rightarrow 0$$

由此可以定义

$$\mathcal{I}[f](\omega)=\int_S^T f(t,\omega)\mathrm{d}B_t(\omega)\overset{\text{def}}{=\!=}\lim_{n\to\infty}\int_S^T\varphi_n(t,\omega)\mathrm{d}B_t(\omega)$$

由于$\{\int_S^T\varphi_n(t,\omega)\mathrm{d}B_t(\omega)\}$构成 $L^2(P)$ 的一个 Cauchy 列,从而上述极限作为 $L^2(P)$ 中的元素是存在的。

定义 2.1.3(Itô 积分) 对函数 $f\in\mathcal{V}$,其 Itô 积分定义为

$$\int_S^T f(t,\omega)\mathrm{d}B_t(\omega)=(L^2(P))-\lim_{n\to\infty}\int_S^T\varphi_n(t,\omega)\mathrm{d}B_t(\omega)\tag{2.1.5}$$

其中,φ_n 是基本列,使得

$$\mathrm{E}\left\{\int_S^T[f(t,\omega)-\varphi_n(t,\omega)]^2\mathrm{d}t\right\}\rightarrow 0,\qquad n\rightarrow\infty$$

读者立刻能注意到,由上述逼近步骤,基本列 φ_n 是存在的,且由 Itô 等距引理可知上述极限不依赖于基本列的选取。

推论 2.1.1

$$\mathrm{E}\left\{\left[\int_S^T f(t,\omega)\mathrm{d}B_t\right]^2\right\}=\mathrm{E}[\int_S^T f^2(t,\omega)\mathrm{d}t],\qquad\forall f\in\mathcal{V}$$

例 2.1.2 作为例子,计算积分

$$\int_0^t B_s\mathrm{d}B_s=\frac{1}{2}B_t^2-\frac{1}{2}t,\qquad B_0=0\tag{2.1.6}$$

证明:记 $\varphi_n(s,\omega)=\sum B_j(\omega)\cdot\chi_{[t_j,t_{j+1})}(s)$,其中 $B_j=B_{t_j}$,则当 $\Delta t_j\rightarrow 0$ 时,有

$$\mathrm{E}\int_0^t(\varphi_n-B_s)^2\mathrm{d}s=\mathrm{E}\sum_j\int_{t_j}^{t_{j+1}}(B_j-B_s)^2\mathrm{d}s=$$

$$\sum_j\int_{t_j}^{t_{j+1}}(s-t_j)\mathrm{d}s=\sum_j\frac{1}{2}(t_{j+1}-t_j)^2\rightarrow 0$$

利用 Itô 等距引理可知

$$\int_0^t B_s\mathrm{d}B_s=\lim_{\Delta t_j\to 0}\int_0^t\varphi_n\mathrm{d}B_s=\lim_{\Delta t_j\to 0}\sum_j B_j\Delta B_j$$

又

$$\Delta(B_j^2)=B_{j+1}^2-B_j^2=(B_{j+1}-B_j)^2+2B_j(B_{j+1}-B_j)=$$
$$(\Delta B_j)^2+2B_j\Delta B_j$$

从而由 $B_0=0$ 可知

$$B_t^2=\sum_j\Delta(B_j^2)=\sum_j(\Delta B_j)^2+2\sum_j B_j\Delta B_j$$

即

$$\sum_j B_j \Delta B_j = \frac{1}{2}B_t^2 - \frac{1}{2}\sum_j (\Delta B_j)^2$$

由布朗运动的性质 $\sum_j (\Delta B_j)^2 \to t$，便得到需要的结果。

下面的定理给出了 Itô 积分的一些基本性质。

定理 2.1.3　令 $f \in \mathcal{V}(0,T)$，且 $0 \leqslant S < U < T$，则

① $\int_S^T f\mathrm{d}B_t = \int_S^U f\mathrm{d}B_t + \int_U^T f\mathrm{d}B_t$，　a. s. $\omega \in \Omega$；

② $\int_S^T (cf+g)\mathrm{d}B_t = c\int_S^T f\mathrm{d}B_t + \int_S^T g\mathrm{d}B_t$，　c 为常数，a. s. $\omega \in \Omega$；

③ $\mathrm{E}[\int_S^T f\mathrm{d}B_t] = 0$；

④ $\int_S^T f\mathrm{d}B_t$ 是 $\mathscr{F}_t$ 可测的。

仅需对基本列证明上述性质，此处略去。

定理 2.1.4　若 $f \in \mathcal{V}(0,T)$，则存在 Itô 积分

$$\int_0^t f(s,\omega)\mathrm{d}B_s(\omega), \qquad 0 \leqslant t \leqslant T$$

的连续修正，即存在 $(\Omega,\mathscr{F},P)$ 上连续的随机过程 J_t，使得

$$P(J_t = \int_0^t f\mathrm{d}B) = 1, \qquad \forall\, 0 \leqslant t \leqslant T$$

证明：令 $\varphi_n = \varphi_n(t,\omega) = \sum_j e_j^{(n)}(\omega)\chi_{[t_j^{(n)},t_{j+1}^{(n)})}(t)$ 为基本列，并使得

$$\mathrm{E}[\int_0^T (f-\varphi_n)^2\mathrm{d}t] \to 0, \qquad n \to \infty$$

记

$$I_n(t,\omega) = \int_0^t \varphi_n(s,\omega)\mathrm{d}B_s(\omega)$$

$$I_t = I_t(\omega) = \int_0^t f(s,\omega)\mathrm{d}B_s(\omega), \qquad 0 \leqslant t \leqslant T$$

易知对任意的 n，$I_n(\cdot,\omega)$ 连续，且 $I_n(t,\omega)$ 是 $\mathscr{F}_t$- 鞅。对任意的 n，$s > t$，利用条件期望的性质可知

$$\begin{aligned}
\mathrm{E}[I_n(s,\omega) \mid \mathscr{F}_t] = \mathrm{E}[(\int_0^t \varphi_n\mathrm{d}B + \int_t^s \varphi_n\mathrm{d}B) \mid \mathscr{F}_t] = \\
\int_0^t \varphi_n\mathrm{d}B + \mathrm{E}[\sum_{t \leqslant t_j^{(n)} \leqslant t_{j+1}^{(n)} \leqslant s} e_j^{(n)}\Delta B_j \mid \mathscr{F}_t] = \\
\int_0^t \varphi_n\mathrm{d}B + \sum_j \mathrm{E}\{\mathrm{E}[e_j^{(n)}\Delta B_j \mid \mathscr{F}_{t_j^{(n)}}] \mid \mathscr{F}_t\} = \\
\int_0^t \varphi_n\mathrm{d}B + \sum_j \mathrm{E}\{e_j^{(n)}\mathrm{E}[\Delta B_j \mid \mathscr{F}_{t_j^{(n)}}] \mid \mathscr{F}_t\} = \\
\int_0^t \varphi_n\mathrm{d}B = I_n(t,\omega)
\end{aligned} \tag{2.1.7}$$

因此 $I_n - I_m$ 也是 $\mathscr{F}_t$- 鞅，从而由鞅不等式可知

$$P(\sup_{0\leqslant t\leqslant T}|I_n(t,\omega)-I_m(t,\omega)|>\varepsilon)\leqslant\frac{1}{\varepsilon^2}\mathrm{E}[|I_n(t,\omega)-I_m(t,\omega)|^2]=$$

$$\frac{1}{\varepsilon^2}\mathrm{E}[\int_0^T(\varphi_n-\varphi_m)^2\mathrm{d}s]\to 0,\qquad m,n\to\infty$$

因此可选择子列 $n_k\uparrow\infty$，使得

$$P(\sup_{0\leqslant t\leqslant T}|I_{n_{k+1}}(t,\omega)-I_{n_k}(t,\omega)|>2^{-k})\leqslant 2^{-k}$$

由 Borel-Cantelli 引理，有

$$P(\sup_{0\leqslant t\leqslant T}|I_{n_{k+1}}(t,\omega)-I_{n_k}(t,\omega)|>2^{-k}\text{ 对无穷多 }k\text{ 成立})=0$$

故对 a. e. ω，存在 $k_1(\omega)$，使得当 $k\geqslant k_1(\omega)$ 时，有

$$\sup_{0\leqslant t\leqslant T}|I_{n_{k+1}}(t,\omega)-I_{n_k}(t,\omega)|<2^{-k}$$

从而 $I_{n_k}(t,\omega)$ 对 a. e. ω，在区间$[0,T]$上一致收敛，所以其极限 $J_t(\omega)$ 关于时间在$[0,T]$上 a. s. 连续。另一方面，由于对所有的 t，$I_{n_k}(t,\cdot)$ 在 $L^2(P)$ 中收敛到 $I(t,\cdot)$，从而

$$I_t=J_t\quad\text{a. s.},\qquad\forall t\in[0,T]$$

完成证明。

因此，以后当提及积分 $M_t(\omega)=\int_0^t f(s,\omega)\mathrm{d}B_s(\omega)$ 时，总是指它的 t- 连续修正。不仅如此，还可以利用式(2.1.7)、M_t 关于时间的 a. s. 连续性、Itô 等距以及鞅不等式得到如下结论。

定理 2.1.5 对任意的 $T>0$，令 $f\in\mathcal{V}(0,T)$，则积分

$$M_t(\omega)=\int_0^t f(s,\omega)\mathrm{d}B_s$$

为 $\mathscr{F}_t$- 鞅，且如下的鞅不等式成立，即

$$P(\sup_{0\leqslant t\leqslant T}|M_t|\geqslant\lambda)\leqslant\frac{1}{\lambda^2}\mathrm{E}[\int_0^T f(s,\omega)^2\mathrm{d}s],\qquad\lambda,T>0$$

接下来以简短的篇幅讨论 Stratonovitch 积分与 Itô 积分的联系。在考虑随机微分方程时，常常需要讨论随机积分，即

$$\widetilde{\int_0^t}f(s,\omega)\mathrm{d}B_s(\omega)$$

然而正如已经指出的，Itô 积分只是定义此随机积分的众多可能性中的一种，Stratonovitch 积分则提供了另一种合理定义随机积分的方法，并且导致不同的结果。这就导致了一个问题：到底哪一种定义更"合理"？哪一种定义提供了"正确"的数学模型？考虑 t- 连续的可微过程 $B_t^{(n)}$，使得对 a. s. ω，有

$$B^{(n)}(t,\omega)\to B(t,\omega),\qquad n\to\infty$$

且此收敛关于时间在有界区间上是一致的，自然期望(确定)方程

$$\frac{\mathrm{d}X_t}{\mathrm{d}t}=b(t,X_t)+\sigma(t,X_t)\frac{\mathrm{d}B_t^{(n)}}{\mathrm{d}t}$$

的解在相同的意义下去逼近方程

$$\frac{\mathrm{d}X_t}{\mathrm{d}t}=b(t,X_t)+\sigma(t,X_t)\frac{\mathrm{d}B_t}{\mathrm{d}t}$$

的解(暂时假设方程在某种意义下的解存在)，即对 a. s. ω，确定方程的解 $X_t^{(n)}\to X_t$，且此收敛关于时间在有界区间上是一致的。然而实际结果表明：在这样的意义下，X_t 应被理解为 Stratonovitch 积分意义下的解

$$X_t = X_0 + \int_0^t b(s, X_s)\mathrm{d}s + \int_0^t \sigma(s, X_s) \circ B_s \mathrm{d}s$$

而不是 Itô 积分意义下的解

$$X_t = X_0 + \int_0^t b(s, X_s)\mathrm{d}s + \int_0^t \sigma(s, X_s) B_s \mathrm{d}s$$

在 2.2 节，将回到 Stratonovitch 积分并讨论其与 Itô 积分的关系。

2.1.2　一般情形的随机积分

在许多情形下，通常还需要考虑关于更一般的 $R^+ \times E$ 上实值鞅测度 M 的随机积分，这在研究由 Lévy 过程驱动的随机微分方程时是有用的。沿用第 1 章引入随机测度的记号

$$M((s,t], A] = M(t, A] - M(s, A]$$

其中，$0 \leqslant s < t < \infty$，$A \in \mathcal{B}(E)$。还需要对 M 进行一定的限制：

(M1)　$M(0, A) = 0$ a. s.；

(M2)　$M((s,t], A)$ 独立于 σ- 代数 $\mathscr{F}_s$；

(M3)　存在 $R^+ \times E$ 上 σ- 有限测度 ρ，使得对任意的 $0 \leqslant s < t < \infty$，$A \in \mathcal{B}$，有

$$\mathrm{E}[M(t, A)^2] = \rho(t, A)$$

其中，$\rho(t, A) = \rho((0, T], A)$ 称上述满足条件(M1 ~ M3) 的鞅值测度为$(2, \rho)$ 型的。为了方便，仅考虑 ρ 为乘积测度 $\rho((0,t], A) = t\mu(A)$ 的情形，其中 μ 是 E 上 σ- 有限的测度。如果其样本轨道 $t \mapsto M(t, A)(\omega)$ 对 a. e. $\omega \in \Omega$ 以及 $A \in \mathcal{B}(E)$ 是连续的，则称鞅值测度 M 是连续的。

为了使积分的定义有意义，还需要对被积函数作适当的限制。先回忆可料(predictable)的概念。固定 $E \in \mathcal{B}(E)$，$0 < T < \infty$，记 $\mathcal{P}$ 为最小的 σ- 代数，使得满足下列性质的映射 $F: [0, T] \times E \times \Omega \to R$ 是可测的：

① 对任意的 $0 \leqslant t \leqslant T$，映射 $(x, \omega) \mapsto F(t, x, \omega)$ 是 $\mathcal{B}(E) \times \mathscr{F}_t$ 可测的；

② 对任意的 $x \in E$，$\omega \in \Omega$，映射 $t \mapsto F(t, s, \omega)$ 左连续。

称这样的 $\mathcal{P}$ 为可料 σ- 代数，称 $\mathcal{P}$ 可测的映射 $G: [0, T] \times E \times \Omega \to R$ 为可料的，且此定义能够自然推广到 R^+ 上。显然由 ① 可知，如果 G 是可料的，那么对任意的 $x \in E$，过程 $t \to G(t, x, \omega)$ 是适应的。另外，如果 G 满足 ① 且是左连续的，那么它一定是可料的。在接下来的讨论中，会逐步看到为什么可料性假设对随机积分理论是十分重要的，参见式(2.1.11)。

固定 $T > 0$，定义 $\mathcal{H}_2(T, E)$ 为由关于测度 $\rho \times P$ 几乎处处相等的，并满足如下条件的等价类所构成的线性空间：

① F 是可料的；

② $\int_0^T \int_E \mathrm{E}[\mid F(t, x) \mid^2] \rho(\mathrm{d}t, \mathrm{d}x) < \infty$。

$\mathcal{H}_2(T, E)$ 上的内积 $\langle \cdot, \cdot \rangle_{T,\rho}$ 定义为

$$\langle \cdot, \cdot \rangle_{T,\rho} = \int_0^T \int_E \mathrm{E}[(F(t, x), G(t, x))] \rho(\mathrm{d}t, \mathrm{d}x)$$

其上的范数可诱导为

$$\| F \|_{T,\rho}^2 = \mathrm{E}\left[\int_0^T \int_E | F(t,x) |^2 \rho(\mathrm{d}t,\mathrm{d}x)\right]$$

在此范数下$\mathcal{H}_2(T,E)$构成一 Hilbert 空间。

通常如果 $\rho(\mathrm{d}x,\mathrm{d}t) = \mu(\mathrm{d}x)\mathrm{d}t$，且 $E = \{0\}$，$\mu(\{0\}) = 1$，则将$\mathcal{H}_2(T,E)$简记为$\mathcal{H}_2(T)$。其上的内积以及范数按上述方式定义。

令$\mathcal{S}(T,E)$为$\mathcal{H}_2(T,E)$的简单函数所构成的线性空间。这里 F 称为简单函数，指存在 $m,n \in \mathbb{N}$，$0 \leqslant t_1 \leqslant t_2 \leqslant \cdots \leqslant t_{m+1} = T$，以及 E 的不相交的满足 $\mu(A_i) < \infty$ 的 Borel 子集 $A_1, A_2, \cdots, A_n$，使得

$$F = \sum_{j=1}^{m} \sum_{k=1}^{n} c_k F(t_j) \chi_{(t_j, t_{j+1}]} \chi_{A_k}$$

其中，$c_k \in R$，$F(t_j)$有界且为$\mathcal{F}_{t_j}$-可测的随机变量。由于F左连续以及关于$\mathcal{B}(E) \otimes \mathcal{F}_t$-可测，从而它是可料的。

引理 2.1.2 $\mathcal{S}(T,E)$在$\mathcal{H}_2(T,E)$中稠密。

证明参见参考文献[23]。

记 $c_k F(t_j) = F_k(t_j)$，可以将简单函数的形式简写为

$$\sum_{j,k}^{m,n} F_k(t_j) \chi_{(t_j, t_{j+1}]} \chi_{A_k} = \sum_{j=1}^{m} \sum_{k=1}^{n} c_k F(t_j) \chi_{(t_j, t_{j+1}]} \chi_{A_k} \tag{2.1.8}$$

固定 $T > 0$，对 $F \in \mathcal{H}_2(T,E)$ 以及$(2,\rho)$型鞅值测度 M，随机积分 $I_T(F) = \int_0^T \int_E F(t,x) M(\mathrm{d}t,\mathrm{d}x)$ 定义为实值随机变量。首先考虑具有形式(2.1.8)的简单函数 $F \in \mathcal{S}(T,E)$，定义

$$I_T(F) = \sum_{j,k=1}^{m,n} F_k(t_j) M((t_j, t_{j+1}], A_k) \tag{2.1.9}$$

这一定义本质上属于 K. Itô，定义的关键是在区间$[t_j, t_{j+1}]$上，$F_k(t_j)$关于过去的信息流$\mathscr{F}_{t_j}$是适应的，而$M((t_j, t_{j+1}], A_k)$则是独立于$\mathscr{F}_{t_j}$的。与 Stieltjes 积分不同的是，在 Stieltjes 积分中可以任意选取 $F_k(u_j)(t_j \leqslant u_j \leqslant t_{j+1})$。可以毫不夸张地说，Itô 这一想法在定义随机积分时是十分有效的。定义(2.1.9)同样给了我们一个直观的理解，即解释了为什么要求被积函数是可料的。现在时刻 t_j 不应该和将来时间$(t_j, t_{j+1}]$相交，这迫使我们要求被积函数是左连续的。

引理 2.1.3 对任意 $T \geqslant 0$，$F \in \mathcal{S}(T,E)$，下式成立，即

$$\mathrm{E}[I_T(F)] = 0$$

$$\mathrm{E}[I_T(F)^2] = \int_0^T \int_E \mathrm{E}[| F(t,x) |^2] \rho(\mathrm{d}t,\mathrm{d}x)$$

引理的证明可以参见参考文献[23]。由此引理以及积分的线性性质可知，I_T 是从$\mathscr{S}(T,E)$到 $L^2(\Omega,\mathscr{F},P)$ 的线性等距同构，从而由稠密性引理可以将积分延拓为$\mathcal{H}_2(T,E)$到 $L^2(\Omega,\mathscr{F},P)$ 的线性等距同构。将此延拓后的积分仍记为 I_T，并称积分 $I_T(F)$ 为 $F \in \mathcal{H}_2(T,E)$ 的 Itô 随机积分。此积分仍然使 Itô 等距公式成立：

$$\mathrm{E}[| I_T(F) |^2] = \| F \|_{T,\rho}^2, \qquad \forall F \in \mathcal{H}_2(T,E)$$

由稠密性引理可知，对任意的 $F \in \mathcal{H}_2(T,E)$，存在序列$\{F_n\}_{n\in\mathbb{N}} \subset \mathcal{S}(T,E)$，使得$\lim\limits_{n\to\infty} \| F - F_n \|_{T,\rho} = 0$，且

$$\int_0^T \int_E F(t,x) M(\mathrm{d}t,\mathrm{d}x) = (L^2) - \lim_{n\to\infty} \int_0^T \int_E F_n(t,x) M(\mathrm{d}t,\mathrm{d}x)$$

如果 $\|F\|_{t,\rho}<\infty$，则将积分 $\{I_t(F),t\geqslant 0\}$ 考虑为一随机过程是有意义的，而且通常也认为这一假设是成立的。下一定理总结了一些随机积分的性质。

定理 2.1.6　如果 $F,G\in\mathcal{H}_2(T,E)$，$\alpha,\beta\in R$，则

① $I_T(\alpha F+\beta G)=\alpha I_T(F)+\beta I_T(G)$；

② $\mathrm{E}[I_T(F)]=0,\quad \mathrm{E}[I_T(F)^2]=\int_0^T\int_E \mathrm{E}[|F(t,x)|^2]\rho(\mathrm{d}t,\mathrm{d}x)$；

③ $\{I_t(F);t\geqslant 0\}$ 是 $\mathscr{F}_t$ 适应的；

④ $\{I_t(F);t\geqslant 0\}$ 是平方可积鞅。

还可以将随机积分的概念拓展得更宽泛一些。考虑满足下列的条件映射 $F:[0,T]\times E\times\Omega$，即

① F 是可料的；

② $P\left(\int_0^T\int_{\mathrm{E}}|F(t,x)|^2\rho(\mathrm{d}t,\mathrm{d}x)<\infty\right)=1$。

记 $\mathcal{P}_2(T,E)$ 为映射 F 在以测度 $\rho\times P$ 下几乎处处相等的意义下的等价类所构成的集合。显然，$\mathcal{P}_2(T,E)$ 为线性空间，$\mathcal{H}_2(T,E)\subseteq\mathcal{P}_2(T,E)$ 且 $\mathcal{S}(T,E)$ 在 $\mathcal{P}_2(T,E)$ 中稠密。和上述定义积分的过程类似，可以对简单函数列 $\{F_n,n\geqslant 0\}\subset\mathcal{S}(T,E)$ 定义随机积分序列

$$I_{T,n}=\int_0^T\int_E F_n(t,x)M(\mathrm{d}t,\mathrm{d}x),\qquad n\geqslant 0$$

不难证明，此序列依概率构成一 Cauchy 列并（依概率）具有唯一极限，记此极限为

$$\hat{I}_T(F)=\int_0^T\int_E F(t,x)M(\mathrm{d}t,\mathrm{d}x)$$

并仍称 $\hat{I}_T(F)$ 为随机积分。

同上述的原因一样，如果

$$P\left(\int_0^t\int_{\mathrm{E}}|F(t,x)|^2\rho(\mathrm{d}t,\mathrm{d}x)<+\infty\right)=1$$

则可以将 $\{\hat{I}_t(F)\}_{t\geqslant 0}$ 视为一随机积分。一般来说，过程 $\{\hat{I}_t(F)\}_{t\geqslant 0}$ 不再是鞅，但是可以证明它为局部鞅。

定理 2.1.7　① $\{\hat{I}_t(F)\}_{t\geqslant 0}$ 为局部鞅；

② $\{\hat{I}_t(F)\}_{t\geqslant 0}$ 具有 càdlàg 修正。

定理 2.1.8　如果 M 是连续的，$F\in\mathcal{P}_2(T,E)$，则积分 $\hat{I}_t(F)$ 在区间 $[0,T]$ 上是连续的。

下面应用上述随机积分理论具体地考虑 Poisson 随机积分以及基于 Lévy 过程的随机积分。首先考虑 Poisson 随机积分，记 $E=\hat{B}\backslash\{0\}$（$\hat{B}$ 为单位球），N 为 $R^+\times(R^d-\{0\})$ 的 Poisson 随机测度，其强度测度为 ν，其补偿 Poisson 随机测度为 $\tilde{N}$，为鞅测度。如果 $H=(H^1,\cdots,H^d)\in\mathcal{P}_2(T,E)$，则可以按照上述 Itô 积分的定义构造取值于 R^d 的随机过程 $Z=\{Z(t)\}_{t\geqslant 0}$，其中 $Z(t)=(Z^1(t),\cdots,Z^d(t))$，使得

$$Z^i(T)=\int_0^T\int_{|x|<1}H^i(t,x)\tilde{N}(\mathrm{d}t,\mathrm{d}x)$$

考虑 $R^d\backslash\{0\}$ 中下有界的 Borel 子集 A，以及复合 Poisson 过程 $P=\{P(t)\}_{t\geqslant 0}$，其中 $P(t)=$

$\int_A xN(t,dx)$，则可以推广第1章中Poisson积分的定义，对可料的K定义随机积分如下：

$$\int_0^T\int_A K(t,x)N(dt,dx) = \sum_{0\leqslant u\leqslant T} K(u,\Delta P(u))\chi_A(\Delta P(u)) \tag{2.1.10}$$

特别地，当H满足平方可积条件时，则对$1\leqslant i\leqslant d$成立，即

$$\int_0^T\int_A H^i(t,x)\widetilde{N}(dt,dx) = \int_0^T\int_A H^i(t,x)N(dt,dx) - \int_0^T\int_A H^i(t,x)\nu(dx)dt$$

例 2.1.3 按积分的定义可以证明

$$\int_0^t N(s)d\widetilde{N}(s) - \int_0^t N(s-)d\widetilde{N}(s) = N(t) \tag{2.1.11}$$

由此过程可知，$\{\int_0^t N(s)d\widetilde{N}(s)\}_{t\geqslant 0}$不可能为一局部鞅。在随机积分理论中，总期望关于鞅的积分仍然为一鞅，至少为一局部鞅。而此例则告诉我们，如果放弃被积函数的可料性要求，则这一点是很难保证的。

仍然考虑$E=\hat{B}\backslash\{0\}$。如果对任意的$1\leqslant i\leqslant d$，$1\leqslant j\leqslant m$，$t\geqslant 0$，具有如下形式：

$$Y^i(t) = Y^i(0) + \int_0^t G^i(s)ds + \int_0^t F_j^i dB^j(s) + \int_0^t\int_{|x|<1} H^i(s,x)\widetilde{N}(ds,dx) +$$
$$\int_0^t\int_{|x|\geqslant 1} K^i(s,x)N(ds,dx) \tag{2.1.12}$$

其中，$|G^i|^{\frac{1}{2}}$，$F_j^i\in\mathcal{H}_2(T)$，$H^i\in\mathcal{H}_2(T)$且K是可料的，那么称取值于R^d的实值随机过程$Y=\{Y(t)\}_{t\geqslant 0}$为Lévy-型随机积分。$B$为$m$-维标准布朗运动，$N$为$R^+\times(R^d\backslash\{0\})$上独立的Poisson随机测度，其补偿测度为$\widetilde{N}$，强度测度为$\nu$，且假设为Lévy测度。不难说明$Y$具有càdlàg修正，而且今后当提到Lévy-型时，总是指它的càdlàg修正。如果假设$Y(0)$是$\mathscr{F}_0$可测的，那么显然Y是适应过程，而且还是一半鞅。利用微分形式还可以将上述表达式写得更紧凑些：

$$dY(t) = G(t)dt + F(t)dB(t) + H(t,x)\widetilde{N}(dt,dx) + K(t,x)N(dt,dx)$$

令X为Lévy过程，其特征为(b,a,ν)，Lévy-Itô分解为

$$X(t) = bt + B_a(t) + \int_{|x|<1} x\widetilde{N}(t,dx) + \int_{|x|\geqslant 1} xN(t,dx)$$

考虑$L\in\mathcal{P}_2(t)(t\geqslant 0)$，且在式(2.1.12)选择$F_j^i=\sigma_j^i L$，$H^i=K^i=x^i L$，以及$\boldsymbol{\sigma}^T\boldsymbol{\sigma}=a$，则可以构造过程$Y=\{Y(t)\}_{t\geqslant 0}$使得

$$dY(t) = L(t)dX(t)$$

定义 2.1.4 称$Y=\{Y(t)\}_{t\geqslant 0}$为Lévy随机积分。

2.2 Itô公式

回顾上节的恒等式(2.1.6)，若令$f(x)=\frac{x^2}{2}$，则可以将此式改写为

$$f(B_t) - f(B_0) = \int_0^t f'(B_s)dB_s + \frac{1}{2}\int_0^t f''(B_s)ds$$

这显然不同于通常Lebesgue-Stieltjes积分的变量替换公式，接下来将考虑在随机积分理论中十分重要的Itô公式。仍然从最简单的情形讨论。

定义 2.2.1　记 B_t 为概率空间$(\Omega,\mathscr{F},P)$ 上的 1- 维布朗运动。如果它具有形式

$$X_t = X_0 + \int_0^t u(s,\omega)\mathrm{d}s + \int_0^t v(s,\omega)\mathrm{d}B_s \tag{2.2.1}$$

其中,$v \in \mathcal{V}$,u 是 $\mathscr{F}_t$ 适应的,则随机过程 X_t 称为概率空间$(\Omega,\mathscr{F},P)$ 上的 Itô 过程(或随机积分)。

将式(2.2.1) 写成微分形式

$$\mathrm{d}X_t = u\mathrm{d}t + v\mathrm{d}B_t \tag{2.2.2}$$

此时式(2.1.6) 可以写为如下形式:

$$\mathrm{d}\left(\frac{1}{2}B_t^2\right) = \frac{1}{2}\mathrm{d}t + B_t\mathrm{d}B_t \tag{2.2.3}$$

定理 2.2.1　令 X_t 为 Itô 过程

$$\mathrm{d}X_t = u\mathrm{d}t + v\mathrm{d}B_t$$

令 $g \in C^2([0,\infty)\times R)$,则 $Y_t = g(t,X_t)$ 仍为 Itô 过程且具有形式

$$\mathrm{d}Y_t = \frac{\partial g}{\partial t}(t,X_t)\mathrm{d}t + \frac{\partial g}{\partial x}(t,X_t)\mathrm{d}X_t + \frac{1}{2}\frac{\partial^2 g}{\partial x^2}(t,X_t)\cdot(\mathrm{d}X_t)^2 \tag{2.2.4}$$

其中,$(\mathrm{d}X_t)^2 = (\mathrm{d}X_t)\cdot(\mathrm{d}X_t)$ 按如下原则计算:

$$\mathrm{d}t\cdot\mathrm{d}t = \mathrm{d}t\cdot\mathrm{d}B_t = \mathrm{d}B_t\cdot\mathrm{d}t = 0,\qquad \mathrm{d}B_t\cdot\mathrm{d}B_t = \mathrm{d}t$$

证明:将过程 $\mathrm{d}X_t = u\mathrm{d}t + v\mathrm{d}B_t$ 代入式(2.2.4) 并利用式(2.2.1) 可得其等价表示:

$$\begin{aligned} g(t,X_t) = g(0,X_0) + \int_0^t \Big[\frac{\partial g}{\partial s}(s,X_s) + u_s\frac{\partial g}{\partial x}(s,X_s) + \\ \frac{1}{2}\frac{\partial^2 g}{\partial x^2}(t,X_t)\Big]\mathrm{d}s + \int_0^t v_s\frac{\partial g}{\partial x}(s,X_s)\mathrm{d}B_s \end{aligned} \tag{2.2.5}$$

其中,$u_s = u(s,\omega)$,$v_s = v(s,\omega)$,从而可知为一 Itô 过程。

不妨假设 $g,\frac{\partial g}{\partial t},\frac{\partial g}{\partial x},\frac{\partial^2 g}{\partial x^2}$ 有界:如果对有界情形证明了结论成立,则可以通过有界函数列 $g_n,\frac{\partial g_n}{\partial t},\frac{\partial g_n}{\partial x},\frac{\partial^2 g_n}{\partial x^2}$ 在$[0,\infty)\times R$ 的紧子集上一致逼近来得到一般情形的结论。另一方面,从 Itô 积分的定义可知,仅需对基本函数证明上述结论,从而利用 Taylor 定理可得

$$\begin{aligned} g(t,X_t) &= g(0,X_0) + \sum_j \Delta g(t_j,X_j) = g(0,X_0) + \\ &\sum_j \frac{\partial g}{\partial t}\Delta t_j + \sum_j \frac{\partial g}{\partial x}\Delta X_j + \frac{1}{2}\sum_j \frac{\partial^2 g}{\partial t^2}(\Delta t_j)^2 + \\ &\sum_j \frac{\partial^2 g}{\partial t\partial x}(\Delta t_j)(\Delta X_j) + \frac{1}{2}\sum_j \frac{\partial^2 g}{\partial x^2}(\Delta X_j)^2 + \sum R_j \end{aligned}$$

其中,$\frac{\partial g}{\partial t},\frac{\partial g}{\partial x}$ 等在(t_j,X_{t_j}) 取值,$\Delta t_j = t_{j+1} - t_j$,$\Delta X_j = X_{t_{j+1}} - X_{t_j}$,$\Delta g(t_j,X_j) = g(t_{j+1},X_{t_{j+1}}) - g(t_j,X_{t_j})$ 以及对任意的 j,$R_j = o(|\Delta t_j|^2 + |\Delta X_j|^2)$。

令 $\Delta t_j \to 0$ 可得

$$\left.\begin{aligned} \sum_j \frac{\partial g}{\partial t}\Delta t_j &= \sum_j \frac{\partial g}{\partial t}(t_j,X_j)\Delta t_j \to \int_0^t \frac{\partial g}{\partial t}(s,X_s)\mathrm{d}s \\ \sum_j \frac{\partial g}{\partial x}\Delta x_j &= \sum_j \frac{\partial g}{\partial x}(t_j,X_j)\Delta X_j \to \int_0^t \frac{\partial g}{\partial x}(s,X_s)\mathrm{d}X_s \end{aligned}\right\} \tag{2.2.6}$$

由于 u,v 是基本的,故

$$\sum_j \frac{\partial^2 g}{\partial x^2}(\Delta X_j)^2 = \sum_j \frac{\partial^2 g}{\partial x^2}u_j^2(\Delta t_j)^2 + 2\sum_j \frac{\partial^2 g}{\partial x^2}u_j v_j(\Delta t_j)(\Delta B_j) + \sum_j \frac{\partial^2 g}{\partial x^2}v_j^2(\Delta B_j) \tag{2.2.7}$$

其中，$u_j = u(t_j,\omega)$，$v_j = v(t_j,\omega)$。当 $\Delta t_j \to 0$ 时，右端前两项趋近于 0，如

$$\mathrm{E}\left\{\left[\sum_j \frac{\partial^2 g}{\partial x^2}u_j v_j(\Delta t_j)(\Delta B_j)\right]^2\right\} = \sum_j \mathrm{E}\left[\left(\frac{\partial^2 g}{\partial x^2}u_j v_j\right)^2\right](\Delta t_j)^3 \to 0$$

下面证明最后一项在 $L^2(P)$ 中趋近于

$$\int_0^t \frac{\partial^2 g}{\partial x^2}v^2\mathrm{d}s$$

为此令 $a(t) = \frac{\partial^2 g}{\partial x^2}(t,X_t)v^2(t,\omega)$，$a_j = a(t_j)$，并考虑

$$\mathrm{E}[(\sum_j a_j(\Delta B_j)^2 - \sum_j a_j\Delta t_j)^2] = \sum_{i,j}\mathrm{E}\{a_i a_j[(\Delta B_i)^2 - \Delta t_i][(\Delta B_j)^2 - \Delta t_j]\}$$

如果 $i \neq j$，那么由 $a_i a_j[(\Delta B_i)^2 - \Delta t_i]$ 和 $[(\Delta B_j)^2 - \Delta t_j]$ 相互独立可知此项为 0。从而仅剩下

$$\begin{aligned}
&\sum_j \mathrm{E}\{a_j^2[(\Delta B_j)^2 - \Delta t_j]^2\} = \\
&\sum_j \mathrm{E}(a_j^2)\mathrm{E}[(\Delta B_j)^4 - 2(\Delta B_j)^2\Delta t_j + (\Delta t_j)^2] = \\
&\sum_j \mathrm{E}(a_j^2)\cdot[3(\Delta t_j)^2 - 2(\Delta t_j)^2 + (\Delta t_j)^2] = \\
&2\sum_j \mathrm{E}(a_j^2)\cdot(\Delta t_j)^2 \to 0, \qquad \Delta t_j \to 0
\end{aligned}$$

因此

$$\sum_j a_j(\Delta B_j)^2 \to \int_0^t a(s)\mathrm{d}s, \qquad L^2(P)(\Delta t_j \to 0)$$

即 $(\mathrm{d}B_t)^2 = \mathrm{d}t$。上述论断同时表明当 $\Delta t_j \to 0$ 时，$\sum R_j \to 0$。

对一般情形，引入下列停时序列 $\{\tau_n, n \in \mathbb{N}\}$，则

$$\tau_n = \inf\{t \geqslant 0 : \max\{X(t),u(t),v(t)\} > n\} \wedge n$$

从而 $\lim\limits_{n\to\infty}\tau_n = \infty$ a. s. 。将上述结论应用于过程 $(X(t\wedge\tau_n);t\geqslant 0)$，取极限便得到定理的结论。

自然可以将上述 Itô 公式推广到 n- 维情形。

定理 2.2.2 令

$$\mathrm{d}X_t = u\mathrm{d}t + v\mathrm{d}B_t$$

为 n- 维 Itô 过程，$g(t,x) = (g_1(t,x),\cdots,g_p(t,x))$ 为一从 $[0,\infty)\times R^n$ 到 R^p 的 C^2 映射，则过程

$$Y(t,\omega) = g(t,X_t)$$

也为 Itô 过程，其分量 Y_k 满足

$$\mathrm{d}Y_k = \frac{\partial g_k}{\partial t}(t,X)\mathrm{d}t + \sum_i \frac{\partial g_k}{\partial x_i}(t,X)\mathrm{d}X_i + \frac{1}{2}\frac{\partial^2 g_k}{\partial x_i \partial x_j}(t,X)\mathrm{d}X_i\mathrm{d}X_j$$

其中，$\mathrm{d}B_i\mathrm{d}B_j = \delta_{ij}\mathrm{d}t$，$\mathrm{d}B_i\mathrm{d}t = \mathrm{d}t\mathrm{d}B_i = 0$。

由上述证明过程可以得到如下推论。

推论 2.2.1 令 $\{B_t;t \geqslant 0\}$ 为一维标准布朗运动，则

$$(L^2) - \lim_{\Delta t_j \to 0} \sum_{j=0} [B(t_{j+1}) - B(t_j)]^2 = T \tag{2.2.8}$$

其中，$\{t_j\}$ 是区间 $[0,T]$ 的一个划分。

推论 2.2.2(分部积分公式)　令 X_t, Y_t 为两个 Itô 过程，即

$$X_t = X_0 + \int_0^t K_s \mathrm{d}s + \int_0^t H_s \mathrm{d}B_s, \qquad Y_t = Y_0 + \int_0^t K'_s \mathrm{d}s + \int_0^t H'_s \mathrm{d}B_s$$

则

$$X_t Y_t = X_0 Y_0 + \int_0^t X_s \mathrm{d}Y_s + \int_0^t Y_s \mathrm{d}X_s + \langle X, Y \rangle_t$$

其中

$$\langle X, Y \rangle_t = \int_0^t H_s H'_s \mathrm{d}s$$

证明：利用 Itô 公式

$$(X_t + Y_x)^2 = (X_0 + Y_0)^2 + 2\int_0^t (X_s + Y_s)\mathrm{d}(X_s + Y_s) + \int_0^t (H_s + H'_s)^2 \mathrm{d}s$$

$$X_t^2 = X_0^2 + 2\int_0^t X_s \mathrm{d}X_s + \int_0^t H_s^2 \mathrm{d}s$$

$$Y_t^2 = Y_0^2 + 2\int_0^t Y_s \mathrm{d}Y_s + \int_0^t H'^2_s \mathrm{d}s$$

从第一式中减去后两式便得到结论。

接下来考虑一般情况下的 Itô 公式。考虑 $M(t)$ 为如下的 Poisson 随机积分

$$M^i(t) = M^i(0) + \int_0^t \int_A K^i(t, x) N(\mathrm{d}t, \mathrm{d}x) \tag{2.2.9}$$

其中，$1 \leqslant i \leqslant d, t \geqslant 0$，$A$ 为下有界且 K^i 是可料的。此时 Itô 公式具有如下形式。

引理 2.2.1　令 M 为式(2.2.9)所表示的 Poisson 随机积分，则对于 $f \in C(R^d)$，以及任意的 $t \geqslant 0$，以概率 1 成立。

$$f(M(t)) - f(M(0)) = \int_0^t \int_A [f(M(s-) + K(s,x)) - f(M(s-))] N(\mathrm{d}s, \mathrm{d}x)$$

证明：令 $Y(t) = \int_A x N(t, \mathrm{d}x)$，定义过程 Y 的跳时刻如下：$T_0^A = 0$，对任意的 $n \in \mathbb{N}$，$T_n^A = \inf\{t > T_{n-1}^A : \Delta Y(t) \in A\}$，则由积分定义可知

$$\begin{aligned}
&f(M(t)) - f(M(0)) = \sum_{0 \leqslant s \leqslant t} f(M(s)) - f(M(s-)) = \\
&\sum_{n=1}^{\infty} f(M(t \wedge T_n^A)) - f(M(t \wedge T_{n-1}^A)) = \\
&\sum_{n=1}^{\infty} f[M(t \wedge T_n^A -) + K(t \wedge T_n^A, \Delta Y(t \wedge T_n^A))] - f(M(t \wedge T_{n-1}^A)) = \\
&\int_0^t \int_A [f(M(s-) + K(s,x)) - f(M(s-))] N(\mathrm{d}s, \mathrm{d}x)
\end{aligned}$$

结论成立。

考虑 Lévy 型随机积分

$$Y^i(t) = Y^i(0) + Y_c^i(t) + \int_0^t \int_A K^i(s,x) N(\mathrm{d}s, \mathrm{d}x) \tag{2.2.10}$$

其中，对任意的 $1 \leqslant i \leqslant d, t \geqslant 0$，有

$$Y_c^i(t) = \int_0^t G^i(s)\mathrm{d}s + \int_0^t F_j^i(s)\mathrm{d}B^j(s)$$

将 Y_c^i 的二次变差过程记为$\{[Y_c^i, Y_c^j](t)\}_{t\geqslant 0}$,则

$$[Y_c^i, Y_c^j](t) = \sum_{k=1}^m \int_0^t F_k^i(s)F_k^j(s)\mathrm{d}s$$

引理 2.2.2 如果 Y 是 Lévy 型随机积分，具有式(2.2.10)的形式，则对任意的 $f\in C^2(R^d)$,$t\geqslant 0$,以概率 1 成立,即

$$f(Y(t)) - f(Y(0)) = \int_0^t \partial_i f(Y(s-))\mathrm{d}Y_c^i(s) + \frac{1}{2}\int_0^t \partial_i\partial_j f(Y(s-))\mathrm{d}[Y_c^i, Y_c^j](s) +$$

$$\int_0^t\int_A \{f[Y(s-) + K(s,x)) - f(Y(s-)]\}N(\mathrm{d}s,\mathrm{d}x)$$

其证明可以参见参考文献[23]。

下面考虑更一般形式的 Lévy 随机积分。令 Y 满足

$$\mathrm{d}Y(t) = G(t)\mathrm{d}t + F(t)\mathrm{d}B(t) + \int_{|x|<1} H(t,x)\widetilde{N}(\mathrm{d}t,\mathrm{d}x) + \int_{|x|\geqslant 1} K(t,x)N(\mathrm{d}t,\mathrm{d}x) \tag{2.2.11}$$

其中,$1\leqslant i\leqslant d$,$1\leqslant j\leqslant m$,$t\geqslant 0$,$|G^i|^{\frac{1}{2}}$,$F_j^i\in \mathcal{P}_2(T)$ 以及 $H^i\in \mathcal{P}_2(T,E)$。$K$ 为可料的，且 $E=\hat{B}\backslash\{0\}$。将过程作如下分解：

$$Y(t) = Y(0) + Y_c(t) + Y_d(t)$$

其中

$$\mathrm{d}Y_c(t) = G(t)\mathrm{d}t + F(t)\mathrm{d}B(t)$$

$$\mathrm{d}Y_d(t) = \int_{|x|<1} H(t,x)\widetilde{N}(\mathrm{d}t,\mathrm{d}x) + \int_{|x|\geqslant 1} K(t,x)N(\mathrm{d}t,\mathrm{d}x)$$

对此过程,如下的 Itô 公式[23] 成立。

定理 2.2.3 记 Y 为具有式(2.2.11)形式的 Lévy 型随机积分，则对任意的 $f\in C^2(R^d)$,$t\geqslant 0$,以概率 1 成立,即

$$f(Y(t)) - f(Y(0)) =$$

$$\int_0^t \partial_i f(Y(s-))\mathrm{d}Y^i(s) + \frac{1}{2}\int_0^t \partial_i\partial_j f(Y(s-))\mathrm{d}[Y_c^i, Y_c^j](s) +$$

$$\sum_{0\leqslant s\leqslant t}\{f[Y(s)) - f(Y(s-)] - \Delta Y^i(s)\partial_i f(Y(s-))\}$$

下面将在更广泛的意义下讨论 Stratonovitch 积分及其与 Itô 积分的关系。我们已经看出 Itô 公式不满足一般的链式法则,它在给我们展示许多漂亮的数学结果的同时也带来了许多不便。特别是当考虑随机微分方程在光滑流形上生成的流(flow)时,Itô 积分不是在局部坐标变换下不变的。然而 Stratonovitch 积分为我们提供了一种适当的工具,它可以视为 Itô 积分的扰动。具体地,考虑过程 $M=\{M(t)\}_{t\geqslant 0}$,具有形式 $M^i(t) = \int_0^t F_j^i(s)\mathrm{d}s$,而 $G=(G^1,\cdots,G^d)$ 使得 $G_iF_j^i\in P_2(t)$,$1\leqslant j\leqslant m$,$t\geqslant 0$,则 Stratonovitch 积分与 Itô 积分具有关系式:

$$\int_0^t G^i(s)\circ\mathrm{d}M_i(s) = \int_0^t G^i(s)\mathrm{d}M_i(s) + \frac{1}{2}[G^i, M_i](t) \tag{2.2.12}$$

其中,“$\circ$”表示 Stratonovitch 积分,通常也将此式作为 Stratonovitch 积分的定义。也可将上式写成微分形式:

$$G^i(t) \circ \mathrm{d}M_i(t) = G^i(t)\mathrm{d}M_i(t) + \frac{1}{2}\mathrm{d}[G^i, M_i](t) \tag{2.2.13}$$

记$(\Pi_n, n \in \mathbb{N})$为区间$[0,T]$上的划分，则

$$\Pi_n = \{0 = t_0^{(n)} < t_1^{(n)} < \cdots < t_{m(n)}^{(n)} < t_{m(n)}^{(n)} = T\}$$

且$\lim\limits_{n\to\infty}\delta(\Pi_n) = 0$，其中$\delta(\Pi_n) = \max\limits_{0\leqslant j\leqslant m(n)} |t_{j+1}^{(n)} - t_j^{(n)}|$。

定理 2.2.4

$$\int_0^t G_i(s) \circ \mathrm{d}M^i(s) =$$

$$(P) - \lim_{n\to\infty}\sum_{j=0}^{m(n)} \frac{G_i(t_{j+1}^{(n)}) + G_i(t_j^{(n)})}{2}[M^i(t_{j+1}^{(n)}) - M^i(t_j^{(n)})]$$

其极限是在概率的意义下取的。

不难证明如下性质成立。

命题 2.2.1　令X, Y, M_1以及M_2为1-维布朗运动，$\alpha, \beta \in R$，则

① $(\alpha X + \beta Y) \circ \mathrm{d}M = \alpha X \circ \mathrm{d}M + \beta Y \circ \mathrm{d}M$；

② $X \circ (\mathrm{d}M_1 + \mathrm{d}M_2) = X \circ \mathrm{d}M_1 + X \circ \mathrm{d}M_2$；

③ $XY \circ \mathrm{d}M = X \circ (Y \circ \mathrm{d}M)$。

下面介绍Stratonovitch积分的链式法则。

定理 2.2.5　令M为布朗积分，$f \in C^3(R^d)$，则对任意的$t \geqslant 0$，以概率1成立，即

$$f(M(t)) - f(M(0)) = \int_0^t \partial_i f(M(s)) \circ \mathrm{d}M^i(s) \tag{2.2.14}$$

证明：由Stratonovitch积分的定义可知

$$\partial_i f(M(t)) \circ \mathrm{d}M^i(t) = \partial_i f(M(t))\mathrm{d}M^i(t) + \frac{1}{2}\mathrm{d}[\partial_i f(M(\cdot)), M^i](t)$$

利用Itô公式可得，对$1 \leqslant i \leqslant d$，有

$$\mathrm{d}\{\partial_i f(M(t))\} = \partial_i\partial_j f(M(t))\mathrm{d}M^j(t) + \frac{1}{2}\partial_i\partial_k\partial_j f(M(t))\mathrm{d}[M^j, M^k](t)$$

从而

$$\mathrm{d}[\partial_i f(M(\cdot)), M^i](t) = \partial_i\partial_j f(M(t))\mathrm{d}[M^i, M^j](t)$$

再一次利用Itô公式可得

$$\int_0^t \partial_i f(M(s)) \circ \mathrm{d}M^i(s) =$$

$$\partial_i f(M(s))\mathrm{d}M^i(s) + \frac{1}{2}\int_0^t \partial_i\partial_j f(M(s))\mathrm{d}[M^i, M^j](s) =$$

$$f(M(t)) - f(M(0))$$

这正是我们要证明的结论。

2.3　无穷维情形

2.3.1　Q-Wiener过程及其随机积分

为了研究偏微分方程的需要，这一小节考虑在无穷维空间上的随机积分及其一般理论。

为此考虑 Hilbert 空间 H,U，以及对称非负算子 $Q\in L(U)$。首先考虑情形 $\mathrm{tr}\,Q<\infty$。这样存在 U 的完备正交系 $\{e_k\}$ 以及非负有界实数序列 λ_k，使得

$$Qe_k=\lambda_k e_k,\qquad k=1,2,\cdots$$

定义 2.3.1 如果

① $W(0)=0$；

② $W(t)$ 具有连续轨道；

③ W 具有独立增量；

④ $\mathscr{L}(W(t)-W(s))=\mathscr{N}(0,(t-s)Q),t\geqslant s\geqslant 0$，

则称取值于 U 的随机过程 $W=(W(t),t\geqslant 0)$ 为 Q - Wiener 过程。

特别，如果 $(W(t),t\in[0,T])$ 满足 ① ～ ③ 以及对 $t,s\in[0,T]$ 满足 ④，则称 W 为 $[0,T]$ 上的 Q - Wiener 过程。

关于 Q - Wiener 过程，有如下简单命题。

命题 2.3.1 令 W 为一 Wiener 过程，$\mathrm{tr}\,Q<\infty$，则下述论断成立 。

① W 为 U 上的 Gauss 过程，其数字特征为

$$\mathrm{E}[W(t)]=0,\qquad \mathrm{cov}(W(t))=tQ,\qquad t\geqslant 0$$

② 对任意 $t\geqslant 0$，W 具有表达式

$$W(t)=\sum_{j=1}^{\infty}\sqrt{\lambda_j}\beta_j(t)e_j \tag{2.3.1}$$

其中，$\beta_j(t)=\dfrac{1}{\sqrt{\lambda_j}}\langle W(t),e_j\rangle,j=1,2,\cdots$ 为 $(\Omega,\mathscr{F},P)$ 上相互独立的布朗运动且级数式(2.3.1) 在 $L^2(\Omega,P)$ 上收敛。

证明：仅证明 ② 令 $t>s>0$，由 $\beta_j(t)=\dfrac{1}{\sqrt{\lambda_j}}\langle W(t),e_j\rangle$ 可知

$$\begin{aligned}\mathrm{E}[\beta_i(t)\beta_j(s)]=&\frac{1}{\sqrt{\lambda_i\lambda_j}}\mathrm{E}[\langle W(t),e_i\rangle\langle W(s),e_j\rangle]=\\&\frac{1}{\sqrt{\lambda_i\lambda_j}}\{\mathrm{E}[\langle W(t)-W(s),e_i\rangle\langle W(s),e_j\rangle]+\\&\mathrm{E}[\langle W(s),e_i\rangle\langle W(s),e_j\rangle]\}=\\&\frac{1}{\sqrt{\lambda_i\lambda_j}}s\langle Qe_i,e_j\rangle=s\delta_{ij}\end{aligned}$$

从而可得 $\beta_i,i=1,2,\cdots$ 的独立性。注意到对 $m\geqslant n\geqslant 1$ 下式成立，即

$$\mathrm{E}\left\|\sum_{j=n}^{m}\sqrt{\lambda_j}\beta_j(t)e_j\right\|^2=t\sum_{j=n}^{m}\lambda_j$$

以及 $\sum\limits_{j=1}^{\infty}\lambda_j<\infty$，从而结论成立。

为了简洁起见，不妨设 $\lambda_j>0,j=1,2,\cdots$。给定 $\mathscr{F}$ 上的 σ- 代数流 $\{\mathscr{F}_t\}_{t\geqslant 0}$，使得

① $W(t)$ 为 $\mathscr{F}_t$ 可测；

② $W(t+h)-W(t)$ 独立于 $\mathscr{F}_t$，$\forall h\geqslant 0,\forall t\geqslant 0$。

若 Q - Wiener 过程满足 ① ～ ②，则称 W 为关于 $\{\mathscr{F}_t\}_{t\geqslant 0}$ 的 Q - Wiener 过程。

固定 $T>0$，记 $L=L(U,H)$ 为有界线性算子。如果存在序列 $0=t_0<t_1<\cdots<t_k=$

T 以及取值于 L 的序列 $\Phi_0,\Phi_1,\cdots,\Phi_{k-1}$ 使得 Φ_m 为 $\mathscr{F}_{t_m}$- 可测且

$$\Phi(t)=\Phi_m,\qquad t\in(t_m,t_{m+1}],\qquad m=0,1,\cdots,k-1$$

则称取值于 L 的随机过程 $(\Phi(t),t\in[0,T])$ 是基本的。

对基本过程 Φ，定义其随机积分为

$$\Phi\cdot W(t)=\int_0^t\Phi(s)\mathrm{d}W(s)=\sum_{m=0}^{k-1}\Phi_m(W_{t_{m+1}\wedge t}-W_{t_m\wedge t})\qquad(2.3.2)$$

定义 U 的子空间 $U_0=Q^{1/2}(U)$，在内积下

$$\langle f,g\rangle_0=\sum_{k=1}^{\infty}\frac{1}{\lambda_k}\langle f,e_k\rangle\langle g,e_k\rangle=\langle Q^{-1/2}f,Q^{-1/2}g\rangle$$

U_0 构成一 Hilbert 空间。

为了对一般的过程定义随机积分，先引入从 U_0 到 H 的 Hilbert - Schmidt 算子 $L_2^0=L_2^0(U_0,H)$。有关 Hilbert - Schmidt 算子以及核算子的一些事实将在下一节给出。空间 L_2^0 在范数

$$\|\Psi\|_{L_2^0}^2=\sum_{h,k=1}^{\infty}|\langle\Psi g_h,f_k\rangle|^2=\sum_{h,k=1}^{\infty}\lambda_h|\langle\Psi e_h,f_k\rangle|^2=\|\Psi Q^{1/2}\|^2=\mathrm{tr}[\Psi Q\Psi^*]$$

下仍构成一 Hilbert 空间，其中 $g_j=\sqrt{\lambda_j}e_j$，$\{e_j\}$ 以及 $\{f_j\}$，$j=1,2,\cdots$ 分别为 U_0，U 以及 H 的标准正交基。

令 $\Phi=(\Phi(t);t\in[0,T])$ 为取值于 L_2^0 的可测过程，定义范数

$$|||\Phi|||_t=\{\mathrm{E}\int_0^t\|\Phi(s)\|_{L_2^0}^2\mathrm{d}s\}^{1/2}=\{\mathrm{E}\int_0^t\mathrm{tr}(\Phi(s)Q^{1/2})(\Phi(s)Q^{1/2})^*\mathrm{d}s\}^{1/2},\qquad t\in[0,T]\qquad(2.3.3)$$

命题 2.3.2　如果过程 Φ 是基本的，$|||\Phi|||_T<\infty$，则过程 $\Phi\cdot W$ 是 $[0,T]$ 上取值于 H 的连续平方可积鞅，且

$$\mathrm{E}|\Phi\cdot W(t)|^2=|||\Phi|||_t^2,\qquad 0\leqslant t\leqslant T\qquad(2.3.4)$$

证明： 仅对 $t=t_m\leqslant T$ 证明等式(2.3.4)。定义 $\zeta_j=W(t_{j+1})-W(t_j)$，$j=1,2,\cdots,m-1$，则

$$\mathrm{E}|\Phi\cdot W(t_m)|^2=\mathrm{E}|\sum_{j=0}^{m-1}\Phi(t_j)\zeta_j|^2=\mathrm{E}\sum_{j=0}^{m-1}|\Phi(t_j)\zeta_j|^2+2\mathrm{E}\sum_{i<j=1}^{n}\langle\Phi(t_i)\zeta_i,\Phi(t_j)\zeta_j\rangle$$

首先说明

$$\mathrm{E}\sum_{j=0}^{m-1}|\Phi(t_j)\zeta_j|^2=\sum_{j=0}^{m-1}(t_{j+1}-t_j)\mathrm{E}\|\Phi_{t_j}\|_{L_2^0}^2,\qquad j=1,2,\cdots,m-1\qquad(2.3.5)$$

仅需注意到随机变量 $\Phi^*(t_j)f_l$ 是 $\mathscr{F}_{t_j}$- 可测的，且 ζ_j 是独立于 $\mathscr{F}_{t_j}$ 的随机变量，从而由条件数学期望的性质可知

$$\mathrm{E}|\Phi(t_j)\zeta_j|^2=\sum_{l=1}^{\infty}\mathrm{E}|\langle\Phi(t_j)\zeta_j,f_l\rangle|^2=\sum_{l=1}^{\infty}\mathrm{E}\{\mathrm{E}[|\langle\Phi(t_j)\zeta_j,f_l\rangle|^2|\mathscr{F}_{t_j}]\}=$$

$$(t_{j+1}-t_j)\sum_{l=1}^{\infty}\mathrm{E}[\langle Q\Phi^*(t_j)f_l,\Phi^*(t_j)f_l\rangle]=$$
$$(t_{j+1}-t_j)\sum_{l=1}^{\infty}|Q^{1/2}\Phi^*(t_j)f_l|^2=$$
$$(t_{j+1}-t_j)\|\Phi(t_j)\|_{L_2^0}^2$$

另一方面，显然

$$\mathrm{E}\langle\Phi(t_i)\zeta_i,\Phi(t_j)\zeta_j\rangle=0,\qquad i\neq j$$

从而结论成立。

上述结论表明随机积分是基本过程在范数$|||\cdot|||_T$下构成的空间到H值鞅构成的空间$\mathscr{M}_T^2(H)$的等距同构。

记$\Omega_T=[0,\infty)\times\Omega$(相应的，$\Omega_\infty=[0,T]\times\Omega$)，并赋予$\sigma$-代数$\mathcal{B}([0,\infty))\times\mathscr{F}$(相应的，$\mathcal{B}([0,T])\times\mathscr{F}$)。$\mathscr{P}_\infty$为如下形式的子集生成的$\sigma$-代数，即

$$(s,t]\times F,0\leqslant s<t<\infty,\quad F\in\mathscr{F}_s,\quad 以及\quad \{0\}\times F,\quad F\in\mathscr{F}_0 \qquad (2.3.6)$$

这样的σ-代数成为可料σ-代数，其元素称为可料集(第1章曾引入的可料概念和这里是一致的)。$\mathscr{P}_\infty$在$[0,T]\times\Omega$上的限制记为$\mathscr{P}_T$。映射$\Phi:([0,\infty)\times\Omega,\mathscr{P}_\infty)$(相应的，$([0,T]\times\Omega,\mathscr{P}_T)$)$\to(E,\mathcal{B}(E))$称为可料过程，如果它是可测的。显然可料过程是适应的。定义在$[0,\infty)$(相应的，$[0,T]$)上Lebesgue测度和概率测度P的乘积测度通常记为P_∞(resp. P_T)。如果$\varnothing\in\mathscr{K}$，则$\Omega$的子集族$\mathscr{K}$称为$\pi$-系，且如果$A,B\in\mathscr{K}$，则有$A\cap B\in\mathscr{K}$。

命题 2.3.3 设$\mathscr{K}$为一π-系，$\mathscr{G}$为最小的Ω的子集族，使得

① $\mathscr{K}\subset\mathscr{G}$；

② 如果$A\in\mathscr{G}$，则$A^c\in\mathscr{G}$；

③ 如果$A_1,A_2,\cdots\in\mathscr{G}$，满足$A_n\cap A_m=\varnothing(n\neq m)$，则$\bigcup_{n=1}^{\infty}A_n\in\mathscr{G}$，$\mathscr{G}=\sigma(\mathscr{K})$。

和前面介绍随机积分理论时一样，仍考虑取值于L_2^0的可料过程作为被积函数类，即从$(\Omega_T,\mathscr{P}_T)$到$(L_2^0,\mathcal{B}(L_2^0))$的可测映射。

命题 2.3.4 ① 如果映射$\Phi:\Omega_T\to L$是L-可料的，则Φ也是L_2^0-可料的；特别地，基本过程是可料的。

② 如果Φ是L_2^0-可料的，且$|||\Phi|||_T<\infty$，则存在基本列$\{\Phi_n\}$使得当$n\to\infty$时，$|||\Phi-\Phi_n|||_T\to 0$。

证明：由于算子

$$(f_k\otimes e_j)u=f_k\langle e_j,u\rangle,\qquad u\in U,\qquad k=1,2,\cdots$$

在L_2^0上线性稠密，且对任意$T\in L_2^0$，有

$$\langle f_k\otimes e_j,T\rangle_{L_2^0}=\lambda_j\langle Te_j,f_k\rangle_H$$

从而结论①成立。

下证②。由于空间L是稠密地嵌入到L_2^0的，则存在取值于L的仅取有限个值的可料过程序列$\{\Phi_n\}$，使得对任意的$(t,\omega)\in\Omega_T$，有

$$\|\Phi(t,\omega)-\Phi_n(t,\omega)\|_{L_2^0}\to 0,\qquad n\to\infty$$

从而$|||\Phi(t,\omega)-\Phi_n(t,\omega)|||_T\to 0$。于是仅需证明对任意的$A\in\mathscr{P}_T$以及$\varepsilon>0$，存在形如式(2.3.6)($s,t<T$)中互不相交集合的有限和$\Gamma$，使得

$$P_T\{(A\backslash\Gamma)\cup(\Gamma\backslash A)\}<\varepsilon$$

为此记 $\mathscr{K}$ 为形如式(2.3.6)($s,t<T$) 中互不相交集合的有限和构成的集族,易验证 $\mathscr{K}$ 为 π-系。令 $A\in\mathscr{P}_T$ 使得可以由 $\mathscr{K}$ 中元素在上述意义下逼近,$\mathscr{G}$ 为由 A 构成的集族。容易验证 $\mathscr{K}\subset\mathscr{G}$ 且满足式(2.3.4) 的条件,从而 $\sigma(\mathscr{K})=\mathscr{P}_T=\mathscr{G}$。证毕。

记 Φ 为取值于 L_2^0 的使得$|||\Phi|||_T<\infty$ 的可料过程,显然它们构成一 Hilbert 空间,记为 $\mathscr{N}_W^2(0,T;L_2^0)$ 或者直接简单地记为 $\mathscr{N}_W^2(0,T)$ 或 $\mathscr{N}_W^2$。由上述命题,基本函数在此 Hilbert 空间中稠密。利用命题(2.3.2) 可知随机积分 $\Phi\cdot W$ 是从此稠密集到 $\mathscr{M}_T^2(H)$ 的等距变换,从而随机积分的定义可以被推广到 $\mathscr{N}_W^2(0,T)$ 的元素中去。不难证明式(2.3.4) 仍然成立,且 $\Phi\cdot W$ 仍为连续平方可积鞅。

和前面的讨论一样,还可以将随机积分延拓到满足更弱的条件

$$P\{\int_0^t\|\Phi(s)\|_{L_2^0}^2\mathrm{d}s<\infty\}=1 \tag{2.3.7}$$

的 L_2^0 可料过程上去。所有这样的过程构成一线性空间 $\mathscr{N}_W(0,T;L_2^0)$,或者更简单地记为 $\mathscr{N}_W(0,T)$,$\mathscr{N}_W$。

引理 2.3.1 设 $\Phi\in\mathscr{N}_W^2(0,T;L_2^0)$,$\tau$ 为 $\mathscr{F}_t$- 停时,使得 $P(\tau\leqslant T)=1$,则 P-a.s.

$$\int_0^t I_{[0,\tau]}(s)\Phi(s)\mathrm{d}W(s)=\Phi\cdot W(\tau\wedge t),\qquad t\in[0,T] \tag{2.3.8}$$

证明:设 Φ 是基本的且 τ 为简单停时(即停时 τ 仅取有限个值),直接可以检验式(2.3.8) 成立。当 Φ 为基本的,τ 为一般的停时时,存在简单停时列$\{\tau_n\}$,使得 $\tau_n\to\tau$,且 $\Phi\cdot W(\tau_n\wedge t)\to\Phi\cdot W(\tau\wedge t)$,$P$-a.s.。另一方面,有

$$|||I_{[0,\tau]}\Phi-I_{[0,\tau_n]}\Phi|||_T^2=\mathrm{E}\int_0^t I_{[0,\tau_n]}(s)\|\Phi(s)\|_{L_2^0}^2\mathrm{d}s\downarrow 0$$

于是对于某子列,仍记为$\{\tau_n\}$,有

$$I_{[0,\tau_n]}\Phi\cdot W\to I_{[0,\tau]}\Phi\cdot W,\qquad P\text{-a.s.}$$

且在$[0,T]$ 上一致。

再考虑一般情形的 Φ,存在一列基本过程 Φ_m,使得$|||\Phi-\Phi_m|||_T\to 0$,则 $\Phi_m\cdot W\to\Phi\cdot W$,且对某一子列有 $I_{[0,\tau]}\Phi_{m_k}\cdot W\to I_{[0,\tau]}\Phi\cdot W$。

事实上,设条件式(2.3.7) 成立,定义停时

$$\tau_n=\inf\{t\in[0,T]:\int_0^t\|\Phi(s)\|_{L_2^0}^2\mathrm{d}s\geqslant n\}$$

按惯例,空集的下确界为 T,则$\{\tau_n\}$ 使得

$$\mathrm{E}\int_0^t\|I_{[0,\tau_n)}(s)\Phi(s)\|_{L_2^0}^2\mathrm{d}s<\infty \tag{2.3.9}$$

对任意的 $n=1,2,\cdots$,随机积分 $I_{[0,\tau_n)}\Phi\cdot W(t)$ 是良定义的,且当 $n<m$ 时,P-a.s.

$$\begin{aligned}I_{[0,\tau_n]}\Phi\cdot W(t)=(I_{[0,\tau_n]}(I_{[0,\tau_m]}\Phi)\cdot W(t))=\\(I_{[0,\tau_m]}\Phi)\cdot W(\tau_n\wedge t),\qquad t\in[0,T]\end{aligned} \tag{2.3.10}$$

从而不妨假设式(2.3.9) 对所有 $\omega\in\Omega$,$t\in[0,T]$,$n<m$ 成立。对任意 $t\in[0,T]$,定义

$$\Phi\cdot W(t)=I_{[0,\tau_n]}\Phi\cdot W(t) \tag{2.3.11}$$

其中,n 使得 $\tau_n\geqslant t$。如果还有 $\tau_m\geqslant t$,$m>n$,则

$$(I_{[0,\tau_m]}\Phi)\cdot W(t)=(I_{[0,\tau_m]}\Phi)\cdot W(\tau_n\wedge t)=I_{[0,\tau_n]}\Phi\cdot W(t) \tag{2.3.12}$$

从而和定义式(2.3.11)是相容的。同理,如果$\{\tau'_m\}\uparrow T$是另一满足式(2.3.9)的序列,则式(2.3.11)给出了一个对$t\in[0,T]$,P-a.s.相等的随机积分。注意到对任意的$n=1,2,\cdots$,$\omega\in\Omega$,有

$$\Phi\cdot W(\tau_n\wedge t)=I_{[0,\tau_n]}\Phi\cdot W(\tau_n\wedge t)=M_n(\tau_n\wedge t),\qquad t\in[0,T]$$

其中,M_n为一H-值连续的平方可积鞅。这一性质称为随机积分的局部鞅性质。

接下来考虑柱状Wiener过程(cylindrical Wiener process)。

定义2.3.2 U上$\mathscr{F}_t$-适应的柱状Wiener过程定义为线性映射$W:[0,\infty)\times U\to L^2(\Omega,\mathscr{F},P)$,它满足如下条件:

① 对所有$t\geqslant 0$以及$x\in U$,$\mathrm{E}\mid W(t,x)\mid^2=t\mid x\mid_U^2$;

② 对任意的$x\in U$,$\{W(t,x)\}_{t\geqslant 0}$为实值$\{\mathscr{F}_t\}$-适应的Wiener过程。

通常$\mathscr{F}_t$是给定的,U上$\mathscr{F}_t$-适应的柱状Wiener过程也通常简称为U上的柱状Wiener过程。

引理2.3.2 如果W是柱状Wiener过程,那么对所有的$t\geqslant s\geqslant 0$以及$x,y\in U$,都有$\mathrm{E}W(t,x)W(s,y)=(t\wedge s)\langle x,y\rangle_U$。

证明:不妨假设$t\geqslant s\geqslant 0$,利用条件期望的性质直接计算可得

$$\begin{aligned}\mathrm{E}W(t,x)W(s,y)=&\mathrm{E}\mathrm{E}\{[W(t,x)-W(s,y)]W(s,y)\mid\mathscr{F}_s\}+\\&\mathrm{E}W(s,x)W(s,y)=\\&\mathrm{E}W(s,x)W(s,y)=\\&\frac{1}{4}\mathrm{E}\{[W(s,x)+W(s,y)]^2-[W(s,x)-W(s,y)]^2\}=\\&\frac{1}{4}\mathrm{E}\{[W(s,x+y)]^2-[W(s,x-y)]^2\}=\\&\frac{s}{4}(\mid x+y\mid_U^2-\mid x-y\mid_U^2)=s\langle x,y\rangle_U\end{aligned}$$

令$\{e_n\}_{n\geqslant 1}$为U的一组标准正交基。由引理可知,$\mathrm{E}W(t,e_n)W(s,e_n)=t\wedge s$,这也说明了为什么上述过程称为柱状Wiener过程。从而,若记$W_n(t)\xlongequal{\text{def}}W(t,e_n)$,则$W_n(\cdot)$是一列独立的标准实值Wiener过程。令$H$为另一Hilbert空间,其嵌入算子$i:U\to H$是Hilbert-Schmidt的,那么级数$W(t)=\sum\limits_n W_n(t)e_n$,$t\geqslant 0$在$L^2(\Omega,\mathscr{F},P;H)$上收敛。

柱状Wiener过程是和时空白噪声紧密联系在一起的。不严格地说,时空白噪声就是柱状Wiener过程的时间导数。设$(E,\mathscr{E})$为可测空间,λ为E上的σ-有限测度,令$\mathscr{E}_{fin}\xlongequal{\text{def}}\{A\in\mathscr{E}:\lambda(A)<\infty\}$。

定义2.3.3 如果对所有的$A_1,A_2,\cdots,A_n\in\mathscr{E}_{fin}$,随机向量$(\mathfrak{X}(A_1),\cdots,\mathfrak{X}(A_n))$是Gauss的,其均值为0,协方差矩阵为$\boldsymbol{Q}=[q_{ij}]$,其中$q_{ij}=\lambda(A_i\cap A_j)$,$i,j=1,2,\cdots,n$,则称$\mathfrak{X}:\mathscr{E}_{fin}\to L^2(\Omega,\mathscr{F},P)$为$E$上的(Gauss)白噪声。

给定区域$\mathcal{O}\subset R^d$,令$E=\mathcal{O}\times[0,\infty)$并令$\lambda=\mathrm{d}\xi\mathrm{d}t$,则$E$上的白噪声称为$\mathcal{O}$上的时空白噪声。下面的定理帮助我们建立了$L^2(\mathcal{O})$上柱状Wiener过程和$\mathcal{O}$上时空白噪声之间的联系。

定理2.3.1 令W为$L^2(\mathcal{O})$上的柱状Wiener过程,$\{e_n\}_{n\geqslant 1}$为$L^2(\mathcal{O})$上的一组标准正交基,并令$W_n(t)=W(t,e_n)$,则

$$\mathfrak{X}(A) = \sum_n \int_0^\infty \int_{\mathcal{O}} \chi_A(\xi,t) e_n(\xi) \mathrm{d}\xi \mathrm{d}W_n(t), \qquad A \in \mathscr{E}_{fin}$$

定义了$\mathcal{O}$上的一个时空白噪声。

证明：由于$\{W_n\}$是独立的，且积分项

$$t \to \int_{\mathcal{O}} \chi_A(\xi,t) e_n(\xi) \mathrm{d}\xi, \qquad n \in \mathbb{N}$$

是非随机的过程，从而随机积分

$$\chi(A) \xlongequal{\text{def}} \int_0^\infty \left(\int_{\mathcal{O}} \chi_A(\xi,t) e_n(\xi) \mathrm{d}\xi\right) \mathrm{d}W_n(t), \qquad n \in \mathbb{N}$$

是 R 中独立的 Gauss 随机变量。对于 $A,B \in \mathscr{E}_{fin}$，有

$$\mathrm{E}\chi(A)\chi(B) = \sum_n \int_0^\infty \int_{\mathcal{O}} \chi_A(\xi,t) e_n(\xi) \mathrm{d}\xi \int_{\mathcal{O}} \chi_B(\xi,t) e_n(\xi) \mathrm{d}\xi \mathrm{d}t = \int_0^\infty \int_{\mathcal{O}} \chi_{A\cap B}(\xi,t) \mathrm{d}\xi \mathrm{d}t$$

从而完成定理的证明。

此定理表明，$\mathcal{O}$上的时空白噪声可以视为$L^2(\mathcal{O})$上的柱状 Wiener 过程的时间导数，其中$\mathcal{O} \xlongequal{\text{def}} \{\xi = (\xi_1, \cdots, \xi_n) : \xi_j \in [0,a]\}$。设 W 是 $L^2(\mathcal{O})$ 上的柱状 Wiener 过程，对任意 $t \geqslant 0$ 以及 $\xi \in \mathcal{O}$，定义

$$\mathcal{W}(t,\xi_1,\cdots,\xi_n) \xlongequal{\text{def}} W(t, \chi_{[0,\xi_1]\times\cdots\times[0,\xi_d]})$$

则$\mathcal{W}$是$[0,\infty)\times[0,a]\times\cdots\times[0,a]$上的随机域，它是关于 $t,\xi_1,\cdots,\xi_n$ 中的每一个参数(固定其他的 n 个)的实值 Wiener 过程。通常称$\mathcal{W}$为布朗叶(sheet)，参见参考文献[11]的例 4.8 或参考文献[28]。其分布导数

$$\frac{\partial^d \mathcal{W}(t,\xi_1,\cdots,\xi_n)}{\partial\xi_1\cdots\partial\xi_n}, \qquad t \geqslant 0$$

是一柱状 Wiener 过程。

在讨论了柱状 Wiener 过程之后，下面接着讨论关于它的随机积分。此时依据 tr Q 的观点，显然有 tr $Q = \infty$(有些书上也称此种情形的 Q - Wiener 过程为柱状 Wiener 过程)。下面考虑积分到 tr $Q \leqslant \infty$ 情形的延拓。令

$$W_N(t) = \sum_{j=1}^N \sqrt{\lambda_j}\beta_j(t) e_j, \qquad t \in [0,T]$$

其中，$\{\lambda_j, e_j\}$ 如前。设 Φ 关于 Q - Wiener 过程随机可积。过程 W_N 和 $W^N = W - W_N$ 分别为 $Q_N = \sum_{j=1}^N \lambda_j e_j \otimes e_j$ 以及$Q^N = \sum_{j=N+1}^N \lambda_j e_j \otimes e_j$- Wiener 过程。容易验证$\Phi\cdot W = \Phi\cdot W_N + \Phi\cdot W^N$，从而

$$\mathrm{E}\,\| \Phi\cdot W(T) - \Phi\cdot W_N(T) \|^2 = \mathrm{E}\int_0^T \| \Phi(s)(Q^N)^{1/2} \|_{L_2^0}^2 \mathrm{d}s$$

如果$|||\Phi|||_T < \infty$，则

$$\mathrm{E}\int_0^T \| \Phi(s)(Q^N)^{1/2} \|_{L_2^0}^2 \mathrm{d}s \to 0, \qquad N \to \infty$$

利用随机积分的鞅性质可得

$$\mathrm{E}\sup_{0\leqslant t\leqslant T}\|\Phi\cdot W(t)-\Phi\cdot W_N(t)\|\to 0,\qquad N\to\infty$$

并由此可以考虑子序列$\{\Phi\cdot W_{N_k}\}$使其在P-a.s.且在$[0,T]$一致地收敛，从而包含柱状Wiener过程在内的无穷维Wiener过程的随机积分可以作为关于有限维Wiener过程的随机积分的极限得到。上述极限不依赖于子列的选择，并且给出了使得$\mathrm{E}\int_0^T\|\Phi\|_{L_2^0}^2\mathrm{d}s<\infty$的可料过程$\Phi$的一个直观的定义。对于$\Phi\in\mathcal{N}_W(0,T;L_2^0)$的随机积分的定义，可以通过局部化手段类似地得到。

在随机偏微分方程的研究中，许多作者使用关于布朗叶的随机积分，而不是柱状Wiener过程的随机积分。为此，对很大的一类随机过程$\varphi(s,\eta),s\in[0,T],\eta\in\mathcal{O}$，布朗叶随机积分定义为

$$\varphi\cdot\mathcal{W}=\int_0^T\int_{\mathcal{O}}\varphi(s,\eta)\,\mathcal{W}(\mathrm{d}s,\mathrm{d}\eta)$$

可以先对$[0,t]\times R(\xi),R(\xi)=\{\eta\in\mathcal{O}:0\leqslant\eta_k\leqslant\xi_k,k=1,2,\cdots,n\}$上的特征函数

$$\varphi(s,\eta)=\chi_{[0,t]}(s)\chi_{R(\xi)}(\eta)$$

定义积分为$\varphi\cdot\mathcal{W}=\mathcal{W}(t,\xi)$，然后将此积分延拓到更为一般的函数$\varphi$上去。设$\varphi(s,\cdot),s\in[0,T]$为$L^2(\mathcal{O})$-值可料过程，并使得

$$\mathrm{E}\{\int_0^T\int_{\mathcal{O}}\varphi^2(s,\eta)\mathrm{d}s\mathrm{d}\xi\}=\mathrm{E}\{\int_0^T|\varphi(s,\cdot)|_{L^2(\mathcal{O})}^2\mathrm{d}s\}<\infty$$

则关于柱状Wiener过程W的随机积分

$$\int_0^T\langle\varphi(s,\cdot),\mathrm{d}W(s,\cdot)\rangle_{L^2(\mathcal{O})}$$

是良定的。这二者积分之间的基本关系是

$$\int_0^T\int_{\mathcal{O}}\varphi(s,\xi)\,\mathcal{W}(\mathrm{d}s,\mathrm{d}\xi)=\int_0^T\langle\varphi(s,\cdot),\mathrm{d}W(s,\cdot)\rangle_{L^2(\mathcal{O})}\tag{2.3.13}$$

这里不证明此式。但是能很容易看出，对上面的特征函数来说，此式是成立的。

2.3.2 随机积分的性质及Itô公式

首先将以上的讨论总结为如下定理。

定理 2.3.2 设$\Phi\in\mathcal{N}_W^2(0,T;L_2^0)$，则随机积分$\Phi\cdot W$为连续平方可积鞅，其二次变差具有形式

$$\langle\!\langle\Phi\cdot W(t)\rangle\!\rangle=\int_0^t Q_\Phi(s)\mathrm{d}s\tag{2.3.14}$$

其中

$$Q_\Phi(s)=(\Phi(s)Q^{1/2})(\Phi(s)Q^{1/2})^*,\qquad s,t\in[0,T]$$

如果$\Phi\in\mathcal{N}_W(0,T;L_2^0)$，则$\Phi\cdot W$为局部鞅。

命题 2.3.5 设$\Phi_1,\Phi_2\in\mathcal{N}_W^2(0,T;L_2^0)$，则

$$\mathrm{E}\Phi_i\cdot W(t)=0,\qquad \mathrm{E}\|\Phi_i\cdot W(t)\|^2<\infty,\qquad t\in[0,T],\qquad i=1,2$$

其相关算子

$$V(t,s) = \mathrm{cor}[\Phi_1 \cdot W(t), \Phi_2 \cdot W(t)], \qquad t,s \in [0,T]$$

为

$$V(t,s) = \mathrm{E}\int_0^{t\wedge s} (\Phi_2(r)Q^{1/2})(\Phi_1(r)Q^{1/2})^* \mathrm{d}r \tag{2.3.15}$$

证明:注意到$(\Phi_2(r)Q^{1/2})$ 与$(\Phi_2(r)Q^{1/2})^*$ 分别为取值于 $L_2(U,H)$ 以及 $L_2(H,U)$ 的过程,从而过程$(\Phi_2(r)Q^{1/2})(\Phi_2(r)Q^{1/2})^*$,$r \in [0,T]$ 为取值于 $L_1(H,H)$ 的过程,且

$$\|(\Phi_2(r)Q^{1/2})(\Phi_1(r)Q^{1/2})^*\|_1 \leqslant$$
$$\|(\Phi_2(r)Q^{1/2})\|_{L_2(U,H)} \|(\Phi_1(r)Q^{1/2})\|_{L_2(H,U)}, \qquad r \in [0,T]$$

从而得到

$$\mathrm{E}\int_0^T \|[\Phi_2(r)Q^{1/2})(\Phi_1(r)Q^{1/2}]^*\|_1 \mathrm{d}r \leqslant$$
$$\mathrm{E}\int_0^T \|(\Phi_2(r)Q^{1/2})\|_{L_2(U,H)} \|(\Phi_1(r)Q^{1/2})\|_{L_2(U,H)} \mathrm{d}r \leqslant$$
$$\mathrm{E}\left[\int_0^T \|(\Phi_1(r)Q^{1/2})\|^2_{L_2(U,H)} \mathrm{d}r\right]^{\frac{1}{2}} \left[\int_0^T \|(\Phi_2(r)Q^{1/2})\|^2_{L_2(U,H)} \mathrm{d}r\right]^{\frac{1}{2}} \leqslant$$
$$|||\Phi_1|||_T \cdot |||\Phi_2|||_T < \infty \tag{2.3.16}$$

因此积分式(2.3.15) 存在。利用相关算子的定义,$V(t,s)$ 定义为

$$\mathrm{E}\langle \Phi_1 \cdot W(t), a\rangle \langle \Phi_2 \cdot W(s), b\rangle = \langle V(t,s)a, b\rangle, \qquad a,b \in H$$

容易验证如果 Φ_1, Φ_2 是基本的,则

$$\mathrm{E}\langle \Phi_1 \cdot W(t), a\rangle \langle \Phi_2 \cdot W(s), b\rangle =$$
$$\mathrm{E}\int_0^{t\wedge s} \langle \Phi_1(r)\mathrm{d}W(r), a\rangle \int_0^{t\wedge s} \langle \Phi_2(r)\mathrm{d}W(r), b\rangle =$$
$$\mathrm{E}\int_0^{t\wedge s} \langle Q^{1/2}\Phi_1^*(r), a\rangle \langle Q^{1/2}\Phi_2(r), b\rangle \mathrm{d}r$$

从而结论对基本过程成立。对一般的过程,通过简单过程逼近,以及由式(2.3.16) 可得命题的结论。

可以直接得到如下推论。

推论 2.3.1　在上述命题的条件下,有

$$\mathrm{E}\langle \Phi_1 \cdot W(t), \Phi_2 \cdot W(s)\rangle = \mathrm{E}\int_0^{t\wedge s} \mathrm{tr}[(\Phi_2(r)Q^{1/2})(\Phi_1(r)Q^{1/2})^*]\mathrm{d}r \tag{2.3.17}$$

如果过程 Φ_1, Φ_2 为取值于 $L = L(U,H)$ 的过程,则式(2.3.17) 可以改写为

$$\mathrm{E}\langle \Phi_1 \cdot W(t), \Phi_2 \cdot W(s)\rangle = \mathrm{E}\int_0^{t\wedge s} \mathrm{tr}[(\Phi_2(r)Q\,\Phi_1(r)^*]\mathrm{d}r$$

命题 2.3.6　设 $\Phi \in \mathcal{N}_W(0,T;L_2^0)$,则对任意的 $a,b > 0$,下式成立,即

$$P(\sup_{t\in[0,T]} |\Phi \cdot W(t)| > a) \leqslant \frac{b}{a^2} + P(\int_0^T \|\Phi(t)\|^2_{L_2^0} \mathrm{d}t > b) \tag{2.3.18}$$

证明:定义

$$\tau_b = \inf\{t \in [0,T]: \int_0^T \|\Phi(t)\|^2_{L_2^0} \mathrm{d}t > b\}$$

则

$$P(\sup_{t\in[0,T]} |\Phi \cdot W(t)| > a) = I_1 + I_2$$

其中

$$I_1 = P(\sup_{t\in[0,T]} |\Phi\cdot W(t)| > a \quad 且 \quad \int_0^T \|\Phi(t)\|_{L_2^0}^2 dt > b)$$

$$I_2 = P(\sup_{t\in[0,T]} |\Phi\cdot W(t)| > a) \quad 且 \quad \int_0^T \|\Phi(t)\|_{L_2^0}^2 dt \leqslant b)$$

对 I_2,下式成立,即

$$I_2 \leqslant P\left[\sup_{t\in[0,T]} \left|\int_0^t I_{[0,\tau_b]}(s)\Phi(s)\mathrm{d}W(s)\right| > a\right]$$

由第 1 章鞅不等式以及停时 τ_b 的定义可知

$$I_2 \leqslant \frac{1}{a^2}\mathrm{E}\int_0^t \|I_{[0,\tau_b]}(s)\Phi(s)\|_{L_2^0}^2 \mathrm{d}s \leqslant \frac{b}{a^2}$$

又由于 $I_1 \leqslant P(\int_0^t \|\Phi(s)\|_{L_2^0}^2 \mathrm{d}s > b)$,从而命题成立。

下面考虑随机积分的 Itô 公式。考虑$[0,T]$上 L_2^0 值随机可积的过程 Φ,$[0,T]$上 H- 值 P-a. s. Bochner 可积的可料过程 φ,以及 H- 值 $\mathscr{F}_0$ 可测的随机变量 $X(0)$,则过程

$$X(t) = X(0) + \int_0^t \varphi(s)\mathrm{d}s + \int_0^t \Phi(s)\mathrm{d}W(s), \qquad t\in[0,T]$$

是有定义的。考虑映射 $F:[0,T]\times H \to R^1$,其偏导数 F_t, F_x, F_{xx} 是在$[0,T]\times H$ 的有界集上一致连续的,则如下的 Itô 公式成立。

定理 2.3.3 在上述假设下,对任意 $t\in[0,T]$,P-a. s.,有

$$\begin{aligned} F(t,X(t)) = {} & F(0,X(0)) + \int_0^t \langle F_x(s,X(s)), \Phi(s)\mathrm{d}W(s)\rangle + \\ & \int_0^t \{F_t(s,X(s)) + \langle F_x(s,X(s)), \varphi(s)\rangle + \\ & \frac{1}{2}\mathrm{tr}[F_{xx}(s,X(s))(\Phi(s)Q^{1/2})(\Phi(s)Q^{1/2})^*]\}\mathrm{d}s \end{aligned} \tag{2.3.19}$$

下面建立随机积分情形的 Fubini 定理。正如 Fubini 定理一样,它在随机积分中是十分有用的。令$(E,\mathscr{E})$ 为可测空间,则

$$\begin{aligned} & \Phi:(t,\omega,x) \to \Phi(t,\omega,x) \text{ 为}(\Omega_t\times E, \mathscr{P}_T\times\mathscr{B}(E)) \to \\ & (L_2^0, \mathscr{B}(L_2^0)) \text{ 的可测映射} \end{aligned} \tag{2.3.20}$$

特别地,对任意的 $x\in E$,$\Phi(\cdot,\cdot,x)$ 是可料的 L_2^0 过程。还假设 μ 是$(E,\mathscr{B})$ 上的有限正测度。随机情形的 Fubini 定理叙述如下。

定理 2.3.4 假设式(2.3.20) 以及

$$\int_E |||\Phi(\cdot,\cdot,x)|||_T \mu(\mathrm{d}x) < +\infty \tag{2.3.21}$$

则 P-a. s.

$$\int_E \left[\int_0^T \Phi(t,x)\mathrm{d}W(t)\right]\mu(\mathrm{d}x) = \int_0^T \left[\int_E \Phi(t,x)\mu(\mathrm{d}x)\right]\mathrm{d}W(t)$$

将条件式(2.3.21) 具体写出,即

$$\int_E \left[\int_\Omega \left(\int_0^T \|\Phi(t,\omega,x)\|_{L_2^0}^2 \mathrm{d}t\right)P(\mathrm{d}\omega)\right]^{1/2}\mu(\mathrm{d}x) < +\infty$$

而当 Φ 是非随机的情形时,可以进一步简化写为

$$\int_E \left[\int_0^T \| \Phi(t,\omega,x) \|_{L_2^0}^2 \mathrm{d}t\right]^{1/2} \mu(\mathrm{d}x) < +\infty$$

定理的证明可以参阅参考文献[6]。

下面给出在微分方程的研究中十分有用的几个不等式，同时可以看作是 Itô 公式的一个应用。首先不加证明地给出第 1 章鞅不等式的形式。

命题 2.3.7(Doob 不等式)　设 $\mathrm{E}\int_0^T \| \Phi(s) \|_{L_2^0}^2 \mathrm{d}s < \infty$，则下式成立，即

① 对任意的 $p \geqslant 1$ 以及 $\lambda > 0$，有

$$P\left(\sup_{t\leqslant T} \left| \int_0^t \Phi(s)\mathrm{d}W(s) \right| \geqslant \lambda\right) \leqslant \frac{1}{\lambda^p} \mathrm{E} \left| \int_0^T \Phi(s)\mathrm{d}W(s) \right|^p$$

② 对任意的 $p > 1$，有

$$\mathrm{E}\left(\sup_{t\leqslant T} \left| \int_0^t \Phi(s)\mathrm{d}W(s) \right|^p\right) \leqslant \frac{p}{p-1} \mathrm{E} \left| \int_0^T \Phi(s)\mathrm{d}W(s) \right|^p$$

命题 2.3.8　对任意的 $r \geqslant 1$，以及任意的 L_2^0- 值的可料过程 $\Phi(t), t \in [0,T]$，下式成立，即

$$\mathrm{E}\left(\sup_{s\in[0,t]} \left| \int_0^s \Phi(\sigma)\mathrm{d}W(\sigma) \right|^{2r}\right) \leqslant c_r \sup_{s\in[0,t]} \mathrm{E}\left(\left| \int_0^s \Phi(\sigma)\mathrm{d}W(\sigma) \right|^{2r}\right) \leqslant c_r \mathrm{E}\left(\int_0^t \| \Phi(\sigma) \|_{L_2^0}^2 \mathrm{d}s\right)^r \tag{2.3.22}$$

证明：当 $r = 1$ 时，命题显然成立。不妨设 $r > 1$，记 $Z(t) = \int_0^t \Phi(\sigma)\mathrm{d}W(\sigma), t \geqslant 0$。令 $f(x) = | x |^{2r}$，对 $f(Z(\cdot))$ 应用 Itô 公式。由于

$$f_{xx}(x) = 4r(r-1) | x |^{2(r-2)} x \otimes x + 2r | x |^{2(r-1)} I$$

以及

$$\| f_{xx}(x) \| \leqslant 2r(2r-1) | x |^{2(r-1)}$$

可知

$$| \mathrm{tr}\Phi^*(t) f_{xx}(Z(t))\Phi(t)Q | \leqslant 2r(2r-1) | Z(t) |^{2(r-1)} \| \Phi(t) \|_{L_2^0}^2$$

取期望便得到

$$\mathrm{E} | Z(t) |^{2r} \leqslant r(2r-1)\mathrm{E}\left[\int_0^t | Z(s) |^{2(r-1)} \| \Phi(\sigma) \|_{L_2^0}^2 \mathrm{d}\sigma\right] \leqslant r(2r-1)\mathrm{E}\left[\sup_{s\in[0,t]} | Z(s) |^{2(r-1)} \int_0^t \| \Phi(\sigma) \|_{L_2^0}^2 \mathrm{d}\sigma\right]$$

利用 Hölder 不等式($p = r/(r-1)$)，可得

$$\mathrm{E} | Z(t) |^{2r} \leqslant r(2r-1)[\mathrm{E}(\sup_{s\in[0,t]} | Z(s) |^{2(r-1)p})]^{1/p} \cdot \left[\mathrm{E}(\int_0^t \| \Phi(\sigma) \|_{L_2^0}^2 \mathrm{d}\sigma)^r\right]^{1/r}$$

利用鞅不等式可得

$$\mathrm{E} | Z(t) |^{2r} \leqslant r(2r-1)\left[\left(\frac{2r}{2r-1}\right)^{2r} (\mathrm{E} | Z(t) |^{2r})\right]^{1-\frac{1}{r}} \cdot \left[\mathrm{E}(\int_0^t \| \Phi(\sigma) \|_{L_2^0}^2 \mathrm{d}s)^r\right]^{\frac{1}{r}}$$

作简单的变形并利用鞅不等式便立即得到需要的结论。

命题 2.3.9　对任意的 $r \geqslant 1$，以及任意的 L_2^0- 可料过程 $\Phi(\cdot)$，下式成立，即

$$\sup_{s\in[0,t]}\mathrm{E}\left|\int_0^t\Phi(\sigma)\mathrm{d}W(\sigma)\right|^{2r}\leqslant$$

$$[r(2r-1)]^r\left[\int_0^t(\mathrm{E}\|\Phi(s)\|_{L_2^0}^{2r})^{1/r}\mathrm{d}s\right]^r \tag{2.3.23}$$

证明：当 $r=1$ 时，不等式显然成立。不妨设 $r>1$。和上一命题证明一样，令 $Z(t)=\int_0^t\Phi(\sigma)\mathrm{d}W(\sigma)$，$t\in[0,T]$，有

$$\mathrm{E}|Z(t)|^{2r}\leqslant r(2r-1)\mathrm{E}\left[\int_0^t|Z(s)|^{2(r-1)}\|\Phi(s)\|_{L_2^0}^2\mathrm{d}s\right]$$

由 Holder 不等式可知

$$\mathrm{E}(|Z(s)|^{2(r-1)}\|\Phi(s)\|_{L_2^0}^2\leqslant[\mathrm{E}|Z(s)|^{2r}]^{(r-1)/r}[\mathrm{E}\|\Phi(s)\|_{L_2^0}^{2r}]^{1/r}$$

从而得到

$$\mathrm{E}|Z(t)|^{2r}\leqslant r(2r-1)\int_0^t[\mathrm{E}|Z(s)|^{2r}]^{(r-1)/r}[\mathrm{E}\|\Phi(s)\|_{L_2^0}^{2r}]^{1/r}\mathrm{d}s$$

以及

$$\mathrm{E}|Z(t)|^{2r}\leqslant r(2r-1)\int_0^t[\sup_{u\in[0,s]}\mathrm{E}|Z(u)|^{2r}]^{(r-1)/r}[\mathrm{E}\|\Phi(s)\|_{L_2^0}^{2r}]^{1/r}\mathrm{d}s$$

由于右端项是时间 t 单调递增的，从而

$$\sup_{u\in[0,s]}\mathrm{E}|Z(u)|^{2r}\leqslant r(2r-1)\int_0^t[\sup_{u\in[0,s]}\mathrm{E}|Z(u)|^{2r}]^{(r-1)/r}[\mathrm{E}\|\Phi(s)\|_{L_2^0}^{2r}]^{1/r}\mathrm{d}s\leqslant$$

$$r(2r-1)[\sup_{u\in[0,s]}\mathrm{E}|Z(u)|^{2r}]^{(r-1)/r}\int_0^t[\mathrm{E}\|\Phi(s)\|_{L_2^0}^{2r}]^{1/r}\mathrm{d}s$$

从而命题成立。

2.4 核算子以及 Hilbert-Schmidt 算子

本节介绍关于 Hilbert-Schmidt 算子以及核算子(nuclear operator)的一些基本概念。令 E,G 为 Banach 空间，$L(E,G)$ 为由 E 到 G 的有界线性算子在最大模下构成的 Banach 空间。记 E^*,G^* 为相应的对偶空间。如果存在序列 $\{a_j\}\subset G$ 以及 $\{\varphi_j\}\subset E^*$，使得

$$\sum_{j=1}^{\infty}\|a_j\|\cdot\|\varphi_j\|<+\infty \tag{2.4.1}$$

且 T 具有表达式

$$Tx=\sum_{j=1}^{\infty}a_j\varphi_j(x),\qquad x\in E$$

则称 $T\in L(E,G)$ 为核算子。

所有从 E 到 G 的核算子在范数

$$\|T\|_1=\inf\{\sum_{j=1}^{\infty}\|a_j\|\cdot\|\varphi_j\|:x=\sum_{j=1}^{\infty}a_j\varphi_j(x)\}$$

下构成 Banach 空间，并记为 $L_1(E,G)$。如果 $G=E$，则简记为 $L_1(E,E)=L_1(E)$。

令 K 为一个 Banach 空间，显然如果 $T\in L_1(E,G)$，$S\in L(G,K)$，则一定有 $TS\in L_1(E,K)$，且 $\|TS\|_1\leqslant\|T\|\ \|S\|_1$。

令 H 为可分 Hilbert 空间，$\{e_j\}$ 为它的一组完备标准正交基。如果 $T_1\in L_1(H,H)$，则可

以定义算子的迹(trace)为

$$\operatorname{tr} T = \sum_{j=1}^{\infty} \langle Te_j, e_j \rangle$$

命题 2.4.1　如果 $T \in L_1(H)$，则 tr 是良定的，且不依赖于具体的 $\{e_j\}$ 的选择。

证明：令 $\{a_j\} \subset H$，$\{\varphi_j\} \subset H^*$，使得

$$Th = \sum_{j=1}^{\infty} a_j \varphi_j, \qquad h \in H$$

以及式(2.4.1)成立。令 $b_j \in H$，使得 $\varphi_j = \langle h, b_j \rangle$。这样

$$\langle Te_k, e_k \rangle = \sum_{j=1}^{\infty} \langle e_k, a_j \rangle \langle e_k, b_j \rangle$$

且

$$\sum_{k=1}^{\infty} | \langle Te_k, e_k \rangle | \leqslant \sum_{j}^{\infty} \sum_{k}^{\infty} | \langle e_k, a_j \rangle \langle e_k, b_j \rangle | \leqslant$$
$$\sum_{j=1}^{\infty} \Big(\sum_{k=1}^{\infty} | \langle e_k, a_j \rangle |^2 \Big)^{1/2} \Big(\sum_{k=1}^{\infty} | \langle e_k, b_j \rangle |^2 \Big)^{1/2} \leqslant$$
$$\sum_{j=1}^{\infty} | a_j | | b_j | < \infty$$

由于

$$\sum_{k=1}^{\infty} \langle Te_k, e_k \rangle = \sum_{j}^{\infty} \sum_{k}^{\infty} \langle e_k, a_j \rangle \langle e_k, b_j \rangle =$$
$$\sum_{j=1}^{\infty} \langle a_j, b_j \rangle$$

从而 tr T 是良定的，不依赖于 $\{e_k\}$ 的具体选择。

注意到对任意的 $T \in L_1(H)$，$| \operatorname{tr} T | \leqslant \| T \|_1$ 成立，从而有以下推论。

推论 2.4.1　如果 $T \in L_1(H)$，$S \in L(H)$，则 $TS, ST \in L_1(H)$，且有估计

$$\operatorname{tr} TS = \operatorname{tr} ST \leqslant \| T \|_1 \| S \|$$

命题 2.4.2　当且仅当对任意的 H 的标准正交基 $\{e_k\}$ 下式成立时，即

$$\sum_{j=1}^{\infty} \langle Te_j, e_j \rangle < +\infty$$

非负算子 $T \in L(H)$ 为核算子，而且在这种情况下 $\operatorname{tr} T = \| T \|_1$。

证明：首先证明 T 是紧算子。记 $T^{1/2}$ 为它的平方根，则

$$T^{1/2} x = \sum_{j=1}^{\infty} \langle T^{1/2} x, e_j \rangle e_j$$

且

$$\Big| T^{1/2} x - \sum_{j=1}^{N} \langle T^{1/2} x, e_j \rangle e_j \Big|^2 = \sum_{k=N+1}^{\infty} | \langle T^{1/2} x, e_k \rangle |^2 \leqslant$$
$$| x | \sum_{k=N+1}^{\infty} | T^{1/2} e_x |^2 \leqslant$$
$$| x | \sum_{k=N+1}^{\infty} \langle Te_k, e_k \rangle, \qquad a \in H$$

这说明 $T^{1/2}$ 是在算子范数意义下的有限秩算子的极限，从而 $T^{1/2}$ 是紧的，且 $T = T^{1/2} T^{1/2}$

是非负的紧算子。令$\{f_j\}$为算子T的特征向量序列，$\{\lambda_j\}$为相应的特征值，则

$$Tx = \sum_{k=1}^{\infty}\lambda_k\langle x, f_k\rangle f_k, \qquad x \in H \tag{2.4.2}$$

由于$\langle Te_j, e_j\rangle = \sum_{k=1}^{\infty}\lambda_k |\langle f_j, e_k\rangle|^2$，可得

$$\sum_{j=1}^{\infty}\langle Te_j, e_j\rangle = \sum_{j=1}^{\infty}\sum_{k=1}^{\infty}\lambda_k |\langle f_j, e_k\rangle|^2 = \sum_{k=1}^{\infty}\lambda_k < +\infty$$

由此以及式(2.4.2)可得T是核算子且$\mathrm{tr}\, T = \sum_{k=1}^{\infty}\lambda_k$。由上述推论即得$\mathrm{tr}\, T = \|T\|_1$。

令E,F为可分的Hilbert空间，$\{e_k\}\subset E$，$\{f_j\}\subset F$为其相应的完备标准正交基。如果

$$\sum_{k=1}^{\infty}|Te_k|^2 < \infty$$

则线性算子$T:E\to F$称为Hilbert-Schmidt算子。

由于显然

$$\sum_{k=1}^{\infty}|Te_k|^2 = \sum_{k=1}^{\infty}\sum_{j=1}^{\infty}|\langle Te_k, f_j\rangle|^2 = \sum_{j=1}^{\infty}|T^* f_j|^2$$

从而Hilbert-Schmidt算子的定义以及其范数

$$\|T\|_2 = \left(\sum_{k=1}^{\infty}|Te_k|^2\right)^{1/2}$$

均不依赖于基底$\{e_k\}$的选择，且$\|T\|_2 = \|T^*\|_2$。容易验证Hilbert-Schmidt算子的集合$L_2(E,F)$在上述范数意义下构成一可分Hilbert空间，其内积为

$$\langle S, T\rangle_2 = \sum_{k=1}^{\infty}\langle Se_k, Te_k\rangle$$

如果$E = F$，则简记为$L_2(E,E) = L_2(E)$。对任意的$b\in E$，$a,h\in F$，如定义$(b\otimes a)\cdot h = b\langle a,h\rangle$，则$\{f_j\otimes e_k\}_{j,k\in\mathbb{N}}$构成$L_2(E,F)$的一组完备标准正交基。

命题 2.4.3 令E,F,G为可分Hilbert空间。如果$T\in L_2(E,F)$，$S\in L_2(F,G)$，则$ST\in L_1(E,G)$，且

$$\|ST\|_1 \leqslant \|S\|_2\|T\|_2$$

证明：注意到

$$STx = \sum_{j=1}^{\infty}\langle Tx, f_j\rangle Sf_j, \qquad x\in E$$

从而由定义可知

$$\|ST\|_1 \leqslant \sum_{j=1}^{\infty}|T^* f_j||Sf_j| \leqslant \left(\sum_{j=1}^{\infty}|T^* f_j|^2\right)^{1/2}\left(\sum_{j=1}^{\infty}|Sf_j|^2\right)^{1/2}$$

第3章　广义O－U过程与随机微分方程

本章考察一些简单的随机微分方程。首先，引入O－U过程并将其推广到一般情形，得到广义O－U过程，并讨论其正则性。紧接着给出一些线性微分方程解的存在唯一性结论，其中包括可加噪声情形和乘积噪声情形。最后讨论一般非线性随机微分方程的解的存在性，其方法主要基于不动点定理以及O－U变换，这两种方法在随机微分方程的研究中都具有一定代表性。

3.1　广义O－U过程

考虑随机微分方程是有实际意义的，先考察几个简单的例子。本书后面的章节并不会太多地接触这些方程(模型)，但是将它们作为引子是合适的。

首先考虑人口增长模型：

$$\frac{\mathrm{d}N}{\mathrm{d}t} = a(t)N(t), \qquad N(0) = A$$

其中，$N(t)$ 是一个种群在 t 时刻的数量，$a(t)$ 是在 t 时刻的增长率。可能会发生这样的情形，即并不完全知道 $a(t)$ 的信息，仅知道它满足

$$a(t) = r(t) + \text{noise}$$

这里假设 noise 的概率分布是已知的，但不知道其具体形式，而 $r(t)$ 是确定的。现在的问题是怎样求解这样的方程。或者更简单地设 $a(t) = r + \alpha \frac{\mathrm{d}W(t)}{\mathrm{d}t}$，其中 r,α 为常数，而$\frac{\mathrm{d}W(t)}{\mathrm{d}t}$ 为白噪声，$W(t)$ 为布朗运动。利用 Itô 解释，上述微分方程可以改写为

$$\mathrm{d}N_t = rN_t\mathrm{d}t + \alpha N_t\mathrm{d}W_t \tag{3.1.1}$$

利用 Itô 公式，可以对此方程直接求解得到

$$N_t = N_0 \exp\left[\left(r - \frac{1}{2}\alpha^2\right)t + \alpha W_t\right]$$

读者可以自己证明，如果在 Stratonovich 意义下理解上述随机积分

$$\mathrm{d}\bar{N}_t = r\bar{N}_t\mathrm{d}t + \alpha\bar{N}_t \circ \mathrm{d}W_t$$

那么方程的解是

$$\bar{N}_t = N_0 \exp(rt + \alpha W_t)$$

可以看出这两种意义下的解都是所谓的几何布朗运动，这样的模型在金融的研究中是重要的。事实上，在简化的模型下，股票的价格就是按照方程(3.1.1)所描述的运动规律发生变化的，其中 N_t 代表的就是股票的价格。最经典的一个例子也许是 Black－Scholes 的期权定价模型，读者可以参考本书最后一章或者参见参考文献[29,30]。

另外一类重要模型是 Ornstein－Uhlenbeck 过程。考虑如下系统：

$$\left.\begin{aligned} V_t &= V_0 + \int_0^t \sigma\mathrm{d}W_s + \int_0^t \alpha V_s\mathrm{d}s \\ X_t &= X_0 + \int_0^t V_s\mathrm{d}s \end{aligned}\right\} \tag{3.1.2}$$

这里过程 $X=\{X_t\}_{t\geqslant 0}$ 可以作为布朗运动的一个模型，通常称为 Ornstein－Uhlenbeck 布朗运动，或者简称为 Ornstein－Uhlenbeck 过程或 O－U 过程。可以说明此处过程 X 具有有限变差的轨道，从而过程 $\{V_t\}_{t\geqslant 0}$ 为 X 的速度过程。利用分部积分可得 V 的一个显示表达式：

$$V_t = e^{\alpha t}V_0 + \int_0^t e^{\alpha(t-s)}\sigma dW(s) \tag{3.1.3}$$

事实上，有

$$\begin{aligned} e^{-\alpha t}V_t &= V_0 + \int_0^t V_s(-\alpha e^{-\alpha s})ds + \int_0^t e^{-\alpha s}dVs = \\ &V_0 - \alpha\int_0^t V_s e^{-\alpha s}ds + \int_0^t e^{-\alpha s}\alpha V_s ds + \int_0^t e^{-\alpha s}\sigma dW(s) = \\ &V_0 + \int_0^t e^{-\alpha s}\sigma dW(s) \end{aligned}$$

由于 V_0 和布朗运动 $W(t)$ 是独立的，从而当 V_0 是 Gaussin 分布时，V 也是 Gauss 过程。如果 α 是负的，取 $\sigma^2=-\dfrac{1}{2\alpha}$，那么 V 还是平稳 Gauss 过程。若将式(3.1.2)的第一式写为如下的微分形式：

$$dV_t = \alpha V_t ds + \sigma dW_t \tag{3.1.4}$$

则不难看出解的表达式(3.1.3)和微分方程解的半群表示是十分相似的。由于这样的原因，同时也为了以后随机偏微分方程讨论的需要，考虑如下更为一般的随机微分方程

$$dX_t = AX_t ds + BdW_t, \qquad X_0 = \xi \tag{3.1.5}$$

假设 U,H 为 Hilbert空间，A 为 H 上 C_0 半群 $\{S(t)\}_{t\geqslant 0}$ 的无穷小生成元[31]，$B\in L(U,H)$ 为有界线性算子，ξ 是取值于 H 的 $\mathscr{F}_0$ 可测的随机变量。$\{W(t)\}_{t\geqslant 0}$ 为概率空间$(\Omega,\mathscr{F},P)$上的 Q-Wiener 过程，其协方差算子为 $Q\in L(U)$。如果 $\operatorname{tr} Q<+\infty$，则称 W 为 Q－Wiener 过程；而当 $\operatorname{tr} Q=I$ 时，通常称为柱状 Wiener 过程，且假设存在 U 的一组完备的标准正交基$\{e_k\}$、有界非负实数序列 λ_k，使得

$$Qe_k = \lambda_k e_k, \qquad k=1,2,\cdots$$

以及一列实值独立布朗运动 β_k 使得

$$\langle W(t),u\rangle = \sum_{k=1}^{\infty}\sqrt{\lambda_k}\langle e_k,u\rangle\beta_k, \qquad u\in U, \qquad t\geqslant 0$$

通常，如果 B 不依赖于 X_t，则称为可加噪声；如果 B 依赖于 X_t，则称为乘积噪声。

注 3.1.1 如果 W 是 U 中的 Q－Wiener 过程，那么 $W_1=BW$ 则是 H 中的 BQB^*－Wiener 过程。所以可以不失一般性地假设 $U=H$。

如果 H-值 $\mathscr{F}_t$ 适应的随机过程 $X=\{X_t\}_{t\geqslant 0}$ 是方程的解(暂时假设其存在)，那么解可以由如下表达式给出，即

$$X(t) = S(t)\xi + \int_0^t S(t-s)BdW(s), \qquad t\geqslant 0 \tag{3.1.6}$$

通常也将过程 X 称为 Ornstein－Uhlenbeck 过程，而过程

$$W_A(t) = \int_0^t S(t-s)BdW(s), \qquad t\geqslant 0 \tag{3.1.7}$$

称为随机卷积。如果 $\Phi(t)\in L_2(U,H)$，$t\in[0,T]$ 为 Hilber－Schmidt 算子值的适应过程，且使得随机积分

$$W_A^{\Phi}(t)=\int_0^t S(t-s)\Phi(s)\mathrm{d}W(s),\qquad t\in[0,T]$$

是良定的，则 W_A^{Φ} 也称为随机卷积。如果 $\Phi=B,t\in[0,T]$，则 $W_A^{\Phi}=W_A$。

这导致我们去研究随机卷积 $W_A(t)$ 的性质。

定理3.1.1　设 A 为 H 上强连续半群 $\{S(t)\}_{t\geqslant 0}$ 的无穷小生成元，$B\in L(U,H)$ 为有界线性算子，以及

$$\int_0^T \|S(r)B\|_{L_2^0}^2\mathrm{d}r=\int_0^T \mathrm{tr}[S(r)BQB^*S^*(r)]\mathrm{d}r<+\infty \tag{3.1.8}$$

则

① 过程 $W_A(\cdot)$ 是 Gauss 过程，均方连续并具有可料修正；

② $$\mathrm{cov}\,W_A(t)=\int_0^t S(r)BQB^*S^*(r)\mathrm{d}r,\qquad t\in[0,T]$$

③ W_A 的轨道是 P-a.s. 平方可积的，其分布律 $\mathscr{L}(W_A(\cdot))$ 是 Hilbert 空间 $\mathscr{H}=L^2(0,T;H)$ 上对称的 Gauss 测度，其协方差算子为

$$\mathscr{Q}\varphi(t)=\int_0^T g(t,s)\varphi(s)\mathrm{d}s$$

其中

$$g(t,s)=\int_0^{t\wedge s}S(t-r)BQB^*S^*(s-r)\mathrm{d}r,\qquad t\wedge s=\min\{t,s\}$$

证明：为了证明①，令 $0\leqslant s\leqslant t\leqslant T$，则

$$W_A(t)-W_A(s)=\int_s^t S(t-r)\mathrm{d}W(r)+\int_0^s[S(t-r)-S(s-r)]\mathrm{d}W(r)$$

由于这两个积分是独立的，那么

$$\begin{aligned}\mathrm{E}\mid W_A(t)-W_A(s)\mid^2=&\sum_{k=1}^{\infty}\lambda_k\int_0^{t-s}\mid S(r)Be_k\mid^2\mathrm{d}r+\\&\sum_{k=1}^{\infty}\lambda_k\int_0^s\mid(S(t-s+r)-S(r))Be_k\mid^2\mathrm{d}r\end{aligned}$$

利用假设式(3.1.8)以及 Lebesgue 控制收敛定理可知，过程的均方连续性成立。过程的 Gauss 性则是随机积分的性质的直接结果，其可料修正也是不难得到的。

下面证明③。对于 $W_A(\cdot)$ 的可测修正，利用 Fubini 定理可得

$$\begin{aligned}\mathrm{E}\int_0^T\mid W_A(s)\mid^2\mathrm{d}s=&\int_0^T\mathrm{E}\mid W_A(s)\mid^2\mathrm{d}s=\\&\int_0^T\int_0^s\|S(r)B\|_{L_2^0}^2\mathrm{d}r\mathrm{d}s<\infty\end{aligned}$$

从而可知 W_A 是 P-a.s. 平方可积的，且可以将 $W_A(\cdot)$ 视为 $\mathscr{H}$- 值的随机变量。为了说明分布律 $\mathscr{L}(W_A(\cdot))$ 是对称的，且在 $\mathscr{H}$ 上是 Gauss 的，考虑下列泛函族 $M\overset{\mathrm{def}}{=\!=}(h\otimes a)\in\mathscr{H}=\mathscr{H}$，其中 $a\in H$，则

$$(h\otimes a)(\varphi)=\int_0^T h(t)\langle a,\varphi(t)\rangle\mathrm{d}t,\qquad \varphi\in\mathscr{H}$$

不难证明：如果 ξ 是实值均方连续的 Gauss 过程，那么对任意的 $h\in L^2(0,T;R^1)$，$\int_0^T h(s)\xi(s)\mathrm{d}s$ 是 Gauss 随机变量。由于

$$(h \otimes a)(W_A) = \int_0^T h(t)\langle a, W_A(t)\rangle \mathrm{d}t, \qquad \varphi \in \mathscr{H}$$

而$\langle a, W_A(t)\rangle$ 为实值均方连续的 Gauss 过程，其期望为 0，可以推得 $\mathscr{L}(W_A)$ 是 $\mathscr{H}$ 上对称的 Gauss 分布。如果 $\varphi,\psi \in \mathscr{H}$，则

$$\langle \mathscr{Q}\varphi, \psi\rangle_{\mathscr{H}} = \mathrm{E}\left[\int_0^T \langle \varphi(s), W_A(s)\rangle \mathrm{d}s \int_0^T \langle \psi(r), W_A(r)\rangle \mathrm{d}r\right] =$$

$$\int_0^T\int_0^T \mathrm{E}[\langle \varphi(s), W_A(s)\rangle\langle \psi(r), W_A(r)\rangle]\mathrm{d}s\mathrm{d}r$$

从而对于 $s > r$，有

$$\begin{aligned}&\mathrm{E}[\langle \varphi(s), W_A(s)\rangle\langle \psi(r), W_A(r)\rangle] =\\ &\quad \mathrm{E}[\langle \varphi(s), S(s-r)W_A(r)\rangle\langle \psi(r), W_A(r)\rangle] =\\ &\quad \mathrm{E}[\langle S^*(s-r)\varphi(s), W_A(r)\rangle\langle \psi(r), W_A(r)\rangle] =\\ &\quad \left\langle \left(\int_0^r S(t)BQB^*S^*(t)\mathrm{d}t\right)S^*(s-r)\varphi(s), \psi(r)\right\rangle\end{aligned}$$

从而 ③ 的结论成立。

令 $\alpha \in (0,1]$，$Y_\alpha^\Phi, t \in [0,T]$ 为如下的随机过程：

$$Y_\alpha^\Phi(t) = \int_0^T (t-s)^\alpha S(t-s)\Phi(s)\mathrm{d}W(s), \qquad t \in [0,T] \tag{3.1.9}$$

则利用第 2 章中的 Fubini 定理不难证明如下的定理。

定理 3.1.2 设

$$\int_0^t (t-s)^{\alpha-1}\left\{\int_0^s (s-\sigma)^{-2\alpha}\mathrm{E}[\| S(t-\sigma)\Phi(\sigma)\|_2^2]\mathrm{d}\sigma\right\}^{1/2}\mathrm{d}s < +\infty \tag{3.1.10}$$

对所有的 $t \in [0,T]$ 成立，则

$$\int_0^T (s-\sigma)\Phi(s)\mathrm{d}W(s) = \frac{\sin \alpha\pi}{\pi}\int_0^T (t-s)^{\alpha-1}S(t-s)Y_\alpha^\Phi(s)\mathrm{d}s, \qquad t \in [0,T] \tag{3.1.11}$$

利用此定理便可以证明如上的随机卷积的 Hölder 连续性质。

定理 3.1.3 设

① 算子 A 为 H 上解析半群 $S(t), t \geqslant 0$ 的生产元，下式成立，即

$$\| S(t)\| \leqslant M\mathrm{e}^{-\omega t}, \qquad t \geqslant 0$$

其中，ω, M 为正数。

② 存在 $\alpha \in (0,1/2)$，使得对任意 $T > 0$，有

$$\int_0^T t^{-2\alpha}\| S(t)B\|_{HS}^2 \mathrm{d}t < \infty \tag{3.1.12}$$

则对任意 $\gamma \in [0,\alpha)$ 存在 W_A 的 Hölder 连续修正，取值于 $D((-A)^\gamma)$，其 Hölder 指标可以为任意小于 $\alpha - \gamma$ 的数。

证明：对任意 $\alpha \in (0,1)$，$\gamma \in [0,\alpha)$，$p > 1$，在空间 $L^p(0,T;H)$ 上定义积分算子

$$R_{\alpha,\gamma}\varphi(t) \int_0^T (t-\sigma)^{\alpha-1}(-A)^\gamma S(t-\sigma)\varphi(\sigma)\mathrm{d}\sigma, \qquad t \in [0,T]$$

命题 3.1.1 ① 如果 $\gamma > 0$，$\alpha > \gamma + \dfrac{1}{p}$，那么 $R_{\alpha,\gamma}$ 是 $L^p(0,T;H)$ 到 $C^{\alpha-\gamma-\frac{1}{p}}([0,T]; D((-A)^\gamma))$ 有界算子；

② 如果 $\gamma=0,\alpha>1/p$，则对任意的 $\delta\in\left(0,\alpha-\dfrac{1}{p}\right)$，$R_{\alpha,\gamma}$ 是 $L^p(0,T;H)$ 到 $C^\delta([0,T];H)$ 有界算子。

命题的证明参见参考文献[7]的命题 A.1.1。

选择 $p>1/\alpha$。利用上述命题以及定理 3.1.2，仅需证明过程

$$Y_\alpha(s)=\int_0^s(s-\sigma)^{-\alpha}S(s-\sigma)B\mathrm{d}W(\sigma),\qquad s\in[0,T]$$

具有 p- 次可积的轨道。而这是显然的：利用 BDG 不等式

$$\mathrm{E}\mid Y_\alpha(s)\mid^p\leqslant c_p\left(\int_0^s\|(s-\sigma)^{-\alpha}S(s-\sigma)B\|_2^2\mathrm{d}\sigma\right)^{p/2},\qquad s\in[0,T]$$

可得

$$\mathrm{E}\int_0^T\mid Y_\alpha(s)\mid^p\mathrm{d}s\leqslant c_p\int_0^T\left(\int_0^s\sigma^{-2\alpha}\|S(\sigma)B\|_2^2\mathrm{d}\sigma\right)^{p/2}\mathrm{d}s<+\infty$$

从而完成定理 3.1.3 的证明。

这里的 $\omega>0$ 要求并不是本质的。类似地，还可以证明。

定理 3.1.4 设

① 算子 A 为 H 上解析半群 $S(t),t\geqslant0$ 的生产元，下式成立，即

$$\|S(t)\|\leqslant M\mathrm{e}^{-\omega t},\qquad t\geqslant0$$

其中 ω,M 为正数。

② 存在 $\alpha\in(0,1/2)$，使得对任意 $T>0$，有

$$\int_0^T t^{-2\alpha}\|S(t)\|_{HS}^2\mathrm{d}t<\infty \tag{3.1.13}$$

③ 存在常数 $C>0$，使得 P-a.s.

$$\|\Phi(t)\|\leqslant C,\qquad\forall t\geqslant0$$

则对任意 $\gamma\in[0,\alpha)$ 存在 W_A^Φ 的 Hölder 连续的修正，取值于 $D((-A)^\gamma)$，其 Hölder 指标可以为任意小于 $\alpha-\gamma$ 的数。

在解析情形，若还有 $\mathrm{tr}\,Q<+\infty$，还可以证明如下关于随机卷积的正则性定理[6]。

定理 3.1.5 设 $\mathrm{tr}\,Q<+\infty$。

① 对任意 $\alpha\in(0,1/2)$，过程 $W_A(\cdot)$ 具有 α - Hölder 连续轨道；

② 对所有 $\gamma\in(1,1/2)$ 以及 $\alpha\in\left(0,\dfrac{1}{2}-\gamma\right)$，过程 $(-A)^\gamma W_A(\cdot)$ 为 α - Hölder 连续。

一般来说，过程 $(-A)^{1/2}W_A(t)$ 不具有连续样本轨道。参考文献[32]的例子表明，如果 A 是负的自伴算子，则过程 $(-A)^{1/2}W_A(t)$ 不可能具有连续的样本轨道，从而上述定理不可能延拓到 $\gamma=1/2$ 的情形。然而均方意义下的连续性仍然可能是成立的。事实上，如果存在 $\varepsilon_0\in(0,1)$，使得

$$D_A(\varepsilon,2)\text{ 同构于 }D((-A)^\varepsilon),\qquad\forall_\varepsilon\in(0,\varepsilon_0] \tag{3.1.14}$$

那么 $W_A(\cdot)$ 在 $D_A(1/2,2)$ 中具有均方连续的轨道。读者可以参见参考文献[6]的命题5.18。

在微分方程解的存在性研究中，常常需要考虑映射 $\Phi\to W_A^\Phi$ 的性质。如果此映射具有较好的正则性，那么就更加容易利用不动点原理得到解的存在性以及唯一性等结果。

命题 3.1.2 设 A 生成一压缩半群，且 $\Phi\in\mathcal{N}_W^2(0,T;L_2^0)$，则过程 W_A^Φ 具有连续的修正，且存在常数 K，使得

$$\mathrm{E}\sup_{s\in[0,t]}|W_A^{\Phi}(s)|^2 \leqslant K\mathrm{E}\int_0^t \|\Phi(s)\|_{L_2^0}^2\mathrm{d}s, \qquad t\in[0,T] \tag{3.1.15}$$

此命题的证明放在 3.2 节末尾。

3.2 线性随机微分方程

给定概率空间$(\Omega,\mathscr{F},P)$以及其上的σ-代数流$\mathscr{F}_t, t\geqslant 0$。考虑 Hilbert 空间 H,U，以及$(\Omega,\mathscr{F},P)$上的 Q-Wiener 过程 W，使得其协方程算子 $Q\in L(U)$。如果 $Q=I$，则是一个柱状 Wiener 过程。设存在 U 的一组标准正交基$\{e_k\}$，有界非负实数序列 λ_k 使得

$$Qe_k=\lambda_k e_k, \qquad k=1,2,\cdots$$

以及实值布朗运动序列 β_k 使得

$$\langle W(t),u\rangle=\sum_{k=1}^{\infty}\sqrt{\lambda_k}\langle e_k,u\rangle\beta_k, \qquad u\in U, \qquad t\geqslant 0$$

考虑如下的线性方程

$$\left.\begin{aligned}&\mathrm{d}X(t)=[AX(t)+f(t)]\mathrm{d}t+B\mathrm{d}W(t)\\&X(0)=\xi\end{aligned}\right\} \tag{3.2.1}$$

其中，$A:D(A)\subset H\to H, B:U\to H$ 为线性算子，且 f 是 H-值的随机过程。假设其对应的确定性情形的 Cauchy 问题

$$u'(t)=Au(t), \qquad u(0)=x\in H$$

是一致适定的，且 B 是有界的，即

$$\left.\begin{aligned}&① A \text{ 在 } H \text{ 中生成强连续半群 } S(\cdot)\\&② B\in L(U,H)\end{aligned}\right\} \tag{3.2.2}$$

则如下的要求是自然的：

① f 是可料的，且在任意有限区间$[0,T]$上具有 Bochner 可积的轨道；

② ξ 是 $\mathscr{F}_0$ - 可测的。

定义 3.2.1 称 H-值可料过程$\{X(t)\}_{t\in[0,T]}$是方程(3.2.1)的强解，如果 X 以 P_T 几乎必然取值于 $D(A)$，且以 P-a.s.，$\int_0^T|AX(s)|\mathrm{d}s<\infty$，且对任意的 $t\in[0,T]$，有

$$X(t)=x+\int_0^t[AX(s)+f(s)]\mathrm{d}s+BW(t), \qquad P\text{-a.s.} \tag{3.2.3}$$

由定义可以看出，要使定义有意义，必然要求 BW 是 U-值过程，从而要求 $\mathrm{tr}\, BQB^*<\infty$，且强解一定具有连续修正。

定义 3.2.2 称 H-值可料过程 $X(t), t\in[0,T]$ 是方程(3.2.1)的弱解，如果 $X(\cdot)$ 的轨道以 P 几乎必然 Bochner 可积，且对所有的 $\zeta\in D(A^*)$ 以及所有的 $t\in[0,T]$ 都成立，则

$$\langle X(t),\zeta\rangle=\langle x,\zeta\rangle+\int_0^t[\langle X(s),A^*\zeta\rangle+\langle f(s),\zeta\rangle]\mathrm{d}s+\langle BW(t),\zeta\rangle, \qquad P\text{-a.s.}$$

这一定义对柱状 Wiener 过程是有意义的，因为此时标量过程$\langle BW(t),\zeta\rangle, t\in[0,T]$是良定的随机变量。

下面将利用随机卷积的正则性来讨论解的存在唯一性。

定理 3.2.1 由假设式(3.1.8)、式(3.2.2)以及式(3.2.3)，则方程(3.2.1)具有唯一弱

解,由如下表达式给出,即

$$X(t)=S(t)\xi+\int_0^t S(t-s)f(s)\mathrm{d}s+\int_0^t S(t-s)B\mathrm{d}W(s),\qquad t\in[0,T]\quad(3.2.4)$$

可以看出,此解的表达式是常数变易公式在随机下的推广。

证明:当且仅当过程

$$\widetilde{X}(t)=X(t)-\left[S(t)\xi+\int_0^t S(t-s)f(s)\mathrm{d}s\right],\qquad t\in[0,T]$$

是方程

$$\mathrm{d}\widetilde{X}=A\widetilde{X}\mathrm{d}t+B\mathrm{d}W,\qquad \widetilde{X}(0)=0$$

的弱解时,不难看出过程 X 是方程的弱解。不失一般性,可以假设 $\xi=0$ 以及 $f\equiv 0$。下面证明过程 $W_A(\cdot)$ 满足方程(3.2.1)($\xi=0,f\equiv 0$)。固定 $t\in[0,T]$ 并令 $\zeta\in D(A^*)$,注意到

$$\int_0^t\langle A^*\zeta,W_A(s)\rangle\mathrm{d}s=\int_0^t\langle A^*\zeta,\int_0^t\chi_{[0,s]}(r)S(s-r)B\mathrm{d}W(r)\rangle\mathrm{d}s$$

从而利用随机 Fubini 定理可得

$$\begin{aligned}\int_0^t\langle A^*\zeta,W_A(s)\rangle\mathrm{d}s=&\int_0^t\langle\int_0^t\chi_{[0,s]}(r)B^*S^*(s-r)A^*\zeta\mathrm{d}s,\mathrm{d}W(r)\rangle=\\&\int_0^t\langle\int_r^t B^*S^*(s-r)A^*\zeta\mathrm{d}s,\mathrm{d}W(r)\rangle=\\&\int_0^t\langle\int_r^t\left[\frac{\mathrm{d}}{\mathrm{d}s}B^*S^*(s-r)\zeta\right]S^*(s-r)A^*\mathrm{d}s,\mathrm{d}W(r)\rangle=\\&\int_0^t\langle B^*S^*(t-r)\zeta,\mathrm{d}W(r)\rangle=\\&\langle\zeta,W_A(t)\rangle-\langle\zeta,BW(t)\rangle\end{aligned}$$

从而 $W_A(\cdot)$ 是方程的弱解。下面证明唯一性,为此先给出如下引理。

引理 3.2.1　设 X 是方程(3.2.1)($\xi=0,f\equiv 0$)的弱解。那么对任意的 $t\in[0,T]$ 以及 $\zeta(\cdot)\in C^1([0,T];D(A^*))$,下式成立,即

$$\langle X(t),\zeta(t0\rangle=\int_0^t[\langle X(s),\zeta'(s)+A^*\zeta(s)\rangle]\mathrm{d}s+\int_0^t\langle\zeta(s),B\mathrm{d}W(s)\rangle$$

令 X 为一个弱解,且令 $\zeta_0\in D(A^*)$。对 $\zeta(s)=S^*(t-s)\zeta_0,s\in[0,T]$,应用上述引理,有

$$\langle X(t),\zeta_0\rangle=\langle\int_0^t S(t-s)B\mathrm{d}W(s)\rangle$$

且由于 $D(A^*)$ 在 H 中稠密,可知 $X=W_A$,唯一性成立。

证明:考虑具有形式 $\zeta=\zeta_0\varphi(s),s\in[0,T]$ 的函数,其中 $\varphi\in C^1([0,T])$,且 $\zeta_0\in D(A^*)$。令

$$F_{\zeta_0}(t)=\int_0^t\langle X(s),A^*\zeta_0\rangle\mathrm{d}s+\int_0^t\langle B\mathrm{d}W(t),\zeta_0\rangle$$

对过程 $F_{\zeta_0}(s)\varphi(s)$ 应用 Itô 公式,则

$$\mathrm{d}[F_{\zeta_0}(s)\varphi(s)]=\varphi(s)\mathrm{d}F_{\zeta_0}(s)+\varphi'(s)F_{\zeta_0}(s)\mathrm{d}s$$

特别地,有

$$F_{\zeta_0}(t)\varphi(t)=\int_0^t\langle\zeta(s),B\mathrm{d}W(s)\rangle+\int_0^t[\varphi(s)\langle X(s),A^*\zeta_0\rangle+\varphi'(s)\langle X(s),\zeta_0\rangle]\mathrm{d}s$$

由于 $F_{\zeta_0}(\cdot) = \langle X(\cdot), \zeta_0 \rangle$，$P$-a.s.，从而对这样的特殊函数 $\zeta(t) = \zeta_0 \varphi(t)$，引理成立。利用 ζ 在 $C^1([0,T]; D(A^*))$ 中的稠密性，便可完成引理的证明。

令 X 为一个弱解，其初值 $\zeta_0 \in D(A^*)$。对 $\zeta(s) = S^*(t-s)\zeta_0$，$s \in [0,t]$，应用此引理可知

$$\langle X(t), \zeta_0 \rangle = \left\langle \int_0^t S(t-s) B \mathrm{d}W(s), \zeta_0 \right\rangle$$

由 $D(A^*)$ 在 H 中的稠密性可知 $X = W_A$，从而唯一性成立。

利用随机卷积的正则性可知，方程的弱解是均方连续的可料过程，但事实上，可以得到弱解更多的正则性。正如前面提到的，不失一般性，可以假设 $U = H$，$B = I$。

定理 3.2.2 假设 $U = H$，$B = I$ 以及对某个 $\alpha > 0$，有

$$\int_0^T t^{-\alpha} \| S(t) \|_{L_2^0}^2 \mathrm{d}t < +\infty \tag{3.2.5}$$

则式(3.2.1)的弱解具有连续的修正。

注 3.2.1 在 $\operatorname{tr} Q < \infty$ 时，条件式(3.2.5)是成立的。从而如果 Q-Wiener 过程具有 H-值的修正，那么弱解具有连续路径。

证明： 不失一般性，假设 $\xi = 0$，$f \equiv 0$，此时 $X(t) = W_A(t)$。同时假设 $\operatorname{tr} Q < \infty$，而满足式(3.2.5)的一般性情况可以类似地处理。利用等式[32]

$$\int_\sigma^t (t-s)^{\alpha-1} (s-\sigma)^{-\alpha} \mathrm{d}s = \frac{\pi}{\sin \pi\alpha}, \quad \sigma \leqslant s \leqslant t, \quad 0 < \alpha < 1 \tag{3.2.6}$$

固定 $\alpha \in (1, 1/2)$ 以及自然数 $m > 1/(2\alpha)$，则方程的解可以表示为

$$W_A(t) = \frac{\sin \pi\alpha}{\pi} = \int_0^t S(t-\sigma) \int_\sigma^t (t-s)^{\alpha-1} (s-\sigma)^{-\alpha} \mathrm{d}s \mathrm{d}W(\sigma)$$

利用随机 Fubini 定理可得

$$W_A(t) = \frac{\sin \pi\alpha}{\pi} = \int_0^t S(t-s)(t-s)^{\alpha-1} Y(s) \mathrm{d}W(\sigma) \tag{3.2.7}$$

其中

$$Y(s) = \int_0^s S(s-\sigma)(s-\sigma)^{-\alpha} \mathrm{d}W(\sigma)$$

显然如果 $y(\cdot)$ 是 H-值连续函数，那么函数

$$z(t) = \frac{\sin \pi\alpha}{\pi} = \int_0^t S(t-s)(t-s)^{\alpha-1} y(s) \mathrm{d}W(\sigma), \quad t \in [0,T]$$

也是连续的。利用 Hölder 不等式，存在依赖于 m，α，T 以及 M 的常数 $C > 0$，使得

$$| z(t) |^{2m} \leqslant C \int_0^T | y(s) |^{2m} \mathrm{d}s, \quad t \in [0,T]$$

从而

$$\sup_{t \in [0,T]} | z(t) |^{2m} \leqslant C \int_0^T | y(s) |^{2m} \mathrm{d}s$$

于是如果 $y(\cdot) \in L^{2m}(0,T;H)$，那么 $z(\cdot)$ 是连续的。考虑到过程 $Y(\cdot)$ 是 Gauss 的，其协方差算子为

$$\operatorname{cov}(Y(s))\xi = \int_0^s (s-\sigma)^{-2\alpha} S(s-\sigma) Q S^*(s-\sigma) \xi \mathrm{d}s, \quad \forall \xi \in H$$

由式(3.1.8)可知，存在常数 $C_1 > 0$，使得

$$\mathrm{E} | Y(s) |^{2m} \leqslant C_1, \quad s \in [0,t]$$

从而

$$\mathrm{E}\int_0^T |Y(s)|^{2m}\mathrm{d}s \leqslant C_1 T$$

且式(3.2.7)定义了 $W_A(\cdot)$ 的一个连续修正。

由证明过程还可以看出，对任意 $p>2$，存在常数 $K=K(T,p,\varepsilon)$，使得

$$\mathrm{E}\sup_{t\in[0,T]}|W_A(t)|^p \leqslant K$$

另外，当 $\mathrm{tr}\,Q<\infty$ 时，还可以得到更好的结论。考虑连续过程

$$W_{A,n}(t)=\int_0^t \mathrm{e}^{(t-s)A_n}\mathrm{d}W(s),\qquad s\in[0,T]$$

其中，A_n 为算子 A 的 Yosida 逼近[31]。

定理 3.2.3　*设 $\mathrm{tr}\,Q<\infty$ 以及 $p>2$，则*

$$\lim_{n\to\infty}\mathrm{E}\sup_{t\in[0,T]}|W_A(t)-W_{A,n}(t)|^p=0$$

定理的证明可以参见参考文献[6]。在算子 A 是解析的情形，定理 3.1.5 也表明方程的弱解 $W_A(\cdot)$ 是具有一定的时空正则性的。

接下来考虑具有乘积噪声的线性随机微分方程。其一般形式为

$$\left.\begin{aligned}&\mathrm{d}X(t)=[AX(t)+f(t)]\mathrm{d}t+B(X(t))\mathrm{d}W(t)\\&X(0)=\xi\end{aligned}\right\}\tag{3.2.8}$$

其中，$t\in[0,T]$，$A:D(A)\subset H\to H$，$B:U\to H$ 为 H 上强连续算子半群的无穷小生成元，ξ 是 H- 值 $\mathscr{F}_0$ 可测的随机变量，f 是具有局部可积轨道的可料过程，且 $B:D(B\subset H\to L_2^0)$ 为线性算子。令 $\{gj\}$ 为 $U_0=Q^{1/2}U$ 的一组完备标准正交基，由于对任意 $x\in D(B)$，$B(x)$ 是从 U_0 到 H 的 Hilber - Schmidt 算子：

$$\sum_{j=1}^{\infty}|B(x)g_j|^2<\infty,\qquad x\in D(B)$$

算子

$$B_jx=B(x)g_j,\qquad x\in D(B),\qquad j=1,2,\cdots$$

是线性的且

$$B(x)u=\sum_{j=1}^{\infty}B_jx\langle u,g_j\rangle_{U_0},\qquad x\in D(B),\qquad u\in U_0$$

从而如果 $W(t)=\sum_{j=1}^{\infty}\beta_j g_j$，则方程(3.2.8)可以写为

$$\mathrm{d}X(t)=[AX(t)+f(t)]\mathrm{d}t+\sum_{j=1}^{\infty}B_jX(t)\mathrm{d}\beta_j(t)\tag{3.2.9}$$

和可加噪声情形一样，可以给出各种解的定义。

定义 3.2.3　*如果 X 以 P_T 几乎必然取值于 $D(A)\cap D(B)$，以 P_T 几乎必然成立*

$$P\left(\int_0^T |X(s)|+|AX(s)|\,\mathrm{d}s<\infty\right)=1$$

$$P\left(\int_0^T \|B(X(s))\|_{L_2^0}^2\,\mathrm{d}s<\infty\right)=1$$

且对任意 $t\in[0,t]$ 以及 P-a.s.，有

$$X(t)=x+\int_0^t[AX(s)+f(s)]\mathrm{d}s+\int_0^t B(X(s))W(s)$$

则称 H- 值可料过程 $X(t),t\in[0,T]$ 是方程(3.2.1)的强解。

如果 $X(\cdot)$ P_T-a.s. 取值于 $D(B)$,且

$$P\left(\int_0^T |X(s)|\mathrm{d}s<\infty\right)=1 \tag{3.2.10}$$

$$P\left(\int_0^T \|B(X(s))\|_{L_2^0}^2\mathrm{d}s<\infty\right)=1 \tag{3.2.11}$$

且对所有的 $t\in[0,T]$ 以及所有的 $\zeta\in D(A^*)$,有

$$\langle X(t),\zeta\rangle=\langle x,\zeta\rangle+\int_0^t[\langle X(s),A^*\zeta\rangle+\langle f(s),\zeta\rangle]\mathrm{d}s+\langle BW(t),\zeta\rangle,\qquad P\text{-a.s.}$$

则称 H- 值可料过程 $X(t),t\in[0,T]$ 是方程(3.2.1)的弱解。

如果 P-a.s.,X 取值于 $D(B)$,式(3.2.10)、式(3.2.11)成立,且对任意 $t\in[0,T]$,有

$$X(t)=S(t)\xi+\int_0^t S(t-s)f(s)\mathrm{d}s+\int_0^t S(t-s)B(X(s))\mathrm{d}W(s)$$

则称 H- 值可料过程 $X(t),t\in[0,T]$ 为方程(3.2.8)的温和解(mild solution)。

显然,强解一定是弱解。事实上,弱解也一定是温和解。为此需要进一步考察随机卷积

$$W_A^{\Phi}(t)=\int_0^t S(t-s)\Phi(s)\mathrm{d}W(s),\qquad t\in[0,T],\qquad \Phi\in\mathcal{N}_W \tag{3.2.12}$$

命题 3.2.1 设 $A:D(A)\subset H\to H$ 是 H 上 C_0 半群的无穷小生成元,那么对任意 $\Phi\in\mathcal{N}_W$,过程 $W_A^{\Phi}(\cdot)$ 具有可料修正。

证明:利用第 2 章中随机积分的性质,对任意的 $a>0,b>0$ 以及 $t\in[0,T]$,有

$$P(|W_A^{\Phi}(t)|>a)\leqslant\frac{b}{a^2}+P\left(\int_0^t\|S(t-s)\Phi(s)\|_{L_2^0}^2>b\right)$$

如果存在常数 M,使得对 $t\in[0,T]$,$\|S(r)\|\leqslant M$ 成立,那么

$$P(|W_A^{\Phi}(t)|>a)\leqslant\frac{b}{a^2}+P\left(\int_0^t\|\Phi(s)\|_{L_2^0}^2>\frac{b}{M^2}\right) \tag{3.2.13}$$

由定理 3.1.1 可知,如果 Φ 是基本列,那么 W_A^{Φ} 具有可料的版本。对 $\Phi\in\mathcal{N}_W$,可以找到基本列 $\{\Phi_n\}$,使得对任意 $c>0$,有

$$P\left(\int_0^T\|\Phi(s)-\Phi_n(s)\|_{L_2^0}^2\mathrm{d}s>c\right)\to 0,\qquad n\to\infty$$

从而由式(3.2.13)可知,存在子列 Φ_{nk},使得对任意 $c>0$,有

$$\sup_{t\in[0,T]}P(\|W_A^{\Phi}(t)-W_A^{\Phi_{nk}}(t)\|>c)\to 0,\qquad k\to\infty$$

这样利用参考文献[6]中命题 3.6 的证明便可完成此证明。

命题 3.2.2 假设 $A:D(A)\subset H\to H$ 是 H 上 C_0 半群 $S(\cdot)$ 的无穷小生成元,$\Phi\in\mathcal{N}_W$,且 X 是 H- 值可料过程,并具有可积的轨道。如果对任意的 $t\in[0,T]$ 以及 $\zeta\in A(A^*)$,有

$$\langle X(t),\zeta\rangle=\int_0^t\langle X(s),A^*\zeta\rangle\mathrm{d}s+\int_0^t\langle\zeta,\Phi(s)\mathrm{d}W(s)\rangle,\qquad P\text{-a.s.} \tag{3.2.14}$$

那么 $X(\cdot)=W_A^{\Phi}$。

证明:证明和前面的唯一性证明是类似的。如果式(3.2.14)成立,则对任意的 $\zeta(\cdot)\in C^1([0,T];D(A^*))$ 以及 $t\in[0,T]$,有

$$\langle X(t),\zeta(t)\rangle = \int_0^t \langle \zeta(s),\Phi(s)\mathrm{d}W(s)\rangle + \int_0^t \langle X(s),\zeta'(s)+A^*\zeta(s)\rangle \mathrm{d}s,\qquad P\text{-a. s.} \tag{3.2.15}$$

在上式中令 $\zeta(s)=S^*(t-s)\zeta, s\in[0,t]$，同时注意到 $\Phi\in\mathcal{N}_W$ 以及 $D(A^*)$ 在 H 中稠密，便得到要证明的结论。

命题 3.2.3　设 $A:D(A)\subset H\to H$ 是 H 上 C_0 半群 $S(\cdot)$ 的无穷小生成元，$\Phi\in\mathcal{N}_W^2$，则

① 随机卷积 W_A^Φ 满足方程(3.2.14)；

② 如果还有 $\Phi(\cdot,\cdot)(U_0)\in D(A)$，$P_T$-a. s.，以及 $A\Phi\in\mathcal{N}_W^2$，则

$$W_A^\Phi(t)=\int_0^t AW_A^\Phi(s)\mathrm{d}s+\int_0^t \Phi(s)\mathrm{d}W(s) \tag{3.2.16}$$

特别地，如果 A 是有界的，则上式成立。

证明：① 令 $\zeta\in D(A^*)$，注意到 $W_A^\Phi(\cdot)$ 具有可积的轨道，且

$$\int_0^t \langle W_A^\Phi(s),\zeta(s)\rangle \mathrm{d}s=\int_0^t \mathrm{d}s\int_0^s \langle S(s-\sigma)\Phi(\sigma)\mathrm{d}W(s),A^*\zeta(s)\rangle \tag{3.2.17}$$

利用 Fubini 定理可知

$$\int_0^t \mathrm{d}s\int_0^s \langle S(s-\sigma)\Phi(\sigma)\mathrm{d}W(s),A^*\zeta(s)\rangle=\langle \int_0^t\int_\sigma^t S(s-\sigma)\mathrm{d}s\Phi(\sigma)\mathrm{d}W(\sigma),A^*\zeta(s)\rangle$$

又由

$$A\int_\sigma^t S(s-\sigma)\mathrm{d}s=S(t-\sigma)-I$$

可知

$$\int_0^t \langle W_A^\Phi(s),\zeta(s)\rangle \mathrm{d}s=\langle \int_0^t S(t-s)\Phi(s)\mathrm{d}W(s)-\int_0^t \Phi(s)\mathrm{d}W(s),\zeta\rangle = \langle W_A^\Phi(t),\zeta\rangle-\langle \zeta,\Phi(s)\mathrm{d}W(s)\rangle$$

从而满足式(3.2.14)。

② 如果 A 是有界算子，由式(3.2.14)可知式(3.2.16)成立。令 $A_n=nAR(n,A)=AJ_n$ 为 A 的 Yosida 逼近，且

$$W_{A,n}^\Phi(t)=\int_0^t \mathrm{e}^{(t-s)A_n}\Phi(s)\mathrm{d}W(s),\qquad n=1,2,\cdots,t\geqslant 0$$

则

$$W_A^\Phi,n(t)=\int_0^t A_nW_A^\Phi,n(s)\mathrm{d}s+\int_0^t \Phi(s)\mathrm{d}W(s),\qquad n=1,2,\cdots,t\geqslant 0$$

进一步，利用随机积分的性质可知

$$A_nW_{A,n}^\Phi(t)=J_n\int_0^t \mathrm{e}^{(t-s)A_n}A\Phi(s)\mathrm{d}W(s),\qquad n=1,2,\cdots,t\geqslant 0$$

通过直接计算并利用 Lebesgue 控制收敛定理可知，对任意 $T>0$，有

$$\lim_{n\to\infty}\sup_{t\in[0,T]}\mathrm{E}\mid W_{A,n}^\Phi(t)-W_A^\Phi(t)\mid^2=0$$

$$\lim_{n\to\infty}\sup_{t\in[0,T]}\mathrm{E}\mid A_nW_{A,n}^\Phi(t)-AW_A^\Phi(t)\mid^2=0$$

令 $n\to 0$ 便得需要的结论。

综合以上命题，不难得到如下定理。

定理 3.2.4　设 $A:D(A)\subset H\to H$ 是 H 上 C_0 半群 $S(\cdot)$ 的无穷小生成元，则方程(3.2.8)的强解是方程的一个弱解，而弱解又是方程的一个温和解。反之，如果方程的温和解 X 满足

$$E\int_0^T \| B(X(s)) \|_{L_2^0}^2 ds < +\infty$$

则 X 也是方程的一个弱解。

下面简单地讨论一下解的存在性，仅考虑算子 B 有界的情形。

定理 3.2.5 设 A 是 H 上 C_0 半群 $S(\cdot)$ 的无穷小生成元，$E|\xi|^2<\infty$，且 $B\in L(H,L_2^0)$，则方程(3.2.8) 具有温和解 $X\in \mathcal{N}_W^2(0,T;H)$。

证明：记 $\mathscr{H}$ 为所有使得 $|Y|_{\mathscr{H}} = \sup\limits_{t\in[0,T]}(E|Y(t)|^2)^{1/2}$ 的 H- 值可料过程 Y 组成的空间。对任意 Y 定义，有

$$\mathscr{K}(Y)(t) = S(t)\xi + \int_0^t S(t-s)f(s)ds + \int_0^t S(t-s)B(Y(s))dW(s)$$

$$\mathscr{K}_1(Y)(t) = \int_0^t S(t-s)B(Y(s))dW(s), \qquad t\in[0,T]$$

由 Hill-Yoside 定理，不妨假设 $\|S(t)\|\leqslant M, t\geqslant 0$，则

$$|\mathscr{K}_1(Y)(t)|_{\mathscr{H}} \leqslant \sup_{t\in[0,T]} E\left(\int_0^t \|S(t-s)B(Y(s))\|_{L_2^0}^2 ds\right)^{1/2} \leqslant$$

$$M\|B\|_{L(H;L_2^0)}\sqrt{T}\,|Y|\mathscr{H}$$

选取 T 充分小，则 $\mathscr{K}$ 构成压缩映射，从而存在唯一的不动点，且容易说明此不动点就是方程(3.2.8) 的解。利用标准的延拓方法可以得到一般的 T 的情形。

利用上节中的正则性结果，还可以证明在解析情形的一些存在性结果，参见 Da Prato 和 Zabczyk 的著作[6]。

命题 3.1.2 的证明：简记 $Z=W_A^{\Phi}$。首先假设 Φ 是基本的，且 $A\Phi\in\mathcal{N}_W^2(0,T;L_2^0)$。

利用命题 3.2.3 可知，$Z(\cdot)$ 具有连续轨道，过程 $AZ(\cdot)$ 具有平方可积轨道，且

$$dZ(t) = AZ(t)dt + \Phi(t)dW(t), \qquad t\in[0,T]$$

利用 Itô 公式，有

$$d|Z(t)|^2 = 2\langle Z(t), AZ(t)\rangle dt + 2\langle Z(t), \Phi(t)dW(t)\rangle + \|\Phi(t)\|_{L_2^0}^2 dt$$

又由于 A 生成压缩半群，则对所有的 $x\in D(A)$，$\langle Ax,x\rangle\leqslant 0$，从而

$$|Z(t)|^2 \leqslant 2\int_0^t \langle Z(s), \Phi(s)dW(s)\rangle + \int_0^t \|\Phi(s)\|_{L_2^0}^2 ds$$

特别地，有

$$\sup_{s\in[0,t]}|Z(s)|^2 \leqslant 2\sup_{s\in[0,t]}\left|\int_0^s \langle Z(\sigma), \Phi(\sigma)dW(\sigma)\rangle\right| + \int_0^t \|\Phi(s)\|_{L_2^0}^2 ds$$

且

$$E\sup_{s\in[0,t]}|Z(s)|^2 \leqslant 2E\sup_{s\in[0,t]}\left|\int_0^s \langle Z(\sigma), \Phi(\sigma)dW(\sigma)\rangle\right| + E\int_0^t \|\Phi(s)\|_{L_2^0}^2 ds \tag{3.2.18}$$

由积分的性质可知过程

$$M(t) = \int_0^t \langle Z(s), \Phi(s)dW(s)\rangle, \qquad t\in[0,T]$$

是平方可积鞅，其二次变差为

$$[M(t)] = \int_0^t |(\Phi(s)Q^{1/2})^* Z(s)|^2 ds, \qquad t\in[0,T]$$

利用鞅不等式可知

$$\mathrm{E}\sup_{s\in[0,t]}|M(s)|\leqslant 3\mathrm{E}[(\int_0^t|(\Phi(s)Q^{1/2})^*Z(s)|\mathrm{d}s)^{1/2}] \tag{3.2.19}$$

利用式(3.2.18)以及式(3.2.19)立即可知

$$\begin{aligned}&\mathrm{E}\sup_{s\in[0,t]}|Z(s)|^2\leqslant\\&6\mathrm{E}\left[(\int_0^t|(\Phi(s)Q^{1/2})^*Z(s)|\mathrm{d}s)^{1/2}\right]+\mathrm{E}\int_0^t\|\Phi(s)\|_{L_2^0}^2\mathrm{d}s\leqslant\\&6\mathrm{E}(\int_0^t\|\Phi(s)\|_{L_2^0}^2|Z(s)|^2\mathrm{d}s)^{1/2}+\mathrm{E}\int_0^t\|\Phi(s)\|_{L_2^0}^2\mathrm{d}s\leqslant\\&6[\mathrm{E}\sup_{s\in[0,t]}|Z(s)|^2]^{1/2}\left[\mathrm{E}\int_0^t|\Phi(s)|_{L_2^0}^2\mathrm{d}s\right]^{1/2}+\mathrm{E}\int_0^t\|\Phi(s)\|_{L_2^0}^2\mathrm{d}s\end{aligned}$$

从而对任意的 $\varepsilon>0$,有

$$\mathrm{E}\sup_{s\in[0,t]}|Z(s)|^2\leqslant 12\left[\varepsilon\mathrm{E}\sup_{s\in[0,t]}|Z(s)|^2+\frac{1}{\varepsilon}\mathrm{E}\int_0^t|\Phi(s)|_{L_2^0}^2\mathrm{d}s\right]+\mathrm{E}\int_0^t\|\Phi(s)\|_{L_2^0}^2\mathrm{d}s$$

特别地,取 $\varepsilon=\frac{1}{24}$ 便得到式(3.1.15)。对一般情形,可以利用标准的逼近程序证明。

3.3　非线性随机微分方程

这一节考虑可分 Hilber 空间上更一般的随机微分方程

$$\left.\begin{aligned}&\mathrm{d}X(t)=[AX+F(x)]\mathrm{d}t+B(X)\mathrm{d}W(t)\\&X(0)=\xi\end{aligned}\right\} \tag{3.3.1}$$

首先假设如下的 Lipshitz 性质。

假设 3.3.1　① A 是 H 上强连续半群 $S(t),t\geqslant 0$ 的无穷小生成元;

② $F:H\to H$ 且存在常数 $c_0>0$,使得

$$|F(x)|\leqslant c_0(1+|x|),\qquad x\in H$$
$$|F(x)-F(y)|\leqslant c_0|x-y|,\qquad x,y\in H$$

③ $B:H\to L(U,H)$ 的强连续映射(即对任意的 $u\in U,x\mapsto B(x)u$ 作为 $H\to H$ 的映射是连续的),使得对任意 $t>0,x\in H,S(t)B(x)$ 属于 $L_2(U,H)$,且存在局部平方可积映射

$$K:[0,\infty)\to[0,\infty),\qquad t\mapsto K(t)$$

使得

$$\|S(t)B(x)\|_{HS}\leqslant K(t)(1+|x|),\qquad t>0,\qquad x\in H$$
$$\|S(t)B(x)-S(t)B(y)\|_{HS}\leqslant K(t)|x-y|,\qquad t>0,\qquad x,y\in H$$

定义 3.3.1　$\mathscr{F}_t$ 适应过程 $X(t),t\geqslant 0$ 称为是方程的温和解(mild),如果它满足积分方程

$$\begin{aligned}X(t)=&S(t)\xi+\int_0^t S[(t-s)F(X(s))]\mathrm{d}s+\\&\int_0^t S(t-s)B(X(s))\mathrm{d}W(s),\qquad t\in[0,T]\end{aligned} \tag{3.3.2}$$

记 $\mathcal{H}_{r,T}$ 为所有使得

$$\|Y\|_{p,T}=\sup_{t\in[0,T]}(\mathrm{E}|Y(t)|^p)^{1/p}<+\infty$$

的 H- 值可料过程的等价元构成的 Banach 空间。

定理 3.3.1 设假设 3.3.1 成立，$p \geqslant 2$。设初值 $\xi \in \mathscr{F}_0$，如果 $\mathrm{E}|\xi|^p < \infty$，那么方程(3.3.1) 在$\mathcal{H}_{p,T}$ 中存在唯一的温和解 X，以及独立于 ξ 的常数 C_T，使得

$$\sup_{t\in[0,T]} \mathrm{E}|X(t)|^p \leqslant C_T(1+\mathrm{E}|\xi|^p) \tag{3.3.3}$$

如果存在 $\alpha \in (0,1/2)$ 使得

$$\int_0^1 s^{-2\alpha} K^2(s)\mathrm{d}s < +\infty$$

则 $X(\cdot)$ 是 P-a.s. 连续的，其中 K 在假设 3.3.1③ 中定义。

证明:对任意的 $\xi \in L^p(\Omega;H)$ 以及 $X \in \mathscr{H}_{p,T}$，过程 $Y = K(\xi,X)$ 定义为

$$Y(t) = S(t)\xi + \int_0^t S(t-s)F(X(s))\mathrm{d}s + \int_0^t S(t-s)B(X(s))\mathrm{d}W(s), \quad t \in [0,T] \tag{3.3.4}$$

利用第 2 章末命题 2.3.8 的鞅不等式可知，对任意的 $X \in \mathcal{H}_{p,T}$，都有 $K(\zeta,X) \in \mathscr{H}_{p,T}$。记 $M_T = \sup_{t\in[0,T]} \| S(t) \|$，则

$$\begin{aligned}\mathrm{E}|Y(t)|^p \leqslant{}& 3^{p-1}\{\|S(t)\|^p \mathrm{E}|\xi|^p + \mathrm{E}[(\int_0^t |S(t-s)F(X(s))|\mathrm{d}s)^p] + \\ & \mathrm{E}[|\int_0^t S(t-s)B(X(s))\mathrm{d}W(s)|^p]\} \leqslant \\ & 3^{p-1}\{M_T^p\mathrm{E}|\xi|^p + T^{p-1}M_T^p\int_0^t \mathrm{E}|F(X(s))|^p\mathrm{d}s + \\ & c_p[\int_0^t (\mathrm{E}\|S(t-s)B(X(s))\|_{HS}^p)^{2/p}\mathrm{d}s]^{p/2}\}\end{aligned}$$

进一步还有

$$\int_0^t \mathrm{E}|F(X(s))|^p\mathrm{d}s \leqslant 2^{p-1}c_0^p \sup_{s\in[0,t]}[1+\mathrm{E}|X(s)|^p]t$$

以及

$$\begin{aligned}&\left\{\int_0^t [\mathrm{E}\|S(t-s)B(X(s))\|_{HS}^p]^{2/p}\mathrm{d}s\right\}^{p/2} \leqslant \\ & 2^{p-1}\left\{\int_0^t K^2(t-s)[1+\mathrm{E}|X(s)|^p]^{2/p}\mathrm{d}s\right\}^{p/2} \leqslant \\ & 2^{p-1}\left[\int_0^t K^2(t-s)\mathrm{d}s\right]^{p/2} \sup_{s\in[0,t]}[1+\mathrm{E}|X(s)|^p]\end{aligned}$$

从而存在 c_1, c_2, c_3 使得

$$\sup_{t\in[0,T]} \mathrm{E}|X(s)|^p \leqslant c_1 + c_2\mathrm{E}|\xi|^p + c_3 \sup_{t\in[0,T]} \mathrm{E}|X(s)|^p \tag{3.3.5}$$

因此 $Y \in \mathcal{H}_{p,T}$。

利用相同的方法，如果 $X_1, X_2 \in \mathcal{H}_{p,T}$，$Y_1 = K(\xi,X_1)$，$Y_2 = K(\xi,X_2)$，则

$$\sup_{t\in[0,T]} \mathrm{E}|Y_1(t)-Y_2(t)|^p \leqslant c_3 \sup_{t\in[0,T]} \mathrm{E}|X_1(t)-X_2(t)|^p$$

因此可以选取 T 充分小，使得 $c_3 < 1$。利用压缩映像原理可知，方程(3.3.1) 在$\mathcal{H}_{p,T}$ 中存在唯一解。利用迭代方法不难对一般的 $T > 0$ 证明解的存在唯一性：在区间$[0,\widetilde{T}]$，$[\widetilde{T},2\widetilde{T}]$，… 上考虑方程，其中要求 $c_3(\widetilde{T}) < 1$。对这样的 $\widetilde{T}$，由式(3.3.5) 可知

$$\sup_{t\in[0,T]} \mathrm{E}|X(t)|^p \leqslant \frac{1}{1-c_3(\widetilde{T})}(c_1 + c_2\mathrm{E}|\xi|^p)$$

而这正好是条件式(3.3.3)。对一般的 T 用迭代的方法仍然可以得到类似的估计。

最后，解的连续性可以利用定理 3.1.5 的证明方法得到。

下面给出另外一种证明方程解的存在唯一性的方法。考虑方程

$$\left.\begin{aligned} dX &= [AX + F(X)]dt + BdW(t) \\ X(0) &= x \end{aligned}\right\} \tag{3.3.6}$$

其中，A,F 满足一定的耗散条件，且 B 是有界线性算子。

设 E 为 Banach 空间，E^* 为其对偶空间，范函 $\|x\|$ 的次微分定义为

$$\partial\|x\| = \{x^* \in E^*: \|x+y\| - \|x\| \geqslant \langle y,x^*\rangle, \forall y \in E\}$$

定义 3.3.2　当且仅当对任意 $x, \in D(f)$，都存在 $z^* \in \partial\|x-y\|$，使得

$$\langle f(x) - f(y), z^*\rangle \leqslant 0$$

则映射 $f:D(f) \subset E \to E$ 称为耗散的(dissipative)。

命题 3.3.1　设 $x,y \in E$，则下面的论断是等价的：

① $\|x\| \leqslant \|x+\alpha y\|, \forall \alpha \geqslant 0$；

② 存在 $x^* \in \partial\|x\|$，使得 $\langle y,x^*\rangle \geqslant 0$。

利用此命题可知映射 $f:D(f) \subset E \to E$ 是耗散的，当且仅当

$$\|x-y\| \leqslant \|x-y-\alpha(f(x)-f(y))\|, \quad \forall x,y \in D(f), \quad \forall \alpha > 0$$

当 E 为 Hilbert 空间时，则 $f:D(f) \subset E \to E$ 是耗散的，当且仅当

$$\langle f(x) - f(y), x-y\rangle \leqslant 0, \quad \forall x,y \in D(f)$$

定义 3.3.3　如果存在 $\omega > 0$，使得 $f + \omega I$ 是耗散的，则称映射 f 是强耗散的；

如果对某个 $\lambda > 0$，映射 $\lambda I - f$ 的值域是 E，则称耗散的映射 f 是 m-耗散的；

如果对某个 $\alpha \in R$，$f - \alpha I$ 是 m-耗散的，则称映射 f 是几乎 m-耗散的。

耗散映射 f 的 Yosida 逼近 f_α 定义为

$$f_\alpha(x) = f(J_\alpha(x)) = \frac{1}{\alpha}[J_\alpha(x) - x], \quad x \in E$$

其中，$J_\alpha(x) = (I - \alpha f)^{-1}(x), x \in E$。

命题 3.3.2　令 E 为 Hilbert 空间，$f:D(f) \to E$ 为 E 中的 m-耗散映射，令 $\alpha,\beta > 0$，则

$$\langle f_\alpha(x) - f_\beta(y), x-y\rangle \leqslant (|\alpha|+|\beta|)(|f_\alpha(y)|+|f_\beta(y)|)^2, \quad \forall x,y \in E$$

证明：由于 $x = J_\alpha(x) + \alpha f_\alpha(x) = J_\beta(x) + \beta f_\beta(x)$，从而

$$\begin{aligned}\langle f_\alpha(x) - f_\beta(y), x-y\rangle = &\langle f_\alpha(x) - f_\beta(y), J_\alpha(x) - J_\beta(y)\rangle + \\ &\langle f_\alpha(x) - f_\beta(y), \alpha f_\alpha(x) - \beta f_\beta(y)\rangle\end{aligned}$$

又由于

$$\langle f_\alpha(x) - f_\beta(y), J_\alpha(x) - J_\beta(y)\rangle = \langle f(J_\alpha(x)) - f(J_\beta(y)), J_\alpha(x) - J_\beta(y)\rangle \leqslant 0$$

从而

$$\begin{aligned}\langle f_\alpha(x) - f_\beta(y), x-y\rangle \leqslant &\langle f_\alpha(x) - f_\beta(y), \alpha f_\alpha(x) - \beta f_\beta(y)\rangle \leqslant \\ &(|\alpha|+|\beta|)[|f_\alpha(y)|+|f_\beta(y)|]^2\end{aligned}$$

证毕。

现在接着讨论式(3.3.6)。令 H 为 Hilber 空间，K 为包含在 H 中的自反 Banach 空间，且假设 K 是 H 的稠密 Borel 子集，其嵌入映射是连续的。

假设 3.3.2　① 存在 $\eta \in R$ 使得算子 $A - \eta$ 和 $F - \eta$ 在 H 上是 m-耗散的；

② $A - \eta$ 和 $F - \eta$ 在 K 中的部分在 K 上是 m-耗散的；

③ $D(F) \supset K$ 和 F 映 K 的有界集为 H 的有界集。

A 和 F 在 K 上的部分分别定义为

$D(A_K) = \{x \in D(A) \cap K: A_K x \in K\}$, $A_K x = Ax$, $x \in D(A_K)$

$D(F_K) = \{x \in D(F) \cap K: F_K x \in K\}$, $F_K x = Fx$, $x \in D(F_K)$

令 $S(t), t \geqslant 0$ 为 A 在 H 中生产的半群，则

$$W_A(t) = \int_0^t S(t-s)B\mathrm{d}W(s), \quad t \geqslant 0$$

为如下线性方程的解

$$\mathrm{d}Z = AZ\mathrm{d}t + B\mathrm{d}W(t), \quad X(0) = 0 \tag{3.3.7}$$

假设 3.3.3 过程 $W_A(t), t \geqslant 0$ 在 H 上是连续的，取值于 $D(F_K)$，且对任意 $T > 0$，有

$$\sup_{t\in[0,T]} (\| W_A(t) \|_K + \| F(W_A(t)) \|_K) < +\infty, \quad P\text{-a. s.}$$

定义 3.3.4 如果 P-a. s.，$X(t)$ 满足

$$X(t) = S(t)x + \int_0^t S(t-s)F(X(s))\mathrm{d}s + W_A(t), \quad t \geqslant 0 \tag{3.3.8}$$

则称 H- 值连续的适应过程 $X(t), t \geqslant 0$ 是方程(3.3.6)的温和解。

如果对 H- 值过程 X，存在式(3.3.6)的温和解序列 X_n，使得 P-a. s. 在任意区间 $[0,T]$ 上一致地 $X_n(\cdot) \to X(\cdot)$，则称 X 是方程(3.3.6)的广义解。显然温和解是广义解。

定理 3.3.2 设假设 3.3.2 和假设 3.3.3 成立，则对任意的 $x \in K$，存在式(3.3.6)的唯一的温和解，且对任意的 $x \in H$，存在方程(3.3.6)的唯一的广义解。

证明：下面证明初值问题

$$y'(t) = Ay(t) + F[y(t) + W_A(t)], \quad y(0) = x \tag{3.3.9}$$

具有温和解。如果存在 $y(\cdot)$ 使得

$$y(t) = S(t)x + \int_0^t S(t-s)F[y(s) + W_A(s)]\mathrm{d}s, \quad t \in [0,t] \tag{3.3.10}$$

则方程(3.3.6)的解由下式给出，即

$$X(t) = y(t) + W_A(t), \quad t \in [0,T]$$

考虑逼近问题

$$y'_\alpha(t) = Ay_\alpha(t) + F_\alpha[y_\alpha(t) + W_A(t)], \quad y_\alpha(0) = x \tag{3.3.11}$$

其中，F_α 是 F 的 Yosida 逼近。由于 F_α 是 Lipshitz 连续的，故逼近方程(3.3.11)具有唯一的 H- 连续解。下面证明对 $t \in [0,T]$，一致地有极限 $\lim\limits_{\alpha\to 0} y_\alpha(t) = y(t)$ 存在，且是方程(3.3.10)的解。

步骤 1 H 中的先验估计。

由 A, F_α 的耗散性（如果有必要，则用 A 的 Yosida 逼近替代 A）可得

$$\begin{aligned}
&\frac{1}{2}\frac{\mathrm{d}}{\mathrm{d}t} | y_\alpha(t) |_H^2 = \\
&\quad \langle Ay_\alpha(t), y_\alpha(t)\rangle_H + \langle F_\alpha(y_\alpha(t) + W_A(t)), y_\alpha(t)\rangle_H = \\
&\quad \langle Ay_\alpha(t), y_\alpha(t)\rangle_H + \langle F_\alpha(W_A(t)), y_\alpha(t)\rangle_H + \\
&\quad \langle F_\alpha(y_\alpha(t) + W_A(t)) - F_\alpha(W_A(t)), y_\alpha(t)\rangle_H \leqslant \\
&\quad \langle F_\alpha(W_A(t)), y_\alpha(t)\rangle_H \leqslant \\
&\quad | F_\alpha(W_A(t)) |_H \, | y_\alpha(t) |_H \leqslant \\
&\quad | F(W_A(t)) |_H \, | y_\alpha(t) |_H
\end{aligned}$$

利用假设 3.3.2③ 以及假设 3.3.3 可知，存在常数 C_1，使得

$$|y_\alpha(t)|_H \leqslant C_1,\qquad t\in[0,T],\qquad \alpha>0 \tag{3.3.12}$$

步骤2　K 中的先验估计。

以相同的方式，利用范函在 K 中的次微分替代 H 中的内积，可知存在常数 C_2，使得

$$\|y_\alpha(t)\|_K \leqslant C_2\|x\|_K,\qquad t\in[0,T],\qquad \alpha>0 \tag{3.3.13}$$

从而存在常数 $C_3>0$，使得

$$|F[W_A(t)+y_\alpha(t)]|_H \leqslant C_3,\qquad t\in[0,T],\qquad \alpha>0 \tag{3.3.14}$$

步骤3　H 中的收敛。

令 $\alpha>0,\beta>0$，则

$$\begin{aligned}\frac{1}{2}\frac{\mathrm{d}}{\mathrm{d}t}|y_\alpha(t)-y_\beta(t)|_H^2 = {}&\langle Ay_\alpha(t)-Ay_\beta(t),y_\alpha(t)-y_\beta(t)\rangle_H+\\&\langle F_\alpha(y_\alpha(t)+W_A(t))-F_\beta(y_\beta(t)+W_A(t)),y_\alpha(t)-y_\beta(t)\rangle_H\leqslant\\&\langle F_\alpha(y_\alpha(t)+W_A(t))-F_\beta(y_\beta(t)+W_A(t)),y_\alpha(t)-y_\beta(t)\rangle_H\end{aligned}$$

利用命题3.3.2以及式(3.3.14)可得

$$\begin{aligned}\frac{1}{2}\frac{\mathrm{d}}{\mathrm{d}t}|y_\alpha(t)-y_\beta(t)|_H^2 \leqslant {}&(\alpha+\beta)\{|F_\alpha[y_\alpha(t)+W_A(t)]|+\\&|F_\beta[y_\beta(t)+W_A(t)]|\}^2\leqslant 2(\alpha+\beta)C_3^2\end{aligned}$$

从而在 $t\in[0,T]$ 上，当 $\alpha\to 0$ 时，y_α 在 H 中一致地收敛到 $y(t)$。

步骤4　取极限 $\alpha\to 0$。

最后将证明当 $\alpha\to 0$ 时，式(3.3.11)的温和解序列

$$y_\alpha(t)=S(t)x+\int_0^t S(t-s)F_\alpha[y_\alpha(s)+W_A(s)]\mathrm{d}s,\qquad t\in[0,T] \tag{3.3.15}$$

收敛到问题的温和解。注意到式(3.3.13)以及 K 的自反性，对 $\forall t\in[0,T]$ 存在子列 $\{y_{\alpha,n}(t)\}$ 在 K 中弱收敛到 K 的某个元素。由于 $\{y_{\alpha,n}(t)\}$ 在 H 中强收敛，从而对 $\forall t\in[0,T]$，$y(t)\in K$，且

$$\|y(t)\|_K\leqslant C_2\|x\|_K,\qquad t\in[0,T]$$

令 $h\in H$，则

$$\langle y_\alpha(t),h\rangle=\langle S(t)x,h\rangle+\int_0^t\langle F(J_\alpha(y_\alpha(s)+W_A(s))),S^*(t-s)h\rangle\mathrm{d}s \tag{3.3.16}$$

而且

$$J_\alpha(y_\alpha(s)+W_A(s))\to y(s)+W_A(s),\qquad \text{当 }\alpha\to 0\text{ 时在 }H\text{ 中强收敛}$$

$$F(J_\alpha(y_\alpha(s)+W_A(s)))\to F(y(s)+W_A(s)),\qquad \text{当 }\alpha\to 0\text{ 时在 }H\text{ 中弱收敛}$$

从而在式(3.3.16)中令 $\alpha\to 0$，便得到

$$\langle y(t),h\rangle=\langle S(t)x,h\rangle+\int_0^t\langle S(t-s)F(y_\alpha(s)+W_A(s)),h\rangle\mathrm{d}s$$

由 h 的任意性便不难得到结论。

利用上述类似的论断立即可得存在常数 $c>0$，使得对任意的 $x,y\in K$，有

$$\sup_{t\in[0,T]}|X(t,x)-X(t,y)|_H\leqslant c|x-y|_H$$

由此便可以得出方程(3.3.6)的唯一性，以及 $x\in H$ 时广义解的存在唯一性。

第4章　随机吸引子

本章介绍一般的确定性情形的非自治系统以及一般的随机动力系统，给出吸引子的定义、主要结果以及它的存在性定理。有关随机动力系统的基本框架由 H. Crauel，A. Debussche 以及 F. Flandoli[4,5,33] 等在20世纪90年代建立，并给出了在某些非线性发展方程中的应用。作为应用，4.1节专门考察了一些由随机非线性发展方程所确定的随机动力系统，如 Navier - Stokes 方程[1,34,35]、Burgers 方程[36,37]、随机非线性波动方程[38]、Ginzburg - Landau 方程[39] 等，并讨论其吸引子的存在性等主要结论。

4.1　确定的非自治系统

记(X,d)为可分的度量空间，且$S(t,s):X\to X(-\infty<s\leqslant t<\infty)$为满足如下条件的一族映射：

① 对任意的$s\leqslant r\leqslant t$以及$x\in X$，都使$S(t,r)S(r,s)x=S(t,s)x$成立；

② 对任意的s,t，$S(t,s)$都在X中连续。

特别地，$S(t,s)$是和某一非自治的微分方程相联系的，其中$S(t,s)x$表示系统在s时刻，由状态x出发，在t时刻系统的状态。由于本节的目的是考虑一般动力系统的性质，因此并不关心具体微分方程的形式。

首先给出在动力系统研究中十分重要的几个概念。给定$t\in R$，如果对所有有界集合$B\subset X$，下式都成立，即

$$\mathrm{d}(S(t,s)B,K(t))\to 0,\qquad s\to-\infty \tag{4.1.1}$$

则称$K(t)\subset X$为t时刻的一个吸引集(attracting set)。其中$\mathrm{d}(A,B)$表示X中子集A,B的半距离，定义为

$$\mathrm{d}(A,B)=\sup_{x\in A}\inf_{y\in B}\mathrm{d}(x,y)$$

如果对任意时刻t，动力系统$\{S(t,s)\}_{t\geqslant s}$都存在一个紧的吸引集，则称该动力系统是渐近紧(asymptotic compact)的。

有界集合$B\subset X$在t时刻的ω-极限集(omega - limit set)定义为

$$A(B,t)=\bigcap_{T<t}\overline{\bigcup_{s<T}S(t,s)B}$$

如果在时刻$t\in R$，系统存在一个紧的吸引集$K(t)$，则不难验证$A(B,t)$是包含在$K(t)$中的非空子集，即

$$A(B,t)\subset K(t) \tag{4.1.2}$$

且有如下刻画，即

$$\begin{aligned}A(B,t)=\{x\in X:&\text{存在}\{x_n\}_{n\in\mathbf{N}}\subset B\text{且}\{s_n\}_{n\in\mathbf{N}}\subset R,\\&\text{使得}s_n\to-\infty,\text{且}S(t,s_n)x_n\to x\}\end{aligned} \tag{4.1.3}$$

注 4.1.1　如果在t时刻存在一个紧的吸引集$K(t)$，取$K(\tau)=S(\tau,t)K(t)$，则对任意的$\tau>t$，一定存在一个紧的吸引集$K(\tau)$；当$\tau<t$时不一定成立。下面就随机情形给出判据，以说明可以由$t=0$时刻的性质得到其余时刻的性质。

如果 $S(t,s)=S(t-s,0)$，则系统是自治的。此时 $(S(t,0))_{t\geqslant 0}$ 构成一个半群，且 $A(B,t)$ 不依赖于 t，就是通常的 ω- 极限集。

如果对任意 X 中的有界集 $B\subset X$，都存在 $s(B)$，使得

$$S(t,s)B\subset K(t),\qquad \forall s\leqslant s(B)$$

则称 $K(t)$ 是系统在 t 时刻的吸收集(absorbing set)。显然吸收集总是吸引集。

下面给出一些 ω- 极限集 $A(B,t)$ 的重要性质。

引理 4.1.1　给定 $t\in R$，假设存在 t 时刻的紧吸引集 $K(t)$，那么 ω- 极限集 $A(B,t)$ 吸引从 $-\infty$ 出发的所有有界集合 $B\subset X$：

$$\lim_{s\to-\infty}\mathrm{d}(S(t,s)B,A(B,t))=0$$

证明：反证法。假设存在 $\varepsilon>0$，序列 $s_n\to-\infty$ 以及 $x_n\in B$，使得

$$\mathrm{d}(S(t,s_n)x_n,A(B,t))>\varepsilon,\qquad \forall n>0 \tag{4.1.4}$$

利用吸引集的定义式(4.1.1)可知，存在序列 $y_n\in K(t)$，使得

$$\mathrm{d}(S(t,s_n)x_n,y_n)\to 0 \tag{4.1.5}$$

又由 $K(t)$ 的紧性可知，存在子列 n_k 以及 $y\in K(t)$，使得 $y_{n_k}\to y$，从而 $S(t,s_{n_k})x_{n_k}\to y$。由 $A(B,t)$ 的刻画可知 $y\in A(B,t)$，与式(4.1.4)矛盾，得证。

鉴于上述引理，整体吸引子最自然的定义方式便是取所有有界集合的 ω- 极限集。有关自治系统的情形，读者可以参见 Temam 的有关专著[40]。

定理 4.1.1　给定 $t\in R$，假设存在紧的吸引集 $K(t)$，则集合

$$A(t)\xlongequal{\text{def}}\overline{\bigcup_{B\subset X}A(B,t)}$$

为 $K(t)$ 的非空紧子集，它吸引所有从 $-\infty$ 出发的有界集，即对所有有界的 $B\subset X$，有

$$\lim_{s\to-\infty}\mathrm{d}(S(t,s)B,A(t))=0 \tag{4.1.6}$$

而且，在下述意义下它是极小(minimal)的：如果 $\widetilde{A}(t)$ 为一闭集，它也吸引从 $-\infty$ 出发的所有有界集合 $B\subset X$，那么 $A(t)\subset\widetilde{A}(t)$。进一步，$A(\tau)(\tau>t)$ 也是良定的，并满足如下的不变性质：

$$S(\tau,r)A(r)=A(\tau),\qquad \forall \tau\geqslant r\geqslant t \tag{4.1.7}$$

证明：极小性。首先对所有的有界集合 $B\subset X$，$\widetilde{A}(t)$ 是闭的，并且吸引所有的有界集合。特别的，吸引这里的有界集合 B。又由对 $A(B,t)$ 的刻画式(4.1.3)可知，$A(B,t)\subset\widetilde{A}(t)$ 成立，从而 $A(t)\subset\widetilde{A}(t)$。

不变性。为证式(4.1.7)，仅需证明等式左右的两集合相互包含。给定 $x\in A(r)$，令 $x_n\in X$ 以及有界集合 $B_n\subset X$，使得 $x_n\in A(B_n,r)$ 且 $x_n\to x$，则

$$S(\tau,r)x_n\to S(\tau,r)x,\qquad A(\tau,r)x_n\in A(B_n,\tau)$$

从而 $S(\tau,r)x\in A(\tau)$ 且 $S(\tau,r)A(r)\subset A(\tau)$。

反之，令 $y\in A(\tau)$，$B_n\subset X$，以及 $y_n\in A(B_n,t)$。利用刻画式(4.1.1)可以挑选子列 $x_n^k\in B_n$，以及 $s_k\to-\infty$，使得

$$S(\tau,s_k)x_n^k\to y_n,\qquad \forall k\to\infty$$

不妨设 $s_k\leqslant r$。利用

$$\mathrm{d}(S(r,s_k)x_n^k,K(r))\to 0$$

以及 $K(r)$ 的紧性，容易验证 $S(r,s_k)x_n^k$ 具有收敛的子列 $S(r,s_{k'})x_n^{k'}$：

$$S(r,s_{k'})x_n^{k'} \to x_n \in K(r)$$

从而可知 $x_n \in A(B_n,r)$ 且 $S(\tau,r)x_n \to y_n$。由于 $A(B_n,r) \subset K(r)$，x_n 具有子列 x_{n_k}，使得

$$x_{n_k} \to x \in K(r)$$

从而 $x \in A(r)$，且 $S(\tau,r)x = y$。证毕。

由此定理出发立即可得如下定义。

定义 4.1.1 称 $A(t)$ 为动力系统 $\{S(t,s)\}$ 在 t 时刻的整体吸引子。

事实上，对任意有界集合 $B \subset X$，$A(B,t)$ 满足定理中的不变性。

在自治情形，$A(B,t)$ 以及 $A(t)$ 不依赖于 t。进一步，存在一个有界集 B_0，使得 $A(t) = A(B_0,t)$ 且 $A(t)$ 是最大的紧不变紧集。这里的假设并不蕴含这种结果，特别的，在下面将要考虑的随机情形中，相似的性质成立。

下述定理会经常用到。

定理 4.1.2 设 $\{S(t,s)\}_{t\geqslant s}$ 是渐近紧(asymptotic compactness)的，那么对所有的 $t \in R$，定理 4.1.1 中定义的集合 $A(t)$ 是 $K(t)$ 的非空紧子集，它吸引所有的从 $-\infty$ 出发的有界集，并且是具有此性质的极小的闭子集。在下述意义下它是不变的：

$$S(t,s)A(s) = A(t), \qquad \forall s \geqslant t$$

4.2 随机动力系统

设 (X,d) 为完备的可分度量空间，$(\Omega,\mathscr{F},P)$ 为一概率空间。$S(t,s;\omega):X \to X$ 为一族具有参数 ω 的映射，其中 $-\infty < s \leqslant t < \infty$，且假设它们满足下述性质：

① 对所有的 $s \leqslant r \leqslant t$ 以及任意的 $x \in X$，$S(t,r;\omega)S(r,s;\omega)x = S(t,s;\omega)x$；

② 对所有的 $s \leqslant t$，$S(t,s;\omega)$ 在 X 中连续。

定义 4.2.1 给定 $t \in R$ 以及 $\omega \in \Omega$。如果对任意的有界集合 $B \subset X$，下式成立，即

$$\mathrm{d}(S(t,s;\omega)B,K(t,\omega)) \to 0, \qquad s \to -\infty \tag{4.2.1}$$

则称 $K(t,\omega) \subset X$ 为吸引集；如果存在可测集 $\Omega_0 \subset \Omega$，$P(\Omega_0) = 1$，使得对所有的 $t \in R$ 以及 $\omega \in \Omega_0$，存在紧吸引集 $K(t,\omega)$，则称 $\{S(t,s;\omega)\}_{t\geqslant s;\omega\in\Omega}$ 是渐近紧的。

引理 4.2.1 下述条件等价：

① $\{S(t,s;\omega)\}_{t\geqslant s,\omega\in\Omega}$ 是渐近紧的；

② 对任意的 $t \in R$，存在可测集合 $\Omega_t \subset \Omega$，$P(\Omega_t) = 1$，使得对任意的 $\omega \in \Omega_t$，存在紧吸引集 $K(t,\omega)$。

证明: 仅需证明 ① 蕴含 ②。令 $\Omega_0 = \bigcap_{n\in\mathbf{N}}\Omega_{-n}$，那么由测度论的基本知识可知 $P(\Omega_0) = 1$。对任意的 n 以及 $\omega \in \Omega_0$，存在 $t = -n$ 时刻的紧吸引集 $K(-n,\omega)$。由注 4.1.1 可知，在任意时刻均存在紧的吸收集，这说明 ② 成立。

和非自治系统情形类似，可以对有界集 $B \subset X$ 定义随机 ω- 极限集(random omega-limit set)。

定义 4.2.2 对有界集 $B \subset X$ 定义随机 ω- 极限集

$$A(B,t,\omega) = \bigcap_{T<t}\overline{\bigcup_{s<T} S(t,s;\omega)B} \tag{4.2.2}$$

且称集合

$$A(t,\omega) = \overline{\bigcup_{B\subset X} A(B,t,\omega)} \tag{4.2.3}$$

为随机吸引子(random attractor)。

定理 4.2.1 设随机动力系统$\{S(t,s,\omega)\}_{t\geqslant s,\omega\in\Omega}$是渐近紧的，那么对$P$-a.e.$\omega$.下述结论成立。对任意的$t\in R$，集合$A(t,\omega)$为$K(t,\omega)$的非空紧子集，它吸引所有的从$-\infty$出发的有界集合，并且是具有此性质的最小的集合，而且在下述意义下它是不变的：

$$S(t,s;\omega)A(s,\omega)=A(t,\omega),\qquad \forall s\leqslant t$$

下面考虑吸引子的可测性。如果对所有的$x\in X$，函数$\omega\mapsto \mathrm{d}(A(\omega),x)$是可测的，则称$X$的一族闭子集$A(\omega)$，$\omega\in\Omega$是可测的。引入下述条件：

③ 对任意的$t\in R$，$x\in X$，映射$(s,\omega)\mapsto S(t,s;\omega)x$以及$((-\infty,t]\times\Omega,\mathcal{B}((-\infty,t])\otimes\mathscr{F})\rightarrow(X,\mathcal{B}(X))$是可测的。

命题 4.2.1 设$\{S(t,s;\omega)\}_{t\geqslant s,\omega\in\Omega}$满足条件①，②，③，并且是渐近紧的，那么对任意的$t\in R$以及所有的有界集$B\subset X$，集合$A(B,t,\omega)$和集合$A(t,\omega)$关于$\mathscr{F}$的$P$-完备化可测。

证明：由于$A(t,\omega)$是形如$A(B,t,\omega)$的集合的可数并，从而仅需证明一般的有界集$B\subset X$的ω-极限集$A(B,t,\omega)$的可测性。又由于$A(B,t,\omega)$是具有形式$\overline{\bigcup_{s<T}S(t,s;\omega)B}$的可数交，从而仅需证明后者的可测性。

对任意的$x\in X$，有

$$\mathrm{d}(x,\overline{\bigcup_{s<T}S(t,s;\omega)B})=\mathrm{d}(x,\bigcup_{s<T}S(t,s;\omega)B)=\inf_{s<T}\mathrm{d}(x,S(t,s;\omega)B)\qquad(4.2.4)$$

函数$(s,\omega)\mapsto \mathrm{d}(x,S(t,s;\omega)B)$是可测的，利用$X$的可分性以及假设②，仅需说明$(s,\omega)\mapsto \mathrm{d}(x,S(t,s;\omega)y)(y\in X)$的可测性。注意到对任意的$\alpha\in R$，

$$\{\omega:\inf_{s<T}\mathrm{d}(x,S(t,s;\omega)B)<\alpha\}=$$
$$\Pi_\Omega\{(s,\omega)\in(-\infty,T)\times\Omega:\mathrm{d}(x,S(t,s;\omega)B)<\alpha\}$$

其中，Π_Ω是$R\times\Omega$到Ω的标准投影。利用参考文献[41]中的定理 23 可知，集合$\{\omega\in\Omega:\inf_{s<T}\mathrm{d}(x,S(t,s;\omega)B)<\alpha\}$关于$\mathscr{F}$的$P$-完备化是可测的，得证。

接下来考虑概率空间$(\Omega,\mathscr{F},P)$上具有平移的情形，即存在$(\Omega,\mathscr{F},P)$上保测度的变换群θ_t，$t\in R$，使得对所有的$s<t$以及$x\in X$，有

$$S(t,s;\omega)x=S(t-s,0;\theta_s\omega)x,\qquad P\text{-a.s.}\qquad(4.2.5)$$

考虑这样的情形是有实际意义的，因为通常在白噪声驱动的随机发展方程中，Ω是双边的 Wiener 空间$C_0(R,Y)$，即取值于 Banach 空间Y的连续函数空间，并且当$t=0$时取值为 0。在这种情况下，θ_t定义为

$$(\theta_t\omega)(s)=\omega(t+s)-\omega(t),\qquad s,t\in R\qquad(4.2.6)$$

现假设具有上述性质的式(4.2.5)的群θ_t存在。下述命题表明为了证明任意时刻吸收集的存在性，仅需证明在$t=0$时吸收集的存在性。为此假设

④ 对任意的$s<t$，$x\in X$，$\omega\mapsto S(t,s;\omega)x$作为从$(\Omega,\mathscr{F})$到$(X,\mathcal{B}(X))$的映射是可测的。

⑤ 对任意的t，$x\in X$以及P-a.e.ω，映射$s\mapsto S(t,s;\omega)x$是右连续的。

命题 4.2.2 假设①，②，④，⑤以及式(4.2.5)成立，并假设对P-a.e.ω，在$t=0$时刻存在紧的吸引集$K(\omega)$，i.e.，对所有的有界集$B\subset X$，有

$$\mathrm{d}(S(0,s;\omega)B,K(\omega))\rightarrow 0,\qquad s\rightarrow-\infty$$

则随机动力系统$\{S(t,s;\omega)\}_{t\geqslant s,\omega\in\Omega}$是渐近紧的。

证明：利用引理 4.2.1，仅需对固定的$t\in R$证明P-a.s 存在紧的吸引集$K(t,\omega)$。令$\{x_n\}$

在 X 中稠，s_k 在 $(-\infty,t)$ 中稠。由假设(4.2.5)可知，存在 $\Omega_0\subset\Omega,P(\Omega_0)=1$，使得对任意的 $\omega\in\Omega_0,n,k\in\mathbb{N}$，有

$$S(t,s_k;\omega)x_n=S(t-s_k,0;\theta_{s_k}\omega)x_n=S(0,-t+s_k;\theta_t\omega)x_n$$

由命题的条件可知，存在 Ω_1 满足 $P(\Omega_1)=1$，且对任意的 $\omega\in\Omega_1$，在 $t=0$ 时存在紧吸引集 $K(\omega)$。令 $\Omega_2=\Omega_0\cap\theta_{-t}\Omega_1$，则 $P(\Omega_2)=1$，且对所有的 $\omega\in\Omega_2$ 都有 $\theta_t\omega\in\Omega_1$，从而 $K(\theta_t\omega)$ 是良定的。

固定 $B\subset X$，令 $\omega\in\Omega_2$。利用 ②，⑤ 可知

$$\mathrm{d}(S(t,s;\omega)B,K(\theta_t\omega))=\sup_{x_n\in B}\lim_{s_k\to s}\mathrm{d}(S(t,s_k;\omega)x_n,K(\theta_t\omega))$$

同理，有

$$\mathrm{d}(S(0,-t+s;\theta_t\omega)B,K(\theta_t\omega))=\sup_{x_n\in B}\lim_{s_k\to s}\mathrm{d}(S(0,-t+s_k;\theta_t\omega)x_n,K(\theta_t\omega))$$

$$\mathrm{d}(S(t,s,\omega)B,K(\theta_t\omega))=\mathrm{d}(S(0,-t+s;\theta_t\omega)B,K(\theta_t\omega))$$

由此可知

$$\mathrm{d}(S(t,s;\omega)B,K(\theta_t\omega))\to 0,\qquad s\to-\infty$$

由紧吸引集的定义便知命题成立。

此命题给出了动力系统渐近紧的一个充分条件，然而实际应用中需要验证条件 ⑤ 成立。为此，这里不加证明地给出下述引理，它对 ⑤ 的验证是有用的。

引理 4.2.2 如果如下条件 ⑥a，⑥b 成立，则条件 ⑤ 成立。

⑥a 对任意的 $s,x\in X$ 以及 P-a.e. ω，映射 $t\mapsto S(t,s;\omega)x$ 在时刻 $t=s$ 是连续的；

⑥b 对任意的 $s<t$ 以及 P-a.e. ω，映射 $x\mapsto S(t,s;\omega)x$ 在 X 中连续，且关于 s 在有界集上是一致的。

注 4.2.1 条件 ⑤ 能够被更弱的条件所替代，但在实际应用中用处往往不是很大，一个替代条件是

⑦ 对任意的 t 以及 $x\in X$，存在 $(-\infty,t)$ 的稠子集 $D(t,x)\subset(-\infty,t)$，使得对 P-a.e. ω 以及 $s<t$，总存在序列 $D(t,x)\ni s_n\to s$，并且 $S(t,x_n;\omega)x\to S(t,s;\omega)x$。

明显有 ⑤ 蕴含着 ⑦。另一个蕴含 ⑦ 的条件是：

⑧ 假设映射 $t\mapsto S(t,s;\omega)x$ 关于有界集合上的 s 一致地在 $t=s$ 上连续。

下面对 $D(t,x)=(-\infty,t)\cap Q$ 证明 ⑦。令 $s_0<t,x\in X$ 给定，并设 $s_n\uparrow s_0$，则

$$S(t,s;\omega)x-S(t,s_n;\omega)x=S(t,s_0;\omega)x-S(t,s_0;\omega)(S(s_0,s;\omega)x)$$

另一方面，利用假设可知对任意的 $\varepsilon>0$，存在 $\delta>0$，使得对任意的 $r<\delta$，

$$\mathrm{d}(S(\delta,t;\omega)x,x)<\varepsilon$$

这意味着当 $n\to\infty$ 时，$\mathrm{d}(s_0,s_n;\omega)x\to x$，故 ⑦ 成立。

如果命题 4.2.2 的假设条件成立，那么对几乎所有的 $\omega\in\Omega$，随机吸引子是良定的。它是 X 的非空紧子集，且关于 ω 可测。记 $A(\omega)=A(0,\omega)$，则不变性为

$$S(t,s;\omega)A(\theta_s\omega)=A(\theta_t\omega)\tag{4.2.7}$$

命题 4.2.3 设命题 4.2.2 的假设条件成立，且平移 $\theta_t(t\in R)$ 是遍历的(ergodic)，那么存在不依赖于 ω 的有界集 $B\subset X$，使得 $A(\omega)$ 是 B 在 $t=0$ 时刻的 ω- 极限集，且 $A(\omega)$ 是满足下述性质的最大的紧的可测集：如果 $\{\widetilde{A}(\omega)\}_{\omega\in\Omega}$ 为一族可测的紧子集使得对任意的 ω，有

$$S(t,s;\omega)\widetilde{A}(\theta_s\omega)=\widetilde{A}(\theta_t\omega)$$

则对所有的 ω 都有 $\widetilde{A}(\omega)\subset A(\omega)$。

证明：当 $A(\omega)$ 有定义时，令

$$R(\omega)=\inf\{r\in R:A(\omega)\subset B(0,r)\} \tag{4.2.8}$$

其中，$B(0,r)$ 为以 0 为心、r 为半径的球。否则，令 $R(\omega)=0$，函数 $R(\omega)$ 显然是可测的，且由 θ_t 的遍历性可知，对几乎所有的 ω，存在序列 $t_n\to\infty$，使得

$$R(\theta_{-t_n}\omega)\leqslant R_0+1$$

其中，$R_0=\operatorname{ess}\sup\limits_{\omega\in\Omega}\{R(\omega)\}$。考虑 $x\in A(\omega)$，由不变性式(4.2.7)可知，对任意的 $n\in\mathbb{N}$，存在 $x_n\in A(\theta_{-t_n}\omega)$，使得

$$S(0,-t_n;\omega)x_n=x$$

由 $A(\theta_{-t_n})\subset B(0,R_0+1)$ 以及式(4.1.3)可知，$x\in A(B(0,R_0+1),0,\omega)$，即 $A(\omega)\subset A(B(0,R_0+1),0,\omega)$。另一包含关系是显然的，从而第一部分结论成立。

考虑具有不变性质的紧集族 $\{\widetilde{A}(\omega)\}_{\omega\in\Omega}$。由类似的论断可知，存在有界集 B，使得对几乎所有的 ω，$\widetilde{A}(\omega)\subset A(B,0,\omega)$ 成立。由包含关系 $A(B,0,\omega)\subset A(\omega)$ 便知结论成立。

从上述讨论不难得到如下定理。

定理 4.2.2　设随机动力系统 $\{S(t,s;\omega)\}_{t\geqslant s,\omega\in\Omega}$ 满足条件 ①，②，④，⑤，存在满足式(4.2.5)的保测变换群 $(\theta_t)_{t\in R}$，并且对 P-a.e. ω，在 $t=0$ 时刻存在紧吸引集 $K(\omega)$。令

$$A(\omega)=\overline{\bigcup_{B\subset X}A(B,\omega)}$$

其中求并运算取遍所有的 X 的有界集合 $B\subset X$，以及

$$A(B,\omega)=\bigcap_{T<0}\overline{\bigcup_{s<T}S(0,s;\omega)B}$$

那么下述结论对 P-a.e. $\omega\in\Omega$ 成立：

① $A(\omega)$ 为 X 的非空紧集；如果 X 还是连通的，那么它还是 $K(\omega)$ 的连通子集。

② 集族 $\{A(\omega)\}_{\omega\in\Omega}$ 可测。

③ $A(\omega)$ 在下述意义下是不变的，即

$$S(t,s;\omega)A(\theta_s\omega)=A(\theta_t\omega),\qquad s\leqslant t$$

④ 它是下述性质成立的极小闭集：对任意的 $t\in R$ 以及有界集 $B\subset X$，下式成立，即

$$\mathrm{d}(S(t,s;\omega),A(\theta_t\omega))\to 0,\qquad s\to-\infty$$

⑤ 对任意有界集 $B\subset X$，当 $s\to\infty$ 时，$\mathrm{d}(S(t,s;\omega),A(\theta_t\omega))$ 依概率收敛到 0。

进一步，如果 $\theta_t(t\in R)$ 是遍历的，那么

⑥ 存在有界集 $B\subset X$，使得 $A(\omega)=A(B,\omega)$。

⑦ $A(\omega)$ 在 ③ 的意义下是极大的不变紧可测集。

吸引子 $A(\omega)$ 的紧性在参考文献[5]中证明；利用 θ_t 是保测的，⑤ 是显然的；其余部分均在前述讨论中证明。

4.3　在随机发展方程中的应用

本节应用上述理论讨论几类常见的方程，其中包括在可加噪声驱动下的随机 Navier - Stokes 方程、白噪声驱动的随机 Burgers 方程以及随机非线性波动方程。无论在理论上还是在应用上，这些方程都是非常重要的，它们描述了物理中很常见的一类现象。

4.3.1 具有可加噪声的 Navier - Stokes 方程

令 D 为 R^2 的一有界区域，其边界记为 ∂D。考虑 D 内具有随机扰动的二维不可压缩流体运动的 Navier - Stokes 方程

$$\left.\begin{aligned}&\mathrm{d}u+(-\nu\Delta u+(u\cdot\nabla)u+\nabla p)\mathrm{d}t=F\mathrm{d}t+\sum_{j=1}^{m}\phi_j\mathrm{d}W_j(t)\\&\mathrm{div}\ u=0\end{aligned}\right\}\tag{4.3.1}$$

其中，速度场 $u=(u_1,u_2)$，压力 p 是未知量，ν 为粘性系数，且假设流体的密度为常数。其边界条件给定为

$$u|_{\partial D}=0\tag{4.3.2}$$

函数 $\phi_j, j=1,2,\cdots,m$ 不依赖于时间，其具体要求将在下面给出。随机项 $W_j, j=1,2,\cdots,m$ 是概率空间$(\Omega,\mathscr{F},P)$ 上不依赖于时间的双边实值的 Wiener 过程。更确切地说，$\Omega=\{\omega\in C(R,R^m)\mid\omega(0)=0\}$，$P$ 为在 Ω 的负和正的时间部分上的 Wiener 测度的乘积测度，则

$$(\omega_1(t,\omega),\omega_2(t,\omega),\cdots,\omega_m(t,\omega))=\omega(t),\qquad t\in R$$

定义 Ω 上的时间平移算子

$$\theta_s\omega(t)=\omega(t+s)-\omega(s),\qquad t,s\in R$$

它们构成一族遍历的变换。引入 Hilbert 空间

$$H=\{u\in(L^2(D))^2\mid\mathrm{div}\ u=0,u\cdot n|_{\partial D}=0\}$$

其范数和内积分别记为 $|\cdot|$ 和$(\cdot,\cdot)$。记

$$V=(H_0^1(D))^2\cap H$$

其范数定义为

$$\|u\|^2=\sum_{i,j=1,2}\left|\frac{\partial u_i}{\partial x_j}\right|^2_{L^2(D)}$$

记 $\mathscr{P}$ 为从$(L^2(D))^2$ 到 H 的正交投影算子，并定义 H 上的无界线性算子：

$$A=-\mathscr{P}\Delta$$

其定义域为

$$D(A)=(H^2(D))^2\cap V$$

定义线性函数

$$b(u,v,w)=\int_D(u\cdot\nabla)v\cdot w$$

其中，u,v,w 使得积分有意义。

上述方程可以改写为 H 中的随机微分方程

$$\mathrm{d}u+[\nu Au+b(u,u)]\mathrm{d}t=F\mathrm{d}t+\sum_{j=1}^{m}\Phi_j\mathrm{d}W_j\tag{4.3.3}$$

其中，$\Phi_j=\mathscr{P}\phi_j, j=1,2,\cdots,m$，其初值为 $u(0)=u_0$。假设对 $j=1,2,\cdots,m$，$\Phi_j\in D(A)$，且存在常数 c_1 使得

$$|(b(u,\Phi_j),u)|\leqslant c_1|u|^2,\qquad\forall u\in H\tag{4.3.4}$$

关于此方程解的存在唯一性，读者可以参阅参考文献[1,34,35,42,43,44]，这里仅考虑随机吸引子。

利用变换

$$u-\sum_{j=1}^{m}\Phi_j W_j \tag{4.3.5}$$

读者不难证明解的存在性，然而这样的变化却不利于吸引子的存在性证明，其原因将在下面的论述中阐明。为了考虑吸引子的存在性，引入下述变换

$$v=u-z$$

其中，z 为 Ornstein - Uhlenbeck 过程

$$z=\sum_{j=1}^{m}\Phi_j z_j$$

且

$$z_j=\int_{-\infty}^{t}\mathrm{e}^{-\alpha(t-s)}\,\mathrm{d}W_j(s)$$

由定义可知，z 是平稳过程且具有 P-a.s. 连续的样本轨道。

由此 v 满足具有随机参数的微分方程

$$\frac{\mathrm{d}v}{\mathrm{d}t}+\nu Av+b(v+z,v+z)=F+\alpha z-\nu Az \tag{4.3.6}$$

利用 Garlerkin 方法，不难对任意的 $\omega\in\Omega$ 证明：如果 $v_s\in H$ a.s.，则式(4.3.6) 在区间 $[s,\infty)$ 上存在唯一解 $v(t,\omega)$，使得

$$v(s,\omega)=v_s(\omega),\qquad P\text{-a.s.} \tag{4.3.7}$$

由此可定义随机动力系统 $\{S(t,s;\omega)\}_{t\geqslant s}$：

$$S(t,s;\omega)u_s=v(t,\omega)+z(t,\omega)$$

其中，v 是式(4.3.6)、式(4.3.7) 的解，且 $v_s=u_s-z(s,\omega)$。不难验证此动力系统满足 4.2 节引理 4.2.2 中的条件 ① ～ ④，且上述定义的 θ_t 满足条件式(4.2.5)。

下面证明 $t=0$ 时刻紧吸引集 $K(\omega)$ 的存在性。考虑 H 中的有界集 B，对任意的 $s\in R$，$u\in B$，令 v 为方程(4.3.6)、方程(4.3.7) 的解，且 $v_s=u_s-z(s,\omega)$。对 $\omega\in\Omega$，将方程和 v 在 H 中作内积可得

$$\frac{1}{2}\frac{\mathrm{d}}{\mathrm{d}t}|v|^2+\nu\|v\|^2-(b(v+z,v+z),v)=(F,v)+\alpha(z,v)-\nu((z,v)) \tag{4.3.8}$$

利用式(4.3.4) 以及$(b(\tilde{u},\tilde{v}),\tilde{v})=0$ 不难得到

$$\begin{aligned}|(b(v+z,v+z),v)|=&|(b(v+z,z),v+z)|\leqslant\\&\Big|\sum_{j=1}^{m}z_j(b(v+z,\Phi_j),v+z)\Big|\leqslant\\&c_1\Big(\sum_{j=1}^{m}|z_j|\Big)|v+z|^2\leqslant\\&2c_1\Big(\sum_{j=1}^{m}|z_j|\Big)(|v|^2+|z|^2)\end{aligned}$$

令 λ_1 为算子 A 的第一特征值，且记

$$g=2c_1\Big(\sum_{j=1}^{m}|z_j|\Big)|z|^2+\frac{2}{\nu\lambda_1}|F|^2+\frac{2\alpha^2}{\nu\lambda_1}|z|^2+\frac{\nu}{2}\|z\|^2$$

从而有

$$\frac{1}{2}\frac{\mathrm{d}}{\mathrm{d}t}|v|^2+\nu\|v\|^2\leqslant 2c_1(\sum_{j=1}^{m}|z_j|)|v|^2+\frac{1}{4}\lambda_1|v|^2+\frac{1}{2}\nu\|v\|^2+g$$

由 λ_1 为算子 A 的第一特征值可知，对任意的 $v\in V$，有 $\|v\|^2\geqslant\lambda_1|v|^2$，由此可以推出

$$\frac{\mathrm{d}}{\mathrm{d}t}|v|^2+\frac{\nu}{4}\|v\|^2+\left(\frac{\nu\lambda_1}{4}-2c_1\sum_{j=1}^{m}|z_j|\right)|v|^2\leqslant 2g \tag{4.3.9}$$

由 Gronwall 不等式，对 $s\leqslant -1$，以及 $t\in[-1,0]$，有

$$\begin{aligned}|v(t)|^2\leqslant\ &|v(s)|^2\exp\left[-\int_s^t\frac{\nu\lambda_1}{4}-2c_1\sum_{j=1}^{m}|z_j(\sigma)|\mathrm{d}\sigma\right]+\\&2\int_s^t g(\sigma)\exp\left[-\int_\sigma^t\frac{\nu\lambda_1}{4}-2c_1\sum_{j=1}^{m}|z_j(\tau)|\mathrm{d}\tau\right]\mathrm{d}\sigma\leqslant\\&c_2|v(s)|^2\exp\left[s\left(\frac{\nu\lambda_1}{4}+\frac{2c_1}{s}\int_s^0\sum_{j=1}^{m}|z_j(\sigma)|\mathrm{d}\sigma\right)\right]+\\&2c_2\int_s^0 g(\sigma)\exp\left[-\int_\sigma^0\frac{\nu\lambda_1}{4}-2c_1\sum_{j=1}^{m}|z_j(\tau)|\mathrm{d}\tau\right]\mathrm{d}\sigma\end{aligned}$$

其中，$c_2=\exp\left(\frac{\nu\lambda_1}{4}\right)$。

利用过程 $\sum_{j=1}^{m}|z_j|$ 的平稳遍历性以及遍历定理可知，当 $s\to-\infty$ 时，有

$$-\frac{1}{s}\int_s^0\sum_{j=1}^{m}|z_j(\sigma)|\mathrm{d}\sigma\to\mathrm{E}(\sum_{j=1}^{m}|z_j(0)|) \tag{4.3.10}$$

从而存在 $s_0(\omega)$，使得对任意的 $s<s_0(\omega)$，有

$$-\frac{1}{s}\int_s^0\sum_{j=1}^{m}|z_j(\sigma)|\mathrm{d}\sigma\leqslant 2\mathrm{E}(\sum_{j=1}^{m}|z_j(0)|) \tag{4.3.11}$$

且

$$\exp\left[s\left(\frac{\nu\lambda_1}{4}+\frac{2c_1}{s}\int_s^0\sum_{j=1}^{m}|z_j(\sigma)|\mathrm{d}\sigma\right)\right]\leqslant\exp\left[s\left(\frac{\nu\lambda_1}{4}+4c_1\mathrm{E}(\sum_{j=1}^{m}|z_j(0)|)\right)\right] \tag{4.3.12}$$

下面说明为何变换式(4.3.5)不方便吸引子存在性的证明。事实上利用式(4.3.5)可知，式(4.3.12)的右端将包含这样的项

$$\exp\left[s\frac{\nu\lambda_1}{4}+2c_1\int_s^0\sum_{j=1}^{m}|W_j(\sigma)|\mathrm{d}\sigma\right]$$

当 $s\to-\infty$ 时，此项得不到很好的控制。反之，注意到

$$\mathrm{E}(\sum_{j=1}^{m}|z_j(0)|)\leqslant\sum_{j=1}^{m}\mathrm{E}(|z_j(0)|^2)^{1/2}=\frac{m}{\sqrt{2\alpha}}$$

取 α 充分大，可使得

$$\mathrm{E}(\sum_{j=1}^{m}|z_j(0)|)\leqslant\frac{\nu\lambda_1}{32c_1} \tag{4.3.13}$$

从而当 $s\to-\infty$ 时，式(4.3.12)的右端第一项衰减为 0。

另一方面，由表达式

$$z_j(t)=z_j(0)-\alpha\int_t^0 z_j(s)\mathrm{d}s+W_j(t)$$

可知 $|z_j(t)|/t$ 在 $-\infty$ 是有界的。由此以及 $g(t)$ 最多多项式增长可知第二项是有界的。由于积分项中 $g(t)$ 是乘以一个指数衰减的函数，故由式(4.3.10)以及式(4.3.13)可知积分收敛，从而对 $s<s_0(\omega)$ 以及 $t\in[-1,0]$，有

$$\begin{aligned}|v(t)|^2\leqslant{}& c_2|v(s)|^2\exp\left(s\frac{\nu\lambda_1}{8}\right)+\\&2c_2\int_{-\infty}^0 g(\sigma)\exp\left[\sigma\left(\frac{\nu\lambda_1}{4}+\frac{2c_1}{\sigma}\int_\sigma^0\sum_{j=1}^m|z_j(\tau)|\mathrm{d}\tau\right)\right]\mathrm{d}\sigma\leqslant\\&c_2|u_s|^2\exp\left(s\frac{\nu\lambda_1}{8}\right)+c_2|z(s)|^2\exp\left(s\frac{\nu\lambda_1}{8}\right)+\\&2c_2\int_{-\infty}^0 g(\sigma)\exp\left[\sigma\left(\frac{\nu\lambda_1}{4}+\frac{2c_1}{\sigma}\int_\sigma^0\sum_{j=1}^m|z_j(\tau)|\mathrm{d}\tau\right)\right]\mathrm{d}\sigma\end{aligned}$$

从而存在仅依赖于 B 和 ω 的 $s_1(\omega,B)$，使得当 $s<s_1(\omega,B)$，$t\in[-1,0]$ 时，有

$$\begin{aligned}|v(t)|^2\leqslant r_0(\omega)\overset{\text{def}}{=\!=\!=}{}&2c_2\int_{-\infty}^0 g(\sigma)\exp\left[\sigma\left(\frac{\nu\lambda_1}{4}+\frac{2c_1}{\sigma}\int_\sigma^0\sum_{j=1}^m|z_j(\tau)|\mathrm{d}\tau\right)\right]\mathrm{d}\sigma+\\&2c_2\sup_{s\in(-\infty,-1]}\left[|z(s)|^2\exp\left(s\frac{\nu\lambda_1}{8}\right)\right]+1\end{aligned}\tag{4.3.14}$$

在 $[-1,0]$ 上积分式(4.3.9)可得

$$\int_{-1}^0\|v(s)\|^2\leqslant r_1(\omega)\overset{\text{def}}{=\!=\!=}\frac{8c_1}{\nu}\left(\int_{-1}^0\sum_{j=1}^m|z_j(\sigma)|\mathrm{d}\sigma\right)r_0(\omega)+\frac{8}{\nu}\int_{-1}^0 g(\sigma)\mathrm{d}\sigma\tag{4.3.15}$$

为了得到在 V 中的估计，可将方程(4.3.6)和 v 在 V 中作内积，即

$$\begin{aligned}\frac{1}{2}\frac{\mathrm{d}}{\mathrm{d}t}\|v\|^2+\nu|Av|^2={}&((F,v))+\alpha((z,v))-\\&\nu(Az,Av)-(b(v+z,v+z),Av)\end{aligned}\tag{4.3.16}$$

由于存在 c_3，使得对任意的 $u\in D(A)$，有

$$|b(u,u)|\leqslant c_3|u|^{\frac{1}{2}}|Au|^{\frac{1}{2}}\|u\|$$

可知

$$\frac{\mathrm{d}}{\mathrm{d}t}\|v\|^2\leqslant G(t)+H(t)\|v\|^2$$

其中

$$\begin{aligned}G={}&\frac{4}{\nu}|F|^2+\frac{4\alpha^2}{\nu}|z|^2+4\nu|Az|^2+\frac{4}{\nu}c_3^2|v+z||Az|\|v+z\|^2+\\&\frac{32}{\nu^3}c_3^4|v+z|^2\|z\|^4\end{aligned}$$

$$H=\frac{32}{\nu^3}c_3^4|v+z|^2\|v\|^2$$

由此对任意的 $t\in[-1,0]$，有

$$\begin{aligned}\|v(0)\|^2\leqslant{}&\|v(s)\|^2\mathrm{e}^{\int_t^0 H(\sigma)\mathrm{d}\sigma}+\int_t^0 G(\sigma)\mathrm{e}^{\int_\sigma^0 H(\tau)\mathrm{d}\tau}\mathrm{d}\sigma\leqslant\\&\left(\|v(s)\|^2+\int_{-1}^0 G(\sigma)\mathrm{d}\sigma\right)\mathrm{e}^{\int_{-1}^0 H(\sigma)\mathrm{d}\sigma}\end{aligned}$$

对此式关于 s 在$[-1,0]$ 积分可得

$$\| v(0) \|^2 \leqslant \left(\int_{-1}^{0} \| v(s) \|^2 \mathrm{d}s + \int_{-1}^{0} G(\sigma)\mathrm{d}\sigma\right) \mathrm{e}^{\int_{-1}^{0} H(\sigma)\mathrm{d}\sigma}$$

由式(4.3.14) 和式(4.3.15) 可知，存在 $r_3(\omega)$ 使得当 $s < s_1(\omega,B)$ 时，有

$$\| v(0) \|^2 \leqslant r_3(\omega)$$

若记 $K(\omega)$ 为 V 中心为 0、半径为 $r_3(\omega)^{\frac{1}{2}} + \| z(0,\omega) \|$ 的球，则对任意有界的 $B \subset H$，存在 $s_1(\omega,B)$，使得对 $s < s_1(\omega,B)$，有

$$S(0,s;\omega)B \subset K(\omega), \qquad P\text{-a. s.}$$

即 $K(\omega)$ 在 $t=0$ 时刻是吸引的，又由于它在 H 中的紧性，由定理4.2.2便可以完成吸引子的存在性证明。

这里的结论可以推广为参考文献[34] 中考虑的无穷维噪声的情形。在那里，随机项 $\sum_{j=1}^{m} \Phi_j W_j$ 被替换为

$$\sum_{j=1}^{\infty} \sigma_j \beta_j e_j$$

其中，e_j 为算子 A 的特征值λ_j 对应的特征向量，$\{\beta_j\}_{j\in\mathbf{N}}$ 为一列独立的 Brown 运动，而系数 σ_j 严格大于 0，且存在 $\gamma > 0$ 使得

$$\sum_{j=1}^{\infty} \frac{\sigma_j^2}{\lambda_j^{1/2-\gamma}} < \infty$$

4.3.2 白噪声驱动的 Burgers 方程

时空白噪声驱动的 Burgers 方程是描述湍流现象的一个简单模型，它具有形式

$$\mathrm{d}u + \left(-\frac{\partial^2 u}{\partial x^2} + \frac{1}{2}\frac{\partial}{\partial x}u^2\right)\mathrm{d}t = \mathrm{d}W \tag{4.3.17}$$

其中，未知元是实值函数 $u(x,t,\omega)$，$x \in (0,1)$，$t > 0$，$\omega \in \Omega$，其边界条件给定为

$$u(0,t,\omega) = u(1,t,\omega) = 0, \qquad t > 0, \qquad \omega \in \Omega, \qquad P\text{-a. e.} \tag{4.3.18}$$

这里 W 是 $L^2(0,1)$ 上的柱状(cylindrical) Wiener 过程，即

$$W(t,x) = \sum_{k=1}^{\infty} w_k e_k$$

其中，w_k，$k \in \mathbb{N}$ 为标准的 Brown 运动，$\{e_k\}_{k\in\mathbf{N}}$ 为 $L^2(0,1)$ 上的标准正交基。和前面类似，$\Omega = \{\omega \in C(R,l^2) \mid \omega(0) = 0\}$，$P$ 为在 Ω 的负和正的时间部分上的 Wiener 测度的乘积测度，则

$$(\omega_1(t,\omega), \omega_2(t,\omega), \cdots, \omega_m(t,\omega)) = \omega(t), \qquad t \in R$$

其上遍历的时间平移$(\theta_t)_{t\in R}$ 定义为

$$\theta_s\omega(t) = \omega(t+s) - \omega(s)$$

无界线性算子 A 及其定义域分别定义为

$$Au = -\frac{\partial^2 u}{\partial x^2}, \qquad D(A) = H^2(0,1) \cap H_0^1(0,1)$$

则方程(4.3.17) ～ 方程(4.3.18) 可以写为

$$\mathrm{d}u+\left(Au+\frac{1}{2}\frac{\partial}{\partial x}u^2\right)=\mathrm{d}W \tag{4.3.19}$$

利用与参考文献[36]中一样的方法可以证明：对任意的 $u_s\in L^2(0,1)$，存在$[s,\infty)$上唯一的解，使得

$$u(s,\omega)=u_s,\qquad P\text{-a. e.} \tag{4.3.20}$$

将此解形成的随机动力系统记为

$$S(t,s;\omega)u_s=u(t,\omega)$$

则不难验证条件 ① ～ ④ 成立。为了证明动力系统$\{S(t,s;\omega)\}_{t\geqslant s,\omega\in\Omega}$是渐近紧的，引入 Ornstein－Uhlenbeck 过程

$$z(t)=\int_{-\infty}^{t}\mathrm{e}^{-(A+\alpha)(t-s)}\,\mathrm{d}W(s)$$

易知 z 是平稳过程，其轨道是 P-a. s. 连续的，参见 Da Prato 与 Zabczyk 的著作[6]。

记 B 为 $L^2(0,1)$ 中的有界集。对 $s<0$ 以及 $u_s\in B$，定义

$$v(t)=u(t)-z(t),\qquad t\geqslant s$$

其中，u 是方程(4.3.19) ～ 方程(4.3.20) 的解，则 v 满足方程

$$\frac{\mathrm{d}v}{\mathrm{d}t}+Av+\frac{1}{2}\frac{\partial}{\partial x^2}(v+z)^2=\alpha z \tag{4.3.21}$$

将方程(4.3.21) 和 v 在 $L^2(0,1)$ 作内积，利用两次分部积分可得

$$\frac{1}{2}\frac{\mathrm{d}}{\mathrm{d}t}|v|^2+\|v\|^2=\alpha\int_0^1 zv\,\mathrm{d}x+\frac{1}{2}\int_0^1(v+z)^2\frac{\partial v}{\partial x}\mathrm{d}x \tag{4.3.22}$$

记 $|\cdot|$ 和 $\|\cdot\|$ 分别为 $L^2(0,1)$ 和 $H_0^1(0,1)$ 的范数。利用式(4.3.18) 可得

$$\int_0^1(v+z)^2\frac{\partial v}{\partial x}\mathrm{d}x=2\int_0^1 zv\frac{\partial v}{\partial x}\mathrm{d}x+\int_0^1 z^2\frac{\partial v}{\partial x}\mathrm{d}x$$

从而

$$\left|\frac{1}{2}\int_0^1(v+z)^2\frac{\partial v}{\partial x}\mathrm{d}x\right|\leqslant|z|_{L^4(0,1)}|v|_{L^4(0,1)}\|v\|+\frac{1}{2}|z|_{L^4(0,1)}^2\|v\|$$

利用 Sobolev 嵌入定理 $H^{\frac{1}{4}}(0,1)\hookrightarrow L^4(0,1)$ 和插值定理可知，存在常数 c_3 使得

$$|v|_{L^4(0,1)}\leqslant c_3|v|^{\frac{3}{4}}\|v\|^{\frac{1}{4}}$$

故

$$\left|\int_0^1(v+z)^2\frac{\partial v}{\partial x}\mathrm{d}x\right|\leqslant c_3|z|_{L^4(0,1)}|v|^{\frac{3}{4}}\|v\|^{\frac{5}{4}}+\frac{1}{2}|z|_{L^4(0,1)}^2\|v\|\leqslant$$

$$c_4|z|_{L^4(0,1)}^{\frac{8}{3}}|v|^2+\frac{1}{2}|z|_{L^4(0,1)}^2+\frac{1}{4}\|v\|^2 \tag{4.3.23}$$

其中，c_4 依赖于 c_3。又

$$\alpha\int_0^1 zv\,\mathrm{d}x\leqslant\alpha|z||v|\leqslant\frac{\alpha^2}{\lambda_1}|z|^2+\frac{\lambda_1}{4}|v|^2 \tag{4.3.24}$$

其中，λ_1 为 A 的第一特征值，使得

$$\lambda_1|v|^2\leqslant\|v\|^2,\qquad\forall v\in H_0^1(0,1) \tag{4.3.25}$$

利用式(4.3.22) ～ 式(4.3.25) 可得

$$\frac{\mathrm{d}}{\mathrm{d}t}|v|^2+\frac{1}{2}\|v\|^2+\frac{\lambda_1}{2}|v|^2\leqslant 2c_4|z|_{L^4(0,1)}^{\frac{8}{3}}|v|^2+g(t)$$

其中，$g(t)=|z|^2_{L^4(0,1)}+\dfrac{2\alpha^2}{\lambda_1}|z|^2$，从而对 $t\geqslant s$，有

$$|v(t)|^2\leqslant|v(s)|^2\exp\left[-\frac{\lambda_1}{2}(t-s)+2c_4\int_s^t|z(\sigma)|^{\frac{8}{3}}_{L^4(0,1)}\mathrm{d}\sigma\right]+\int_s^t g(\sigma)\exp\left[-\frac{\lambda_1}{2}(t-\sigma)+2c_4\int_\sigma^t|z(\tau)|^{\frac{8}{3}}_{L^4(0,1)}\mathrm{d}\tau\right]\mathrm{d}\sigma \tag{4.3.26}$$

且对任意的 $t\in[-1,0]$，$s<-1$，有

$$|v(t)|^2\leqslant c_5|v(s)|^2\exp\left[\frac{\lambda_1}{2}s+2c_4\int_s^0|z(\sigma)|^{\frac{8}{3}}_{L^4(0,1)}\mathrm{d}\sigma\right]+c_5\int_s^0 g(\sigma)\exp\left[\frac{\lambda_1}{2}\sigma+2c_4\int_\sigma^0|z(\tau)|^{\frac{8}{3}}_{L^4(0,1)}\mathrm{d}\tau\right]\mathrm{d}\sigma \tag{4.3.27}$$

其中，$c_5=\mathrm{e}^{\lambda_1/2}$。和前面的讨论一样，利用过程 z 的遍历性可知，存在 $s_0(\omega)$ 使得对任意的 $s<s_0(\omega)$，有

$$\int_s^0|z(\sigma)|^{\frac{8}{3}}_{L^4(0,1)}\mathrm{d}\sigma\leqslant-2s\mathrm{E}(|z(0)|^{\frac{8}{3}}_{L^4(0,1)})$$

由 Hölder 不等式可知

$$\mathrm{E}(|z(0)|^{\frac{8}{3}}_{L^4(0,1)})\leqslant(\mathrm{E}(|z(0)|^4_{L^\infty(0,1)}))^{1/3}(\mathrm{E}(|z(0)|^2_{L^2(0,1)}))^{2/3}$$

由参考文献[6]可知，右端第一个因子是有界的，而由参考文献[36]可知，通过选取充分大的 α，可使第二个因子充分小。具体地，选取 α 使得

$$\mathrm{E}(|z(0)|^{\frac{8}{3}}_{L^4(0,1)})\leqslant\frac{\lambda_1}{16}c_4 \tag{4.3.28}$$

利用参考文献[34]中相似的证明，可以说明 $g(\sigma)$ 在 $-\infty$ 至多多项式增长。事实上，利用恒等式

$$z(t)=\int_{-\infty}^t(A+\alpha)\mathrm{e}^{-(A+\alpha)(t-\sigma)}[W(t)-W(\sigma)]\mathrm{d}\sigma$$

Sobolev 不等式

$$|z(t)|_{L^4(0,1)}\leqslant c_6|z|_{H^{1/4}(0,1)}\leqslant c_7|(A+\alpha)^{1/8}z|$$

以及 $\{\mathrm{e}^{-At}\}_{t\geqslant0}$ 的光滑性质

$$|\mathrm{e}^{-At}|_{\mathscr{L}(D((A+\alpha)^{-9/32}),D((A+\alpha)^{9/8}))}\leqslant c_8\left(\frac{1}{t^{45/32}}+1\right)\mathrm{e}^{-\alpha t}$$

可得

$$|z(t)|_{L^4(0,1)}\leqslant c_7c_8\int_{-\infty}^t\left(\frac{1}{|t-\sigma|^{45/32}}+1\right)\mathrm{e}^{-\alpha(t-\sigma)}|W(t)-W(\sigma)|_{D((A+\alpha)^{-9/32})}\mathrm{d}\sigma$$

另一方面，对独立随机变量 $\{\xi_n\}_{n\in\mathbb{N}}$，有

$$\xi_n=\sup_{-n\leqslant\sigma\leqslant t\leqslant-n+1}\frac{|W(t)-W(\sigma)|_{D((A+\alpha)^{-9/32})}}{|t-\sigma|^{15/32}}$$

利用大数定理可知，存在随机变量 $C_0(\omega)$ 使得

$$|W(t)-W(\sigma)|_{D((A+\alpha)^{-9/32})}\leqslant c_0(\omega)|\sigma||t-\sigma|^{15/32},\qquad -n\leqslant\sigma\leqslant t\leqslant-n+1$$

同样利用大数定理

$$|W(\sigma)|_{D((A+\alpha)^{-9/32})}\leqslant C_1(\omega)|\sigma|,\qquad\sigma\leqslant0$$

可得

$$|W(t)-W(\sigma)|_{D((A+\alpha)^{-9/32})}\leqslant C_2(\omega)|\sigma||t-\sigma|^{15/32},\qquad t,\sigma\leqslant 0$$

其中，$C_1(\omega)$，$C_2(\omega)$ 为随机变量。由此不难推出

$$|z(t)|_{L^4(0,1)}\leqslant c_7c_8C_2(\omega)\int_{-\infty}^{t}|\sigma|\left(\frac{1}{|t-\sigma|^{15/16}}+1\right)\mathrm{e}^{-\alpha(t-\sigma)}\mathrm{d}\sigma\leqslant$$

$$c_7c_8C_2(\omega)\left(|t|\int_{-\infty}^{0}(|\sigma|^{1/16}+|\sigma|)\mathrm{e}^{-\alpha\sigma}\mathrm{d}\sigma+\int_{-\infty}^{0}(\frac{1}{|\sigma|^{15/16}}+1)\mathrm{e}^{-\alpha\sigma}\mathrm{d}\sigma\right)$$

对 $|z(t)|_{L^2(0,1)}$ 利用相同的论断就可以得出 g 至多多项式增长。

综上所述，如果选取 α 使得式(4.3.28) 成立，则对 $t\in[-1,0]$，$s\leqslant\inf\{s_0(\omega),-1\}$，有

$$|v(t)|^2\leqslant c_5|v(s)|^2\exp\left[\frac{\lambda_1}{2}s+2c_4\int_s^0|z(\sigma)|_{L^4(0,1)}^{\frac{8}{3}}\mathrm{d}\sigma\right]+$$

$$c_5\int_{-\infty}^{0}g(\sigma)\exp\left[\frac{\lambda_1}{2}\sigma+2c_4\int_\sigma^0|z(\tau)|_{L^4(0,1)}^{\frac{8}{3}}\mathrm{d}\tau\right]\mathrm{d}\sigma$$

于是存在 $s_1(\omega,B)$，使得如果 $s<s_1(\omega,B)$，$t\in[-1,0]$，则

$$|v(t)|^2\leqslant r_0(\omega)=$$

$$1+c_5\int_{-\infty}^{0}g(\sigma)\exp\left[\frac{\lambda_1}{2}\sigma+2c_4\int_\sigma^0|z(\tau)|_{L^4(0,1)}^{\frac{8}{3}}\mathrm{d}\tau\right]\mathrm{d}\sigma$$

由方程(4.3.21) 可知

$$v(0)=\mathrm{e}^{-A}v(-1)-\frac{1}{2}\int_{-1}^{0}\mathrm{e}^{As}\frac{\partial}{\partial x}(v+z)^2\mathrm{d}s+\alpha\int_{-1}^{0}\mathrm{e}^{As}z(s)\mathrm{d}s$$

从而

$$|A^{1/8}v(0)|\leqslant|A^{1/8}\mathrm{e}^{-A}v(-1)|+$$

$$\frac{1}{2}\int_{-1}^{0}\left|A^{1/8}\mathrm{e}^{As}\frac{\partial}{\partial x}(v+z)^2\right|\mathrm{d}s+\alpha\int_{-1}^{0}|A^{1/8}\mathrm{e}^{As}z(s)|\mathrm{d}s$$

利用 $(\mathrm{e}^{-At})_{t\geqslant 0}$ 的光滑性质

$$|A^{1/8}\mathrm{e}^{-A}|_{\mathscr{L}(L^2(0,1))}\leqslant c_9$$

$$\left|A^{1/8}\mathrm{e}^{As}\frac{\partial}{\partial x}\right|_{\mathscr{L}(L^1(0,1),L^2(0,1))}\leqslant c_{10}\left(\frac{1}{|s|^{7/8}}+1\right)$$

可知对 $s<s_1(\omega,B)$，有

$$|A^{1/8}v(0)|\leqslant r_1(\omega)=$$

$$c_9r_0(\omega)+r_0(\omega)^2\int_{-1}^{0}c_{10}(\frac{1}{|s|^{7/8}}+1)\mathrm{d}s+$$

$$\int_{-1}^{0}c_{10}\left(\frac{1}{|s|^{7/8}}+1\right)|z(s)|^2\mathrm{d}s+$$

$$\alpha\int_{-1}^{0}|A^{1/8}\mathrm{e}^{As}z(s)|\mathrm{d}s$$

令 $K(\omega)$ 为 $D(A^{1/8})$ 中半径为 $r_0(\omega)+|A^{1/8}z(0,\omega)|$ 的球，则 $K(\omega)$ 为 $t=0$ 时刻的吸引集，由于 A 具有紧的逆算子，故 $K(\omega)$ 还是紧的。这样可以应用定理 4.2.2，从而证明吸引子的存在性。

4.3.3　随机非线性波动方程

考虑 $R^n(n\leqslant 3)$ 中有界区域 D(边界记为 ∂D) 上的随机非线性波动方程

$$du_t + u_t + [-\Delta u + g(u)]dt = fdt + \sum_{j=1}^{m} \Phi_j dw_j \tag{4.3.29}$$

其中，$u_t = \dfrac{\partial u}{\partial t}$，边界条件为

$$u|_{\partial D} = 0 \tag{4.3.30}$$

$\{\Phi_j\}_{j=1,2,\cdots,m}$ 为不依赖时间的独立函数，而 w_j 为独立的双边 Brown 运动。时间平移 θ_t 和前面一样定义

$$\theta_s\omega(t) = \omega(t+s) - \omega(s), \qquad t,s \in R$$

并且是遍历的。

引入 $L^2(D)$ 上的无界线性算子

$$Au = -\Delta u, \qquad D(A) = H^2(D) \cap H_0^1(D)$$

显然为严格正的自伴算子。对 $s \in R$，定义 $D(A^{s/2})$ 并赋予范数

$$|\cdot|_s = |A^{s/2} \cdot|_{L^2(D)}$$

其中，$D(A^{s/2})$ 为 $H^s(D)$ 的闭子空间，其范数 $|\cdot|_s$ 等价于通常的 $H^s(D)$ 范数。记 $D(A^{-s/2})$ 为其对偶空间。当 $s=0$ 时，$D(A^0) = L^2(D)$，此时简记 $|\cdot|_0$ 为 $|\cdot|$，$(\cdot,\cdot)$ 为相应的内积。

g 为 R 上的 C^1 函数，且存在正的常数 C_1, C_2, C_3, C_4 使得对任意的 $s \in R$，有

$$\left.\begin{aligned} &|g(s)| \leqslant C_1(1+|s|^p) \\ &|g'(s)| \leqslant C_2(1+|s|^{p-1}) \\ &G(s) \geqslant C_3(|s|^{p+1}-1) \\ &sg(s) \geqslant C_4(G(s)-1) \end{aligned}\right\} \tag{4.3.31}$$

其中，G 为 g 的原函数，使得 $G(0)=0$，指数 p 满足

$$\left.\begin{aligned} &1 \leqslant p < 3, \qquad n=3 \\ &1 \leqslant p < \infty, \qquad n=1,2 \end{aligned}\right\} \tag{4.3.32}$$

一个典型的例子是 $g(s) = |s|^{p-1}s$。

取 Φ_j 为 $D(A)$ 中的函数，且记

$$C_5 = \max_{1\leqslant j\leqslant m, s\in[0,2]} \{|\Phi_j|_s^2\}$$

对 $j=1,2,\cdots,m$，令 W_j 为下述方程的解

$$dW_{j,t} + W_{j,t} = dw_j, \qquad W_j(0) = W_{j,t}(0) = 0 \tag{4.3.33}$$

记 $W = \sum_{j=1}^{m} \Phi_j W_j$，作变换 $v = u - W$ 可得关于 v 的方程

$$v_{tt} + v_t + Av + g(u) = -AW \tag{4.3.34}$$

对于可加噪声的随机非线性波动方程，利用标准的 Galerkin 方法可以对每一 $\omega \in \Omega$ 证明：对任意的 $s \in R$，$(v_0, v_1) \in L^2(D) \times H_0^1(D)$ a.e.，存在$[s,\infty)$ 上对式(4.3.34) 唯一的解，使得

$$\left.\begin{aligned} &v(s) = v_0 \\ &v_t(s) = v_1(s) \end{aligned},\qquad P\text{-a.e.}\right\} \tag{4.3.35}$$

由此定义 $L^2(D) \times H_0^1(D)$ 上的随机动力系统 $(S(t,s;\omega))_{t\geqslant s,\omega\in\Omega}$ 为

$$\begin{aligned} S(t,s;\omega)(u_0,u_1) = (u_t(t,\omega), u(t,\omega)) = \\ (v_t(t,\omega) + W_t(t,\omega), v(t,\omega) + W(t,\omega)) \end{aligned}$$

其中，v 是式(4.3.34) 和式(4.3.35) 的具有如下初值的解，即

$$\left.\begin{aligned} v_0 &= u_0 - W(s) \\ v_1 &= u_1 - W_t(s) \end{aligned}\right\} \tag{4.3.36}$$

容易验证定理 4.2.2 中的条件 ① ～ ④ 成立。

记 B 为 $L^2(D)\times H_0^1(D)$ 中的有界集，$s<0$，$(u_0,u_1)\in B$，且 v 是式(4.3.34) 和式(4.3.35) 的具有初值式(4.3.36) 的解。将方程(4.3.34) 和 $\tilde{v}=v_t+\eta v$ 在 $L^2(D)$ 作内积可得

$$\frac{1}{2}\frac{\mathrm{d}}{\mathrm{d}t}(|\tilde{v}|^2+|v|_1^2)+\eta|v|_1^2+(1-\eta)|\tilde{v}|^2-\eta(1-\eta)(v,\tilde{v})+(g(u),\tilde{v})=$$
$$(-AW,\tilde{v})$$

其中，η 为正的常数，将在下面具体给出。记 λ_1 为 A 的第一特征值，由于

$$|(v,\tilde{v})|\leqslant|v||\tilde{v}|\leqslant\lambda_1^{1/2}|v|_1|\tilde{v}|\leqslant\frac{1}{2(1-\eta)}|v|_1^2+\frac{1}{2}\lambda_1(1-\eta)|\tilde{v}|^2$$

从而如果 $0\leqslant\eta\leqslant\min\left\{\frac{4}{5},\frac{3}{2\lambda_1}\right\}$，则

$$\eta|v|_1^2+(1-\eta)|\tilde{v}|^2-\eta(1-\eta)(v,\tilde{v})\geqslant\frac{\eta}{2}(|v|_1^2+|\tilde{v}|^2)$$

进一步

$$|(AW,\tilde{v})|\leqslant\frac{\eta}{4}|\tilde{v}|^2+\frac{4C_5}{\eta}\Big(\sum_{j=1}^{m}|W_j(t)|\Big)^2$$

且

$$(g(u),\tilde{v})=\int_D g(u)u_t\mathrm{d}x+\eta\int_D g(u)u\mathrm{d}x-\int_D g(u)(W_t+\eta W)\mathrm{d}x=$$
$$\frac{\mathrm{d}}{\mathrm{d}t}\int_D G(u)\mathrm{d}x+\eta\int_D g(u)u\mathrm{d}x-\int_D g(u)(W_t+\eta W)\mathrm{d}x$$

由式(4.3.31)，可得

$$\int_D g(u)u\mathrm{d}x\geqslant C_1\int_D G(u)\mathrm{d}x-C_1|D|$$

以及

$$\int_D g(u)(W+t+\eta W)\mathrm{d}x\leqslant$$
$$C_1\int_D|u|^p|W_t+\eta W|\mathrm{d}x+C_1\int_D|W_t+\eta W|\mathrm{d}x$$

注意到式(4.3.32)，利用 Hölder 不等式、Young 不等式以及 Sobolev 嵌入定理，有

$$|f|_{L^{p+1}(D)}\leqslant C_6|f|_1,\qquad\forall f\in H_0^1(D)$$

可以得到

$$\left|\int_D g(u)(W_t+\eta W)\mathrm{d}x\right|\leqslant$$
$$\frac{\eta C_1}{2}\int_D G(u)\mathrm{d}x+C_7\Big\{1+\Big[\sum_{j=1}^{m}|W_j(t)+\eta W_{j,t}|\Big]^{p+1}\Big\}$$

其中，C_7 依赖于 $C_1,C_2,\cdots,C_6,p,|D|$ 以及 η。因此

$$\frac{\mathrm{d}}{\mathrm{d}t}\Big[|\tilde{v}|^2+|v|_1^2+\int_D G(u)\mathrm{d}x\Big]+\eta_1\Big[|\tilde{v}|^2+|v|_1^2+\int_D G(u)\mathrm{d}x\Big]\leqslant f$$

其中

$$\eta_1 = \min\left\{\frac{\eta}{2}, \eta C_1\right\}$$

$$f(t) = 2\left\{\frac{4C_5}{\eta}\left[\sum_{j=1}^{m} |W_j(t)|^2\right] + \eta C_1 |D| + C_7 + C_7\left[\sum_{j=1}^{m} |W_j(t) + \eta W_{j,t}(t)|\right]^{p+1}\right\}$$

利用 Gronwall 不等式，对 $t \geqslant s$，有

$$|\tilde{v}(t)|^2 + |v(t)|_1^2 + \int_D G(u)\mathrm{d}x \leqslant \mathrm{e}^{-\eta_1(t-s)}\left[|\tilde{v}(s)|^2 + |v(s)|_1^2 + \int_D G(u_0)\mathrm{d}x\right] + \int_s^t \mathrm{e}^{-\eta_1(-\sigma)} f(\sigma)\mathrm{d}\sigma \tag{4.3.37}$$

将 v 作分解

$$v = v^1 + v^2 \tag{4.3.38}$$

其中，v^1 为下述方程的解，即

$$\left.\begin{aligned} &v_{tt}^1 + v_t^1 + Av^1 = 0 \\ &v^1(s) = v(s) \\ &v_t^1 = v_t(s) \end{aligned}\right\} \tag{4.3.39}$$

而 v^2 满足

$$\left.\begin{aligned} &v_{tt}^2 + v_t^2 + Av^2 + g(u) = -AW \\ &v^2(s) = v_t^2(s) = 0 \end{aligned}\right\} \tag{4.3.40}$$

将方程(4.3.39) 和 $\tilde{v}^1 = v_t^1 + \eta v^1$ 作内积可得

$$\frac{\mathrm{d}}{\mathrm{d}t}(|\tilde{v}^1|^2 + |v^1|_1^2) + \frac{\eta}{2}(|\tilde{v}^1|^2 + |v^1|_1^2) \leqslant 0$$

从而对 $t \geqslant s$，有

$$|\tilde{v}^1(t)|^2 + |v^1|_1^2 \leqslant \mathrm{e}^{-\eta(t-s)/2}[|\tilde{v}^1(s)|^2 + |v^1(s)|_1^2] \tag{4.3.41}$$

令 $V = v_t^2$。关于时间微分式(4.3.40) 并和 $A^{-\sigma}\tilde{V} = A^{-\sigma}(V_t + \eta V)$ 作内积可得

$$\frac{1}{2}\frac{\mathrm{d}}{\mathrm{d}t}(|\tilde{V}|_{-\sigma}^2 + |V|_{1-\sigma}^2) + \eta_1(|\tilde{V}|_{-\sigma}^2 + |V|_{1-\sigma}^2) \leqslant |g'(u)u_t|_{-\sigma}|\tilde{V}|_{-\sigma} + |W_t|_{2-\sigma}|\tilde{v}|_{-\sigma} \leqslant \frac{2}{\eta}|g'(u)u_t|_{-\sigma}^2 + \frac{2}{\eta}|W_t|_{2-\sigma}^2 + \frac{\eta}{4}|\tilde{V}|_{-\sigma}^2$$

暂时假设 $n = 3, p < 3$，则可以证明[40] 存在常数 C_8，使得

$$|g'(u)u_t|_{-(p-1)/4} \leqslant C_8 |g'(u)|_{L^{6/(p-1)}(D)} |u_t|$$

利用式(4.3.31)，还可知存在常数 C_9，使得

$$|g'(u)u_t|_{-(p-1)/4} \leqslant C_9(|u|_1^6 + 1)|u_t|$$

因此如果令 $\sigma = (p-1)/4$，则存在常数 C_{10}，使得

$$\frac{\mathrm{d}}{\mathrm{d}t}(|\tilde{V}|_{-\sigma}^2+|V|_{1-\sigma}^2)+\eta_1(|\tilde{V}|_{-\sigma}^2+|V|_{1-\sigma}^2)\leqslant$$
$$C_{10}(|u|_1^{24}\ |u_t|^4+1+|W_t|_{2-\sigma}^2)$$

利用 Gronwall 不等式可知,存在常数 C_{12},使得

$$\begin{aligned}|\tilde{V}(0)|_{-\sigma}^2+|V(0)|_{1-\sigma}^2\leqslant\ & e^{\eta_1 s}(|\tilde{V}(s)|_{-\sigma}^2+|V(s)|_{1-\sigma}^2)+\\ & C_{10}\int_s^0 e^{\eta_1 t}(|u|_1^{24}+|u_t|^4+1+|W_t|_{2-\sigma}^2)\mathrm{d}t\leqslant\\ & e^{\eta_1 s}\ |AW(s)+g|(u_0)|_{-\sigma}+\\ & C_{12}\int_s^0 e^{\eta_1 t}(|W_t|_{2-\sigma}^2+|W_t|^4+|W|_1^{24}+1)\mathrm{d}t+\\ & C_{12}\int_s^0 e^{\eta_1 t}\ |v|_1^{24}\mathrm{d}t+C_{12}e^{\eta_1 t}\ |\tilde{v}|^4\mathrm{d}t\end{aligned}$$

利用式(4.3.37) 可知,对 $t\geqslant s$,有

$$|v(t)|^{24}\leqslant\left[e^{-\eta_1(t-s)}a_s+\int_s^t e^{-\eta_1(t-\tau)}f(\tau)\mathrm{d}\tau\right]^{12}$$

其中,$a_s=|\tilde{v}(s)|^2+|v(s)|_1^2+\int_D G(u_0)\mathrm{d}x$。利用估计式

$$\begin{aligned}&\left[\int_s^t e^{-\eta_1(t-s)}f(\tau)\mathrm{d}\tau\right]^{12}\leqslant\\ &\quad\left[\int_s^t e^{-6\eta_1(t-\tau)/11}\mathrm{d}\tau\right]^{11}\int_s^t e^{-6\eta_1(t-\tau)}f^{12}(\tau)\mathrm{d}\tau\leqslant\\ &\quad\left(\frac{11}{6\eta_1}\right)^{11}\int_s^t e^{-6\eta_1(t-\tau)}f^{12}(\tau)\mathrm{d}\tau\end{aligned}$$

可知存在常数 C_{13},使得

$$|u(t)|_1^{24}\leqslant C_{13}\left[e^{-12\eta_1(t-s)}a_s^{12}+\int_s^t e^{-6\eta_1(t-\tau)}f^{12}(\tau)\mathrm{d}\tau\right]$$

从上述推导可知

$$\begin{aligned}\int_s^0 e^{\eta_1 t}\ |v|_1^{24}\mathrm{d}t\leqslant\ & C_{13}\left[\int_s^0 e^{\eta_1 t}e^{-12\eta_1(t-s)}a_s^{12}\mathrm{d}t+\right.\\ & \left.\int_s^0 e^{\eta_1 t}\int_s^t e^{-6\eta_1(t-\tau)}f^{12}(\tau)\mathrm{d}\tau\mathrm{d}t\right]\leqslant\\ & C_{13}\left[\frac{1}{11\eta}a_s^{12}e^{\eta_1 s}+\frac{1}{5\eta_1}\int_s^0 e^{\eta_1\tau}f^{12}(\tau)\mathrm{d}\tau\right]\end{aligned}$$

对$\int_s^0 e^{\eta_1 t}\ |\tilde{v}(t)|^4\mathrm{d}t$ 作类似的估计可知,存在 C_{14},C_{15} 以及多项式 p,使得

$$\begin{aligned}|\tilde{V}(0)|_{-\sigma}^2+|V(0)|_{1-\sigma}^2\leqslant\ & C_{14}e^{\eta_1 s}\Big\{|g(u_0)|_{-\sigma}+|u_1|^{24}+|u_0|_1^{24}+\\ & (\int_D G(u_0)\mathrm{d}x)^{12}+p\Big[\sum_{j=1}^m |W_j(s)|\Big]\Big\}+\\ & C_{15}\int_s^0 e^{\eta_1\tau}[f^{12}(\tau)+f(\tau)]\mathrm{d}\tau\end{aligned}$$

当 $s\to-\infty$ 时,由 $\sum_{j=1}^m |W_j(s)|$ 至多多项式增长可知,存在 $s(\omega,B)$,使得如果 $s<s(\omega,B)$,则

$$|\tilde{V}(0)|_{-\sigma}^{2}+|V(0)|_{1-\sigma}^{2}\leqslant 1+C_{15}\int_{-\infty}^{0}\mathrm{e}^{\eta_1\tau}[f^6(\tau)+f(\tau)]\mathrm{d}\tau \tag{4.3.42}$$

由

$$A^{1-\sigma/2}v_2=-A^{1-\sigma/2}W-A^{-\sigma/2}\tilde{V}-(1-\eta)A^{-\sigma/2}V-A^{-\sigma/2}g(u)$$

并利用式(4.3.42)、u 在 $L^6(D)$ 中的有界性(利用 Sobolev 嵌入定理)、式(4.3.31) 以及式(4.3.32) 可知,存在 $r_0(\omega)$,使得对任意的 $s<s(\omega,B)$,有

$$|v^2(0)|_{2-\sigma}^{2}+|v_t^2(0)|_{1-\sigma}^{2}\leqslant r_0(\omega) \tag{4.3.43}$$

令 $K(\omega)$ 为 $D(A^{(1-\sigma)/2})\times D(A^{1-s/2})$ 中半径为 $r_0(\omega)^{1/2}$ 的球,则利用式(4.3.38)、式(4.3.41) 以及式(4.3.42) 可知,$K(\omega)$ 为 $t=0$ 时刻的吸引集;又由式(4.3.32) 可知,$\sigma=(p-1)/4<1$,从而 $K(\omega)$ 在 $L^2(D)\times H_0^1(D)$ 中是紧的。利用定理 4.2.2 便完成吸引子存在性的证明。

$n=1,2$ 的情形可以类似讨论。

4.4 Ginzburg-Landau 方程及其随机动力系统

这一节考虑具有乘积噪声的随机 Ginzburg - Landau 方程及其随机动力系统。设 $D\subset R^n(n=1,2)$ 为有界开集,∂D 充分光滑。考虑如下具有乘积噪声的随机 Ginzburg - Landau 方程

$$\left.\begin{aligned}&\mathrm{d}u=(\lambda+\mathrm{i}\alpha)\Delta u\mathrm{d}t+\nu u\mathrm{d}t-(k+\mathrm{i}\beta)|u|^2\mathrm{d}t+\sigma u\mathrm{d}Wt, \quad x\in D\\&u(t)=0,\quad x\in\partial D\\&u(0)=u_0\end{aligned}\right\} \tag{4.4.1}$$

其中,$\lambda,\alpha,\nu,k,\beta,\sigma\in R,\lambda>|\alpha|,k>|\beta|,\sigma>0$。随机项 $W(t):\Omega\to R$ 为双边标准 Wiener 过程,u 为定义在 $D\times R^+$ 上的复值函数。函数空间$\mathbb{L}^2(D)$,$\mathbb{H}_0^1(D)$ 表示 D 上通常的复值 Sobolev 空间,其$\mathbb{L}^2$ - 以及$\mathbb{H}_0^1(D)$ - 内积以及范数分别定义为

$$(u,v)=\Re\int_D u(x)\bar{v}(x)\mathrm{d}x,\qquad |u|=(u,u)^{1/2},\qquad u,v\in\mathbb{L}^2(D)$$

$$((u,v))=\Re\sum_{i=1}^{n}\int_D D_iuD_i\bar{v}\mathrm{d}x,\qquad \|u\|=((u,u))^{1/2},\qquad u,v\in\mathbb{H}_0^1(D)$$

这里利用符号$\mathbb{L}^2$ 以及$\mathbb{H}_0^1$ 的目的是区别于通常的实值空间 L^2 以及 H_0^1。记 $H=\mathbb{L}^2(D),V=\mathbb{H}_0^1(D),Au=-\Delta u$ 以及 $f(u)=|u|^2u$。算子 A 是从 $D(A)=V\cap\mathbb{H}^2(D)$ 到 H 的同构。令 $\{e_n\}$ 是 H 中的一组标准正交基,对应于特征值 $\lambda_n,\lambda_n>0$ 且 $\lambda_n\to\infty$。对第一特征值 λ_1,有关系式 $\lambda_1|u|^2\leqslant\|u\|^2$。在这些记号下,随机 GL 方程也可以写为如下的抽象形式:

$$\left.\begin{aligned}&\mathrm{d}u+(\lambda+\mathrm{i}\alpha)Au\mathrm{d}t-\nu u\mathrm{d}t+(k+\mathrm{i}\beta)f(u)\mathrm{d}t=\sigma u\mathrm{d}W(t)\\&u(0)=u_0\end{aligned}\right\} \tag{4.4.2}$$

首先考虑确定性情形(i. e. ,$\sigma=0$)。此时方程存在唯一解

$$u\in C([0,T];H)\cap L^2(0,T;V),\qquad \forall T<\infty,\qquad u_0\in H$$

且

$$u\in C([0,T];V)\cap L^2(0,T;D(A)),\qquad \forall T<\infty,\qquad u_0\in V$$

对方程可作能量估计如下:

$$\frac{1}{2}\frac{\mathrm{d}}{\mathrm{d}t}|u|^2+\lambda\|u\|^2-\nu|u|^2+k|u|_{L^4}^4=0 \tag{4.4.3}$$

如果 $\nu < \lambda\lambda_1$，则此式表明

$$|u(u)| \leqslant |u_0| \exp[(\nu - \lambda\lambda_1)t]$$

由此可知定常解 $u \equiv 0$ 是指数稳定的。

如果 $\nu = \lambda\lambda_1$，则由式(4.4.3)可知，存在依赖于 u_0，k 以及区域 D 的常数 C，使得

$$|u(t)| \leqslant Ct^{-1/2}$$

从而 $u \equiv 0$ 也是渐近稳定的。

如果 $\nu > \lambda\lambda_1$，可以证明 GL 方程构成的动力系统具有有限维全局吸引子。

由上述分析可知，如果 $\nu \leqslant \lambda\lambda_1$，则当 $t \to \infty$ 时，所有的解收敛到 0，从而整体吸引子退化为定常解 $\{0\}$。

下面考虑随机情形。引入过程

$$z(t) = e^{-\sigma W(t)}$$

显然它满足随机微分方程

$$dz(t) = \frac{1}{2}\sigma^2 z dt - \sigma z dW(t)$$

从而过程 $v(t) = z(t)u(t)$ 满足

$$dv(t) + (\lambda + i\alpha)Av dt - \left(\nu - \frac{\sigma^2}{2}\right)v dt + (k + i\beta)zf(u)dt = 0$$

由于 $z(t)$ 是实值过程，故上式可以改写为

$$dv(t) + (\lambda + i\alpha)Av dt - \left(\nu - \frac{\sigma^2}{2}\right)v dt + (k + i\beta)z^{-2}f(v)dt = 0 \tag{4.4.4}$$

利用 Gelerkin 方法和先验估计不难证明：对 P-a.e. $\omega \in \Omega$，方程具有唯一强解

$$u \in C([s,t];H) \cap L^2(s,t;V), \quad \forall s < t, \quad u(s) \in H$$

且

$$u \in C([s,t];V) \cap L^2(s,t;D(A)), \quad \forall s < t, \quad v(s) \in V$$

则 $u(t) = Z(t)v(t) = e^{\sigma W(t)}v(t)$ 为方程(4.4.2)的解。

定理 4.4.1　设 $\nu < \lambda\lambda_1 + \frac{1}{2}\sigma^2$，则存在 P- 完全集 Ω_1，使得对任意的 $\omega \in \Omega_1$，都存在 $T(\omega) > 0$，对任意的 $u_0 \in H$ 以及 $t \geqslant T(\omega)$ 下式成立，即

$$|u(t,\omega,u_0)| \leqslant |u_0| e^{\frac{1}{2}[\nu - \lambda\lambda_1 - \frac{1}{2}\sigma^2]t} \tag{4.4.5}$$

证明：对 $|u(t)|^2$ 应用 Itô 公式可得

$$|u(t)|^2 = |u_0|^2 + 2\int_0^t \Big[-\lambda \|u(s)\|^2 + \left(\nu + \frac{1}{2}\sigma^2\right)|u(s)|^2 -$$
$$k|u(s)|_{L^4}^4\Big]ds + 2\int_0^t \sigma |u(s)|^2 dW(s)$$

再次对 $\log|u(t)|^2$ 应用 Itô 公式可得

$$\log|u(t)|^2 = \log|u_0|^2 - 2\int_0^t \frac{1}{|u(s)|^2}(\lambda\|u(s)\|^2 + k|u(s)|_{L^4}^4)ds +$$
$$(2\nu - \sigma^2)t + 2\sigma W(t) \leqslant$$
$$\log|u_0|^2 + (2\nu - \lambda\lambda_2 - \sigma^2)t + 2\sigma W(t)$$

由 $\lim\limits_{t\to\infty}\frac{W(t)}{t} = 0$，$P$-a.s. 可知，存在 P- 完全集 Ω_1，使得对 $\omega \in \Omega_1$，存在 $T(\omega) > 0$，且

$$\frac{2\sigma W(t)}{t}\leqslant\left(\lambda\lambda_1+\frac{\sigma^2}{2}-\nu\right),\qquad t\geqslant T(\omega)$$

则

$$\log|u(t)|^2\leqslant\log|u_0|^2+\left(\nu-\lambda\lambda_2-\frac{\sigma^2}{2}\right)t \tag{4.4.6}$$

从而完成定理的证明。

注 4.4.1 细心的读者会注意到，ν 的稳定区间由确定性情形的$(-\infty,\lambda\lambda_1]$延长到随机情形的$(-\infty,\lambda\lambda_1+\sigma^2/2]$。之所以会出现这样的情况，是由于方程(4.4.1)的Itô形式等价于如下的Stratonovich形式：

$$\mathrm{d}u=(\lambda+\mathrm{i}\alpha)\Delta u\mathrm{d}t+\nu u\mathrm{d}t-\frac{\sigma^2}{2}u\mathrm{d}t-(k+\mathrm{i}\beta)|u|^2\mathrm{d}t+\sigma u\circ\mathrm{d}Wt \tag{4.4.7}$$

其中，“∘”表示积分应在Stratonovich意义下理解。这样在方程的右端就出现了新的项$-\frac{\sigma^2}{2}u\mathrm{d}t$，正是这一项的出现使得随机情形中 ν 的稳定区间得到延长。正如以前提到的(在后面几章还会遇到)，在实际的物理模型中，Stratonovich积分是更符合物理事实的，它可以保持守恒律等重要的物理性质。

4.4.1 随机吸引子的存在性

现在考虑Ginzburg－Landau方程的随机吸引子。此时可定义

$$\Omega=\{\omega\in C(R,R):\omega(0)=0\}$$

令 $\mathscr{F}$ 为 Ω 上的Borel－σ 代数，P 为$(\Omega,\mathscr{F})$上的Wiener测度。记 $W(t,\omega)=\omega(t)$，则定义

$$\theta_t\omega(s)=\omega(t+s)-\omega(t) \tag{4.4.8}$$

如此定义的 θ_t 显然满足 $\theta_t\circ\theta_s=\theta_{t+s}$，从而这样$(\Omega,\mathscr{P},\{\theta_t\}_{t\in R})$构成一个遍历的度量动力系统。记

$$u(t,\omega)=\psi(t,s;\omega)u_s,\qquad v(t,\omega)=\phi(t,s;\omega)v_s$$

其中，$u(t)$ 是方程(4.4.2)在初值 $u(s)=u_s$ 下的解，而 $v(t)$ 为方程(4.4.4)在初值 $v(s)=v_s$ 下的解。显然对于 $1\leqslant r\leqslant t$ 下式成立，即

$$\psi(t,s;\omega)=\psi(t,r;\omega)\psi(r,s;\omega)$$

利用式(4.4.8)可知，对任意的 $s,t\in R^+$，$u_0\in H$，下式成立(P-a.s.)，即

$$\psi(t+s,0;\omega)u_0=\psi(t,0;\theta_s\omega)\psi(s,0;\omega)u_0$$

从而由

$$\varphi(t,\omega)u_0=\psi(t,0;\omega)u_0 \tag{4.4.9}$$

定义的过程 $\varphi:R^+\times\Omega\times H\to H$ 构成概率空间$(\Omega,\mathscr{F},P,\{\theta_t\}_{t\in R})$上由式(4.4.2)导致的 H 上的随机动力系统。

为了证明紧吸收集的存在性，作如下估计。

引理 4.4.1 给定 H 中的任何以0为心，以 ρ 为半径的球 $B(0,\rho)$，存在随机变量 $r_1(\omega)$ 以及 $t(\omega,\rho)\leqslant-1$，使得对任意的 $s\leqslant t(\omega,\rho)$，$u_s\in B(0,\rho)$，$v_s=z(s)u_s$ 以及 $-1\leqslant t\leqslant 0$，下式成立，即

$$|\phi(t,s;\omega)v_s|\leqslant r_t(\omega),\qquad P\text{-a.s.} \tag{4.4.10}$$

因此，有

$$|\psi(0,s;\omega)u_s| \leqslant r_0(\omega)$$

证明：令 $v(t)=v(t,s,,v_s;\omega)$ 为式(4.4.4)具有初值 v_s 的解，作估计

$$\frac{1}{2}|v|^2+\lambda\|v\|^2=-\lambda\|v\|^2+(2\nu-\sigma^2)|v|^2-2kz^{-2}|v|_{L^4}^4 \leqslant$$
$$-(\lambda\lambda_1+\sigma^2)|v|^2+2\nu|v|^2-2kz^{-2}|v|_{L^4}^4 \quad (4.4.11)$$

考虑到 $|v| \leqslant |D|^{1/4}|v|_{L^4}$，可以得到

$$\frac{1}{2}|v|^2+\lambda\|v\|^2 \leqslant -(\lambda\lambda_1+\sigma^2)|v|^2+2\nu|D|^{1/2}|v|_{L^4}^2-2kz^{-2}|v|_{L^4}^4 \leqslant$$
$$-(\lambda\lambda_1+\sigma^2)|v|^2+\nu^2|D|k^{-1}z^2-kz^{-2}|v|_{L^4}^4 \leqslant$$
$$-(\lambda\lambda_1+\sigma^2)|v|^2+\nu^2|D|k^{-1}z^2 \quad (4.4.12)$$

从而对 $t \geqslant s$ 有估计

$$|v(t)|^2 \leqslant |v(s)|^2 e^{-(\lambda\lambda_1+\sigma^2)(t-s)}+$$
$$\nu^2|D|k^{-1}\int_s^t e^{-(\lambda\lambda_1+\sigma^2)(t-\tau)}z^2(\tau)d\tau \leqslant$$
$$e^{-(\lambda\lambda_1+\sigma^2)t}\Big[e^{(\lambda\lambda_1+\sigma^2)s}z^2(s)|u_s|^2+$$
$$\nu^2|D|k^{-1}\int_s^t e^{(\lambda\lambda_1+\sigma^2)\tau}z^2(\tau)d\tau\Big] \quad (4.4.13)$$

当 $s\to\infty$ 时，由于 $e^{(\lambda\lambda_1+\sigma^2)s}z^2(s)=e^{(\lambda\lambda_1+\sigma^2)s-2\sigma W(s)}\to 0$，$P$-a.s.，从而对 $u_s \in B(0,\rho \subset H)$，存在时间 $t(\omega,\rho) \leqslant -1$，使得对 $s \leqslant t(\omega,\rho)$ 下式成立，即

$$e^{(\lambda\lambda_1+\sigma^2)s}z^2(s)\rho^2 \leqslant 1, \qquad P\text{-a.s.}$$

于是可以选择正的变量 $r_t(\omega)$：

$$r_t^2(\omega)=e^{-(\lambda\lambda_1+\sigma^2)t}\Big[1+\nu^2|D|k^{-1}\int_s^t e^{(\lambda\lambda_1+\sigma^2)\tau}z^2(\tau)d\tau\Big]$$

使得 $|v(t)| \leqslant r_t(\omega)$，$P$-a.s.。

如果 $\nu<\lambda\lambda_1+\sigma^2/2$，则由式(4.4.11)可知

$$|v(t)| \leqslant |v(0)| e^{(\nu-\lambda\lambda_1-\sigma^2/2)t}$$

从而

$$|u(t,\omega)| \leqslant |u_0| e^{\{\nu-\lambda\lambda_1-\sigma^2/2+\sigma[W(t)/t]\}t}$$

由于 $\lim\limits_{t\to\infty}[W(t)/t]=0$，$P$-a.s.，因此存在 $t(\omega)$，使得对所有的 $t \geqslant t(\omega)$，

$$\sigma\frac{W(t)}{t} \leqslant \frac{1}{2}(\lambda\lambda_1+\sigma^2/2-\nu)$$

从而得到和定理 4.4.1 相同的结果。从吸引子的观点，由于对 $s \leqslant 0$，下式成立，即

$$|u(0)| \leqslant |u_s| e^{-(\nu-\lambda\lambda_1-\sigma^2/2)s-\sigma W(s)}$$

从而得到当 $s\to-\infty$ 时，几乎必然成立 $|u(0)|\to 0$，从而吸引子退化为 $\{0\}$。

下面假设 $\nu \geqslant \lambda\lambda_1+\sigma^2/2$。

引理 4.4.1 表明存在 H 中的吸收集 $B(0,r_0(\omega))$。为了得到 V 中的吸收集，假设 $|\beta| \leqslant k$。

首先对式(4.4.12)在 $[-1,0]$ 上积分得到

$$\int_{-1}^0\|v(s)\|^2 ds \leqslant \frac{1}{\lambda}\Big[|v(-1)|^2+\nu^2|D|k^{-1}\int_{-1}^0 z^2(s)ds\Big]$$

将方程(4.4.4)乘以 $-\Delta\bar{v}$，然后在 D 上积分，取其实部可得

$$\frac{1}{2}\frac{\mathrm{d}}{\mathrm{d}t}\|v\|^2+\lambda|\Delta v|^2-\left(\nu-\frac{\sigma^2}{2}\right)\|v\|^2=z^{-2}\,\mathfrak{R}(k+\mathrm{i}\beta)\int f(v)\Delta\bar{v}\mathrm{d}x \quad (4.4.14)$$

利用 $|\beta|\leqslant k$，上式右端是非正的：

$$\begin{aligned}\mathfrak{R}(k+\mathrm{i}\beta)\int f(v)\Delta\bar{v}\mathrm{d}x=&-\mathfrak{R}(k+\mathrm{i}\beta)\int(|v|^2|\nabla v|^2+v\nabla\bar{v}\nabla|v|^2)\mathrm{d}x=\\&-k\int|v|^2|\nabla v|^2\mathrm{d}x-\frac{k}{2}\int(\nabla|v|^2)^2\mathrm{d}x+\\&\beta\,\mathfrak{I}\int v^2(\nabla\bar{v})^2\mathrm{d}x\leqslant\\&(|\beta|-k)\int|v|^2|\nabla v|^2\mathrm{d}x\leqslant 0\end{aligned}$$

从而可将式(4.4.14)改写为

$$\frac{\mathrm{d}}{\mathrm{d}t}\|v\|^2\leqslant-2\lambda|\Delta v|^2+2\left(\nu-\frac{\sigma^2}{2}\right)\|v\|^2\leqslant2\left(\nu-\lambda\lambda_1-\frac{\sigma^2}{2}\right)\|v\|^2$$

对任意的 $s\in[-1,0]$，下式成立，即

$$\|v(0)\|^2\leqslant\|v(s)\|^2+2\left(\nu-\lambda\lambda_1-\frac{\sigma^2}{2}\right)\int_s^0\|v(\tau)\|^2\mathrm{d}\tau$$

将其在 $[-1,0]$ 上积分可得

$$\begin{aligned}\|v(0)\|^2\leqslant&\,2\left(\frac{1}{2}+\nu-\lambda\lambda_1-\frac{\sigma^2}{2}\right)\int_{-1}^0\|v(s)\|^2\mathrm{d}s\leqslant\\&\frac{2}{\lambda}\left(\frac{1}{2}+\nu-\lambda\lambda_1-\frac{\sigma^2}{2}\right)\left[|v(-1)|^2+\nu^2|D|k^{-1}\int_{-1}^0z^2(s)\mathrm{d}s\right]\end{aligned}\quad (4.4.15)$$

从而对给定的 $\rho>0$，存在 $T(\omega)\leqslant-1$，使得对 $s\leqslant T(\omega)$ 以及 $u_s\in B(0,\rho)\subset H$ 有

$$\|u(0)\|^2=\|v(0)\|^2\leqslant R_0^2(\omega),\qquad P\text{-a. s.}\quad (4.4.16)$$

其中

$$\begin{aligned}R_0^2(\omega)=&\frac{2}{\lambda}\left(\frac{1}{2}+\nu-\lambda\lambda_1-\frac{\sigma^2}{2}\right)(\mathrm{e}^{\lambda\lambda_1+\sigma^2}+\nu^2|D|k^{-1})\times\\&\left[1+\int_{-\infty}^0\mathrm{e}^{(\lambda\lambda_1+\sigma^2)\tau}z^2(\tau)\mathrm{d}\tau+\int_{-1}^0z^2(s)\mathrm{d}s\right]\end{aligned}\quad (4.4.17)$$

定理 4.4.2 假设 $|\beta|\leqslant k$。由 Ginzburg-Landau 方程生成的随机动力系统具有一个全局随机吸引子 $\mathcal{A}(\omega)$。如果 $\nu<\lambda\lambda_1+\dfrac{\sigma^2}{2}$，则此随机吸引子退化为 $\{0\}$。

虽然这里得到紧的吸收集以保证随机吸引子的存在性，但是一般来说，$\mathcal{A}(\omega)$ 关于 ω 取并之后并不是紧的。然而当 $\sigma\to0$ 时，$\mathcal{A}(\omega)$ 将以概率1收敛到相应的确定系统的吸引子。由于 P 在 θ_t 下是不变的，从 0 到 ∞ 的吸引性质的这样一个渐近行为可以在概率中更弱的意义下得到，即对任意 $\varepsilon>0$ 以及所有确定的有界集 $B\subset H$，下式成立，即

$$\lim_{t\to\infty}P(\mathrm{dist}(\varphi(t,\omega)B,\mathcal{A}(\theta_t\omega))<\varepsilon)=1$$

特别地，如果 $\nu<\lambda\lambda_1+\dfrac{\sigma^2}{2}$，则 $t\to\infty$ 的吸引性质不仅在概率上成立，而且在点态 ω 上也成立。

4.4.2　随机吸引子的 Hausdorff 维数

尽管随机吸引子不是一致有界的，但确定性系统中吸引子维数的概念还是可以在一定的假设下推广到随机情形。先引用如下结果，读者可以参见参考文献[33]。

定理 4.4.3　设 $A(\omega)$ 为某个遍历随机动力系统 $(\Omega,\mathscr{F},P,\{\theta_t\}_{t\in R})$ 在随机映射 $S(\omega)$，$\omega\in\Omega$ 下不变的紧可测集，并假设

① $S(\omega)$ 在 $\mathcal{A}(\omega)$ 上几乎必然一致可微，即对每个 $u,u+h\in\mathcal{A}(\omega)$，存在从 H 到自身的有界线性算子 $DS(\omega,u)\in\mathcal{L}(H)$，使得

$$|S(\omega)(u+h)-S(\omega)u-DS(\omega,u)h|\leqslant\bar{k}(\omega)\,|h|^{1+\mu}$$

其中，$\mu>0$，$\bar{k}(\omega)$ 为随机变量且满足 $\bar{k}(\omega)\geqslant 1$，$\mathrm{E}(\log\bar{k})<\infty$。

② 存在随机变量 $\bar{\omega}_d(\omega)$ 满足 $\mathrm{E}(\log(\bar{\omega}_d))<0$，且对 $u\in\mathcal{A}(\omega)$，$\omega_d(DS(\omega,u))\leqslant\bar{\omega}_d(\omega)$ 成立，其中

$$\left.\begin{aligned}\omega_d(L)&=\alpha_1(L)\cdots\alpha_d(L)\\ \alpha_i(L)&=\sup_{F\subset H,\dim F\leqslant n-1}\ \inf_{\varphi\in F,|\varphi|=1}|L\varphi|\end{aligned}\right.,\qquad L\in\mathcal{L}(H)$$

③ 对 $u\in\mathcal{A}(\omega)$ 以及某个满足 $\mathrm{E}(\log\bar{\alpha}_1)<\infty$ 的随机变量 $\bar{\alpha}_1(\omega)\geqslant 1$，$\alpha_1(DS(\omega,u))\leqslant\bar{\alpha}_1(\omega)$ 成立，

则 $\mathcal{A}(\omega)$ 的 Hausdorff 维数 $d_H(\mathcal{A}(\omega))$ 几乎必然小于 d。

依照这个定理，下面的主要任务是验证式(4.4.9) 所定义的 φ 的一致可微性。令

$$S(\omega)=\varphi(1,\omega),\qquad T(\omega)v_0=\phi(1,0,v_0;\omega)\tag{4.4.18}$$

则随机吸引子 $\mathcal{A}(\omega)$ 在 S 下是不变的紧可测集。因 $S(\omega)=\mathrm{e}^{\sigma W(1)}T(\omega)$，不难看出如果 $T(\omega)$ 是一致可微的 a. s.，则 $S(\omega)$ 也是一致可微的 a. s.，且其 Fréchet 导数 $DS=\mathrm{e}^{\sigma W(t)}DT$，其中 DT 为 T 的 Fréchet 导数。由此即可以证明。

引理 4.4.2　$T(\omega)$ 在 $\mathcal{A}(\omega)$ 上是几乎必然一致可微的：对 $v,v+h\in\mathcal{A}(\omega)$，存在 $DT(\omega,v)\in\mathcal{L}(H)$，使得 P-a. s.，有

$$|T(\omega)(v+h)-T(\omega)v-DT(\omega,v)h|\leqslant\bar{k}(\omega)\,|h|^{1+\mu}$$

其中，$\mu>0$，$\bar{k}(\omega)\geqslant 1$，$\mathrm{E}(\log\bar{k}(\omega))<\infty$ 且 $DT(\omega,v_0)h=V(1)$，而 $V(t)$ 是方程(4.4.4) 的第一变分问题的解

$$\left.\begin{aligned}\mathrm{d}V/\mathrm{d}t&=L(t,v)V\\ V(0)&=h\end{aligned}\right\}\tag{4.4.19}$$

这里 $v(t)=\phi(t,0,v_0;\omega)$，$L(t,v)=-(\lambda+\mathrm{i}\alpha)A+(\nu-\sigma^2/2)-(k+\mathrm{i}\beta)z^{-2}f'(v)$

此引理的证明放在本节末尾。

由方程(4.4.19) 可知

$$\frac{1}{2}\frac{\mathrm{d}}{\mathrm{d}t}|V|^2=-\lambda\|v\|^2+\left(\nu-\frac{\sigma^2}{2}\right)|V|^2-$$
$$\Re(k+\mathrm{i}\beta)z^{-2}\int_D[|v|^2|V|^2+2v\bar{V}\,\Re(\bar{v}V)]\mathrm{d}x$$

右端最后一项是非正的，即

$$-\Re(k+\mathrm{i}\beta)z^{-2}\int[|v|^2|V|^2+2v\bar{V}\Re(\bar{v}V)]\mathrm{d}x=$$
$$-k\int|v|^2|V|^2\mathrm{d}x-2\int\Re(\bar{v}V)[k\Re(v\bar{V})-\beta\Im(v\bar{V})]\mathrm{d}x\leqslant$$
$$-k\int|v|^2|V|^2\mathrm{d}x+2\beta\int\Im(v\bar{V})\Re(v\bar{V})\mathrm{d}x\leqslant$$
$$(|\beta|-k)\int|v|^2|V|^2\mathrm{d}x\leqslant 0$$

从而 $|V(t)|^2\leqslant|V(0)|\mathrm{e}^{(\nu-\lambda\lambda_1-\sigma^2/2)t}$。由于 $\alpha_1(DT(\omega,v))$ 等于 $DT(\omega,v)\in\mathcal{L}(H)$ 的算子范数，通过选择 $\bar{\alpha}_1(\omega)=\max\{1,\mathrm{e}^{\sigma W(1)+\nu-\lambda\lambda_1-\sigma^2/2}\}$，故不难得知

$$\alpha_1(DS(\omega,u))\leqslant\bar{\alpha}_1(\omega)$$

以及 $\mathrm{E}(\log\bar{\alpha}_1)<\infty$。

注意到

$$DT(\omega,v)=\exp\left[\int_0^1 L(s,v(s))\mathrm{d}s\right]$$
$$DS(\omega,u)=\exp\left[\sigma W(1)+\int_0^1 L(s,v(s))\mathrm{d}s\right]$$

由参考文献[40]中的方法可知

$$\omega_d(DS(\omega,u))=\sup_{\xi_i\in H,|\xi_i|\leqslant 1,i=1,\cdots,d}\left\{\exp\left[\sigma W(1)+\int_0^1\mathrm{tr}(L(s,v(s))\circ Q_d(s)\right]\mathrm{d}s\right\}$$

其中，$Q_d(s)$ 表示从 H 到 $\mathrm{span}\{V_1(s),\cdots,V_d(s)\}$ 的正交投影，而 $V_i(s)$ 为方程(4.4.19)的具有初值 $V(0)=\xi$ 的解。

令 $\varphi_i(s),i\in\mathbb{N}$ 为 H 的一组标准正交基，使得 $Q_d(s)H=\mathrm{span}\{\varphi_1(s),\cdots,\varphi_d(s)\}$，则

$$\mathrm{tr}(L(s,v(s))\circ Q_d(s))=\sum_{i=1}^d(L(s,v(s))\varphi_s(s),\varphi_i(s))\leqslant$$
$$-\lambda\sum_{i=1}^d\|\varphi_i\|^2+\left(\nu-\frac{\sigma^2}{2}\right)d\leqslant$$
$$-\lambda\sum_{i=1}^d\lambda_i^2+\left(\nu-\frac{\sigma^2}{2}\right)d$$

记 $\bar{\omega}_d(\omega)=\exp\left[\sigma W(1)-\lambda\sum_{i=1}^d\lambda_i^2+\left(\nu-\frac{\sigma^2}{2}\right)d\right]$，选择适当的 d，使得

$$\nu-\frac{\sigma^2}{2}<\frac{\lambda}{d}\sum_{i=1}^d\lambda_i^2$$

则有 $\omega_d(DS)\leqslant\bar{\omega}_d(\omega)$ 以及 $\mathrm{E}(\log(\bar{\omega}_d))<0$。

因此如下定理成立。

定理 4.4.4 如果存在 d，使得 $\nu<\frac{\sigma^2}{2}+\frac{\lambda}{d}\sum_{i=1}^d\lambda_i^2$，则 $d_H(\mathcal{A}(\omega))<d$，$P$-a.s.。

接下来分三步证明引理 4.4.2，从而结束本节的内容。

第 1 步　在 $\mathbb{L}^p$ 中的有界性，$p\in\mathbb{Z}^+$，$1\leqslant p\leqslant 8$。

引理 4.4.3 设 $\lambda\geqslant|\alpha|$，$v(t)$ 为方程(4.4.4)的解，则对 $p\in\mathbb{Z}^+$，$1\leqslant p\leqslant 4$，存在随机变量 $I_{2p}(\omega)$，使得

$$\int_0^1 |v(s)|_{\mathrm{L}^{2p}}^{2p} \mathrm{d}s \leqslant I_{2p}(\omega) \tag{4.4.20}$$

其中，$|\cdot|_{\mathrm{L}^p} = |\cdot|_p$，且对任意的 $m \geqslant 0$，$\mathrm{E}(I_{2p}^m) < \infty$。

证明：由随机吸引子的不变性，对 $v_0 \in \mathcal{A}(\omega)$，存在式(4.4.4)的解 $v(t)$，$v(0) = v_0$，使得对任意的 $t \in R$，$v(t) \in \mathcal{A}(\theta_t \omega)$。为了得到式(4.4.20)，首先证明对 $p \in \mathbb{Z}^+$，$1 \leqslant p \leqslant 3$ 以及 $r > 0$，

$$\int_{t-r}^t |v(s)|_{2p+2}^{2p+2} \mathrm{d}s \leqslant C \sup_{t-r \leqslant s \leqslant t} \mathrm{e}^{-2\sigma W(s)} \int_{t-r-1}^t |v(s)|_{2p}^{2p} \mathrm{d}s \tag{4.4.21}$$

其中，C 为常数。将 $\bar{v}|v|^{2p-2}$ 和方程(4.4.4)作内积，并利用估计

$$\begin{aligned}&\Re(\lambda + \mathrm{i}\alpha) \int_D \Delta v \bar{v} |v|^{2p-2} \mathrm{d}x = \\ &\quad -\lambda p \int_D |\nabla v|^2 |v|^{2p} \mathrm{d}x - (p-1) \Re(\lambda + \mathrm{i}\alpha) \int_D (\bar{v} \nabla v)^2 |v|^{2p-4} \mathrm{d}x \leqslant \\ &\quad -\lambda(p - \sqrt{2}p + \sqrt{2}) \int_D |\nabla v|^2 |v|^{2p} \mathrm{d}x \leqslant 0\end{aligned}$$

可以得到

$$\frac{1}{2p} \frac{\mathrm{d}}{\mathrm{d}t} |v|_{2p}^{2p} + \mathrm{e}^{2\sigma W(t)} |v|_{2p+2}^{2p+2} \leqslant \left(\nu - \frac{\sigma^2}{2}\right) |v|_{2p}^{2p} \tag{4.4.22}$$

对此从 s 到 t 积分，有

$$\frac{1}{2p} |v(t)|_{2p}^{2p} \leqslant \frac{1}{2p} |v(s)|_{2p}^{2p} + \left(\nu - \frac{\sigma^2}{2}\right) \int_s^t |v(\tau)|_{2p}^{2p} \mathrm{d}\tau$$

再关于 s 从 $t-1$ 到 t 积分可得

$$|v(t)|_{2p}^{2p} \leqslant \int_{t-1}^t |v(s)|_{2p}^{2p} + 2p\left(\nu - \frac{\sigma^2}{2}\right) \int_{t-1}^t |v(s)|_{2p}^{2p} \mathrm{d}s \tag{4.4.23}$$

利用此式，在 $t-r$ 到 t 上积分式(4.4.22)可得

$$\begin{aligned}&\int_{t-r}^t \mathrm{e}^{2\sigma W(s)} |v(s)|_{2p+2}^{2p+2} \mathrm{d}s \leqslant \\ &\quad \frac{1}{2p} |v(t-r)|_{2p}^{2p} + \left(\nu - \frac{\sigma^2}{2}\right) \int_{t-r}^t |v(s)|_{2p}^{2p} \mathrm{d}s \leqslant \\ &\quad \frac{1}{2p} \int_{t-r-1}^{t-r} |v(s)|_{2p}^{2p} \mathrm{d}s + \left(\nu - \frac{\sigma^2}{2}\right) \int_{t-r-1}^{t-r} |v(s)|_{2p}^{2p} \mathrm{d}s + \\ &\quad \left(\nu - \frac{\sigma^2}{2}\right) \int_{t-r}^t |v(s)|_{2p}^{2p} \mathrm{d}s \leqslant \\ &\quad (1 + 2\nu - \sigma^2) \int_{t-r-1}^t |v(s)|_{2p}^{2p} \mathrm{d}s\end{aligned}$$

由此可知

$$\int_{t-r}^t |v(s)|_{2p}^{2p} \mathrm{d}s \leqslant (1 + 2\nu - \sigma^2) \sup_{t-r \leqslant s \leqslant t} \mathrm{e}^{-2\sigma W(s)} \int_{t-r-1}^t |v(s)|_{2p}^{2p} \mathrm{d}s$$

记 $S_i = \sup_{1-i \leqslant s \leqslant 1} \mathrm{e}^{-2\sigma W(s)}$，则

$$\begin{aligned}\int_0^1 |v(s)|_{2p+2}^{2p+2} \mathrm{d}s &\leqslant (1 + 2\nu - \sigma^2) S_1 \int_{-1}^1 |v(s)|_{2p}^{2p} \mathrm{d}s \leqslant \\ &\quad (1 + 2\nu - \sigma^2)^2 S_1 S_2 \int_{-2}^1 |v(s)|_{2p-2}^{2p-2} \mathrm{d}s \leqslant \\ &\quad (1 + 2\nu - \sigma^2)^p S_1 \cdots S_p \int_{-p}^1 |v(s)|_2^2 \mathrm{d}s\end{aligned}$$

由 $v(-3)\in\mathcal{A}(\theta_{-3}\omega)$ 可得

$$|v(-3)|\leqslant r_{-3}(\theta_{-3}\omega)$$

最后利用式(4.4.13)，可得 $v(t)$，$-3\leqslant t\leqslant 1$ 在 H 中有界，证毕。

第 2 步　解的 Lipshitz 性质。

令 $v_i(t)$，$i=1,2$ 为方程(4.4.4)的两个解，其初值条件为 $v_i(0)=v_i^0$。记 $g(t)=v_1(t)-v_2(t)$，则 $g(t)$ 满足方程

$$\frac{\mathrm{d}g}{\mathrm{d}t}+(\lambda+\mathrm{i}\alpha)Ag-\left(\nu-\frac{\sigma^2}{2}\right)g+(k+\mathrm{i}\beta)z^{-2}[f(v_1)-f(v_2)]=0$$

对此式和 g 作内积可得

$$\frac{1}{2}\frac{\mathrm{d}}{\mathrm{d}t}|g|^2+\lambda\|g\|^2-\left(\nu-\frac{\sigma^2}{2}\right)|g|^2=$$

$$-\mathfrak{R}(k+\mathrm{i}\beta)z^{-2}\int_D[f(v_1)-f(v_2)](\bar{v}_1-\bar{v}_2)\mathrm{d}x \tag{4.4.24}$$

此式右端可以被

$$Cz^{-2}(|v_1|_6^3+|v_2|_6^3)|g|^2$$

所控制，从而得到

$$|g(t)|^2\leqslant|g(0)|^2\exp\left\{\left(\nu-\lambda\lambda_1-\frac{\sigma^2}{2}\right)t+\right.$$

$$\left.C\int_0^t z^{-2}(s)[|v_1(s)|_6^3+|v_2(s)|_6^3]\mathrm{d}s\right\} \tag{4.4.25}$$

由式(4.4.20)可得

$$|g(1)|^2\leqslant|g(0)|^2\exp\left[\nu-\lambda\lambda_1-\frac{\sigma^2}{2}+C\sup_{0\leqslant s\leqslant 1}z^{-2}(s)I_6(\omega)\right]$$

最后可得

$$|v_1(1)-v_2(1)|\leqslant C(\omega)|v_1^0-v_2^0|$$

且 $\mathrm{E}(C(\omega))<\infty$。

第 3 步　$T(\omega)$ 的可微性。

令 $r(t)=v_1(t)-v_2(t)-V(t)$，其中 v_i，$i=1,2$ 同上，$V(t)$ 满足线性方程(4.4.19)，$L=L(t,v)$ 且记 $h=v_1^0-v_2^0$，则 $r(t)$ 满足方程

$$\frac{\mathrm{d}r}{\mathrm{d}t}+(\lambda+\mathrm{i}\alpha)Ar-\left(\nu-\frac{\sigma^2}{2}\right)r=$$

$$-(k+\mathrm{i}\beta)z^{-2}[f(v_1)-f(v_2)-f'(v_2)(v_1-v_2-r)]$$

对此式和 r 作内积便得到

$$\frac{1}{2}\frac{\mathrm{d}}{\mathrm{d}t}|r|^2+\lambda\|r\|^2=$$

$$\left(\nu-\frac{\sigma^2}{2}\right)|r|^2-\mathfrak{R}(k+\mathrm{i}\beta)z^{-2}\int_D f'(v_2)|r|^2\mathrm{d}x-$$

$$\mathfrak{R}(k+\mathrm{i}\beta)z^{-2}\int_D[f(v_1)-f(v_2)-f'(v_2)(v_1-v_2)]\bar{r}\mathrm{d}x \tag{4.4.26}$$

右端第二项非正：

$$-\Re(k+\mathrm{i}\beta)z^{-2}\int_D f'(v_2)\,|\,r\,|^2\mathrm{d}x=$$

$$-\Re(k+\mathrm{i}\beta)\int_D[\,|\,v_2\,|^2\,|\,r\,|^2+2v_2\bar{r}\,\Re(v_2\bar{r})\,]\mathrm{d}x=$$

$$-k\int|\,v_2\,|^2\,|\,r\,|^2\mathrm{d}x-2k\int[\Re(v_2\bar{r})]^2\mathrm{d}x+2\beta\int\Re(v_2\bar{r})\,\Im(v_2\bar{r})\mathrm{d}x\leqslant$$

$$(|\,\beta\,|-k)\int|\,v_2\,|^2\,|\,r\,|^2\mathrm{d}x\leqslant 0$$

接下来估计式(4.4.26)右端的第三项。首先非线性项 f 有估计

$$|\,f(v_1)-f(v_2)-f'(v_2)(v_1-v_2)\,|\leqslant C(|\,v_1\,|^2+|\,v_2\,|^2)\,|\,v_1-v_2\,|$$

从而利用 Hölder 不等式以及 Sobolev 嵌入定理可得

$$-\Re(k+\mathrm{i}\beta)\,z^{-2}\int_D[f(v_1)-f(v_2)-f'(v_2)(v_1-v_2)]\bar{r}\mathrm{d}x\leqslant$$

$$Cz^{-2}\,|\,(v_1\,|^2+|\,v_2\,|^2)(v_1-v_2)\,|_s\,|\,r\,|_{s^*}\leqslant$$

$$Cz^{-4}\,|\,(v_1\,|^2+|\,v_2\,|^2)(v_1-v_2)\,|_s^2+\varepsilon\,\|\,r\,\|^2 \tag{4.4.27}$$

其中,$\varepsilon>0$,$s>1$,而 s^* 为 s 的共轭指标。令

$$0<\delta<2/3,\qquad 1<s<8/(6+3\delta)$$

容易验证

$$1<s<2/(1+\delta),\qquad s_1\overset{\text{def}}{=\!=}2s[2-\delta)/[2-s(1+\delta)]<8$$

从而成立

$$|\,(v_1\,|^2+|\,v_2\,|^2)(v_1-v_2)\,|_s^s\leqslant C\int_D(|\,v_1\,|+|\,v_2\,|)^{3s-s(1+\delta)}\,|\,v_1-v_2\,|^{s(1+\delta)}\mathrm{d}x\leqslant$$

$$C[\,|\,v_1\,|_{s_1}^{s(2-\delta)}+|\,v_2\,|_{s_1}^{s(2-\delta)}\,]\,|\,v_1-v_2\,|^{s(1+\delta)}$$

利用式(4.4.26)可知,对充分小的 ε,下式成立,即

$$\frac{1}{2}\frac{\mathrm{d}}{\mathrm{d}t}\,|\,r\,|^2\leqslant\left(\nu-\frac{\sigma^2}{2}\right)|\,r\,|^2+Cz^{-4}[\,|\,v_1\,|_{s_1}^{2(2-\delta)}+|\,v_2\,|_{s_1}^{2(2-\delta)}\,]\,|\,v_1-v_2\,|^{2(1+\delta)}$$

由此可以推出

$$|\,r(1)\,|^2\leqslant C(\omega)\int_0^1 z^{-4}[\,|\,v_1\,|_{s_1}^{2(2-\delta)}+|\,v_2\,|_{s_1}^{2(2-\delta)}\,]\mathrm{d}s h^{2(1+\delta)}$$

记

$$\bar{k}_1^2(\omega)=C(\omega)\sup_{1\leqslant t\leqslant 1}z^{-4}(t)\int_0^1[\,|\,v_1(s)\,|_{s_1}^{2(2-\delta)}+|\,v_2(s)\,|_{s_1}^{2(2-\delta)}\,]\mathrm{d}s$$

选择 $\bar{k}(\omega)=\max\{k_1(\omega),1\}$,满足 $\mathrm{E}(\log\bar{k}(\omega))<\infty$,则完成引理 4.4.2 的证明。

4.4.3　随机广义 Ginzburg – Landau 方程的一些结果

还可以进一步考虑如下的随机广义 Ginzburg – Landau 方程(参见参考文献[45,46]):

$$\mathrm{d}u+\kappa u_x\mathrm{d}t=[\chi u+(\gamma_1+\mathrm{i}\gamma_2)u_{xx}-(\beta_1+\mathrm{i}\beta_2)\,|\,u\,|^2u-(\delta_1+\mathrm{i}\delta_2)\,|\,u\,|^4u-$$

$$(\nu_1+\mathrm{i}\nu_2)\,|\,u\,|^2u_x-(\mu_1+\mathrm{i}\mu_2)u^2\bar{u}_x]\mathrm{d}t+\Phi\mathrm{d}W \tag{4.4.28}$$

并且考虑如下的初边值条件:

$$u(0,t)=u(1,t)=0,\qquad u(x,t_0)=u_0(x) \tag{4.4.29}$$

在方程中 W 是关于时间的一个双边的柱形 Wiener 过程，是定义在完备概率空间 $(\Omega,\mathscr{F},P)$ 上取值于 $L^2(0,1)$ 的函数；或者等价地，如果 $\{\beta_i\}_{i\in\mathbb{N}}$ 为 $(\Omega,\mathscr{F},P)$ 上的相互独立的布朗运动，$\{e_i\}_{i\in\mathbb{N}}$ 为 $L^2(0,1)$ 的一组标准正交基，则

$$W(t) = \sum_i \beta_i e_i$$

而 Φ 是从 $L^2(0,1)$ 到某个 Hilbert 空间 U 的 Hilbert - Schmidt 算子。

沿用前面的记号，记 z 为如下线性方程的解，即

$$dz = -(\gamma_1 - i\gamma_2)Az\,dt + \Phi dW, \qquad z(0) = 0 \tag{4.4.30}$$

可以证明其解 $z \in C([0,\infty),V)$，参见参考文献[6]。做变换

$$v = u - z$$

便可得到关于 v 的随机微分方程

$$\begin{aligned}\frac{dv}{dt} = &-\kappa v_x dt + \chi v - (\gamma_1 + i\gamma_2)Av - (\beta_1 + i\beta_2)\,|\,u\,|^2 u - \\ &(\delta_1 + i\delta_2)\,|\,u\,|^4 u - (\nu_1 + i\nu_2)\,|\,u\,|^2 u_x - \\ &(\mu_1 + i\mu_2)u^2 \bar{u}_x - \kappa z_x + \chi z\end{aligned} \tag{4.4.31}$$

$$v(t_0,\omega) = v_0 = u_0 - z(t_0,\omega) \xlongequal{\text{def}} \xi$$

在一定的假设下，不难证明（P-a. s.）。

① 对任意的 $t_0 \in R$，$\xi \in V$，以及任意的 $T < \infty$，方程(4.4.31)存在唯一解 $v \in C([t_0,T);V) \cap L^2(t_0,T;V)$；

② 如果 $\xi \in D(A)$，那么 $v \in C([t_0,T);V) \cap L^2(t_0,T;D(A))$；

③ 对任意的 $t \geqslant t_0$，映射 $\xi \mapsto v(t)$ 是从 $V \to V$ 的连续映射。

用 $v(t,\omega;t_0,\xi)$ 表示方程(4.4.31)的解，则

$$S(t,t_0;\omega)u_0 = v[t,\omega;t_0,u_0 - z(t-0\omega)] + z(t,\omega)$$

定义了一个随机动力系统。

为了得到随机吸引子的存在性，需要作一些先验估计，这些先验估计的方法是标准的，可以参见有关著作与文章，如 Temam[40] 或者郭柏灵等的文章[46]。由这些先验估计便可以得到 V 和 H^2 中的吸引集，从而应用 4.2 节一般性的结论便得到吸引子的存在性。

定理 4.4.5　设 $\kappa > 0$，$\gamma_1 > 0$，$\delta_1 > 0$，Φ 是 $H \to D(A)$ 的 Hilbert - Schmidt 算子，通过适当的选择 δ，广义 Ginzburg - Landau 方程产生的随机动力系统在空间 V 中存在全局随机吸引子 $\mathcal{A}(\omega)$。

第5章　随机非线性Schrödinger方程

众所周知,非线性Schrödinger方程作为非线性波动一个重要模型出现在数学、物理的许多领域中,如出现在流体动力学、非线性光学或等离子体物理中。在许多实际问题中,随机扰动性必须加以考虑,这种随机性通常通过随机势表现出来,导致了如下形式的随机非线性Schrödinger方程[28,47,48,49,50,51]

$$\mathrm{i}\frac{\mathrm{d}u}{\mathrm{d}t}-(\Delta u+|u|^{2\sigma}u)=\dot{\eta}u \tag{5.0.1}$$

其中,u 是定义在 $R^n\times R^+$ 上的复值随机过程,它描述了非线性色散波在非齐次介质或者随机介质中的传播。本章讨论这类随机微分方程的数学上的一些结果,共分为两个小节。5.1节主要介绍在乘积噪声以及可加噪声下的 L^2 理论,5.2节则主要讨论方程的 H^1 理论。有关确定情形的Schrödinger方程,读者可以参见参考文献[52]等著作。

5.1　L^2 理论

这一节介绍随机非线性Schrödinger方程的 L^2 理论。考虑如下具有乘积噪声的随机非线性Schrödinger方程:

$$\mathrm{i}\frac{\mathrm{d}u}{\mathrm{d}t}-(\Delta u+|u|^{2\sigma}u)=\dot{\eta}u,\qquad x\in R^n,\quad t\geqslant 0 \tag{5.1.1}$$

其中,u 是定义在 $R^n\times R^+$ 上的复值随机过程,$\sigma=1$。$\dot{\eta}$ 为实值Gauss过程,其相关函数为

$$\mathrm{E}(\dot{\eta}(x,t)\dot{\eta}(y,s))=c(x,y)\delta(t-s) \tag{5.1.2}$$

当 $c(x,y)=\delta(x-y)$ 时,对应于时空白噪声的情形。方程右端的乘积应理解为Stratonovitch乘积以得到相应的物理解释——保证解的 L^2-范数守恒。下面给出噪声 η 的数学描述并写出相应的Itô形式。给定概率空间 $(\Omega,\mathscr{F},P)$ 及其上的 σ-代数流 $(\mathscr{F}_t)_{t\geqslant 0}$,记 $(\beta_k)_{k\in\mathbb{N}}$ 为关于此代数流的一列独立的布朗运动。给定空间 $L^2(R^n,R)$ 上的一组单位正交基及其上的线性算子 Φ,则过程

$$W(t,x,\omega)=\sum_{k=0}^{\infty}\beta_k(t,\omega)\Phi e_k(x),\qquad t\geqslant 0,\qquad x\in R^n,\qquad \omega\in\Omega$$

是 $L^2(R^n,R)$ 上的Wiener过程且其协方差算子为 $\Phi\Phi^*$。令 $\dot{\eta}=\dfrac{\mathrm{d}W}{\mathrm{d}t}$,设 Φ 具有如下的积分核表示:

$$\Phi u(x)=\int_{R^n}k(x,y)u(y)\mathrm{d}y,\qquad u\in L^2(R^n,R) \tag{5.1.3}$$

则

$$c(x,y)=\int_{R^n}k(x,z)k(y,z)\mathrm{d}z$$

有了上述准备工作,就可以将方程写为

$$\mathrm{i}\mathrm{d}u-[\Delta u+f(|u|^2)u]\mathrm{d}t=u\circ\mathrm{d}W \tag{5.1.4}$$

其中，“∘”表示 Stratonovitch 乘积。而 $f(s)=s^{\sigma}$。利用 Itô 积分和 Stratonovitch 乘积的等价关系，可以进一步将方程写为 Itô 形式：

$$\mathrm{i}\mathrm{d}u-[\Delta u+f(|u|^2)u]\mathrm{d}t=u\mathrm{d}W-\frac{\mathrm{i}}{2}uF_{\Phi}\mathrm{d}t \tag{5.1.5}$$

其中，函数 F_{Φ} 仅依赖于 Φ，由如下表达式给出，即

$$F_{\Phi}(x)=\sum_{k=0}^{\infty}[\Phi e_k(x)]^2,\qquad x\in R^n \tag{5.1.6}$$

且不依赖于具体的基 $\{e_k\}_{k\in\mathbb{N}}$ 的选择。具体地，在式(5.1.3)的情况下，有

$$F_{\Phi}(x)=|k(x,\cdot)|^2_{L^2(R^n)}$$

给定方程(5.1.4)的初值条件为

$$u(0)=u_0 \tag{5.1.7}$$

在确定系统情形，通常将方程写为如下积分表达式，以利用不动点定理证明解的存在唯一性，即

$$u(t)=S(t)u_0-\mathrm{i}\int_0^t S(t-s)[f(|u(s)|^2)u(s)]\mathrm{d}s$$

其中，$S(t)=\mathrm{e}^{-\mathrm{i}t\Delta}$ 为相应的线性方程生成的半群。利用经典的理论可知，由非线性项以及 Strichartz 估计给出的自然的求解空间是 $C([0,T];L^2(R^n))\cap L^{\gamma}([0,T];L^q(R^n))$。其中，$q=2\sigma=2,\gamma=\dfrac{4(\sigma+1)}{n\sigma}$。在条件 $\sigma<\dfrac{2}{n}$ 时，可以证明对初值 $u_0\in L^2(R^n)$ 的解的存在唯一性。

在随机系统情形，相应解的积分表达式为

$$\begin{aligned}u(t)=&S(t)u_0-\mathrm{i}\int_0^t S(t-s)[f(|u(s)|^2)u(s)]\mathrm{d}s-\\&\mathrm{i}\int_0^t S(t-s)[u(s)\mathrm{d}W(s)]-\frac{1}{2}\int_0^t S(t-s)(u(s)F_{\Phi})\mathrm{d}s\end{aligned} \tag{5.1.8}$$

下面的目的是要利用不动点定理证明解的存在唯一性。由于随机项是乘积噪声，只能对方程在形如 $L^{\rho}(\Omega,\mathscr{E})$ 的空间求解，其中 $\mathscr{E}$ 为某时空空间。另一方面，由于方程的非线性项不是 Lipshitz 的，从而需要对非线性项进行截断。和确定系统情形类似，考虑函数空间 $\mathscr{E}=C([0,T];L^2(R^n))\cap L^{\gamma}([0,T];L^q(R^n))$，并且非线性项需要在空间 $L^{\gamma}([0,T];L^q(R^n))$ 中截断。当估计随机积分以及校正项时，发现 q 越小，对 Φ 的要求越高。显然，q 是依赖于 σ 的，但利用 Strichartz 估计，对任意满足 $p\geqslant 2\sigma+2$ 的容许对 (r,p)，可以在空间 $C([0,T];L^2(R^n))\cap L^r([0,T];L^p(R^n))$ 中利用不动点定理。因而，为了对 Φ 要求尽可能少的正则性，应考虑 p 尽可能大。

首先考虑如下的截断方程：

$$\begin{aligned}u(t)=&S(t)u_0-\mathrm{i}\int_0^t S(t-s)\{\theta[|u|_{L^{\gamma}(0,s;L^q(R^n))}]f(|u(s)|^2)u(s)\}\mathrm{d}s-\\&\mathrm{i}\int_0^t S(t-s)[u(s)\mathrm{d}W(s)]-\frac{1}{2}\int_0^t\int_0^t S(t-s)[u(s)F_{\Phi}]\mathrm{d}s\end{aligned} \tag{5.1.9}$$

其中，θ 为截断函数，且 F_{Φ} 由式(5.1.6)给出。这样便可以在空间

$$L^{\rho}(\Omega,C([0,T];L^2(R^n))\cap L^r([0,T];L^p(R^n))$$

中利用不动点定理。为此，还需要做如下的假设：假设 Φ 为 $L^2(R^n;R)$ 上的 Hilbert - Schmidt 算

子，且是从 $L^2(R^n)$ 到 $L^{2+\delta}(R^n)$ 的 γ-Radonifying 算子[53]，其中，δ 依赖于 n,σ。在式(5.1.3)的情形，意味着假设

$$k \in L^2(R^n \times R^n;R) \cap L^{2+\delta}(R_x^n;L^2(R_y^n;R))$$

还需对 σ 作如下假设：

$$\sigma < \min\left\{\frac{2}{n},\frac{1}{n-1}\right\}$$

当 $n=1,2$ 时，此条件和确定系统情形一致；当 $n \geqslant 3$ 时，此条件比确定系统的要求更高。

引入如下记号。对 $p \geqslant 1$，$L^p(R^n)$ 记通常的 Lebesgue 空间。当 $p=2$ 时，其内积定义为

$$(u,v) = \Re\int_{R^n} u(x)\bar{v}(x), \qquad \forall\, u,v \in L^2(R^n)$$

同时记 $L^2(R^n;R)$ 为实值的平方可积函数空间。记 $\mathcal{F}\,v$ 或者 $\hat{v}$ 为缓增分布 $v \in S'(R^n)$ 的 Fourier 变换。定义 Sobolev 空间 $H^s(R^n)$ 为

$$H^s(R^n) = \{v \in S'(R^n):(1+|\,\xi\,|^2)^{s/2}\,\mathcal{F}\,v \in L^2(R^n)\}$$

设 I 为 R 的某一区间，E 为 Banach 空间，$1 \leqslant r \leqslant +\infty$，定义

$$L^r(I;E) = \{v:I \to E \mid t \mapsto |\,v(t)\,|_E \in L^r(I)\}$$

为从 I 到 E 的强 Lebesgue 函数。

给定可分的 Hilbert 空间 H 和 $\widetilde{H}$，记 H 到 $\widetilde{H}$ 的 Hilbert-Schmidt 算子构成的空间为 $L_2^0(H,\widetilde{H})$，其元素 $\Phi \in L_2^0(H,\widetilde{H})$ 的范数为

$$|\,\Phi\,|^2_{L_2^0(H,\widetilde{H})} = \mathrm{tr}\Phi^*\Phi = \sum_{k\in\mathbf{N}} |\,\Phi e_k\,|^2_{\widetilde{H}}$$

其中，$(e_k)_{k\in\mathbb{N}}$ 为 H 的一组单位正交基。当 $H = L^2(R^n)$，$\widetilde{H} = H^s(R^n)$ 时，$L_2^0(H,\widetilde{H})$ 简记为 $L_2^{0,s}$。给定 Banach 空间 B，考虑 $L^2(R^n)$ 到 B 的有界线性算子，替代 Hilbert-Schmidt 算子的概念，相应地给出 γ-Radonifying 算子。记 $R(L^2(R^n),B)$ 为从 $L^2(R^n)$ 到 B 的 γ-Radonifying 算子构成的空间，其范数为

$$|\,\Phi\,|_{R(L^2,B)} = \left(\widetilde{\mathrm{E}}\left|\sum_{k=1}^{\infty}\gamma_k\Phi e_k\right|^2_B\right)^{1/2}$$

其中，$(e_k)_{k\in\mathbb{N}}$ 为 $L^2(R^n)$ 的一组单位正交基，$(\gamma_k)_{k\in\mathbb{N}}$ 为概率空间 $(\widetilde{\Omega},\widetilde{F},\widetilde{P})$ 上一列独立的实值正态随机变量。

引理 5.1.1　*令 H 为一可分 Hilbert 空间，E,F 为一 Banach 空间。给定 $\Phi \in R(H;E)$ 以及 $L \in \mathcal{L}(E;F)$，则 $L\Phi \in R(H;F)$ 且*

$$\|\,L\Phi\,\|_{R(H;F)} \leqslant \|\,L\,\|_{L(E;F)}\,\|\,\Phi\,\|_{R(H;E)}$$

证明：考虑 $(\widetilde{\Omega},\widetilde{F},\widetilde{P})$ 为一概率空间，$(\gamma_k)_{k\in\mathbb{N}}$ 为其上的一列独立的正态实值随机变量，$(e_k)_{k\in\mathbb{N}}$ 为 H 的一组单位正交基，则对任意的 $n,p \in \mathbb{N}$，有

$$\widetilde{\mathrm{E}}\left|\sum_{k=n}^{n+p}\gamma_k L\Phi e_k\right|^2_F = \widetilde{\mathrm{E}}\left|L\sum_{k=n}^{n+p}\gamma_k\Phi e_k\right|^2_F \leqslant \|\,L\,\|^2_{\mathcal{L}(E;F)}\widetilde{\mathrm{E}}\left|\sum_{k=n}^{n+p}\gamma_k\Phi e_k\right|^2_F \tag{5.1.10}$$

由此可知级数 $\sum\limits_{k=1}^{\infty}\gamma_k L\Phi e_k$ 收敛。取 $n=1$，$p \to \infty$ 可知结论成立。

显然如 B 为一 Hilbert 空间，那么 $R(H,B) = L_2^0(H;B)$。若 $2 \leqslant q \leqslant \dfrac{2n}{n-s}(s<n)$，则利用嵌入关系 $H^s(R^n) \hookrightarrow L^q(R^n)$ 以及引理 5.1.1 可知，从 $L^2(R^n)$ 到 $H^s(R^n)$ 的 Hilbert-

Schmidt 算子为一从 $L^2(R^n$ 到 $L^q(R^n)$ 的 γ - Radonifying 算子。

考虑相应的 Itô 形式(5.1.6) 并对非线性 f 以及 Wiener 过程 W 作如下假设：

① $f:R^+\to R$ 为局部 Lipshitz 连续函数，并存在常数 $C>0$ 以及 σ 满足

$$|f(|\zeta|^2\zeta)-f(|\zeta'|^2\zeta')|\leqslant C(|\zeta|^{2\sigma}+|\zeta'|^{2\sigma})|\zeta-\zeta'|,\qquad \forall\zeta,\zeta'\in\mathbb{C}$$

其中，当 $n=1,2$ 时，$0<\sigma<\dfrac{2}{n}$；当 $n\geqslant 3$ 时，$0<\sigma<\dfrac{1}{n-1}$。

一个典型的例子是 $f(s)=s^\sigma$。

设 $\widetilde{W}$ 为 $L^2(R^n;R)$ 与 $(\Omega,\mathscr{F},(\mathscr{F}_t)_{t\geqslant 0},P)$ 相应的柱状 Wiener 过程，有

$$\widetilde{W}=\sum_{k=0}^{\infty}\beta_k(t)e_k$$

其中，$(\beta_k)_{k\in\mathbb{N}}$ 为 $(\Omega,\mathscr{F},(\mathscr{F}_t)_{t\geqslant 0},P)$ 上的独立的实值布朗运动，且假设

② 存在 $\Phi\in L_2^0(L^2(R^n;R))$ 以及对某 $\delta>2(n-1)$，$\Phi\in R(L^2(R^n;R);L^{2+\delta}(R^n))$，使得

$$W=\Phi\widetilde{W}$$

W 为一实值过程。

如果 u 是相应 Itô 形式的解，即在 $[0,T]$ 上对 a.e. $\omega\in\Omega$ 满足方程(5.1.8)，其中 $F_\Phi=\sum\limits_{k=0}^{\infty}(\Phi e_k)^2$，则称 u 是方程(5.1.5) 在区间 $[0,T]$ 上具有初值方程(5.1.7) 的解。由于 $\Phi\in R(L^2(R^n;R);L^{2+\delta}(R^n))$，$F_\Phi$ 作为 $L^{1+\frac{\delta}{2}}$ 的元素是有意义的。主要定理如下。

定理 5.1.1 设非线性项 f 以及 W 满足条件 ① ～ ②，$p\geqslant\max\left\{2\sigma+2,\dfrac{2(2+\delta)}{\delta}\right\}$ 使得 $p<\dfrac{2n}{n-1}(n\geqslant 2)$，且 $\dfrac{2}{r}=n\left(\dfrac{1}{2}-\dfrac{1}{p}\right)$，则对任意 $\rho\geqslant\max\left\{r,(2\sigma+2)\left(\dfrac{4\sigma}{2-n\sigma}+1\right)\right\}$，任意的 $\mathscr{F}_0$ 可测的 $u_0\in L^\rho(\Omega;L^2(R^n))$ 以及任意的 $T_0>0$，方程(5.1.5) 和方程(5.1.7) 存在唯一解 u，使得 $u\in L^\rho(\Omega;C([0,T_0];L^2(R^n)))\cap L^1(\Omega;L^r(0,T_0;L^p(R^n)))$，而且对 a.e. $\omega\in\Omega$，以及任意的 $t\in[0,T_0]$，有

$$|u(t)|_{L^2(R^n)}=|u_0|_{L^2(R^n)}$$

5.1.1 逼近方程

考虑截断函数 $\theta\in\mathscr{C}_0^\infty(R)$，有

$$\theta(x)=\begin{cases}1, & x\in[-1,1]\\ 0, & x\in[-1,1]^c\end{cases}$$

且 $0\leqslant\theta(x)\leqslant 1$。对任意的 $R>0$，$\theta_R(x)=\theta(x/R)$，令 $q=2\sigma+2$ 且 $\gamma=\dfrac{4(\sigma+1)}{n\sigma}$，使得 $\dfrac{2}{\gamma}=n\left(\dfrac{1}{2}-\dfrac{1}{q}\right)$。

为了证明定理，首先考虑如下的逼近方程：

$$u(t)=S(t)u_0-\mathrm{i}\int_0^t S(t-s)(\theta_R(|u|_{L^\gamma(0,s;L_x^q)})f(|u(s)|^2)u(s))\mathrm{d}s-\\ \mathrm{i}\int_0^t S(t-s)[u(s)\mathrm{d}W(s)]-\frac{1}{2}\int_0^t S(t-s)[u(s)F_\Phi]\mathrm{d}s\qquad(5.1.11)$$

显然此逼近方程为如下 Itô 方程的积分形式：

$$\mathrm{i}\mathrm{d}u - (\Delta u + \theta_R(|u|_{L^\gamma(0,t;L_x^q)}) f(|u|^2)u)\mathrm{d}t = u\mathrm{d}W - \frac{\mathrm{i}}{2}uF_\Phi \mathrm{d}t \qquad (5.1.12)$$

命题 5.1.1　令 p,r,σ 如定理 5.1.1 所述。令 $\rho \geqslant r, u_0 \in L^\rho(\Omega;L^2(R^n))$ 为 $\mathscr{F}_0$ 可测，$T_0>0$，则方程(5.1.11)具有唯一解 $u \in L^\rho(\Omega;C([0,T_0];L^2(R^n))) \cap L^\rho(\Omega;L^r(0,T_0;L^p(R^n)))$。

为了证明命题 5.1.1，在空间 $L^\rho(\Omega;C([0,T];L^2(R^n))) \cap L^\rho(\Omega;L^r(0,T;L^p(R^n)))$ 中对充分小的 T(仅依赖于 R) 使用不动点定理。为此需要对随机积分项作出一定的估计，即需要估计

$$Ju(t) = \int_0^t S(t-s)[u(s)\mathrm{d}W(s)]$$

引理 5.1.2　设 W 满足前述的要求，r,p 如定理 5.1.1 所述。对任意的 $\rho \geqslant 2, T>0$，以及任意的适应过程 $u \in L^\rho(\Omega;L^\infty(0,T;L_x^2))$，定义

$$Iu(t_0,t) = \int_0^{t_0} S(t-s)[u(s)\mathrm{d}W(s)], \qquad t_0,t \in [0,T]$$

那么对任意的 $t \in [0,T]$，下式成立，即

$$\mathrm{E}(\sup_{0\leqslant t_0 \leqslant T} |Iu(t_0,t)|_{L^p(R^n)}^\rho) \leqslant C\|\Phi\|_{R(L_x^2,L_x^{nr/2})}^\rho T^{\rho(\frac{1}{2}-\frac{1}{r})}\mathrm{E}(|u|_{L^\infty(0,T;L_x^2)}^\rho) \quad (5.1.13)$$

证明：将式(5.1.13)的左端显示表示为

$$\mathrm{E}(\sup_{0\leqslant t_0 \leqslant T} |Iu(t_0,t)|_{L^p(R^n)}^\rho) =$$

$$\mathrm{E}\left(\sup_{0\leqslant t_0 \leqslant T}\left|\int_0^{t_0} S(t-s)[u(s)\mathrm{d}W(s)]\right|_{L^p(R^n)}^\rho\right)$$

在 Banach 空间 $L^p(R^n)$ 中利用 BürkHölder 不等式(参见参考文献[53,54])可知

$$\text{上式} \leqslant C\mathrm{E}\left(\int_0^T \|S(t-s)(u(s)\Phi)\|_{R(L_x^2;L_x^p)}^2 \mathrm{d}s\right)^{\rho/2}$$

对 $L:v \mapsto S(t-s)(u(s)v)$ 利用引理 5.1.1 可知

$$\|S(t-s)(u(s)\Phi)\|_{R(L_x^2;L_x^p)} \leqslant \|L\|_{\mathcal{L}(L_x^{nr/2};L_x^p)}\|\Phi\|_{R(L_x^2;L_x^{nr/2})}$$

对任意的 $v \in L^{nr/2}(R^n)$，利用线性群 $S(t)$ 的衰减估计可得

$$|Lv|_{L^p(R^n)} = |S(t-s)u(s)v|_{L^p(R^n)} \leqslant$$

$$C|t-s|^{-n(\frac{1}{2}-\frac{1}{p})}|u(s)v|_{L^{p'}(R^n)} \leqslant$$

$$C|t-s|^{-\frac{2}{r}}|u(s)|_{L^2(R^n)}|v|_{L^{nr/2}(R^n)}$$

从而有估计

$$\|S(t-s)(u(s)\Phi)\|_{R(L_x^2;L_x^p)} \leqslant$$

$$C|t-s|^{-\frac{2}{r}}|u(s)|_{L^2(R^n)}\|\Phi\|_{R(L_x^2;L_x^{nr/2})}$$

以及

$$\mathrm{E}(\sup_{0\leqslant t_0 \leqslant T} |Iu(t_0,t)|_{L^p(R^n)}^\rho) \leqslant$$

$$C\|\Phi\|_{R(L_x^2;L_x^{nr/2})}^\rho \mathrm{E}\left(\int_0^T |t-s|^{-\frac{4}{r}}|u(s)|_{L^2(R^n)}^2\mathrm{d}s\right)^{\rho/2} \leqslant$$

$$C\|\Phi\|_{R(L_x^2;L_x^{nr/2})}^\rho T^{\rho(\frac{1}{2}-\frac{1}{r})}\mathrm{E}(|u|_{L^\infty(0,T;L_x^2)}^\rho)$$

从而引理结论成立。

注 5.1.1 对于 $2 \leqslant \frac{nr}{2} \leqslant 2+\delta$，利用 Hölder 不等式可知，$L_2^0(L_x^2) \cap R(L_x^2;L_x^{2+\delta}) \subset R(L_x^2;L_x^{nr/2})$ 且

$$\|\Phi\|_{R(L_x^2;L_x^{nr/2})} \leqslant C[\|\Phi\|_{L_2^0(L_x^2)} + \|\Phi\|_{R(L_x^2;L_x^{2+\delta})}]$$

从而式(5.1.13)的右端是有界的。

推论 5.1.1 令 W,r,p 如引理 5.1.2 所述。$T>0$ 且 $\rho \geqslant r$，对任意的适应过程 $u \in L^\rho(\Omega;L^\infty(0,T;L_x^2))$，令 $Ju(t)=Iu(t,t)$，则 $Ju \in L^\rho(\Omega;L^r(0,T;L_x^p))$，且

$$\mathrm{E}(|Ju(\cdot)|_{L_t^r(0,T;L_x^p)}^\rho) \leqslant CT^{\rho(\frac{1}{2}-\frac{1}{r})}\mathrm{E}(|u|_{L^\infty(0,T;L_x^2)}^\rho)\cdot (\|\Phi\|_{L_2^0} + \|\Phi\|_{R(L_x^2;L_x^{2+\delta})})^\rho$$

证明：利用 Hölder 不等式以及引理 5.1.2 可知

$$\begin{aligned}\mathrm{E}(|Ju(\cdot)|_{L_t^r(0,T;L_x^p)}^\rho) &= \mathrm{E}\left(\int_0^T |Iu(t,t)|_{L_x^p}^r \mathrm{d}t\right)^{\rho/r} \leqslant \\ & T^{\rho/r-1}\mathrm{E}\left(\int_0^T |Iu(t,t)|_{L_x^p}^\rho \mathrm{d}t\right) \leqslant \\ & CT^{\rho/r-1}\int_0^T \mathrm{E}(\sup_{0\leqslant t_0\leqslant T}|Iu(t_0,t)|_{L_x^p}^\rho)\mathrm{d}t \leqslant \\ & C\|\Phi\|_{R(L_x^2;L_x^{nr/2})}^\rho T^{\rho(\frac{1}{2}-\frac{1}{r})}\mathrm{E}(|u|_{L^\infty(0,T;L_x^2)}^\rho)\end{aligned}$$

应用引理 5.1.2 便知结论成立。

下面给出随机积分 Ju 在空间 $L_\omega^\rho(L_t^\infty(L_x^2))$ 中的估计。

引理 5.1.3 令 W,r,p 如定理 5.1.1 所述。$T>0$ 且 $\rho \geqslant r$ 以及适应过程 $u \in L^\rho(\Omega;L^\infty(0,T;L_x^2))$，$Ju$ 如推论 5.1.1 中定义，则 $Ju \in L^\rho(\Omega;C([0,T];L^2(R^n)))$，且有估计

$$\mathrm{E}(\sup_{t\in[0,T]}|Ju(t)|_{L^2(R^n)}^\rho) \leqslant CT^{\rho(\frac{1}{2}-\frac{1}{r})}\mathrm{E}(|u|_{L^r(0,T;L_x^p)}^\rho)\cdot (\|\Phi\|_{L_2^0} + \|\Phi\|_{R(L_x^2;L_x^{2+\delta})})^\rho$$

证明：注意到 $S(t)$ 为 $L^2(R^n)$ 中的酉群，由定理 6.10（见参考文献[6]）可知，如果

$$u\Phi \in L^\rho(\Omega;L^2(0,T;L_2^0(L^2(R^n))))$$

则 Ju 在 $L^2(R^n)$ 中具有轨道连续的修正，且有估计

$$\mathrm{E}(\sup_{t\in[0,T]}|Ju(t)|_{L^2(R^n)}^\rho) \leqslant C\mathrm{E}\left(\int_0^T |u(s)\Phi|_{L_2^0}^2 \mathrm{d}s\right)^{\rho/2}$$

利用引理 5.1.1 并注意到 $\frac{1}{2} = \frac{1}{p} + \frac{2}{nr}$ 可知

$$\begin{aligned}&\mathrm{E}(\sup_{t\in[0,T]}|Ju(t)|_{L^2(R^n)}^\rho) \leqslant \\ &C\|\Phi\|_{R(L_x^2;L_x^{nr/2})}^\rho \mathrm{E}\left(\int_0^T |u(s)|_{L^p(R^n)}^2 \mathrm{d}s\right)^{\rho/2} \leqslant \\ &C\|\Phi\|_{R(L_x^2;L_x^{nr/2})}^\rho T^{\rho(\frac{1}{2}-\frac{1}{r})}\mathrm{E}(|u|_{L^r(0,T;L_x^p)}^\rho)\end{aligned}$$

利用注 5.1.1 可知结论成立。

下面证明命题 5.1.1。记

$$\begin{aligned}\mathcal{T}u(t) = S(t)u_0 - \mathrm{i}\int_0^t S(t-s)[\theta_R(|u|_{L^\gamma(0,s;L_x^q)})f(|u(s)|^2)u(s))\mathrm{d}s - \\ \mathrm{i}\int_0^t S(t-s)[u(s)\mathrm{d}W(s)] - \frac{1}{2}\int_0^t\int_0^t S(t-s)(u(s)F_\Phi)\mathrm{d}s\end{aligned}$$

其中，$q = 2\sigma + 2$，$\gamma = \dfrac{4(\sigma+1)}{n\sigma}$。将证明$\mathcal{T}$在空间 $X_T = L^\rho(\Omega; C([0,T]; L^2(R^n))) \cap L^r(0,T; L^p(R^n)))$ 中对充分小的 T(仅依赖于R) 是压缩映射。为此目的，令 $u_1, u_2 \in X_T$ 为适应过程，对 $\Lambda g(t) = \int_0^t S(t-s)g(s)\mathrm{d}s$ 利用 Strichartz 估计可得

$$|\Lambda g|_{L^r(0,T;L^p(R^n))} \leqslant C|g|_{L^{\alpha'}(0,T;L^{\beta'}(R^n))} \tag{5.1.14}$$

其中，α', β' 使得$\dfrac{1}{\alpha} + \dfrac{1}{\alpha'} = \dfrac{1}{\beta} + \dfrac{1}{\beta'} = 1$，且$(\alpha,\beta)$ 为容许对：$2 \leqslant \beta \leqslant \dfrac{2n}{n-2}$，$(2 \leqslant \beta \leqslant +\infty$，$n=1)$，$\dfrac{2}{\alpha} = n\left(\dfrac{1}{2} - \dfrac{1}{\beta}\right)$。由此可得对 a. e. $\omega \in \Omega$，有

$$\begin{aligned}
&|\mathcal{T}u_1 - \mathcal{T}u_2|_{L^r(0,T;L_x^p)} \leqslant \\
&\quad C|\theta_R(|u_1|_{L^\gamma(0,t;L_x^q)})f(|u_1|^2)u_1 - \theta_R(|u_2|_{L^\gamma(0,t;L_x^q)})f(|u_2|^2)u_2|_{L^{\gamma'}(0,T;L_x^{q'})} + \\
&\quad \left|\int_0^t S(t-s)\{[u_1(s) - u_2(s)]\mathrm{d}W(s)\}\right|_{L^\gamma(0,T;L_x^p)} + \\
&\quad C|(u_1 - u_2)F_\Phi|_{L^{\gamma'}(0,T;L_x^{p'})} \leqslant \\
&\quad I + II + III
\end{aligned} \tag{5.1.15}$$

其中，“$'$”表示对偶，(r,p)，(γ,q) 为容许对。为了估计 I，记

$$t_i^R = \sup\{t \leqslant T:\ |u_i|_{L^\gamma(0,t;L_x^q)} \leqslant 2R\},\qquad i = 1,2$$

并假设 $t_1^R \leqslant t_2^R$。对区间$[0,T]$ 作分解如下：

$$[0,T] = [0,t_1^R] \cup [t_1^R, t_2^R] \cup [t_2^R, T]$$

$$\begin{aligned}
I \leqslant\ & C|[\theta_R(|u_1|_{L^\gamma(0,t;L_x^q)} - \theta_R(|u_2|_{L^\gamma(0,t;L_x^q)})]f(|u_1|^2)u_1|_{L^{\gamma'}(0,t_1^R;L_x^{q'})} + \\
& C|\theta_R(|u_2|_{L^\gamma(0,t;L_x^q)})[f(|u_1|^2)u_1 - f(|u_2|^2)u_2]|_{L^{\gamma'}(0,t_1^R;L_x^{q'})} + \\
& C|\theta_R(|u_2|_{L^\gamma(0,t;L_x^q)})f(|u_2|^2)u_2|_{L^{\gamma'}(t_1^R,t_2^R;L_x^{q'})} \leqslant \\
& I_1 + I_2 + I_3
\end{aligned}$$

为估计 I_1，先证明如下引理。

引理 5.1.4　令 $u_1, u_2 \in L^\gamma(0,t;L_x^q)$，$u_3 \in L^{\gamma'}(0,t;L_x^{q'})$，则下式成立，即

$$\begin{aligned}
A \equiv\ & |[\theta_R(|u_1|_{L^\gamma(0,t;L_x^q)} - \theta_R(|u_2|_{L^\gamma(0,t;L_x^q)})]u_3|_{L^{\gamma'}(0,T;L_x^{q'})} \leqslant \\
& C_R|u_1 - u_2|_{L^\gamma(0,T;L_x^q)}|u_3|_{L^{\gamma'}(0,T;L_x^{q'})}
\end{aligned}$$

证明：注意到

$$\begin{aligned}
A^{\gamma'} \leqslant\ & \int_0^T |[\theta_R(|u_1|_{L^\gamma(0,t;L_x^q)} - \theta_R(|u_2|_{L^\gamma(0,t;L_x^q)})]u_3(t)|_{L_x^{q'}}^{\gamma'}\mathrm{d}t \leqslant \\
& \frac{|\theta'|_{L^\infty(R)}}{R}\int_0^T ||u_1|_{L^\gamma(0,t;L_x^q)} - |u_2|_{L^\gamma(0,t;L_x^q)}|^{\gamma'}|u_3(t)|_{L_x^{q'}}^{\gamma'}\mathrm{d}t \leqslant \\
& C_R\int_0^T |u_1 - u_2|_{L^\gamma(0,t;L_x^q)}^{\gamma'}|u_3(t)|_{L_x^{q'}}^{\gamma'}\mathrm{d}t \leqslant \\
& C_R|u_1 - u_2|_{L^\gamma(0,t;L_x^q)}^{\gamma'}|u_3(t)|_{L^{\gamma'}(0,T;L_x^{q'})}^{\gamma'}
\end{aligned}$$

结论成立。

应用引理 5.1.4(令 $T = t_1^R$)，下式成立，即

$$I_1 \leqslant C_R|u_1 - u_2|_{L^\gamma(0,T;L_x^q)}|f(|u_1|^2)u_1|_{L^{\gamma'}(0,t_1^R;L_x^{q'})}$$

利用假设 ① 以及 Hölder 不等式，并注意到 t_1^R 的定义，上式可被控制为

$$I_1 \leqslant C \mid u_1 - u_2 \mid_{L^{\gamma}(0,T;L_x^q)} \mid \mid u_1 \mid^{2\sigma+1} \mid_{L^{\gamma'}(0,t_1^R;L_x^{q'})} \leqslant$$
$$CT^{1-n\sigma/2} \mid u_1 - u_2 \mid_{L^{\gamma}(0,T;L_x^q)} \mid u_1 \mid^{2\sigma+1}_{L^{\gamma}(0,t_1^R;L_x^q)}$$

从而

$$I_1 \leqslant CR^{2\sigma+1} T^{1-n\sigma/2} \mid u_1 - u_2 \mid_{L^{\gamma}(0,T;L_x^q)}$$

同理可以控制 I_2 为

$$I_2 \leqslant C \mid (\mid u_1 \mid^{2\sigma} + \mid u_2 \mid^{2\sigma}) \mid u_1 - u_2 \mid \mid_{L^{\gamma'}(0,t_1^R;L_x^{q'})} \leqslant$$
$$CT^{1-n\sigma/2} [\mid u_1 \mid^{2q}_{L^{\gamma}(0,t_1^R;L_x^q)} + \mid u_2 \mid^{2q}_{L^{\gamma}(0,t_1^R;L_x^q)}] \mid u_1 - u_2 \mid_{L^{\gamma}(0,t_1^R;L_x^q)} \leqslant$$
$$2CR^{2\sigma} T^{1-n\sigma/2} \mid u_1 - u_2 \mid_{L^{\gamma}(0,t_1^R;L_x^q)}$$

最后估计 I_3。由于当 $t \in (t_1^R, t_2^R)$ 时，$\theta_R(\mid u_1 \mid_{L^{\gamma}(0,t_1^R;L_x^q)}) = 0$，利用引理 5.1.4 可知

$$I_3 = C \mid [\theta_R(\mid u_1 \mid_{L^{\gamma}(0,t;L_x^q)}) - \theta_R(\mid u_2 \mid_{L^{\gamma}(0,t;L_x^q)})] f(\mid u_2 \mid^2) u_2 \mid_{L^{\gamma'}(t_1^R,t_2^R;L_x^{q'})} \leqslant$$
$$C_R \mid u_1 - u_2 \mid_{L^{\gamma}(0,t;L_x^q)} \mid \mid u_2 \mid^{2\sigma+1} \mid_{L^{\gamma'}(t_1^R,t_2^R;L_x^{q'})} \leqslant$$
$$C_R T^{1-n\sigma/2} \mid u_1 - u_2 \mid_{L^{\gamma}(0,t;L_x^q)} \mid u_2 \mid^{2\sigma+1}_{L^{\gamma}(t_1^R,t_2^R;L_x^q)} \leqslant$$
$$C_R T^{1-n\sigma/2} R^{2\sigma+1} \mid u_1 - u_2 \mid_{L^{\gamma}(0,T;L_x^q)}$$

从而有估计

$$I \leqslant C_R T^{1-n\sigma/2} \mid u_1 - u_2 \mid_{L^{\gamma}(0,T;L_x^q)}$$

式(5.1.15)的第二项的期望可以由推论5.1.1估计，而第三项可以如下估计：利用 Hölder 不等式

$$III \leqslant C \mid u_1 - u_2 \mid_{L^{r'}(0,T;L_x^p)} \mid F_{\Phi} \mid_{L_x^{nr/4}} \leqslant$$
$$CT^{1-2/r} \mid u_1 - u_2 \mid_{L^{r}(0,T;L_x^p)} \mid F_{\Phi} \mid_{L_x^{nr/4}}$$

注意到 Φ 为 $L^2(R^n, R)$ 中的 Hilbert - Schmidt 算子，且具有核表示

$$\Phi v(x) = \int_{R^n} k(x,y) v(y) \mathrm{d}y, \qquad \forall\, v \in L^2(R^n)$$

其中，$k(x,y) \in L^2(R^n \times R^n, R)$。由参考文献[54]中的注 3.2，有

$$\mid k(x,y) \mid_{L_x^{nr/2}(L_y^2)} \leqslant C \| \Phi \|_{R(L_x^2;L_x^{nr/2})}$$

利用 Plancherel 恒等式

$$\mid k(x,\cdot) \mid_{L_y^2} = \sum_{l=0}^{\infty} \left(\int_{R^n} k(x,y) e_l(y) \mathrm{d}y \right)^2 =$$
$$\sum_{l=0}^{\infty} (\Phi e_l)^2(x) = F_{\Phi}(x)$$

以及注 5.1.1 可知

$$\mid F_{\Phi} \mid_{L_x^{nr/4}} = \mid k(x,y) \mid^2_{L_x^{nr/2}(L_y^2)} \leqslant$$
$$C \| \Phi \|^2_{R(L_x^2;L_x^{nr/2})} \leqslant$$
$$C[\| \Phi \|^2_{L_2^0(L_x^2)} + \| \Phi \|^2_{R(L_x^2;L_x^{2+\delta})}]$$

从而可以得到估计

$$III \leqslant CT^{1-2/r} [\| \Phi \|^2_{L_2^0(L_x^2)} + \| \Phi \|^2_{R(L_x^2;L_x^{2+\delta})}] \mid u_1 - u_2 \mid_{L^r(0,T;L_x^p)}$$

利用上述估计，以及推论 5.1.1 可得，对 $\rho \geqslant r$，下式成立，即

$$\mid \mathcal{T} u_1 - \mathcal{T} u_2 \mid_{L_\omega^\rho(L^r(0,T;L_x^p))} \leqslant$$
$$C_R T^{1-n\sigma/2} \mid u_1 - u_2 \mid_{L_\omega^\rho(L^{\gamma}(0,T;L_x^q))} +$$
$$C[\| \Phi \|_{L_2^0} + \| \Phi \|_{R(L_x^2;L_x^{2+\delta})}] T^{1/2-1/r} \mid u_1 - u_2 \mid_{L_\omega^\rho(L^\infty(0,T;L_x^2))} +$$
$$[\| \Phi \|^2_{L_2^0} + \| \Phi \|^2_{R(L_x^2;L_x^{2+\delta})}] T^{1-2/r} \mid u_1 - u_2 \mid_{L_\omega^\rho(L^r(0,T;L_x^p))}$$

利用内插$[L^\infty(0,T;L^2(R^n)),L^r(0,T;L^p(R^n))]_\theta\subset L^\gamma(0,T;L^q(R^n))$，并假设$T\leqslant T_0$，可得

$$\begin{aligned}&|Tu_1-Tu_2|_{L^\rho_\omega(L^r(0,T;L^p_x))}\leqslant\\&\quad C(R,T_0,\|\Phi\|_{L_2^0},\|\Phi\|_{R(L^2_x;L^{2+\delta}_x)})T^\nu|u_1-u_2|_{X_T}\end{aligned}\tag{5.1.16}$$

其中，$\nu=\inf\left\{1-\frac{n\sigma}{2},\frac{1}{2}-\frac{1}{r}\right\}$。

还需要对$|\mathcal{T}u_1-\mathcal{T}u_2|_{L^\rho_\omega(L^\infty_t(L^2_x))}$作估计。令$u_1,u_2\in X_T$为适应过程，利用 Strichartz 估计式(5.1.14)(以$L^\infty(0,T;L^2_x)$替代$L^r(0,T;L^p_x)$)可知，对 a. e. $\omega\in\Omega$，有

$$\begin{aligned}&|\mathcal{T}u_1-\mathcal{T}u_2|_{L^\infty(0,T;L^2_x)}\leqslant\\&\quad C|\theta_R(|u_1|_{L^\gamma(0,t;L^q_x)})f(|u_1|^2)u_1-\theta_R(|u_2|_{L^\gamma(0,t;L^q_x)})f(|u_2|^2)u_2|_{L^{\gamma'}(0,T;L^{q'}_x)}+\\&\quad\left|\int_0^t S(t-s)[(u_1(s)-u_2(s))\mathrm{d}W(s)]\right|_{L^\infty(0,T;L^2_x)}+\\&\quad C|(u_1-u_2)F_\Phi|_{L^{r'}(0,T;L^{p'}_x)}\leqslant\\&\quad I+II'+III\end{aligned}$$

其中，I,III 和式(5,1.15)中一样，而II'的估计则是利用引理 5.1.3 得到，对任意的$\rho\geqslant r$，有

$$\begin{aligned}&|\mathcal{T}u_1-\mathcal{T}u_2|_{L^\rho_\omega(L^\infty(0,T;L^2_x))}\leqslant\\&\quad C(R,T_0,\|\Phi\|_{L_2^0},\|\Phi\|_{R(L^2_x;L^{2+\delta}_x)})T^\nu|u_1-u_2|_{X_T}\end{aligned}\tag{5,1.17}$$

其中，已假设$T\leqslant T_0$。利用式(5.1.16)、式(5.1.17)，可选取T充分小，有

$$T\leqslant\inf\left\{T_0,\frac{1}{[2C(R,T_0,\|\Phi\|_{L_2^0},\|\Phi\|_{R(L^2_x;L^{2+\delta}_x)})]^{1/\nu}}\right\}$$

使得$\mathcal{T}$在X_T中是压缩的。进一步利用$S(t)$在$L^2(R^n)$的酉群性质，$S(\cdot)$将$L^2(R^n)$映入$C(R,L^2(R^n))$，Strichartz 估计

$$|S(\cdot)u_0|_{L^r(R,L^p(R^n))}\leqslant C|u_0|_{L^2(R^n)}$$

以及由上述关于随机积分和非线性项的估计可知，对任意的$T>0$，$\mathcal{T}$是将X_T映入X_T的，从而T在X_T中具有唯一的不动点，为方程(5.1.11)的解。而且由于T的选择仅依赖于R，解可以延拓到整个区间$[0,T_0]$，从而完成命题 5.1.1 的证明。

5.1.2　定理的证明

令$u_0\in L^\rho(\Omega;L^2(R^n))$为$\mathscr{F}_0$可测，其中$\rho\geqslant\max\left\{r,(2\sigma+2)\left(\frac{4\sigma}{2-n\sigma}+1\right)\right\}$。对任意的$m\in\mathbb{N}$，记$u_m$为命题 5.1.1 给出的方程式(5.1.11)($R=m$)的解。定义随机变量

$$\tau_m(\omega)=\sup\{t\in[0,T_0]:|u_m|_{L^\gamma(0,T;L^q_x)}\leqslant m\}$$

其中，$q=2\sigma+2,\gamma=\frac{4(\sigma+1)}{n\sigma}$。

首先证明如下引理。

引理 5.1.5　对 a. e. $\omega\in\Omega$，当$t\in[0,\min\{\tau_m,\tau_{m+1}\}]$时，$u_m(t)=u_{m+1}(t)$。

证明： 固定$m\in\mathbb{N}$，$T>0$。令$\tau=\min\{\tau_m,\tau_{m+1}\}$，且$t\in[0,\tau]$，由于对$0\leqslant s\leqslant t\leqslant\tau$，有

$$\theta_m(|u_m|_{L^\gamma(0,s;L^q_x)})=\theta_{m+1}(|u_{m+1}|_{L^\gamma(0,s;L^q_x)})=1$$

从而下式成立，即

$$
\begin{aligned}
&u_{m+1}(t)-u_m(t)=\\
&\quad -\mathrm{i}\int_0^t S(t-s)\{f[|u_{m+1}(s)|^2u_{m+1}(s)]-f[|u_m(s)|^2u_m(s)]\}\mathrm{d}s-\\
&\quad \mathrm{i}\int_0^t S(t-s)\{[u_{m+1}(s)-u_m(s)]\mathrm{d}W(s)\}-\\
&\quad \frac{1}{2}\int_0^t S(t-s)\{[u_{m+1}(s)-u_m(s)]F_\Phi\}\mathrm{d}s
\end{aligned}
$$

当 $\tau<T_0$ 时，定义 y_m 为如下方程在 $[\tau,T_0]$ 上满足初值条件 $y_m(\tau)=u_m(\tau)$ 的解，即

$$
\mathrm{id}y-\Delta y\mathrm{d}t=y\mathrm{d}W-\frac{\mathrm{i}}{2}yF_\Phi\mathrm{d}t
$$

即 y_m 满足

$$
\begin{aligned}
y_m(t)=&S(t-\tau)u_m(\tau)-\mathrm{i}\int_\tau^t S(t-s)[y_m(s)\mathrm{d}W(s)]-\\
&\frac{1}{2}\int_\tau^t S(t-s)(y_m(s)F_\Phi)\mathrm{d}s,\qquad t\in[\tau,T_0]
\end{aligned}
\tag{5.1.18}
$$

对此方程在空间 $L^\rho(\Omega;C([\tau,T_0];L_x^2(R^n)))\cap L^\rho(\Omega;L^r(\tau,T_0;L_x^p(R^n)))$ 中解 y_m 的存在唯一性可以由标准的 Strichartz 估计得到（参见命题 5.1.1）。

记

$$
\tilde{u}_m(t)=\begin{cases}u_m(t), & t\in[0,\tau]\\ y_m(t), & t\in[\tau,T_0]\end{cases}
$$

并以同样的方式定义 y_{m+1} 和 $\tilde{u}_{m+1}$。我们将证明对充分小的 T，在区间 $[0,T]$ 上 $\tilde{u}_m=\tilde{u}_{m+1}$，这样由迭代便可知引理的结论成立。对任意的 $t\in[0,T]$，可得表达式

$$
\begin{aligned}
&\tilde{u}_{m+1}(t)-\tilde{u}_m(t)=\\
&\quad -\mathrm{i}\int_0^{t\wedge\tau} S(t-s)\{f[|\tilde{u}_{m+1}(s)|^2\tilde{u}_{m+1}(s)]-f[|\tilde{u}_m(s)|^2\tilde{u}_m(s)]\}\mathrm{d}s-\\
&\quad \mathrm{i}\int_0^t S(t-s)\{[\tilde{u}_{m+1}(s)-\tilde{u}_m(s)]\mathrm{d}W(s)\}-\\
&\quad \frac{1}{2}\int_0^t S(t-s)\{[\tilde{u}_{m+1}(s)-\tilde{u}_m(s)]F_\Phi\}\mathrm{d}s=\\
&\quad I_1(\omega,t,x)+I_2(\omega,t,x)+I_3(\omega,t,x)
\end{aligned}
$$

对固定的 $\omega\in\Omega$，估计 $I_1(\omega,t,x)$ 的 $L^r(0,T;L_x^p)$ 范数如下：利用 Strichartz 估计式(5.1.14)可得

$$
\begin{aligned}
&|I_1|_{L^{r}(0,T;L_x^p)}=\\
&\quad \left|\int_0^t S(t-s)_{x(s\leqslant\tau)}\{f[|\tilde{u}_{m+1}(s)|^2\tilde{u}_{m+1}(s)]-f[|\tilde{u}_m(s)|^2\tilde{u}_m(s)]\}\mathrm{d}s\right|_{L^r(0,T;L_x^p)}\leqslant\\
&\quad C\,|_{x[0,\tau]}[f(|\tilde{u}_{m+1}|^2\tilde{u}_{m+1})-f(|\tilde{u}_m|^2\tilde{u}_m)]|_{L^{\gamma'}(0,T;L_x^{p'})}\leqslant\\
&\quad C\,|f(|\tilde{u}_{m+1}|^2\tilde{u}_{m+1})-f(|\tilde{u}_m|^2\tilde{u}_m)|_{L^{r'}(0,T;L_x^{p'})}\leqslant\\
&\quad CT^{1-n\sigma/2}(|\tilde{u}_{m+1}|_{L^\gamma(0,\tau;L_x^q)}^{2\sigma}+|\tilde{u}_m|_{L^\gamma(0,\tau;L_x^q)}^{2\sigma})\,|\tilde{u}_{m+1}-\tilde{u}_m|_{L^\gamma(0,T;L_x^q)}
\end{aligned}
$$

并注意到 τ 的定义，有

$$
|\tilde{u}_j|_{L^\gamma(0,\tau;L_x^q)}\leqslant j,\qquad j=m,m+1
$$

从而不难得到

$$(\mathrm{E}\,|\,I_1\,|^{\rho}_{L^{\gamma}(0,T;L^q_x)})^{1/\rho} \leqslant C(m)T^{1-n\sigma/2}(\mathrm{E}\,|\,\tilde{u}_{m+1}-\tilde{u}_m\,|^{\rho}_{L^{\gamma}(0,T;L^q_x)})^{1/\rho} \tag{5.1.19}$$

利用推论5.1.1以及引理5.1.4估计 I_2，以及和前面估计 Ⅲ 一样地估计 I_3 可最终得到，对于 $T\leqslant T_0$，$\upsilon=\inf\left\{1-\frac{n\sigma}{2},\frac{1}{2}-\frac{1}{r}\right\}$，有

$$\{\mathrm{E}[\,|\,\tilde{u}_{m+1}-\tilde{u}_m\,|^{\rho}_{L^r(0,T;L^p_x)}+|\,\tilde{u}_{m+1}-\tilde{u}_m\,|^{\rho}_{L^\infty(0,T;L^2_x)}]\}^{1/\rho}\leqslant$$
$$T^{\upsilon}C(T_0,m,\|\Phi\|_{L^0_2},\|\Phi\|_{R(L^2_x;L^{2+\delta}_x)})\times$$
$$\{\mathrm{E}[\,|\,\tilde{u}_{m+1}-\tilde{u}_m\,|^{\rho}_{L^r(0,T;L^p_x)}+|\,\tilde{u}_{m+1}-\tilde{u}_m\,|^{\rho}_{L^\infty(0,T;L^2_x)}]\}^{1/\rho}$$

从而，可以选择充分小的 T(仅依赖于 m,Φ) 使得对 a.e. $\omega\in\Omega$，在 $[0,T]$ 上 $\tilde{u}_{m+1}=\tilde{u}_m$。由此可知对 a.e. $\omega\in\Omega$，在 $[0,\tau]$ 上 $\tilde{u}_{m+1}=\tilde{u}_m$。

由此引理可知 τ_m 是递增的，从而定义

$$\tau^*=\lim_{m\to\infty}\tau_m \tag{5.1.20}$$

我们将证明

$$P\{\tau^*=T_0\}=1$$

为此，需要对 u_m 作出不依赖于 m 的 $L^1(\Omega;L^{\gamma}(0,T;L^q_x))$。

命题 5.1.2　令 $\rho\geqslant\max\left\{r,(2\sigma+2)\left(\frac{4\sigma}{2-n\sigma}+1\right)\right\}$，$u_0$ 为 $\mathscr{F}_0$ 可测，且 u_m 为命题5.1.1给出的 $R=m$ 时的方程(5.1.11)的解，则对 a.e. $\omega\in\Omega$，对任意的 $t\in[0,T_0]$，有

$$|\,u_m(t)\,|_{L^2(R^n)}=|\,u_0\,|_{L^2(R^n)}$$

特别地，对 a.e. $\omega\in\Omega$，$|\,u_m\,|_{L^\infty(0,T_0;L^2_x)}=|\,u_0\,|_{L^2(R^n)}$，且存在依赖于 T_0，$|\,u_0\,|_{L^{\rho}_{\omega}(L^2_x)}$，但不依赖于 m 的常数 $M>0$，使得

$$\mathrm{E}(\,|\,u_m\,|_{L^r(0,T_0;L^p_x)})\leqslant M$$

首先，利用插值

$$[L^1(\Omega;L^\infty(0,T_0;L^2_x)),L^1(\Omega;L^r(0,T_0;L^p_x))]_\theta\subset L^1(\Omega;L^{\gamma}(0,T_0;L^q_x)))$$

可以得到如下推论。

推论 5.1.2　在命题5.1.2同样的假设下，存在依赖于 T_0，$|\,u_0\,|_{L^{\rho}_{\omega}(L^2_x)}$，但不依赖于 m 的常数 $M'>0$，使得

$$\mathrm{E}(\,|\,u_m\,|_{L^{\gamma}(0,T_0;L^q_x)})\leqslant M'$$

命题 5.1.2 的证明：首先注意到 u_m 满足方程(5.1.11)，即满足如下 Itô 方程

$$\mathrm{i}du-(\Delta u+\theta(\,|\,u\,|_{L^{\gamma}(0,t;L^q_x)})f(\,|\,u\,|^2)u)\mathrm{d}t=u\mathrm{d}W-\frac{\mathrm{i}}{2}uF_{\Phi}\mathrm{d}t \tag{5.1.21}$$

且具有初值条件 $u_m(0)=u_0$。对 $F(t)=|\,u_m(t)\,|^2_{L^2(R^n)}$ 应用 Itô 公式，并注意到 f,Φ 为实值，可得

$$|\,u_m(t)\,|^2_{L^2_x}=$$
$$|\,u_0\,|^2_{L^2_x}+2\,\mathfrak{I}\int_0^t(\theta_m(\,|\,u_m\,|_{L^{\gamma}(0,s;L^q_x)})f(\,|\,u_m\,|^2)u_m,u_m))\mathrm{d}s+$$
$$2\,\mathfrak{I}\sum_{k=0}^{\infty}\int_0^t(u_m\Phi e_k,u_m)\mathrm{d}\beta_k-\mathscr{R}\int_0^t(u_m\sum_{k=0}^{\infty}(\Phi e_k)^2,u_m)\mathrm{d}s+$$
$$\int_0^t\sum_{k=0}^{\infty}|\,u_m\Phi e_k\,|^2_{L^2_x}\mathrm{d}s=$$
$$|\,u_0\,|^2_{L^2_x}$$

利用正则化程序，不难证明上式是严格成立的，而不仅仅是形式的，从而完成命题的第 1 部分。

另一方面，对积分方程(5.1.11)利用Strichartz估计，正如式(5.1.15)的估计一样，可知对 a.e. $\omega\in\Omega$ 以及任意的 $0\leqslant T\leqslant T_0$，有

$$|u_m|_{L^r(0,T;L_x^p)}\leqslant C|u_0|_{L_x^2}+C|\theta_m(|u_m|_{L^\gamma(0,t;L_x^q)})f(|u_m|^2)u_m|_{L^{\gamma'}(0,T;L_x^{q'})}+$$
$$|Ju_m|_{L^r(0,T;L_x^p)}+C|u_mF_\Phi|_{L^{\gamma'}(0,T;L_x^{p'})}$$

其中，Ju 如同推论 5.1.1 中定义。和前面 I,III 的估计一样，有估计

$$|u_m|_{L^r(0,T;L_x^p)}\leqslant C_1|u_0|_{L_x^2}+C_2T^{1-n\sigma/2}|u_m|^{2\sigma+1}_{L^\gamma(0,T;L_x^q)}+$$
$$C_3T^{1-2/r}(\|\Phi\|^2_{L_2^0}+\|\Phi\|^2_{R(L_x^2,L_x^{2+\delta})})|u_m|_{L^r(0,T;L_x^p)}$$
$$+|Ju_m|_{L^r(0,T;L_x^p)}$$

令 $T\leqslant T_1$ 使得

$$C_3T_1^{1-2/r}(\|\Phi\|^2_{L_2^0}+\|\Phi\|^2_{R(L_x^2,L_x^{2+\delta})})=\frac{1}{2}$$

而由上述估计可知

$$|u_m|_{L^r(0,T;L_x^p)}\leqslant 2C_1|u_0|_{L_x^2}+2C_2T^{1-n\sigma/2}|u_m|^{2\sigma+1}_{L^\gamma(0,T;L_x^q)}+$$
$$2|Ju_m|_{L^r(0,T_0;L_x^p)}$$

令 $-1<\theta<1$，使得 $\dfrac{1}{q}=\dfrac{\theta}{2}+\dfrac{1-\theta}{p}$，利用插值 $[L^\infty(0,T;L_x^2),L^r(0,T;L_x^p)]_\theta\subset L^\gamma(0,T;L_x^q)$ 以及 $|u_m|_{L^\infty(0,T;L_x^2)}=|u_0|_{L^2(R^n)}$ 可知，如果 $T\leqslant\inf\{T_0,T_1\}$，则

$$|u_m|_{L^r(0,T;L_x^p)}\leqslant 2C_1|u_0|_{L_x^2}+2|Ju_m|_{L^r(0,T_0;L_x^p)}+$$
$$2C_2T^{1-n\sigma/2}|u_0|^{\theta(2\sigma+1)}_{L_x^2}|u_m|^{(1-\theta)(2\sigma+1)}_{L^r(0,T_0;L_x^p)}\leqslant$$
$$C_4(T_0)|u_0|_{L_x^2}(1+|u_0|^{2\sigma+1}_{L_x^2})+$$
$$2(|Ju_m|_{L^r(0,T_0;L_x^p)}+\sup_{0\leqslant t_0\leqslant T_0}|Iu_m(t_0,\cdot)|_{L^r(0,T_0;L_x^p)})+$$
$$T^{1-n\sigma/2}|u_m|^{2\sigma+1}_{L^r(0,T;L_x^p)}$$

其中，最后一步利用了 Young 不等式。令

$$K_m(\omega)=C_4(T_0)|u_0|_{L_x^2}(1+|u_0|^{2\sigma+1}_{L_x^2})+$$
$$2(|Ju_m|_{L^r(0,T_0;L_x^p)}+\sup_{0\leqslant t_0\leqslant T_0}|Iu_m(t_0,\cdot)|_{L^r(0,T_0;L_x^p)})\tag{5.1.22}$$

则对任意的 $T\leqslant\inf\{T_0,T\}$，下式成立，即

$$|u_m|_{L^r(0,T;L_x^p)}\leqslant K_m(\omega)+T^{1-n\sigma/2}|u_m|^{2\sigma+1}_{L^r(0,T;L_x^p)}$$

由此可知，对充分小的 T，有

$$|u_m|_{L^r(0,T;L_x^p)}\leqslant 2K_m(\omega)\tag{5.1.23}$$

事实上，只要选择 $T=\inf\{T_0,T_1,T^m(\omega)\}$ 就可以保证上式成立，其中 $T^m(\omega)=(2^{\sigma+1}K_m^\sigma)^{-\frac{4}{2-n\sigma}}$，且注意到引理 5.1.2 以及推论 5.1.1，便知对 a.e. $\omega\in\Omega$，$T^m(\omega)>0$。

下面进行迭代。固定 m，在任意的 $[jT,(j+1)T]\subset[0,T_0]$，利用积分表达式

$$u_m(t)=S(t-jT)u_m(jT)-\mathrm{i}\int_{jT}^t S(t-s)[\theta_m(|u_m|_{L^\gamma(0,s;L_x^q)})][f(|u_m|^2)u_m]\mathrm{d}s-$$
$$\mathrm{i}\int_{jT}^t S(t-s)[u_m(s)\mathrm{d}W(s)]-\frac{1}{2}\int_{jT}^t S(t-s)(u_m(s)F_\Phi)\mathrm{d}s$$

容易得到

$$\begin{aligned} | u_m |_{L^r(jT,(j+1)T;L_x^p)} \leqslant & 2C_1 | u_0 |_{L_x^2} + \\ & 2 \sup_{0\leqslant t_0\leqslant T_0} \left| \int_{t_0}^t S(t-s)(u_m(s)\mathrm{d}W(s)) \right|_{L^r(t_0,T_0;L_x^p)} + \\ & 2C_2 T^{1-n\sigma/2} | u_0 |_{L_x^2}^{\theta(2\sigma+1)} | u_m |_{L^r(jT,(j+1)T;L_x^p)}^{(1-\theta)(2\sigma+1)} \end{aligned}$$

利用等式

$$\begin{aligned} \int_{t_0}^t S(t-s)[u_m(s)\mathrm{d}W(s)] = & \int_0^t S(t-s)[u_m(s)\mathrm{d}W(s)] - \\ & \int_0^{t_0} S(t-s)[u_m(s)\mathrm{d}W(s)] \end{aligned}$$

可得估计

$$\begin{aligned} & \sup_{0\leqslant t_0\leqslant T_0} \left| \int_{t_0}^t S(t-s)[u_m(s)\mathrm{d}W(s)] \right|_{L^r(t_0,T_0;L_x^p)} \leqslant \\ & | Ju_m |_{L^r(t_0,T_0;L_x^p)} + \sup_{0\leqslant t_0\leqslant T_0} | Iu_m(t_0,\cdot) |_{L^r(t_0,T_0;L_x^p)} \end{aligned}$$

从而

$$| u_m |_{L^r(jT,(j+1)T;L_x^p)} \leqslant 2K_m(\omega)$$

其中，$T=\inf\{T_0,T_1,T^m(\omega)\}$，$j$ 使得$[jT,(j+1)T]\subset[0,T_0]$，且 $K_m(\omega)$ 如式(5.1.22)所定义。

综上所述，并注意到 $T^m(\omega)$ 的定义可知

$$\begin{aligned} | u_m |_{L^r(0,T_0;L_x^p)} \leqslant & \sum_j | u_m |_{L^r(jT,(j+1)T;L_x^p)} \leqslant \\ & 2\left(\frac{T_0}{T}+1\right)K_m(\omega) \leqslant \\ & C_5(T_0)K_m + C_6(T_0)K_m^{\frac{4\sigma}{2-n\sigma}+1} \end{aligned}$$

于是对 $\rho\geqslant(2\sigma+2)\left(\dfrac{4\sigma}{2-n\sigma}+1\right)$，利用 $K_m(\omega)$ 的定义式(5.1.22)以及 Hölder 不等式可得

$$\begin{aligned} \mathrm{E}(| u_m |_{L^r(0,T_0;L_x^p)}) \leqslant & C_7(T_0)\{\mathrm{E}(| u_0 |_{L_x^2}^\rho) + \mathrm{E}(| Ju_m |_{L^r(0,T_0;L_x^p)}^\rho) + \\ & \mathrm{E}[\sup_{0\leqslant t_0\leqslant T_0} | Iu_m(t_0,\cdot) |_{L^r(t_0,T_0;L_x^p)}^\rho]\} \end{aligned}$$

其中，上式最后一项可被估计如下：利用 Hölder 不等式、引理 5.1.2 以及注 5.1.1，有

$$\begin{aligned} & \mathrm{E}(\sup_{0\leqslant t_0\leqslant T_0} | Iu_m(t_0,\cdot) |_{L^r(t_0,T_0;L_x^p)}^\rho) \leqslant \\ & T_0^{\rho/r-1}\mathrm{E}\left(\int_0^{T_0} \sup_{0\leqslant t_0\leqslant T_0} | Iu_m(t_0,t) |_{L_x^p}^\rho\right) \leqslant \\ & C_8 T^{\rho/r}(\| \Phi \|_{L_2^0}^2 + \| \Phi \|_{R(L_x^2,L_x^{2+\delta})}^2) T_0^{\rho\left(\frac{1}{2}-\frac{1}{r}\right)} \mathrm{E}(| u_m |_{L^\infty(0,T_0;L_x^2)}^\rho) \end{aligned}$$

而利用推论 5.1.1，第二项可以被同样的界所控制。仅需注意到守恒律 $| u_m |_{L^\infty(0,T_0;L_x^2)} = | u_0 |_{L^2(R^n)}$ (a. e. $\omega\in\Omega$)，则可以完成命题 5.1.2 的证明。其中 M 为

$$M = C_9(T_0)\mathrm{E}(| u_0 |_{L_x^2}^\rho)(1+ \| \Phi \|_{L_2^0}^2 + \| \Phi \|_{R(L_x^2,L_x^{2+\delta})}^2)^\rho$$

下面证明

$$P\{\tau^* = T_0\} = 1$$

其中，τ^* 在式(5.1.20)中定义。利用推论 5.1.2，有

$$\mathrm{E}(| u_m |_{L^\gamma(0,T_0;L_x^q)}) \leqslant M'$$

其中，M' 仅依赖于 T_0，Φ，$\mathrm{E}(| u_0 |_{L_x^2}^\rho)$。于是

$$P\{\tau_m = T_0\} = P\{|u_m|_{L^\gamma(0,T_0;L_x^q)} \leqslant m\} \geqslant 1 - \frac{M'}{M}$$

且由于对 a. e. $\omega \in \Omega$，有 $\tau_m \uparrow \tau^*$，故得到

$$P\{\tau^* = T_0\} = 1$$

在区间 $[0,T_0] \subset \bigcup_{m\geqslant 1}[0,\tau_m]$ 上定义 u，使得在 $[0,\tau_m]$ 上 $u = u_m$。显然 u 是方程(5.1.8)的解，且由 $|u_m(t)|_{L^2(R^n)} = |u_0|_{L^2(R^n)}$ 可知，守恒律 $|u(t)|_{L^2(R^n)} = |u_0|_{L^2(R^n)}$ 对 a. e. $\omega \in \Omega$，$t \in [0,T_0]$ 成立。特别地，$u \in L^\rho(\Omega;L^\infty(0,T_0;L_x^2))$ 且对 a. e. $\omega \in \Omega$，$u \in C([0,T_0];L_x^2)$。不仅如此，命题 5.1.2 给出了关于 $|u_m|_{L^1(\Omega;L^r(0,T_0;L_x^p))}$ 的一致的界，从而由 Fatou 引理可知 $u \in L^1(\Omega;L^r(0,T_0;L_x^p))$。

还需要说明定理 5.1.1 的唯一性部分。令 u_1,u_2 为方程(5.1.8)在空间 $L^\rho(\Omega;C([0,T_0];L_x^2)) \cap L^1(\Omega;L^r(0,T_0;L_x^p))$ 的两个解，对于固定的 R，记

$$\tau_R = \sup\{t \in [0,T_0]: |u_1|_{L^\gamma(0,T_0;L_x^q)} \leqslant R, 且\ |u_2|_{L^\gamma(0,T_0;L_x^q)} \leqslant R\}$$

则对 a. e. $\omega \in \Omega$，u_1 和 u_2 是方程(5.1.15)在区间 $[0,\tau_R]$ 上的解，从而由命题 5.1.1 的唯一性结论可知 $u_1 = u_2$(a. e. $\omega \in \Omega$)。取 $R = k \in \mathbb{N}$，并利用解 u_1 和 u_2 关于时间的连续性可知，在 $[0,\lim\limits_{k\to\infty}\tau_k]$ 上，有

$$u_1 = u_2, \qquad \text{a. e. } \omega \in \Omega \tag{5.1.24}$$

最后，注意到

$$P\{\tau_k = T_0\} = P\{|u_1|_{L^\gamma(0,T_0;L_x^q)} \leqslant k,\ |u_2|_{L^\gamma(0,T_0;L_x^q)} \leqslant k\} \leqslant \frac{1}{k}\mathrm{E}(|u_1|_{L^\gamma(0,T_0;L_x^q)} + |u_2|_{L^\gamma(0,T_0;L_x^q)})$$

可知，对 $k \to \infty$，$P\{\tau_k = T_0\} \to 1$，i. e. $P\{\lim\limits_{k\to\infty}\tau_k = T_0\} = 1$。由此以及式(5.1.24)可以推知对 a. e. $\omega \in \Omega$，在区间 $[0,T_0]$ 上 $u_1 = u_2$，从而完成定理的证明。

5.2 H^1 理论

本节考虑具有乘积的以及可加噪声的随机非线性 Schrödinger 方程解的局部和整体存在性、唯一性以及爆破等性质。具体地，考虑如下的可加噪声情形[50]

$$\mathrm{i}\partial_t\psi - (\Delta\psi + \lambda|\psi|^{2\sigma}\psi) = \dot{\xi}, \qquad x \in R^n, \qquad t \geqslant 0 \tag{5.2.1}$$

其中，$\dot{\xi}$ 为时空白噪声，其相关函数为 $\mathrm{E}(\dot{\xi}(t_1,x_1),\dot{\xi}(t_2,x_2)) = D\delta_{t_1-t_2}\delta_{x_1-x_2}$，$D$ 为噪声强度。在具有乘积噪声的情形，方程为

$$\mathrm{i}\partial_t\psi - (\Delta\psi + \lambda|\psi|^{2\sigma}\psi) = \dot{\eta}\psi, \qquad x \in R^n, \qquad t \geqslant 0 \tag{5.2.2}$$

式右端的乘积应理解为 Stratonovitch 乘积，以保证当 t 变化时，ψ 的 L^2 范数守恒，以保证物理上的要求。这里的噪声是实值的，在空间和时间上是 δ 相关的。

考虑赋予 σ- 代数流 $(\mathscr{F})_{t\geqslant 0}$ 的概率空间 $(\Omega,\mathscr{F},P)$，以及一列和 $(\mathscr{F})_{t\geqslant 0}$ 相关联的独立的在 R^+ 上的实值布朗运动 $(\beta_k)_{k\in\mathbf{N}}$。当考虑可加(乘积)的非线性 Schrödinger 方程时，须考虑 R^n 上复值(实值)平方可积函数构成的空间以及其上的 Hilert 基 $(e_k)_{k\in\mathbf{N}}$。给定其上的有界线性算子 φ。引入在复值(实值)平方可积函数空间上的 Wiener 过程：

$$W(t,x,\omega) = \sum_{k=1}^{\infty}\beta_k(t,\omega)\phi e_k(x), \qquad t \geqslant 0, \qquad x \in R^n, \qquad \omega \in \Omega$$

其协方差算子为 $\varphi\varphi^*$。记 $\dot{\xi}=\dfrac{\partial W}{\partial t}$$\left(\text{相应的},\dot{\eta}=\dfrac{\partial W}{\partial t}\right)$。如果 φ 由积分核表示，即对任意的平方可积函数 u，有

$$\varphi u(x)=\int_{R^n}\kappa(x,y)u(y)\mathrm{d}y$$

则噪声的相关函数具有如下表达式：

$$\mathrm{E}\left(\frac{\partial W}{\partial t}(t,x)\frac{\partial W}{\partial t}(s,y)\right)=c(x,y)\delta_{t-s}$$

其中

$$c(x,y)=\int_{R^n}\kappa(x,z)\kappa(y,z)\mathrm{d}z$$

考虑 $\sigma>0$ 以及 $\lambda=\pm1$。对 φ,σ,λ 的具体要求将在后面的论述中陆续给出。在上述框架下，方程具有形式：

① 可加噪声情形

$$\mathrm{i}\mathrm{d}u-(\Delta u+\lambda\mid u\mid^{2\sigma}u)\mathrm{d}t=\mathrm{d}W \tag{5.2.3}$$

② 乘积噪声情形

$$\mathrm{i}\mathrm{d}u-(\Delta u+\lambda\mid u\mid^{2\sigma}u)\mathrm{d}t=u\circ\mathrm{d}W \tag{5.2.4}$$

其中，“∘”代表 Stratonovitch 乘积。利用 Stratonovitch 与 Itô 积分之间的关系，可以得到乘积情形等价的 Itô 方程：

$$\mathrm{i}\mathrm{d}u-(\Delta u+\lambda\mid u\mid^{2\sigma}u)\mathrm{d}t=u\mathrm{d}W-\frac{\mathrm{i}}{2}uF_\varphi\mathrm{d}t \tag{5.2.5}$$

其中，$F_\varphi(x)=\sum\limits_{k=0}^{\infty}(\varphi e_k(x))^2$。

引入如下记号。对 $p\geqslant1$，$L^p(R^n)$ 记通常的 Lebesgue 空间。当 $p=2$ 时，其内积定义为

$$(u,v)=\Re\int_{R^n}u(x)\bar{v}(x),\qquad\forall\,u,v\in L^2(R^n)$$

记 $L^2(R^n;R)$ 为实值的平方可积函数空间，$\mathcal{F}v$ 或者 $\hat{v}$ 为缓增分布 $v\in S'(R^n)$ 的 Fourier 变换。定义 Sobolev 空间 $H^s(R^n)$ 为

$$H^s(R^n)=\{v\in S'(R^n):(1+\mid\xi\mid^2)^{s/2}\mathcal{F}v\in L^2(R^n)\}$$

设 I 为 R 的某一区间，E 为 Banach 空间，$1\leqslant r\leqslant+\infty$，定义

$$L^r(I;E)=\{v:I\to\mathrm{E}\mid t\mapsto\mid v(t)\mid_E\in L^r(I)\}$$

为从 I 到 E 的强 Lebesgue 函数，以及如下的时空函数空间：对 $t\geqslant0$，$r=\dfrac{4(\sigma+1)}{n\sigma}$，有

$$X_t=L^\infty([0,t];H^1(R^n))\cap L^r([0,t];W^{1,2\sigma+2}(R^n))$$

类似地可以定义空间 $L^r(\Omega;E)$，其中 E 为一 Banach 空间。

考虑方程

$$\mathrm{i}\frac{\mathrm{d}u}{\mathrm{d}t}-\Delta u=0$$

生成的线性群 $S(t)=\mathrm{e}^{-\mathrm{i}t\Delta}$，$t\in R$。相应地 $\mathcal{F}(S(t)v)(\xi)=\mathrm{e}^{\mathrm{i}t\xi^2}\hat{v}(\xi)$，$t\in R$，$\xi\in R^n$。

给定可分的 Hilbert 空间 $H,\widetilde{H}$，记 H 到 $\widetilde{H}$ 的 Hilbert - Schmidt 算子构成的空间为

$L_2^0(H,\widetilde{H})$，其元素 $\Phi \in L_2^0(H,\widetilde{H})$ 的范数为

$$|\Phi|^2_{L_2^0 H,\widetilde{H}} = \mathrm{tr}\Phi^*\Phi = \sum_{k\in\mathbf{N}} |\Phi e_k|^2_{\widetilde{H}}$$

其中，$(e_k)_{k\in\mathbb{N}}$ 为 H 的一组单位正交基。当 $H = L^2(R^n)$，$\widetilde{H} = H^s(R^n)$ 时，$L_2^0(H,\widetilde{H})$ 简记为 $L_2^{0,s}$。给定 Banach 空间 B，考虑 $L^2(R^n)$ 到 B 的有界线性算子，替代 Hilbert - Schmidt 算子的概念，相应地给出 γ - Radonifying 算子。记 $R(L^2(R^n),B)$ 为从 $L^2(R^n)$ 到 B 的 γ - Radonifying 算子构成的空间，其范数为

$$|\Phi|_{R(L^2,B)} = \left(\widetilde{\mathrm{E}}\left|\sum_{k=1}^{\infty}\gamma_k\Phi e_k\right|_B^2\right)^{1/2}$$

其中，$(e_k)_{k\in\mathbb{N}}$ 为 $L^2(R^n)$ 的一组单位正交基，$(\gamma_k)_{k\in\mathbb{N}}$ 为概率空间 $(\widetilde{\Omega},\widetilde{\mathcal{F}},\widetilde{P})$ 上一列独立的实值正态随机变量。

下面将考虑逼近方程。具体地，考虑在 R^+ 上的 C^∞ 截断函数 θ，

$$\theta(x) = \begin{cases} 0, & x \geqslant 2 \\ 1, & 0 \leqslant x \leqslant 1 \end{cases}$$

则对任意的 $k \in \mathbb{N}$ 通过 Fourier 变换定义算子 Θ_k：

$$\mathcal{F}(\Theta_k v)(\xi) = \theta\left(\frac{|\xi|}{k}\right)\hat{v}(\xi), \qquad t \in R, \qquad \xi \in R^n$$

以及线性群 $(S_k(t))_{t\in R}$ 定义为$_k(t) = \Theta_k S(t)$，或者等价地

$$\mathcal{F}(S_k(t)v)(\xi) = \theta\left(\frac{|\xi|}{k}\right)\mathrm{e}^{\mathrm{i}t\xi^2}\hat{v}(\xi), \qquad t \in R, \qquad \xi \in R^n$$

5.2.1 可加噪声情形

考虑 $\hat{W}$ 为 $L^2(R^n)$ 上和 $(\Omega,\mathscr{F},(\mathscr{F})_{t\geqslant 0},P)$ 相关联的柱状 Wiener 过程，则对任意 $L^2(R^n)$ 上的单位正交基 $(e_k)_{k\in\mathbb{N}}$，存在 $(\Omega,\mathscr{F},(\mathscr{F})_{t\geqslant 0},P)$ 上一列独立的实值布朗运动 $(\beta_k)_{k\in\mathbb{N}}$，使得

$$\hat{W} = \sum_{k\in\mathbf{N}}\beta_k(t)e_k$$

令 $W = \phi\hat{W} = \sum_{k\in\mathbb{N}}\beta_k\varphi e_k$，其中 ϕ 至少具有 $L_2^{0,1}$ 的正则性，此时 W 作为 (t,x) 的函数为一复值过程。

先讨论局部存在性，然后利用确定系统的不变量去证明在次临界情形以及散焦情形下解的整体存在性，最后考虑解对初值和噪声项的连续依赖性。

首先证明如下的局部存在性结果。

定理 5.2.1 设 $0 \leqslant \sigma < 2/(n-2)$（当 $n \geqslant 3$ 时），$\sigma \geqslant 0$（当 $n = 1,2$ 时），$\phi \in L_2^{0,1}$，初值 $u_0 \in H^1(R^n)$ 为 $\mathcal{F}_0$ 可测的随机变量，则在 $H^1(R^n)$ 中存在式(5.2.3)定义在随机区间 $[0,\tau^*(u_0,\omega))$ 上的唯一解 u，具有连续轨道，并满足初值条件 $u(0) = u_0$。其中 $\tau^*(u_0,\omega)$ 为停时，使得

$$\tau^*(u_0,\omega) = +\infty \qquad \text{或者} \qquad \lim_{t\uparrow\tau^*(u_0,\omega)} |u(t)|_{H^1(R^n)} = +\infty$$

而且，τ^* 关于 u_0 下半连续 a.s.。

证明：利用积分表达式，对 $t \geqslant 0$，有

$$u(t) = S(t)u_0 - \mathrm{i}\lambda\int_0^t S(t-s)(|u(s)|^{2\sigma}u(s))\mathrm{d}s + \mathrm{i}\int_0^t S(t-s)\mathrm{d}W(s) \quad (5.2.6)$$

令

$$z(t) = \mathrm{i}\int_0^t S(t-s)\mathrm{d}W(s)$$

可以证明在上述假设下 $z(t)$ 是良定义的，并且具有样本轨道属于 $C([0,\infty);H^1(R^n))$（见参考文献[6] 中定理 6.10）。作变换 $v(t) = u(t) - z(t)$，显然如果

$$v(t) = S(t)u_0 - \mathrm{i}\lambda\int_0^t S(t-s)|v+z|^{2\sigma}(v+z)\mathrm{d}s \quad (5.2.7)$$

则 u 是方程(5.2.3)（等价地，式(5.2.6)）的解。我们知道，要证明确定性情形解的存在性，采用的方法是在空间 X_T 中以 $L^\infty(0,T;L^2(R^n)) \cap L^r(0,T;L^{2\sigma+2}(R^n))$ 的范数进行迭代，然后利用不动点定理，选取 T（依赖于初值的 $H^1(R^n)$ 范数）充分小，便可以证明解的局部存在性。读者可以参阅参考文献[55]。不难看出，这样的方法也适用于式(5.2.7)，从而如果可以证明 $z \in X_T$，则可以证明 u 也是方程(5.2.3) 的解。

首先证明

$$z \in L^r(0,T;W^{1,2\sigma+2}(R^n)), \qquad \forall T > 0, \qquad \text{a.s. } \omega \in \Omega$$

由于 z 为 Gauss 过程，且 $r > 2$，利用 Fubini 定理、Hölder 不等式以及 BDG 不等式可以推知

$$\begin{aligned}
&\mathrm{E}\left(\int_0^T |z(s)|^r_{L^{2\sigma+2}(R^n)}\mathrm{d}s\right) = \\
&\int_0^T \mathrm{E}(|z(s)|^r_{L^{2\sigma+2}(R^n)})\mathrm{d}s \leqslant \\
&c_1\int_0^T \mathrm{E}(|z(s)|^{2\sigma+2}_{L^{2\sigma+2}(R^n)})^{\frac{r}{2\sigma+2}}\mathrm{d}s = \\
&c_1\int_0^T \left(\int_{R^n}\mathrm{E}(|z(s,x)|^{2\sigma+2})\mathrm{d}x\right)^{\frac{r}{2\sigma+2}}\mathrm{d}s \leqslant \\
&c_2\int_0^T \left(\int_{R^n}\mathrm{E}(|z(s,x)|^2)^{\sigma+1}\mathrm{d}x\right)^{\frac{r}{2\sigma+2}}\mathrm{d}s
\end{aligned}$$

其中，c_1 和 c_2 依赖于 r,σ。对 $L^2(R^n)$ 的一组单位正交基，下式成立，即

$$\mathrm{E}(|z(s,x)|^2) = \sum_{i\in\mathbb{N}}\int_0^s |(S(s-\tau)\phi e_i)(x)|^2\mathrm{d}\tau$$

从而利用两次 Minkowski 不等式可得

$$\begin{aligned}
\left(\int_{R^n}\mathrm{E}(|z(s,x)|^2)^{\sigma+1}\right)^{\frac{1}{\sigma+1}} &\leqslant \sum_{i\in\mathbb{N}}\int_0^s\left(\int_{R^n}|(S(s-\tau)\varphi e_i)(x)|^{2\sigma+2}\right)^{\frac{1}{\sigma+1}}\mathrm{d}\tau = \\
&\sum_{i\in\mathbb{N}}|S(\cdot)\phi e_i|^2_{L^2(0,s;L^{2\sigma+2}(R^n))}
\end{aligned}$$

众所周知，对任意的 $T>0$，$S(\cdot)$ 将 $L^2(R^n)$ 映入到 $L^r(0,T;L^{2\sigma+2}(R^n))$，从而对 $r>2$，下式成立，即

$$\begin{aligned}
&\left(\int_{R^n}\mathrm{E}(|z(s,x)|^2)^{\sigma+1}\mathrm{d}x\right)^{\frac{1}{\sigma+1}} \leqslant \\
&c_3\sum_{i\in\mathbb{N}}|S(\cdot)\phi e_i|^2_{L^r(0,T;L^{2\sigma+2}(R^n))} \leqslant \\
&c_3\sum_{i\in\mathbb{N}}|\phi e_i|^2_{L^2(R^n)} \leqslant c_3|\phi|^2_{L_2^{0,0}}
\end{aligned}$$

其中,c_3 仅依赖于 r,σ 和 T,从而

$$\mathrm{E}(|z|^r_{L^r(0,T;L^{2\sigma+2})(R^n)})\leqslant c_4 |\phi|^r_{L_2^{0,0}}$$

其中,常数 c_4 依赖于 r,σ,T。由于 $S(\cdot)$ 和 ∂_x 可交换,同样的论断成立,即

$$\mathrm{E}(|z|^r_{L^r(0,T;W^{1,2\sigma+2})(R^n)})\leqslant c_5 |\phi|^r_{L_2^{0,1}}$$

再用一次 Hölder 不等式,便立即可以得到需要的结论。

下面讨论解的整体存在性。为此,先给出如下在确定系统中的守恒量:

① L^2- 守恒

$$M(u)=|u|^2_{L^2(R^n)}$$

② 能量守恒

$$H(u)=\frac{1}{2}\int_{R^n}|\nabla u(x)|^2\mathrm{d}x-\frac{\lambda}{2\sigma+2}\int_{R^n}|u(x)|^{2\sigma+2}\mathrm{d}x$$

考查这些量使得我们可以在次临界情形以及散焦情形,证明定理 5.2.1 给出的方程(5.2.3)的局部解是整体的,i.e. $\tau^*(u_0)=\infty$,a.s.。

命题 5.2.1 令 u_0,σ 以及 ϕ 如上所述。对任意满足 $\tau<\tau^*(u_0)$,a.s. 的停时 τ,下式成立,即

$$M(u(\tau))=M(u_0)-2\,\Im\sum_{l\in\mathbb{N}}\int_0^\tau\int_{R^n}u(x)\,\overline{\varphi e_l}(x)\mathrm{d}x\mathrm{d}\beta_l(s)+\tau|\varphi|^2_{L_2^{0,0}} \tag{5.2.8}$$

其中,u 是由定理 5.2.1 给出的方程(5.2.3)的具有初值 $u(0)=u_0$ 的解。而且,对任意的 $k\in\mathbb{N}$,存在常数 $M_k\geqslant 0$ 使得

$$\mathrm{E}\{\sup_{t\in[0,\tau]}M^k(u(t))\leqslant M_k\mathrm{E}[M^k(u_0)]\} \tag{5.2.9}$$

证明:利用 Itô 公式,利用方程作形式的推导立即可得式(5.2.8),我们的任务是将形式推导严格化。

考虑如下的一列逼近解:

$$\mathrm{i}\mathrm{d}u_m^R-\left[\Theta_{m_1}\Delta u_m^R+\lambda\theta\left(\frac{|u_m^R|_{H^1(R^n)}}{R}\right)\Theta_{m_2}(|u_m^R|^{2\sigma}u_m^R)\right]\mathrm{d}t=\mathrm{d}W \tag{5.2.10}$$

其中,$R>0$,$m=(m_1,m_2)\in\mathbb{N}^2$ 为参数,且当说 $m\to\infty$ 时,总是指先取极限 $m_1\to\infty$,然后再取极限 $m_2\to\infty$。由于逼近方程仅含有全局的 Lipshitz 系数,容易验证式(5.2.10)对任意的 $t\geqslant 0$ 都存在唯一解 u_m^R,且满足初值条件 $u_m^R(0)=u_0$。对这样的解,利用 Itô 公式便可得到

$$\begin{aligned}M(u_m^R(t))=&M(u_0)-2\,\Im\sum_{l\in\mathbb{N}}\int_0^t\int_{R^n}u_m^R(x)\,\overline{\varphi e_l}(x)\mathrm{d}x\mathrm{d}\beta_l(s)+\\&2\lambda\,\Im\int_0^t\theta\left(\frac{|u_m^R|_{H^1(R^n)}}{R}\right)\int_{R^n}\bar{u}_m^R(x)\Theta_{m_2}(|u_m^R|^{2\sigma}u_m^R)(x)\mathrm{d}x\mathrm{d}s+|\phi|^2_{L_2^{0,0}}t\end{aligned} \tag{5.2.11}$$

由于在确定情形中 M 是守恒的,从而在利用 Itô 公式时,所有的项$(M'(u_m^R),\mathrm{d}u_m^R)$ 为 0,有贡献的项是含有随机的项$(M'(u_m^R),\mathrm{d}W)$ 以及项$(M'(u_m^R),\Theta_{m_2}(|u_m^R|^{2\sigma}u_m^R))\mathrm{d}t$。

由于对非线性项进行了截断,并注意到 $S_{m_1}(t)$ 在 $H^1(R^n)$ 中强收敛到 $S(t)$,不难证明当 $m\to\infty$ 时,u_m^R 在 $C([0,\tau];H^1(R^n))$ 中 a.s. 收敛到如下方程的唯一解:

$$\mathrm{i}\mathrm{d}u^R-\left[\Delta u^R+\lambda\theta\left(\frac{|u^R|_{H^1(R^n)}}{R}\right)(|u^R|^{2\sigma}u^R)\right]\mathrm{d}t=\mathrm{d}W \tag{5.2.12}$$

为此,需要将方程(5.2.10)和方程(5.2.12)写成积分的形式。

这使得我们可以在式(5.2.11)中对 $m\to\infty$ 取极限,并令 $t=\tau$,得到

$$M(u^R(\tau)) = M(u_0) - 2\,\Im\sum_{l\in\mathbf{N}}\int_0^\tau\int_{R^n} u^R(x)\,\overline{\varphi e_l}(x)\,\mathrm{d}x\mathrm{d}\beta_l(s) + |\varphi|^2_{L_2^{0,0}}\tau$$

其中，式(5.2.11)右端第三项积分的极限是实值的，故为0。从定理5.2.1的证明可以看出，对任意的 $\omega\in\Omega$，存在 R，使得 $|u|_{X_\tau}\leqslant R$，且在$[0,\tau]$上 $u(t)=u^R(t)$；这蕴含着结论式(5.2.8)。

下面证明式(5.2.9)。对 $M^k(u_m^R)$ 应用 Itô 公式，并对 $m\to\infty$ 取极限，得到对 $t\in[0,\tau]$，有

$$\begin{aligned}
&M^k(u^R(t)) = \\
&\quad M^k(u_0) - 2k\,\Im\sum_{l\in\mathbf{N}}\int_0^t M^{k-1}(u^R(s))\times \\
&\quad \int_{R^n} u^R(x)\,\overline{\varphi e_l}(x)\,\mathrm{d}x\mathrm{d}\beta_l(s) + k\,|\varphi|^2_{L_2^{0,0}}\int_0^t M^{k-1}(u^R(s))\,\mathrm{d}s + \\
&\quad 2k(k-1)\int_0^t M^{k-2}(u^R(s))\,\Re\sum_{l\in\mathbf{N}}\left(\int_{R^n} u^R(x)\,\overline{\varphi e_l}(x)\,\mathrm{d}x\right)^2\mathrm{d}s
\end{aligned}$$

取上确界并利用鞅不等式(见参考文献[6]中的定理3.14)可得

$$\begin{aligned}
&\mathrm{E}\Big[\sup_{t\in[0,\tau]} M^k(u^R(t))\Big]\leqslant \\
&\quad \mathrm{E}[M^k(u_0)] + \\
&\quad 6k\mathrm{E}\left[\left(\int_0^\tau M^{2(k-1)}(u^R(s))\,|\varphi^* u^R(s)|^2_{L_2^{0,0}}\right)^{1/2}\right] + \\
&\quad k\,|\phi|^2_{L_2^{0,0}}\,\mathrm{E}\left[\int_0^\tau M^{k-1}(u^R(s))\,\mathrm{d}s\right] + \\
&\quad 2k(k-1)\mathrm{E}\left[\int_0^\tau M^{k-2}(u^R(s))\,|\varphi^* u^R(s)|^2_{L^2(R^n)}\,\mathrm{d}s\right]\leqslant \\
&\quad \mathrm{E}[M^k(u_0)] + 6kT_0\,|\phi|^2_{L_2^{0,0}}\,\mathrm{E}\Big[\sup_{t\in[0,\tau]} M^{k-\frac{1}{2}}(u^R(t))\Big] + \\
&\quad k(2k-1)T_0\,|\phi|^2_{L_2^{0,0}}\,\mathrm{E}\Big[\sup_{t\in[0,\tau]} M^{k-1}(u^R(t))\Big]
\end{aligned}$$

对右端第二项用 Hölder 不等式以及 Young 不等式，并利用归纳法不难证明结论。

命题 5.2.2　令 u_0，σ 以及 ϕ 如定理5.2.1中所述。对任意满足 $\tau<\tau^*(u_0)$ a.s. 的停时 τ，下式成立，即

$$\begin{aligned}
H(u(\tau)) = {} & H(u_0) - \Im\int_{R^n}\int_0^\tau(\Delta\bar{u} + \lambda\,|u|^{2\sigma}\bar{u})\,\mathrm{d}W\mathrm{d}x + \\
& \frac{1}{2}\sum_{l\in\mathbf{N}}\int_0^\tau\int_{R^n}|\nabla\varphi e_l|^2\,\mathrm{d}x\mathrm{d}s - \\
& \frac{\lambda}{2}\sum_{l\in\mathbf{N}}\int_0^\tau\int_{R^n}\left[|u|^{2\sigma}\,|\phi e_l|^2 + 2\sigma\,|u|^{2\sigma-2}(\Re(\bar{u}\phi e_l))^2\right]\mathrm{d}x\mathrm{d}s
\end{aligned} \tag{5.2.13}$$

其中，$u(\cdot)$ 是由定理5.2.1给出的方程(5.2.3)满足处置条件 $u(0)=u_0$ 的解。

证明：证明的过程和上一命题类似。作同样形式的推导立即可得结论。下面，将形式推导严格化。采用逼近解式(5.2.10)，并对量 $H(u_m^R)$ 利用 Itô 公式可得

$$\begin{aligned}
H(u_m^R(t)) = {} & H(u_0) - \Im\int_{R^n}\int_0^t(\Delta\bar{u}_m^R + \lambda\,|u_m^R|^{2\sigma}\bar{u}_m^R)\,\mathrm{d}W\mathrm{d}x + \\
& \Im\int_0^t\int_{R^n}\lambda\left[\Theta_{m_1} - \theta\left(\frac{|u_m^R|_{H^1(R^n)}}{R}\right)\Theta_{m_2}\right]\times \\
& (|u_m^R|^{2\sigma}u_m^R)\Delta\bar{u}_m^R\,\mathrm{d}x\mathrm{d}s + \frac{1}{2}\sum_{l\in\mathbf{N}}\int_0^t\int_{R^n}|\nabla\phi e_l|^2\,\mathrm{d}x\mathrm{d}s -
\end{aligned}$$

$$\frac{\lambda}{2}\sum_{l\in\mathbf{N}}\int_0^\tau\int_{R^n}[\mid u_m^R\mid^{2\sigma}\mid\phi e_l\mid^2+2\sigma\mid u_m^R\mid^{2(\sigma-1)}(\Re(\bar{u}_m^R\phi e_l))^2]\mathrm{d}x\mathrm{d}s$$

(5.2.14)

其中，由于 H 是确定系统的守恒量，故许多项都消失了。然而对于确定性逼近，即使取极限 $m\to\infty$，它也并不守恒；和结论式(5.2.13) 比较，如果 $\mid u^R\mid_{X_t}\leqslant R$，将还会产生一项为 0。在式(5.2.14) 中，取 $t=\tau$，并令 $m\to\infty$，有

$$\begin{aligned}H(u^R(\tau))=&H(u_0)-\Im\int_{R^n}\int_0^\tau(\Delta\bar{u}^R+\lambda\mid u^R\mid^{2\sigma}\bar{u}^R)\mathrm{d}W\mathrm{d}x+\\&\Im\int_0^\tau\int_{R^n}\lambda\left[1-\theta\left(\frac{\mid u^R\mid_{H^1(R^n)}}{R}\right)\right](\mid u^R\mid^{2\sigma}u^R)\Delta\bar{u}^R\mathrm{d}x\mathrm{d}s+\\&\frac{1}{2}\sum_{l\in\mathbf{N}}\int_0^\tau\int_{R^n}\mid\nabla\varphi e_l\mid^2\mathrm{d}x\mathrm{d}s-\frac{\lambda}{2}\sum_{l\in\mathbf{N}}\int_0^\tau\int_{R^n}[\mid u^R\mid^{2\sigma}\mid\phi e_l\mid^2+\\&2\sigma\mid u^R\mid^{2(\sigma-1)}(\Re(\bar{u}^R\phi e_l))^2]\mathrm{d}x\mathrm{d}s\end{aligned}$$

注意到对充分大的 R，在$[0,\tau]$上 $u=u^R$ 且 $\theta\left(\frac{\mid u^R\mid_{H^1(R^n)}}{R}\right)=1$，这样便证明了命题成立。

有了上述两命题，就可以证明关于整体解的结论了。

定理 5.2.2 在定理 5.2.1 的假设下进一步假设，或者 $\sigma<2/n$，或者 $\lambda=-1$，则对 $\mathscr{F}_0$ 可测的 u_0，定理 5.2.1 给出的满足初值条件 $u(0)=u_0$ 的解是整体的，即 $\tau^*(u_0)=\infty$ a. s. 。

证明：首先假设 $u_0\in L^{2+\frac{4\sigma}{2-\sigma n}}(\Omega;L^2(R^n))\cap L^2(\Omega;H^1(R^n))$，且 $\mathrm{E}(H(u_0))<\infty$。仅需证明对任意给定的 $T_0>0$，以及对任意的满足 a. s. $\tau<\inf\{T_0,\tau^*(u_0)\}$ 的停时 τ，下式成立，即

$$\mathrm{E}(\sup_{t\leqslant\tau}\mid u(t)\mid_{H^1(R^n)}^2)\leqslant C(T_0,\phi,\mathrm{E}(\mid u_0\mid_{L^2(R^n)}^{2+\frac{4\sigma}{2-\sigma n}}),\mathrm{E}(H(u_0)))\tag{5.2.15}$$

利用标准的局部化讨论便可知，对任意 $\mathscr{F}_0$ 可测的 $u_0\in H^1(R^n)$，定理的结论成立。

首先考虑情形 $\lambda=+1$ 且 $\sigma<\frac{2}{n}$。对 $R>0$，令 $\tau_R=\inf\{t\leqslant\tau^*(u_0):\mid u(t)\mid_{H^1(R^n)}\geqslant R\}$。由命题 5.2.2 以及鞅不等式可知

$$\begin{aligned}\mathrm{E}[\sup_{t\leqslant\tau\wedge\tau_R}H(u(t))]\leqslant&\mathrm{E}[H(u_0)]+\frac{1}{2}\mid\phi\mid_{L_2^{0,1}}^2T_0+\\&3\mathrm{E}\left[\left(\int_0^{\tau\wedge\tau_R}\mid\phi^*(\Delta\bar{u}+\mid u\mid^{2\sigma}\bar{u})\mid_{L^2(R^n)}^2\right)^{1/2}\right]\end{aligned}$$

其中，略去了式(5.2.13) 最后非正的两项。由对偶性可知，算子 ϕ^* 是 $H^{-1}(R^n)\to L^2(R^n)$ 的有界线性算子，其界不超过 $\mid\phi\mid_{L_2^{0,1}}$。又由于 $H^1(R^n)$ 嵌入到 $L^{2(\sigma+1)}(R^n)$，ϕ^* 是从 $L^{\frac{2\sigma+2}{2\sigma+1}}(R^n)$ 到 $L^2(R^n)$ 有界的，从而

$$\mid\phi^*(\Delta\bar{u}+\mid u\mid^{2\sigma}\bar{u})\mid_{L^2(R^n)}\leqslant\mid\varphi_{L_2^{0,1}}\mid(\mid\nabla u\mid_{L^2(R^n)}+\mid u\mid_{L^{2\sigma+2}(R^n)}^{2\sigma+1})$$

于是

$$\begin{aligned}\mathrm{E}[\sup_{t\leqslant\tau\wedge\tau_R}H(u(t))]\leqslant&\mathrm{E}[H(u_0)]+\frac{1}{2}\mid\phi\mid_{L_2^{0,1}}^2T_0+\\&3\mid\phi\mid_{L_2^{0,1}}\mathrm{E}\left[\left(\int_0^{\tau\wedge\tau^*}\mid\nabla u\mid_{L^2(R^n)}+\mid u\mid_{L^{2\sigma+2}(R^n)}^{2\sigma+1}\mathrm{d}s\right)^{1/2}\right]\leqslant\\&\mathrm{E}[H(u_0)]+C(T_0,\phi)+\frac{1}{16}\mathrm{E}[\sup_{\tau\wedge\tau^*}\mid\nabla u\mid_{L^2(R^n)}^2]+\end{aligned}$$

$$\frac{1}{4(2\sigma+2)}\mathrm{E}\left[\sup_{t\leqslant\tau\wedge\tau^*}|u|_{L^{2\sigma+2}(R^n)}^{2\sigma+2}\right] \tag{5.2.16}$$

利用 Gagliardo-Nirenberg 不等式，有

$$\frac{1}{2\sigma+2}|u|_{L^{2\sigma+2}(R^n)}^{2\sigma+2}\leqslant C|u|_{L^2(R^n)}^{2\sigma+2-\sigma n}|\nabla u|_{L^2(R^n)}^{\sigma n}\leqslant\frac{1}{4}|\nabla u|_{L^2(R^n)}^2+C|u|_{L^2(R^n)}^{2+\frac{4\sigma}{2-\sigma n}}$$

其中，在最后一步，利用了关系式$\sigma<\dfrac{2}{n}$。利用命题5.2.1以及Gagliardo-Nirenberg不等式可知

$$\begin{aligned}\mathrm{E}\left[\sup_{t\leqslant\tau\wedge\tau^*}H(u(t))\right]\leqslant{}&\mathrm{E}(H(u_0))+C\left[T_0,\phi,\mathrm{E}\left(|u_0|_{L^2(R^n)}^{2+\frac{4\sigma}{2-\sigma n}}\right)\right]+\\&\frac{1}{8}\mathrm{E}\left[\sup_{\tau\wedge\tau^*}|\nabla u(t)|_{L^2(R^n)}^2\right]\leqslant\\&\mathrm{E}(H(u_0))+C\left[T_0,\varphi,\mathrm{E}\left(|u_0|_{L^2(R^n)}^{2+\frac{4\sigma}{2-\sigma n}}\right)\right]+\\&\frac{1}{2}\mathrm{E}\left[\sup_{t\leqslant\tau\wedge\tau^*}H(u(t))\right]\end{aligned}$$

再一次应用 Gagliardo-Nirenberg 不等式以及命题 5.2.1，并令 $R\to\infty$ 立即可得结论式(5.2.15)，故定理成立。

现在考虑$\sigma=-1$且$\sigma<\dfrac{2}{n-2}$的情形。此时就不能忽略式(5.2.13)的最后两项了，然而利用 Hölder 不等式类似于式(5.2.16)可得

$$\begin{aligned}&\mathrm{E}\left[\sup_{t\leqslant\tau\wedge\tau_R}H(u(t))\right]\leqslant\\&\quad\mathrm{E}[H(u_0)]+C(T_0,\phi)+\frac{1}{16}\mathrm{E}\left[\sup_{\tau}|\nabla u|_{L^2(R^n)}^2\right]+\\&\quad\frac{1}{4(2\sigma+2)}\mathrm{E}\left[\sup_{t\leqslant\tau}|u|_{L^{2\sigma+2}(R^n)}^{2\sigma+2}\right]+\\&\quad\frac{2\sigma+1}{2}\sum_{l\in\mathbf{N}}\mathrm{E}\left[\int_0^\tau|u|_{L^{2\sigma+2}(R^n)}^{2\sigma}|\varphi e_l|_{L^{2\sigma+2}(R^n)}^2\mathrm{d}s\right]\leqslant\\&\quad\mathrm{E}[H(u_0)]+\widetilde{C}(T_0,\varphi)+\frac{1}{16}\mathrm{E}\left[\sup_{\tau}|\nabla u|_{L^2(R^n)}^2\right]+\\&\quad\frac{1}{2(2\sigma+2)}\mathrm{E}\left[\sup_{t\leqslant\tau}|u|_{L^{2\sigma+2}(R^n)}^{2\sigma+2}\right]\leqslant\\&\quad\mathrm{E}[H(u_0)]+\widetilde{C}(T_0,\phi)+\frac{1}{2}\mathrm{E}\left[\sup_{t\leqslant\tau\wedge\tau_R}H(u(t))\right]\end{aligned}$$

从而在$\lambda=-1$的情形下结论成立。

在可加噪声情形的最后部分，讨论解对初值的连续依赖性。

当定理式(5.2.2)的条件不满足时，一般说来，不能期望解总是整体的。事实上，在确定系统情形，如果初值具有负能量，则解在有限时刻产生奇性。下面的结论可以用来证明在小噪声情形，$\tau^*(u_0)$至少和确定情形解的存在时间具有相同的阶。接下来，记$\nu(z,u_0,\cdot)$为式(5.2.7)的解(如果存在)。

命题 5.2.3　令$\tilde{z}\in C([0,T];H^1(R^n))\cap L^r(0,T;W^{1,2\sigma+2}(R^n))$，其中$r=\dfrac{4(\sigma+1)}{\sigma n}$，且初值$\tilde{u}_0\in H^1(R^n)$使得$\nu(\tilde{z},\tilde{u}_0,\cdot)\in C([0,T];H^1(R^n))$在区间$[0,T]$上存在。存在$z$在

$C([0,T];H^1(R^n))\cap L^r(0,T;W^{1,2\sigma+2}(R^n))$ 的邻域 $\mathcal{V}$，以及 u_0 在 $H^1(R^n)$ 中的邻域 $\mathcal{W}$，使得对任意的 $(u_0,z)\in\mathcal{W}\times\mathcal{V}$，式(5.2.7)的解 $\nu(z,u_0,\cdot)$ 在 $C([0,T];H^1(R^n))\cap L^r(0,T;W^{1,2\sigma+2}(R^n))$ 存在且唯一。其映射

$$(u_0,z)\mapsto\nu(z,u_0,\cdot)$$

$$\mathcal{W}\times\mathcal{V}\to C([0,T];H^1(R^n))$$

是连续的。

证明：令 $r,R>0,u_0,Z$ 使得

$$|u_0|_{H^1(R^n)}\leqslant r,\qquad |z|_{C([0,T];H^1(R^n))}\leqslant R,\qquad |z|_{L^r(0,T;W^{1,2\sigma+2}(R^n))}\leqslant R$$

利用参考文献[55]中对不具有扰动(随机项)的方程构造解的方法可知，$L^\infty(0,T^*;H^1(R^n))\cap L^r(0,T^*;W^{1,2\sigma+2}(R^n))$ 中半径为 $2r$ 的球在映射

$$T\nu(t)=S(t)u_0-\mathrm{i}\lambda\int_0^t S(t-s)(|\nu+z|^{2\sigma}\nu)\mathrm{d}s$$

下是稳定的，且如果 $T^*<T^*(r,R)$，则 $\mathcal{T}$ 在范数 $\|\cdot\|_{L^r(0,T^*;W^{1,2\sigma+2}(R^n))}$ 下是压缩的。从而 $\mathcal{T}$ 具有不动点 $\nu^1(z,u_0,\cdot)$，为式(5.2.7)在 $[0,T^*(r,R)]$ 上的解。

类似地可以得到方程(5.2.7)在区间 $[kT^*(r,R),(k+1)T^*(r,R)]$ $(k\leqslant N=[T/T^*(r,R)])$ 上的具有初值 $\nu(kT^*(r,R))=u^k$ 解，其中要求 $|u^k|_{H^1(R^n)}\leqslant r$。记此在 $[kT^*(r,R),(k+1)T^*(r,R)]$ 上的解为 $\nu^{k+1}(z,u^k,\cdot)$。

利用参考文献[55]中相同的方法证明，对任意的 k，$\nu^{k+1}(z,u^k\ \cdot)$ 在 $C([kT^*(r,R),(k+1)T^*(r,R)];H^1(R^n))$ 中关于 (u^k,z) 是连续的。

取

$$R=1+\max\{|\tilde{z}|_{C([0,T];H^1(R^n))},|\tilde{z}|_{L^r(0,T;W^{1,2\sigma+2}(R^n))}\}$$

$$r=1+|\nu(\tilde{z},\tilde{u}_0)|_{C([0,T];H^1(R^n))}$$

选取 $1\geqslant\delta>0,\delta_{N+1}=\delta$，并对 $k=1,2,\cdots,N=[T/T^*(r,R)]$，定义 ε_k,δ_k 为

$$|\nu(\tilde{z},\tilde{u}_0,\cdot)-\nu^{k+1}(z,u^k,\cdot)|_{C([kT^*(r,R),(k+1)T^*(r,R)];H^1(R^n))}\leqslant\varepsilon_{k+1}$$

如果

$$|\nu(\tilde{z},\tilde{u}_0,kT^*(r,R))-u^k|\leqslant\delta_k$$

$$|z-\tilde{z}|_{C([0,T];H^1(R^n))}+|z-\tilde{z}|_{L^r(0,T;W^{1,2\sigma+2}(R^n))}$$

可以选择 $\varepsilon_k\leqslant1,\delta_k\leqslant\delta_{k+1}$，且 $\varepsilon_k\leqslant\varepsilon_{k+1}$。取 $\mathcal{W}$ 和 $\mathcal{V}$ 分别为 $H^1(R^n)$ 和 $C([0,T];H^1(R^n))\cap L^r(0,T;W^{1,2\sigma+2}(R^n))$ 中的中心为 u_0,z 且半径为 ε_1,δ_1 的球。在 $[0,T]$ 上定义 $\nu(z,u_0,\cdot)$ 为

当 $t\in[0,T^*(r,R)]$ 时

$$\nu(z,u_0,\cdot)=\nu^1(z,u_0,t)$$

$t\in[kT^*(r,R),(k+1)T^*(r,R)],k\geqslant1$，且

$$\nu(z,u_0,\cdot)=\nu^{k+1}(z,\nu(z,u_0,kT^*(r,R)),t)$$

显然 $\nu(z,u_0,\cdot)$ 为方程(2.7)在 $[0,T]$ 上的解。此证明蕴含着在 (z,u_0) 的连续性。将 (z,u_0) 替换为任意的 $(z,u_0)\in\mathcal{W}\times\mathcal{V}$ 中，便证明了在 (z,u_0) 的连续性。

在上述命题中取 $\tilde{z}=0$，且注意到当 $\varepsilon\to0$ 时，有

$$z_\varepsilon(t)=\mathrm{i}\varepsilon\int_0^t S(t-s)\mathrm{d}W(s)$$

在 $C([0,T];H^1(R^n))\cap L^r(0,T;W^{1,2\sigma+2}(R^n))$ 中趋于 0，立即可得如下推论。

推论 5.2.1　令 u_0,σ,ϕ 如定理 5.2.1 所述。对 $\varepsilon>0$，记 u^ε 为方程

$$\mathrm{i}\mathrm{d}u^\varepsilon-(\Delta u^\varepsilon+\lambda\mid u^\varepsilon\mid^{2\sigma}u^\varepsilon)\mathrm{d}t=\varepsilon\mathrm{d}W$$

定义在随机区间 $[0,\tau_\varepsilon^*(u_0,\omega))$ 上的解，并记 u 为方程

$$\mathrm{i}\mathrm{d}\tilde{u}-(\Delta\tilde{u}+\lambda\mid\tilde{u}\mid^{2\sigma}\tilde{u})\mathrm{d}t=0$$

在区间 $[0,\tau(u_0))$ 上的解。那么 $\lim\limits_{\varepsilon\to0}\inf\tau^*(u_0)\geqslant\tilde{\tau}(u_0)$a.s.，且对任意的 $t<\tilde{\tau}(u_0)$，在 $C([0,T];H^1(R^n))$ 上 u^ε 几乎必然地收敛到 $\tilde{u}$。

5.2.2　乘积噪声情形

现在考虑乘积噪声情形，在这种情况下假设噪声是实值的。事实上，方程(5.2.5)是 Stratonovitch 方程(5.2.4)的 Itô 形式，其中噪声被理解为势能，而 Stratonovitch 形式对保证 L^2 能量守恒非常重要。

在接下来的讨论中，假设 $\hat{W}$ 为 $L^2(R^n;R)$ 上柱状的 Wiener 过程，其随机基为 $(\Omega,\mathscr{F},(\mathscr{F})_{t\geqslant0},P)$，$\phi$ 为 $L^2(R^n;R)$ 到其自身的算子。事实上将要求 $\phi\in L_{2,R}^{0,1}\cap R(L^2(R^n;R),W^{1,\alpha}(R^n))$。记

$$\|\phi\|_\alpha=|\phi|_{L_{2,R}^{0,1}}+|\phi|_R L^2(R^n;R),W^{1,\alpha}(R^n)$$

更精确的对 ϕ 的要求将在下面的讨论中陆续给出。和前面的讨论一样，先考虑其局部存在性。

乘积噪声情形的处理比可加噪声情形的处理要困难得多，从而需要做更多的假设和限制，在下述定理之后将考虑这些限制。如果 $r\geqslant2$ 且 $\frac{2}{r}=n\left(\frac{1}{2}-\frac{1}{p}\right)$，则称 (r,p) 为容许对。

定理 5.2.3　设

$$\left.\begin{array}{ll}0<\sigma, & n=1,2\\ 0<\sigma<2, & n=3\\ \dfrac{1}{2}\leqslant\sigma<\dfrac{2}{n-2}\text{ 或者 }\sigma<\dfrac{1}{n-1}, & n\geqslant4\end{array}\right\}\tag{5.2.17}$$

对 $\alpha>2n$，令 $\phi\in L_{2,R}^{0,1}\cap R(L^2(R^n;R),W^{1,\alpha}(R^n))$，则存在容许对 (r,p)，使得对任意 $\mathscr{F}_0$ 可测的 $u_0\in H^1(R^n)$，存在停时 $\tau^*(u_0,\omega)$ 以及从 u_0 出发的方程(5.2.5)的唯一解，对任意 $\tau<\tau^*(u_0)$，几乎必然属于空间 $C([0,\tau];H^1(R^n))\cap L^r(0,\tau;W^{1,2\sigma+2}(R^n))$，且几乎必然成立

$$\tau^*(u_0,\omega)=+\infty\qquad\text{或者}\qquad\lim\sup_{t\uparrow\tau^*(u_0,\omega)}|u(t)|_{H^1(R^n)}=+\infty$$

证明：证明与 L^2 的情形有许多相似之处，从而只证明定理的大概即可。

首先考虑情形 $\sigma\geqslant\frac{1}{2}$。在定理关于 σ 的假设下(注意到 $\sigma<3/(2n-6)$，当 $n\geqslant4$ 时)，可以选择 p，使得

$$\frac{2\sigma+1}{p}<\frac{n+2}{2n}+\frac{2\sigma}{n}\qquad\text{且}\qquad\frac{1}{2}-\frac{1}{2n}<\frac{1}{p}\leqslant\frac{1}{2}-\frac{1}{\alpha}\tag{5.2.18}$$

并令

$$\frac{2}{r}=n\left(\frac{1}{2}-\frac{1}{p}\right)\tag{5.2.19}$$

从而

$$\alpha \geqslant \frac{nr}{2} \qquad 且 \qquad p < \frac{2n}{n-1}$$

考虑空间

$$\widetilde{X}_t = C([0,t];H^1(R^n)) \cap L^r(0,t;W^{1,p}(R^n)), \qquad t > 0$$

证明的方法同样是利用不动点定理，但由于随机项含有未知元 u，对它的处理将更加复杂。类似于参考文献[49]中引理3.1和引理3.2，下述引理成立。

引理5.2.1 设 $\phi \in L_{2;R}^{0;1} \cap R(L^2(R^n,R),W^{1,\alpha})$ 并取 $\rho \geqslant r$。对任意的 $L^\rho(\Omega;L^r(0,T_0;W^{1,p}(R^n))) \cap L^\rho(\Omega;L^\infty(0,T_0;H^1(R^n)))$ 中适应过程 u 定义 Iu 如下：

$$Iu(t_0,t) = \int_0^{t_0} S(t-s)(u(s)\mathrm{d}W(s)), \qquad t_0,t \in [0,T_0]$$

则对任意的停时 τ，满足 $\tau < T_0$(a.s.)，下式成立，即

$$\mathrm{E}(\sup_{0\leqslant t_0\leqslant \tau} | Iu(t_0,\cdot) |^\rho_{L^r(0,\tau;W^{1,p}(R^n))}) \leqslant$$

$$C(\rho,T_0,\|\phi\|_\alpha)T_0^\delta \mathrm{E}(| u |^\rho_{L^\infty(0,\tau;H^1(R^n))}), \qquad \delta > 0$$

进一步记 $Ju(t) = Iu(t,t)$，则 Ju 具有

$$L^\rho(\Omega;L^r(0,T_0;W^{1,p}(R^n))) \cap L^\rho(\Omega;L^\infty(0,T_0;H^1(R^n)))$$

中的修正，使得

$$\mathrm{E}(| Ju |^\rho_{L^r(0,\tau;W^{1,p}(R^n))}) \leqslant C(\rho,T_0,\|\phi\|_\alpha)T_0^\delta \mathrm{E}(| u |^\rho_{L^\infty(0,\tau;H^1(R^n))})$$

以及

$$\mathrm{E}(\sup_{0\leqslant t\leqslant \tau} | Ju(t) |^\rho_{H^1(R^n)}) \leqslant C(\rho,T_0,\|\phi\|_\alpha)T_0^\delta \mathrm{E}(| u |^\rho_{L^r(0,\tau;W^{1,p}(R^n))})$$

这里略去引理的证明。

为了证明定理的结论，首先假设 $u_0 \in L^r(\Omega,H^1(R^n))$，且利用光滑截断函数对方程(5.2.5)中的非线性项进行截断。考虑如下方程：

$$u(t) = S(t)u_0 - \mathrm{i}\lambda\int_0^t S(t-s)\left[\theta\left(\frac{| u |_{\widetilde{X}_s}}{R}\right)| u(s) |^{2\sigma}u(s)\right]\mathrm{d}s +$$

$$\mathrm{i}\int_0^t S(t-s)[u(s)\mathrm{d}W(s)] - \frac{1}{2}\int_0^t S(t-s)(u(s)F_\phi)\mathrm{d}s \qquad (5.2.20)$$

对任意的 $u \in L^r(\Omega;\widetilde{X}_T)$，定义 $\mathcal{T}_R u(t)$ 为式(5.2.20)的右端项。将证明通过选择 $T \leqslant T_0$ 充分小，则可以使 $\mathcal{T}_R$ 为 $L^r(\Omega;\widetilde{X}_T)$ 上的压缩映射，其中 T_0 依赖于 R。

对 $u_1,u_2 \in L^r(\Omega;\widetilde{X}_T)$，通过Strichartz估计，下式几乎必然成立，即

$$| \mathcal{T}_R u_1 - \mathcal{T}_R u_2 | \leqslant$$

$$C\left|\left[\theta\left(\frac{| u_1 |_{\widetilde{X}}}{R}\right) - \theta\left(\frac{| u_2 |_{\widetilde{X}}}{R}\right)\right]| u_1 |^{2\sigma}u_1\right|_{L^{\gamma'}(0,t_1^R;W^{1,s'}(R^n))} +$$

$$\left|\theta\left(\frac{| u_2 |_{\widetilde{X}}}{R}\right)(| u_1 |^{2\sigma}u_1 - | u_2 |^{2\sigma}u_2)\right|_{L^{\gamma'}(0,t_1^R;W^{1,s'}(R^n))} +$$

$$C\left|\theta\left(\frac{| u_2 |_{\widetilde{X}}}{R}\right)| u_2 |^{2\sigma}u_2\right|_{L^{\gamma'}(t_1^R,t_2^R;W^{1,s'}(R^n))} +$$

$$\left|\int_0^\cdot S(\cdot - s)(u_1(s) - u_2(s))\mathrm{d}W(s)\right|_{\widetilde{X}_T} +$$

$$C| (u_1 - u_2)F_\varphi |_{L^{r'}(0,T;W^{1,p'}(R^n))} =$$

$$I + II + II + IV + V$$

其中，$t_i^R = \inf\{t \in [0,T]: |u_i|_{\widetilde{X}_t} \geqslant 2R\}(i=1,2)$，不失一般性，可假设 $t_1^R \leqslant t_2^R$；(γ, s) 为容许对，而 γ' 和 s' 分别表示其共轭指标。值得注意的是，在上述估计中，$\sigma \geqslant 1/2$ 是重要的，这里用到的非线性项的导数是局部 Lipshitz 的。

我们估计如下。利用 Hölder 不等式可知

$$\begin{aligned} V \leqslant\ & CT^{1-\frac{2}{r}} |u_1 - u_2|_{L^r(0,T;W^{1,p}(R^n))} |F_\phi|_{L^{\frac{nr}{4}}(R^n)} \leqslant \\ & CT^{1-\frac{2}{r}} \|\phi\|_\alpha |u_1^* - u_2|_{\widetilde{X}_T} \end{aligned} \tag{5.2.21}$$

下面通过选择适当的容许对 (γ, s) 估计前三项。由式(5.2.18)，可以选取 s，使得 $\dfrac{2\sigma+1}{p} - \dfrac{2\sigma}{n} < \dfrac{1}{s'} < \dfrac{n+2}{2n}$，此时 $\dfrac{2}{\gamma} = n\left(\dfrac{1}{2} - \dfrac{1}{s}\right)$。注意到参考文献[49]中引理 3.3 有估计

$$I \leqslant C |u_1 - u_2|_{\widetilde{X}_T} ||u_1|^{2\sigma} u_1|_{L^{\gamma'}(0,t_1^R;W^{1,s'}(R^n))}$$

其中，右端第二个因子可以估计如下：

$$\begin{aligned} ||u_1|^{2\sigma} u_1|_{L^{\gamma'}(0,t_1^R;W^{1,s'}(R^n))} \leqslant C(& ||u_1|^{2\sigma+1}|_{L^{\gamma'}(0,t_1^R;L^{s'}(R^n))} + \\ & ||u_1|^{2\sigma}\nabla u_1|_{L^{\gamma'}(0,t_1^R;L^{s'}(R^n))}) \end{aligned}$$

利用 Hölder 不等式可得

$$\begin{aligned} & ||u_1|^{2\sigma+1}|_{L^{\gamma'}(0,t_1^R;L^{s'}(R^n))} + ||u_1|^{2\sigma}\nabla u_1|_{L^{\gamma'}(0,t_1^R;L^{s'}(R^n))} \leqslant \\ & |u_1|^{2\sigma}_{L^{\eta}(0,t_1^R;L^q(R^n))} |u_1|_{L^r(0,t_1^R;W^{1,p}(R^n))} \end{aligned}$$

其中，$\dfrac{1}{s'} = \dfrac{2\sigma}{q} + \dfrac{1}{p}$，$\dfrac{1}{\gamma'} = \dfrac{2\sigma}{\eta} + \dfrac{1}{r}$。令 $\nu = \dfrac{2\sigma}{\eta}$，则立即由嵌入关系 $H^1(R^n) \hookrightarrow L^q(R^n)\left(q < \dfrac{2n}{n-3} < \dfrac{2n}{n-2}\right)$ 可得

$$\begin{aligned} I \leqslant\ & C|u_1 - u_2|_{\widetilde{X}_T} T^\nu |u_1|^{2\sigma}_{L^\infty(0,t_1^R;L^q(R^n))} |u_1|_{L^r(0,t_1^R;W^{1,p}(R^n))} \leqslant \\ & CT^\nu ||u_1|^{2\sigma+1}_{\widetilde{X}_{t_1^R}} |u_1 - u_2|_{\widetilde{X}_T} \leqslant \\ & CT^\nu R^{2\sigma+1} |u_1 - u_2|_{\widetilde{X}_T} \end{aligned} \tag{5.2.22}$$

注意到当 $t \in (t_1^R, t_2^R)$ 时，$\theta\left(\dfrac{|u_1|_{\widetilde{X}_t}}{R}\right) = 0$，和上述估计类似地可得

$$III \leqslant CT^\nu R^{2\sigma+1} |u_1 - u_2|_{\widetilde{X}_T} \tag{5.2.23}$$

对第二项，类似地估计如下：

$$\begin{aligned} II \leqslant\ & CT^\nu(|u_1|^{2\sigma}_{L^\infty(0,t_1^R;L^q(R^n))} + |u_2|^{2\sigma}_{L^\infty(0,t_1^R;L^q(R^n))}) \times \\ & |u_1 - u_2|_{L^r(0,T;W^{1,p}(R^n))} + CT^\nu(|u_1|^{2\sigma-1}_{L^\infty(0,t_1^R;L^q(R^n))} + \\ & |u_2|^{2\sigma-1}_{L^\infty(0,t_1^R;L^q(R^n))}) \times \\ & |\nabla u_1|_{L^r(0,t_1^R;L^p(R^n))} |u_1 - u_2|_{L^\infty(0,T;L^q(R^n))} \leqslant \\ & CT^\nu R^{2\sigma+1} |u_1 - u_2|_{\widetilde{X}_T} \end{aligned} \tag{5.2.24}$$

利用上述估计式(5.2.21)～式(5.2.24)，以及引理 5.2.1，可以选取充分小的 T（依赖于 R），使得 T_R 在 $L^r(\Omega, \widetilde{X}_T)$ 中是压缩的。故存在方程(5.2.20)在 $L^r(\Omega, \widetilde{X}_T)$ 中唯一的解，此解还可以延拓到整个区间 $[0, T_0]$。记 u_R 为这样的解，并令

$$\tau_R = \inf\{t \in [0, T_0]: |u_R|_{\widetilde{X}_T} \geqslant R\}$$

容易验证 τ_R 关于 R 是递增的，且如果 $R' > R$，则在区间 $[0, \tau_R]$ 上 $u_R = u_{R'}$。现在定义方

程(5.2.5)在$[0,\tau^*(u_0))$上的局部解u,其中$\tau^*(u_0)=\lim\limits_{R\uparrow\infty}\tau^R$(a.s.)。在区间$[0,\tau^R]$上令$u=u_R$,对任意使得$\tau<\tau^*(u_0)$(a.s.)的停时$\tau$,此解几乎必然属于空间$X_\tau$。和上面的讨论一致,如果$\tau$是一停时,方程(5.2.20)的解是在$L^r(\Omega,\widetilde{X}_T)$中唯一的,从而可以得到此局部解在$X_T$中的唯一性。

还需要证明,如果$\tau^*(u_0)<\infty$,则$\lim\limits_{t\uparrow\tau^*(u_0,\omega)}\sup|u(t)|_{H^1(R^n)}=\infty$。这一点从上述解的构造过程中是看不出来的,为此需要下述引理。

引理5.2.2 令u为如上构造的方程(5.2.5)的解,τ为一停时,使得$\tau<\tau^*(u_0)$(a.s.)。假设

$$u\in L^\infty(0,\tau;H^1(R^n)),\qquad Ju\in L^r(0,\tau;W^{1,p}(R^n))$$

且几乎必然有

$$\sup_{0\leqslant t_0\leqslant\tau}|Iu(t_0,\cdot)|_{L^r(0,\tau;W^{1,p}(R^n))}<\infty$$

则存在确定的常量$C(T_0)$,使得

$$|u|_{L^r(0,\tau;W^{1,p}(R^n))}\leqslant C(T_0)(K(\omega))^{\frac{2\sigma}{\nu}+1}$$

其中

$$K(\omega)=C(T_0)(1+\sup_{0\leqslant t_0\leqslant\tau}|u(t_0,\cdot)|^{2\sigma+1}_{H^1(R^n)}+|Ju|_{L^r(0,\tau;W^{1,p}(R^n))}+\\\sup_{0\leqslant t_0\leqslant\tau}|Iu(t_0,\cdot)|_{L^r(0,\tau;W^{1,p}(R^n))})$$

显然由u的定义可知,如果$\tau^*(u_0)<\infty$,则

$$\lim_{t\uparrow\tau^*(u_0)}(\sup_{s\leqslant t}|u(s)|_{H^1(R^n)}+|u|_{L^r(0,t;W^{1,p}(R^n))})=\infty\qquad(5.2.25)$$

定义

$$\tilde{\tau}_R(\omega)=\inf\{t\in[0,\tau^*(u_0)):|u(t)|_{H^1(R^n)}\geqslant R\}$$

不难看出τ_R为一停时,且满足引理5.2.2的要求。利用引理5.2.2以及引理5.2.1可知

$$\mathrm{E}|u|_{L^r(0,\tilde{\tau}_R;W^{1,p}(R^n))}\leqslant C(T_0)\mathrm{E}(K(\omega)^{\frac{2\sigma}{\nu}+1})\leqslant\\C(T_0)(1+R^{2\sigma+1}+C(r,T_0,\|\phi\|_\alpha)R)^{\frac{2\sigma}{\nu}+1}\qquad(5.2.26)$$

现在假设

$$P(\sup_{s\leqslant\tau^*(u_0)}|u(s)|_{H^1(R^n)}<\infty\quad\text{且}\quad\tau^*(u_0)<\infty)>0$$

则对充分大的R,$\tilde{\tau}_R=\tau^*(u_0)$的概率也是正的,从而在此概率不为0的集合上,式(5.2.25)和式(5.2.26)矛盾。由此证得,如果$\tau^*(u_0)<\infty$,a.s.则

$$\lim_{t\uparrow\tau^*(u_0)}\sup_{s\leqslant t}|u(s)|_{H^1(R^n)}=\infty\qquad(5.2.27)$$

为了证明的完整性,下面给出引理5.2.2的证明[49],此证明和引理4.4的证明类似,因此仅给出证明的大概。

引理5.2.2的证明:令u和τ满足引理的要求。利用积分方程以及和上面类似的估计可得:对$T>0$,有

$$|u|_{L^r(0,T;W^{1,p}(R^n))}\leqslant C_1(T_0)|u_0|_{H^1(R^n)}+|Ju|_{L^r(0,T;W^{1,p}(R^n))}+\\C_2T^\nu|u|^{\frac{2\sigma}{1-\theta}r}_{L^{\frac{2\sigma}{1-\theta}r}(0,T;L^q(R^n))}|u|_{L^r(0,T;W^{1,p}(R^n))}+\\C_3T^{1-\frac{2}{r}}\|\phi\|^2_\alpha|u|_{L^r(0,T;W^{1,p}(R^n))}$$

其中 ν,θ,q 同上。令 $C_3 T_1^{1-\frac{2}{r}} \|\phi\|_\alpha^2 = \frac{1}{2}$。假设 $T \leqslant T_1$，并注意到

$$|u|_{L^{\frac{2\sigma r}{1-\theta}}(0,T;L^q(R^n))}^{2\sigma} \leqslant |u|_{L^\infty(0,T;H^1(R^n))}^{2\theta\sigma} |u|_{L^r(0,T;W^{1,p}(R^n))}^{2(1-\theta)\sigma}$$

可知下式成立，即

$$|u|_{L^r(0,T;W^{1,p}(R^n))} \leqslant 2C_1(T_0)|u_0|_{H^1(R^n)} + 2|Ju|_{L^r(0,T;W^{1,p}(R^n))} + 2C_2 T^\nu |u|_{L^\infty(0,T;H^1(R^n))}^{2\theta\sigma} |u|_{L^r(0,T;W^{1,p}(R^n))}^{2(1-\theta)\sigma+1}$$

且利用 Young 不等式可知(假设在 $K(\omega)$ 已经将常数 $C(T_0)$ 选得充分大)

$$\begin{aligned}
&|u|_{L^r(0,T\wedge\tau;W^{1,p}(R^n))} \leqslant \\
&C_4(T_0)(1+\sup_{t\in[0,\tau]}|u(t)|_{H^1(R^n)}^{2\sigma+1}) + \\
&2(|Ju|_{L^r(0,\tau;W^{1,p}(R^n))} + \sup_{t_0\in[0,\tau]}|Iu(t_0,\cdot)|_{L^r(0,\tau;W^{1,p}(R^n))}) + \\
&T^\nu |u|_{L^r(0,T\wedge\tau;W^{1,p}(R^n))}^{2\sigma+1} \leqslant \\
&K(\omega) + T^\nu |u|_{L^r(0,T\wedge\tau;W^{1,p}(R^n))}^{2\sigma+1}
\end{aligned}$$

这样如果选择 T 使得 $T(\omega) = \inf\{4^{-\frac{1}{\nu}} K(\omega)^{-\frac{2\sigma}{\nu}}, \tau\}$，便有 $|u|_{L^r(0,T;W^{1,p}(R^n))} \leqslant K(\omega)$。如果 $T(\omega) < \tau$，则可以通过迭代得到只要 $jT \leqslant T_0 \wedge \tau$，就有

$$|u|_{L^r(jT,(j+1)T\wedge\tau;W^{1,p}(R^n))} \leqslant K(\omega)$$

综合上述估计可得

$$|u|_{L^r(0,\tau;W^{1,p}(R^n))} \leqslant \sum_{j\leqslant\frac{T_0\wedge\tau}{T}} |u|_{L^r(jT,(j+1)T\wedge\tau;W^{1,p}(R^n))} \leqslant K(\omega) \leqslant \frac{T_0}{T}K(\omega) \leqslant C(T_0)K(\omega)^{\frac{2\sigma}{\nu}+1}$$

这就完成了引理 5.2.2 的证明，从而完成了在 $\sigma \geqslant \frac{1}{2}$，$u_0 \in L^r(\Omega, H^1(R^n))$ 下定理 5.2.3 的证明。

情形 $\sigma < \min\left\{\frac{1}{2}, \frac{1}{n-1}\right\}$ 的处理要简单得多，此时可以在引理 5.2.1 中取 $p = 2\sigma+2$。事实上，此时 $p < \frac{2n}{n-1}$，从而引理 5.2.1 成立。如此则可以利用确定性情形的方法证明 T_R 在 X_T 的球中对 $L^\infty(0,T;L^2(R^n)) \cap L^r(0,T;L^p(R^n))$ 的范数是压缩的。这里将细节留给读者。

这样便完成了定理在假设 $u_0 \in L^r(\Omega, H^1(R^n))$ 下的证明。利用局部化方法便可去掉这一假设，从而完成定理的证明。

注 5.2.1　与参考文献[55]以及可加噪声情形不同的是，在 $\sigma \geqslant \frac{1}{2}$ 的情形，能够采用的是利用不动点定理在空间 X_T 中以 X_T 的范数进行迭代；而在参考文献[55]中，利用的是 $L^\infty(0,T;L^2(R^n)) \cap L^r(0,T;L^{2\sigma+2}(R^n))$ 的范数。那里，为了处理非线性项，需要 $p \geqslant 2\sigma+2$。然而在乘积噪声情形，除非 $p < \frac{2n}{n-1}$，否则不能得到随机项在 $L^p(R^n)$ 中的估计，参见引理 3.1，注记 3.2[49]。这意味着参考文献[49]中已经出现的对 σ 附加的限制 $\sigma < \frac{1}{n-1}$。在 $H^1(R^n)$ 情形下，这一限制太强，使得在 $n \geqslant 2$ 的情况下，不允许临界的以及超临界的非线

性项。

这也就是为什么使用较强的范数从而利用 Sobolev 嵌入定理去证明压缩的原因。因此要能处理 $p < 2\sigma + 2$ 的非线性项，就必须满足式(5.2.18)。这也蕴含了对 σ 的限制：$\sigma < \dfrac{3}{2(n-3)}$。然而此限制就宽松得多，使得可以处理不超过 5 维的临界以及超临界情形。然而由于要对方程微分，需要光滑的非线性项，这要求 $\sigma \geqslant \dfrac{1}{2}$。

下面讨论解的整体存在性。为此考察解的动量和能量。相应于可加噪声情形，有如下的命题。其第一个就是在乘积噪声情形下的随机非线性 Schrödinger 方程质量守恒的严格推导。我们将用这些守恒量导出次临界以及散焦情形解的整体存在性结果。

命题 5.2.4 令 u_0，σ 以及 ϕ 如定理 5.2.1 中所述。对任意的 $t < \tau^*(u_0)$，有

$$M(u(t)) = M(u_0), \qquad \text{a. s.}$$

其中，u 是由定理 5.2.3 给出的满足初值条件 $u(0) = u_0$ 的方程(5.2.5) 的解。

证明：和命题 5.2.1 的证明一样，考虑方程的逼近解

$$\mathrm{i}\mathrm{d}u_m^R - \left[\Theta_{m_1}\Delta u_m^R + \lambda\theta\left(\frac{|u_m^R|_{H^1(R^n)}}{R}\right)\Theta_{m_2}(|u_m^R|^{2\sigma}u_m^R)\right]\mathrm{d}t =$$

$$u_m^R\Theta_{m_2}\mathrm{d}W - \frac{\mathrm{i}}{2}u_m^R F_{\varphi_{m_2}}\mathrm{d}t \tag{5.2.28}$$

其中，$R > 0$，$m = (m_1, m_2) \in \mathbb{N}^2$ 为参数，$\phi_{m_2} = \Theta_{m_2}\phi$，$F_{\phi_{m_2}} \sum_{k=0}^{\infty}(\phi_{m_2}e_k(x))^2$。此逼近方程存在唯一解 u_m^R，$(t \geqslant 0)$ 满足初值条件 $u_m^R(0) = u_0$，而且对 $M(u_m^R(t))$ 应用用 Itô 公式便得到

$$M(u_m^R(t)) = M(u_0) + 2\lambda\,\mathfrak{I}\int_0^t \theta\left(\frac{|u_m^R|_{H^1(R^n)}}{R}\right)\times$$

$$\int_{R^n}\bar{u}_m^R(x)\Theta_{m_2}(|u_m^R|^{2\sigma}u_m^R)(x)\mathrm{d}x\mathrm{d}s \tag{5.2.29}$$

令 $m \to \infty$ 并取 R 充分大，便立即得到命题的结论。

命题 5.2.5 令 u_0，σ 以及 ϕ 如定理 5.2.3 中所述，对任意使得 $\tau < \tau^*(u_0)$(a. s.) 的停时 τ，下式成立，即

$$H(u(\tau)) = H(u_0) - \mathfrak{I}\int_{R^n}\int_0^\tau \bar{u}\nabla u\nabla \mathrm{d}W\mathrm{d}x +$$

$$\frac{1}{2}\sum_{l\in\mathbf{N}}\int_0^\tau\int_{R^n}|u|^2|\nabla\phi e_l|^2\mathrm{d}x\mathrm{d}s \tag{5.2.30}$$

其中，u 是由定理 5.2.3 给出的满足初值条件 $u(0) = u_0$ 的方程(5.2.5) 的解。

证明：证明与命题 5.2.2 的证明类似，对 $H(u_m^R)$ 利用 Itô 公式并对 $m \to \infty$ 取极限，可得

$$H(u^R(\tau)) = H(u_0) - \mathfrak{I}\int_{R^n}\int_0^\tau \bar{u}^R\nabla u^R\nabla \mathrm{d}W\mathrm{d}x +$$

$$\mathfrak{I}\int_0^\tau\int_{R^n}\lambda\left[1 - \theta\left(\frac{|u^R|_{H^1(R^n)}}{R}\right)\right](|u^R|^{2\sigma}u^R)\Delta\bar{u}^R\mathrm{d}x\mathrm{d}s +$$

$$\frac{1}{2}\sum_{l\in\mathbf{N}}\int_0^\tau\int_{R^n}|u^R|^2|\nabla\phi e_l|^2 x\mathrm{d}s$$

当 R 充分大时便得到命题的结论。

定理 5.2.4 设 $\sigma < 2/n$ 或者 $\lambda = -1$，则在定理 5.2.3 的假设下对任意 $\mathcal{F}_0$ 可测的 u_0，由

定理 5.2.3 给出的方程(5.2.5)具有初值 u_0 的解是整体的，i. e. $\tau^*(u_0)=+\infty$，a. s. 。

证明：考虑情形 $n\geqslant 3$，且假设 $\mathrm{E}(|H(u_0)|^2)<\infty$。令 $\bar{\tau}^R=\inf\{t\in[0,\tau^*(u_0)):|u|_{H^1(R^n)}\geqslant R\}$，对满足 $\tau\leqslant\inf\{T_0,\tau^*(u_0)\}$ 的停时 τ，从命题 5.2.5 推知

$$
\begin{aligned}
\mathrm{E}(\sup_{t\leqslant\tau\wedge\bar{\tau}^R}|H(u(t))|^2)\leqslant{}&2\mathrm{E}(|H(u_0)|^2)+\\
&2\mathrm{E}\Big(\sup_{t\leqslant\tau\wedge\bar{\tau}^R}\Big|\int_0^t\int_{R^n}\bar{u}\nabla u\nabla\mathrm{d}W\mathrm{d}x\Big|^2\Big)+\\
&\mathrm{E}\Big(\sum_{l\in\mathbf{N}}\int_0^{\tau\wedge\bar{\tau}^R}\int_{R^n}|u|^2|\nabla\phi e_l|^2\mathrm{d}x\mathrm{d}s\Big)^2\leqslant\\
&2\mathrm{E}(|H(u_0)|^2)+8\mathrm{E}\Big(\Big|\int_0^{\tau\wedge\bar{\tau}^R}\sum_{l\in\mathbf{N}}(\bar{u}\nabla u,\nabla\phi e_l)^2\mathrm{d}s\Big)+\\
&\mathrm{E}\Big(\sum_{l\in\mathbf{N}}\int_0^{\tau\wedge\bar{\tau}^R}\int_{R^n}|u|^2|\nabla\phi e_l|^2\mathrm{d}x\mathrm{d}s\Big)^2\leqslant\\
&2\mathrm{E}(|H(u_0)|^2)+C|\phi|^2_{R(L^2(R^n,R),W^{1,n})}\times\\
&\int_0^{\tau\wedge\bar{\tau}^R}|\nabla u|^4_{L^2(R^n)}\mathrm{d}s+CT_0|\phi|^4_{R(L^2(R^n,R),W^{1,n})}\times\\
&\int_0^{\tau\wedge\bar{\tau}^R}|\nabla u|^4_{L^2(R^n)}\mathrm{d}s
\end{aligned}
$$

特别地，利用了 Sobolev 嵌入定理 $H^1(R^n)\hookrightarrow{}^{\frac{2n}{n-2}}(R^n)$ 以及 Hölder 不等式。利用 Gronwall 不等式、Gagliardo-Nirenberg 不等式以及命题 5.2.4，若 $\lambda=1$，不难推导关于 $\mathrm{E}(\sup_{t\leqslant\tau\wedge\bar{\tau}^R}|u(t)|^2_{H^1(R^n)})$ 的与 R 无关的界。令 $R\to\infty$ 可得到

$$
\mathrm{E}(\sup_{t\leqslant\tau}|u(t)|^2_{H^1(R^n)}))\leqslant C(\phi,u_0,T_0)
$$

从而完全类似定理 5.2.2，便可完成定理的证明。对于 $n=1,2$ 的情形，可类似地处理。

第6章　随机 KdV 方程

相当多的一批描述弱线性作用下的波动方程和方程组，在长波近似和具有小的有限的振幅假定下，均可归结为 Korteweg 和 deVries 所建立的方程，通常称为 KdV 方程。当流体表面受到非常值的压力或者底面不平整时，则需要对方程加上外力项，这一项是由外力或是定义底部表面函数的梯度所构成的。在很多情况下，这种外力项是随机的，例如它是由湍流速度场产生的。为简单起见，假设此随机项是白噪声类型的。这导致如下的随机 KdV 方程[56,57,58,59,60,61,62]：

$$\frac{\partial u}{\partial t}+\frac{\partial^3 u}{\partial x^3}+u\frac{\partial u}{\partial x}=f+\Phi(u)\frac{\partial^2 B}{\partial t\partial x} \tag{6.0.1}$$

其中，u 是定义在 $(x,t)\in R\times R^+$ 上的随机过程，f 是确定的外力项，$\Phi(u)$ 是定义在 u 上的线性算子，B 是 $R\times R^+$ 上的双参数布朗运动。本章考虑随机 KdV 方程在可加噪声情形（$\Phi(u)\equiv\Phi$，且不依赖于 u）以及乘积噪声情形解的存在性等。

6.1　准备工作

回忆 $B(x,t),t\geqslant 0,x\in R$ 是 0 均值的 Gauss 过程，其协方差函数为

$$\mathrm{E}(B(t,x)B(s,y))=(t\wedge s)(x\wedge y)$$

其中，$t,s\geqslant 0,x,y\in R$，这里 $t\wedge s=\min\{t,s\}$。考虑 $L^2(R)$ 柱状的 Wiener 过程

$$W(t)=\frac{\partial B}{\partial x}=\sum_{i=1}^{\infty}\beta_i e_i$$

其中，$\{e_i\}$ 是 $L^2(R)$ 上的标准正交基，$\{\beta_i\}$ 为定义在固定概率空间上相互独立的实值布朗运动序列。这样，可以将方程(6.0.1)写为

$$\mathrm{d}u+\left(\frac{\partial^3 u}{\partial x^3}+u\frac{\partial u}{\partial x}\right)\mathrm{d}t=f\mathrm{d}t+\Phi(u)\mathrm{d}W \tag{6.1.1}$$

给定方程的初值条件为

$$u(x,0)=u_0(x),\qquad x\in R \tag{6.1.2}$$

为了让读者对本章的内容有一个宏观的把握，先介绍一下主要工作并引入一些必要的记号。本章的主要目的是要证明方程(6.1.1)和方程(6.1.2)的解的存在唯一性。在确定性情形，首要的结果是在 Sobolev 框架下得到的。在这些空间中，线性部分生成一酉群 $(S(t))_{t\in R}$，利用方程的不变量，可以对 $H^\sigma,\sigma\geqslant 1$ 的初值建立解的整体存在性，而唯一性要限制 $\sigma>3/2$ 才能得到。Kato 发现群 $(S(t))_{t\in R}$ 具有一定的局部光滑效应：若 $u_0\in L^2(R)$，则对 $t\in[0,T]$，$S(t)u_0\in L^2([0,T];H^1_{\mathrm{loc}}(R))$。利用这一性质，Kato 证明了 $L^2(R)$ 初值的唯一性。之后进一步的光滑性被 Kenig，Ponce 和 Vega 等发掘出来，并对 $H^\sigma,\sigma>3/4$ 的初值证明了局部存在性以及唯一性，并且得到了当 $\sigma\geqslant 1$ 的整体性。再后来，Bourgain 引入一类新的 Sobolev 空间，得到了 $L^2(R)$ 中的适定性，并且他的方法被用来得到 $H^\sigma,\sigma>-3/4$ 中的局部存在性和唯一性。

本章首先考虑可加噪声情形，$\Phi(u)\equiv\Phi$。在这种情形，Φ 定义为 $H^1(R)$ 中的 Hilbert - Schmidt 算子时，则可以推广参考文献[63]的方法得到方程(6.1.1)和方程(6.1.2)的整体存在唯一性。采用不动点证明的方法，令空间

$$X_\sigma(T)=\{u\in\mathscr{C}(0,T;H^\sigma(R))\cap L^2(R;L^\infty([0,T]))$$
$$D^\sigma\partial_x u\in L^\infty(R,L^2([0,T])),\partial_x u\in L^4([0,T];L^\infty(R))\}$$

其中，$\sigma<1$。利用先验估计，可以得到在 $\mathscr{C}(0,T;H^1(R))$ 中的整体存在性。关键的问题是证明由线性方程

$$\left.\begin{aligned}&\mathrm{d}\bar{u}+\frac{\partial^3\bar{u}}{\partial x^3}\mathrm{d}t=\Phi\mathrm{d}W\\&\bar{u}(0)=0\end{aligned}\right\}\tag{6.1.3}$$

给出的解

$$\bar{u}(t)=\int_0^t S(t-s)\Phi\mathrm{d}W(s)$$

属于空间 $X_\sigma(T)$。如这里需要估计

$$\mathrm{E}(\int_R\sup_{t\in[0,T]}\left|\int_0^t S(t-s)\mathrm{d}W(s)\right|^2\mathrm{d}x)$$

然而利用确定性情形的现论，仅能比较简单地估计出

$$\int_R\sup_{t\in[0,T]}\mathrm{E}(\left|\int_0^t S(t-s)\mathrm{d}W(s)\right|^2\mathrm{d}x)$$

这显然是不够的，原因在于对时间 t 和空间 x 估计顺序的不同。利用 Sobolev 嵌入定理 $W^{\alpha,p}([0,T])\subset L^\infty([0,T])$，$\alpha p>1$，以及确定性情形的证明和 Fourier 分析的方法，可以克服这一困难。同时我们指出，Bourgain 的方法在这里似乎是不适用的。此方法可以用来证明外力项在负的 Sobolev 空间时的 KdV 方程解的存在唯一性[64]，然而要求外力项在时间上具有一定的正则性，而这正好是随机外力项不具备的。粗略地说，在确定性情形，通过选择适当的函数空间，可以巧妙地利用时间上具有的正则性去补偿空间上所不具备的正则性。不难验证在随机情形，$\bar{u}$ 在时间上不是足够光滑的，从而不能达到所需要的正则性。

为了使读者更加清楚，先引入一些必要的记号以及说明。通常 $L^p(I;X)$ 表示为取值于 Banach 空间 X 且在区间 I 上的 p- 次可积函数所构成的空间，当 $X=R$ 时简记为 $L^p(I)$。$p=2$ 时的情形是重要的，此时 $L^p(R)$ 的范数记为 $|\cdot|$，其内积记为$(\cdot,\cdot)$。空间 $\mathscr{C}([0,T];X)$(或 $\mathscr{C}^\beta([0,T];X)$)表示在$[0,T]$上取值于 X 的连续(或 Hölder 连续)函数所构成的空间。Sobolev 空间 $H^\sigma(R;X)$ 为使得

$$|u|^2_{H^\sigma(R;X)}=\int_R(1+|\xi|^2)^\sigma|\hat{u}(\xi)|^2_X\mathrm{d}\xi<\infty$$

的函数 u 所构成的空间，其中 $\mathscr{F}u=\hat{u}$ 为 u 的 Fourier 变换。线性算子 $J_\sigma,D,\mathscr{H}$ 分别定义为

$$J_\sigma u=\mathscr{F}^{-1}[(1+|\xi|^2)^{\sigma/2}\hat{u}(\xi)]$$
$$Du=\mathscr{F}^{-1}(|\xi|\hat{u}(\xi))$$
$$\mathscr{H}u=\mathscr{F}^{-1}\left[\frac{\xi}{|\xi|}\hat{u}(\xi)\right]$$

其中，$\mathscr{H}$ 为 Hilbert 变换。

线性 KdV 方程

$$\left.\begin{aligned}&\frac{\partial u}{\partial t}+\frac{\partial^3 u}{\partial x^3}=0, && (x,t)\in R\times R^+\\&u(x,0)=u_0(x)\in L^2(R), && x\in R\end{aligned}\right\}$$

的解可表达为

$$u(t)=S(t)u_0=\mathscr{F}_\xi^{-1}[\mathrm{e}^{\mathrm{i}t\xi^3}\hat{u}_0(\xi)]$$

对 $\alpha>0,1<p<\infty$，定义 Sobolev 空间 $W^{\alpha,p}([0,T];X)$ 为使得

$$|u|_{W^{\alpha,p}([0,T];X)}\equiv\left(\int_0^T\int_0^T\frac{|u(t)-u(s)|_X^p}{|t-s|^{1+\alpha p}}\mathrm{d}t\mathrm{d}s\right)^{1/p}<\infty$$

的 $u\in L^p([0,T];X)$ 所构成的函数空间。当考虑空间变量 x 的 Sobolev 空间时，采用如下的刻画：

$$W^{\sigma,p}(R,X)=\{u\in\mathscr{S}'(R,X),\mathscr{F}^{-1}[(1+|\xi|^2)^{\sigma/2}\mathscr{F}u]\in L^p(R,X)\}$$

其中，$\sigma\in R,1\leqslant p\leqslant\infty$。在以后的应用中，也通常将 $L^p([0,T];L^q(R))$ 简记为 $L_t^p(L_x^q)$；同样 $L_x^q(L_t^p)=L^q(R;L^p([0,T]))$ 等。引入 $\mathrm{BMO}_x(A)$ 空间如下：对关于 $x\in R$ 的取值于 Banach 空间 A 的函数 u，如果使得

$$|u|_{\mathrm{BMO}_x(A)}\equiv\sup_{a>0}\frac{1}{2a}\int_{-a}^a|u(x)-m_a(u)|_A\mathrm{d}x<\infty$$

则称 $u\in\mathrm{BMO}_x(A)$，其中 $m_a(u)=\dfrac{1}{2a}\displaystyle\int_{-a}^a u(x)\mathrm{d}x$。

$(\Omega,\mathscr{G},P,(\mathscr{G}_t)_{t\in[0,t]},(W(t))_{t\in[0,T]})$ 称为一随机基，如果 $(\Omega,\mathscr{G},P)$ 为一概率空间，则 $(\mathscr{G}_t)_{t\in[0,T]}$ 为 σ- 代数流且 $(W(t))_{t\in[0,T]}$ 为 $L^2(R)$ 上关于此代数流的柱状 Wiener 过程。同上可以定义空间 $L^p(\Omega,X)$ 并且使用记号 $L_\omega^p(X)$，$L_t^p(L_\omega^q)$ 等。

给定 Hilbert 空间 H，记 $L_2^0(L^2(R),H)$ 为从 $L^2(R)$ 到 H 的 Hilbert - Schmidt 算子所构成的空间，其范数定义为

$$\|\Phi\|_{L_2^0}(L^2(R);H)=\sum_{i\in\mathbf{N}}|\Phi e_i|_H^2$$

其中，$\{e_i\}_{i\in\mathbf{N}}$ 为 $L^2(R)$ 的一组标准正交基。当 $H=H^\sigma(R)$ 时，通常简记为

$$L_2^0(L^2(R),H^\sigma(R))=L_2^{0,\sigma}$$

引入局部 L^2 和 H^σ 空间。空间 $L_{\mathrm{loc}}^2(R)$ 定义为由实值函数 u 所构成的空间，使得对任意的紧区间 $[a,b]$ 有 $u\in L^2([a,b])$。当赋予如下的半范数族时，由此构成的空间成为 Fréchet 空间，即

$$p_k(u)=\left(\int_{-k}^k u^2(x)\mathrm{d}x\right)^{1/2},\qquad k\in\mathbb{N}$$

同理，当 σ 为正整数时，对任意区间 $[a,b]$，$H^\sigma([a,b])$ 为由所有使得直到 σ 阶导数都属于 $L^2([a,b])$ 的函数所构成的空间，$H_0^\sigma([a,b])$ 为 $\mathscr{D}((a,b))$ 在 $H([a,b])$ 中的闭包，而 $H^{-\sigma}([a,b])$ 为 $H_0^\sigma([a,b])$ 的对偶空间。如果将 $H_0^\sigma([a,b])$ 中的元素和将它在 $[a,b]$ 之外作零延拓之后视为相同的，那么显然有如下的嵌入关系：

$$H_0^\sigma([a,b])\subset H_0^\sigma([c,d])$$

$$H^{-\sigma}([c,d])\subset H^{-\sigma}([a,b])$$

其中，$[a,b]\subset[c,d]$。

$H_{\mathrm{loc}}^\sigma(R)$ 为那些在任意紧区间 $[a,b]$ 上属于空间 $H^\sigma(R)$ 的函数所构成的空间。在如下半范数下构成 Fréchet 空间，即

$$p_k^{\sigma}(u) = | u |_{H^{\sigma}([-k,k])}, \qquad k \in \mathbb{N}$$

且空间

$$H_{\text{loc}}^{-\sigma} = \bigcap_{k\geqslant 1} H^{-\sigma}([-k,k])$$

同样为 Fréchet 空间,其半范数为

$$p_k^{-\sigma}(u) = | u |_{H^{-\sigma}([-k,k])}, \qquad k \in \mathbb{N}$$

利用经典的紧嵌入定理,Ascoli - Arzela 定理以及对角线抽子列的方法,读者不难证明如下引理。

引理 6.1.1　令 $\alpha > 0, \beta > 0, T \geqslant 0$ 以及正数序列 $\{\alpha_k\}_{k\in\mathbf{N}^*}$。由属于 $\mathscr{C}([0,T];H_{\text{loc}}^{-3}(R)) \cap L^2([0,T];L_{\text{loc}}^2(R))$ 且使得对任意 $k \geqslant 1$ 满足 $| u |_{L^2(0,T;H^1(-k,k))}^2 + | u |_{W^{\alpha,2}(0,T;H^{-2}(-k,k))}^2 + | u |_{\mathscr{C}^\beta([0,T];H^{-2}(-k,k))}^2 \leqslant \alpha_k$ 的元素构成的集合 $A(\{\alpha_k\})$,在函数空间 $\mathscr{C}([0,T];H_{\text{loc}}^{-3}(R)) \cap L^2(0,T;L_{\text{loc}}^2(R))$ 中是紧的。

6.2　可加噪声情形

考虑可加噪声的随机 KdV 方程

$$\mathrm{d}u + \left(\frac{\partial^3 u}{\partial x^3} + u\frac{\partial u}{\partial x}\right)\mathrm{d}t = \Phi \mathrm{d}W \tag{6.2.1}$$

其中,$x \in R, t \geqslant 0$。给定初值条件

$$u(x,0) = u_0(x), \qquad x \in R \tag{6.2.2}$$

这里 W 是 $L^2(R)$ 上的柱状 Wiener 过程,且对概率空间 $(\Omega,\mathscr{G},P)$ 上的滤 $(\mathscr{G}_t)_{t\geqslant 0}$ 是适应的;Φ 为 $L^2(R)$ 到空间 $H^\sigma, \sigma \geqslant 0$ 的线性算子,并假设是 Hilbert - Schmidt 的,且

$$| \Phi |_{L_2^{0,\sigma}} = | \Phi |_{L_2^0(L^2(R),H^\sigma(R))} < \infty \tag{6.2.3}$$

u_0 是 $\mathscr{G}_0$ 可测的。

方程(6.2.1) 和方程(6.2.2) 的解可以写为如下积分形式:

$$u(t) = S(t)u_0 + \int_0^t S(t-s)\left(u\frac{\partial u}{\partial x}\right)\mathrm{d}s + \int_0^t S(t-s)\Phi \mathrm{d}W(s) \tag{6.2.4}$$

下面将关于样本点逐点求解(pathwise, i. e. $\omega \in \Omega$ 固定) 此方程,具体地,将在空间 $X_\sigma(T)$ 中利用不动点定理证明。

定理 6.2.1　设 $u_0 \in L^2(\Omega;H^1(R)) \cap L^4(\Omega;L^2(R))$,且是 $\mathscr{G}_0$ 可测的,$\Phi \in L_2^0(L^2(R), H^1(R))$,则对任意 $T_0 > 0$,以及任意的 $\sigma, 3/4 < \sigma < 1$,式(6.2.4) 在空间 $X_\sigma(T_0)$ 中存在唯一解 a. s. 。进一步,$u \in L^2(\Omega;L^\infty(0,T_0;H^1(R))$。

注 6.2.1　如果仅假设 $u_0 \in L^2(\Omega;H^{\tilde{\sigma}}(R)) \cap L^4(\Omega;L^2(R)), 3/4 < \tilde{\sigma} < 1$,且 $\mathscr{G}_0$ - 可测,则不能在固定的即使是有限区间 $[0,T_0]$ 上构造解,但是能在随机区间 $[0,T(\omega)]$ 上构造解。

注 6.2.2　利用标准的截断技术,可以将结论延拓到仅假设 $u_0 \in H^{+1}(R)$ a. s. 的情形下。

注 6.2.3　从证明过程可以看出,对任意的 $\sigma \in (3/4,1)$,有 $u \in \mathscr{C}([0,T_0];H^\sigma(R))$ a. s. ,从而 u 在 $H^1(R)$ 上是弱连续的。

为了证明定理,考虑如下的线性方程:

$$\left.\begin{aligned}&\mathrm{d}\bar{u}+\frac{\partial^3\bar{u}}{\partial x^3}\mathrm{d}t=\Phi\mathrm{d}W\\&\bar{u}(0)=0\end{aligned}\right\}\tag{6.2.5}$$

其解如下：

$$\bar{u}(t)=\int_0^t S(t-s)\Phi\mathrm{d}W(s)\tag{6.2.6}$$

且首先证明如下的定理。

定理 6.2.2 设对某一 $\tilde{\sigma}>3/4$，$\Phi\in L_2^0(L^2(R),H^{\tilde{\sigma}}(R))$，则对任意的 $T>0$ 以及任意的 $3/4<\sigma<\tilde{\sigma}$，$\bar{u}$ a.s. 属于 $X_\sigma(T)$。进一步

$$\mathrm{E}(|\bar{u}|^2_{X_{\text{sigma}}(T)})\leqslant C(\sigma,\tilde{\sigma},T)|\Phi|^2_{L_2^{0,\tilde{\sigma}}}$$

此定理使得我们可以利用参考文献[63]中的讨论在局部时间上求解方程(6.2.4)。当 $\tilde{\sigma}=1$，$u_0\in H^1$ 时，利用先验估计则可以得到解的整体存在性。

6.2.1 线性方程

接下来讨论式(6.2.6)给出的线性方程的解 $\bar{u}$ 的一些正则性。为此，假设对某些 $\tilde{\sigma}>3/4$，$\Phi\in L_2^0(L^2(R),H^{\tilde{\sigma}}(R))$，且 $T>0$ 固定。

命题 6.2.1 对任意 $\sigma\leqslant\tilde{\sigma}$，有

$$\bar{u}\in L^2(\Omega;L_t^\infty(H_x^\sigma))$$

且

$$\mathrm{E}(\sup_{t\in[0,T]}|\bar{u}|^2_{H_x^\sigma})\leqslant 38T|\Phi|^2_{L_2^{0,\sigma}}$$

证明：对 $|\bar{u}|^2_{H_x^\sigma}$ 利用 Itô 公式可得

$$|\bar{u}|^2_{H_x^\sigma}=2\int_0^t[J_\sigma\bar{u},J_\sigma\Phi\mathrm{d}W(s)]+\int_0^t\mathrm{tr}(J_\sigma^2\Phi\Phi^*)\mathrm{d}s$$

利用

$$\mathrm{tr}(J_\sigma^2\Phi\Phi^*)=|\Phi|^2_{L_2^{0,\sigma}}$$

以及第1章中鞅不等式，可得

$$\begin{aligned}&\mathrm{E}\left\{\sup_{t\in[0,T]}\int_0^t[J_\sigma\bar{u},J_\sigma\Phi\mathrm{d}W(s)]\right\}\leqslant\\&3\mathrm{E}\left[\left(\int_0^T|\Phi^*\bar{u}|^2_{H_x^\sigma}\mathrm{d}s\right)^{1/2}\right]\leqslant\\&\frac{1}{4}\mathrm{E}[\sup_{t\in[0,T]}|\bar{u}(t)|^2_{H_x^\sigma}]+9T|\Phi|^2_{L_2^{0,\sigma}}\end{aligned}$$

经过简单的代数运算便得到结论。

注 6.2.4 利用参考文献[6]中定理 6.10 的证明方法可知 $\bar{u}\in L^2(\Omega;C([0,T];H_x^\sigma))$。

命题 6.2.2

$$\bar{u}\in L^2(\Omega;L_x^2(L_t^\infty))$$

且

$$\mathrm{E}\left(\int_R\sup_{t\in[0,T]}|\bar{u}(t)|^2\mathrm{d}x\right)\leqslant C(\tilde{\sigma},T)|\Phi|^2_{L_2^{0,\sigma}}$$

其中，$C(\tilde{\sigma},T)$ 依赖于 $\tilde{\sigma}$ 和 T。

证明：令$\{e_i\}_{i\in\mathbb{N}}$为$L^2(R)$的一组标准正交基，$\{\beta_i\}_{i\in\mathbb{N}}$为一列相互独立的布朗运动，使得

$$W=\sum_{i\in\mathbb{N}}\beta_i e_i$$

记$\{\psi_k\}_{k\in\mathbb{N}}$为$R^+$上的单位分解，使得

$$\operatorname{supp}\psi_k\subset[2_{k-2},2^k],\qquad k\geqslant 1$$
$$\operatorname{supp}\psi_0\subset[-1,1]$$
$$\psi_k(\xi)=\psi_1\left(\frac{\xi}{2^{k-1}}\right),\qquad \xi\in R^+,\qquad k\geqslant 1$$

令$\tilde{\psi}_k\in\mathscr{C}_0^\infty(R)$，其支集$\operatorname{supp}\tilde{\psi}_k\subset[2^{k-3},2^{k+1}]$，使得$\tilde{\psi}_k\geqslant 0$且在$\operatorname{supp}\psi_k$上$\tilde{\psi}_k\equiv 1$。对$k\in\mathbb{N}$，定义群$(S_k(t))_{t\in\mathbf{R}}$如下：

$$\widehat{S_k(t)u_0}(\xi)=\psi_k(|\xi|)\widehat{S(t)u_0}(\xi)=$$
$$\mathrm{e}^{\mathrm{i}t\xi^3}\psi_k(|\xi|)\hat{u}_0(\xi)$$

以及算子Φ_k为

$$\widehat{\Phi_k e_i}(\xi)=\tilde{\psi}_k(|\xi|)\widehat{\Phi e_i},\qquad i\in\mathbb{N}$$

显然有关系式

$$S_k(t)\Phi=S_k(y)\Phi_k$$

以及

$$S(t)\Phi=\sum_{k=1}^{\infty}S_k(t)\Phi_k$$

下面证明对任意$k\in\mathbb{N}$以及$\sigma>3/4$，有

$$\mathrm{E}\left(\int_R\sup_{t\in[0,T]}\left|\int_0^t S_k(t-s)\Phi_k\mathrm{d}W(s)\right|^2\mathrm{d}x\right)\leqslant C(T,\tilde{\sigma})2^{2\sigma k}\ |\Phi_k|^2_{L_2^{0,0}}\tag{6.2.7}$$

如果式(6.2.7)成立，则利用 Minkowski 不等式以及选择$\tilde{\sigma}>\sigma>3/4$，可得

$$\mathrm{E}\left[\int_R\sup_{t\in[0,T]}\left|\int_0^t S(t-s)\Phi\mathrm{d}W(s)\right|^2\mathrm{d}x\right]^{1/2}\leqslant$$
$$\sum_k\mathrm{E}\left[\int_R\sup_{t\in[0,T]}\left|\int_0^t S_k(t-s)\Phi_k\mathrm{d}W(s)\right|^2\mathrm{d}x\right]^{1/2}\leqslant$$
$$C(T,\tilde{\sigma})\sum_k 2^{\sigma k}\ |\Phi_k|_{L_2^{0,0}}\leqslant$$
$$C(T,\tilde{\sigma})\Big(\sum_k 2^{2(\sigma-\tilde{\sigma})k}\Big)^{1/2}\Big(\sum_k 2^{2\tilde{\sigma}k}\ |\Phi_k|^2_{L_2^{0,0}}\Big)^{1/2}\leqslant$$
$$C(T,\sigma,\tilde{\sigma})\ |\Phi|_{L_2^{0,\tilde{\sigma}}}$$

其中，用到对任意的$\tilde{\sigma}\geqslant 0$，有

$$\sum_k 2^{2\tilde{\sigma}k}\ |\Phi_k|^2_{L_2^{0,0}}=\sum_{i,k}2^{2\tilde{\sigma}k}\ |\Phi_k e_i|^2_{L_x^2}$$

以及

$$\sum_k 2^{2\tilde{\sigma}k}\ |\Phi_k u|^2_{L_x^2}\leqslant C(\tilde{\sigma})\ |\Phi u|^2_{H_x^{\tilde{\sigma}}}$$

从而仅需证明式(6.2.7)。

选择σ使得$\tilde{\sigma}>\sigma>\dfrac{3}{4}$以及令$\alpha=\inf\left\{\dfrac{1}{4},\dfrac{2\left(\sigma-\frac{3}{4}\right)}{15}\right\}>0$。令$p\geqslant 2$，使得$\alpha p>1$。利用

Sobolev 嵌入

$$W_t^{\alpha,p} \to \hookrightarrow L_t^\infty$$

可得

$$\begin{aligned}
&\mathrm{E}\left[\int_R \sup_{t\in[0,T]}\left|\int_0^t S_k(t-s)\Phi_k \mathrm{d}W(s)\right|^2 \mathrm{d}x\right]\leqslant \\
&C\mathrm{E}\left[\int_R \left|\int_0^t S_k(t-s)\Phi_k \mathrm{d}W(s)\right|^2_{W_t^{\alpha,p}}\right]\leqslant \\
&C\mathrm{E}\left[\int_R \left(\int_0^T\int_0^T \frac{|A|^p}{|t-s|^{1+\alpha p}}\mathrm{d}t\mathrm{d}s\right)^{2/p}\right]+ \\
&C\mathrm{E}\left[\int_R |\int_0^t S_k(t-s)\Phi_k \mathrm{d}W(s)|^2_{L_t^p}\mathrm{d}x\right]\leqslant \\
&I_1+I_2
\end{aligned}\tag{6.2.8}$$

其中

$$A=\int_0^t S_k(t-\tau)\Phi_k \mathrm{d}W(\tau)-\int_0^s S_k(s-\tau)\Phi_k \mathrm{d}W(\tau)$$

首先估计 I_1。利用 Fubini 定理以及 Hölder 不等式可得

$$I_1\leqslant C\int_R\left[\int_0^T\int_0^T \frac{\mathrm{E}(|A|^p)}{|t-s|^{1+\alpha p}}\mathrm{d}t\mathrm{d}s\right]^{2/p}\mathrm{d}x \tag{6.2.9}$$

利用 A 的 Gauss 性，可得[6]

$$\mathrm{E}(|A|^p)\leqslant C(\mathrm{E}(|A|^2))^{p/2} \tag{6.2.10}$$

将 I_1 中的双重积分分为两部分，其一使得 t,s 离得很近，满足 $|t-s|2^{15k/4}\leqslant 1$，即

$$\int_0^T\int_0^T \frac{\mathrm{E}(|A|^2)^{p/2}}{|t-s|^{1+\alpha p}}\mathrm{d}t\mathrm{d}s=I_{11}+I_{12} \tag{6.2.11}$$

其中

$$I_{11}=\int_0^T\int_0^T \frac{\chi_{\{|t-s|2^{15k/4}\leqslant 1\}}(t,s)}{|t-s|^{1+\alpha p}}\mathrm{E}(|A|^2)^{p/2}\mathrm{d}t\mathrm{d}s \tag{6.2.12}$$

假设 $|t-s|2^{15k/4}\leqslant 1$，且进一步不妨假设 $t\geqslant s$，则

$$\begin{aligned}
\mathrm{E}(|A|^2)=&\sum_i\int_s^t |S_k(t-\tau)\Phi_k e_i|^2\mathrm{d}\tau+ \\
&\sum_i\int_0^s |S_k(t-\tau)\Phi_k e_i-S_k(s-\tau)\Phi_k e_i|^2\mathrm{d}\tau
\end{aligned}\tag{6.2.13}$$

对式(6.2.13)的第一项，可以估计为

$$\begin{aligned}
S_k(t-\tau)\Phi_k e_i(x)=&C\int_R \mathscr{F}[S_k(t-\tau)\Phi_k \mathrm{e}_i](\xi)\mathrm{e}^{\mathrm{i}x\xi}\mathrm{d}\xi= \\
&C\int_R \mathrm{e}^{\mathrm{i}(t-\tau)\xi^3+\mathrm{i}x\xi}\psi_k(|\xi|)\widehat{\Phi_k \mathrm{e}_i}(\xi)\mathrm{d}\xi= \\
&C\mathscr{F}_\xi^{-1}(\mathrm{e}^{\mathrm{i}(t-\tau)\xi^3}\psi_k(|\xi|))*\Phi_k \mathrm{e}_i(x)
\end{aligned}$$

利用下面的引理 6.2.1，有

$$|\mathscr{F}_\xi^{-1}(\mathrm{e}^{\mathrm{i}(t-\tau)\xi^3}\psi_k(|\xi|))|\leqslant C(|\psi_k|_{L^\infty(R)}+|\psi'_k|_{L^1(R)}+|\psi''_k|_{L^1(R)})H_k^T(x)$$

容易看出对 $k\geqslant 1$，有

$$|\psi_k|_{L^\infty(R)}+|\psi'_k|_{L^1(R)}+|\psi''_k|_{L^1(R)}=|\psi_1|_{L^\infty(R)}+|\psi'_1|_{L^1(R)}+\frac{1}{2^{k-1}}|\psi''_1|_{L^1(R)}$$

从而下式成立，即

$$|\mathscr{F}_{\xi}^{-1}(e^{i(t-\tau)\xi^3}\psi_k(|\xi|))|\leqslant CH_k^T(x)$$

以及

$$\int_s^t |S_k(t-\tau)\Phi_k e_i|^2 d\tau \leqslant C|t-s|(H_k^T * |\Phi_k e_i|)^2 \tag{6.2.14}$$

引理 6.2.1 存在常数 C_1, C_2, C_3，使得如果对 $T>0$，定义

$$H_k^T(x)=\begin{cases}2^{k-1}, & |x|<C_1(T+1)\\ 2^{(k-1)/2}|x|^{-1/2}, & C_1(T+1)<|x|\leqslant C_2(T+1)2^{2(k-1)}\\ \dfrac{1}{1+x^2}, & C_2(T+1)2^{2(k-1)}\leqslant |x|\end{cases}$$

其中，$k\geqslant 1$，以及

$$H_0^T(x)=\begin{cases}1, & |x|<C_1(T+1)\\ \dfrac{1}{1+x^2}, & |x|\geqslant C_1(T+1)\end{cases}$$

则对任意 $t\in[0,T]$ 以及支集在 $[2^{k-2},2^{k+1}]$，$k\geqslant 1$ 或者支集在 $[-1,1]$，$k=0$ 上的 ψ，成立估计

$$\left|\int_R e^{i(t\xi^3+x\xi)}\psi(\xi)d\xi\right|\leqslant C_3(|\psi|_{L^\infty(R)}+|\psi'|_{L^1(R)}+|\psi''|_{L^1(R)})H_k^T(x)$$

此引理的证明可以参见参考文献[63]。

为了估计式(6.2.13)的第二项，注意到

$$\begin{aligned}&S_k(t-\tau)\Phi_k e_i - S_k(s-\tau)\Phi_k e_i=\\&\int_R e^{i(t-\tau)\xi^3+ix\xi}(1-e^{i(s-t)\xi^3})\psi_k(|\xi|)\widehat{\Phi_k e_i}(\xi)d\xi=\\&\mathscr{F}_{\xi}^{-1}[e^{i(t-\tau)\xi^3}(1-e^{i(s-t)\xi^3})\psi_k]*\Phi_k e_i\end{aligned}$$

利用引理 6.2.1 可得

$$\begin{aligned}&|\mathscr{F}_{\xi}^{-1}\{e^{i(t-\tau)\xi^3}[1-e^{i(s-t)\xi^3}]\psi_k\}|\leqslant\\&C\{|[1-e^{i(s-t)\xi^3}]\psi_k|_{L^\infty(R)}+|[(1-e^{i(s-t)\xi^3})\psi_k]'|_{L^1(R)}+\\&|([1-e^{i(s-t)\xi^3})\psi_k]''|_{L^1(R)}\}H_k^T(x)\leqslant\\&C(|t-s|2^{3k}+|t-s|^2 2^{5k})H_k^T(x)\end{aligned}$$

从而可得

$$\begin{aligned}&\int_0^s |S_k(t-\tau)\Phi_k e_i - S_k(s-\tau)\Phi_k e_i|^2 d\tau\leqslant\\&C(|t-s|2^{3k}+|t-s|^2 2^{5k})^2(H_k^T * |\Phi_k e_i|)^2\end{aligned}$$

这一不等式和式(6.2.13)及式(6.2.14)联合，可得

$$E(|A|^2)\leqslant C(|t-s|+|t-s|^2 2^{6k}+|t-s|^4 2^{10k})^2\sum_i(H_k^T * |\Phi_k e_i|)^2$$

由于 $\alpha\leqslant 14$，$|t-s|2^{15k/4}\leqslant 1$，则可以得到

$$(|t-s|+|t-s|^2 2^{6k}+|t-s|^4 2^{10k})2^{3k/2}\leqslant C|t-s|^{4\alpha}2^{15\alpha k}$$

从而有

$$E(|A|^2)\leqslant C|t-s|^{4\alpha}2^{15\alpha k-3k/2}\sum_i(H_k^T * |\Phi_k e_i|)^2 \tag{6.2.15}$$

接下来考虑情形 $|t-s|2^{15k/4}\geqslant 1$，即要估计 I_{12}。在这种情形

$$\mathrm{E}(|A|^2)\leqslant 2\mathrm{E}\left[\left|\int_0^t S_k(t-\tau)\Phi_k\mathrm{d}W(\tau)\right|^2\right]+2\mathrm{E}\left[\left|\int_0^s S_k(s-\tau)\Phi_k\mathrm{d}W(\tau)\right|^2\right]\leqslant 2\sum_i\left[\int_0^t|S_k(t-\tau)\Phi_k e_i|^2\mathrm{d}\tau+\int_0^s|S_k(s-\tau)\Phi_k e_i|^2\mathrm{d}\tau\right]\leqslant C|t-s|^{4\alpha}2^{15\alpha k}\cdot\sum_i\left[\int_0^t|S_k(t-\tau)\Phi_k e_i|^2\mathrm{d}\tau+\int_0^s|S_k(s-\tau)\Phi_k e_i|^2\mathrm{d}\tau\right]$$

利用式(6.2.15)、式(6.2.9)以及式(6.2.10)可以得到

$$\begin{aligned}I_1\leqslant{}& C2^{15\alpha k-3k/2}\left(\int_0^T\int_0^T\frac{\chi_{\{|t-s|2^{15k/4}\leqslant 1\}}}{|t-s|^{1-\alpha p}}\mathrm{d}t\mathrm{d}s\right)^{p/2}\cdot\\&\sum_i\left|H_k^T*|\Phi_k e_i|\right|^2_{L^2(R)}+C2^{15\alpha k}\int_R\left\{\int_0^T\int_0^T\frac{\chi_{\{|t-s|2^{15k/4}\geqslant 1\}}}{|t-s|^{1-\alpha p}}\cdot\right.\\&\left.\left[\sum_i\int_0^t|S_k(t-\tau)\Phi_k e_i|^2\mathrm{d}\tau\right]^{p/2}\mathrm{d}t\mathrm{d}s\right\}^{2/p}\mathrm{d}x\leqslant\\&C(T)2^{15\alpha k-3k/2}|H_k^T|^2_{L^1(R)}\sum_i|\Phi_k e_i|^2_{L^2(R)}+\\&C(T)2^{15\alpha k}\sum_i\int_0^T\left(\int_R\sup_{t\in[0,T]}|S_k(t)\Phi_k e_i|^2\mathrm{d}x\right)\mathrm{d}\tau\leqslant\\&C(T)2^{15\alpha k+3k/2}\sum_i|\Phi_k e_i|^2_{L^2(R)}\end{aligned}\tag{6.2.16}$$

这里用到了不等式估计 $|H_k^T|_{L^1(R)}\leqslant C2^{3k/2}$，以及参考文献[63]中的定理2.7。

对 I_2，同理可以估计如下：

$$\begin{aligned}I_2={}&\mathrm{E}\left[\int_R\left\{\int_0^T\left|\int_0^t S_k(t-s)\Phi_k\mathrm{d}W(s)\right|^p\mathrm{d}t\right\}^{2/p}\mathrm{d}x\right]\leqslant\\&C\int_R\left\{\int_0^T\mathrm{E}\left[\left|\int_0^t S_k(t-s)\Phi_k\mathrm{d}W(s)\right|^2\right]^{p/2}\mathrm{d}t\right\}^{2/p}\mathrm{d}x\leqslant\\&C\int_R\left\{\int_0^T\left[\sum_i\int_0^t|S_k(t-s)\Phi_k e_i|^2\mathrm{d}\tau\right]^{p/2}\mathrm{d}t\right\}^{2/p}\mathrm{d}x\leqslant\\&C(T)\sum_i\int_R\sup_{t\in[0,T]}|S_k(t)\Phi_k e_i|^2\mathrm{d}x\leqslant\\&C(T)2^{3k/2}\sum_i|\Phi_k e_i|^2_{L^2(R)}\end{aligned}$$

由于 $\sigma\geqslant 3/4+15\alpha/2$，这样和上式一起便得到式(6.2.7)的证明。

为了证明下面的命题6.2.4以及命题6.2.5，先证明如下的Hörmander－Mihlin定理以及插值结果。

引理6.2.2[Hörmander－Mihlin定理] 记 $A=L^q_\omega(L^2_t)$ 或者 $A=L^q(\Omega)$，其中 $1<q<\infty$。令 $m=L^\infty(R)\cap\mathscr{C}^1(R^*)$ 满足

$$\left|\frac{\mathrm{d}}{\mathrm{d}\xi^k}m(\xi)\right|\leqslant C_k|\xi|^{-k},\quad k=0,1,\quad \xi\neq 0\tag{6.2.17}$$

并令 T_m 为定义在 $L^1(R,A)$ 上的算子：

$$\widehat{T_m u}(\xi)=m(\xi)\hat{u}(\xi)$$

则 T_m 是从 $L_x^p(A)$ 到自身，以及 L_x^∞ 到 $\mathrm{BMO}_x(A)$ 的连续映射。

此定理的证明可以从参考文献[65]定理 1.3 以及 Littlewood - Paley 分解证得。

命题 6.2.3　令 $A = L_\omega^q(L_t^2)$ 或者 $A = L^q(\Omega)$，$1 < q < +\infty$，并令 $u(x)$，$x \in R$ 为取值于 A 的函数。假设

$$u \in L_x^p(A),\qquad D^\sigma u \in L_x^\infty(A) \tag{6.2.18}$$

对某个满足 $1 < p < \infty$ 的 p，以及 $\sigma > 0$ 成立，则对任意的 $\alpha \in [0,\sigma]$，有 $D^\alpha \in L_x^{p_\alpha}$，其中 p_α 满足 $\frac{1}{p_\alpha} = \frac{1}{p}\left(1 - \frac{\alpha}{\sigma}\right)$。进一步，存在常数 C，使得

$$| D^\alpha u |_{L_x^{p_\alpha}} \leqslant C \mid u \mid_{L_{x(A)}^p}^{1-\frac{\alpha}{\sigma}} \mid D^\sigma u \mid_{L_x^\infty}^{\frac{\alpha}{\sigma}} \tag{6.2.19}$$

证明：令

$$\widehat{W_{p,\infty}^\sigma} = \{v : \mathscr{F}(L_x^p(A)),\ | \xi |^\sigma v \in \mathscr{F}(L_x^\infty(A))\} \tag{6.2.20}$$

其中，$\mathscr{F}$ 为空间变量的 Fourier 变换。下面将证明对任意的 $\alpha \in (0,\sigma)$，

$$T_\alpha : v \mapsto | \xi |^\alpha v$$

是从 $\widehat{W_{p,\infty}^\sigma}$ 到$[\mathscr{F}(L_x^p(A)),\mathscr{F}(\mathrm{BMO}(A))]_{\alpha/\sigma}$ 的连续映射。这样由参考文献[66]的引理 2.1 以及参考文献[67]的推论 1 可知

$$[\mathscr{F}(L_x^p(A)),\mathscr{F}(\mathrm{BMO}(A))]_{\alpha/\sigma} = \mathscr{F}([L_x^p(A),\mathrm{BMO}(A)]_{\alpha/\sigma}) = \mathscr{F}(L^{p_\alpha}(A))$$

和参考文献[66]一样，仅需证明对固定的 $\hat{u} \in \widehat{W_{p,\infty}^\sigma}$，有

$$U : z \mapsto T_{\sigma z}\hat{u}$$

是从$\{0 \leqslant \Re z \leqslant 1\}$ 到 $\mathscr{F}(L_x^p(A)) + \mathscr{F}(\mathrm{BMO}(A))$ 的连续映射，而从$\{0 < \Re z < 1\}$ 到 $\mathscr{F}(L_x^p(A)) + \mathscr{F}(\mathrm{BMO}(A))$ 是解析的，且满足估计

$$\left.\begin{aligned}&\sup_{\eta\in R} | U(\mathrm{i}\eta) |_{\mathscr{F}(L_x^p(A))} \leqslant C_0 \mid \hat{u} \mid_{\mathscr{F}(L_x^p(A))}\\&\sup_{\eta\in R} | U(1+\mathrm{i}\eta) |_{\mathscr{F}(\mathrm{BMO}(A))} \leqslant C_1 \mid | \xi |^\sigma \hat{u} \mid_{\mathscr{F}(L_x^\infty(A))}\end{aligned}\right\} \tag{6.2.21}$$

则由复插值理论(参见参考文献[68])，$U(\alpha/\sigma) \in [\mathscr{F}(L_x^p(A)),\mathscr{F}(\mathrm{BMO}(A))]_{\alpha/\sigma}$，且有估计

$$\left| U\left(\frac{\alpha}{\sigma}\right)\right|_{[\mathscr{F}(L_x^p(A)),\mathscr{F}(\mathrm{BMO}(A))]_{\alpha/\sigma}} \leqslant C \mid \hat{u} \mid_{\mathscr{F}(L_x^p(A))}^{1-\alpha\sigma} \mid | \xi |^\sigma \hat{u} \mid_{\mathscr{F}(L_x^\infty(A))}^{\alpha\sigma} \tag{6.2.22}$$

令 $S(z) = D^{\sigma z}$，即$\widehat{S(z)u} = U(z)\hat{u}$，式(6.2.21)等价于

$$\left.\begin{aligned}&\sup_{\eta\in \mathbf{R}} | S(\mathrm{i}\eta)u |_{L_x^p(A)} \leqslant C_0 \mid \hat{u} \mid_{L_x^p(A)}\\&\sup_{\eta\in \mathbf{R}} | S(1+\mathrm{i}\eta)u |_{\mathrm{BMO}(A)} \leqslant C_1 \mid u \mid_{L_x^\infty(A)}\end{aligned}\right\} \tag{6.2.23}$$

而利用 Parseval 不等式 $| u |_{L_x^2(A)} = | \hat{u} |_{L_x^2(A)}$，式(6.2.23)则是参考文献[65]定理 1.3 以及如下事实的直接推论

$$\sup_{\eta\in R} | S(\mathrm{i}\eta) |_{L_x^2(A)} \leqslant C \mid u \mid_{L_x^2(A)}$$

为了证明 U 从$\{z : 0 < \Re z < 1\}$ 到 $\hat{X} = \mathscr{F}(L_x^p(A)) + \mathscr{F}(\mathrm{BMO}(A))$ 是解析的，并且是从$\{0 \leqslant \Re z \leqslant 1\}$ 到 $\hat{X}$ 的连续有界映射，将利用如上的 $L_x^p(A)$ 的 Hormander - Mihlin 定理。令$m(\xi) = | \xi |^{\sigma z_0}(\ln | \xi |)/(1+| \xi |^\sigma)$，其中 $0 < \Re z_0 < 1$，可得$(| \xi |^{\sigma z_0}\ln | \xi |)\hat{u} \in \hat{X}$。由于 $z \mapsto | \xi |^{\sigma z}$ 为$\{z \in \mathbb{C} : 0 < \Re z < 1\}$上的复值解析函数，可得对任意包含 z_0 的闭圈 $\Gamma \subset \{0 < \Re z < 1\}$ 以及任意充分小的 $h \in \mathbb{C}$，有

$$\frac{1}{h}(|\xi|^{\sigma(z_0+h)}-|\xi|^{\sigma z_0})-\sigma|\xi|^{\sigma z_0}\ln|\xi|=$$

$$\frac{1}{2\pi i}\oint_\Gamma\left\{\frac{1}{h}\left[\frac{1}{z-(z_0+h)}-\frac{1}{(z-z_0)^2}\right]\right\}|\xi|^{\sigma z}ds$$

从而易知对 $\hat{u}\in\widehat{W^\sigma_{p,\infty}}$，有

$$\left|\frac{1}{h}(|\xi|^{\sigma(z_0+h)}\hat{u}-|\xi|^{\sigma z_0}\hat{u})-\sigma(|\xi|^{\sigma z_0}\ln|\xi|)\hat{u}\right|_{\hat{X}}\leqslant$$

$$\frac{1}{2\pi}\oint_\Gamma\left|\frac{1}{h}\left[\frac{1}{z-(z_0+h)}-\frac{1}{(z-z_0)^2}\right]\right|\,\||\xi|^{\sigma z}\hat{u}|_{\hat{X}}dz\leqslant$$

$$\frac{1}{2\pi}\sup_{z\in\Gamma}\||\xi|^{\sigma^2 z}\hat{u}|_{\hat{X}}\oint_\Gamma\left|\frac{h}{(z-z_0)^2[z-(z_0+h)]}\right|dz$$

这样由 Hörmander - Mihlin 定理可知，U 在 $\{z\in\mathbb{C}:0<\Re z<1\}$ 上是解析的。同理可得 U 在 $\{z\in\mathbb{C}:0\leqslant\Re z\leqslant 1\}$ 上是连续有界的。

有了这样的准备命题之后，下面继续对解作出一定的先验估计。

命题 6.2.4 令 $0<\varepsilon<\inf\{\tilde{\sigma},2\}$，则

$$D^{\tilde{\sigma}-\varepsilon}\partial_x\bar{u}\in L^2(\Omega;L_x^\infty(L_t^2))$$

且

$$\mathrm{E}\left(\sup_{t\in R}\int_0^T|D^{\tilde{\sigma}-\varepsilon}\partial_x\bar{u}|^2dt\right)\leqslant(\varepsilon,T)\,|\Phi|^2_{L_2^{0,\tilde{\sigma}}}$$

证明：令 $q=\dfrac{4}{\varepsilon}$。下面将证明

$$\mathrm{E}\left[\left(\sup_{x\in R}\int_0^T|D^{\tilde{\sigma}-\varepsilon}\partial_x\bar{u}|^2dt\right)^{q/2}\right]^{2/q}\leqslant C(\varepsilon)\,|\Phi|^2_{L_2^{0,\tilde{\sigma}}}\tag{6.2.24}$$

这样利用 Hölder 不等式就可完成命题的证明。下面的估计将多次用到插值不等式以及 Sobolev 嵌入定理。首先估计 $|D^{1+\tilde{\sigma}}\bar{u}|_{L_x^\infty(L_\omega^q(L_t^2))}$。反复应用 Hölder 不等式、Fubini 定理以及 Gauss 随机变量的性质，可得

$$|D^{1+\tilde{\sigma}}\bar{u}|^q_{L_x^\infty(L_\omega^q(L_t^2))}=$$

$$\sup_{x\in R}\mathrm{E}\left\{\left[\int_0^T\left|\int_0^t D^{1+\tilde{\sigma}}S(t-\tau)\Phi dW(\tau)\right|^2dt\right]^{q/2}\right\}\leqslant$$

$$C\sup_{x\in R}\int_0^T\mathrm{E}\left[\left|\int_0^t D^{1+\tilde{\sigma}}S(t-\tau)\Phi dW(\tau)\right|^2\right]^{q/2}dt\leqslant$$

$$C\sup_{x\in R}\int_0^T\left[\int_0^t\sum_i|D^{1+\tilde{\sigma}}S(t-\tau)\Phi e_i|^2d\tau\right]^{q/2}dt\leqslant$$

$$C\int_0^T\left[\sum_i\sup_{x\in R}\int_0^t|D^{1+\tilde{\sigma}}S(t-\tau)\Phi e_i|^2d\tau\right]^{q/2}dt$$

利用参考文献[63]中的引理 2.1 可得

$$\sup_{x\in R}\int_0^t|D^{1+\tilde{\sigma}}S(t-\tau)\Phi e_i|^2d\tau\leqslant C\,|D^{\tilde{\sigma}}\Phi e_i|_{L^2(R)}\leqslant$$

$$C\,|\Phi e_i|_{H^{\tilde{\sigma}}(R)}$$

从而得到

$$|D^{1+\bar{\sigma}}\bar{u}|^q_{L_x^\infty(L_\omega^q(L_t^2))} \leqslant C\int_0^T\Big(\sum_i |\Phi e_i|_{H^{\bar{\sigma}}(R)}\Big)^{q/2}\mathrm{d}t \leqslant C(T)|\Phi|^q_{L_2^{0,\bar{\sigma}}} \quad (6.2.25)$$

接下来估计 $|D^{\bar{\sigma}}\bar{u}|_{L_x^2(L_\omega^q(L_t^2))}$。

$$\begin{aligned}
&|D^{\bar{\sigma}}\bar{u}|_{L_x^2(L_\omega^q(L_t^2))} = \\
&\int_R \mathrm{E}\Big\{\Big[\int_0^T \Big|\int_0^t D^{\bar{\sigma}}S(t-\tau)\Phi\mathrm{d}W(\tau)\Big|^2\mathrm{d}t\Big]^{q/2}\Big\}^{2/q}\mathrm{d}x \leqslant \\
&C\int_R\Big\{\int_0^T \mathrm{E}\Big[\Big|\int_0^t D^{\bar{\sigma}}S(t-\tau)\Phi\mathrm{d}W(\tau)\Big|^2\Big]^{q/2}\mathrm{d}t\Big\}^{2/q}\mathrm{d}x \leqslant \\
&C\int_R\Big\{\int_0^T\Big[\sum_i\int_0^t |D^{\bar{\sigma}}S(t-\tau)\Phi e_i|^2\mathrm{d}\tau\Big]^{q/2}\mathrm{d}t\Big\}^{2/q}\mathrm{d}x \leqslant \\
&C\sum_i\int_R\int_0^T |D^{\bar{\sigma}}S(\tau)\Phi e_i|^2\mathrm{d}\tau\mathrm{d}x \leqslant \\
&C|\Phi|^2_{L_2^{0,\bar{\sigma}}}
\end{aligned}$$

其中,用到了如下事实:对任意的 τ,$S(\tau)$ 是 L_x^2 到自身的等距同构。注意到 $q=\dfrac{4}{\varepsilon}$,从而由命题 6.2.3 以及不等式(6.2.25) 可知,$D^{1+\bar{\sigma}-\varepsilon/2}\bar{u}\in L_x^q(L_\omega^q(L_t^2))$ 以及估计

$$|D^{1+\bar{\sigma}-\varepsilon/2}\bar{u}|_{L_\omega^q(L_x^q(L_t^2))} = |D^{1+\bar{\sigma}-\varepsilon/2}\bar{u}|_{L_x^q(L_\omega^q(L_t^2))} \leqslant C|\Phi|_{L_2^{0,\bar{\sigma}}} \quad (6.2.26)$$

还可以得到

$$|\bar{u}|_{L_\omega^q(L_x^q(L_t^2))} \leqslant C|\Phi|_{L_2^{0,\bar{\sigma}}} \quad (6.2.27)$$

事实上,有

$$\begin{aligned}
&|\bar{u}|^q_{L_\omega^q(L_x^q(L_t^2))} = \\
&\int_R \mathrm{E}\Big\{\Big[\int_0^T\Big|\int_0^t 6tS(t-\tau)\Phi\mathrm{d}W(\tau)\Big|^2\mathrm{d}t\Big]^{q/2}\Big\}\mathrm{d}x \leqslant \\
&C\int_R\int_0^T \mathrm{E}\Big[\Big|\int_0^t S(t-\tau)\Phi\mathrm{d}W(\tau)\Big|^2\Big]^{q/2}\mathrm{d}t\mathrm{d}x \leqslant \\
&C\int_R\int_0^T\Big[\int_0^t\sum_i |S(t-\tau)\Phi e_i|^2\mathrm{d}\tau\Big]^{q/2}\mathrm{d}t\mathrm{d}x \leqslant \\
&C(T)\int_R\Big(\int_0^T\sum_i |S(\tau)\Phi e_i|^2\mathrm{d}\tau\Big)^{q/2}\mathrm{d}x
\end{aligned}$$

利用 Minkowski 不等式、Sobolev 嵌入 $H^{\bar{\sigma}}\hookrightarrow L_x^q$,$\bar{\sigma}\geqslant\dfrac{1}{2}$ 以及 $S(\tau)$ 是 $H_x^{\bar{\sigma}}$ 上的同构这一事实可知

$$\begin{aligned}
|\bar{u}|^2_{L_\omega^q(L_x^q(L_t^2))} &\leqslant C\sum_i\Big[\int_R\Big(\int_0^T |S(\tau)\Phi e_i|^2\mathrm{d}\tau\Big)^{q/2}\mathrm{d}x\Big]^{2/q} \leqslant \\
&C\sum_i |S(\tau)\Phi e_i|^2_{L_t^\infty(L_x^q)} \leqslant \\
&C|\Phi|^2_{L_2^{0,\bar{\sigma}}}
\end{aligned}$$

由估计式(6.2.26)、式(6.2.27) 可得

$$|\bar{u}|_{L_\omega^q(W_x^{1+\bar{\sigma}-\varepsilon/2,q}(L_t^2))} \leqslant C|\Phi|^2_{L_2^{0,\bar{\sigma}}}$$

由于 $q\varepsilon/2=2$,可知

$$W_x^{\varepsilon/2,q}(L_t^2)\hookrightarrow L_x^\infty(L_t^2)$$

从而 $D^{1+\bar{\sigma}-\varepsilon}\bar{u}\in L_\omega^q(L_x^\infty(L_t^2))$,且有估计

$$| D^{1+\tilde{\sigma}-\varepsilon}\bar{u} |_{L_\omega^q(L_x^\infty(L_t^2))} \leqslant C | \Phi |_{L_2^{0,\tilde{\sigma}}}$$

注意到

$$D^{\tilde{\sigma}-\varepsilon}\partial_x\bar{u} = \int_0^t D^{\tilde{\sigma}-\varepsilon}\partial_x S(t-\tau)\Phi \mathrm{d}W(\tau) = \int_0^t D^{1+\tilde{\sigma}-\varepsilon}S(t-\tau)\mathscr{H}\Phi \mathrm{d}W(\tau)$$

其中,$\mathscr{H}$为 Hilbert 变换,则可以推知

$$| D^{\tilde{\sigma}-\varepsilon}\partial_x\bar{u} |_{L_\omega^q(L_x^\infty(L_t^2))} \leqslant C | \mathscr{H}\Phi |_{L_2^{0,\tilde{\sigma}}} \leqslant C | \Phi |_{L_2^{0,\tilde{\sigma}}}$$

命题 6.2.5

$$\partial_x\bar{u} \in L^2(\Omega; L_t^4(L_x^\infty)) \tag{6.2.28}$$

以及

$$\mathrm{E}\Big[\Big(\int_0^T \sup_{x\in R} | \partial_x\bar{u} |^4 \mathrm{d}t\Big)^{1/2}\Big] \leqslant | \Phi |_{L_2^{0,\tilde{\sigma}}}^2$$

成立。

证明:令 $\varepsilon = \tilde{\sigma} - 3/4$ 以及 $q = 4(1+1/\varepsilon)$。对 $| D^{1+\varepsilon}\bar{u} |_{L_t^4(L_x^\infty(L_\omega^q))}$,成立估计

$$\begin{aligned}
| D^{1+\varepsilon}\bar{u} |_{L_t^4(L_x^\infty(L_\omega^q))}^4 = \\
&\int_0^T \sup_{x\in R}\mathrm{E}\Big[\Big|\int_0^t D^{\tilde{\sigma}+1/4}S(t-\tau)\Phi \mathrm{d}W(\tau)\Big|^q\Big]^{4/q}\mathrm{d}t \leqslant \\
&C\int_0^T \sup_{x\in R}\Big[\sum_i\int_0^t | D^{\tilde{\sigma}+1/4}S(t-\tau)\Phi e_i |^2 \mathrm{d}\tau\Big]^2 \mathrm{d}t \leqslant \\
&C(T)\Big(\sum_i\Big[\Big(\int_0^T \sup_{x\in R} | D^{\tilde{\sigma}+1/4}S(\tau)\Phi e_i |^4 \mathrm{d}\tau\Big)^{1/2}\Big]^2
\end{aligned}$$

由参考文献[63]中的定理 2.4(取 $\alpha = 2, \theta = 1, \beta = 1/2$)可知

$$\int_0^T \sup_{x\in R} | D^{\tilde{\sigma}+1/4}S(t)\Phi e_i |^4 \mathrm{d}t \leqslant C | D^{\tilde{\sigma}}\Phi e_i |_{L_x^2}^4$$

从而

$$| D^{\tilde{\sigma}+1/4}\bar{u} |_{L_t^4(L_x^\infty(L_\omega^q))} \leqslant C | \Phi |_{L_2^{0,\tilde{\sigma}}} \tag{6.2.29}$$

容易证明

$$| \bar{u} |_{L_t^4(L_x^2(L_\omega^q))} \leqslant C | \Phi |_{L_2^{0,0}} \leqslant C | \Phi |_{L_2^{0,\tilde{\sigma}}}$$

利用命题 6.2.3 可得,对 a. e. $t \in [0,T]$,有

$$| D^{1+\varepsilon/2}\bar{u} |_{L_x^q(L_\omega^q)} \leqslant C | \bar{u} |_{L_x^2(L_\omega^q)}^{2/q} | D^{1+\varepsilon}\bar{u} |_{L_x^\infty(L_\omega^q)}^{1-2/q}$$

以及注意到 $q = 4(1+1/\varepsilon) \geqslant 4$,有

$$\begin{aligned}
| D^{1+\varepsilon/2}\bar{u} |_{L_\omega^4(L_t^4(L_x^q))} &\leqslant | D^{1+\varepsilon/2}\bar{u} |_{L_t^4(L_x^q(L_\omega^q))} \leqslant \\
&C | \bar{u} |_{L_t^4(L_x^2(L_\omega^q))}^{2/q} | D^{1+\varepsilon/2}\bar{u} |_{L_t^4(L_x^\infty(L_\omega^q))}^{1-2/q} \leqslant \\
&C | \Phi |_{L_2^{0,\tilde{\sigma}}}
\end{aligned}$$

利用 Sobolev 嵌入定理以及 Fubini 定理,有

$$\begin{aligned}
| \bar{u} |_{L_\omega^4(L_t^4(L_x^q))} &\leqslant C | \bar{u} |_{L_t^4(L_\omega^4(H_x^{\tilde{\sigma}}))} \leqslant \\
&C\Big\{\int_0^T \mathrm{E}\Big[\Big|\int_0^t S(t-\tau)\Phi \mathrm{d}W(\tau)\Big|_{H_x^{\tilde{\sigma}}}^4\Big]\mathrm{d}t\Big\}^{1/4} \leqslant \\
&C\Big\{\int_0^T\Big[\int_0^t\sum_i | S(t-\tau)\Phi e_i |_{H_x^{\tilde{\sigma}}}^2 \mathrm{d}\tau\Big]^2 \mathrm{d}t\Big\}^{1/4} \leqslant \\
&C(T) | \Phi |_{L_2^{0,\tilde{\sigma}}}
\end{aligned}$$

从而

$$|\bar{u}|_{L_\omega^4(L_t^4(W_x^{1+\varepsilon/2,q}))} \leqslant C|\Phi|_{L_2^{0,\bar{\sigma}}}$$

以及由于 $q\varepsilon/2>1$，有

$$|\partial_x\bar{u}|_{L_\omega^4(L_t^4(L_x^\infty))} \leqslant C|\bar{u}|_{L_\omega^4(L_t^4(W_x^{1+\varepsilon/2,q}))} \leqslant C|\Phi|_{L_2^{0,\bar{\sigma}}}$$

由命题 6.2.1 ～ 命题 6.2.5 可知，定理 6.2.2 成立。

6.2.2　非线性方程

下面考虑方程(6.2.4)，并证明定理 6.2.1。对某固定的 $T>0$，将考虑空间 $X_\sigma(T)$，$3/4<\sigma<1$，并利用不动点定理证明解的存在性；然后利用先验估计，则可以证明此解在 H^1 中是整体的。令 $T_0>0$ 固定，从线性理论可知，对 a.s. $\omega\in\Omega$，$\bar{u}\in X_\sigma(T_0)$，且将固定这样的 ω。下一命题的证明，读者可以参见参考文献[63]。

命题 6.2.6　对任意 $\sigma>3/4$ 以及任意的 $T>0$，存在关于 T 非降的 $C(T,\sigma)$，使得

①

$$\left|\int_0^t S(t-\tau)(u\partial_x v)\mathrm{d}\tau\right|_{X_\sigma(T)} \leqslant C(T,\sigma)T^{1/2}|u|_{X_\sigma(T)}|v|_{X_\sigma(T)}$$

对任意的 $u,v\in X_\sigma(T)$ 成立；

②

$$|S(t)u_0|_{X_\sigma(T)} \leqslant C(T,\sigma)|u_0|_{H^\sigma(R)}$$

对任意的 $u_0\in H^\sigma(R)$ 成立。

定理 6.2.1 的证明：引入映射 $\mathscr{T}$，有

$$\mathscr{T}u(t)=S(t)u_0+\int_0^t S(t-\tau)(u\partial_x u)\mathrm{d}\tau+\bar{u}(t)$$

令 $3/4<\sigma<1$。由式(6.2.3)对 $\sigma=1$ 成立，利用定理 6.2.2 以及命题 6.2.6 可知，如果 $u_0\in H^\sigma(R)$，则 $\mathscr{T}$ 将 $X_\sigma(T)$ 映到自身。而且如果 R_0 满足

$$R_0\geqslant C(T_0,\sigma)|u_0|_{H^\sigma(R)}+|\bar{u}|_{X_\sigma(T)} \tag{6.2.30}$$

并适当地选择 T，使得

$$8C(T,\sigma)T^{1/2}R_0\leqslant 1 \tag{6.2.31}$$

则容易验证 $\mathscr{T}$ 将 $X_\sigma(T)$ 中以 O 为圆心、$2R_0$ 为半径的球映到自身，并且是严格压缩的：

$$|\mathscr{T}u-\mathscr{T}v|_{X_\sigma(T)}\leqslant\frac{1}{2}|u-v|_{X_\sigma(T)} \tag{6.2.32}$$

其中，$u,v\in X_\sigma(T)$，且范数不超过 $2R_0$，从而 $\mathscr{T}$ 具有唯一的不动点，记为 u。显然它是方程(6.2.4)在 $X_\sigma(T)$ 中唯一的解。此时，T 通过关系式(6.2.30)中 R_0 的选择，显然依赖于 ω。下面将证明当 u_0 满足定理 6.2.1 的条件时，解能延拓到整个区间$[0,T_0]$。为此令 $\{\Phi_n\}_{n\in\mathbb{N}}$ 为 $L_2^{0,4}$ 中的序列，使得在 $L_2^{0,1}$ 中收敛到 Φ：

$$\Phi_n\to\Phi \tag{6.2.33}$$

且令 $\{u_{0,n}\}_{n\in\mathbb{N}}$ 为 $H^3(R)$ 中序列，使得在 $L^4(\Omega;L^2(R))\cap L^2(\Omega;H^1(R))$ 中收敛到 u_0 以及在 $H^1(R)$ a.s. 收敛到 u_0：

$$u_{0,n}\to u_0 \tag{6.2.34}$$

利用定理 6.2.2 可知，当 $3/4<\sigma<1$ 时，在 $L^2(\Omega;X_\sigma(T_0))$ 中

$$\bar{u}_n = \int_0^t S(t-\tau)\Phi_n \mathrm{d}W(\tau) \to \bar{u}$$

从而存在子列，仍记为 $\bar{u}_n$ 使得

$$\bar{u}_n \to \bar{u}, \qquad X_\sigma(T_0) \quad \text{a. s.}$$

引理 6.2.3 对任意的 n，方程

$$\left.\begin{aligned} &\mathrm{d}u_n + \left(\frac{\partial^3 u_n}{\partial x^3} + u_n \frac{\partial u_n}{\partial x}\right)\mathrm{d}t = \Phi_n \mathrm{d}W \\ &u_n(0) = u_{0,n} \end{aligned}\right\} \tag{6.2.35}$$

存在唯一解 u_n，使得 P-a. s.，$u_n \in L^\infty(0,T_0;H^3(R))$。

证明：利用命题 6.2.1 可知，a. s.，$\bar{u}_n \in L^\infty(0,T;H^4(R))$。令

$$v_n = u_n - \bar{u}_n$$

可知

$$\left.\begin{aligned} &\mathrm{d}v_n + \frac{\partial^3 v_n}{\partial x^3}\mathrm{d}t + (v_n + \bar{u}_n)\frac{\partial}{\partial x}(v_n + \bar{u}_n)\mathrm{d}t = 0 \\ &v_n(0) = u_{0,n} \end{aligned}\right\}$$

利用不动点定理（如参考文献[69]）可以证明，此方程存在唯一局部解，且利用确定性 KdV 方程的守恒量（参考文献[70]）容易验证此解是整体的，且属于空间 $L^\infty(0,T_0;H^3(R))$a. s. 。

引理 6.2.4 序列 $\{u_n\}_{n\in\mathbb{N}}$ 在空间 $L^2(\Omega;L^\infty(0,T_0;H^1(R)))$ 中是有界的。

证明：对 $|u_n|^4 = \mathscr{E}_0(u_n)$ 应用 Itô 公式可得

$$|u_n(t)|^4 = |u_{0,4}|^4 + 4\int_0^t |u_n|^2(u_n,\Phi_n \mathrm{d}W) + \frac{1}{2}\int_0^t \mathrm{tr}(\mathscr{E}_0''(u_n)\Phi_n\Phi_n^*)\mathrm{d}s$$

其中

$$\mathscr{E}_0''(u_n)v = 8(u_n,v)u_n + 4|u_n|^4 v$$

令 $\{e_i\}_{i\in\mathbb{N}}$ 为 $L^2(R)$ 中的标准正交基，则

$$\mathrm{tr}(\mathscr{E}_0''(u_n)\Phi_n\Phi_n^*) = \sum_i 8(u_n,\Phi_n(e_i))^2 + 4|u_n|^2|\Phi_n(e_i)|^2 \leqslant 12|u_n|^2|\Phi_n|_{L_2^{0,0}}^2 \leqslant \frac{1}{2}|u_n|^4 + 72|\Phi_n|_{L_2^{0,0}}^4$$

利用鞅不等式可知

$$\mathrm{E}\Big(\sup_{t\in[0,T_0]}\int_0^t |u_n|^2(u_n,\Phi_n\mathrm{d}W)\Big) \leqslant 3\mathrm{E}\Big[\Big(\int_0^{T_0}|u_n|^4|\Phi_n^* u_n|^2\mathrm{d}s\Big)^{1/2}\Big] \leqslant \frac{1}{16}\mathrm{E}(\sup_{t\in[0,T_0]}|u_n|^4) + C|\Phi_n|_{L_2^{0,0}}^4$$

从而推得

$$\mathrm{E}(\sup_{t\in[0,T_0]}|u_n(t)|^4) \leqslant 2\mathrm{E}(|u_{0,n}|^4) + C|\Phi_n|_{L_2^{0,0}}^4 \tag{6.2.36}$$

以同样的方式可得

$$\mathrm{E}(\sup_{t\in[0,T_0]}|u_n(t)|^2) \leqslant 2\mathrm{E}(|u_{0,n}|^2) + C|\Phi_n|_{L_2^{0,0}}^2 \tag{6.2.37}$$

对 $\mathscr{E}_1(u_n)=\int_R\left[\frac{1}{2}\left(\frac{\partial u_n}{\partial x}\right)^2-\frac{1}{6}u_n^3\right]\mathrm{d}x$ 应用 Itô 公式可得

$$\mathscr{E}_1(u_n(t))=\mathscr{E}_1(u_{0,n})-\int_0^t\left(\frac{\partial^2 u_n}{\partial x^2}+\frac{1}{2}u_n^2,\Phi_n\mathrm{d}W\right)+\frac{1}{2}\int_0^t\operatorname{tr}(\mathscr{E}''_1(u_n)\Phi_n\Phi_n^*)\mathrm{d}t \tag{6.2.38}$$

其中

$$\mathscr{E}''_1(u_n)v=-\frac{\partial^2 v}{\partial x^2}-u_n v$$

利用嵌入 $H^1(R)\hookrightarrow L^4(R)$，可以得到

$$\begin{aligned}\operatorname{tr}(\mathscr{E}''_1(u_n)\Phi_n\Phi_n^*)&=-\sum_i\int_R\left(\frac{\partial^2}{\partial x^2}(\Phi_n e_i)\Phi_n e_i+u_n(\Phi_n e_i)^2\right)\mathrm{d}x\leqslant\\&\sum_i\left(\left|\frac{\partial}{\partial x}(\Phi_n e_i)\right|^2+|u_n||\Phi_n e_i|_{L^4(R)}^2\right)\leqslant\\&C|\Phi_n|_{L_2^{0,1}}^2(|u_n|+1)\end{aligned} \tag{6.2.39}$$

同理，利用鞅不等式，有

$$\mathrm{E}\left[\sup_{t\in[0,T_0]}-\int_0^t\left(\frac{\partial^2 u_n}{\partial x^2}+\frac{1}{2}u_n^2,\Phi_n\mathrm{d}W\right)\right]\leqslant 3\mathrm{E}\left\{\left[\int_0^{T_0}\left|\Phi_n^*\left(\frac{\partial^2 u_n}{\partial x^2}+u_n^2\right)\right|^2\mathrm{d}s\right]^{1/2}\right\}$$

利用

$$\begin{aligned}\left|\Phi_n^*\left(\frac{\partial^2 u_n}{\partial x^2}+u_n^2\right)\right|^2&=\sum_{i\in\mathbb{N}}\left[\left(\frac{\partial^2 u_n}{\partial x^2},\Phi_n e_i\right)+\frac{1}{2}(u_n^2,\Phi_n e_i)\right]^2\leqslant\\&C\sum_{i\in\mathbb{N}}(|u_n|_{H^1(R)}^2|\Phi_n e_i|_{H^1(R)}^2+|u_n|^2|\Phi_n e_i|_{L^\infty(R)}^2)\leqslant\\&C(|u_n|_{H^1(R)}^2+|u_n|^4)|\Phi_n|_{L_2^{0,1}}^2\end{aligned}$$

以及嵌入 $H^1(R)\hookrightarrow L^\infty(R)$ 可知

$$\begin{aligned}&\mathrm{E}\left[\sup_{t\in[0,T_0]}-\int_0^t\left(\frac{\partial^2 u_n}{\partial x^2}+\frac{1}{2}u_n^2,\Phi_n\mathrm{d}W\right)\right]\leqslant\\&\frac{1}{8}\mathrm{E}(\sup_{t\in[0,T_0]}|u_n|_{H^1(R)}^2)+C\mathrm{E}(\sup_{t\in[0,T_0]}|u_n|^4)+C|\Phi_n|_{L_2^{0,1}}^2\end{aligned}$$

从而利用式(6.2.38)、式(6.2.39)可得

$$\begin{aligned}\mathrm{E}(\sup_{t\in[0,T_0]}\mathscr{E}_1(u_n(t)))&\leqslant\mathrm{E}(\mathscr{E}_1(u_{0,n}))+\frac{1}{8}\mathrm{E}(\sup_{t\in[0,T_0]}|u_n(t)|_{H^1(R)}^2)+\\&C\mathrm{E}(\sup_{t\in[0,T_0]}|u_n(t)|^4)+C\mathrm{E}(\sup_{t\in[0,T_0]}|u_n(t)|^2)+\\&C|\Phi_n|_{L_2^{0,1}}^2(1+|\Phi_n|_{L_2^{0,1}}^2)\end{aligned}$$

利用 Sobolev 嵌入定理以及插值不难验证

$$\frac{1}{4}\left|\frac{\partial u_n}{\partial x}\right|^2-C|u_n|^{10/3}\leqslant\mathscr{E}_1(u_n)\leqslant C(|u_n|_{H^1(R)}^2+|u_n|^{10/3})$$

从而利用式(6.2.36)、式(6.2.37)可知结论成立。

由此引理可知，存在函数 $\tilde{u}\in L^2(\Omega;L^\infty(0,T_0;H^1(R)))$ 使得在子列的意义下，有

$$u_n \rightharpoonup \tilde{u}, \qquad 在\ \tilde{u} \in L^2(\Omega; L^\infty(0, T_0; H^1(R)))\ 弱^*\ 收敛$$

且 a.s. $\tilde{u} \in L^\infty(0, T_0; H^1(R))$。这样可以在式(6.2.30)中选择

$$R_0(\omega) = 2C(T_0, \sigma) \mid \tilde{u} \mid_{L^\infty(0, T_0; H^\sigma(R))} + 2 \mid \bar{u} \mid_{X_\sigma(T_0)}$$

其中，σ 是固定在区间(3/4,1)中的，且选择 $T(\omega)$ 使得式(6.2.31)成立。不难看出对任意的 $T \geqslant 0, u_n \in X_\sigma(T)$，且是映射

$$\mathscr{T}_n v = S(t) u_{0,n} + \int_0^t S(t-\tau) v \frac{\partial v}{\partial x} \mathrm{d}t + \bar{u}_n$$

的唯一不动点。此映射显然是严格压缩的，即

$$\mid \mathscr{T}_n v_1 - \mathscr{T}_n v_2 \mid_{X_\sigma(T)} \leqslant \frac{1}{2} \mid v_1 - v_2 \mid_{X_\sigma(T)}$$

利用逼近式(6.2.33)、式(6.2.34)容易证明，对几乎必然的 ω，有

$$u_n \to u, \qquad 在\ X_\sigma(T(\omega))\ 中$$

应该注意，u 显然是 $\mathscr{T}$ 的唯一不动点，且不难验证在 $[0, T(\omega)]$ 上，$u = \tilde{u}$（在 $[0, T(\omega)]$ 外对 u 作 0 延拓，仍然属于 $L^2(\Omega; X_\sigma(T))$），从而

$$\mid u(T(\omega)) \mid_{H^\sigma(R)} \leqslant \mid \tilde{u} \mid_{L^\infty(0, T_0; H^\sigma(R))}$$

这样，可以以 $u(T(\omega))$ 为初值，将解延拓到区间 $[T(\omega), 2T(\omega)]$，利用迭代则可以得到 $[0, T_0]$ 上的解。由 T_0 的任意性便完成定理 6.2.1 的证明。

6.3　乘积噪声情形

接下来考虑具有乘积噪声情形的 KdV 随机方程。具体地考虑

$$\mathrm{d}u = \left(\frac{\partial^3 u}{\partial x^3} + u \frac{\partial u}{\partial x}\right) \mathrm{d}t = \Phi(u) \mathrm{d}W \tag{6.3.1}$$

其中，$x \in R, t \geqslant 0$，且具有初值条件

$$u(x, 0) = u_0(x) \in L^2(R) \tag{6.3.2}$$

这里 u_0 是 $L^2(R)$ 中确定的函数，且 Φ 是从 $L^2(R)$ 到 $L_0^2(L^2(R))$ 的连续映射，$L_0^2(L^2(R))$ 表示由 $L^2(R)$ 到自身的 Hilbert－Schmidt 算子构成的空间。假设 Φ 满足：存在常数 κ_1 使得

$$\mid \Phi(u) \mid_{L_0^2(L^2(R))} \leqslant \kappa_1 (\mid u \mid_{L^2(R)} + 1), \qquad \forall u \in L^2(R) \tag{6.3.3}$$

且 Φ 在下述意义下是局部的：对任意具有紧支集的 $a, b \in L^2(R)$，映射

$$u \mapsto (\Phi(u) a, \Phi(u) b)_{L^2(R)}$$

$$L^2(R) \to R$$

在 $L_{\mathrm{loc}}^2(R)$ 的拓扑下是连续的。

下面将证明方程(6.3.1)和方程(6.3.2)的鞅解存在，即 $(\Omega, \mathscr{G}, P, (\mathscr{G}_t)_{t \in [0, T]}, (W(t))_{t \in [0, T]})$ 在这里也是未知的。主要结果如下。

定理6.3.1　*对任意 $T > 0$ 以及 $u_0 \in L^2(R)$，方程(6.3.1)和方程(6.3.2)存在鞅解，即存在随机基底 $(\Omega, \mathscr{G}, P, (\mathscr{G}_t)_{t \in [0mT]}, (W(t))_{t \in [0, T]})$ 以及在此基底上的适应过程 u，使得方程(6.3.1)和方程(6.3.2)成立，且对任意的 $s < 0$，u 具有 $L^\infty(0, T; L^2(R)) \cap L^2(0, T; H_{\mathrm{loc}}^1(R)) \cap \mathscr{C}(0, T; H_{\mathrm{loc}}^s(R))$ 中的路径。*

证明：为了证明定理，考虑如下的抛物正则化：

$$\mathrm{d}u^{\varepsilon} + \left(\varepsilon \frac{\partial^4 u^{\varepsilon}}{\partial x^4} + \frac{\partial^3 u^{\varepsilon}}{\partial x^3} + u^{\varepsilon} \frac{\partial u^{\varepsilon}}{\partial x}\right)\mathrm{d}t = \Phi(u^{\varepsilon})\mathrm{d}W^{\varepsilon} \tag{6.3.4}$$

将用到下面的命题，其证明过程参见本节末尾。

命题 6.3.1　对任意 $\varepsilon > 0$，$T > 0$ 以及 $u_0 \in L^2(R)$，存在方程(6.3.4)和方程(6.3.2)的鞅解，即存在随机基底$(\Omega^{\varepsilon}, \mathscr{G}^{\varepsilon}, P^{\varepsilon}, (\mathscr{G}_t^{\varepsilon})_{t\in[0,T]}, (W^{\varepsilon}(t))_{t\in[0,T]})$以及在此基底上适应的过程 u^{ε} 满足方程(6.3.4)和方程(6.3.2)。进一步，对任意的 $s < 0$，u^{ε} 具有 $L^{\infty}(0,T;L^2(R)) \cap L^2(0,T;H^2(R)) \cap \mathscr{C}(0,T;H^s_{\mathrm{loc}}(R))$ 中的路径。

下面将证明 u^{ε} 的分布律在适当的空间中是胎紧的(tight)(参见第 1 章)，其中所有的常数都独立于 ε。

引理 6.3.1　对任意的 $p \in \mathbb{N}$，存在常数 K_p，使得对任意的 $\varepsilon > 0$，有

$$\mathrm{E}\left(\sup_{t\in[0,T]} |u^{\varepsilon}(t)|^{2p}\right) \leqslant K_p(|u_0|^{2p} + 1)$$

此引理的证明并不困难：仅需对 $F_p(u^{\varepsilon}) = |u^{\varepsilon}|^{2p}$ 利用 Itô 公式以及利用鞅不等式便可得到结论。下面将证明推广的光滑效应[71]。

引理 6.3.2　存在 ε_0 使得存在常数 c_1 以及对任意的 $k > 0$，常数 $C_1(K)$ 使得对任意的 $\varepsilon_0 > \varepsilon > 0$，则

$$\varepsilon\mathrm{E}(|u^{\varepsilon}|^2_{L^2(0,T;H^2(R))}) \leqslant C_1$$

以及

$$\mathrm{E}(|u^{\varepsilon}|^2_{L^2(0,T;H^1(-k,k))}) \leqslant C_1(k)$$

证明：令 p 为正的单调递增的光滑函数，其导数都是有界的且 $p(x) > \delta > 0$，$x \in R$。对 $F(u^{\varepsilon}) = \int_R p(x)(u^{\varepsilon}(x))^2\mathrm{d}x$ 应用 Itô 公式，其导数为

$$F'(u^{\varepsilon})v = 2\int_R p u^{\varepsilon} v$$

$$F''(u^{\varepsilon})v = 2pv$$

其中，$v \in L^2(R)$。正如确定性情形一样，可知存在 c_2, c_3, c_4 使得

$$\left(\frac{\partial^4 u^{\varepsilon}}{\partial x^4}, p u^{\varepsilon}\right) = \int_R p\left(\frac{\partial^2 u^{\varepsilon}}{\partial x^2}\right)^2 + 2\int_R p' \frac{\partial u^{\varepsilon}}{\partial x}\frac{\partial^2 u^{\varepsilon}}{\partial x^2} + \int_R p'' \frac{\partial^2 u^{\varepsilon}}{\partial x^2} u^{\varepsilon}\mathrm{d}x \geqslant$$

$$\frac{1}{2}\int_R p\left(\frac{\partial^2 u^{\varepsilon}}{\partial x^2}\right)^2\mathrm{d}x - c_2|u^{\varepsilon}|^2 - c_3\int_R p'\left(\frac{\partial u^{\varepsilon}}{\partial x}\right)^2\mathrm{d}x$$

$$\left(\frac{\partial^3 u^{\varepsilon}}{\partial x^3}, p u^{\varepsilon}\right) = \frac{3}{2}\int_R p'\left(\frac{\partial u^{\varepsilon}}{\partial x}\right)^2\mathrm{d}x - \frac{1}{2}\int_R p'''(u^{\varepsilon})^2\mathrm{d}x$$

$$\left(u^{\varepsilon}\frac{\partial u^{\varepsilon}}{\partial x}, p u^{\varepsilon}\right) = -\frac{1}{3}\int_R p'(u^{\varepsilon})^3\mathrm{d}x \geqslant$$

$$-c_4(1 + |u^{\varepsilon}|^6) - \frac{1}{2}\int_R p'\left(\frac{\partial u^{\varepsilon}}{\partial x}\right)^2\mathrm{d}x$$

从而如果 $\varepsilon c_3 \leqslant 12$，则有

$$\left(\varepsilon\frac{\partial^4 u^{\varepsilon}}{\partial x^4} + \frac{\partial^3 u^{\varepsilon}}{\partial x^3} + u^{\varepsilon}\frac{\partial u^{\varepsilon}}{\partial x}, 2pu^{\varepsilon}\right) \geqslant$$

$$\varepsilon\int_R p\left(\frac{\partial^2 u^{\varepsilon}}{\partial x^2}\right)^2\mathrm{d}x + \int_R p'\left(\frac{\partial^2 u^{\varepsilon}}{\partial x^2}\right)^2\mathrm{d}x - c_5(1 + |u^{\varepsilon}|^6)$$

记$\{e_i\}_{i\in\mathbb{N}}$ 为 $L^2(R)$ 中的标准正交基，则利用式(6.3.3)可知

$$\mathrm{tr}(F''(u^\varepsilon)\Phi(u^\varepsilon)\Phi^*(u^\varepsilon)) = 2\sum_i\int_R p\ |\ \Phi(u^\varepsilon)e_i\ |^2\mathrm{d}x \leqslant$$
$$c_6\ |\ \Phi(u^\varepsilon)\ |^2_{L_0^2(L^2(R))} \leqslant c_6\kappa_1^2(|\ u^\varepsilon\ |+1)^2$$

对 $F(u^\varepsilon)$ 的 Itô 公式取期望可得

$$\mathrm{E}(F(u^\varepsilon(t))) + \varepsilon\mathrm{E}\int_0^t\int_R p\left(\frac{\partial^2 u^\varepsilon}{\partial x^2}\right)^2\mathrm{d}x\mathrm{d}s + \mathrm{E}\int_0^t\int_R p'\left(\frac{\partial u^\varepsilon}{\partial x}\right)^2\mathrm{d}x\mathrm{d}s \leqslant$$
$$F(u_0) + c_7\mathrm{E}\int_0^t(1+|\ u^\varepsilon\ |^6)\mathrm{d}s \leqslant c_8(1+|\ u^\varepsilon\ |^6)$$

最后一步用到了引理 6.3.1。注意到 p' 在任意紧集上具有正的下界，便得到我们的结论。

引理 6.3.3 分布族$(\mathscr{L}(u^\varepsilon))$ 在 $L^2(0,T;L^2_{\mathrm{loc}}) \cap \mathscr{C}(0,T;H^{-3}_{\mathrm{loc}}(R))$ 中是胎紧的。

证明：选择 $k \in \mathbb{N}$ 且将方程写为

$$u^\varepsilon(t) = u_0 - \int_0^t\left(\varepsilon\frac{\partial^4 u^\varepsilon}{\partial x^4} + \frac{\partial^3 u^\varepsilon}{\partial x^3} + u^\varepsilon\frac{\partial u^\varepsilon}{\partial x}\right)\mathrm{d}s + \int_0^t\Phi(u^\varepsilon)\mathrm{d}W^\varepsilon(s)$$

由插值不等式以及 Sobolev 嵌入定理，有

$$\left|u^\varepsilon\frac{\partial u^\varepsilon}{\partial x}\right|_{H^{-1}(-k,k)} \leqslant \frac{1}{2}\ |\ (u^\varepsilon)^2\ |_{L^2(-k,k)} \leqslant C_2(k)\ |\ u^\varepsilon\ |^{3/2}\ |\ u^\varepsilon\ |^{1/2}_{H^1(-k,k)}$$

从而由前述引理可知

$$\mathrm{E}\left[\left|\int_0^t\left(\varepsilon\frac{\partial^4 u^\varepsilon}{\partial x^4} + \frac{\partial^3 u^\varepsilon}{\partial x^3} + u^\varepsilon\frac{\partial u^\varepsilon}{\partial x}\right)\mathrm{d}s\right|_{W^{1,2}(0,T;H^{-2}(-k,k))}\right] \leqslant C_3(k) \tag{6.3.5}$$

进一步，由引理 6.3.1 以及参考文献[42]中引理 2.1 可以推知，对任意 $\alpha < 1/2$ 以及 $p \in \mathbb{N}$，有

$$\mathrm{E}\left(\left|\int_0^t\Phi(u^\varepsilon)\mathrm{d}W^\varepsilon(s)\right|^{2p}_{W^{\alpha,p}(0,T;L^2(R))}\right) \leqslant$$
$$c_9\mathrm{E}\int_0^T\ |\ \Phi(u^\varepsilon)\ |^{2p}_{L_0^2(L^2(R))}\mathrm{d}s \leqslant$$
$$c_9\kappa_1\mathrm{E}\int_0^T\ |\ (u^\varepsilon\ |+1)^{2p}\mathrm{d}s \leqslant c_{10} \tag{6.3.6}$$

在式(6.3.6)中令 $p = 1$，由于空间 $W^{1,2}(0,T;H^{-2}(-k,k))$ 与 $W^{\alpha,2}(0,T;L^2(R))$ 均包含在空间 $W^{\alpha,2}(0,T;H^{-2}(-k,k))$ 中，从而

$$\mathrm{E}(|\ u^\varepsilon\ |^2_{W^{\alpha,2}(0,T;H^{-2}(-k,k))}) \leqslant C_4(k) \tag{6.3.7}$$

令 $0 < \beta < 1/2$，α, p 使得 $\beta < \alpha - 1/2p$，则利用空间 $W^{\alpha,2}(0,T;H^{-2}(-k,k))$ 以及空间 $W^{\alpha,2p}(0,T;L^2(R))$ 均嵌入到空间 $\mathscr{C}^\beta(0,T;H^{-3}(-k,k))$ 这一事实可知

$$\mathrm{E}(|\ u^\varepsilon\ |^2_{\mathscr{C}^\beta(0,T;H^{-3}(-k,k))}) \leqslant C_5(k) \tag{6.3.8}$$

令 $\eta > 0$，并记

$$\alpha_k = 2^k[C_1(k) + C_4(k) + C_5(k)]\eta^{-1}$$

则从 Chebyshev 不等式、引理 6.3.2 以及式(6.3.7)和式(6.3.8)可得

$$P^\varepsilon(u^\varepsilon \in A(\{\alpha_k\})) \geqslant 1 - \eta$$

从而引理的结论成立。

接着证明定理。利用 Prohorov 定理可知，存在$(\mathscr{L}(u^\varepsilon))$ 的收敛的子列（仍记为序列本身），以及由 Skohorod 定理（可参见参考文献[72]），存在随机基底$(\widetilde{\Omega},\widetilde{\mathscr{G}},\widetilde{P})$ 以及取值于 $L^2(0,T;L^2_{\mathrm{loc}}) \cap \mathscr{C}(0,T;H^{-3}_{\mathrm{loc}}(R))$ 的随机变量 $\tilde{u}^\varepsilon, \tilde{u}$，使得

$$\tilde{u}^\varepsilon \to \tilde{u}, \quad L^2(0,T;L^2_{\mathrm{loc}}) \quad 和 \quad \mathscr{C}(0,T;H^{-3}_{\mathrm{loc}}(R)), \quad \widetilde{P}\text{-a. s.}$$

以及

$$\mathscr{L}(\tilde{u}^\varepsilon) = \mathscr{L}(u^\varepsilon), \qquad \varepsilon > 0 \tag{6.3.9}$$

而且对任意的 $p \in \mathbb{N}$，有

$$\mathrm{E}(\sup_{t\in[0,T]} |\tilde{u}^\varepsilon(t)|^{2p}) \leqslant K_p(1+|u_0|^{2p})$$

以及对任意的 $k \in \mathbb{N}$，有

$$\mathrm{E}(|\tilde{u}^\varepsilon|^2_{L^2(0,T;H^1(-k,k))}) \leqslant C_1(k)$$

不难推出对任意的 $k \in \mathbb{N}$，有

$$\tilde{u}^\varepsilon \to \tilde{u}, \qquad 在\ L^2(\tilde{\Omega};L^2(0,T;H^1(-k,k)))\ 弱$$

定义

$$M^\varepsilon(t) = u^\varepsilon(t) - u_0 + \int_0^t \left(\varepsilon \frac{\partial^4 u^\varepsilon}{\partial x^4} + \frac{\partial^3 u^\varepsilon}{\partial x^3} + u^\varepsilon \frac{\partial u^\varepsilon}{\partial x}\right)\mathrm{d}s$$

以及

$$\widetilde{M}^\varepsilon(t) = \tilde{u}^\varepsilon(t) - u_0 + \int_0^t \left(\varepsilon \frac{\partial^4 \tilde{u}^\varepsilon}{\partial x^4} + \frac{\partial^3 \tilde{u}^\varepsilon}{\partial x^3} + \tilde{u}^\varepsilon \frac{\partial \tilde{u}^\varepsilon}{\partial x}\right)\mathrm{d}s$$

我们知道$(M^\varepsilon(t))_{t\in[0,T]}$ 为取值于 $L^2(R)$ 的关于 $\sigma\{u^\varepsilon(s), 0\leqslant s\leqslant t\}$ 的平方可积鞅，其二次变差为$\int_0^t \Phi(u^\varepsilon)\Phi^*(u^\varepsilon)\mathrm{d}s$。利用鞅不等式可以验证对任意的 $p \in \mathbb{N}$，存在 K'_p，使得

$$\mathrm{E}(\sup_{t\in[0,T]} |M^\varepsilon(t)|^{2p}) \leqslant K'_p$$

令 $0 \leqslant s \leqslant t \leqslant T$，$\varphi$ 为 $L^2(0,s;L^2_{\mathrm{loc}}(R))$ 或者 $\mathscr{C}([0,s];H^{-3}_{\mathrm{loc}}(R))$ 上的有界连续函数，以及 a，$b \in H^3_0(-k,k)$ 对某个 $k \in \mathbb{N}$ 成立。由于 M^ε 为鞅，有

$$\mathrm{E}\{[M^\varepsilon(t) - M^\varepsilon(s), a]\phi(u^\varepsilon)\} = 0$$

以及

$$\mathrm{E}\{[(M^\varepsilon(t),a)(M^\varepsilon(t),b) - (M^\varepsilon(s),a)(M^\varepsilon(s),b)] - \int_s^t (\Phi(u^\varepsilon)^* a, \Phi(u^\varepsilon)^* b)\mathrm{d}s)\phi(u^\varepsilon)\} = 0$$

利用式(6.3.9)以及 M^ε，$\widetilde{M}^\varepsilon$ 的定义可知

$$\mathrm{E}\{[\widetilde{M}^\varepsilon(t) - \widetilde{M}^\varepsilon(s), a]\phi(\tilde{u}^\varepsilon)\} = 0$$

$$\mathrm{E}\{[(\widetilde{M}^\varepsilon(t),a)(\widetilde{M}^\varepsilon(t),b) - (\widetilde{M}^\varepsilon(s),a)(\widetilde{M}^\varepsilon(s),b)] - \int_s^t (\Phi(\tilde{u}^\varepsilon)^* a, \Phi(\tilde{u}^\varepsilon)^* b)\mathrm{d}s)\phi(\tilde{u}^\varepsilon)\} = 0$$

以及

$$\mathrm{E}(\sup_{t\in[0,T]} |\widetilde{M}^\varepsilon(t)|^{2p}) \leqslant K'_p \tag{6.3.10}$$

从而$(\widetilde{M}^\varepsilon(t))_{t\in[0,T]}$ 为关于 $\sigma\{\tilde{u}^\varepsilon(s), 0\leqslant s\leqslant t\}$ 的平方可积鞅，其二次变差为$\int_0^t \Phi(\tilde{u}^\varepsilon)\Phi^*(\tilde{u}^\varepsilon)\mathrm{d}s$。

接下来定义

$$\widetilde{M}(t) = \tilde{u} - u_0 + \int_0^t \left(\frac{\partial^3 \tilde{u}}{\partial x^3} + \tilde{u}\frac{\partial \tilde{u}}{\partial x}\right)\mathrm{d}s$$

则有在 $H^{-3}_{\mathrm{loc}}(R)$ 中

$$\widetilde{M}^\varepsilon(t) \to \widetilde{M}(t), \qquad \widetilde{M}^\varepsilon(s) \to \widetilde{M}(s), \qquad \tilde{P}\text{-a. s.}$$

以及

$$\phi(\tilde{u}^{\varepsilon}) \to \phi(\tilde{u}), \qquad \widetilde{P}\text{-a. s.}$$

利用 Φ 在 $L^2_{\mathrm{loc}}(R)$ 拓扑下的连续性,ϕ 的有界性,以及式(6.3.10) 可知

$$\mathrm{E}\{[\widetilde{M}^{\varepsilon}(t)-\widetilde{M}(s),a]\phi(\tilde{u}^{\varepsilon})\} \to \mathrm{E}\{[\widetilde{M}(t)-\widetilde{M}(s),a]\phi(\tilde{u})\}$$

以及

$$\begin{aligned}&\mathrm{E}\{[(\widetilde{M}^{\varepsilon}(t),a)(\widetilde{M}^{\varepsilon}(t),b]-[\widetilde{M}^{\varepsilon}(s),a)(\widetilde{M}^{\varepsilon}(s),b]-\\&\int_s^t(\Phi(\tilde{u}^{\varepsilon})^*a,\Phi(\tilde{u}^{\varepsilon})^*b)\mathrm{d}s)\phi(\tilde{u}^{\varepsilon})\}\to\\&\mathrm{E}\{[(\widetilde{M}(t),a)(\widetilde{M}(t),b)-(\widetilde{M}(s),a)(\widetilde{M}(s),b)]-\\&\int_s^t(\Phi(\tilde{u})^*a,\Phi(\tilde{u})^*b)\mathrm{d}s)\varphi(\tilde{u})\}\end{aligned}$$

由此在$[0,T]$上,$\widetilde{M}$关于$\sigma\{\tilde{u}(s),0\leqslant s\leqslant t\}$为平方可积鞅,其二次变差为$\int_0^t\Phi(\tilde{u})\Phi^*(\tilde{u})\mathrm{d}s$。从而利用鞅表示定理(参见参考文献[6]) 便知定理成立。

下面还需要补充证明命题 6.3.1。

命题 6.3.1 的证明:仅作大致证明。令$\{e_i\}_{i\in\mathbb{N}}$ 为 $L^2(R)$ 的一组标准正交基,对任意的 $m\in\mathbb{N}$,P_m 为到有限维子空间 $\mathrm{span}\{e_0,e_1,\cdots,e_m\}$ 的投影算子。对方程(6.3.2) 和方程(6.3.4) 利用 Galerkin 逼近,并考虑在 $P_m(L^2(R))$ 中的有限维随机微分方程

$$\mathrm{d}u_m^{\varepsilon}+P_m\left[\varepsilon\frac{\partial^4u_m^{\varepsilon}}{\partial x^4}+\frac{\partial^3u_m^{\varepsilon}}{\partial x^3}+\theta\left(\frac{|u_m^{\varepsilon}|^2}{m}\right)u_m^{\varepsilon}\frac{\partial u_m^{\varepsilon}}{\partial x}\right]\mathrm{d}t=P_m\Phi(u_m^{\varepsilon})\mathrm{d}W^m$$

其初值为

$$u_m^{\varepsilon}(0)=P_mu_0$$

这里,θ 为 R 上 C^{∞} 的实值函数,使得

$$\left.\begin{aligned}&\theta(x)=1, && x\in[0,1]\\&0\leqslant\theta(x)\leqslant 1, && x\in[1,2]\\&\theta(x)=0, && x\geqslant 2\end{aligned}\right\}$$

这样的方程的系数至多线性增长,从而存在随机基底$(\Omega^m,\mathscr{G}^m,P^m,(\mathscr{G}_t^m)_{t\in[0,T]},(W^m(t))_{t\in[0,T]})$有其上的鞅解 u_m^{ε}。利用 Itô 公式不难得到如下的先验估计:

$$\mathrm{E}(\sup_{t\in[0,T]}|u_m^{\varepsilon}|^{2p})\leqslant\tilde{c}_p$$

以及

$$\mathrm{E}(|u_m^{\varepsilon}|^2_{L^2(0,T;H^2(R))})\leqslant\widetilde{C}_1$$

其中,常数可能依赖于 ε,但不依赖于 m。这样利用定理 6.3.1 相同的论断可知,分布列$(\mathscr{L}(u_m^{\varepsilon}))_{m\in\mathbb{N}}$ 在 $L^2(0,T;L^2_{\mathrm{loc}})\cap\mathscr{C}(0,T;H^{-3}_{\mathrm{loc}}(R))$ 中是胎紧的,从而命题成立。

6.4 随机 KdV 方程的吸引子

本节主要介绍近来有关随机 KdV 方程以及其随机动力系统的一些主要结果,读者可以参见参考文献[73,74]或者王国联的博士论文。

考虑弱阻尼带外力的随机 KdV 方程

$$\partial_tu+\partial_x^3u+u\partial_xu+\lambda u=f+\Phi\frac{\partial^2B}{\partial t\partial x} \tag{6.4.1}$$

其中，$\lambda > 0$ 是常数，f 表示外力且与时间无关，u 是定义在 $(t,x) \in \mathbb{R}^+ \times \mathbb{R}$ 上 的随机过程，Φ 是线性算子，B 是定义在 $\mathbb{R}^+ \times \mathbb{R}$ 上的双参数 Brown 运动，也即零均值的 Gauss 过程，其相关函数为

$$\mathrm{E}(B(t,x)B(s,y)) = (t \wedge s)(x \wedge y), \qquad t,s \geqslant 0, \qquad x,y \in \mathbb{R}$$

以下考虑的 Brown 运动 B 为柱形的 Wiener 过程 $W(t)$ 的情形，有

$$W(t) = \frac{\partial B}{\partial x} = \sum_{i=0}^{\infty} \beta_i e_i$$

其中，$(e_i)_{i \in \mathbb{N}}$ 是 $L^2(\mathbb{R})$ 中的正交基，对于给定的适应于 $\{\mathscr{F}_t\}_{t \geqslant 0}$ 概率空间 $(\Omega, \mathscr{F}, P)$，$(\beta_i)_{i \in \mathbb{N}}$ 是其上相互独立的实值 Brown 运动序列。

将方程(6.4.1) 写成 Itô 形式的微分方程，即

$$\left.\begin{aligned} &\mathrm{d}u + (\partial_x^3 u + u\partial_x u + \lambda u)\mathrm{d}t = f\mathrm{d}t + \Phi \mathrm{d}W \\ &u(0,x) = u_0(x) \end{aligned}\right\} \tag{6.4.2}$$

为了给出方程(6.4.2) 解的存在性，需要引入等价的积分形式，即

$$u(t) = U(t)u_0 + \int_0^t U(t-s)\left[f - \frac{1}{2}\partial_x(u^2(s))\right]\mathrm{d}s + \int_0^t U(t-s)\Phi \mathrm{d}W(s) \tag{6.4.3}$$

其中，$U(t) = \mathrm{e}^{-t(\partial_x^3 + \lambda)}$ 是线性 KdV 方程对应的酉群算子。

6.4.1　解的存在性

类似于参考文献[58,75,76]，引入如下的空间，对 $s,b \in \mathbb{R}$，依下面范数的完备化的空间，用 $X_{s,b}$ 表示缓增分布 $u \in \mathscr{S}(\mathbb{R}^2)$：

$$\| u \|_{X_{s,b}} = \| U(-t)u \|_{H_x^s H_t^b} = \| \langle \xi \rangle^s \langle \tau - \xi^3 \rangle^b \mathcal{F} u \|_{L_\xi^2 L_\tau^2}$$

其中，$\langle \cdot \rangle = (1 + |\cdot|)$。

同样对于 $s_1, s_2, b \in \mathbb{R}$，依下面范数的完备化的空间，用 $X_{s_1,s_2,b}$ 表示缓增分布 $u \in \mathscr{S}(\mathbb{R}^2)$：

$$\| u \|_{X_{s_1,s_2,b}} = \| \, |\xi|^{s_2} \langle \xi \rangle^{s_1} \langle \tau - \xi^3 \rangle^b \mathcal{F} u \|_{L_\xi^2 L_\tau^2}$$

对 $T > 0$，用 $X_{s,b}^T$ 和 $\overline{X}_{s_1,s_2,b}^T$ 表示函数空间 $X_{s,b}$ 和 $\overline{X}_{s_1,s_2,b}^T$ 在区域 $[0,T]$ 的限制，并赋予如下的范数：

$$\| u \|_{X_{s,b}^T} = \inf\{ \| \tilde{u} \|_{X_{s,b}} \tilde{u} \in X_{s,b}, u = \tilde{u}|_{[0,T]} \}$$

$$\| u \|_{\overline{X}_{s_1,s_2,b}^T} = \inf\{ \| \tilde{u} \|_{\overline{X}_{s_1,s_2,b}} \tilde{u} \in X_{s_1,s_2,b}, u = \tilde{u}|_{[0,T]} \}$$

和前文以及参考文献[58] 类似地可以给出如下的存在性定理，其细节这里略去。

定理 6.4.1　假设 $\Phi \in L_2^{0,0}$，$b < 1/2$ 且充分地接近 $1/2$；设 $u_0 \in L^2(\Omega, L^2(\mathbb{R}))$ 是 $\mathscr{F}_0$-可测的，那么对任意的 $T > 0$，$u(t)$ 属于 $C([0,T]; L^2(\mathbb{R})) \cap X_{0,b} \cap X_{0,-3/8,b}$。

现在考察下面所给的线性问题：

$$(P)\begin{cases} \mathrm{d}\bar{u} + \partial_x^3 \bar{u}\,\mathrm{d}t + \lambda \bar{u} = \Phi \mathrm{d}W \\ \bar{u}(0) = 0 \end{cases}$$

它的解由下面的随机积分给出，即

$$\bar{u}(t)=\int_0^t U(t-s)\Phi \mathrm{d}W(s)$$

为了考察问题(P)解的性质,首先引入下面的空间及相关引理。

$$X_\sigma(T)=\{u\in C(0,T;H^\sigma(\mathbb{R}))\cap L^2(\mathbb{R};L^\infty([0,T]))$$
$$D^\sigma\partial_x u\in L^\infty(\mathbb{R};L^2([0,T])),\partial_x u\in L^4([0,T];L^\infty(\mathbb{R}))\}$$

其中,要求 $\sigma<1$。不难利用本章前文的证明说明,对 $\bar{u}$,类似于命题 6.2.2 和命题 6.2.1 的结论。另外,还可以类似地得到如下定理。

定理 6.4.2 假设 $f\in H^1(\mathbb{R}),\lambda\in\mathbb{R},u_0\in L^2(\Omega;H^1(\mathbb{R}))$ 是 $\mathscr{F}_0$ 可测的,并且 $\Phi\in L_2^{0,1}$,那么在空间 $X_\sigma(T)$ 中方程(6.4.3)对几乎处处的 ω 存在唯一的解,也即对任意的 $T>0$,任意的 σ 满足 $3/4<\sigma\leqslant 1$。特别地有 $u\in L^2(\Omega;C(0,T;H^1(\mathbb{R})))$。

注 6.4.1 为了使问题(P)的解 $\bar{u}$ 有更好的性质,可在 Φ 上加上更强的条件使得 $\Phi\in L_2^{0,2}$,从而得到下面的估计:

$$\mathrm{E}\Big(\Big(\int_0^T\sup_{x\in R}|\partial_x^2\bar{u}|^4\mathrm{d}t\Big)^{1/2}\Big)\leqslant\|\phi\|_{L_2^{0,\sigma}}^2 \tag{6.4.4}$$

$$\mathrm{E}\Big(\sup_{x\in R}\int_0^T|D\partial_x\bar{u}|^2\mathrm{d}t\Big)\leqslant C\|\Phi\|_{L_2^{0,\sigma}}^2 \tag{6.4.5}$$

下面首先通过变量替换将原问题转化成带随机系数的 KdV 方程,通过考察带随机系数的 KdV 方程解的适定性及长时间行为,进一步得到随机阻尼 KdV 方程解的长时间行为。

作如下的变量替换:

$$v(t)=u(t)-\bar{u}(t) \tag{6.4.6}$$

当且仅当 v 是下面方程的解时,则 u 满足方程(6.4.2),即

$$\left.\begin{aligned}&v_t+v_{xxx}+\lambda v+vv_x+\bar{u}\bar{u}_x+v\bar{u}_x+\bar{u}v_x=f\\&v(0,x)=u(0,x)+\bar{u}(0,x)=u(0,x)\end{aligned}\right\} \tag{6.4.7}$$

为了给出问题式(6.4.7)在空间 $H^1(\mathbb{R})$ 中的适定性,对任意的 $T>0$ 定义

$$X_T=L_t^\infty(-T,T;H_x^1(\mathbb{R}))\cap W_x^{2,\infty}(\mathbb{R};L_t^2(-T,T))\cap$$
$$L_t^6(-T,T;W_x^{1,\infty}(\mathbb{R}))\cap L_x^2(\mathbb{R};L_t^\infty(-T,T))\cap L_t^\infty(-T,T;L^2(\mathbb{R}))$$

对空间 X_T 赋予如下的范数:

$$\|u\|_{X_T}=\max\{\|u\|_{L_t^\infty(-T,T;H_x^1(\mathbb{R}))},\|u\|_{W_x^{2,\infty}(\mathbb{R};L_t^2(-T,T))},$$
$$\|u\|_{L_t^6(-T,T;W_x^{1,\infty}(\mathbb{R}))},\|u\|_{L_x^2(\mathbb{R};L_t^\infty(-T,T))},\|u\|_{L_t^\infty(-T,T;L^2(\mathbb{R}))}\}$$

那么 X_T 构成 Banach 空间。

定理 6.4.3 设 $\lambda>0,f\in H^1(\mathbb{R}),v_0\in H^1(\mathbb{R})$。那么对任意 $T>0$,问题式(6.4.7)存在唯一的解 $v\in C(\mathbb{R},H^1(\mathbb{R}))\cap X_T$ 对 P-a.s. ω。而且,映射(λ,f,v_0),$\mathbb{R}\times H^1(\mathbb{R})\times H^1(\mathbb{R}\to X_T\cap C([-T,T];H^1(\mathbb{R}))$,对任意的 $T>0$ 和 P-a.s. ω 是连续的。

另外,不难由参考文献[58,77]的方法得到定理。下面定理的证明会用到如下引理,其证明可以参见参考文献[58]中解读存在性的证明。

引理 6.4.1 设 $s,b\in\mathbb{R}$ 并且 $0<b<\dfrac{1}{2}$,$\Phi\in L_2^{0,s}$,则问题(P)的解 $\bar{u}(t)$ 满足

$$\psi\bar{u}\in L^2(\Omega,X_{s,b})$$

而且

$$\mathrm{E}(\|\psi\bar{u}\|_{X_{s,b}}^2)\leqslant M(b,\psi)\|\Phi\|_{L_2^{0,s}}^2$$

其中，$M(b,\psi)$ 是依赖于 b，$|\psi|_{H^b}$，$||t|^{\frac{1}{2}}\psi|_{L^2}$，$||t|^{\frac{1}{2}}\psi|_{L^\infty}$ 的常数。当 $t<0$ 时，令 $\psi=0$；当 $t\in[0,1]$ 时，令 $\psi(t)=1$；当 $t\geqslant 2$ 时，令 $\psi(t)=0$，且 $\psi\in C_0^\infty(\mathbb{R}^+)$。注意到 $b<\dfrac{1}{2}$，有 $\psi\in H^b(\mathbb{R})$。

定理 6.4.4　假设 $\Phi\in L_2^{0,0}$，$0<b<1/2$ 充分地接近 $1/2$；$v_0\in L^2(\Omega,L^2(\mathbb{R}))$ 是 $\mathscr{F}_0$ 可测的，则对任意的 $T>0$ 和几乎处处的 $\omega\in\Omega$，Cauchy 问题式(6.4.7) 存在唯一的解 $v(t)\in C([0,T];L^2(\mathbb{R}))\cap X_{0,b}^T\cap X_{0,-3/8,b}^T$。

现在总结一下带有初始条件 $v(s,x)=u_s-\bar{u}_s=v_s$，$s\in\mathbb{R}$ 方程(6.4.7) 解的存在性结果，对几乎处处的 $\omega\in\Omega$：

① 在定理 6.4.4 所给的条件下，对 $s<T$，任意的 $T\in\mathbb{R}$ 及初始值 $v_s\in L^2(\mathbb{R})$，存在唯一的解 $v\in C([s,T];L^2(\mathbb{R}))$；

② 在定理 6.4.3 所给的条件下，对 $s<T$，任意的 $T\in\mathbb{R}$ 及初始值 $v_s\in H^1(\mathbb{R})$，存在唯一的解 $v\in C([s,T];H^1(\mathbb{R}))$；

③ 用 $v(t,\omega;s,v_s)$ 表示解，映射 $v_s\mapsto v(t,\omega;s,v_s)$ 对所有的 $s\leqslant t$ 是连续的。

接下来的任务是验证随机弱阻尼带外力的 KdV 方程可以产生随机动力系统。为此，考察如下的连续函数构成的样本空间：

$$\Omega=\{\omega\in C(\mathbb{R},\mathbb{R}):\omega(0)=0\}$$

$\mathscr{F}$ 是由 Ω 诱导的紧开拓扑构成的 Borel σ- 代数，P 是$(\Omega,\mathscr{F})$ 上的 Wiener 测度，令 $(\beta_1(t,\omega),\cdots,\beta_k(t,\omega),\cdots)=\omega(t)$。定义时间平移

$$\theta_s\omega(t)=\omega(t+s)-\omega(s),\qquad t,s\in\mathbb{R}\tag{6.4.8}$$

则$(\Omega,\mathscr{F},P,\theta_t)$ 是描述白噪声的可测的遍历动力系统。

由映射 $v_s\mapsto v(t,\omega;s,v_s)$ 定义

$$u(t,\omega;s,u_s)=\phi(t,s;\omega)u_s=v(t,\omega;s;v_s)+\bar{u}(t,\omega)$$

其中，$v(t,\omega;s;v_s)$ 为带初始条件 $v(s)=v_s$ 的方程(6.4.7) 的解，$\bar{u}(t)$ 满足方程

$$\left.\begin{aligned}&\mathrm{d}\bar{u}+\partial_x^3\bar{u}\,\mathrm{d}t+\lambda\bar{u}=\Phi\mathrm{d}W\\&\bar{u}(s)=\bar{u}_s\end{aligned}\right\}$$

显然，对 $s\leqslant r\leqslant t$ 有

$$\phi(t,s;\omega)=\phi(t,r;\omega)\phi(r,s;\omega)$$

由式(6.4.8)，对任意的 $s,t\in\mathbb{R}^+$，$u_s\in H^1(\mathbb{R})$，则 P-a. s.，有

$$\phi(t+s,0;\omega)u_0=\phi(t,0;\theta_s\omega)\phi(s,0;\omega)u_0$$

因此，$S:R^+\times\Omega\times V\to V$，有

$$S(t,\omega)u_0=\phi(t,0:\omega)u_0$$

是由方程(6.4.2) 带初始条件 $u(s)=u_s$ 产生的在 $H^1(\mathbb{R})$ 上关于 $(\Omega,\mathscr{F},P,(\theta_t)_{t\in\mathbb{R}})$ 连续的随机动力系统。

6.4.2　弱紧集的存在性及主要结果

下面的计算是对某个给定的 $\omega\in\Omega$ 进行的，但是所得到的结果对几乎处处的 $\omega\in\Omega$ 成立。为了书写方便，用 L_x^p 表示 $L^p(\mathbb{R})(1\leqslant p\leqslant\infty)$；用 $L_t^p(L_x^q)$ 表示 $L^p([0,T];L^q(\mathbb{R}))(1\leqslant$

$p\leqslant\infty,1\leqslant q\leqslant\infty$)；用 $L_x^p(L_t^q)$ 表示 $L^p(\mathbb{R};L^q([0,T]))(1\leqslant p\leqslant\infty,1\leqslant q\leqslant\infty)$。

第 1 步　给出在时间 $t=-1$ 时相空间 $L^2(\mathbb{R})$ 中的吸收集。

令 $s<-1$，对给定的 $u_s\in L^2(\mathbb{R})$，v 是带初始条件 $v(s,x)=v_s+\bar{u}_s$ 方程(6.4.7)的解。方程(6.4.7)两边与 v 在空间 $L^2(\mathbb{R})$ 作内积可得

$$\frac{1}{2}\frac{\mathrm{d}}{\mathrm{d}t}\|v\|^2+\lambda\|v\|^2=\int_{\mathbb{R}}\left(fv-\frac{1}{2}\bar{u}_xv^2-\bar{u}\bar{u}_xv\right)\mathrm{d}x$$

从而有

$$\frac{\mathrm{d}}{\mathrm{d}t}\|v\|^2+\lambda\|v\|^2\leqslant\|\bar{u}_x\|_{L_x^\infty(\mathbb{R})}\|v\|^2+\frac{2}{\lambda}\|\bar{u}_x\|^2_{L_x^\infty(\mathbb{R})}\|\bar{u}\|^2_{L_x^2(\mathbb{R})}+\frac{2}{\lambda}\|f\|^2_{L^2(\mathbb{R})}\tag{6.4.9}$$

对 $s\leqslant-1$ 应用 Gronwall 引理得

$$\begin{aligned}\|v(-1)\|^2\leqslant&\|v(s)\|^2\exp\left[-\int_s^{-1}(\lambda-\|\bar{u}_x\|_{L_x^\infty(\mathbb{R})})\mathrm{d}\tau\right]+\\&\int_s^{-1}\left(\frac{2}{\lambda}\|\bar{u}_x\|^2_{L_x^\infty(\mathbb{R})}\|\bar{u}\|^2_{L_x^2(\mathbb{R})}+\frac{2}{\lambda}\|f\|^2_{L^2(\mathbb{R})}\right)\cdot\\&\exp[-\int_t^{-1}(\lambda-\|u_x\|_{L_x^\infty(\mathbb{R})})\mathrm{d}\tau]\mathrm{d}s\leqslant\\&\|v(s)\|^2\exp\{-(-1-s)^{3/4}[\lambda(-1-s)^{1/4}-\|\bar{u}_x\|_{L_t^4(L_x^\infty)}]\}+\\&\frac{2}{\lambda}\int_s^{-1}\|\bar{u}_x\|^2_{L_x^\infty(\mathbb{R})}\|\bar{u}\|^2_{L_x^2(\mathbb{R})}\exp\left[-\int_t^{-1}(\lambda-\|\bar{u}_x\|_{L_x^\infty(\mathbb{R})})\mathrm{d}\tau\right]\mathrm{d}t+\\&\frac{2}{\lambda}\int_s^{-1}\|f\|^2_{L^2(\mathbb{R})}\exp\left[-\int_t^{-1}(\lambda-\|\bar{u}_x\|_{L_x^\infty(\mathbb{R})})\mathrm{d}\tau\right]\mathrm{d}t\leqslant\\&\|v(s)\|^2\mathrm{e}^{-(-1-s)^{3/4}[\lambda(-1-s)^{1/4}-\|\Phi\|_{L_2^{0,\bar{\sigma}}}]}+K_1\end{aligned}$$

其中，$K_1=\dfrac{2}{\lambda}\|\Phi\|^2_{L_2^{0,\sigma}}\|\Phi\|^2_{L_2^{0,\bar{\sigma}}}+\dfrac{2}{\lambda}\|f\|^2_{L_x^2}$。

这样就得到了下面的命题。

命题 6.4.1　*存在依赖于 ω 的常数 $r_1(\omega)>0$，对任意的 $\rho>0$，存在 $t(\omega)\leqslant-1$，下面的事实几乎处处成立：对任意的 $s\leqslant\bar{t}(\omega)$ 及所有的 $u_s\in L^2(\mathbb{R})$ 满足 $\|u_s\|\leqslant\rho$，带初始条件 $u(s,x)=u_s$ 的方程(6.4.2)的解 u，下面的不等式成立，即*

$$\|u(-1,\omega)\|^2\leqslant r_1^2(\omega)\tag{6.4.10}$$

证明：给定 $\rho>0$，存在 $\bar{t}(\omega)$，使得

$$\mathrm{e}^{-(-1-s)^{3/4}[\lambda(-1-s)^{1/4}-\|\Phi\|^2_{L_2^{0,\bar{\sigma}}}]}\rho^2\leqslant1$$

对任意的 $s\leqslant\bar{t}(\omega)$，令

$$r_1^2(\omega)=1+K_1+\|\bar{u}(-1)\|^2$$

这样就完成了该命题的证明。

对 $s\leqslant t\leqslant0$，由 Gronwall 引理，还可以从式(6.4.9)得到如下的估计式：

$$\|v(t)\|^2\leqslant\|v(s)\|^2\exp\left[-\int_s^{-1}(\lambda-\|\bar{u}_x\|_{L_x^\infty(\mathbb{R})})\mathrm{d}\tau\right]+K_1\tag{6.4.11}$$

该估计式在下文的证明中会用到。

第 2 步　给出在时间 $t=0$ 时相空间 $H^1(\mathbb{R})$ 中的吸收集。

方程(6.4.7)两边乘以 $2v_{xx}+v^2$，在 $\mathbb{R}$ 上对 x 积分，可得

$$\frac{\mathrm{d}}{\mathrm{d}t}\int_{\mathbb{R}}\left(|v_x|^2-\frac{v^3}{3}\right)\mathrm{d}x+\lambda\int_{\mathbb{R}}\left(2|v_x|^2-\frac{v^3}{3}\right)\mathrm{d}x+\int_{\mathbb{R}}(fv^2-2f_xv_x)\mathrm{d}x+$$
$$3(\bar{u}_x,v_x^2)+2(v\bar{u}_{xx},v_x)+2(\bar{u}_x^2,v_x)+2(\bar{u}\bar{u}_{xx},v_x)-$$
$$(v_x\bar{u},v^2)-(v\bar{u}_x,v^2)-(\bar{u}\bar{u}_x,v^2)=0$$

注意到关系式

$$-(v_x\bar{u},v^2)=2(v_x\bar{u},v^2)+(v\bar{u}_x,v^2)-(v_x\bar{u},v^2)=\frac{1}{3}(v\bar{u}_x,v^2)$$

及

$$|3(\bar{u}_x,v_x^2)|\leqslant 3\|\bar{u}_x\|_{L_x^\infty}\|v_x\|_{L_x^2}^2$$

可以推导出

$$\frac{\mathrm{d}}{\mathrm{d}t}\int_{\mathbb{R}}\left(|v_x|^2-\frac{v^3}{3}\right)\mathrm{d}x+\lambda\|v_x\|^2+(\lambda-3\|\bar{u}_x\|_{L_x^\infty})\int_{\mathbb{R}}\left(|v_x|^2-\frac{v^3}{3}\right)\mathrm{d}x\leqslant$$
$$\left(\frac{2\lambda}{3}+|\bar{u}_x|_{L_x^\infty}\right)\int v^3\mathrm{d}x-\int(fv^2-2f_xv_x)\mathrm{d}x+$$
$$2(v\bar{u}_{xx},v_x)+2(\bar{u}_x^2,v_x)+2(\bar{u}\bar{u}_{xx},v_x)-\frac{2}{3}(v\bar{u}_x,v^2)-(\bar{u}\bar{u}_x,v^2)\tag{6.4.12}$$

下面对式(6.4.12)右边的项分别进行估计，则

$$|2(v\bar{u}_{xx},v_x)|\leqslant C\|\bar{u}_{xx}\|_{L_x^\infty}^2\|v\|_{L_x^2}^2+\frac{\lambda}{8}\|v_x\|_{L_x^2}^2$$

$$|2(\bar{u}_x^2,v_x)|\leqslant 2\|\bar{u}_x\|_{L_x^\infty}\|\bar{u}_x\|_{L_x^2}\|v_x\|_{L_x^2}\leqslant C\|\bar{u}_x\|_{L_x^\infty}^2\|\bar{u}_x\|_{L_x^2}^2+\frac{\lambda}{8}\|v_x\|_{L_x^2}^2$$

$$|2(\bar{u}\bar{u}_{xx},v_x)|\leqslant C\|\bar{u}\bar{u}_{xx}\|_{L_x^2}^2+\frac{\lambda}{8}\|v_x\|_{L_x^2}^2$$

$$\left|-\frac{2}{3}(v\bar{u}_x,v^2)\right|+\|\bar{u}_x\|_{L_x^\infty}\|v\|_{L^3(\mathbb{R})}^3\leqslant|\bar{u}_x|_{L_x^\infty}|v|_{L_x^2}^{5/2}|v_x|_{L_x^2}^{1/2}\leqslant C\|\bar{u}_x\|_{L_x^\infty}^4+|v|_{L_x^2}^5+\frac{\lambda}{8}|v_x|_{L_x^2}^2$$

$$|-(\bar{u}\bar{u}_x,v^2)|\leqslant\|\bar{u}_x\|_{L_x^\infty}\|\bar{u}\|_{L_x^2}\|v\|_{L_x^4}^2\leqslant\|\bar{u}_x\|_{L_x^\infty}\|\bar{u}\|_{L_x^2}\|v\|_{L_x^2}^{3/2}\|v_x\|_{L_x^2}^{1/2}\leqslant$$
$$\|\bar{u}_x\|_{L_x^\infty}^{4/3}\|\bar{u}\|_{L_x^2}^{4/3}\|v\|_{L_x^2}^2+\frac{\lambda}{8}\|v_x\|_{L_x^2}^2\leqslant C(\lambda)\|\bar{u}_x\|_{L_x^\infty}^4+\|\bar{u}\|_{L_x^2}^2\|v\|_{L_x^2}^3+\frac{\lambda}{8}\|v_x\|_{L_x^2}^2$$

$$|-2(f_x,v_x)|\leqslant C(\lambda)\|f_x\|_{L_x^2}^2+\frac{\lambda}{8}\|v_x\|_{L_x^2}^2$$

$$|(f,v^2)|\leqslant C(\lambda)\|f\|_{L_x^2}^{4/3}\|v\|_{L_x^2}^2+\frac{\lambda}{8}\|v_x\|_{L_x^2}^2$$

$$\frac{2}{3}\lambda\|v\|_{L^3(R)}^3\leqslant C(\lambda)\|v\|_{L_x^2}^{10/3}+\frac{\lambda}{8}\|v_x\|_{L_x^2}^2$$

记

$$\varphi(v)=\int_{\mathbb{R}}\left(|v_x|^2-\frac{v^3}{3}\right)\mathrm{d}x$$

应用上面的估计式及所给的记号 $\varphi(v)$，可得

$$\frac{\mathrm{d}}{\mathrm{d}t}\varphi(v)+(\lambda-3\|\bar{u}_x\|_{L_x^\infty})\varphi(v)\leqslant C(\|\bar{u}_{xx}\|_{L_x^\infty}^2\|v\|_{L_x^2}^2+\|\bar{u}_x\|_{L_x^\infty}^2\|\bar{u}_x\|_{L_x^2}^2+\|\bar{u}\bar{u}_{xx}\|_{L_x^2}^2+$$
$$\|\bar{u}_x\|_{L_x^2}^2+\|v\|_{L_x^2}^5+\|\bar{u}_x\|_{L_x^\infty}^4+\|\bar{u}\|_{L_x^2}^2\|v\|_{L_x^2}^3+\|f\|_{L_x^2}^{4/3}\|v\|_{L_x^2}^2+\|v\|_{L_x^2}^{10/3})$$

对 $s\leqslant 0$ 应用 Gronwall 引理，得

$$
\begin{aligned}
\varphi(v(0)) \leqslant\ & \varphi(v(s))\mathrm{e}^{-\int_s^0(\lambda-3\|\bar{u}_x\|_{L_x^\infty})\mathrm{d}\tau}+\\
& C\int_s^0(\|\bar{u}_{xx}\|_{L_x^\infty}^2\|v\|_{L_x^2}^2+\|\bar{u}_x\|_{L_x^\infty}^2\|\bar{u}_x\|_{L_x^2}^2+\\
& \|\bar{u}\|_{L_x^2}^2+\|\bar{u}\bar{u}_{xx}\|_{L_x^2}^2+\|\bar{u}_x\|_{L_x^\infty}^4+\|v\|_{L_x^2}^5+\\
& \|\bar{u}_x\|_{L_x^\infty}^4+\|\bar{u}\|_{L_x^2}^2\|v\|_{L_x^2}^3+\|f_x\|_{L_x^2}^2+\\
& \|f\|_{L_x^2}^{4/3}\|v\|_{L_x^2}^2+\|v\|_{L_x^2}^{10/3})\mathrm{e}^{-\int_t^0(\lambda-3\|\bar{u}_x\|_{L_x^\infty})\mathrm{d}\tau}\mathrm{d}t
\end{aligned}
\tag{6.4.13}
$$

不等式(6.4.13)右边各项的有界性可以从下面的估计式得到。

应用式(6.4.11)，有

$$
\begin{aligned}
& \int_s^0\|\bar{u}_{xx}\|_{L_x^\infty}^2\|v(t)\|_{L_x^2}^2\mathrm{e}^{-\int_t^0(\lambda-3\|\bar{u}_x\|_{L_x^\infty})\mathrm{d}\tau}\mathrm{d}t\leqslant\\
& \int_s^0\|\bar{u}_{xx}\|_{L_x^\infty}^2\{\|v(s)\|^2\exp\left[-\int_s^{-1}(\lambda-\|u_x\|_{L_x^\infty(\mathbb{R})})\mathrm{d}\tau\right]+\\
& C\}\mathrm{e}^{-\int_t^0(\lambda-3\|\bar{u}_x\|_{L_x^\infty})\mathrm{d}\tau}\mathrm{d}t\leqslant\\
& \int_s^0\|\bar{u}_{xx}\|_{L_x^\infty}^2\|v(s)\|^2\mathrm{e}^{-(-s)^{3/4}[(-s)^{1/4}\lambda-4\|\bar{u}_x\|_{L_t^4(L_x^\infty)}]}\mathrm{d}t+\\
& C\int_s^0\|\bar{u}_{xx}\|_{L_x^\infty}^2\mathrm{e}^{-\int_t^0(\lambda-3\|\bar{u}_x\|_{L_x^\infty})\mathrm{d}\tau}\mathrm{d}t\leqslant\\
& C\|\bar{u}_{xx}\|_{L_t^4(L_x^\infty)}^4
\end{aligned}
$$

还可以得到

$$
\begin{aligned}
\int_s^0\int_{-\infty}^{+\infty}|\bar{u}|^2|\bar{u}_{xx}|^2\mathrm{d}x\mathrm{d}t\leqslant & \int_{-\infty}^{+\infty}\operatorname{ess.}\sup_{t\in[s,0]}|\bar{u}|^2\int_s^0|\bar{u}_{xx}|^2\mathrm{d}x\mathrm{d}t\leqslant\\
& \int_{-\infty}^{+\infty}\operatorname{ess.}\sup_{t\in[s,0]}|\bar{u}|^2\mathrm{d}x\operatorname{ess.}\sup_{x\in\mathbb{R}}\int_s^0|\bar{u}_{xx}|^2\mathrm{d}t=\\
& \|\bar{u}_{xx}\|_{W_x^{2,\infty}(L_t^2)}^2\|\bar{u}\|_{L_x^2(L_t^\infty)}^2
\end{aligned}
$$

不等式(6.4.13)右端其他项的有界性是显然的，这里就不详细给出了。

另一方面类似于本章前面的论述，还可以得到

$$
\begin{aligned}
\varphi(v(0))\leqslant\ & \varphi(v(s))\mathrm{e}^{-\int_s^0(\lambda-3\|\bar{u}_x\|_{L_x^\infty})\mathrm{d}\tau}+CK_2\leqslant\\
& \varphi(v(s))\mathrm{e}^{-\int_s^0(\lambda-3\|\bar{u}_x\|_{L_x^\infty})\mathrm{d}\tau}+CK_3
\end{aligned}
$$

其中

$$
\begin{aligned}
K_2=\ & C(\|\bar{u}_{xx}\|_{W_x^{2,\infty}(L_t^2)}^2\|\bar{u}\|_{L_x^2(L_t^\infty)}^2+\|\bar{u}_{xx}\|_{L_t^4(L_x^\infty)}^4+\|u\|_{L_t^\infty(L_x^2)}^2\|\bar{u}\|_{L_t^4(L_x^\infty)}^4+\\
& \|\bar{u}\|_{L_x^2(L_t^\infty)}^2+\|\bar{u}_x\|_{L_t^4(L_x^\infty)}^4+\|\bar{u}\|_{L_x^2(L_x^\infty)}^2+\|f_x\|_{L_x^2}^2)\\
K_3=\ & \|\Phi\|_{L_2^{0,\sigma}}^4+\|\Phi\|_{L_2^{0,\sigma}}^6+\|f_x\|_{L_x^2}^2
\end{aligned}
$$

从而得到了下面的命题。

命题 6.4.2 存在依赖于 ω 的常数 $r_2(\omega)>0$，对任意的 $\rho>0$，有 $\tilde{t}(\omega)\leqslant 0$，几乎处处地成立着下面的事实：对所有的 $s\leqslant\tilde{t}(\omega)$ 及 $u_s\in H^1(\mathbb{R})$ 且 $\|u_s\|_{H^1(\mathbb{R})}\leqslant\rho$，满足下面的不等式，即

$$
\varphi(v(0))\leqslant r_2(\omega)
$$

证明：对任意给定的 $\rho>0$，存在 $\tilde{t}(\omega)$，使得

$$\varphi(v(s))\mathrm{e}^{-\int_s^0(\lambda-3\|\bar{u}_x\|_{L_x^\infty})\mathrm{d}\tau}\leqslant 1,\qquad \forall s\leqslant\tilde{t}(\omega)$$

令 $r_2(\omega)=1+K_3$，便得到了该命题的证明。

推论 6.4.1　*存在依赖于 ω 的常数 $r_3(\omega)>0$，使得带初始条件 $u(s,x)=u_s$ 的问题式(6.4.2) 的解 $u(t,\omega;s,u_s)$ 满足下面的不等式，即*

$$\|u(0,\omega;s,u_s)\|_{H^1(\mathbb{R})}\leqslant r_3(\omega)$$

证明：由 $\varphi(v)$ 的表示式，得

$$\frac{2}{3}\|v_x\|^2-\frac{1}{2^{8/3}}\|v\|^{10/3}\leqslant\varphi(v)$$

因此

$$\|v_x(0)\|^2\leqslant 3/2+3/2K_1+\frac{3}{2^{10/3}}\|v(-1)\|^{10/3}$$

由 $v(t)=u(t)-\bar{u}(t)$，有

$$\|u_x(0)\|^2\leqslant 2(\|v_x(0)\|^2+\|\bar{u}_x(0)\|^2)\leqslant$$

$$2[3/2+3/2K_1+\frac{3}{2^{10/3}}\|v(-1)\|^{10/3}+\|\bar{u}_x(0)\|^2]=r_3(\omega)$$

从而证明了该推论。

下面给出吸引子的构造。

值得注意的是，由于空间变量的定义域是无界的，这使得 $H^1(\mathbb{R})\to L^2(\mathbb{R})$ 的嵌入非紧，但是退一步，却可以从下面的引理 6.4.2 得到相空间 $H^1(\mathbb{R})$ 的弱紧性，由 Ghidaglia[78] 对确定性系统弱吸引子的定义，将该定义推广到随机动力系统上，从而得到方程(6.4.2) 在初始条件 $u(s,x)=u_s$ 下的弱吸引子。

引理 6.4.2　*在状态空间 $H^1(\mathbb{R})$ 上，解算子 $\{U(t)\}_{t\in\mathbb{R}}$ 是弱连续的，即在 $H^1(\mathbb{R})$ 上，若 v_{0n} 弱收敛到 v_0（当 $n\to\infty$），则在 $H^1(\mathbb{R})$ 上，对任意的 $t\in\mathbb{R}$，$U(t)v_{0n}$ 弱收敛到 $U(t)v_0$。*

该引理的证明放到后边。

由命题 6.4.1、推论 6.4.1 和引理 6.4.2，就可以构造相空间 $H^1(\mathbb{R})$ 上的弱吸引子了。

由于 6.1 节已经得到了带可加白噪声弱阻尼带外力的 KdV 方程产生的随机动力系统，即

$$u(t,\omega;s,u_s)=S(t,s;\omega)u_s=v(t,\omega;s;v_s)+\bar{u}(t,\omega)$$

由参考文献[4,79] 中的定义，如果 B 和 A 是随机集，使得对 P-a. s. ω 存在时间 $T_B(\omega)$，当任意的 $t\leqslant T_B(\omega)$ 时，有

$$\phi(t,\theta_{-t}\omega)B(\theta_{-t}\omega)\subset A(\omega)$$

则称 A 吸收 B。显然，若 A 吸收 B，则 A 吸引 B。

记

$$A_1=\{u\in H^1(\mathbb{R}),\|u_x\|^2\leqslant r_3(\omega)\}$$

则 A_1 是随机动力系统$\{S(t,\omega)\}$ 在 $H^1(\mathbb{R})$ 中的吸收集，而且由引理 6.4.2 知道它是弱紧的。

命题 6.4.3　*令*

$$\mathcal{A}(\omega)=\overline{\bigcup_{B\subset X}\Lambda_B(\omega)}$$

其中，$\Lambda_B(\omega)\overset{\text{def}}{=\!=\!=}\bigcap_{s\geqslant 0}\overline{\bigcup_{t\geqslant s}S(t,\theta_{-t}\omega)B}$ 是集 B 的 omega- 极限，这里的闭包取 $H^1(\mathbb{R})$ 的弱拓

扑，则$\mathcal{A}(\omega)$ 包含在 A_1 非空，它是 $S(t,\omega)$ 不变的，即

$$S(t.\omega)\mathcal{A}(\omega)=\mathcal{A}(\theta_t\omega),\qquad \forall t>0$$

注意到下面的两点事实，此命题的证明是显然的。

① 在 $\| H^1(\mathbb{R})$ 上，$S(t,\omega)$ 是弱连续的，这由引理 6.4.2 可以得到。

② 当且仅当存在两个序列 $(s_n)_{n\in\mathbb{N}}\in\mathbb{R}$，$(x_n)_{n\in\mathbb{N}}\in\mathcal{A}(\omega)$，使得 $s_n\to-\infty$ 和 $S(s_n)x_n\to b$ 时，$b\in\mathcal{A}(\omega)$，从而得到了本章的主要结论，也即如下定理。

定理 6.4.5　假设 $\lambda>0$，$f\in H^1(\mathbb{R})$，$\Phi\in L_2^{0,2}$，$u_s\in L^2(\Omega;H^1(\mathbb{R}))$ 是 $\mathscr{F}_s$-可测的，则方程(6.4.2) 带有初始条件 $u(s)=u_s$ 所产生的随机动力系统在 $H^1(\mathbb{R})$ 上存在整体弱吸引子$\mathcal{A}$。

引理 6.4.2 的证明：设 $v_{0n}\rightharpoonup v_0$ 在 $H^1(\mathbb{R})$ 中弱收敛，固定 $T>0$，考察 $v_n(t)=U(t)v_{0n}$，$-T\leqslant t\leqslant 0$。由于 v_{0n} 在 $H^1(\mathbb{R})$ 中有界，由定理 6.4.4 可知

$$\{v_n\}_n \text{ 在 } X_T \text{ 中有界} \tag{6.4.14}$$

特别地

$$\{v_n\}_n \text{ 在 } C_b([-T,0];H^1(\mathbb{R})) \text{ 中有界} \tag{6.4.15}$$

从方程(6.4.7) 可以得到

$$\{v'_n\}_n \text{ 在 } C_b([-T,0];H^{-2}(\mathbb{R})) \text{ 中有界} \tag{6.4.16}$$

其中，v'_n 表示 v_n 对时间的导数。

对于某个 $v\in X_T$ 和某个子序列$\{n'\}$，由式(6.4.14) 可得

$$v'_{n'}\rightharpoonup v\quad \text{在 } X_T \text{ 中弱}^* \text{ 收敛} \tag{6.4.17}$$

另一方面，从式(6.4.16) 可以发现对任意的 $w\in H^2(\mathbb{R})$ 以及任意的 $t,t+\tau\in[-T,0]$，有

$$\begin{aligned}[v_n(t+\tau)-v_n(t),w]&=\int_t^{t+\tau}(v'_n(s),w)\mathrm{d}s\leqslant\\ &\tau\| v'_n\|_{L^\infty(-T,0;H^{-2}(\mathbb{R}))}\| v\|_{H^2(\mathbb{R})}\leqslant c\tau\| v\|_{H^2(\mathbb{R})}\end{aligned} \tag{6.4.18}$$

其中，c 是不依赖于 n 的常数。取

$$w=A^{-1}[v_n(t+\tau)-v_n(t)]$$

对固定的 t 和 τ，其中 $A=(1-\partial_x^2)$，又注意到对充分大的 c，下式成立，即

$$\begin{aligned}\| v_n(t+\tau)-v_n(t)\|_{H^{-1}(\mathbb{R})}&\leqslant c\tau\| v_n(t+\tau)-v_n(t)\|_{L^2(\mathbb{R})}\leqslant\\ &2c\tau\| v_n\|_{C_b([-T,0];L^2(\mathbb{R})])}\leqslant c\tau\end{aligned} \tag{6.4.19}$$

设 $\varphi\in C_c^\infty(\mathbb{R})$ 满足：当 $|s|\leqslant 1$ 时，$\varphi(s)=1$；当 $|s|\geqslant 2$ 时，$\varphi(s)=0$。对 $r>0$，令 $\varphi_r=\varphi(s/r)$，则 $\varphi_r v_n$ 属于 $H_0^1(-2r,2r)$，并且由式(6.4.15)、式(6.4.19) 还可以得到 $\{\varphi_r v_n\}_n$，对任意的 $r>0$ 在 $C_b([-T,0];H_0^{-1}(-2r,2r))$ 上等度连续一致有界，$\{\varphi_r v_n(t)\}_n$ 在 $H^{-1}{}_0(-2r,2r)$ 中是预紧的。因此，由 Arzela-Ascoli 定理，对任意的 $r>0$，序列$\{\varphi_r v_n\}_n$ 在空间 $C_b([-T,0];H_0^{-1}(-2r,2r))$ 中是预紧的。由对角过程，取极限仍然记子序列号为$\{n'\}$，有

$$v_{n'}\to v \text{ 在 } C_b([-T,0];H_0^{-1}(-r,r)) \text{ 强收敛},\qquad \forall r>0 \tag{6.4.20}$$

式(6.4.17) 的弱* 收敛和式(6.4.20) 的强收敛，可以对方程(6.4.7) 取极限，v 就是式(6.4.7) 的解。该极限过程并不需要式(6.4.17) 在 X_T 中的弱* 收敛，在 X_T 中的弱* 收敛只是为了保证 v 属于 X_T，在这种意义下由定理 6.4.4 可知，v 是唯一的，因此 $v(t)=U(t)v_0$。由反证法，在式(6.4.20) 和式(6.4.17) 意义下，可以验证整个序列 v_n 收敛到 v。

接下来需要验证，对任意的$t\in[-T,0]$，在$H^1(\mathbb{R})$中$v_n(t)$弱收敛到$v(t)$。已经知道对任意的$r>0$在$H_0^{-1}(-r,r)$中的强收敛性，因此，可以取$v\in C_c^\infty(\mathbb{R})$，对足够大的$r$，$Av\in H_0^{-1}(-r,r)$，从而

$$(v_n(t),w)_{H^1(\mathbb{R})}=(v_n(t),Aw)_{L^2(\mathbb{R})}\to$$
$$(v(t),Aw)_{H^1(\mathbb{R})}=(v(t),w)_{H^1(\mathbb{R})}$$

因此由式(6.4.15)及$C_c^\infty(\mathbb{R})$在$H^1(\mathbb{R})$中的稠密性，对任意的$w\in H^1(\mathbb{R})$，有

$$(v_n(t),w)_{H^1(\mathbb{R})}\to(v(t),w)_{H^1(\mathbb{R})}$$

这样就证明了在空间$H^1(\mathbb{R})$中弱收敛性。

6.5 随机KdV-BO方程

本节使用Fourier限制模方法(Fourier restriction norm method)证明，带可加白噪声随机KdV-BO方程对应的Cauchy问题在负指标Sobolev空间上解的局部适定性。同时，当白噪声的协方差算子在$L^2(\mathbb{R})$空间上是Hilbert-Schmidt的时，证明了$L^2(\mathbb{R})$空间上整体解的存在性。其次应用能量型的估计式以及方程本身的色散性质，证明了弱阻尼带外力的KdV-BO方程在相空间$H^1(\mathbb{R})$整体随机弱吸引子的存在性。Fourier限制方法首先由Bourgain[75]提出用于处理KdV和Schrödinger方程，该方法由Kenig，Ponce和Vega在参考文献[63,76]中得到了简化。读者还可以参见王国联的博士学位论文[80]。

6.5.1 随机KdV-BO方程解的存在性

首先回顾确定性的KdV-BO方程

$$\partial_t u+\alpha H(\partial_x^2 u)-\beta\partial_x^3 u+\partial_x u^2=0 \tag{6.5.1}$$

这类方程出现在海洋或者层流的水波问题中，在$\alpha\cdot\beta>0$的情况下，Linares[81]在空间L^2中讨论了方程(6.5.1)局部和整体适定性问题。郭柏灵和霍朝晖[82]证明了方程(6.5.1)在$H^s\left(s\geqslant-\frac{1}{8}\right)$空间中的适定性，同时得到了$L^2$空间中的整体适定性，并且去掉了Linares[81]中$\alpha\cdot\beta>0$的限制。

特别地，注意到$\alpha=0$或$\beta=0$时KdV-BO方程(6.5.1)就是著名的KdV-BO方程，即

$$\partial_t u+\beta\partial_x^3 u+\partial_x u^2=0$$
$$\partial_t u+\alpha H(\partial_x^2 u)+\partial_x u^2=0$$

它们分别是用来描述有限振幅浅水波和深水波传播的物理现象的模型。在参考文献[61,83,84]中引入了随机KdV方程，在参考文献[85,86]中引入了随机BO方程，用于描述非线性层流中随机波的传播。

本节考虑如下的随机KdV-BO方程：

$$\partial_t u+\alpha H(\partial_x^2 u)-\beta\,\partial_x^3 u+\partial_x u^2=\Phi\frac{\partial^2 B}{\partial t\partial x} \tag{6.5.2}$$

其中，α,β 是实常数，满足 $\alpha\beta\neq 0$，H 表示 Hilbert 变换，即

$$Hf(x)=\text{p. v.}\frac{1}{\pi}\int\frac{f(x-y)}{y}\mathrm{d}y$$

u 是定义在 $(t,x)\in\mathbb{R}^+\times\mathbb{R}$ 上的随机过程，Φ 是线性算子，B 是 $\mathbb{R}^+\times\mathbb{R}$ 上的双参数的 Brown 运动，即零均值的 Gauss 过程，相关函数为

$$\mathrm{E}(B(t,x)B(s,y))=(t\wedge s)(x\wedge y),\qquad t,s\geqslant 0,\qquad x,y\in\mathbb{R}$$

注意到 Φ 若用算子核 $\mathcal{K}(x,y)$ 表示，则白噪声的相关函数为

$$\mathrm{E}\left[\Phi\frac{\partial^2 B}{\partial t\partial x}(t,x)\Phi\frac{\partial^2 B}{\partial t\partial x}(s,y)\right]=c(x,y)\delta_{t-s}$$

其中，δ 是 Dirac 函数，且

$$c(x,y)=\int_{\mathbb{R}}\mathcal{K}(x,z)\mathcal{K}(y,z)\mathrm{d}z$$

$\Phi=\mathrm{Id}$ 为恒等式算子的情形，即 $c(x,y)=\delta(x-y)$，对应时空白噪声，这正是需要处理的情形，然而这里只能处理“几乎处处”的白噪声，因此需要协方差算子 Φ 是 Hilbert-Schmidt 的。更多的知识可参阅参考文献[58]。

以下考察 Brown 运动 B 为柱形 Wiener 过程 W 的情形：

$$W(t)=\frac{\partial B}{\partial x}=\sum_{i=0}^{\infty}\beta_i e_i$$

其中，$(e_i)_{i\in\mathbb{N}}$ 是 $L^2(\mathbb{R})$ 中的正交基，$(\beta_i)_{i\in\mathbb{N}}$ 是适应于 $\{\mathscr{F}\}_{t\geqslant 0}$ 的某个固定的概率空间 $(\Omega,\mathscr{F},P)$ 上的相互独立的实值 Brown 运动。

现在将方程(6.5.2)写为 Itô 微分方程的形式：

$$\mathrm{d}u+[\alpha H(\partial_x^2 u)-\beta\partial_x^3 u+\partial_x u^2]\mathrm{d}t=\Phi\mathrm{d}W\tag{6.5.3}$$

初始条件为

$$u(0,x)=u_0(x)\tag{6.5.4}$$

方程(6.5.3)和方程(6.5.4)等价的随机积分形式为

$$u(t)=U(t)u_0+\int_0^t U(t-s)\partial_x(u^2(s))\mathrm{d}s+\int_0^t U(t-s)\Phi\mathrm{d}W(s)\tag{6.5.5}$$

其中，$U(t)=\mathcal{F}_x^{-1}\mathrm{e}^{-\mathrm{i}t\varphi(\xi)}\mathcal{F}_x$ 是线性方程 KdV－BO 方程对应的酉群算子，相函数 $\varphi(\xi)=\alpha\xi|\xi|+\beta\xi^3$。

本节的目的是要证明问题式(6.5.3)、式(6.5.4)解的适定性。

De Bouard，Debussche 和 Tsutsumi[58] 在 Bourgain 空间 $X_{s,b}\left(\text{其中 } b<\frac{1}{2}\right)$ 证明了随机 KdV 方程的解的适定性，所使用的主要工具是那里给的引理 2.1 以及所引入新的 Bourgain 型的空间，从而得到了双线性估计。在本节中的主要任务同样是处理双线性项。但是值得注意的是与 KdV 方程不同，相函数 $\phi(\xi)$ 具有非零的奇点，因此，使用 Fourier 限制算子方法进行证明，可参考郭柏灵和霍朝晖的文章[82]，即用

$$P^N f=\int_{|\xi|\geqslant N}\mathrm{e}^{\mathrm{i}x\xi}\hat{f}(\xi)\mathrm{d}\xi,\qquad P_N f=\int_{|\xi|\leqslant N}\mathrm{e}^{\mathrm{i}x\xi}\hat{f}(\xi)\mathrm{d}\xi,\qquad\forall N>0$$

处理相函数所带来的奇性。

在给出主要结论之前，首先引入一些函数空间和记号，类似于参考文献[58,75,76]，对

于给定的 $s,b\in\mathbb{R}$，依下面范数的完备化的空间，用 $X_{s,b}$ 表示缓增分布 $u\in\mathscr{S}(\mathbb{R}^2)$：

$$\|u\|_{X_{s,b}}=\|U(-t)u\|_{H_x^sH_t^b}=\|\langle\xi\rangle^s\langle\tau+\varphi(\xi)\rangle^b\mathcal{F}u\|_{L_\xi^2L_\tau^2}$$

$$\langle\cdot\rangle=(1+|\cdot|)$$

对任意的 $T>0$，空间 $X_{s,b}^T$ 是 $X_{s,b}$ 在 $[0,T]$ 的限制且带有如下的范数，即

$$\|u\|_{X_{s,b}^T}=\inf\{\|\tilde{u}\|_{X_{s,b}},\tilde{u}\in X_{s,b}u=\tilde{u}|_{[0,T]}\}$$

在下面的证明中将使用到如下的嵌入关系，当 $s_1\leqslant s_2,b_1\leqslant b_2$ 时，$\|u\|_{X_{s_1,b_1}}\leqslant\|u\|_{X_{s_2,b_2}}$。用 $\hat{u}(\tau,\xi)=\mathcal{F}u$ 表示对 u 关于 t 和 x 的 Fourier 变换，用 $\mathcal{F}_{(\cdot)}u$ 表示对 $(\cdot)$ 变量的 Fourier 变换，用 D_x^s 表示关于 x 的 s 阶齐次导数。

给定两个 Hilbert 空间 $\overline{H},\widetilde{H}$，用 $L_2^0(\overline{H};\widetilde{H})$ 表示 从 $\overline{H}$ 到 $\widetilde{H}$ 的 Hilbert - Schmidt 算子的集合。其范数定义为

$$\|\Phi\|_{L_2^0(\overline{H};\widetilde{H})}^2=\sum_{i\in\mathbf{N}}\|\Phi e_i\|_{\widetilde{H}}^2,\qquad \Phi\in L_2^0(\overline{H};\widetilde{H})$$

其中，$(e_i)_{i\in\mathbb{N}}$ 是 $\overline{H}$ 中的正交基。特别地，当 $\overline{H}=L^2(\mathbb{R})$ 时，$\widetilde{H}=H^s$，$L_2^0(L^2(\mathbb{R});H^s)$ 就简记为 L^0,s_2。

为了书写方便，引入一些简便记号：

$$\sigma=\tau+\beta\xi^3+\alpha\xi|\xi|,\qquad \sigma_1=\tau_1+\beta\xi_1^3+\alpha\xi_1|\xi_1|,\qquad \sigma_2=\tau_2+\beta\xi_2^3+\alpha\xi_2|\xi_2|$$

用 $\int_* \mathrm{d}\delta$ 表示下面的卷积符号：

$$\int_{\xi=\xi_1+\xi_2;\tau=\tau_1+\tau_2}\mathrm{d}\tau_1\mathrm{d}\tau_2\mathrm{d}\xi_1\mathrm{d}\xi_2$$

下面的记号是沿用参考文献[87]的多线性表示，设 Z 是 Abel 可加群，具有不变测度 $\mathrm{d}\xi$，对任意的整数 $k\geqslant 2$，用 $\Gamma_k(Z)$ 表示“超曲面”，即

$$\Gamma_k(Z)=\{(\xi_1,\cdots,\xi_k)\in Z^k:\xi_1+\cdots+\xi_k=0\}$$

定义关于函数 $m:\Gamma_k(Z)\to\mathbb{C}$ 的 $[k;Z]$ - 乘子，如果 m 是一个 $[k;Z]$ - 乘子，则用 $\|m\|_{[k;Z]}$ 表示下面不等式成立的最佳常数，即

$$\left|\int_{\Gamma_k(Z)}m(\xi)\prod_{j=1}^k f_j(\xi_j)\right|\leqslant\|m\|_{[k;Z]}\prod_{j=1}^k\|f_j\|_{L_2(Z)}$$

其中，f_j 为定义在 Z 上的任意函数。显然 $\|m\|_{[k;Z]}$ 对于检验函数确定了一个关于 m 的范数。在这里更关心最佳范数，并且取 $Z=\mathbb{R}\times\mathbb{R}$。

现在给出本节的主要结论。

定理 6.5.1 设 $-1/8\leqslant s$，$\Phi\in L_2^{0,s}$，$0<b<1/2$，并且 b 充分地接近 $1/2$，$u_0\in H^s(\mathbb{R})$，对几乎处处的 $\omega\in\Omega$，u_0 是 $\mathscr{F}_0$ - 可测的；则对几乎处处的 $\omega\in\Omega$，存在 $T_\omega>0$，使得问题式(6.5.3)、式(6.5.4) $[0,T_\omega]$ 存在唯一的解 $u(t)$，且

$$u\in C([0,T_\omega];H^s)\cap X_{s,b}^{T\omega}$$

在 $s=0$ 的情况下，由于 KdV - BO 方程 L^2 - 范数守恒，故可以得到以下定理。

定理 6.5.2 设 $\Phi\in L_2^{0,0}$，$u_0\in L^2(\Omega,L^2(\mathbb{R}))$ 是 $\mathscr{F}_0$ - 可测的，那么对任意的 $T_0>0$，由上述定理所给的解 $u(t)\in L^2(\Omega;C([0,T_0];L^2(R)))$。

为了在空间 $H^s(\mathbb{R})$ 中证明 Cauchy 问题式(6.5.3)、式(6.5.4) 解的存在性，将在空间 $X_{s,b}^T$ 中应用不动点定理，其中 $0<b<\dfrac{1}{2}$ 充分地接近 $\dfrac{1}{2}$，$-1/8\leqslant s$，并且 T 足够地小。

本文中使用郭柏灵和霍朝晖[82]的 Fourier 限制模方法来处理随机系统，但是由于随机系统缺少对时间的光滑性（更确切地说是由 Brown 项造成的，故只能期望它在 $\in H^b 0,T$，$b<1/2$)，粗略地说 $X_{s,b}$ 中的 b 表示时间的光滑性，因此只能使用 $b<1/2$ 限制的 $X_{s,b}$ 空间，这就使得确定性情形（在 Bourgain 空间 $X_{s,b}$ 中要求 $b>1/2$）中用得很多的不等式在随机系统中无法使用，因此，在证明过程中结合参考文献[58]中所给的关键性引理 2.1，对随机系统也得到了类似于确定性系统[82]的结论。

先验估计

本小节首先证明积分等式(6.5.5)的最后一项在 $X_{s,b}$ 中的估计式，$\Phi\in L_2^{0,s}$，$b<\dfrac{1}{2}$，然后证明双线性估计。

首先给出对随机积分的估计式，使用参考文献[58]中证明随机项的方法来证明式(6.5.5)的最后一项在 $X_{s,b}$ 中的估计。令

$$w(t)=\int_0^t U(t-s)\Phi \mathrm{d}W(s) \tag{6.5.6}$$

定义函数 $\psi\in C_0^\infty(\mathbb{R}^+)$，当 $t<0$ 时，令 $\psi=0$；当 $t\in[0,1]$ 时，令 $\psi(t)=1$；当 $t\geqslant 2$ 时，令 $\psi(t)=0$。注意到对任意的 $b<\dfrac{1}{2}$，上面定义的 ψ 属于 $H^b(\mathbb{R})$。

命题 6.5.1　令 $s,b\in\mathbb{R}$，$0<b<\dfrac{1}{2}$，并且假设 $\Phi\in L_2^{0,s}$，则由式(6.5.6)定义的 $w(t)$ 满足

$$\psi w\in L^2(\Omega,X_{s,b})$$

并且有

$$\mathrm{E}(\|\psi w\|_{X_{s,b}}^2)\leqslant M(b,\psi)\|\Phi\|_{L_2^{0,s}}^2 \tag{6.5.7}$$

其中，$M(b,\psi)$ 是依赖于 b，$|\psi|_{H^b}$，$||t|^{\frac{1}{2}}\psi|_{L^2}$，$||t|^{\frac{1}{2}}\psi|_{L^\infty}$ 的常数。

证明：定义 $g(t,\cdot)=\psi(t)\int_0^t U(-s)\Phi\mathrm{d}W(s)$，从而 $\psi(t)w(t)=U(t)g(t,\cdot)$，由 $X_{s,b}$ 的定义可得

$$\begin{aligned}\|\psi w\|_{X_{s,b}}^2&=\|U(t)g(t,\cdot)\|_{X_{s,b}}^2=\|(1+|\xi|)^s(1+|\tau+\phi(\xi)|)^b(\mathrm{e}^{-it\varphi(\xi)}g(t,\xi))^{\wedge_t}\|_{L_\tau^2L_\xi^2}=\\&\|(1+|\xi|)^s(1+|\tau+\phi(\xi)|)^b\hat{g}(\tau+\phi(\xi),\xi)\|_{L_\tau^2L_\xi^2}^2=\\&\|(1+|\xi|)^s(1+|\tau|)^b\hat{g}(\tau,\xi)\|_{L_\tau^2L_\xi^2}^2\end{aligned}$$

因此

$$\begin{aligned}\mathrm{E}(\|\psi w\|_{X_{s,b}}^2)&=\mathrm{E}\iint_{\mathbb{R}^2}(1+|\xi|)^{2s}(1+|\tau|)^{2b}|\hat{g}(\tau,\xi)|^2\mathrm{d}\tau\mathrm{d}\xi=\\&\int_{\mathbb{R}}(1+|\xi|)^{2s}\mathrm{E}|(\mathcal{F}_x g)(\cdot,\xi)|_{H_t^b}^2\mathrm{d}\xi\end{aligned} \tag{6.5.8}$$

其中

$$\mathcal{F}_x g(t,\xi)=\psi(t)\sum_{k=0}^\infty\int_0^t \mathrm{e}^{-is\phi(\xi)}\widehat{\Phi e_k}(\xi)\mathrm{d}\beta_k(s)$$

使用如下 $H_t^b(\mathbb{R})$ 范数的等价定义：

$$|h|_{H_t^b}^2=\iint_{\mathbb{R}^2}\frac{|h(t)-h(s)|^2}{|t-s|^{1+2b}}\mathrm{d}t\mathrm{d}s+|h|_{L^2(\mathbb{R})}^2,\qquad \forall h\in H_t^b(\mathbb{R})$$

则有

$$
\begin{aligned}
&\mathrm{E}(|\mathcal{F}_x g(\cdot,\xi)|_{H_t^b}^2)=\sum_{k=0}^{\infty}|\widehat{\Phi e_k}|^2\mathrm{E}|\psi(t)\int_0^t \mathrm{e}^{-\mathrm{i}s\phi(\xi)}\mathrm{d}\beta_k|_{H_t^b}^2=\\
&\sum_{k=0}^{\infty}|\widehat{\Phi e_k}|^2(\mathrm{E}|\psi(t)\int_0^t \mathrm{e}^{-\mathrm{i}s\phi(\xi)}\mathrm{d}\beta_k(s)|_{L^2(\mathbb{R})}^2+\\
&\mathrm{E}\iint_{\mathbb{R}^2}\frac{|\psi(t_1)\int_0^{t_1}\mathrm{e}^{-\mathrm{i}s\phi(\xi)}\mathrm{d}\beta_k(s)-\psi(t_2)\int_0^{t_2}\mathrm{e}^{-\mathrm{i}s\phi(\xi)}\mathrm{d}\beta_k(s)|^2}{|t_1-t_2|^{1+2b}}\mathrm{d}t_1\mathrm{d}t_2=\\
&\sum_{k=0}^{\infty}|\widehat{\Phi e_k}|^2(I_1+I_2)
\end{aligned}
\tag{6.5.9}
$$

由 Itô 等矩公式，可得

$$
I_1=\int_0^2|\psi(t)|^2\mathrm{E}|\int_0^t \mathrm{e}^{-\mathrm{i}s\phi(\xi)}\mathrm{d}\beta_k|^2\mathrm{d}t=||t|^{\frac{1}{2}}\psi|_{L^2(\mathbb{R})}^2 \tag{6.5.10}
$$

现在估计 I_2。

$$
\begin{aligned}
I_2=&2\int_0^{\infty}\int_{t_1<t_2}\frac{\mathrm{E}|\psi(t_1)\int_0^{t_1}\mathrm{e}^{-\mathrm{i}s\phi(\xi)}\mathrm{d}\beta_k(s)-\psi(t_2)\int_0^{t_2}\mathrm{e}^{-\mathrm{i}s\phi(\xi)}\mathrm{d}\beta_k(s)|^2}{|t_1-t_2|^{1+2b}}\mathrm{d}t_1\mathrm{d}t_2\leqslant\\
&2\int_0^{\infty}\int_{t_1<0}\frac{|\psi(t_1)|^2\mathrm{E}|\int_0^{t_2}\mathrm{e}^{-\mathrm{i}s\phi(\xi)}\mathrm{d}\beta_k(s)|^2}{|t_1-t_2|^{1+2b}}\mathrm{d}t_1\mathrm{d}t_2+\\
&2\int_0^{\infty}\int_{0<t_1<t_2}\frac{\mathrm{E}|\psi(t_1)\int_0^{t_1}\mathrm{e}^{-\mathrm{i}s\phi(\xi)}\mathrm{d}\beta_k(s)-\psi(t_2)\int_0^{t_1}\mathrm{e}^{-\mathrm{i}s\phi(\xi)}\mathrm{d}\beta_k(s)}{|t_1-t_2|^{1+2b}}+\\
&\frac{\psi(t_2)\int_{t_1}^{t_2}\mathrm{e}^{-\mathrm{i}s\phi(\xi)}\mathrm{d}\beta_k(s)|^2}{|t_1-t_2|^{1+2b}}\mathrm{d}t_1\mathrm{d}t_2\leqslant\\
&2\int_0^{\infty}\int_{t_1<0}\frac{|\psi(t_2)|^2\mathrm{E}|\int_0^{t_2}\mathrm{e}^{-\mathrm{i}s\phi(\xi)}\mathrm{d}\beta_k(s)|^2}{|t_1-t_2|^{1+2b}}\mathrm{d}t_1\mathrm{d}t_2\ \cdot\\
&4\int_0^{\infty}\int_{0<t_1<t_2}\frac{|\psi(t_1)-\psi(t_2)|^2\mathrm{E}|\int_0^{t_1}\mathrm{e}^{-\mathrm{i}s\phi(\xi)}\mathrm{d}\beta_k(s)|^2}{|t_1-t_2|^{1+2b}}\mathrm{d}t_1\mathrm{d}t_2+\\
&4\int_0^{\infty}\int_{0<t_1<t_2}\frac{|\psi(t_2)|^2\mathrm{E}|\int_{t_1}^{t_2}\mathrm{e}^{-\mathrm{i}s\phi(\xi)}\mathrm{d}\beta_k(s)|^2}{|t_1-t_2|^{1+2b}}\mathrm{d}t_1\mathrm{d}t_2=\\
&I_{2,1}+I_{2,2}+I_{2,3}
\end{aligned}
$$

对上面的三项分别进行估计，则

$$
\begin{aligned}
I_{2,1}\leqslant& 2\int_0^2 t_2|\psi(t_2)|^2\int_{-\infty}^0\frac{\mathrm{d}t_1}{|t_1-t_2|^{1+2b}}\mathrm{d}t_2\leqslant\\
&C_b\int_0^2 t_2^{1-2b}|\psi(t_2)|^2\mathrm{d}t_2\leqslant C_b||t|^{1/2-b}\psi|_{L_t^2}^2
\end{aligned}
$$

注意到 H_t^b 等价范数的定义，并且 $0<b<1/2$，有

$$I_{2,2} \leqslant 2\int_0^\infty \int_0^{t_2} \frac{t_1 \mid \psi(t_1) - \psi(t_2) \mid^2}{\mid t_1 - t_2 \mid^{1+2b}} \mathrm{d}t_1 \mathrm{d}t_2 \leqslant$$

$$2\int_0^2 \int_0^{t_2} \frac{t_1 \mid \psi(t_1) - \psi(t_2) \mid^2}{\mid t_1 - t_2 \mid^{1+2b}} \mathrm{d}t_1 \mathrm{d}t_2 + 2\int_2^\infty \int_0^2 \frac{t_1 \mid \psi(t_1) \mid^2}{\mid t_1 - t_2 \mid^{1+2b}} \mathrm{d}t_1 \mathrm{d}t_2 \leqslant$$

$$4\int_0^2 \int_0^{t_2} \frac{\mid \psi(t_1) - \psi(t_2) \mid^2}{\mid t_1 - t_2 \mid^{1+2b}} \mathrm{d}t_1 \mathrm{d}t_2 +$$

$$2 \mid \mid t \mid^{1/2} \psi \mid_{L^\infty}^2 \int_2^\infty \int_0^2 \frac{1}{\mid t_1 - t_2 \mid^{1+2b}} \mathrm{d}t_1 \mathrm{d}t_2 \leqslant$$

$$4 \mid \psi \mid_{H_t^b}^2 + C_b \mid \mid t \mid^{1/2} \psi \mid_{L^\infty}^2$$

用同样的方法可得

$$I_{2,3} \leqslant 2\int_0^2 \int_0^{t_2} \frac{\mid \psi(t_2) \mid^2}{\mid t_1 - t_2 \mid^{2b}} \mathrm{d}t_1 \mathrm{d}t_2 \leqslant C_b \mid \mid t \mid^{1/2-b} \psi \mid_{L_t^2}^2$$

从而

$$I_2 \leqslant M(b,\psi) \sum_{k=0}^\infty \mid \widehat{\Phi e_k \xi} \mid^2 \tag{6.5.11}$$

其中，$M(b,\psi) = C_b(\mid \mid t \mid^{1/2} \varphi \mid_{L^2}^2 + \mid \varphi \mid_{H_t^b}^2 + \mid \mid t \mid^{1/2} \psi \mid_{L^\infty}^2)$。将式(6.5.9)～式(6.5.11)带入式(6.5.8)，从而完成了命题6.5.1的证明。

为了给出本文中关键性的估计式——双线性估计，首先给出一些预备引理。

记

$$\mathcal{F} F_\rho(\xi,\tau) = \frac{f(\xi,\tau)}{(1 + \mid \tau + \beta\xi^3 + \alpha\xi \mid \xi \mid \mid)^\rho}$$

引理 6.5.1 算子半群$\{U(t)\}_{-\infty}^{+\infty}$具有如下的性质：

$$\| U(t)\varphi \|_{L_x^8 L_t^8} \leqslant C \| \varphi \|_{L^2} \tag{6.5.12}$$

$$\| D_x^{-1/4} P^N U(t)\varphi \|_{L_x^\infty L_t^2} \leqslant C \| \varphi \|_{L^2} \tag{6.5.13}$$

$$\| D_x P^N U(t)\varphi \|_{L_x^4 L_t^\infty} \leqslant C \| \varphi \|_{L^2} \tag{6.5.14}$$

$$\| D_x^{1/6} P^N U(t)\varphi \|_{L_x^6 L_t^6} \leqslant C \| \varphi \|_{L^2} \tag{6.5.15}$$

其中，式(6.5.13)～式(6.5.14)中的C依赖于N。

证明：不等式(6.5.12)的证明请参考谭绍滨、韩永前的文章[88]。

下面给出式(6.5.13)～式(6.5.15)来自参考文献[82]的证明。首先证明不等式(6.5.13)，由$\phi = \alpha\xi \mid \xi \mid + \beta\xi^3$可得$\varphi'\xi = \alpha \mid \xi \mid + 3\beta\xi^2$和$\varphi''\xi = \alpha \frac{\xi}{\mid \xi \mid} + 6\beta\xi$。如果$\mid \xi \mid \geqslant N$，$\phi$可逆，则

$$P^N U(t)\varphi = \int_{|\xi| \geqslant N} \mathrm{e}^{\mathrm{i}x\xi} \mathrm{e}^{-\mathrm{i}t\phi(\xi)} \hat{\varphi}(\xi) \mathrm{d}\xi =$$

$$\int_{|\phi^{-1}| \geqslant N} \mathrm{e}^{\mathrm{i}x\phi^{-1}} \mathrm{e}^{-\mathrm{i}t\phi} \hat{\varphi}(\phi^{-1}) \frac{1}{\phi'} \mathrm{d}\phi =$$

$$\mathcal{F}\left[\mathrm{e}^{\mathrm{i}x\phi^{-1}} \chi_{|\phi^{-1}| \geqslant N} \hat{\varphi}(\phi^{-1}) \frac{1}{\phi'}\right]$$

上面的第二个等式用到变量替换$\xi = \phi^{-1}$。因此，由 Plancherel's 定理和上面的估计式，可得

$$\| P^N U(t)\varphi \|_{L^2}^2 = \int_{|\phi^{-1}| \geqslant N} \mid \hat{\varphi}(\varphi^{-1}) \mid^2 \frac{1}{\mid \phi' \mid^2} \mathrm{d}\phi = \int_{|\xi| \geqslant N} \mid \hat{\varphi}(\xi) \mid^2 \frac{1}{\mid \phi'(\xi) \mid^2} \mathrm{d}\xi \leqslant$$

$$\int_{|\xi|\geqslant N} |\hat{\varphi}(\xi)|^2 \frac{1}{|\varphi'|}\mathrm{d}\xi = \int_{|\xi|\geqslant N} \frac{|\hat{\varphi}(\xi)|^2}{|3\beta\xi^2|\left|1+\dfrac{2\alpha}{3\beta|\xi|}\right|}\mathrm{d}\xi \leqslant$$

$$C\int_{|\xi|\geqslant N} \frac{|\hat{\varphi}(\xi)|^2}{|\xi|^2}\mathrm{d}\xi \leqslant C\|\varphi\|_{H^{-1}}^2$$

这样就证明了式(6.5.13)。

再证明式(6.5.14)。

$$\|P^a U(t)\varphi\|_{L_x^4 L_t^\infty}^2 \leqslant C\int_{|\xi|\geqslant a} |\hat{\varphi}(\xi)|^2 \left|\frac{\phi'(\xi)}{\phi''(\xi)}\right|^{\frac{1}{2}}\mathrm{d}\xi \leqslant$$

$$C\int_{|\xi|\geqslant a} |\hat{\varphi}(\xi)|^2 \left|\frac{3\beta\xi^2+2\alpha|\xi|}{6\beta\xi+2\alpha\dfrac{\xi}{|\xi|}}\right|^{\frac{1}{2}}\mathrm{d}\xi \leqslant$$

$$C\int_{|\xi|\geqslant a} |\hat{\varphi}(\xi)|^2 \left(\frac{|3\beta\xi^2|\left|1+a\dfrac{1}{|\xi|}\right|}{|6\beta\xi|\left|1+\dfrac{1}{2}a\dfrac{1}{|\xi|}\right|}\right)^{\frac{1}{2}}\mathrm{d}\xi \leqslant$$

$$C\int_{|\xi|\geqslant a} |\hat{\varphi}(\xi)|^2 \left[\frac{|3\beta\xi^2|\left(1+a\dfrac{1}{a}\right)}{|6\beta\xi|\left(1-\dfrac{1}{2}a\dfrac{1}{a}\right)}\right]^{\frac{1}{2}}\mathrm{d}\xi \leqslant$$

$$C\|\varphi\|_{H^{\frac{1}{4}}}^2$$

其中，第一个不等式用到参考文献[89]中的定理 2.5，从而证明了式(6.5.14)。另外式(6.5.13)与式(6.5.14)插值就可得到式(6.5.15)。

引理 6.5.2　① 若 $\rho>\dfrac{1}{3}$，则

$$\|F_\rho\|_{L_x^4 L_t^4} \leqslant C\|f\|_{L_\xi^2 L_\tau^2}$$

② 若 $\rho>\dfrac{3}{8}$，则

$$\|D_x^{\frac{1}{8}} P^{2N} F_\rho\|_{L_x^4 L_t^4} \leqslant C\|f\|_{L_\xi^2 L_\tau^2}$$

证明：作变量替换 $\tau=\lambda-\phi(\xi)$，有

$$F_\rho(x,t)=\int_{-\infty}^{\infty}\int_{-\infty}^{\infty} \mathrm{e}^{\mathrm{i}(x\xi+t\tau)} \frac{f(\xi,\tau)}{[1+|\tau+\phi(\xi)|]^\rho}\mathrm{d}\xi\mathrm{d}\tau=$$

$$\int_{-\infty}^{\infty}\mathrm{e}^{\mathrm{i}t\lambda}\left\{\int_{-\infty}^{\infty}\mathrm{e}^{\mathrm{i}[x\xi+t\phi(\xi)]}f[\xi,\lambda+\phi(\xi)]\mathrm{d}\xi\right\}\frac{\mathrm{d}\lambda}{(1+|\lambda|)^\rho}$$

应用式(6.5.12)和 Minkowski 积分不等式，取 $\rho>\dfrac{1}{2}$，有

$$\|F_\rho\|_{L_x^8 L_t^8} \leqslant C\int_{-\infty}^{+\infty}\|f[\xi,\lambda+\varphi(\xi)]\|_{L_\xi^2}\frac{\mathrm{d}\lambda}{(1+|\lambda|)^\rho} \leqslant C\|f\|_{L_\xi^2 L_\tau^2} \tag{6.5.16}$$

显然，有

$$\|F_0\|_{L_x^2 L_t^2} \leqslant C\|f\|_{L_\xi^2 L_\tau^2} \tag{6.5.17}$$

式(6.5.16)和式(6.5.17)插值可得对 $\rho>\dfrac{1}{3}$，有

$$\|F_\rho\|_{L_x^4 L_t^4} \leqslant C\|f\|_{L_\xi^2 L_\tau^2} \tag{6.5.18}$$

注意到不等式(6.5.15),用式(6.5.16)的讨论方法,对 $\rho > \frac{1}{2}$,有

$$\| D_x^{\frac{1}{6}} P^{2a} F_\rho \|_{L_x^6 L_t^6} \leqslant C \| f \|_{L_\xi^2 L_\tau^2} \tag{6.5.19}$$

式(6.5.19)与式(6.5.17)插值,对 $\rho > \frac{3}{8}$,有

$$\| D_x^{\frac{1}{8}} P^{2a} F_\rho \|_{L_x^4 L_t^4} \leqslant C \| f \|_{L_\xi^2 L_\tau^2}$$

这样就证明了该引理。

引理 6.5.3 若 $\rho > \frac{\theta}{2}$,$\theta \in [0,1]$,对任意的 $N > 0$,则有

$$\| D_x^\theta P^{2N} F_\rho \|_{L_x^{\frac{2}{1-\theta}} L_t^2} \leqslant C \| f \|_{L_\xi^2 L_\tau^2}$$

引理 6.5.4 假设 $f, f_1, f_2 \in \mathscr{S}$,则

$$\int_* \bar{\hat{f}}(\xi,\tau) \hat{f}_1(\xi_1,\tau_1) \hat{f}_2(\xi_2,\tau_2) \mathrm{d}\delta = \int \bar{f} f_1 f_2(x,t) \mathrm{d}x \mathrm{d}t$$

引理 6.5.5 若 m, M 是$[k;Z]$乘子并且对任意的 $\xi \in \Gamma_k(Z)$ 满足 $| m(\xi) | \leqslant | M(\xi) |$,则 $\| m \|_{[k;Z]} \leqslant \| M \|_{[k;Z]}$。

首先给出两个基本的不等式,它们分别出自于参考文献[58]和[76]。

引理 6.5.6 设 $1/4 < b < 1/2$, $l > 1/2$,则存在 $C > 0$,使得

$$\int_{-\infty}^{+\infty} \frac{\mathrm{d}x}{(1+| x-\alpha |)^{2b}(1+| x-\beta |)^{2b}} \leqslant \frac{C}{(1+| \alpha-\beta |)^{4b-1}} \tag{6.5.20}$$

$$\int_{-\infty}^{+\infty} \frac{\mathrm{d}x}{(1+| x |)^{2l} \sqrt{\alpha - x}} \leqslant \frac{C}{(1+| \alpha |)^{1/2}} \tag{6.5.21}$$

引理 6.5.7 设 $0 < a, b < 1/2$,并且 a, b 充分地接近 $\frac{1}{2}$,则有

$$\frac{| \xi |}{[| 1+| \tau+\varphi(\xi) |]^a} \times \left\{ \int_{-\infty}^{+\infty} \int_{-\infty}^{+\infty} \frac{\mathrm{d}\xi_1 \mathrm{d}\tau_1}{[1+| \tau_1+\phi(\xi_1) |]^{2b}[1+| \tau_2+\phi(\xi_2) |]^{2b}} \right\}^{1/2} \leqslant C \tag{6.5.22}$$

证明:为了书写方便,不妨取 $\alpha = -1$, $\beta = 1$,注意到引理 6.5.6 中的不等式(6.5.20),则有

$$\begin{aligned} &\left\{ \int_{-\infty}^{+\infty} \int_{-\infty}^{+\infty} \frac{\mathrm{d}\xi_1 \mathrm{d}\tau_1}{[1+| \tau_1+\phi(\xi_1) |]^{2b}[1+| \tau_2+\phi(\xi_2) |]^{2b}} \right\}^{1/2} \leqslant \\ &\left\{ \int_{-\infty}^{+\infty} \frac{\mathrm{d}\xi_1}{[1+| \tau_1+\phi(\xi_1)+\phi(\xi_2) |]^{4b-1}} \right\}^{1/2} = \\ &\left\{ \int_{-\infty}^{+\infty} \frac{\mathrm{d}\xi_1}{[1+| \tau-\xi-\xi_1(\xi-\xi_1)-| \xi_1 | \xi_1+\xi^3-3\xi^2\xi_1+3\xi\xi_1^2 |]^{4b-1}} \right\}^{1/2} \equiv \Psi(\xi,\tau) \end{aligned} \tag{6.5.23}$$

为了估计式(6.5.23),将积分区域分成如下的 4 种情形:

① $\xi \geqslant \xi_1$, $\xi_1 \geqslant 0$; ② $\xi \geqslant \xi_1$, $\xi_1 < 0$

③ $\xi < \xi_1$, $\xi_1 \geqslant 0$; ④ $\xi < \xi_1$, $\xi_1 < 0$

如果 ① 成立,对式(6.5.23)作变量替换,则

$$\mu = \tau - \xi^2 + \xi^3 + (2\xi - 3\xi^2)\xi_1 + (3\xi - 2)\xi_1^2$$

$$\mathrm{d}\mu = (2\xi_1 - \xi)(3\xi - 2)\mathrm{d}\xi_1$$

并且

$$\xi_1 = \frac{1}{2}\left(\xi \pm \frac{\sqrt{-4\tau + 2\xi^2 - \xi^3 + 4\mu}}{\sqrt{| 3\xi - 2 |}} \right)$$

应用引理 6.5.6 中的不等式(6.5.21),则

$$\Psi(\xi,\tau)\leqslant\frac{1}{|3\xi-2|^{1/4}}\left[\int_{-\infty}^{+\infty}\frac{\mathrm{d}\mu}{(1+|\mu|)^{4b-1}\sqrt{-(\xi^3-2\xi^2+4\tau)+4\mu}}\right]^{1/2}\leqslant$$

$$\frac{C}{|3\xi-2|^{1/4}\left(1+\left|\tau-\frac{1}{4}\xi^3+\frac{1}{2}\xi^2\right|\right)^{1/4}}$$

因此可以得到

$$\frac{|\xi|}{[1+|\tau+\phi(\xi)|]^a}\Psi(\xi,\tau)\leqslant$$

$$\frac{|\xi|}{(1+|\tau-\xi^2+\xi^3|)^a}\cdot\frac{C}{|3\xi-2|^{1/4}\left(1+\left|\tau-\frac{1}{4}\xi^3+\frac{1}{2}\xi^2\right|\right)^{1/4}}\leqslant$$

$$\frac{C|\xi|^{3/4}}{(|1+|\tau-\xi^2+\xi^3|)^a(1+|\tau-\xi^3/4+\xi^2/2|)^{1/4}}\leqslant C$$

如果 ② 成立,则

$$\Psi(\xi,\tau)=\left\{\int_{-\infty}^{+\infty}\frac{\mathrm{d}\xi_1}{[1+|\tau-\xi-\xi^2+\xi^3+2\xi\xi_1-3\xi^2\xi_1+3\xi\xi_1^2|]^{2b}}\right\}^{1/2}$$

作变量替换,则

$$\mu=\tau-\xi^2+\xi^3+(2\xi-3\xi^2)\xi_1+3\xi\xi_1^2$$
$$\mathrm{d}\mu=\xi(2-3\xi+6\xi_1)\mathrm{d}\xi_1$$

并且

$$\xi_1=\frac{1}{6}\left[(3\xi-2)\pm\frac{\sqrt{-3\xi^3+6\xi^2+4\xi-12\tau+12\mu}}{\sqrt{|\xi|}}\right]$$

$$\Psi(\xi,\tau)=\frac{1}{|\xi|^{1/4}}\left[\int_{-\infty}^{+\infty}\frac{\mathrm{d}\mu}{(1+|\mu|)^{2b}|\sqrt{-3\xi^3+6\xi^2+4\xi-12\tau+12\mu}|}\right]^{1/2}$$

应用引理 6.5.6 中的不等式(6.5.21),则

$$\Psi(\xi,\tau)\leqslant\frac{1}{|\xi|^{1/4}\left(1+\left|\tau-\frac{5}{6}\xi^2+\frac{3}{4}\xi^3\right|\right)^{1/4}}$$

因此,在 ② 成立时,也可以得到

$$\frac{|\xi|}{[1+|\tau+\varphi(\xi)|]^a}\Psi(\xi,\tau)\leqslant$$

$$\frac{C|\xi|^{3/4}}{(1+|\tau-\xi^2+\xi^3|)^a\left(1+\left|\tau-\frac{5}{6}\xi^2+\frac{3}{4}\xi^3\right|\right)^{1/4}}\leqslant C$$

对于 ③ 和 ④ 可以类似地证明,这样就完成了该引理的证明。

下面叙述有关双线性估计的命题并给出证明。

命题 6.5.2　设 $0<a,b<\frac{1}{2}$ 均充分地接近 $\frac{1}{2}$,对于 $\frac{1}{2}<b'$ 及 $s\geqslant-\frac{1}{8}$,有

$$\|\partial_x(u_1u_2)\|_{X_{s,-a}}\leqslant C\|u_1\|_{X_{s,b}}\|u_2\|_{X_{s,b}}$$

其中,$u_1,u_2\in\mathcal{S}(\mathbb{R}^2)$。

注 6.5.1　在这里条件 $s\geqslant-\frac{1}{8}$ 仅是从数学角度所使用的数学工具的限制,由于相函数

$\phi(\xi)(\phi'(\xi)$ 或 $\phi''(\xi))$ 所带来的奇异性，本结论很难再进行改进。

证明： 令 $r=-s,\varphi\in X_{-s,a},f_0=\langle\xi\rangle^r\langle\sigma\rangle^{b'}\hat{\varphi},f_j=\langle\xi_j\rangle^s\langle\sigma_j\rangle^b\hat{u}_j,j=1,2;\xi=\xi_1+\xi_2,\tau=\tau_1+\tau_2$，易知 $\|f_j\|_{L^2}=\|u_j\|_{X_{s,b}}$。由对偶性和 Plancheral 定理，可得

$$|\langle\varphi,\partial_x(u_1u_2)\rangle|=\left|\int_*|\xi|\overline{\mathcal{F}\varphi(\tau,\xi)}\,\mathcal{F}u_1(\tau_1,\xi_1)\,\mathcal{F}u_2(\tau_2,\xi_2)\mathrm{d}\delta\right|=$$
$$\left|\int_*|\xi|\frac{\overline{f_0(\tau,\xi)}}{\langle\xi\rangle^r\langle\sigma\rangle^{b'}}\frac{\langle\xi_1\rangle^rf_1(\tau_1,\xi_1)}{\langle\sigma_1\rangle^b}\frac{\langle\xi_2\rangle^rf_2(\tau_2,\xi_2)}{\langle\sigma_2\rangle^b}\mathrm{d}\delta\right| \tag{6.5.24}$$

这里和下面用 $\langle\cdot,\cdot\rangle$ 表示对偶内积。

记

$$\mathcal{F}F_\rho^j(\xi,\tau)=\frac{f_j(\xi,\tau)}{(1+|\tau+\beta\xi^3+\alpha\xi|\xi||)^\rho},\qquad j=0,1,2,\qquad \kappa=\max\left(1,\left|\frac{2\alpha}{3\beta}\right|\right)$$

为了估计得到式(6.5.24)的有界性，将积分区域分成几个部分，分别进行考虑。

仅对 $s\leqslant 0$ 的情形进行考虑，由对称性仅在下面的定义域中考虑即可，即

$$|\xi_1|\leqslant|\xi_2|$$

情形 Ⅰ　假设 $|\xi|\leqslant 4\kappa$。

Ⅰ1　若 $|\xi_1|\leqslant 2\kappa$，则有 $|\xi_2|\leqslant|\xi-\xi_1|\leqslant 6\kappa$。接下来应用 Hölder 不等式、引理 6.5.2 和引理 6.5.4，那么式(6.5.24)限制在该区域上可以得到下面的估计：

$$\int_*\frac{|\xi|\overline{f}_0(\tau,\xi)}{\langle\xi\rangle^r\langle\sigma\rangle^{b'}}\frac{\langle\xi_1\rangle^rf_1(\tau_1,\xi_1)}{\langle\sigma_1\rangle^b}\frac{\langle\xi_2\rangle^rf_2(\tau_2,\xi_2)}{\langle\sigma_2\rangle^b}\mathrm{d}\delta\leqslant$$
$$C\int_*\frac{f_0(\tau,\xi)}{\langle\sigma\rangle^{b'}}\frac{f_1(\tau_1,\xi_1)}{\langle\sigma_1\rangle^b}\frac{f_2(\tau_2,\xi_2)}{\langle\sigma_2\rangle^b}\mathrm{d}\delta\leqslant$$
$$C\int\overline{F_{b'}^0}\cdot F_b^1\cdot F_b^2(x,t)\mathrm{d}x\mathrm{d}t\leqslant$$
$$C\|F_{b'}^0\|_{L_x^2L_t^2}\|F_b^1\|_{L_x^4L_t^4}\|F_b^2\|_{L_x^4L_t^4}\leqslant$$
$$C\|f_0\|_{L_\xi^2L_\tau^2}\|f_1\|_{L_\xi^2L_\tau^2}\|f_2\|_{L_\xi^2L_\tau^2}$$

Ⅰ2　若 $2\kappa\leqslant|\xi_1|\leqslant|\xi_2|$，那么对于 $r\leqslant\dfrac{1}{8}$，由引理 6.5.2 和引理 6.5.4 有

$$\int_*\frac{|\xi|\overline{f}_0(\tau,\xi)}{\langle\xi\rangle^r\langle\sigma\rangle^{b'}}\frac{\langle\xi_1\rangle^rf_1(\tau_1,\xi_1)}{\langle\sigma_1\rangle^b}\frac{\langle\xi_2\rangle^rf_2(\tau_2,\xi_2)}{\langle\sigma_2\rangle^b}\mathrm{d}\delta\leqslant$$
$$C\int_*\frac{\overline{f}_0(\tau,\xi)}{\langle\sigma\rangle^{b'}}\frac{\langle\xi_1\rangle^r\chi_{|\xi_1|\geqslant 2\kappa}f_1(\tau_1,\xi_1)}{\langle\sigma_1\rangle^b}\frac{\langle\xi_2\rangle^r\chi_{|\xi_2|\geqslant 2\kappa}f_2(\tau_2,\xi_2)}{\langle\sigma_2\rangle^b}\mathrm{d}\delta\leqslant$$
$$C\int\overline{F_{b'}^0}\cdot D_x^{\frac{1}{8}}P^{2\kappa}F_b^1\cdot D_x^{\frac{1}{8}}P^{2\kappa}F_b^2(x,t)\mathrm{d}x\mathrm{d}t\leqslant$$
$$C\|F_{b'}^0\|_{L_x^2L_t^2}\|D_x^{\frac{1}{8}}P^{2\kappa}F_b^1\|_{L_x^4L_t^4}\|D_x^{\frac{1}{8}}P^{2\kappa}F_b^2\|_{L_x^4L_t^4}\leqslant$$
$$C\|f_0\|_{L_\xi^2L_\tau^2}\|f_1\|_{L_\xi^2L_\tau^2}\|f_2\|_{L_\xi^2L_\tau^2}$$

情形 Ⅱ　假设 $|\xi|\geqslant 4\kappa$。

Ⅱ1　若 $2\kappa\leqslant|\xi_1|\leqslant|\xi_2|$，因为 $\varphi(\xi)=\alpha\xi|\xi|+\beta\xi^3,\sigma=\tau+\varphi(\xi),\sigma_1=\tau_1+\varphi(\xi_1)$，$\sigma_2=\tau_2+\varphi(\xi_2)$，故将该区域分为下面的子区域进行考虑：

① $\xi\geqslant\xi_1$，　$\xi_1\geqslant 0$；　　② $\xi\geqslant\xi_1$，　$\xi_1\leqslant 0$

③ $\xi\leqslant\xi_1$，　$\xi_1\geqslant 0$；　　④ $\xi\leqslant\xi_1$，　$\xi_1\leqslant 0$

就 ④ 进行证明,其他的情形类似可以处理。

在 ④ 的条件下,通过简单计算可得

$$\sigma-\sigma_1-\sigma_2=3\beta\xi_1\xi_2\left(\xi-\frac{2\alpha}{3\beta}\right)$$

事实上,④ 蕴含着下面的情况之一总是成立,即

$$\text{(a) } |\sigma|\geqslant C|\xi_1||\xi_2|\left|\left(\xi-\frac{2\alpha}{3\beta}\right)\right|$$

$$\text{(b) } |\sigma_1|\geqslant C|\xi_1||\xi_2|\left|\left(\xi-\frac{2\alpha}{3\beta}\right)\right|$$

$$\text{(c) } |\sigma_2|\geqslant C|\xi_1||\xi_2|\left|\left(\xi-\frac{2\alpha}{3\beta}\right)\right|$$

在该区域中,式(6.5.24)的有界性由下面的估计得到,即

$$\int_*\frac{|\xi|^{1-r}\chi_{|\xi|\geqslant 4\kappa}\overline{f}(\tau,\xi)}{\langle\sigma\rangle^{b'}}\cdot\frac{\langle\xi_1\rangle^r\chi_{|\xi_1|\geqslant 2\kappa}f_1(\tau_1,\xi_1)}{\langle\sigma_1\rangle^b}\cdot\frac{\langle\xi_2\rangle^r\chi_{|\xi_2|\geqslant 2\kappa}f_2(\tau_2,\xi_2)}{\langle\sigma_2\rangle^b}\mathrm{d}\delta$$

对情形(a),(b),(c) 分别进行考虑,可以推出

$$\left|\left(\xi-\frac{2\alpha}{3\beta}\right)\right|\geqslant|\xi|-\kappa\geqslant|\xi|-\frac{1}{4}|\xi|=\frac{3}{4}|\xi|$$

若情形(a) 成立,对于 $1-r-b'\leqslant 0$ 和 $r-b'\leqslant\frac{1}{8}$,用 Hölder 不等式,由引理 6.5.2 和引理 6.5.4 可得

$$\int_*\frac{|\xi|^{1-r}\chi_{|\xi|\geqslant 4\kappa}\overline{f}_0(\tau,\xi)}{\left[|\xi_1||\xi_2|\left|\left(\xi-\frac{2\alpha}{3\beta}\right)\right|\right]^{b'}}\cdot\frac{\langle\xi_1\rangle^r\chi_{|\xi_1|\geqslant 2\kappa}f_1(\tau_1,\xi_1)}{\langle\sigma_1\rangle^b}\cdot\frac{\langle\xi_2\rangle^r\chi_{|\xi_2|\geqslant 2\kappa}f_2(\tau_2,\xi_2)}{\langle\sigma_2\rangle^b}\mathrm{d}\delta\leqslant$$

$$C\int_*|\xi|^{1-r-b'}\chi_{|\xi|\geqslant 4\kappa}\overline{f}_0(\tau,\xi)\frac{|\xi_1|^{r-b'}\chi_{|\xi_1|\geqslant 2\kappa}f_1(\tau_1,\xi_1)}{\langle\sigma_1\rangle^b}\cdot\frac{|\xi_2|^{r-b'}\chi_{|\xi_2|\geqslant 2\kappa}f_2(\tau_2,\xi_2)}{\langle\sigma_2\rangle^b}\mathrm{d}\delta\leqslant$$

$$C\int\overline{F_0^0}\cdot D_x^{\frac{1}{8}}P^{2\kappa}F_b^1\cdot D_x^{\frac{1}{8}}P^{2\kappa}F_b^2(x,t)\mathrm{d}x\mathrm{d}t\leqslant$$

$$C\|F_0^0\|_{L_x^2L_t^2}\|D_x^{\frac{1}{8}}P^{2\kappa}F_{b'}^1\|_{L_x^4L_t^4}\|D_x^{\frac{1}{8}}P^{2\kappa}F_b^2\|_{L_x^4L_t^4}\leqslant$$

$$C\|f_0\|_{L_\xi^2L_\tau^2}\|f_1\|_{L_\xi^2L_\tau^2}\|f_2\|_{L_\xi^2L_\tau^2}$$

因为式 (6.5.24) 也可以表示为

$$\int_*\frac{|\xi|\langle\xi_1\rangle^r\langle\xi_2\rangle^r}{\langle\sigma\rangle^{b'}\langle\xi\rangle^r\langle\sigma_1\rangle^b\langle\sigma_2\rangle^b}f_0(\tau,\xi)f_1(\tau_1,\xi_1)f_2(\tau_2,\xi_2)\mathrm{d}\delta$$

使用多线性表示[87],若 $1-r-b'\leqslant 0$,$r-b'\leqslant 1/8$,则

$$\left\|\frac{|\xi|\langle\xi_1\rangle^r\langle\xi_2\rangle^r}{\langle\sigma\rangle^{b'}\langle\xi\rangle^r\langle\sigma_1\rangle^b\langle\sigma_2\rangle^b}\right\|_{[3;\mathbb{R}\times\mathbb{R}]}\leqslant C$$

当 $r\leqslant\frac{1}{8}$ 时,由引理 6.5.5 亦可得

$$\left\|\frac{|\xi|\langle\xi_1\rangle^r\langle\xi_2\rangle^r}{\langle\sigma\rangle^{b'}\langle\xi\rangle^r\langle\sigma_1\rangle^b\langle\sigma_2\rangle^b}\right\|_{[3;\mathbb{R}\times\mathbb{R}]}\leqslant C$$

事实上,若 $r_1\leqslant r_2$,由于 $\xi=\xi_1+\xi_2$,有

$$\frac{|\xi|\langle\xi_1\rangle^{r_1}\langle\xi_2\rangle^{r_1}}{\langle\sigma\rangle^{b'}\langle\xi\rangle^{r_1}\langle\sigma_1\rangle^b\langle\sigma_2\rangle^b}\leqslant C\frac{|\xi|\langle\xi_1\rangle^{r_2}\langle\xi_2\rangle^{r_2}}{\langle\sigma\rangle^{b'}\langle\xi\rangle^{r_2}\langle\sigma_1\rangle^b\langle\sigma_2\rangle^b}$$

如果情形(b) 成立,由引理 6.5.2 和引理 6.5.4,对 $r+b\geqslant 1, r-b\leqslant\frac{1}{16}$,可得

$$\int_* \frac{|\xi|^{1-r}\chi_{|\xi|\geqslant 4\kappa}\overline{f}_0(\tau,\xi)}{\langle\sigma\rangle^{b'}}\frac{|\xi_1|^r\chi_{|\xi_1|\geqslant 2\kappa}f_1(\tau_1,\xi_1)}{\left[|\xi_1||\xi_2|\left|\left(\xi-\frac{2\alpha}{3\beta}\right)\right|\right]^b}\frac{\langle\xi_2\rangle^r\chi_{|\xi_2|\geqslant 2\kappa}f_2(\tau_2,\xi_2)}{\langle\sigma_2\rangle^b}\mathrm{d}\delta\leqslant$$

$$C\int_* \frac{|\xi|^{1-r-b}\chi_{|\xi|\geqslant 4\kappa}\overline{f}_0(\tau,\xi)}{\langle\sigma\rangle^{b'}}\chi_{|\xi_1|\geqslant 2\kappa}f_1(\tau_1,\xi_1)\frac{|\xi_2|^{2(r-b)}\chi_{|\xi_2|\geqslant 2\kappa}f_2(\tau_2,\xi_2)}{\langle\sigma_2\rangle^b}\mathrm{d}\delta\leqslant$$

$$C\int\overline{F^0_{b'}}\cdot F^1_0\cdot D_x^{\frac{1}{8}}P^{2\kappa}F^2_b(x,t)\mathrm{d}x\mathrm{d}t\leqslant$$

$$C\|F^0_{b'}\|_{L^4_xL^4_t}\|F^1_0\|_{L^2_xL^2_t}\|D_x^{\frac{1}{8}}P^{2\kappa}F^2_b\|_{L^4_xL^4_t}\leqslant$$

$$C\|f_0\|_{L^2_\xi L^2_\tau}\|f_1\|_{L^2_\xi L^2_\tau}\|f_2\|_{L^2_\xi L^2_\tau}$$

与情形(a) 类似,若 $r\leqslant\frac{1}{8}$,由引理 6.5.4 可得

$$\left\|\frac{|\xi|\langle\xi_1\rangle^r\langle\xi_2\rangle^r}{\langle\sigma\rangle^{b'}\langle\xi\rangle^r\langle\sigma_1\rangle^b\langle\sigma_2\rangle^b}\right\|_{[3;\mathbb{R}\times\mathbb{R}]}\leqslant C$$

情形(c) 的讨论与情形(b) 的讨论类似,故省略。

Ⅱ2 若 $|\xi_1|\leqslant 2\kappa$ 使得 $|\xi_2|\geqslant 2\kappa$,则 $|\xi|<2|\xi_2|$。

对 $s=0$ 的情形给出证明。对于此种情况,使用下面的处理方法:

$$\begin{aligned}\|\partial_x(u_1u_2)\|_{X_{0,-a}} = {} & \|[1+|\tau+\phi(\xi)|]^{-a}\partial_x(u_1u_2)\|_{L^2_\tau L^2_\xi}= \\ & \left\|\frac{\xi}{[1+|\tau+\phi(\xi)|]^a}u_1*u_2\right\|_{L^2_\tau L^2_\xi}\leqslant \\ & \left\|\frac{|\xi|}{[|1+|\tau+\phi(\xi)|]^a}\times\right. \\ & \left.\left\{\int_{-\infty}^{+\infty}\int_{-\infty}^{+\infty}\frac{\mathrm{d}\xi_1\mathrm{d}\tau_1}{[1+|\tau_1+\phi(\xi_1)|]^{2b}[1+|\tau_2+\phi(\xi_2)|]^{2b}}\right\}^{1/2}\right\|_{L^\infty_\tau L^\infty_\xi}\times \\ & \|u_1\|_{X_{0,b}}\|u_2\|_{X_{0,b}}\leqslant \\ & C\|u_1\|_{X_{0,b}}\|u_2\|_{X_{0,b}}\end{aligned}$$

对于 $-1/8<s$ 的情形可归结为 $s=0$ 的情形。这样就完成了命题 6.5.2 的证明。

解的存在性的证明

这一部分的证明沿用了参考文献[58]中的方法,由命题6.5.1和命题6.5.2所给出的估计式,对式(6.5.5) 在空间 $X^T_{s,b}$ 式应用不动点定理按轨道进行证明。首先证明定理 6.5.1 局部解的存在性,然后利用能量守恒证明定理 6.5.2 整体解的存在性。

首先给出局部存在性结果的证明[58,63]。

引理 6.5.8 设 $0<a,b<\frac{1}{2}$,并且充分地接近$\frac{1}{2}$,设 $s\in\mathbb{R}, u_0\in H^s(\mathbb{R}), f\in X^T_{s,-a}$,那么

$$\|U(t)u_0\|_{X^T_{s,b}}\leqslant C\|u_0\|_{H^s} \tag{6.5.25}$$

$$\left\|\int_0^t U(t-t')f(t')\mathrm{d}t'\right\|_{X_{s,b}}\leqslant CT^{1-a-b}\|f\|_{X_{s,-a}} \tag{6.5.26}$$

定理 6.5.1 的证明:由命题 6.5.1 可得

$$\|w\|_{X^T_{s,b}}\leqslant\|\psi w\|_{X_{s,b}} \tag{6.5.27}$$

其中，w 由式(6.5.6)定义，ψ 在前面已经给定，对几乎处处的 $\omega\in\Omega, T\in[0,1]$。

设 u_0 是 $\mathscr{F}_0$ 可测的，对 a.s. $\omega\in\Omega, u_0\in H^s$。

对式(6.5.5)按轨道进行证明，对任意固定的 $\omega\in\Omega$，式(6.5.27)和 $u_0(\omega,\cdot)\in H^s(\mathbb{R})$ 成立。

令

$$z(t)=U(t)u_0$$

作替换 $v(t)=u(t)-w(t)-z(t)$，则式(6.5.5)改写为

$$v(t)=Tv(t)\equiv$$
$$-\frac{1}{2}\int_0^t U(t-s)\partial_x(v^2+w^2+z^2+2vw+2vz+2zw)(s)\mathrm{d}s \tag{6.5.28}$$

下面要证明 T 是压缩映射。对给定的充分大的 $R>0$，只要 T 选择得充分地小，则

$$B_R^T=\{v\in X_{s,b}^T, \|v\|_{X_{s,b}^T}\leqslant R\} \tag{6.5.29}$$

注意到命题 6.5.1、命题 6.5.1 和引理 6.5.2，容易得到

$$\|\mathcal{T}v\|_{X_{s,b}^T}\leqslant C'T^{1-a-b}(R^2+\|w\|_{X_{s,b}^T}^2+\|u_0\|_{H^s}^2)$$

对 $v_1,v_2\in B_R^T$，有

$$\|\mathcal{T}v_1-\mathcal{T}v_2\|_{X_{s,b}^T}\leqslant C'T^{1-a-b}(R+\|w\|_{X_{s,b}^T}+\|u_0\|_{H^s})\|v_1-v_2\|_{X_{s,b}^T}$$

首先设

$$R_\omega^t=\|w\|_{X_{s,b}^T}^2+\|u_0\|_{H^s}^2$$

然后定义停时 T_ω：

$$T_\omega=\inf\left\{t>0, 2C't^{1-a-b}R_\omega^t\geqslant\frac{1}{2}\right\}$$

则$\mathcal{T}$在空间 $X_{s,b}^{T_\omega}$ 中是从 $B_{R_\omega}^{T_\omega}$ 到自身的映射，并且

$$\|\mathcal{T}v_1-\mathcal{T}v_2\|_{X_{s,b}^{T_\omega}}\leqslant\frac{3}{4}\|v_1-v_2\|_{X_{s,b}^{T_\omega}}$$

因此$\mathcal{T}$具有唯一的不动点，该不动点就是式(6.5.28)在空间 $X_{s,b}^{T_\omega}$ 中的解。

显然，$u=z+v+w\in X_{s,b'}^{T_\omega}+X_{s,b}^{T_\omega}$，因此接下来，要说明 $u\in C([0,T_\omega], H^s(\mathbb{R}))$ $\left(\text{注意到这里 } b<\frac{1}{2}, b'>\frac{1}{2}\right)$。

由于 $b'>\frac{1}{2}$，应用 Sobolev 嵌入定理有 $z\in C([0,T_\omega],H^s(\mathbb{R}))$。

由于 $\Phi\in L_2^{0,s}$，并且 $U(\cdot)$ 在空间 $H^s(\mathbb{R})$ 中是酉群，则由参考文献[6]中的定理6.10可知，$w\in C([0,T_\omega];H^s)$。

由命题 6.5.2，$\partial_x(\tilde{u}^2)\in X_{s,-a}$，$\tilde{u}$ 是 u 在空间 $X_{s,c}+X_{s,b}$ 中的任意延拓，从而有(见参考文献[63])

$$\|\varphi_T\int_0^t U(t-s)\partial_x(\tilde{u}^2(s))\mathrm{d}s\|_{s,1-a}\leqslant C\|\partial_x(\tilde{u}^2(s))\|_{X_{s,-a}}$$

由于 $1-a>\frac{1}{2}$，则 $\tilde{u}\in X_{s,b}\subset C([0,T_\omega],H^s(\mathbb{R}))$，其中 φ_T 是由 $\varphi_\delta(\cdot)=\varphi(\delta^{-1}(\cdot))$ 定义的截断函数，这里 $\varphi\in C_0^\infty(\mathbb{R})$，$\mathrm{supp}\,\varphi\subset[-1,2]$，且在$[0,1]$上 $\varphi=1$。对给定的 $\delta\in\mathbb{R}$，这样

便定义了截断函数,从而完成了定理 6.5.1 的证明。

其次给出空间 $L^2(\mathbb{R})$ 中整体解的存在性。

定理6.5.2的证明与参考文献[57,58]中证明随机KdV方程在 $L^2(\mathbb{R})$ 中的整体存在性的方法相同,因此只概要地给出证明过程。

定理 6.5.2 的证明:对任意固定的 $T_0>0$,取序列 $(\Phi_n)_{n\in\mathbb{N}}\subset L_2^{0,4}$,使得在 $L_2^{0,0}$ 中,有

$$\Phi_n\to\Phi$$

取序列 $(u_{0,n})_{n\in\mathbb{N}}\subset L^2(\omega,H^s(\mathbb{R}))$,使得在 $L^2(\omega,L^2(\mathbb{R}))$ 中,有

$$u_{0,n}\to u_0$$

由参考文献[57]中给出的证明可知,下面的问题存在唯一的解,$u_n\in C([0,T_\omega],H^3(\mathbb{R}))$,有

$$u_n(t)=U(t)u_{0,n}+\int_0^t U(t-s)\partial(u_n^2(s))\mathrm{d}s+\int_0^t U(t-s)\Phi_n\mathrm{d}W(s)$$

对 $|u_n|_{L^2(\mathbb{R})}^2$ 应用 Itô 公式及 Martingale 不等式(见参考文献[6]定理 3.14),可得

$$\mathrm{E}(\sup_{t\in[0,T_0]}|u_n(t)|_{L_x^2}^2)\leqslant\mathrm{E}(|u_{0,n}|_{L_x^2}^2)+C\|\Phi_n\|_{L_2^{0,0}}^2$$

这样得到的序列 $(u_n)_{n\in\mathbb{N}}$ 在 $L^2(\Omega;L^\infty(0,1;L^2(\mathbb{R})))$ 中是有界的,从而弱收敛到该空间中的函数 $\tilde{u}$,该函数满足

$$\mathrm{E}(\sup_{t\in[0,T_0]}|\tilde{u}(t)|_{L_x^2}^2)\leqslant\mathrm{E}(|u_0|_{L_x^2}^2)+C\|\Phi\|_{L_2^{0,0}}^2$$

用定义$\mathcal{T}$的同样方法定义映射 $\mathcal{T}_n$,易证$\mathcal{T}_n$ 关于 n 在 $B_{r(\omega)}^{t(\omega)}$ 是一致的压缩映射,而且该不动点就是 u_n,在空间 $X_{s,b}^{T_\omega}$,它收敛到 u。这蕴含着在$[0,T_\omega]$几乎处处 $u=\tilde{u}$,并且

$$|u(t(\omega))|_{L^2(\mathbb{R})}\leqslant\|\tilde{u}\|_{L^\infty(0,1;L^2(\mathbb{R}))}$$

这样就构造了$[T_\omega,2T_\omega]$上的解,从而通过迭代可以将 u 延拓到$[0,T_\omega]$。

6.5.2 弱阻尼随机 KdV - BO 方程解的长时间行为

1. 弱阻尼随机 KdV - BO 方程的提出和主要结果

上节给出了随机 KdV - BO 方程解的存在性,本节研究下面给出的阻尼带外力的随机 KdV - BO 方程的长时间行为。

$$\partial_t u+\alpha H(\partial_x^2 u)+\beta\partial_x^3 u+u\partial_x u+\lambda u=f+\Phi\frac{\partial^2 B}{\partial t\partial x}\tag{6.5.30}$$

其中,α,β,λ 是实常数 $\alpha\beta\neq 0$。H 是 Hilbert 变换,f 表示不依赖时间的外力,u,B,Φ 含义同6.5.1 小节。

类似于 6.5.1 小节,将式(6.5.30)写成 Itô 形式的微分方程,即

$$\mathrm{d}u+[\alpha H(\partial_x^2 u)+\beta\partial_x^3 u+u\partial_x u+\lambda u-f]\mathrm{d}t=\Phi\mathrm{d}W\tag{6.5.31}$$

带有如下的初始条件

$$u(0,x)=u_0(x)\tag{6.5.32}$$

首先完全类似6.5.1小节的内容,可以验证问题式(6.5.31)、式(6.5.32)在 $H^s(R)(s=0,1)$ 存在唯一的整体解。

定理 6.5.3　假设 $\Phi \in L_2^{0,s}$，令 $u_0 \in H^s(\Omega, L^2(\mathbb{R}))$ 是 $\mathscr{F}_0$-可测，则对任意的 $T>0$ 和 P-a.s. $\| \omega \in \Omega$，问题式(6.5.31)、式(6.5.32)的解 $u(t)$ 整体存在并且属于 $C([0,T]; H^s(\mathbb{R}))$。

类似于参考文献[57]，可以证明问题式(6.5.31)、式(6.5.32)在 $H^1(R)$ 存在唯一的整体解。

定理 6.5.4　假设 $\Phi \in L_2^{0,1}$，令 $u_0 \in L^2(\Omega, H^1(\mathbb{R})))$ 是 $\mathscr{F}_0$-可测的，则对任意的 $T>0$，问题式(6.5.31)、式(6.5.32)的解 $u(t)$ 整体存在并且属于 $C([0,T]; H^1(\mathbb{R}))$，而且对任意的 $T>0$ 和 P-a.s.ω，映射 $(f, u_0): H^1(\mathbb{R}) \times H^1(\mathbb{R} \rightarrow C([-T,T]; H^1(\mathbb{R}))$ 是连续的。

可以验证定理 6.5.4，唯一解可以产生随机动力系统，并且该随机动力系统存在随机吸引子，即下述定理。

定理 6.5.5　假设 $\lambda>0, f \in H^1(\mathbb{R}), \Phi \in L_2^{0,2}, u_s \in L^2(\Omega; H^1(\mathbb{R}))$ 是 $\mathscr{F}_s$-可测的，则由带初值 $u(s)=u_s$ 的方程式(6.5.31)定义的随机动力系统在相空间 $H^1(\mathbb{R})$ 上存在整体弱随机吸引子 $\mathcal{A}$。

2. 预备知识

考察如下的线性问题：

$$(P)\begin{cases}\mathrm{d}\bar{u}+(\alpha H \partial_x^2 \bar{u}+\beta \partial_x^3 \bar{u}\, \mathrm{d}t+\lambda \bar{u})\, \mathrm{d}t=\Phi \mathrm{d}W \\ \bar{u}(0)=0\end{cases}$$

它的解由 Itô 形式的随机积分给出，即

$$\bar{u}(t)=\int_0^t U(t-s) \Phi \mathrm{d}W(s)$$

为了证明随机吸引子的存在性，引入变量替换

$$v(t)=u(t)-\bar{u}(t) \tag{6.5.33}$$

当且仅当 v 满足下面的方程

$$v_t+\alpha H v_{xx}+\beta v_{xxx}+\lambda v+v v_x+\bar{u} \bar{u}_x+v \bar{u}_x+\bar{u} v_x=f \tag{6.5.34}$$

时，u 满足方程(6.5.31)。

方程(6.5.33)是带随机系数弱阻尼带外力的 KdV－BO 方程，初始条件为

$$v(0,x)=u(0,x)+\bar{u}(0,x)=u(0,x) \tag{6.5.35}$$

类似于定理 6.5.3 和定理 6.5.4，可以得到以下定理。

定理 6.5.6　假设 $\Phi \in L_2^{0,0}$(或 $\Phi \in L_2^{0,2}$)；设 $v_0 \in L^2(\mathbb{R})$(或 $u_0 \in H^1(\mathbb{R})$)，则对任意的 $T>0$ 和 P-a.s.ω，问题式(6.5.35)的解 $v(t)$ 属于 $C([0,T]; L^2(\mathbb{R}))$（或 $C([0,T]; H^1(\mathbb{R}))$。

现在总结一下上面的存在性结果。对 P-a.s.$\omega \in \Omega$ 带初值 $v(s,x)=u(s,x)=v_s, s \in \mathbb{R}$ 的方程(6.5.34)的解成立着：

① 假设定理 6.5.6 的条件成立，对 $s<T$，任意的 $T \in \mathbb{R}$ 和 $v_s \in L^2(\mathbb{R})$，则存在唯一的解 $v \in C([s,T]; L^2(\mathbb{R}))$；

② 假设定理 6.5.6 的条件成立，对 $s<T$，任意的 $T \in \mathbb{R}$ 和 $v_s \in L^2(\mathbb{R})$，则存在唯一的解 $v \in C([s,T]; H^1(\mathbb{R}))$；

③ 用 $v(t,\omega; s, v_s)$ 表示初值 $v(s,x)=u(s,x)=v_s, s \in \mathbb{R}$ 的方程(6.5.34)的解，则映

射 $v_s \mapsto v(t,\omega;s,v_s)$ 对任意的 $s \leqslant T$ 连续。

有了上面的预备知识就可以构造弱阻尼带外力的随机 KdV - BO 方程定义的随机动力系统。考察 $t=0$ 时函数值为零的连续函数空间：

$$\Omega = \{\omega \in C(\mathbb{R},\mathbb{R}) : \omega(0) = 0\}$$

令 $\mathscr{F}$ 是由 Ω 的紧开拓扑诱导的 Borelσ- 代数，令 P 是 $(\Omega,\mathscr{F})$ 上的 Wiener 测度，$(\beta_1(t,\omega),\cdots,\beta_k(t,\omega),\cdots) = \omega(t)$。定义时间平移

$$\theta_s\omega(t) = \omega(t+s) - \omega(s), \qquad t,s \in \mathbb{R} \tag{6.5.36}$$

则 $(\Omega,\mathscr{F},P,\theta_t)$ 是遍历可测的动力系统。

注意到 $v_s \mapsto v(t,\omega;s,v_s)$，定义

$$u(t,\omega;s,u_s) = \phi(t,s;\omega)u_s = v(t,\omega;s;v_s) + \bar{u}(t,\omega)$$

其中，$v(t,\omega;s;v_s)$ 是初值为 $v(s) = v_s$ 的方程(6.5.34) 的解，$\bar{u}(t)$ 满足

$$\left.\begin{aligned} &\mathrm{d}\bar{u} + (\alpha H\partial_x^2\bar{u} + \beta\partial_x^3\bar{u} + \lambda\bar{u})\mathrm{d}t = \Phi\mathrm{d}W \\ &\bar{u}(s) = \bar{u}_s \end{aligned}\right\}$$

显然，对任意的 $s \leqslant r \leqslant t$，有

$$\phi(t,s;\omega) = \phi(t,r;\omega)\phi(r,s;\omega)$$

注意到式(6.5.36)，对任意的 $s,t \in \mathbb{R}^+$，$u_s \in H^1(\mathbb{R})$，P-a. s. 有

$$\phi(t+s,0;\omega)u_0 = \phi(t,0;\theta_s\omega)\phi(s,0;\omega)u_0$$

因此由下面的式子定义的过程 $S: R^+ \times \Omega \times V \to V$

$$S(t,\omega)u_0 = \phi(t,0:\omega)u_0$$

满足 cocycle 的性质。S 是带初值 $u(s) = u_s$ 的方程(6.5.31) 所产生的关于 $(\Omega,\mathscr{F},P,(\theta_t)_{t\in\mathbb{R}})$，在 $H^1(\mathbb{R})$ 上连续的随机动力系统。

3. 紧吸收集的存在性

在下面的计算中固定 $\omega \in \Omega$，所得到的结论 P-a. s. 成立。通常将 $L^p(\mathbb{R})(1 \leqslant p \leqslant \infty)$ 简记为 L_x^p；$L^p([0,T];L^q(\mathbb{R}))(1 \leqslant p \leqslant \infty, 1 \leqslant q \leqslant \infty)$ 简记为 $L_t^p(L_x^q)$；$L^p(\mathbb{R};L^q([0,T])(1 \leqslant p \leqslant \infty, 1 \leqslant q \leqslant \infty)$ 简记为 $L_x^p(L_t^q)$。

任意给定 $f,g \in L^2(\mathbb{R})$，Hilbert 变换算子具有如下的性质：

$$H^2 f = -f, \qquad H(fg) = H(HfHg) + fHg + gHf$$

$$(f,Hg) = -(Hf,g), \qquad (Hf,f) = 0$$

$$(Hf,Hg) = (f,g), \qquad \|Hf\| = \|f\|$$

$$\forall f \in H^1(\mathbb{R}), \qquad Hf_x = (Hf)_x$$

在证明紧的吸收集的存在性之前，首先给出线性问题(P)：

$$(P)\begin{cases} \mathrm{d}\bar{u} + (\alpha H\partial_x^2\bar{u} + \beta\partial_x^3\bar{u}\,\mathrm{d}t + \lambda\bar{u})\mathrm{d}t = \Phi\mathrm{d}W \\ \bar{u}(0) = 0 \end{cases}$$

的解 $\bar{u}$ 的一些估计式。

因此，首先引入关于问题(P) 的空间：

$$\begin{aligned} X_\sigma(T) = \{&u \in C(0,T;H^\sigma(\mathbb{R})) \cap L^2(\mathbb{R};L^\infty([0,T])) \\ &D^\sigma\partial_x u \in L^\infty(\mathbb{R};L^2([0,T])), \partial_x u \in L^4([0,T];L^\infty(\mathbb{R}))\} \end{aligned}$$

其中，$\sigma < 1$。

引理 6.5.9　对 $\bar{\sigma} > \frac{3}{4}$ 假设 $\Phi \in L_2^{0,\bar{\sigma}}$，则对任意的 $T>0$ 和任意的满足 $\frac{3}{4} < \sigma < \bar{\sigma}$ 的 σ，$\bar{u} \in X_\sigma(T)$ a. s. 成立，而且成立着

$$E(\sup_{t\in[0,T]} \| \bar{u} \|_{H_x^\sigma}^2) \leqslant C \| \Phi \|_{L_2^{0,\sigma}}^2, \qquad \forall\, 3/4 < \sigma \leqslant \bar{\sigma} \tag{6.5.37}$$

$$\mathrm{E}((\int_0^T \sup_{x\in\mathbb{R}} | \partial_x \bar{u} |^4 \mathrm{d}t)^{1/2}) \leqslant \| \Phi \|_{L_2^{0,\bar{\sigma}}}^2 \tag{6.5.38}$$

$$\mathrm{E}(\int_{\mathbb{R}} \sup_{t\in[0,T]} | \bar{u} |^2 \mathrm{d}x) \leqslant C(\bar{\sigma}) \| \Phi \|_{L_2^{0,\bar{\sigma}}}^2 \tag{6.5.39}$$

令 $0 < \varepsilon < \inf\{\bar{\sigma}, 2\}$，则

$$\mathrm{E}(\sup_{x\in\mathbb{R}} \int_0^T | D^{\bar{\sigma}\varepsilon} \partial_x \bar{u} |^2 \mathrm{d}t) \leqslant C(\varepsilon) \| \Phi \|_{L_2^{0,\bar{\sigma}}}^2 \tag{6.5.40}$$

而且

$$\mathrm{E}((\int_0^T \sup_{x\in\mathbb{R}} | \bar{u} |^4 \mathrm{d}t)^{1/2}) \leqslant \| \Phi \|_{L_2^{0,\bar{\sigma}}}^2 \tag{6.5.41}$$

其中，$C(\varepsilon)$ 和 $C(\bar{\sigma})$ 分别依赖于 $\varepsilon, \bar{\sigma}$。

注 6.5.2　之所以在 $\Phi \in L_2^{0,2}$ 上所加的条件比 $\Phi \in L_2^{0,1}$ 条件强(见参考文献[57])，是因为在下面的证明中，要求线性问题的解 $\bar{u}$ 有更好的光滑性，从而有下面的估计：

$$\mathrm{E}((\int_0^T \sup_{x\in\mathbb{R}} | \partial_x^2 \bar{u} |^4 \mathrm{d}t)^{1/2}) \leqslant \| \varphi \|_{L_2^{0,\bar{\sigma}}}^2 \tag{6.5.42}$$

$$\mathrm{E}(\sup_{x\in\mathbb{R}} \int_0^T | D\partial_x \bar{u} |^2 \mathrm{d}t) \leqslant C \| \Phi \|_{L_2^{0,\bar{\sigma}}}^2 \tag{6.5.43}$$

为了证明弱紧集的存在性，首先证明相空间 $L^2(\mathbb{R})$ 在时间 $t=-1$ 时吸收集的存在性。设 $s<-1$，给定 $u_s \in L^2(\mathbb{R})$，v 是带初始条件 $v(s,x) = v_s = u_s + \bar{u}_s$ 的方程(6.5.34)的解。方程(5.34)两边乘以 $v \in L^2(\mathbb{R})$，在区域 $\mathbb{R}$ 对变量 x 进行积分，有

$$\frac{1}{2}\frac{\mathrm{d}}{\mathrm{d}t} \| v \|^2 + \lambda \| v \|^2 = \int_{\mathbb{R}} \left(fv - \frac{1}{2}\bar{u}_x v^2 - \bar{u}\bar{u}_x v \right) \mathrm{d}x$$

进而有

$$\frac{\mathrm{d}}{\mathrm{d}t} \| v \|^2 + \lambda \| v \|^2 \leqslant \| \bar{u}_x \|_{L_x^\infty} \| v \|^2 + \frac{2}{\lambda} \| \bar{u}_x \|_{L_x^\infty}^2 \| \bar{u} \|^2 + \frac{2}{\lambda} \| f \|^2 \tag{6.5.44}$$

注意到引理 6.5.9 的结论，对 $s \leqslant -1$ 应用 Gronwall 引理，可得

$$\begin{aligned}
\| v(-1) \|^2 \leqslant{}& \| v(s) \|^2 \exp\left[-\int_s^{-1} (\lambda - \| \bar{u}_x \|_{L_x^\infty}) \mathrm{d}\tau \right] + \\
& \int_s^{-1} \left(\frac{2}{\lambda} \| \bar{u}_x \|_{L_x^\infty}^2 \| \bar{u} \|^2 + \frac{2}{\lambda} \| f \|^2 \right). \\
& \exp\left[-\int_t^{-1} (\lambda - \| u_x \|_{L_x^\infty}) \mathrm{d}\tau \right] \mathrm{d}t \leqslant \\
& \| v(s) \|^2 \exp\{ -(-1-s)^{3/4} [\lambda(-1-s)^{1/4} - \| \bar{u}_x \|_{L_t^4(L_x^\infty)}] \} + \\
& \frac{2}{\lambda} \int_s^{-1} \| \bar{u}_x \|_{L_x^\infty}^2 \| \bar{u} \|_{L_x^2}^2 \exp[-\int_t^{-1} (\lambda - \| \bar{u}_x \|_{L_x^\infty}) \mathrm{d}\tau] \mathrm{d}t +
\end{aligned}$$

$$\frac{2}{\lambda}\int_s^{-1}\|f\|^2\exp\left[-\int_t^{-1}(\lambda-\|\bar{u}_x\|_{L_x^\infty})\mathrm{d}\tau\right]\mathrm{d}t\leqslant$$
$$\|v(s)\|^2\mathrm{e}^{-(-1-s)^{3/4}[\lambda(-1-s)^{1/4}-\|\Phi\|_{L_2^{0,\bar{\sigma}}}]}+K_1$$

注意到

$$\int_s^{-1}\|\bar{u}_x\|_{L_x^\infty}^2\|\bar{u}\|^2\exp[-\int_t^{-1}(\lambda-\|\bar{u}_x\|_{L_x^\infty})\mathrm{d}\tau]\mathrm{d}t\leqslant$$
$$\sup_{t\in(-1,s)}\|\bar{u}\|\int_s^{-1}\|\bar{u}_x\|_{L_x^\infty}^2\exp\left[-\int_t^{-1}(\lambda-\|\bar{u}_x\|_{L_x^\infty})\mathrm{d}\tau\right]\mathrm{d}t\leqslant$$
$$\|\Phi\|_{L_2^{0,\sigma}}^2(\|\Phi\|_{L_2^{0,\bar{\sigma}}}^2+C)$$

又

$$\int_s^{-1}\|f\|^2\exp\left[-\int_t^{-1}(\lambda-\|\bar{u}_x\|_{L_x^\infty})\mathrm{d}\tau\right]\mathrm{d}t\leqslant C\|f\|^2$$

从而得到 $K_1=C\left(\|\Phi\|_{L_2^{0,\sigma}}^2\|\Phi\|_{L_2^{0,\bar{\sigma}}}^2+\|\Phi\|_{L_2^{0,\sigma}}^2+\frac{2}{\lambda}\|f\|_{L_x^2}^2\right)$。

这样就得到了下面的引理。

命题 6.5.3 存在依赖于 ω 的常数 $r_1(\omega)>0$，对任意的 $\rho>0$，存在 $t(\omega)\leqslant-1$，几乎处处成立着下面的事实：对任意的 $s\leqslant\bar{t}(\omega)$ 及所有的 $u_s\in L^2(\mathbb{R})$ 满足 $\|u_s\|\leqslant\rho$，带初始条件 $u(s,x)=u_s$ 的方程(6.5.31)的解 u 成立着下面的不等式

$$\|u(-1,\omega)\|^2\leqslant r_1^2(\omega)\tag{6.5.45}$$

证明：对任意给定的 $\rho>0$，存在 $\bar{t}(\omega)$ 使得

$$\mathrm{e}^{-(-1-s)^{3/4}[\lambda(-1-s)^{1/4}-\|\Phi\|_{L_2^{0,\bar{\sigma}}}^2]}\rho^2\leqslant 1$$

对任意的 $s\leqslant\bar{t}(\omega)$，令

$$r_1^2(\omega)=1+K_1+\|\bar{u}(-1)\|^2$$

这样就完成了该命题的证明。

对 $s\leqslant t\leqslant 0$ 应用 Gronwall 引理，有下面的不等式：

$$\|v(t)\|^2\leqslant\|v(s)\|^2\exp\left[-\int_s^t[\lambda-\|\bar{u}_x\|_{L_x^\infty(\mathbb{R})})\mathrm{d}\tau\right]+$$
$$\frac{2}{\lambda}\int_s^t(\|\bar{u}_x\|_{L_x^\infty}^2\|\bar{u}\|^2+\|f\|^2)\exp\left[-\int_t^{-1}(\lambda-\|\bar{u}_x\|_{L_x^\infty})\mathrm{d}\tau\right]\mathrm{d}t\tag{6.5.46}$$

该不等式在后面的证明中会用到。

其次证明在相空间 $H^1(\mathbb{R})$ 中在时间 $t=0$ 的吸引集。

方程(6.5.34)两边乘以 v_{xx}，在区域 $\mathbb{R}$ 上积分，得

$$\frac{1}{2}\frac{\mathrm{d}}{\mathrm{d}t}\|v_x\|^2-\frac{1}{2}((v^2)_x,v_{xx})+\lambda\|v_x\|^2+\frac{3}{2}(\bar{u}_x,v_x^2)+(\bar{u}_x,v_x)+$$
$$(\bar{u}\bar{u}_{xx},v_x)+(v\bar{u}_{xx},v_x)-(f_x,v_x)=0\tag{6.5.47}$$

由式(6.5.34) $\times v^2$ 可推出

$$\frac{1}{3}\frac{\mathrm{d}}{\mathrm{d}t}\int_{\mathbb{R}}v^3\mathrm{d}x-\alpha\int_{\mathbb{R}}(v^2)_xHv_x\mathrm{d}x-\beta\int_{\mathbb{R}}(v^2)_xv_{xx}\mathrm{d}x+\lambda\int_x v^3\mathrm{d}x+$$
$$(\bar{u}\bar{u}_x+v\bar{u}_x+\bar{u}v_x-f,v^2)=0\tag{6.5.48}$$

而且

$$\frac{\mathrm{d}}{\mathrm{d}t}\int_{\mathbb{R}} vHv_x\mathrm{d}x+\int_{\mathbb{R}}(v^2)_xHv_x\mathrm{d}x+2\int_{\mathbb{R}}\bar{u}v_xHv_x\mathrm{d}x-$$

$$2(f-\lambda v-\bar{u}\bar{u}_x,Hv_x)=0 \tag{6.5.49}$$

联立式(6.5.47)、式(6.5.48) 和式(6.5.49)($2\beta\cdot$式(6.5.47)+式(6.5.48)$+\alpha\cdot$式(6.5.49)，可得

$$\frac{\mathrm{d}}{\mathrm{d}t}\int_{\mathbb{R}}\left(\beta\mid v_x\mid^2+\frac{1}{3}v^3+\alpha vHv_x\right)\mathrm{d}x+2\beta\lambda\parallel v_x\parallel^2+\lambda\int_{\mathbb{R}}v^3\mathrm{d}x+$$

$$2\alpha\lambda\int_{\mathbb{R}}vHv_x\mathrm{d}x+3\beta(\bar{u}_x,v_x^2)+2\alpha(\bar{u},v_xHv_x)+2\beta(\bar{u}_x^2+\bar{u}\bar{u}_{xx}+$$

$$v\bar{u}_{xx}-f_x,v_x)+(\bar{u}\bar{u}_x+v\bar{u}_x+\bar{u}v_x-f,v^2)-2\alpha(f-\bar{u}\bar{u}_x,Hv_x)=0 \tag{6.5.50}$$

记

$$\Phi(v)=\int_{\mathbb{R}}\left(\beta\mid v_x\mid^2+\frac{1}{3}v^3+\alpha vHv_x\right)\mathrm{d}x$$

同时注意到

$$-(v_x\bar{u},v^2)=2(v_x\bar{u},v^2)+(v\bar{u}_x,v^2),\qquad -(v_x\bar{u},v^2)=\frac{1}{3}(v\bar{u}_x,v^2)$$

$$\mid 3(\bar{u}_x,v_x^2)\mid\leqslant 3\parallel\bar{u}\parallel_{L_x^\infty}\parallel v_x\parallel_{L_x^2}^2,\qquad \mid 2\alpha(\bar{u},v_xHv_x)\mid\leqslant 2\mid\alpha\mid\parallel\bar{u}\parallel L^\infty\parallel v_x\parallel^2$$

可推出

$$\frac{\mathrm{d}}{\mathrm{d}t}\varphi(v)-\left(\lambda-\frac{2\mid\alpha\mid}{\beta}\parallel\bar{u}\parallel_{L_x^\infty}-3\parallel\bar{u}_x\parallel_{L_x^\infty}\right)\varphi(v)+\beta\lambda\parallel u_x\parallel^2\leqslant$$

$$-\left(\frac{2}{3}\lambda+\frac{2\mid\alpha\mid}{3\beta}\parallel\bar{u}\parallel_{L_x^\infty}+\parallel\bar{u}\parallel_{L_x^\infty}\right)\int_{\mathbb{R}}v^3\mathrm{d}x-\alpha\left(\lambda+\frac{2\mid\alpha\mid}{\beta}\parallel\bar{u}\parallel_{L_x^\infty}+\right.$$

$$\left.3\parallel\bar{u}\parallel_{L_x^\infty}\right)\int_{\mathbb{R}}vHv_x-2\beta(\bar{u}_x^2+\bar{u}\bar{u}_{xx}+v\bar{u}_{xx}-f_x,v_x)-(\bar{u}\bar{u}_x+$$

$$\frac{2}{3}v\bar{u}_x-f,v^2)+2\alpha(f-\bar{u}\bar{u}_x,Hv_x) \tag{6.5.51}$$

现在对式(6.5.51) 的右端项分别进行估计：

$$\mid 2\beta(v\bar{u}_{xx},v_x)\mid\leqslant C\parallel\bar{u}_{xx}\parallel_{L_x^\infty}^2\parallel v\parallel_{L_x^\infty}^2+\frac{\beta\lambda}{12}\parallel v_x\parallel_{L_x^2}^2$$

$$\mid 2\beta(\bar{u}_x^2,v_x)\mid\leqslant 2\parallel u_x\parallel_{L_x^\infty}\parallel u_x\parallel_{L_x^2}\parallel u_x\parallel_{L_x^2}\leqslant C\parallel\bar{u}_x\parallel_{L_x^\infty}^2\parallel\bar{u}_x\parallel_{L_x^2}^2+\frac{\beta\lambda}{12}\parallel v_x\parallel_{L_x^2}^2$$

$$\mid 2\beta(\bar{u}\bar{u}_{xx},v_x)\mid\leqslant C\parallel\bar{u}\bar{u}_{xx}\parallel_{L_x^2}^2+\frac{\beta\lambda}{12}\parallel v_x\parallel_{L_x^2}^2$$

$$\left|-\frac{2}{3}(v\bar{u}_x,v^2)\right|+\parallel\bar{u}_x\parallel_{L_x^\infty}\parallel v\parallel_{L^3(\mathbb{R})}^3\leqslant\mid\bar{u}_x\mid_{L_x^\infty}\mid v\mid_{L_x^2}^{5/2}\mid v_x\mid_{L_x^2}^{1/2}\leqslant$$

$$C\parallel\bar{u}_x\parallel_{L_x^\infty}^4+\mid v\mid_{L_x^2}^5+\frac{\beta\lambda}{12}\mid v_x\mid_{L_x^2}^2$$

$$\mid-(\bar{u}\bar{u}_x,v^2)\mid\leqslant\parallel\bar{u}_x\parallel_{L_x^\infty}\parallel\bar{u}\parallel_{L_x^2}\parallel v\parallel_{L_x^4}^2\leqslant\parallel\bar{u}_x\parallel_{L_x^\infty}\parallel\bar{u}\parallel_{L_x^2}\parallel v\parallel_{L_x^2}^{3/2}\parallel v_x\parallel_{L_x^2}^{1/2}\leqslant$$

$$\parallel\bar{u}_x\parallel_{L_x^\infty}^{4/3}\parallel\bar{u}\parallel_{L_x^2}^{4/3}\parallel v\parallel_{L_x^2}^2+\frac{\beta\lambda}{12}\parallel v_x\parallel_{L_x^2}^2\leqslant C(\lambda)\parallel\bar{u}_x\parallel_{L_x^\infty}^4+\parallel\bar{u}\parallel_{L_x^2}^2\parallel v\parallel_{L_x^2}^3+\frac{\beta\lambda}{12}\parallel v_x\parallel_{L_x^2}^2$$

$$\mid-2\beta(f_x,v_x)\mid\leqslant C(\lambda)\parallel f_x\parallel_{L_x^2}^2+\frac{\beta\lambda}{12}\parallel v_x\parallel_{L_x^2}^2$$

$$\mid(f,v^2)\mid\leqslant C(\lambda)\parallel f\parallel_{L_x^2}^{4/3}\parallel v\parallel_{L_x^2}^2+\frac{\beta\lambda}{12}\parallel v_x\parallel_{L_x^2}^2$$

$$\frac{2}{3}\lambda\|v\|_{L^3(\mathbb{R})}^3\leqslant C(\lambda)\|v\|_{L_x^2}^{10/3}+\frac{\beta\lambda}{12}\|v_x\|_{L_x^2}^2$$

$$\frac{2|\alpha|}{3\beta}\|\bar{u}\|_\infty\int_{\mathbb{R}}|v|^3\mathrm{d}x\leqslant C\|\bar{u}_x\|^2+\|\bar{u}\|^2+\|v\|^{20/3}+\frac{\beta\lambda}{12}\|v_x\|_{L_x^2}^2$$

$$|\alpha\lambda\int_{\mathbb{R}}(vHv_x+2fHv_x)\mathrm{d}x)|\leqslant C(\|v\|^2+\|f\|^2)+\frac{\beta\lambda}{12}\|v_x\|_{L_x^2}^2$$

$$\left|\frac{2\alpha^2}{\beta}\|\bar{u}\|_\infty\int_{\mathbb{R}}vHv_x\mathrm{d}x\right|\leqslant C\|\bar{u}_x\|^2+\|\bar{u}\|^2\|v\|^4+\frac{\beta\lambda}{12}\|v_x\|_{L_x^2}^2$$

$$|(\bar{u}\bar{u}_x,Hv_x)|=|-(\bar{u}_x^2,Hv)-(\bar{u}\bar{u}_{xx},Hv)|\leqslant$$

$$C(\|v\|^2+\|\bar{u}\bar{u}_{xx}\|^2+\|\bar{u}_x\|^4)+\frac{\beta\lambda}{12}\|v_x\|_{L_x^2}^2$$

把上述估计式带入式(6.5.51)可得

$$\frac{\mathrm{d}}{\mathrm{d}t}\varphi(v)+\left(\lambda-\frac{2|\alpha|}{\beta}\|\bar{u}\|_{L_x^\infty}-3\|\bar{u}_x\|_{L_x^\infty}\right)\varphi(v)\leqslant$$

$$C(\|\bar{u}_{xx}\|_{L_x^\infty}^2\|v\|_{L_x^2}^2+\|\bar{u}_x\|_{L_x^\infty}^2\|\bar{u}_x\|_{L_x^2}^2+$$

$$\|\bar{u}\bar{u}_{xx}\|_{L_x^2}^2+\|\bar{u}_x\|_{L_x^2}^2+\|v\|_{L_x^2}^5+\|\bar{u}_x\|_{L_x^\infty}^4+\|\bar{u}\|_{L_x^2}^2\|v\|_{L_x^2}^3+$$

$$\|f\|_{L_x^2}^{4/3}\|v\|_{L_x^2}^2+\|v\|_{L_x^2}^{10/3}+\|\bar{u}\|^2+\|v\|^{20/3}+\|\bar{u}\|^2\|v\|^4)$$

对 $s\leqslant 0$ 应用 Gronwall 引理，有

$$\varphi(v(0))\leqslant\varphi(v(s))\mathrm{e}^{-\int_s^0(\lambda-\frac{2|\alpha|}{\beta}\|\bar{u}\|_{L_x^\infty}-3\|\bar{u}_x\|_{L_x^\infty})\mathrm{d}\tau}+C\int_s^0(\|\bar{u}_{xx}\|_{L_x^\infty}^2\|v\|_{L_x^2}^2+$$

$$\|\bar{u}_x\|_{L_x^\infty}^2\|\bar{u}_x\|_{L_x^2}^2+\|\bar{u}\|_{L_x^2}^2+\|\bar{u}\bar{u}_{xx}\|_{L_x^2}^2+\|\bar{u}_x\|_{L_x^\infty}^4+\|v\|_{L_x^2}^5+$$

$$\|\bar{u}_x\|_{L_x^\infty}^4+\|\bar{u}\|_{L_x^2}^2\|v\|_{L_x^2}^3+\|f_x\|_{L_x^2}^2+\|f\|_{L_x^2}^{4/3}\|v\|_{L_x^2}^2+$$

$$\|v\|_{L_x^2}^{10/3})\mathrm{e}^{-\int_t^0(\lambda-\frac{2|\alpha|}{\beta}\|\bar{u}\|_{L_x^\infty}-3\|\bar{u}_x\|_{L_x^\infty})\mathrm{d}\tau}\mathrm{d}t \tag{6.5.52}$$

不等式(6.5.52)右边的有界性可以通过下面的估计得到。

应用式(6.5.46)可得

$$\int_s^0\|\bar{u}_{xx}\|_{L_x^\infty}^2\|v(t)\|_{L_x^2}^2\mathrm{e}^{-\int_t^0(\lambda-\frac{2|\alpha|}{\beta}\|\bar{u}\|_{L_x^\infty}-3\|\bar{u}_x\|_{L_x^\infty})\mathrm{d}\tau}\mathrm{d}t\leqslant$$

$$\int_s^0\|\bar{u}_{xx}\|_{L_x^\infty}^2\{\|v(s)\|^2\exp[-\int_s^t(\lambda-\|u_x\|_{L_x^\infty(\mathbb{R})})\mathrm{d}\tau]+$$

$$C\}\mathrm{e}^{-\int_t^0(\lambda-\frac{2|\alpha|}{\beta}\|\bar{u}\|_{L_x^\infty}-3\|\bar{u}_x\|_{L_x^\infty})\mathrm{d}\tau}\mathrm{d}t\leqslant$$

$$\int_s^0\|\bar{u}_{xx}\|_{L_x^\infty}^2\|v(s)\|^2\mathrm{e}^{-(-s)^{3/4}[(-s)^{1/4}\lambda-4\|\bar{u}_x\|_{L_t^4(L_x^\infty)}]}\mathrm{d}t+$$

$$C\int_s^0\|\bar{u}_{xx}\|_{L_x^\infty}^2\mathrm{e}^{-\int_t^0(\lambda-\frac{2|\alpha|}{\beta}\|\bar{u}\|_{L_x^\infty}-3\|\bar{u}_x\|_{L_x^\infty})\mathrm{d}\tau}\mathrm{d}t\leqslant$$

$$C\|\bar{u}_{xx}\|_{L_t^4(L_x^\infty)}^4$$

同时有

$$\int_s^0\int_{-\infty}^{+\infty}|\bar{u}|^2|\bar{u}_{xx}|^2\mathrm{d}x\mathrm{d}t\leqslant\int_{-\infty}^{+\infty}\operatorname*{ess.\,sup}_{t\in[s,0]}|\bar{u}|^2\int_s^0|\bar{u}_{xx}|^2\mathrm{d}x\mathrm{d}t\leqslant$$

$$\int_{-\infty}^{+\infty}\operatorname*{ess.\,sup}_{t\in[s,0]}|\bar{u}|^2\mathrm{d}x\operatorname*{ess.\,sup}_{x\in\mathbb{R}}\int_s^0|\bar{u}_{xx}|^2\mathrm{d}t=$$

$$\|\bar{u}\|_{W_x^{2,\infty}(L_t^2)}^2\|\bar{u}\|_{L_x^2(L_t^\infty)}^2$$

不等式(6.5.52)右边其他项的估计是显然的，故省略。注意到式(6.5.37)～式(6.5.43)，可得

$$\varphi(v(0))\leqslant\varphi(v(s))\mathrm{e}^{-\int_s^0(\lambda-3\|\bar{u}_x\|_{L_x^\infty})\mathrm{d}\tau}+CK_2\leqslant$$
$$\varphi(v(s))\mathrm{e}^{-\int_s^0(\lambda-3\|\bar{u}_x\|_{L_x^\infty})\mathrm{d}\tau}+CK_3$$

其中

$$K_2=C(\|\bar{u}_{xx}\|^2_{W_x^{2,\infty}(L_t^2)}\|\bar{u}\|^2_{L_x^2(L_t^\infty)}+\|\bar{u}_{xx}\|^4_{L_t^4(L_x^\infty)}+\|u\|^2_{L_t^\infty(L_x^2)}\|\bar{u}\|^4_{L_t^4(L_x^\infty)}+$$
$$\|\bar{u}\|^2_{L_x^2(L_t^\infty)}+\|\bar{u}_x\|^4_{L_t^4(L_x^\infty)}+\|\bar{u}\|^2_{L_x^2(L_x^\infty)}+\|f_x\|^2_{L_x^2})$$

并且

$$K_3=\|\Phi\|^4_{L_2^{0,\bar{\sigma}}}+\|\Phi\|^6_{L_2^{0,\bar{\sigma}}}+\|f_x\|^2_{L_x^2}$$

从而得到了下面的命题。

命题6.5.4　存在依赖于ω的常数$r_2(\omega)>0$，对任意的$\rho>0$，存在$\tilde{t}(\omega)\leqslant-1$，几乎处处成立着下面的事实：对任意的$s\leqslant\tilde{t}(\omega)$及所有的$u_s\in H^1(\mathbb{R})$满足$\|u_s\|_{H^1(\mathbb{R})}\leqslant\rho$，具有初始条件$u(s,x)=u_s$的方程(6.5.31)的解$u$满足下面的不等式：

$$\varphi(v(0))\leqslant r_2(\omega)$$

证明：对任意给定的$\rho>0$，存在$\tilde{t}(\omega)$使得

$$\varphi(v(s))\mathrm{e}^{-\int_s^0\left(\lambda-\frac{2|\alpha|}{\beta}\|\bar{u}\|_{L_x^\infty}-3\|\bar{u}_x\|_{L_x^\infty}\right)\mathrm{d}\tau}\leqslant 1$$

对任意的$s\leqslant\tilde{t}(\omega)$，令

$$r_2(\omega)=1+K_3$$

从而完成了该命题的证明。

推论6.5.1　存在依赖于ω的常数$r_3(\omega)>0$，具有初始条件$u(s,x)=u_s$的方程(6.5.31)的解u满足下面的不等式：

$$\|u(0,\omega;s,u_s)\|_{H^1(\mathbb{R})}\leqslant r_3(\omega)$$

证明：可以从$\varphi(v)$的表示式推出

$$\frac{2}{3}\|v_x\|^2-\frac{1}{2^{8/3}}\|v\|^{10/3}\leqslant\varphi(v)$$

从而

$$\|v_x(0)\|^2\leqslant 3/2+3/2K_1+\frac{3}{2^{10/3}}\|v(-1)\|^{10/3}$$

由$v(t)=u(t)-\bar{u}(t)$，有

$$\|u_x(0)\|^2\leqslant 2(\|v_x(0)\|^2+\|\bar{u}_x(0)\|^2)\leqslant$$
$$2\left[3/2+3/2K_1+\frac{3}{2^{10/3}}\|v(-1)\|^{10/3}+\|\bar{u}_x(0)\|^2\right]=r_3(\omega)$$

这样就证明了该推论。

下面给出吸引子的构造。

此处由于空间变量的定义域是无界的，故使得$H^1(\mathbb{R})\to L^2(\mathbb{R})$的嵌入非紧。注意到6.4节对弱阻尼带外力随机KdV方程吸引子的构造，完全类似地可以构造弱阻尼带外力随机KdV-BO方程吸引子。

类似于引理6.4.2证明，可以得到下面的引理[77]。

引理 6.5.10 在状态空间 $H^1(\mathbb{R})$ 上，解算子 $\{U(t)\}_{t\in\mathbb{R}}$ 是弱连续的，即在 $H^1(\mathbb{R})$ 上，若 v_{0n} 弱收敛到 v_0（当 $n\to\infty$），则在 $H^1(\mathbb{R})$ 上，对任意的 $t\in\mathbb{R}$，$U(t)v_{0n}$ 弱收敛到 $U(t)v_0$。

由命题 6.5.4、推论 6.5.1 和引理 6.5.10，就可以构造相空间的弱吸引子。记

$$A_1=\{u\in H^1(\mathbb{R}),\ \|u_x\|^2\leqslant r_3(\omega)\}$$

则 A_1 是动力系统 $\{\phi(t,\omega)\}$ 在 $H^1(\mathbb{R})$ 中的吸收集，而且由引理 6.4.2 知道它是弱紧的。

类似于命题 6.4.3，可以得到下面的命题。

命题 6.5.5 令

$$\mathcal{A}(\omega)=\overline{\bigcup_{B\subset X}\Lambda_B(\omega)}$$

其中，$\Lambda_B(\omega)\overset{\text{def}}{=\!=\!=}\bigcap_{s\geqslant 0}\overline{\bigcup_{t\geqslant s}S(t,\theta_{-t}\omega)B}$ 是集 B 的 omega-极限集，这里的闭包取 $H^1(\mathbb{R})$ 的弱拓扑，则 $\mathcal{A}(\omega)$ 包含在 A_1 非空，它是 $\varphi(t,\omega)$ 不变的，即

$$S(t,\omega)\,\mathcal{A}(\omega)=\mathcal{A}(\theta_t\omega),\qquad \forall\, t>0$$

则 $\mathcal{A}(\omega)$ 具有下面的性质：

① $\mathcal{A}(\omega)$ 是随机紧集；

② 对任意的 $t\geqslant 0$，$S(t,\omega)A(\omega)=A(\theta_t\omega)$；

③ $\mathcal{A}(\omega)$ 在下面的意义下吸收所有确定性的有界集

$$\lim_{t\to\infty}d^w(S(t,\theta_t\,\omega)B,A)=0$$

其中，d^w 表示 $H^1(\mathbb{R})$ 中弱拓扑产生的距离。

那么，$\mathcal{A}(\omega)$ 就是要寻求的吸引子，这样就证明了定理 6.5.5。

第 7 章　Lévy 过程驱动的随机偏微分方程

本章讨论由 Lévy 过程驱动的非线性抛物型方程，共分为两部分。第一部分讨论由 Poisson 白噪声驱动的抛物型随机偏微分方程，第二部分则主要讨论由 Lévy 噪声驱动的热方程，读者可以参见参考文献[24，90，91，92]等。

7.1　Poisson 白噪声驱动的随机抛物方程

令$(\Omega,\mathscr{F},P)$为完备的概率空间，并赋予通常的σ-代数流$\{\mathscr{F}_t\}_{t\in[0,\infty)}$（即$\{\mathscr{F}_t\}$为$\mathscr{F}$的右连续递增的子$\sigma$-代数族，且$\mathscr{F}_0$包含$\mathscr{F}$的所有概率为 0 的子集，即子集$A\subset\Omega$使得$P(A)=0$），记$(U,\mathcal{B}(U),\nu)$为一$\sigma$-有限的测度空间。给定$u_0\in L^2(R)$，考虑如下由 Poisson 白噪声驱动的随机偏微分方程[90]：

$$\begin{aligned}\frac{\partial u}{\partial t}(t,x,\omega)&=\frac{1}{2}\frac{\partial^2 u}{\partial x^2}(t,x,\omega)+f(t,x,u(t,x,\omega))+\\&\quad\int_U g(t,x,u(t,x,\omega);y)\eta_t(\mathrm{d}y,\omega)\\u(0,x,\omega)&=u_0(x)\end{aligned}\tag{7.1.1}$$

其中，$t\in(0,\infty)$，$x\in R$，$\omega\in\Omega$，$f:(0,\infty)\times R\times R\to R$和$g:(0,\infty)\times R\times R\times U\to R$可测，且$\eta_t$为 Poisson 白噪声，由如下 Radon－Nikodym 导数决定

$$\eta_t(\mathrm{d}y,\omega)=\frac{q(\mathrm{d}t,\mathrm{d}y,\omega)}{\mathrm{d}t}(t),\qquad t\in[0,\infty)\tag{7.1.2}$$

这里$\mathrm{d}t$理解为$[0,\infty)$上的 Lebesgue 测度，q为关于$\{\mathscr{F}_t\}$的 Poisson 点过程相联系的鞅测度，即对任意使得$\nu(A)<\infty$的$A\in\mathcal{B}(U)$，q由如下式子给出，即

$$q([0,t],A,\omega)\xlongequal{\text{def}}p([0,t],A,\omega)-t\nu(A),\qquad t\in[0,\infty),\qquad\omega\in\Omega$$

其中，p为给定的$\{\mathscr{F}_t\}$-Poisson 点过程在$[0,\infty)\times U$上的 Poisson 随机测度。

方程(7.1.1)可以写为如下更为严格的形式：

$$\begin{aligned}u(t,x,\omega)&=\int_R G_t(x-z)u_0(z)\mathrm{d}z+\\&\quad\int_0^t\int_R G_{t-s}(x-z)f(s,z,u(s,z,\omega))\mathrm{d}z\mathrm{d}s+\\&\quad\int_0^{t+}\int_U\int_R G_{t-s}(x-z)g(s,z,u(s,z,\omega);y)\mathrm{d}zq(\mathrm{d}s,\mathrm{d}y,\omega)\end{aligned}\tag{7.1.3}$$

其中，$t\in(0,\infty)$，$x\in R$，$\{G_t(x)x\in R\}_{t\in[0,\infty)}$为算子$\dfrac{\partial}{\partial t}-\dfrac{1}{2}\dfrac{\partial^2}{\partial x^2}$在$[0,\infty)\times R$上的基本解，即

$$G_t(x)=\begin{cases}\dfrac{1}{\sqrt{2t}}\mathrm{e}^{-\frac{x^2}{2t}}, & t>0,\quad x\in R\\ \delta_x, & t=0\end{cases}$$

此基本解有如下性质：

① $\int_R G_t(x)\mathrm{d}x = 1$，　$t \geqslant 0$；

② 对 $x, x' \in R, 0 \leqslant r < s < t < \infty$，下式成立，即

$$\int_R G_{t-s}(x-z)G_{s-r}(z-x')\mathrm{d}z = G_{t-r}(x-x')$$

关于 q 的随机积分将在以后具体给出。

将方程(7.1.1)理解为方程(7.1.3)是基于如下事实。注意到 $G_t(x)$ 满足如下方程：

$$\left(\frac{\partial}{\partial t} - \frac{1}{2}\frac{\partial^2}{\partial x^2}\right)G_t(x) = \delta_{t,x}$$

从而如果 $u(t,x,\omega)$ 满足如下的方程

$$u(t,x,\omega) = (G * u_0)(t,x) + \{G * [f(\cdot,\cdot,u(\cdot,\cdot,\omega)) + \int_U g(\cdot,\cdot,u(\cdot,\cdot,\omega);y)\eta(\mathrm{d}y,\omega)]\}(t,x) \tag{7.1.4}$$

则 u 满足方程(7.1.1)。事实上，对 $t > 0, x \in R$，下式成立，即

$$\left(\frac{\partial}{\partial t} - \frac{1}{2}\frac{\partial^2}{\partial x^2}\right)u(t,x,\omega) = \left(\frac{\partial}{\partial t} - \frac{1}{2}\frac{\partial^2}{\partial x^2}\right)(G * u_0)(t,x) +$$
$$\left(\frac{\partial}{\partial t} - \frac{1}{2}\frac{\partial^2}{\partial x^2}\right)\{G * [f(\cdot,\cdot,u(\cdot,\cdot,\omega)) +$$
$$\int_U g(\cdot,\cdot,u(\cdot,\cdot,\omega);y)\eta(\mathrm{d}y,\omega)]\}(t,x) =$$
$$f(t,x,u(t,x,\omega)) + \int_U g(t,x,u(t,x,\omega);y)\eta_t(\mathrm{d}y,\omega)$$

其中，在第二个等式里用到如下事实：对 $t > 0, x \in R$，下式成立，即

$$\left(\frac{\partial}{\partial t} - \frac{1}{2}\frac{\partial^2}{\partial x^2}\right)(G * u_0)(t,x) =$$
$$\left(\frac{\partial}{\partial t} - \frac{1}{2}\frac{\partial^2}{\partial x^2}\right)\int_R G_t(x-z)u_0(z)\mathrm{d}z =$$
$$\int_R \left[\left(\frac{\partial}{\partial t} - \frac{1}{2}\frac{\partial^2}{\partial x^2}\right)G_t(x-z)\right]u(0,z,\omega)\mathrm{d}z =$$
$$\int_R \delta_{t,x}(s,z)u_0(0,z,\omega)\mathrm{d}z =$$
$$0$$

另一方面，方程(7.1.4)等价于方程(7.1.3)，即

$$\{G * [f(\cdot,\cdot,u(\cdot,\cdot,\omega)) + \int_U g(\cdot,\cdot,u(\cdot,\cdot,\omega);y)\eta(\mathrm{d}y,\omega)]\}(t,x) =$$
$$\int_0^t \int_R G_{t-s}(x-z)f(s,z,u(s,z,\omega))\mathrm{d}z\mathrm{d}s +$$
$$\int_0^t \int_U \int_R G_{t-s}(x-z)g(s,z,u(s,z,\omega);y)\eta_s(\mathrm{d}y,\omega)\mathrm{d}z\mathrm{d}s =$$
$$\int_0^t \int_R G_{t-s}(x-z)f(s,z,u(s,z,\omega))\mathrm{d}z\mathrm{d}s +$$
$$\int_0^{t+} \int_U \int_R G_{t-s}(x-z)g(s,z,u(s-,z,\omega);y)\mathrm{d}zq(\mathrm{d}s,\mathrm{d}y,\omega)$$

接下来通过研究积分方程(7.1.3)来研究方程(7.1.1)，将在一定的条件下给出方程解的存在唯一性。

7.1.1　主要结论

令$(\Omega,\mathscr{F},(\mathscr{F}_t)_{t\geqslant 0},P)$为完备概率空间，对$(U,\mathcal{B}(U))$上任意$\sigma$-有限的测度$\nu$，存在$U$上平稳的 Poisson 点过程，其特征为$\nu$。于是现假设给定了一$(\mathscr{F}_t)$-Poisson 过程，其特征测度为$\nu$，Poisson 随机测度为$p$，即$p:\mathcal{B}([0,\infty))\times\mathcal{B}(U)\times\Omega\to\mathbb{N}/\{0\}$。对$\nu(B)<\infty$的$B\in\mathcal{B}(U)$，令

$$q([0,t],B,\omega)\xlongequal{\text{def}}p([0,t],B,\omega)-t\nu(B),\qquad t\in[0,\infty),\qquad \omega\in\Omega$$

则$\{q([0,t],B,\omega)\}_{t\in[0,\infty),\omega\in\Omega}$为$\{\mathscr{F}_t\}$-鞅。记

$$\mathbb{H}_p^2=\Big\{h(t,y,\omega):h\text{ 是}(\mathscr{F}_t)\text{-可料的且对任意的 }t>0,\text{有}$$

$$\mathrm{E}\int_0^t\int_U|h(s,y,\cdot)|^2\nu(\mathrm{d}y)\mathrm{d}s<\infty\Big\}$$

对任意的$t>0$，$h\in\mathbb{H}_p^2$，随机积分

$$\int_0^{t+}\int_U h(s,y,\cdot)q(\mathrm{d}s,\mathrm{d}y,\cdot),\qquad t\in[0,\infty)$$

是良定义的[72,93]。进一步，随机积分具有如下的等矩性质：

$$\mathrm{E}\Big[\int_0^{t+}\int_U h(s,y,\cdot)q(\mathrm{d}s,\mathrm{d}y,\cdot)\Big]^2=\mathrm{E}\Big[\int_0^t\int_U|h(s,y,\cdot)|^2\nu(\mathrm{d}y)\mathrm{d}s\Big]$$

从而对于任意的$t>0$，$\omega\in\Omega\mapsto\int_0^{t+}\int_U h(s,y,\cdot)q(\mathrm{d}s,\mathrm{d}y,\cdot)\in L^2(\Omega)$。

为了以后的应用，将关于$q(\mathrm{d}s,\mathrm{d}y,\cdot)$的随机积分推广到更一般的函数类$\mathbb{H}$，而对$\mathbb{H}$中的元素不要求可料性。如果函数是$(\mathscr{F}_t)$-适应的且存在序列$\{h_n(t,y,\omega)\}_{n\in\mathbb{N}}\subset\mathbb{H}_p^2$使得对任意的$t>0$，有

$$\mathrm{E}\int_0^t\int_U[h_n(s,y,\cdot)-h(s,y,\cdot)]^2\mathrm{d}s\nu(\mathrm{d}y)\to 0,\qquad \text{当 }n\to\infty$$

则称函数$h(t,y,\omega)\in\mathbb{H}$。

对$h\in\mathbb{H}$以及任意固定的$t>0$，随机积分

$$\int_0^{t+}\int_U h(s,y,\cdot)q(\mathrm{d}s,\mathrm{d}y,\cdot)$$

可定义为如下 Cauchy 列的$L^2(\Omega)$极限

$$\Big\{\int_0^{t+}\int_U h_n(s,y,\cdot)q(\mathrm{d}s,\mathrm{d}y,\cdot)\Big\}_{n\in\mathbb{N}}$$

由于$h_n\in\mathbb{H}_p^2$，故对任意的$n\in\mathbb{N}$，上述积分作为$L^2(\Omega)$的随机变量是良定义的，即

$$\int_0^{t+}\int_U h(s,y,\cdot)q(\mathrm{d}s,\mathrm{d}y,\cdot)\xlongequal{\text{def}}L^2(\Omega)\text{-}\lim_{n\in\infty}\int_0^{t+}\int_U h_n(s,y,\cdot)q(\mathrm{d}s,\mathrm{d}y,\cdot)\qquad(7.1.5)$$

由$\mathbb{H}_p^2$中元素随机积分的等矩性质可知，积分的定义式(7.1.5)不依赖于$\{h_n(t,y,\omega)\}_{n\in\mathbb{N}}\subset\mathbb{H}_p^2$的具体选取，从而随机积分$\int_0^{t+}\int_U h(s,y,\cdot)q(\mathrm{d}s,\mathrm{d}y,\cdot)$是良定的、平方可积的$(\mathscr{F}_t)$-鞅。

注 7.1.1 值得指出的是对任意 $h \in \mathbb{H}$，一般来说没有 h 的可料修正 $h' \in \mathbb{H}_p^2$ 使得对任意的 $t > 0, h(t, \cdot, \cdot) = h'(t, \cdot, \cdot), \nu(\mathrm{d}y) \otimes P(\mathrm{d}\omega)$-a. s.。事实上，由定义，$\forall h \in \mathbb{H}$，存在序列 $\{h_n(s, y, \omega)\}_{n \in \mathbb{N}} \subset \mathbb{H}_p^2$，使得对任意的 $t > 0$，有

$$\lim_{n \to \infty} \mathrm{E} \int_0^t \int_U [h_n(s, y, \cdot) - h(s, y, \cdot)]^2 \mathrm{d}s \nu(\mathrm{d}y) = 0$$

尽管 $h_n \in \mathbb{H}_p^2$ 是可料的，由于 $\mathrm{d}s$ 是含在上述积分中的，从而不能保证上述意义下的可料修正 $h' \in \mathbb{H}_p^2$ 的存在性，即对任意的 $t > 0, h'(t, \cdot, \cdot) = h(t, \cdot, \cdot), \nu(\mathrm{d}y) \otimes P(\mathrm{d}\omega)$-a. s.。

现在给出式(7.1.3)的解的精确定义。称 u 是方程的解，如果 $u: (t, x, \omega) \in [0, \infty) \times R \times \Omega \mapsto u(t, x, \omega) \in R$，且满足

① u 是$(\mathscr{F}_t)$-适应的。

② $\{u(t, x, \cdot)\}_{t \in [0, \infty)}$ 作为 $L^2(\Omega, \mathscr{F}, P)$-值的随机变量关于时间 t 是左极右连的，即

$$u(t-, x, \cdot) = L^2(\Omega)\text{-}\lim_{s \uparrow t} u(s, x, \cdot), \qquad t \in [0, \infty)$$

称这样的 u 是修正 Càdlàg 的。显然这里的左极概念比通常的要弱。

③ 对 a. s. $\omega \in \Omega$，u 关于 x 是连续的。

④ 方程(7.1.3)a. s. 成立。

如果 u^1, u^2 是方程(7.1.3)关于$(\Omega, \mathscr{F}, (\mathscr{F}_t)_{t \geqslant 0}, P)$的两个解，则对所有的$(t, x) \in [0, \infty) \times R$，$u^1(t, x, \cdot) = u^2(t, x, \cdot)$ a. s.，称解是唯一的，即它们是相同随机过程的修正。

主要的结论如下。

定理 7.1.1 假设对任意的 $T > 0$，存在一正的实值函数 $K_T \in L^1(R) \cap L^2(R)$ 以及常数 $L_T > 0$，使得对任意的$(t, x, z) \in [0, T] \times R \times R$，有

$$[f(t, x, z)]^2 + \int_U [g(t, x, z; y)]^2 \nu(\mathrm{d}y) \leqslant K_T(x)(1 + |z|) \tag{7.1.6}$$

$$\begin{aligned}&[f(t, x, z_1) - f(t, x, z_2)]^2 + \int_U [g(t, x, z_1; y) - \\ &g(t, x, z_2; y)]^2 \nu(\mathrm{d}y) \leqslant L_T |z_1 - z_2|^2\end{aligned} \tag{7.1.7}$$

则对任意的 $u_0 \in L^2(R)$，方程(7.1.3)存在唯一解。

7.1.2 定理的证明

采用逐步逼近的方法证明解的存在性。为此目的，对任意的 $T > 0$，记 $\mathscr{U}_T$ 为如下函数的集合：$u \in [0, T] \times R \times R \to R$ 关于(t, x, ω)可测，$(\mathscr{F}_t)_{t \in [0, T]}$-适应的，关于时间 t 是修正 Càdlàg 的，关于 x 是连续的，且对任意的 $t \in [0, T]$，以及 a. s. $\omega \in \Omega$，$u(t, \cdot, \omega) \in L^2(R)$。显然 $\mathscr{U}_T$ 为一向量空间且在线性运算下是封闭的。

对任意的$(t, x, \omega) \in [0, T] \times R \times \Omega$ 以及 $n \in \mathbb{N}$，记

$$u_1(t, x, \omega) = \int_R G_t(x - z) u_0(z) \mathrm{d}z$$

$$\begin{aligned}u_{n+1}(t, x, \omega) &= u_1(t, x, \omega) + \int_0^t \int_R G_{t-s}(x - z) f(s, z, u_n(s, z, \omega)) \mathrm{d}z \mathrm{d}s + \\ &\int_0^{t+} \int_U \int_R G_{t-s}(x - z) g(s, z, u_n(s-, z, \omega); y) \mathrm{d}z q(\mathrm{d}s, \mathrm{d}y, \omega) \xlongequal{\text{def}} \\ &u_1(t, x, \omega) + I_1(t, x, \omega) + I_2(t, x, \omega)\end{aligned} \tag{7.1.8}$$

对序列$\{u_n\}_{n\in\mathbb{N}}$，有如下的正则性结论。

命题 7.1.1　对任意的 $T>0$，$u_n\in\mathscr{U}_T$ 对任意的 $n\in\mathbb{N}$ 成立。

将此命题的证明分为如下的一些引理。对任意固定的 $T>0$，显然有以下引理。

引理 7.1.1　$u_1\in\mathscr{U}_T$。

引理 7.1.2　如果 $u_n\in\mathscr{U}_T$ 对某个 $n\in\mathbb{N}$ 成立，则对任意固定的 $t\in[0,T]$，有

$$h_{t,x}(s,y,\omega)\overset{\text{def}}{=\!=}\int_R G_{t-s}(x-z)g(s,z,u_n(s-,z,\omega);y)\mathrm{d}z\in\mathbb{H}$$

证明：对任意固定的 $t\in[0,T]$，对$(s,z,\omega)\in[0,T]\times R\times\Omega$，定义

$$u_n^m(s,z,\omega)\overset{\text{def}}{=\!=}u_n(0,z,\omega)+\sum_{k=0}^{2^m-1}u_n\left(\frac{kt}{2^m},z,\omega\right)1_{(kt/2^m,((k+1)t)/2^m]}(s),\qquad m\in\mathbb{N}$$

显然 $u_n^{(m)}(s,z,\omega)$ 是$(\mathscr{F}_s)$-可料的。对$(s,z,\omega)\in[0,T]\times R\times\Omega$，定义

$$h_{t,x}^m(s,y,\omega)=\int_R G_{t-s}(x-z)g(s,z,u_n^{(m)}(s,z,\omega);y)\mathrm{d}z,m\in\mathbb{N}\tag{7.1.9}$$

则 $h_{t,x}^m(s,y,\omega)$ 是$(\mathscr{F}_s)$-可料的。下面证明对任意固定的 $m\in\mathbb{N}$ 以及$(t,x)\in[0,T]\times R$，式(7.1.9)定义的 $h_{t,x}^m$ 属于$\mathbb{H}_p^2$。首先注意式(7.1.9)中的积分项关于变量 z 是可测的，从而仅需说明

$$\int_R G_{t-s}(x-z)\mid g(s,z,u_n^{(m)}(s,z,\omega);y)\mid\mathrm{d}z<\infty,\qquad \nu\text{-a.e.},\qquad y\in U$$

由 Schwarz 不等式可得

$$\int_R G_{t-s}(x-z)\mid g(s,z,u_n^{(m)}(s,z,\omega);y)\mid\mathrm{d}z\leqslant$$
$$\{\int_R G_{t-s}(x-z)\mathrm{d}z\}^{1/2}\{\int_R G_{t-s}(x-z)[g(s,z,u_n^{(m)}(s,z,\omega);y)]^2\mathrm{d}z\}^{1/2}<$$
$$\infty,\qquad \nu\text{-a.e.}$$

仅需证明

$$\int_R G_{t-s}(x-z)[g(s,z,u_n^{(m)}(s,z,\omega);y)]^2\mathrm{d}z<\infty,\qquad \nu\text{-a.e.},\qquad y\in U\tag{7.1.10}$$

事实上，由 Fubini 定理，假设式(7.1.6)以及 Schwarz 不等式可得

$$\int_U\int_R G_{t-s}(x-z)[g(s,z,u_n^{(m)}(s,z,\omega);y)]^2\mathrm{d}z\nu(\mathrm{d}y)<\infty\tag{7.1.11}$$

这表明式(7.1.10)成立，从而式(7.1.9)中的 $h_{t,x}^m(s,y,\omega)$ 是良定的，而且利用等式(7.1.11)可得对任意的$(t,x)\in[0,T]\times R$，有

$$\mathrm{E}\int_0^t\int_U[h_{t,x}^m(s,y,\cdot)]^2\nu(\mathrm{d}y)\mathrm{d}s\leqslant$$
$$\mathrm{E}\int_0^t\int_U\int_R G_{t-s}(x-z)[g(s,y,u_n^{(m)};y)]^2\mathrm{d}z\nu(\mathrm{d}y)\mathrm{d}s<\infty$$

即 $h_{t,x}^m\in H_p^2$。

另一方面，利用假设式(7.1.7)可得

$$\mathrm{E}\int_0^t\int_U[h_{t,x}^m(s,y,\cdot)-h_{t,x}^l(s,y,\cdot)]^2\nu(\mathrm{d}y)\mathrm{d}s\leqslant$$
$$\int_0^t\mathrm{d}s\int_R G_{t-s}(x-z)\times$$

$$\mathrm{E}\{\int_U [g(s,z,u_n^{(m)}(s-,z,\cdot);y) - g(s,z,u_n^{(l)}(s-,z,\cdot);y)]^2 \nu(\mathrm{d}y)\}\mathrm{d}z \to 0, \quad m,l\to\infty$$

其中，最后一步用到了 $u_n(s,z,\cdot)$ 的左极限 $u_n(s-,z,\cdot)$ 在 $L^2(\Omega)$ 中存在。由此对任意固定的 $t\in[0,T]$，$h_{t,x}(s,y,\omega)\in\mathbb{H}$。

引理 7.1.3 如果对某个 $n\in\mathbb{N}$，$u_n\in\mathscr{U}_T$，则式(7.1.8)中的积分 I_1,I_2 是良定的。

证明：对于第一个积分

$$I_1(t,x,\omega)=\int_0^t\int_R G_{t-s}(x-z)f(s,z,u_n(s,z,\omega))\mathrm{d}z\mathrm{d}s$$

注意到积分项关于变量 $s\in[0,t]$ 以及 $z\in R$ 是可测的，从而仅需证明积分项关于变量 z 在 R 上是可积的。事实上，利用 Schwarz 不等式以及假设式(7.1.6)可知，对任意的 $0\leqslant s\leqslant t\leqslant T$ 以及 $x\in R$，有

$$\begin{aligned}&\int_R G_{t-s}(x-z)\mid f(s,z,u_n(s,z,\omega))\mid \mathrm{d}z\leqslant\\&\quad\{G_{t-s}(x-z)[K_T(z)]^2\mathrm{d}z\}^{1/2}\times\\&\quad\{2\int_R G_{t-s}(x-z)(1+[u_n(s,z\omega)])^2\mathrm{d}z\}^{1/2}<\infty,\qquad \text{a. s.}\end{aligned}$$

这里用到了如下事实：由假设 $u_n\in\mathscr{U}_T$ 可知，$u_n(s,\cdot,\omega)\in L^2(R)$ a. s.，以及 G_t 在 $L^2(R)$ 上是压缩的。这样，$I_1(t,x,\omega)$ 作为 $(t,x)\in[0,T]\times R$ 的 Lebesgue 积分，在 $[0,T]\times R$ 上是良定的。

另一方面，利用引理 7.1.2 可知 $h_{t,x}\in\mathbb{H}$，从而积分 I_2 作为 Cauchy 列

$$\{\int_0^{t+}\int_U h_{t,x}^m(s,y,\cdot)q(\mathrm{d}s,\mathrm{d}y,\cdot)\}_{m\in\mathbb{N}}$$

的 $L^2(\Omega)$ 极限是良定的。证毕。

引理 7.1.4 如果对某个 $n\in\mathbb{N}$，$u_n\in\mathscr{U}_T$ 成立，则对任意固定的 $(t,x)\in[0,T]\times R$，$I_2(t,x,\omega)$ 是 $(\mathscr{F}_t)$-可测的，且 I_2 关于变量 $t\in[0,T]$ 是修正 Càdlàg 的，关于 $x\in R$ 是连续的 a. s.。

证明：首先注意到 $I_2(t,x\omega)$ 关于 t 是右连续的。这一点是显然的，这是因为 $I_2(t,x,\cdot)$ 的上极限是由关于 t 的右极限给出的，从而由引理 7.1.3 的证明不难看出，I_2 是良定的。

对任意 $t\in[0,T]$，对 $(r,x,\omega)\in[0,T]\times R\times\Omega$，令

$$J_t(r,x,\omega)\xlongequal{\text{def}}\int_0^{r+}\int_U h_{t,x}(s,y,\omega)q(\mathrm{d}s,\mathrm{d}y,\omega)\tag{7.1.12}$$

则由式(7.1.10)以及引理 7.1.2 可知，$J_t(r,x,\omega)$ 是 $(\mathscr{F}_t)$-平方可积鞅，且 $h_{t,x}\in\mathbb{H}$，其二次变差过程为

$$\langle J_t(\cdot,x,\omega)\rangle(r)=\int_0^r\int_U[\int_R G_{t-s}(x-z)g(s,z,u_n(s-,z,\omega);y)\mathrm{d}z]^2\nu(\mathrm{d}y)\mathrm{d}s\tag{7.1.13}$$

进一步还有 $J_t(r,x,\omega)$ 关于变量 $r\in[0,t]$ 具有 Càdlàg 的修正[72]。另一方面还有 $I_2(t,x,\omega)=J_t(t,x,\omega)$，从而 $I_2(t,x,\omega)$ 是 $(\mathscr{F}_t)$-可测的，此还表明 I_2 是 $(\mathscr{F}_t)$-适应的。另外，由

$$L^2(\Omega)\text{-}\lim_{r\uparrow t}[J_r(r,x,\cdot)-J_t(r,x,\cdot)]=0$$

因此

$$L^2(\Omega)\text{-}\lim_{r\uparrow t} I_2(r,x,\cdot) = L^2(\Omega)\text{-}\lim_{r\uparrow t} J_r(r,x,\cdot) =$$
$$L^2(\Omega)\text{-}\lim_{r\uparrow t} J_t(r,x,\cdot) +$$
$$L^2(\Omega)\text{-}\lim_{r\uparrow t}[J_r(r,x,\cdot) - J_t(r,x,\cdot)] =$$
$$J_t(t-,x,\omega)$$

从而对任意的 $t\in[0,T]$ 以及 $x\in R$，$I_2(t,x,\cdot)$ 的 $L^2(\Omega)$- 左极限存在。利用 $I_2(t,x,\omega)$ 关于 t 的右连续性，便得 I_2 关于变量 t 是修正 Càdlàg 的。

下面证明 I_2 关于变量 x 是连续的。为此，先给出如下的 Kolmogorov - Prokhorov 定理。

引理 7.1.5　令 $\{X(x)\}_{x\in\mathbf{R}}$ 为一实值随机过程，如果对任意的 $L>0$ 都存在正的常数 α_L，β_L 以及 ε_L 使得

$$\mathrm{E}\mid X(x_1) - X(x_2)\mid^{\alpha_L} \leqslant \beta_L \mid x_1 - x_2\mid^{1+\varepsilon_L}$$

对任意的 $x_1,x_2\in[-L,L]$ 成立，则 $\{X(x)\}$ 具有连续的修正(version)。

下面接着证明引理 7.1.4。令 $L>0$，$t\in[0,T]$ 为任意固定的数，$x_1,x_2\in[-L,L]$，且 $x_1\neq x_2$。注意到

$$\mathrm{E}[J_t(r,x_1,\cdot) - J_t(r,x_2,\cdot)]^2 =$$
$$\mathrm{E}\int_0^{r+}\int_U\{\int_R[G_{t-s}(x_1-z) - G_{t-s}(x_2-z)]\times$$
$$g(s,z,u_n(s-,z,\omega);y)\mathrm{d}z\}^2\nu(\mathrm{d}y)\mathrm{d}s$$

从而利用 Schwarz 不等式、Fubini 定理以及假设式(7.1.7) 可得

$$\mathrm{E}\mid I_2(t,x_1,\cdot) - I_2(t,x_2,\cdot)\mid^2 = \mathrm{E}\mid J_t(t,x_1,\cdot) - J_t(t,x_2,\cdot)\mid^2 =$$
$$\mathrm{E}\int_0^t\int_U\{\int_R[G_{t-s}(x_1-z) - G_{t-s}(x_2-z)]g(s,z,u_n(s-,z,\cdot);y)\mathrm{d}z\}^2\nu(\mathrm{d}y)\mathrm{d}s \leqslant$$
$$\mathrm{E}\{\int_0^t\int_R\mid G_{t-s}(x_1-z) - G_{t-s}(x_2-z)\mid\mathrm{d}z\times$$
$$\int_R\mid G_{t-s}(x_1-z) - G_{t-s}(x_2-z)\mid\int_U[g(s,z,u_n(s-,z,\cdot);y)]^2\nu(\mathrm{d}y)\mathrm{d}z\mathrm{d}s\} \leqslant$$
$$\mathrm{E}\left\{\int_0^t\frac{1}{\sqrt{2\pi s}}\int_R\mid \mathrm{e}^{-z^2/2s} - \mathrm{e}^{-(x_2-x_1+z)^2/2s}\mid\mathrm{d}z\times\right.$$
$$\left.\int_R\mid G_s(x_1-z) - G_s(x_2-z)\mid K_T(z)(1+\mid u_n((t-s)-,z,\cdot)\mid)\mathrm{d}z\mathrm{d}s\right\}$$

这里用到了变换 $z\mapsto x_1-z$ 以及 $s\mapsto t-s$。

另一方面，有

$$\int_R\mid G_s(x_1-z) - G_s(x_2-z)\mid K_T(z)[1+\mid u_n((t-s)-,z,\cdot)\mid]\mathrm{d}z \leqslant$$
$$\left\{\int_R[G_s(x_1-z) + G_s(x_2-z)][K_T(z)]^2\mathrm{d}z\right\}^{1/2}\times$$
$$\left\{2\int_R[G_s(x_1-z) + G_s(x_2-z)](1+[u_n((t-s)-,z,\cdot)]^2)\mathrm{d}z\right\}^{1/2} \leqslant$$
$$2\sqrt{2}\left\{\sup_{x\in[-L,L]}\int_R G_s(x-z)[K_T(z)]^2\mathrm{d}z\right\}^{1/2}\times$$
$$\left\{\sup_{x\in[-L,L]}\int_R G_s(x-z)(1+[u_n((t-s)-,z,\cdot)]^2)\mathrm{d}z\right\}^{1/2} \xlongequal{\text{def}} c_{t,L}(s) < \infty$$

其中,最后一步用到下述事实。由 K_T 的假设以及 $u_n \in L^2(R)$,第四、第五行的积分关于 x 是连续的,从而这两个积分关于 $x \in [-L,L]$ 的上确界是有限的。进一步,利用变量替换 $z \mapsto (x_2-x_1)z$ 以及 $s \mapsto (x_2-x_1)^2 s$,可得对 $x_1,x_2 \in [-L,L]$,有

$$\begin{aligned}&\mathrm{E}\mid I_2(t,x_1,\cdot)-I_2(t,x_2,\cdot)\mid^2 \leqslant \\ &\mathrm{E}[\sup_{s\in[0,t]} c_{t,L}(s)]\int_0^t \frac{1}{\sqrt{2\pi s}}\int_R \mid \mathrm{e}^{-z^2/2s}-\mathrm{e}^{-(x_2-x_1+z)^2/2s}\mid \mathrm{d}z\mathrm{d}s \leqslant \\ &\mathrm{E}[\sup_{t\in[0,T]}\sup_{s\in[0,t]} c_{t,L}(s)](x_2-x_1)^2\int_0^{t/(x_2-x_1)^2}\frac{1}{\sqrt{2\pi s}}\times \\ &\int_R \mid \mathrm{e}^{-z^2/2s}-\mathrm{e}^{-(1+z)^2/2s}\mid \mathrm{d}z\mathrm{d}s \leqslant \\ &(x_2-x_1)^2 C_{L,T}\end{aligned}$$

其中

$$\begin{aligned}C_{L,T} \xlongequal{\text{def}} &\mathrm{E}[\sup_{t\in[0,T]}\sup_{s\in[0,t]} c_{t,L}(s)]\times \\ &\int_0^\infty \frac{1}{\sqrt{2\pi s}}\int_R \mid \mathrm{e}^{-z^2/2s}-\mathrm{e}^{-(1+z)^2/2s}\mid \mathrm{d}z\mathrm{d}s < \infty\end{aligned}$$

为仅依赖于 L 的常数(对固定的 T),从而有估计

$$\sup_{t\in[0,T]}\mathrm{E}\mid I_2(t,x_1,\cdot)-I_2(t,x_2,\cdot)\mid^2 \leqslant (x_2-x_1)^2 C_{L,T}$$

利用引理 7.1.5 便知,I_2 关于变量 x 具有连续的修正。

注:值得指出的是,一般情况下 I_2 不是$(\mathscr{F}_t)$-鞅,因为其积分项依赖于 t,而且对不同的 t 是不同的。

引理 7.1.6 如果对某个 $n \in \mathbb{N}$,$u_n \in \mathscr{U}_T$,则 $u_{n+1} \in \mathscr{U}_T$。

证明:利用引理 7.1.1,$u_1 \in \mathscr{U}_T$,从而利用式(7.1.8)以及 $\mathscr{U}_T$ 在线性运算下是封闭的,仅需证明 $I_j \in \mathscr{U}_T (j=1,2)$。利用引理 7.1.4 可知,$\{I_2(t,x,\omega)\}_{(t,x,\omega)\in[0,T]\times R\times\Omega}$ 是$(\mathscr{F}_t)$-适应的,对 a. s. $\omega \in \Omega$,关于 t 具有 Càdlàg 修正,且关于 x 是连续的。由于 I_1 是依赖于参数 t,x 的 Lebesgue 积分,其积分项绝对可积且关于 t,x 是连续的,从而对于$\{I_1(t,x,\omega)\}$,同样的事实成立。而由于 I_1 是非随机积分,且其(随机的)积分项是$(\mathscr{F}_t)$-适应的,从而 I_1 是$(\mathscr{F}_t)$-适应的。下面证明对所有的 $t \in [0,T]$,$u_{n+1}(t,\cdot,\omega) \in L^2(R)$ a. s.,即要证明

$$\mathrm{E}\int_R \mid u_{n+1}(t,x,\cdot)\mid^2 \mathrm{d}x < \infty, \qquad t \in [0,T]$$

由式(7.1.8),有

$$\mathrm{E}\int_R \mid u_{n+1}(t,x,\cdot)\mid^2 \mathrm{d}x \leqslant \int_R \mid u_1(t,x,\cdot)\mid^2 \mathrm{d}x + 4\sum_{j=1}^2 \mathrm{E}\int_R \mid I_j(t,x,\cdot)\mid^2 \mathrm{d}x \tag{7.1.14}$$

从而仅需证明右端的和式是有限的。

事实上,利用 Schwarz 不等式,假设式(7.1.6)以及 Fubini 定理,可知

$$\begin{aligned}&\mathrm{E}\int_R \mid I_1(t,x,\cdot)\mid^2 \mathrm{d}x \leqslant \\ &t\mathrm{E}\int_R\int_0^t\int_R G_{t-s}(x-z)[f(s,z,u_n(s,z,\cdot))]^2 \mathrm{d}z\mathrm{d}s\mathrm{d}x \leqslant\end{aligned}$$

$$t\mathrm{E}\int_R\int_0^t\int_R G_{t-s}(x-z)K_T(z)(1+|u_n(s,z,\cdot)|)\mathrm{d}z\mathrm{d}s\mathrm{d}x \leqslant$$

$$t\mathrm{E}\int_R\int_0^t\left\{\int_R G_{t-s}(x-z)\mathrm{d}x\right\}K_T(z)(1+|u_n(s,z,\cdot)|)\mathrm{d}z\mathrm{d}s \leqslant$$

$$t\int_0^t\left\{\int_R K_T(z)\mathrm{d}z+\left[\int_R|K_T(z)|^2\mathrm{d}z\right]^{1/2}\mathrm{E}\left[2\int_R|u_n(s,z,\cdot)|^2\mathrm{d}z\right]^{1/2}\right\}\mathrm{d}s<\infty$$

其中,用到了 $K_T\in L^1(R)\cap L^2(R)$,对 $s\in[0,t]$,$u_n(s,\cdot,\omega)\in L^2(R)$a. s.,且 u_n 关于变量 s 是 Càdlàg 的。同理利用式(7.1.13)可得

$$\mathrm{E}\int_R|I_2(t,x,\cdot)|^2\mathrm{d}x=\int_R\mathrm{E}|J_t(t,x,\cdot)|^2\mathrm{d}x \leqslant$$

$$\int_R\mathrm{E}\left\{\int_0^t\int_U\left[\int_R G_{t-s}(x-z)g(s,z,u_n(s-,z,\cdot);y)\mathrm{d}z\right]^2\nu(\mathrm{d}y)\mathrm{d}s\right\}\mathrm{d}x \leqslant$$

$$\int_R\mathrm{E}\left\{\int_0^t\int_U\int_R G_{t-s}(x-z)\left[g(s,z,u_n(s-,z,\cdot);y)\right]^2\mathrm{d}z\nu(\mathrm{d}y)\mathrm{d}s\right\}\mathrm{d}x \leqslant$$

$$\mathrm{E}\int_R\left\{\int_0^t\int_R G_{t-s}(x-z)K_T(z)\left[1+|u_n(s-,z,\cdot)|\right]\mathrm{d}z\mathrm{d}s\right\}\mathrm{d}x<\infty$$

从而可得结论:$u_{n+1}\in\mathscr{U}_T$。

利用引理 7.1.1、引理 7.1.6 以及数学归纳法便得命题 7.1.1 的证明,从而(7.1.8)定义的序列 $\{u_n(t,x,\omega),(t,x,\omega)\in[0,T]\times R\times\Omega\}_{n\in\mathbb{N}}$ 是良定的。

下面将证明 $\{u_n(t,\cdot,\omega)\}_{n\in\mathbb{N}}$ 在 $L^2(R)$ 中收敛到方程(7.1.8)的解 $u(t,\cdot,\omega)$,从而完成方程(7.1.3)的存在性部分的证明。

存在性的证明:记

$$F_n(t)\overset{\text{def}}{=\!=\!=}\mathrm{E}\{\int_R[u_{n+1}(t,x,\cdot)-u_n(t,x,\cdot)]^2\mathrm{d}x\},\qquad t\in[0,T],\qquad n\in\mathbb{N}$$

利用式(7.1.8)以及 Schwarz 不等式、Fubini 定理以及假设式(7.1.7)可得,对 $n\in\mathbb{N}$,有

$$F_n(t)\leqslant$$

$$2\mathrm{E}\int_R\left\{\int_0^t\int_R G_{t-s}(x-z)[f(s,z,u_n(s,z,\cdot))-f(s,z,u_{n-1}(s,z,\cdot))]\mathrm{d}z\mathrm{d}s\right\}^2\mathrm{d}x+$$

$$2\mathrm{E}\int_R\left\{\int_0^{t+}\int_U\int_R G_{t-s}(x-z)[g(s,z,u_n(s,z,\cdot);y)-\right.$$

$$\left.g(s,z,u_{n-1}(s,z,\cdot);y)]\mathrm{d}zq(\mathrm{d}s,\mathrm{d}y,\cdot)\right\}^2\mathrm{d}x \leqslant$$

$$2tL_T\mathrm{E}\int_R\int_0^t\int_R G_{t-s}(x-z)[u_n(s,z,\cdot)-u_{n-1}(s,z,\cdot)]^2\mathrm{d}z\mathrm{d}s\mathrm{d}x+$$

$$2L_T\mathrm{E}\int_R\int_0^t\int_R G_{t-s}(x-z)[u_n(s,z,\cdot)-u_{n-1}(s,z,\cdot)]^2\mathrm{d}z\mathrm{d}s\mathrm{d}x \leqslant$$

$$2L_T(T+1)\int_0^t\mathrm{E}\int_R[u_n(s,z,\cdot)-u_{n-1}(s,z,\cdot)]^2\mathrm{d}z\mathrm{d}s=$$

$$C_TL_T\int_0^t F_{n-1}(sz)\mathrm{d}s$$

其中,$C_T=2(T+1)$ 是仅依赖于 T 的常数,从而利用归纳法可知

$$F_n(t)\leqslant[C_TL_T]^{n-1}\int_0^t\mathrm{d}t_1\int_0^{t_1}\mathrm{d}t_2\cdots\int_0^{t_{n-2}}F_1(t_{n-1})\mathrm{d}t_{n-1}$$

另一方面，利用式(7.1.8)以及假设式(7.1.6)可得

$$F_1(t)=\mathrm{E}\int_R[u_2(t,x,\cdot)-u_1(t,x,\cdot)]^2\mathrm{d}x\leqslant$$
$$C_T\int_R\int_0^t\int_R G_{t-s}(x-z)K_T(z)(1+|u_1(s,z)|)\mathrm{d}z\mathrm{d}s\mathrm{d}x\leqslant$$
$$TC_T\left\{\int_R[K_T(z)]^2\mathrm{d}z\right\}^{1/2}\left\{2T+\int_R[u_0(z)]^2\mathrm{d}z\right\}^{1/2}$$

说明这里能被仅依赖于 T 的常数控制，因此

$$0\leqslant F_n(t)\leqslant\frac{C[C_TL_TT]^{n-1}}{(n-1)!}.,\qquad n\in\mathbb{N}$$

这意味着级数 $\sum_{n\in\mathbb{N}}F_n(t)(\leqslant C\mathrm{e}^{TC_TL_T})$ 在 $[0,T]$ 上一致收敛，故序列 $\{u_n(t,\cdot,\omega):(t,\omega)\in[0,T]\times\Omega\}_{n\in\mathbb{N}}$ 对 a. s. $\omega\in\Omega$ 关于时间 $t\in[0,T]$ 一致地在 $L^2(R)$ 中收敛。定义

$$u(t,\cdot,\omega)\xlongequal{\text{def}}L^2(R)\text{-}\lim_{n\to\infty}u_n(t,\cdot,\omega)$$

容易验证对任意的 $t\in[0,T]$ 以及 a. s. $\omega\in\Omega$，$u(t,\cdot,\omega)\in L^2(R)$，且 u 是 $(\mathscr{F}_t)$-适应的。

剩下的还需要验证 u 满足方程(7.1.3)，即需要证明

$$u(t,x,\omega)=u_1(t,x,\omega)+\int_0^t\int_R G_{t-s}(x-z)f(s,z,u(s,z,\omega))\mathrm{d}z\mathrm{d}s+$$
$$\int_0^{t+}\int_U\int_R G_{t-s}(x-z)g(s,z,u(s-,z,\omega);y)\mathrm{d}zq(\mathrm{d}s,\mathrm{d}y,\omega)\qquad(7.1.15)$$

事实上，利用式(7.1.8)可得

$$\mathrm{E}\{[u_n(t,x,\cdot)-u_1(t,x,\cdot)]-$$
$$\int_0^t\int_R G_{t-s}(x-z)f(s,z,u(s,z,\cdot))\mathrm{d}z\mathrm{d}s-$$
$$\int_0^{t+}\int_U\int_R G_{t-s}(x-z)g(s,z,u(s-,z,\cdot);y)\mathrm{d}zq(\mathrm{d}s,\mathrm{d}y,\cdot)\}\leqslant$$
$$C_TL_T\int_0^t\mathrm{E}\left\{\int_R[u_{n-1}(s-,z,\cdot)-u(s-,z,\cdot)]^2\mathrm{d}z\right\}\mathrm{d}s\qquad(7.1.16)$$

由于 $\{u_n(t,\cdot,\omega):(t,\omega)\in[0,T]\times\Omega\}_{n\in\mathbb{N}}$ 对 a. s. $\omega\in\Omega$，关于 $t\in[0,T]$ 一致地在 $L^2(R)$ 中收敛到 $u(t,\cdot,\omega)$，可以对上式右端取 $L^2(\Omega)$-极限，令 $n\to\infty$ 便得到式(7.1.15)。进一步由式(7.1.15)以及和上述引理相同的论述可知，u 具有关于时间 t 是修正 Càdlàg 的以及关于 x 连续的修正，从而 u 是方程(7.1.3)的解。

唯一性的证明：令 u^1,u^2 为方程(7.1.3)的两个解，则 $u^1,u^2\in\mathscr{U}_T$ 且满足式(7.1.15)。令

$$H(t)\xlongequal{\text{def}}\mathrm{E}\{\int_R[u^1(t,x,\cdot)-u^2(t,x,\cdot)]^2\mathrm{d}x\},\qquad t\in[0,T]$$

显然它关于时间 t 是修正 Càdlàg 的，且 $\sup_{t\in[0,T]}H(t)<\infty$。利用式(7.1.15)以及和存在性相同的论述便得

$$H(t)\leqslant C_TL_T\int_0^t H(s)\mathrm{d}s$$

利用 Gronwall 不等式得到 $\sup_{t\in[0,T]}H(t)=0$。这意味着对所有的 $t\in[0,T]$ 以及 $x\in R$，有

$$u^1(t,x,\cdot)=u^2(t,x,\cdot),\qquad\text{a. s.}$$

注：正如在前面注意到式(7.1.15)右端的第二个随机积分不是 $(\mathscr{F}_t)$-鞅，从而由

式(7.1.15)给出的解不是半鞅，这是由 Poisson 白噪声驱动的随机偏微分方程与随机微分方程的一个本质区别。由 Poisson 白噪声驱动的随机微分方程的解是半鞅，读者可以参见参考文献[72]。

注：我们已经证明解 $u(t,x,\omega)$ 关于 t 是修正 Càdlàg 的，而且，$u(t,x,\omega)$ 还是在修正连续的：对任意的 $x\in R$，L^2-值随机变量序列 $\{u(t,x,\cdot)\}_{t\in[0,\infty)}$ 是连续的。事实上，由相应的 Poisson 随机测度满足 $p(\{t\},U,\cdot)=0$ 这一事实就可以看出。

最后，注意条件 $K_T\in L^1(R)$ 仅仅在引理式(7.1.6)中用到，因此直接可以得到如下的定理 7.1.1 的充分条件。

定理7.1.2　假设对任意的 $T>0$，存在一正的实值函数 $K_T\in L^2(R)$ 以及常数 $L_T>0$，使得对任意的 $(t,x,z)\in[0,T]\times R\times R$，有

$$[f(t,x,z)]^2+\int_U[g(t,x,z;y)]^2\nu(\mathrm{d}y)\leqslant K_T(x)\mid z\mid$$

$$[f(t,x,z_1)-f(t,x,z_2)]^2+\int_U[g(t,x,z_1;y)-g(t,x,z_2;y)]^2\nu(\mathrm{d}y)\leqslant L_T\mid z_1-z_2\mid^2$$

则对任意的 $u_0\in L^2(R)$，方程(1.3)存在唯一解。

7.2　Lévy 噪声驱动的随机抛物方程

在随机偏微分方程的研究中，白噪声 $\dot{W}(t,x)$ 是经常使用的一种噪声。白噪声从模型的观点来讲有许多很有吸引力的特点：它是无穷可分的，其分布是平移不变的，以及当 $(t,x)\neq(s,y)$ 时，$\dot{W}(t,x)$ 和 $\dot{W}(s,y)$ 是相互独立的等。这后一性质是彩色噪声所不具备的：彩色噪声是关于 x 变量非局部依赖性的 Gauss 噪声。

接下来讨论具有指标 $p\in(0,1)$ 的非负稳定 Lévy 噪声 $\dot{L}=\dot{L}(t,x)$ 的抛物方程。我们将在有限区域上讨论这类方程。Lévy 噪声具有如下三点重要性质：无限可分；其概率分布是平移不变的；以及当 $(t,x)\neq(s,y)$ 时，$\dot{L}(t,x)$ 和 $\dot{L}s,y)$ 是相互独立的。令 $0<\alpha\leqslant 2$，$\Delta_\alpha=-(-\Delta)^{\alpha/2}$ 为 Laplace 算子 Δ 的 $\alpha/2$ 次幂算子。在许多情形能得到方程

$$u_t=\Delta_\alpha u+\dot{L},\qquad u(0,x)=0 \tag{7.2.1}$$

的函数解，即使在 $x\in R^d$，$d>1$ 的情形也是如此。在这种情况下，首要的目的是对方程[91]

$$\begin{aligned}&u_t=\Delta_\alpha u+u^\gamma\dot{L},\qquad t>0,\quad x\in D\\&u(t,x)=0,\qquad x\in D^c\\&u(0,x)=u_0(x)\end{aligned}\tag{7.2.2}$$

的非线性项赋予适当的意义，其中 D 是 R^d 中的有界开区域。这里假设当 $x\in D^c$ 时，$u_0(x)=0$。可以将算子 Δ_α 和边界条件一起理解为指数为 α 的对称稳定过程的生成元，而且这样的过程在 D 之外停止(killed)。这样的过程具有可数个跳跃，且第一个逃逸位置可能是 D^c 中的任意位置，这也就解释了为什么这里的边界条件是给在 D^c 中的，而不仅仅是给在边界 ∂D 上的。取代 u^γ，可以考虑更一般的非线性项 $a(u)$，但是这里关键的性质已经可以由 $a(u)=u^\gamma$ 说明。和白噪声不同，这里的困难之一是方程(7.2.1)的解将具有可数的稠密的奇性集，它们相应于测度 $L(\mathrm{d}t\mathrm{d}x)$ 的原子(atom)。事实上，当称一个解 $u(t,x)$ 为函数解时，指的是 $u(t,x)$ 在 $L(\mathrm{d}t\mathrm{d}x)$ 具有原子的地方 (t,x) 上是有限的。可以假设在 $L(\mathrm{d}t\mathrm{d}x)$ 具有原子的地方 (t,x)

上是无限的，但是在我们的假设下，(t,x) 处的原子并不影响在此处的解，而仅对之后的解造成影响。

在一定的假设下，我们将证明方程(7.2.2) 的解的局部存在性。尽管不能证明唯一性，但将说明这样的解在所有的解中是最小的(minimal)。

下面给出精确的定义。为简单起见，仅构造指数 $p \in (0,1)$ 的非负的 Lévy 噪声。首先固定 $\bar{c}$ 并记 $\nu(\mathrm{d}x) = \bar{c}x^{-(p+1)}1_{[0,\infty)}(x)\mathrm{d}x$，此时 $\nu(\mathrm{d}x)$ 是指数为 p 的非降平稳过程的 Lévy 测度。定义随机测度 $\mu(\mathrm{d}s\mathrm{d}y\mathrm{d}z)$ 为在 $(s,y,z) \in [0,\infty) \times D \times [0,\infty)$ 上的随机 Poisson 测度，其强度为 $\mathrm{d}s\mathrm{d}y\nu(\mathrm{d}z)$。这样的测度包含可数个单位质量(mass) 的原子。记 $\{(t_n,y_n,c_n)\}_{n=1}^{\infty}$ 为这些原子的位置，则定义 $L(\mathrm{d}s\mathrm{d}y)$ 为 $(s,y) \in [0,\infty) \times D$ 上的随机测度，使得

$$L(\mathrm{d}s\mathrm{d}y) = \sum_{n=1}^{\infty} c_n \delta_{(t_n,y_n)}(\mathrm{d}s\mathrm{d}y)$$

其中，$\delta_{(t_n,y_n)}$ 为在 (t_n,y_n) 的 delta- 测度，记 $\mathscr{F}_t$ 为 $L(\mathrm{d}s\mathrm{d}y)$，$0 \leqslant s \leqslant t$，$x \in D$ 生成的 σ- 代数，即 $\mathscr{F}_t = \sigma\left\{\int_0^t\int_D \varphi(s,x)L(\mathrm{d}s\mathrm{d}y) : \varphi \in \mathbb{C}_c^\infty\right\}$。

此时容易对任意的随机非负函数 $f:[0,\infty) \times D \to [0,\infty]$ 定义随机积分如下：

$$\int_0^{t-}\int_D f(s,y)\mathrm{L}(\mathrm{d}s\mathrm{d}y) = \sum_{n:t_n<t} f(t_n,x_n)c_n \tag{7.2.3}$$

这里允许积分取 ∞。由于式(7.2.3) 右端所有的项都是非负的，从而式(7.2.3) 是良定的，积分上限为 $t-$ 是因为不希望积分包含 $L(\mathrm{d}s\mathrm{d}y)$ 在 t 时刻的原子的信息。当然可以用被积函数的可料性替代上述要求，但是这里利用上述定义可以使得后边的讨论更加方便。

在这样的情形，所有项都是正的，从而如果在 $L(\mathrm{d}s\mathrm{d}y)$ 具有原子的地方 (t_n,x_n) 附近被积项不是很大，就可以保证上述积分是收敛的。在考察方程(7.2.2) 的解的过程中，将说明 $u(t,x)$ 在这样的地方不是很大。事实上，比较重要的原子是 c_n 较大的那些：如果 c_n 很小，则可以要求 $u(t_n,x_n)$ 较大。另一方面，$u(t,x)$ 在任意的 (t,x) 附近都不是局部有界的，所以我们的讨论将非常细致。

和白噪声情形类似，现在解释为什么 Lévy 噪声可能会在高维产生函数解。事实上，可以将方程(2.2) 写为如下的积分形式：

$$\begin{aligned} u(t,x) = & \int_D G_\alpha(t,x,y)u_0(y)\mathrm{d}y + \\ & \int_0^{t-}\int_D G_\alpha(t-s,x,y)u^\gamma(s,y)L(\mathrm{d}s\mathrm{d}y) \end{aligned} \tag{7.2.4}$$

其中 $G_\alpha(t,x,y)$ 是如下热方程的基本解：

$$\left.\begin{aligned} & v_t = z\Delta_\alpha v, \quad t > 0, \quad x \in d \\ & v(t,x) = 0, \quad x \in D^c \\ & v(0,x) = \delta(x-y) \end{aligned}\right\} \tag{7.2.5}$$

为了方便，记

$$I(t,x) = \int_0^{t-}\int_D G_\alpha(t-s,x,y)u^\gamma(s,y)L(\mathrm{d}s\mathrm{d}y) \tag{7.2.6}$$

我们的任务之一是说明至少直到某个非负的停时 τ，$I(t,x)$ 在 $L(\mathrm{d}s\mathrm{d}y)$ 的原子的地方仍然是有限的。由于式(7.2.6) 中的被积项是非负的，故 $I(t,x)$ 是良定的，但可能是 ∞。同时，值得注意的是，如果积分上限是 t 而不是 $t-$，$u(t,x) > 0$ 且 L 在 (t,x) 具有原子，那么

$u(t,x)=\infty$。这将使得解在 t 时刻之后爆破。

下面的定理将给出方程(7.2.2)的解的局部存在性的一个判定标准，即将证明 $I(t,x)<\infty$ 以概率 1 成立，其中 (t,x) 是 $L(\mathrm{d}t\mathrm{d}x)$ 的原子的位置且 t 小于某一随机时间。设 $u(t,x),t\geqslant 0,x\in D$ 为一取值于 $[0,\infty]$ 的随机函数，如果对 $t<\tau$，它满足方程(7.2.6)，且如果 $u(t,x)$ 在 $L(\mathrm{d}s\mathrm{d}y)$ 的所有原子的位置 $(t_n,x_n)\in[0,\tau)\times D$ 上以概率 1 是有限的，则称它为方程(7.2.2)的直到停时 τ 的解。

定理 7.2.1　设 D 为 R^d 中的有界开区域，$0<p<1,\gamma>0$。令 $u_0(x)$ 为定义在 D 上的非负连续函数，且设

$$d<\frac{(1-p)\alpha}{\gamma p-(1-p)}$$

则存在随机时间 $\tau>0$，使得方程(7.2.2)在区间 $t<\tau$ 上以概率 1 有解，且在所有解中是最小的。进一步可以选择(可能是随机的)$r,c_0>0$，使得当 $t_n<\tau$ 时，$u(t_n,x_n)^\gamma<c_0 2^{rm}$，其中 (t_n,x_n) 是测度 $L(\mathrm{d}s\mathrm{d}y)$ 具有原子的位置且 $c_n\leqslant m$。

下面将证明此定理，但是在证明之前将给出一些关键的估计。证明的思路如下：$L(\mathrm{d}t\mathrm{d}x)$ 的原子在 $[0,\infty)\times D$ 中稠密，但是如果排除小的原子，则在 $[0,t)\times D$ 中仅有有限个原子，我们将研究这些大的原子距离有多近。当然 $u(t,x)$ 在这些原子的位置附近将变得更大。如果在某个原子附近的点 (s,y) 有另一个大的原子，那么在积分式(7.2.4)中 $u^\gamma(s,y)L(\mathrm{d}s\mathrm{d}y)$ 要比通常在 (s,y) 的值来得大；如果在附近有这样的一列大原子，那么解 $u(t,x)$ 将爆破。尽管期望 $u(t,x)$ 在某个有限时刻爆破，我们仍将说明它们不会立即爆破。下面将处理有限区域 D 的情形，这样比较容易控制噪声项。

7.2.1　估　计

接下来给出一些重要的估计。首先注意关于基本解 $G_\alpha(t,x,y)$ 的如下事实。令 $\bar{G}_\alpha(t,x)$ 为如下 R^d 上 α- 热方程的基本解：

$$\left.\begin{aligned}&\bar{v}_t=\Delta_\alpha\bar{v},\qquad t>0,\quad x\in R^d\\&\bar{v}(0,x)=\delta(x)\end{aligned}\right\}\tag{7.2.7}$$

令 $Z(t)$ 为指数为 α 的取值于 R^d 的对称稳定过程，ζ 为使得 $Z(t)\in D^c$ 的最小的时刻。易知 Δ_α 为 $Z(t)$ 的无穷小生产元，且有对 $v(t,x)$ 和 $\bar{v}(t,x)$ 的概率解释。令 A 为 D 的 Bore 集，则

$$\left.\begin{aligned}&\int_A v(t,x)\mathrm{d}x=P_y(Z(t\wedge\zeta)\in A)\\&\int_A\bar{v}(t,x-y)\mathrm{d}x=P_y(Z(t)\in A)\end{aligned}\right\}\tag{7.2.8}$$

引理 7.2.1　对任意的 $t>0$，以及 $x,y\in D$，有

$$G_\alpha(t,x,y)\leqslant\bar{G}_\alpha(t,x-y)$$

证明：利用平移，仅需证明对所有的 $t>0$，对任意的 Borel 子集 $A\subset D$，以及对任意的方程(7.2.5)和方程(7.2.7)的解，下式成立，即

$$\int_A v(t,x)\mathrm{d}x\leqslant\int_A\bar{v}(t,x-y)\mathrm{d}x$$

利用式(7.2.8)，由于 $Z(\zeta)\notin D$，从而

$$\int_A v(t,x)\mathrm{d}x = P_y(Z(t \wedge \zeta) \in A) \leqslant$$

$$P_y(Z(t) \in A) \leqslant \int_A \bar{v}(t,x-y)\mathrm{d}x$$

引理 7.2.2 存在仅依赖于 α,d 的常数 $C>0$，使得如果 $t>0, s>t$ 或者 $|x-y|^\alpha>t$，则

$$G_\alpha(s,x,y) \leqslant \bar{G}_\alpha(s,x-y) \leqslant Ct^{-d/\alpha}$$

证明：利用方程(7.2.7)的伸缩性质(scaling properties)，有

$$t^{d/\alpha}G_\alpha(s,x-y) = G_\alpha\left(\frac{s}{t},\frac{(x-y)}{t^{1/\alpha}}\right)$$

仅需对 $t=1$ 证明此引理。另一方面当 $|(s,x)\to\infty|$ 时 $G_\alpha(s,x)\to 0$，从而上述事实是显然的。

定义区域 $R_\theta(t,x)$，使得在其上 $\bar{G}_\alpha(t-s,x-y)$ 不比 θ 来得小，即

$$R_\theta = \{(s,y): -\infty < s < t, y\in R^d, \bar{G}_\alpha(t-s,x-y)\geqslant\theta\}$$

记 A_θ 为 R_θ 的体积，则 A_θ 并不依赖于 (t,x)。事实上，$R_\theta(t,x)$ 仅仅是 $R_\theta(0,0)$ 的一个平移。

引理 7.2.3 存在仅依赖于 α,d 的常数 K，使得

$$A_\theta \leqslant (K\theta)^{-(\alpha+d)/d}$$

证明：仅需考虑 $R_\theta(0,0)$ 的体积。令 $\bar{t}=(\theta/C)^{-\alpha/d}$，其中 C 为引理 7.2.2 中的常数。利用引理 7.2.2 可知，在区域 $\{(s,y):0\geqslant s\geqslant -\bar{t}, |y|\leqslant \bar{t}^{1/\alpha}\}$ 之外，$\bar{G}_\alpha(s,y)\leqslant\theta$ 成立，而此区域的体积是 $\theta^{-(\alpha+d)/d}$ 的常数倍，证毕。

曾定义 $\nu(\mathrm{d}x)=\bar{c}x^{-(p+1)}1_{[0,\infty)}(x)\mathrm{d}x$，则如下引理成立。

引理 7.2.4 存在某个常数 $c_1>0$，使得 $\nu((2^{-n-1},2^{-n}]) = c_1 2^{np}$。

考虑 Lévy 测度的原子。如果其质量 $c_n\in(2^{-n-1},2^{-n}]$，则称此原子是 n- 型的。接下来将分析 m- 型原子和 n- 型原子有多近，更精确地讲，如果 (t,x) 处有一 n- 型原子，将估计 m- 型原子对积分 $I(t,x)$ 的贡献。其中，$I(t,x)$ 在式(7.2.6)中定义。为 $G_\alpha u^\gamma$ 关于 Lévy 噪声 $L(\mathrm{d}t\mathrm{d}x)$ 的重积分，需要如下事实。

引理 7.2.5 令 X 为参数为 $\lambda>0$ 的 Poisson 随机变量，则存在不依赖于 λ 的常数 $C>0$，使得对 $n\geqslant 1$，下式成立，即

$$P(X\geqslant n)\leqslant C\frac{\lambda^n}{n^n\mathrm{e}^{-n}\sqrt{n}}$$

证明：利用 Stirling 逼近，有估计

$$P(X\geqslant n) = \mathrm{e}^{-\lambda}\sum_{k=0}^{\infty}\frac{\lambda^{k+n}}{(k+n)!}\leqslant$$

$$\frac{\lambda^n}{n!}\mathrm{e}^{-\lambda}\sum_{k=0}^{\infty}\frac{\lambda^k}{k!}\leqslant$$

$$\frac{\lambda^n}{n!}\leqslant C\frac{\lambda^n}{n^n\mathrm{e}^{-n}\sqrt{n}}$$

引理 7.2.6 令 $\zeta(n_0)$ 为在 $[0,t]\times D$ 上首次存在 n- 型原子的时刻 $t\geqslant 0$，则对任意的 $n_0\in\mathbb{Z}$，下式成立，即

$$P(\zeta(n_0)>0)=1$$

证明:记 $\mu(D)$ 为 D 的 Lebesgue 测度,则在 $[0,t]\times D$ 上的 n- 型($n<n_0$) 原子的数量构成强度为 $\nu((2^{-n_0},\infty))\mu(D)$ 的 Poisson 随机过程。显然由引理 7.2.4 可知,$\nu((2^{-n_0},\infty))\mu(D)<\infty$ 成立。

下面将估计 m- 型和 n- 型原子的分离程度。令 $C_1\in(0,1)$ 待定,并记

$$M(N)=[C_1 2^{-N}]+1$$

固定 $\varepsilon>0$,定义

$$\theta(n,m,N)=[c_1 C_1 \mathrm{e}2^{mp-N}2^{\varepsilon(m+n+N)M(N)^{-1}}2^{-(N/2)M(n)^{-1}}]^{d/(\alpha+d)}/K \tag{7.2.9}$$

显然 $\lim\limits_{N\to\infty}\theta(n,m,N)=0$,从而对 $(t,x)\in[0,\infty)\times R^d$,有

$$\bigcup_{N\in\mathbb{Z}}R_{\theta(m,n,N)}(t,x)=(-\infty,t]\times R^d \tag{7.2.10}$$

进一步令 $\beta_{C_1,n,m,N}$ 为下述事件的首达时刻:对某个 $x\in D$,存在 (t,x) 处的 n- 型原子以及 $R_{\theta(m,n,N)(t,x)}$ 包含多于 $C_1 2^N$ 个 m- 型原子。约定当 $t<0$ 或者 $x\notin D$ 时,在 (t,x) 处没有任意型的原子。注意到 $C_1 2^0<1$,如果在 $(t,x)\in[0,\beta_{C_1,n,m,0})\times D$ 处存在一 n- 型原子,则在 $R_{\theta(m,n,0)}(t,x)$ 处没有 m- 型原子。下述引理对定理的证明是重要的。

引理 7.2.7　令 $\beta=\inf_{n,m,N\in\mathbb{Z}}\beta_{C_1,n,m,N}$。假设

$$d<\frac{(1-p)\alpha}{\gamma p-(1-p)}$$

则 $\beta>0$ 以概率 1 成立。

证明:首先给出在区域 $[0,T]\times D$ 上 n- 型原子数量 $\Lambda(T,n)$ 的上界估计。由 Poisson 随机测度 $L(\mathrm{d}t\mathrm{d}x)$ 的独立性以及引理 7.2.4 可知,$\Lambda(T,n)$ 小于或等于参数 λ 的 Poisson 随机变量,其中 $\lambda=c_1 2^{np}T\mu(D)$,$\mu$ 为 Lebesgue 测度。由 Poisson 随机变量的期望和方差均为 λ,从而利用 Chebyshev 不等式可知

$$\begin{aligned}&P(\Lambda(T,n)\geqslant c_1 2^{np}T\mu(D)+c_1^{1/2}2^{np}T^{1/4}\mu(D)^{1/2})\leqslant\\&\qquad P(|\Lambda(T,n)-E\Lambda(T,n)|\geqslant c_1^{1/2}2^{np}T^{1/4}\mu(D)^{1/2})\leqslant\\&\qquad\frac{\mathrm{var}(\Lambda(T,n))}{c_1 2^{2np}T^{1/2}\mu(D)}\leqslant 2^{-np}T^{1/2}\end{aligned}$$

另一方面,利用 Poisson 概率的性质

$$P(\Lambda(T,n)>0)=1-\mathrm{e}^{-\lambda}\leqslant\lambda(=c_1 2^{np}T\mu(D))$$

可知

$$\begin{aligned}&\sum_{n\in\mathbb{Z}}P(\Lambda(T,n)\geqslant c_1 2^{np}T\mu(D)+c_1^{1/2}2^{np}T^{1/4}\mu(D)^{1/2})\leqslant\\&\qquad\sum_{n\in\mathbb{Z}}\min\{2^{-np}T^{1/2},c_1 2^{np}T\mu(D)\}=\\&\qquad o(T^{1/2}),\qquad t\downarrow 0\end{aligned} \tag{7.2.11}$$

定义事件 ε_T 如下:

$$\varepsilon_T=\{\Lambda(T,n)<c_1 2^{np}T\mu(D)+c_1^{1/2}2^{np}T^{1/4}\mu(D)^{1/2},\forall n\in\mathbb{Z}\} \tag{7.2.12}$$

令 $T_k=k^{-4}$,对 $T=T_k$,$k=1,2,\cdots$,利用式(7.2.11) 以及 Borel-Cantelli 引理可知,存在随机时间 $T(\omega)=T_{k(\omega)}>0$,使得以概率 1 地

$$\text{在 } T=T(\omega) \text{ 时刻事件 } \varepsilon_T \text{ 发生} \tag{7.2.13}$$

对 $n_0\in\mathbb{Z}$,可以选择随机时间 $\beta(n_0,\omega)\in(0,T(\omega))$,使得

$$c_1 2^{np}\beta(n_0,\omega)\mu(D)+c_1^{1/2}2^{np}\beta^{1/4}(n_0,\omega)\mu(D)^{1/2}<\begin{cases}1, & n<n_0\\ C_1 2^{np}, & n\geqslant n_0\end{cases}$$

由于 $\Lambda(\beta(n_0,\omega),n)$ 为整数，从式(7.2.12) 以及式(7 .2.13) 可知

$$\Lambda(\beta(n_0,\omega),n)\leqslant\begin{cases}0, & n<n_0\\ C_1 2^{np}, & n\geqslant n_0\end{cases}\tag{7.2.14}$$

令 $n_0=0$。给$[0,\beta(0,\omega)]\times D$上的$n$-型原子依次标号为$i=1,2,\cdots,H(n)$，而这些原子的位置则分别记为$(t_{i,n},x_{i,n})$，则 $H(n)\leqslant\Lambda(\beta(0,\omega),n)$。式(7.2.14)表明，在$[0,\beta(0,\omega)]\times D$上，没有 $n<n_0=0$- 型的原子。对 $n\geqslant 0$ 以及 $i=1,2,\cdots,H(n)$，记 $\chi_i=\chi_{i,n,m,N}$ 为在 $R_{\theta(n,m,N)}(t,x)$ 上的原子的数量，从而 $\chi_i=\chi_{i,n,m,N}$ 不大于参数为$\lambda=c_1 2^{mp}A_{\theta(n,m,N)}$ 的 Poisson 随机变量。利用引理 7.2.5 可知

$$\begin{aligned}P(\chi_{i,n,m,N}>C_1 2^N)=P(\chi_{i,n,m,N}\geqslant M(n))\leqslant&\\ C\frac{(c_1 2^{mp}A_{\theta(n,m,N)})^{M(N)}}{(M(N))^{M(N)}\mathrm{e}^{-M(N)}\sqrt{M(N)}}\leqslant&\\ C\left(\frac{c_1\mathrm{e}2^{mp}}{C_1 2^N[K\theta(n,m,N)]^{(\alpha+d)/d}}\right)^{M(N)}2^{-N/2}&\end{aligned}\tag{7.2.15}$$

利用式(7.2.14)、式(7.2.15)、引理 7.2.3 以及 $\theta(n,m,N)$ 的定义式(7.2.9) 可知

$$\begin{aligned}P(\chi_{i,n,m,N}>C_1 2^N\ \text{对某个}\ i=1,2,\cdots,H(n)\ \text{成立})\leqslant&\\ C2^{np}\left(\frac{c_1\mathrm{e}2^{mp}}{C_1 2^N[K\theta(n,m,N)]^{(\alpha+d)/d}}\right)^{M(N)}2^{-N/2}\leqslant&\\ C2^{-(n+m+N)\varepsilon}&\end{aligned}\tag{7.2.16}$$

由于 C 不依赖于 n,m,N，因此由式(7.2.16) 以及 Borel - Cantelli 引理可知，以概率 1 存在 $n_1(\omega)>0$，使得 $n>n_1$，意味着

$$\chi_{i,n,m,N}\leqslant C_1 2^N,\qquad i=1,2,\cdots,H(n),\qquad \forall m,N>0\tag{7.2.17}$$

在$[0,\beta(n_1,\omega)]\times D$ 上没有 $n<n_1$- 型原子，记$\bar{\beta}=\min\{\beta(0,\omega),\beta(n_1(\omega),\omega)\}$。利用引理中 β 的定义，可知以概率 1 成立 $\beta\geqslant\bar{\beta}>0$，从而完成引理的证明。

现在转向考虑 $G_\alpha(t-s,x,y)$，其中(t,x) 和(s,y) 分别为 为 n- 型原子和 m- 型原子的位置。引理 7.2.7 给出了它的一些估计。记 $\theta=\theta(n,m,N)$，假设$(s,y)\notin R_\theta(t,x)$，从而由 $R_\theta(t,x)$ 和 $\theta(n,m,N)$ 的定义可知

$$G_\alpha(t-s,x,y)\leqslant\theta(n,m,N)\tag{7.2.18}$$

$\theta(n,m,N)$ 由式(7.2.9) 给出。

现在已经为构造解 $u(t,x)$ 做好了准备，下面将利用迭代求解积分方程(7.2.4)。利用归纳法定义逼近解$\{u_k(t,x)\}_{k=1}^{\infty}$ 如下：

$$\left.\begin{aligned}u_1(t,x)&=\int_R G_\alpha(t,x,y)u_0(y)\mathrm{d}y\\ u_{k+1}(t,x)&=\int_R G_\alpha(t,x,y)u_0(y)\mathrm{d}y+\\ &\quad\int_0^{t-}\int_D G_\alpha(t-s,x,y)u_k^{\gamma}(s,y)L(\mathrm{d}s\mathrm{d}y)\end{aligned}\right\}\tag{7.2.19}$$

这里允许 $u_k(t,x)$ 取值为$+\infty$。尽管方程(7.2.19) 能得到求解，但如果允许 u_k 取值 ∞，还是希望能构造具有一定的界的解。

引理 7.2.8　存在 $r>0$ 使得下述事实成立。设定理 7.2.1 的条件成立，$u_k(t,x)$ 如式(7.2.19)定义，则存在(依赖于 u_0 的)常数 $c_0>0$，使得存在随机时间 $\tau>0$，以概率 1 地成立：对所有位于 $(t,x)(t<\tau)$ 的 n- 型原子，下式成立，即

$$u_k^{\gamma}(t,x)\leqslant c_0 2^{rn},\qquad \forall n\in\mathbb{Z},\qquad \forall k\geqslant 1 \tag{7.2.20}$$

证明：选择常数 c_0 以及随机时间 $\tau\in(0,\beta]$，使得对 $(t,x)\in[0,\tau)\times D$，有

$$u_1^{\gamma}(t,x)\equiv\left(\int_D G_\alpha(t,x,y)u_0(y)\mathrm{d}y\right)^{\gamma}\leqslant c_0/2 \tag{7.2.21}$$

其中，β 是引理 7.2.7 中的随机时间，且 β 依赖于 C_1。由于 $\tau\leqslant\beta$，从而如果 $n\geqslant n_1(\omega)$ 且 $(t,x)\in[0,\tau)\times D$ 为 n- 型原子的位置，则对所有的 m，$R_{\theta(n,m,N)}(t,x)$ 包含至多 $C_1 2^N$ 个 m- 型原子。因 $n_1(\omega)>0$，如果 $n<n_1(\omega)$，则在 $[0,\tau)\times D$ 中没有 m- 型原子，从而仅需对 $n\geqslant n_1$ 证明式(7.2.19)。

利用归纳法。设 $u_k(t,x)$ 满足式(7.2.20)，验证 u_{k+1} 满足式(7.2.20)。首先设有一位于 (t,x) 的 $n\geqslant n_0(\omega)$- 型原子，则

$$\begin{aligned}I(k,t,x)&\equiv\int_0^{t-}\int_D G_\alpha(t-s,x,y)u_k^{\gamma}(s,y)L(\mathrm{d}s\mathrm{d}y)\leqslant\\&\frac{3C_1}{K}\sum_{m=1}^{\infty}\sum_{N=1}^{[mp]}c_0 2^{rm}2^{-m}2^N\times\\&[c_1C_1^{-1}\mathrm{e}2^{mp-N}2^{\varepsilon(m+n+N)M(N)^{-1}}2^{-(N/2)M(n)^{-1}}]^{d/(\alpha+d)}\end{aligned} \tag{7.2.22}$$

上式的意义如下：$c_0 2^{rm}$ 为 u_k^{γ} 的界；2^{-m} 为 m- 型原子的质量；$C_1 2^N$ 为在 $R_{\theta(n,m,N)}(t,x)\backslash R_{\theta(n,m,N-1)}(t,x)$ 中这样的原子的个数估计；而 $[\cdot]$ 中为 G_α 的界的估计，在这里将积分区域分解成集合 $R_{\theta(n,m,N)}(t,x)\backslash R_{\theta(n,m,N-1)}(t,x)$ 的并。由于在 $R_{\theta(n,m,0)}(t,x)$ 中没有 m- 型原子，因而这里关于 N 求和是从 1 开始的。

接下来解释为什么 N 的求和上限是 $N=[mp]$。令 $\mathrm{E}(k,t,x)$ 是对 $N\geqslant mp$，积分 $I(k,t,x)$ 在区域 $R_{\theta(n,m,N)}(t,x)\backslash R_{\theta(n,m,N-1)}(t,x)$ 上的部分。咋一看来，具有如下的估计：

$$\begin{aligned}\mathrm{E}(k,t,x)\leqslant&\frac{C_1}{K}\sum_{m=1}^{\infty}\sum_{N\geqslant mp}c_0 2^{rm}2^{-m}2^N\times\\&[c_1C_1^{-1}\mathrm{e}2^{mp-N}2^{\varepsilon(m+n+N)M(N)^{-1}}2^{-(N/2)M(n)^{-1}}]^{d/(\alpha+d)}\end{aligned}$$

然而由式(7.2.14)，在 $[0,T(\omega)]\times D$ 中至多有 $C_1 2^{mp}$ 个 m- 型原子，从而在上面的表达式中可以去掉关于 N 的求和，而对 $C_1 2^N$ 代之以 $C_1 2^{mp}$，且将括号 $[\cdot]$ 的值代之以关于 $N\geqslant mp$ 的上确界，从而

$$\begin{aligned}\mathrm{E}(k,t,x)\leqslant&\frac{C_1}{K}\sum_{m=1}^{\infty}\sum_{N\geqslant mp}c_0 2^{rm}2^{-m}2^{mp}\cdot\\&\sup_{N\geqslant mp}[c_1C_1^{-1}\mathrm{e}2^{mp-N}2^{\varepsilon(m+n+N)M(N)^{-1}}2^{-(N/2)M(n)^{-1}}]^{d/(\alpha+d)}\leqslant\\&\frac{2C_1}{K}\sum_{m=1}^{\infty}c_0 2^{rm}2^{-m}2^N\cdot\\&[c_1C_1^{-1}\mathrm{e}2^{mp-N}2^{\varepsilon(m+n+N)M(N)^{-1}}2^{-(N/2)M(n)^{-1}}]^{d/(\alpha+d)}\Big|_{N=[mp]}\end{aligned}$$

然而这样的右端项已经在式(7.2.22)中出现，从而将 $\mathrm{E}(k,t,x)$ 代入式(7.2.22)便解释了为什么系数“3”会出现在式(7.2.22)中。

继续估计积分 $I(k,t,x)$。调换求和顺序可得

$$I(k,t,x) \leqslant \frac{3C_1c_0}{K}\sum_{N=0}^{\infty}\sum_{m\geqslant N/p}2^{rm}2^{-m}2^{N}\cdot$$
$$[c_1C_1^{-1}\mathrm{e}2^{mp-N}2^{\varepsilon(m+n+N)M(N)^{-1}}2^{-(N/2)M(n)^{-1}}]^{d/(\alpha+d)}$$

注意到当且仅当

$$r<1-\frac{(p+\varepsilon)d}{\alpha+d} \tag{7.2.23}$$

时,可以对 m 求和。

假设此式成立,注意到

$$\{2^{-N[1+(1/2-\varepsilon)M(N)]}\}^{d/(d+\alpha)}\leqslant 1$$

从而如果 ε 充分小,则

$$\frac{n(p+\varepsilon)d}{(\alpha+d)2^{N}}\leqslant\frac{npd}{\alpha+d}$$

因此

$$I(k,t,x)\leqslant$$
$$\frac{3C_1^{\alpha/(\alpha+d)}c_0}{K}\sum_{N=1}^{\infty}2^{[n(p+\varepsilon)d]/[(\alpha+d)2^N]}2^{-(N/p)\{1-[(p+\varepsilon)d]/(\alpha+d)\}-r}\times$$
$$2^{N[1-d/(\alpha+d)]}(c_1\mathrm{e})^{d/(\alpha+d)}\leqslant$$
$$\frac{3C_1^{\alpha/(\alpha+d)}c_0}{K}\sum_{N=1}^{\infty}2^{npd/(\alpha+d)}2^{-(N/p)[1-p-r-\varepsilon d/(\alpha+d)]}(c_1\mathrm{e})^{d/(\alpha+d)}$$

当

$$r<1-p-\frac{\varepsilon d}{\alpha+d} \tag{7.2.24}$$

时,上式收敛,此时

$$I(k,t,x)\leqslant cC_1^{\alpha/(\alpha+d)}c_0 2^{npd/(\alpha+d)}(c_1\mathrm{e})^{d/(\alpha+d)} \tag{7.2.25}$$

如果

$$r<1-p \tag{7.2.26}$$

那么可以选择很小的 $\varepsilon>0$(如果必要的话)使得式(7.2.24)成立,而且如果 $\varepsilon>0$ 充分小,式(7.2.24)比条件式(7.2.23)要强,如果式(7.2.24)成立,则可以选择充分小的 C_1,使得

$$I(k,t,x)^{\gamma}\leqslant\frac{c_0}{2}2^{\gamma npd/(\alpha+d)} \tag{7.2.27}$$

设

$$2^{\gamma pd/(\alpha+d)}\leqslant 2^{r} \tag{7.2.28}$$

则由式(7.2.27)、式(7.2.28)以及假设式(7.2.21)

$$\left(\int_0^{t-}\int_D G_\alpha(t,x,y)u_0(y)\mathrm{d}y\right)^{\gamma}\leqslant\frac{c_0}{2}$$

可知

$$u_k^{\gamma}(t,x)\leqslant c_0 2^{rn}$$

这样,仅需证明式(7.2.28)便可以完成引理的证明,而此又等价于证明

$$\frac{\gamma pd}{\alpha+d}<r \tag{7.2.29}$$

由此和式(7.2.26)可知,r 必须满足

$$\frac{\gamma pd}{\alpha+d}<r<1-p$$

经过简单的计算可知,这仅需

$$d<\frac{(1-p)\alpha}{\gamma p-(1-p)} \tag{7.2.30}$$

成立即可。如果 $\gamma=1/p$,则上式等价于

$$d<\frac{(1-p)\alpha}{p} \tag{7.2.31}$$

这样便完成了引理的证明。

7.2.2　存在性的证明

由方程(7.2.2)和积分方程(7.2.4)的等价性以及上节的估计可知,可以通过一列函数 $\bar{u}_n(t,x)$ 的非降极限来构造解 $\bar{u}(t,x)$。令 $L_n(\mathrm{d}s\mathrm{d}y)$ 为 $L(\mathrm{d}s\mathrm{d}y)$ 除去质量小于或等于 2^{-n} 的原子所形成的复合 Poisson 随机测度。

引理 7.2.9　令 u_0 为定理中所述,则存在唯一的 $\bar{u}_n(t,x)$,使得

$$\bar{u}_n(t,x)=\int_D G_\alpha(t,x,y)u_0(y)\mathrm{d}y+\int_0^{t-}\int_D G_\alpha(t-s,x,y)\bar{u}_n^\gamma(s,y)L_n(\mathrm{d}s\mathrm{d}y) \tag{7.2.32}$$

对任意的 $t\geqslant 0, x\in R^d$ 成立。

证明:由于 $L_n(\mathrm{d}y\mathrm{d}s)$ 没有小的原子,其 Lévy 测度 $\nu_n(\mathrm{d}x)$ 是有限的,从而在区域$[0,t)\times D$ 中仅有有限个原子$\{(s_i,y_i)\}_{i=1}^{n(t)}$,这意味着式(7.2.32)退化为

$$\bar{u}_n(t,x)=\int_D G_\alpha(t,x,y)u_0(y)\mathrm{d}y+\sum_{i=1}^{n(t)}G_\alpha(t-s_i,x,y_i)\bar{u}_n^\gamma(s_i,y_i)L_n(s_i,y_i) \tag{7.2.33}$$

进一步,容易看出时刻$\{s_i\}_{i=1}^\infty$ 以概率 1 互不相同。令$\{s_i\}_{i=1}^\infty$ 为以单调递增的顺序排列,则式(7.2.33)可以相继地定义 $\bar{u}_n(s_i,y_i)$ 且这些值是唯一确定的。这样由式(7.2.33)可以对$(t,x)\in[0,\infty)\times D$ 唯一地定义 $\bar{u}_n(t,x)$。

记

$$I_n(t,x)=\int_0^{t-}\int_D G_\alpha(t-s,x,y)\bar{u}_n^\gamma(s,y)L_n(\mathrm{d}s\mathrm{d}y) \tag{7.2.34}$$

引理 7.2.10　如果 $0<m\leqslant n<\infty$,则以概率 1,对所有$(t,x)\in[0,\infty)\times D$,下式成立,即

$$\bar{u}_m(t,x)\leqslant\bar{u}_n(t,x)$$

证明:利用引理 7.2.9 中的构造方法,分别在点集 $S_m=\{(s_i^m,y_i^m)\}_{i=1}^\infty$ 以及 $S_n=\{(s_i^n,y_i^n)\}_{i=1}^\infty$ 上定义 $\bar{u}_m(t,x)$ 以及 $\bar{u}_m(t,x)$。注意到 $S_m\subset S_n$,利用归纳法可知式(7.2.33)意味着对$(t,x)\in S_m$,$\bar{u}_m(t,x)\leqslant\bar{u}_n(t,x)$ 成立。从而再次利用式(7.2.33)可知,对任意的$(t,x)\in[0,\infty)\times D$,$\bar{u}_m(t,x)\leqslant\bar{u}_n(t,x)$。

利用此引理可定义

$$\bar{u}(t,x) = \lim_{n\to\infty} \bar{u}_n(t,x) \tag{7.2.35}$$

引理 7.2.11 式(7.2.35)中定义的$\bar{u}$满足方程(7.2.4)。

证明:我们的目的是对式(7.2.32)中的n取极限$n\to\infty$。由于$\bar{u}_n(t,x)$对任意的$(t,x)\in[0,\infty)\times D$以及对样本空间中任意的$\omega$关于$n$都是非降的,从而存在极限$\bar{u}(t,x)$,这里允许取值$\infty$。为此仅需证明对任意的$(t,x)\in[0,\infty)\times D$,有

$$\lim_{n\to\infty} I_n(t,x) = \bar{I}(t,x) \tag{7.2.36}$$

其中,$\bar{I}(t,x)$指的是关于$\bar{u}$的积分$I(t,x)$。而由于$u_n^\gamma(s,y)L_n(\mathrm{d}s\mathrm{d}y)$是关于$n$非降的测度可知,这是显然的,而且这样的测度列的弱极限正好是$\bar{u}^\gamma(s,y)L(\mathrm{d}s\mathrm{d}y)$。

下面说明以概率1,对$T<\tau$,$\bar{u}(t,x)$在Lévy测度的原子上是有限的,其中τ是某个正的停时。这样可知$\bar{u}(t,x)$满足定理7.2.1中解$u(t,x)$的要求。

尽管不能证明唯一性,但可证明下述"最小"性质。如果对其他任意满足相同初值的非负解$v(t,x)$都以概率1成立$u(t,x)\leqslant v(t,x)$,其中$t>0$,$x\in R$,则称方程(7.2.2)的解$u(t,x)$在所有的解中是最小的。

引理 7.2.12 设定理7.2.1的假设成立,则上述构造的解$\bar{u}(t,x)$是方程(7.2.2)的最小解。

证明:再次利用$\bar{u}(t,x)$以及$L(\mathrm{d}s\mathrm{d}y)$的非负性。设$v(t,x)$为方程的另一个解。$L_n(\mathrm{d}s\mathrm{d}y)$同上,为$L(\mathrm{d}s\mathrm{d}y)$中除去质量小于或等于$2^{-n}$的原子所形成的复合Poisson随机测度,$\bar{u}_n(t,x)$为方程(7.2.32)的解。令$\bar{u}_{n,m}(t,x)$为如下的迭代解:

$$\bar{u}_{n,m}(t,x) = \int_D G_\alpha t,x,yu_0(y)\mathrm{d}y \tag{7.2.37}$$

$$\bar{u}_{n,m+1}(t,x) = \int_D G_\alpha t,x,yu_0(y)\mathrm{d}y + \int_0^{t-}\int_D G_\alpha(t-s,x,y)\bar{u}_{n,m}^\gamma(s,y)L_n(\mathrm{d}s\mathrm{d}y) \tag{7.2.38}$$

可以断定对所有的(n,m),有

$$\bar{u}_{n,m}(t,x) \leqslant v(t,x) \tag{7.2.39}$$

利用归纳法。比较式(7.2.4)和式(7.2.38),利用所有项的非负性,可知$\bar{u}_{n,1}(t,x)\leqslant v(t,x)$。设式(7.2.39)对$(n,m)$成立,则比较式(7.2.4)以及式(7.2.37)立即可知,$\bar{u}_{n,m}(t,x)\leqslant v(t,x)$。从而利用

$$\bar{u}(t,x) = \lim_{n\to\infty}\lim_{m\to\infty} \bar{u}_{n,m}(t,x) \tag{7.2.40}$$

可知结论式(7.2.39)成立。

注意到以概率1,对所有的$t>0$,$x\in R$,有

$$\bar{u}_{n,k}(t,x) \leqslant u_k(t,x)$$

其中,$u_k(t,x)$如式(7.2.19)中定义。利用(7.2.40)以及引理7.2.8可知,只要$t<\tau$,则

$$\bar{u}^\gamma(t,x) \leqslant c_0 2^{rm}$$

对所有位于(t,x)的m-型原子成立。这表明$\bar{u}(t,x)$具有定理7.2.1中要求的性质,从而完成定理的证明。

第 8 章　大气海洋模型及其随机动力系统

为了研究海洋动力学及其对全球气候和天气预报的影响，可以从研究描述海洋运动的动力学方程开始。气象学先驱之一的 V. Bjerkness 就曾指出：天气预报问题可以认为是数学、物理上的一组初边值问题。从 Boussinesq 逼近或者流体静力学逼近下描述海洋运动的基本方程出发，可以得到大尺度海洋的本原方程[94]。然而，这些方程组过于复杂，无论在理论上还是数值上的研究都很困难。Charney 和 Philips[95] 提出了简化的准地转(quasigeostrophic)模型，以下简称 QG 模型。同时该模型也是旋转浅水方程在小 Rossby 数下的一种逼近。本章将研究在随机外力作用下的 QG 方程及其动力系统，读者可以参见参考文献[96,97,98]和其他参考文献。

8.1　模型的提出

考虑如下的在二维正则有界区域 $D \subset R^2$ 上的随机准地转模型方程：

$$\left(\frac{\partial}{\partial t}+\frac{\partial \psi}{\partial x}\frac{\partial}{\partial y}-\frac{\partial \psi}{\partial y}\frac{\partial}{\partial x}\right)(\Delta\psi - F\psi+\beta_0 y)=\frac{1}{Re}\Delta^2\psi-\frac{r}{2}\Delta\psi+f(x,y,t) \tag{8.1.1}$$

其中，ψ 是流函数，$\frac{1}{Re}\Delta^2\psi$ 是粘性项，$-\frac{r}{2}\Delta\psi$ 是摩擦项，F 是 Froude 数($F\approx O(1)$)，Re 为 Reynolds 数($Re\geqslant 10^2$)，β_0 为正的常数($\beta_0\approx O(10^{-1})$)，$r$ 为 Ekman 耗散常数($r\approx O(1)$)，而 $f(x,y,t)=-\frac{\mathrm{d}W}{\mathrm{d}t}$ 为 Gauss 随机场，为时间白噪声，其具体的条件将在后面给出。

令 $A=-\frac{1}{Re}\Delta$，$A:L^2(D)\to L^2(D)$ 的定义域 $D(A)=H^2(D)\cap H_0^1(D)$。这里 $L^2(D)$，$H^2(D)$，$H_0^1(D)$ 为通常的 Sobolev 空间。$|\cdot|_p$ 为的 $L^p(D)$ 范数，$\|\cdot\|$ 为 $H_0^1(D)$ 范数。如此定义的算子 A 是正定的自伴算子，其逆 A^{-1} 为紧算子，A 的特征值记为 $0<\lambda_1<\lambda_2\leqslant\cdots$，相应的特征向量 $\boldsymbol{e}_1,\boldsymbol{e}_2,\cdots$ 构成 $H_0^1(D)$ 的一组完备正交基。对任意的 $u\in H_0^1(D)$，满足不等式 $\|u\|^2\geqslant\lambda_1|u|_2^2$。最后记$\{\mathrm{e}^{-tA}\}_{t\geqslant 0}$ 为算子 A 在 $L^2(D)$ 上生成的半群。

设随机过程 W 为双边 Wiener 过程，即

$$W(t)=\sum_{i=1}^{\infty}\mu_i\omega_i(t)e_i$$

其中，$\omega_1,\omega_2,\cdots$ 为概率空间 $\Omega,\mathscr{F},P$ 上一列独立的标准 Brown 运动，系数 μ_i 满足条件：存在 $\beta_1>0$，使得

$$\sum_{i=1}^{\infty}\frac{\mu_i^2}{\lambda_i^{1/2-2\beta_1}}<\infty$$

考虑如下的 Dirichlet 边界条件：

$$\left.\begin{aligned}\psi(x,y,t)&=0, & \partial D\\ \Delta\psi(x,y,t)&=0, & \partial D\end{aligned}\right\} \tag{8.1.2}$$

对任意的 $u\in L^2(D)$，通过求解 Dirichlet 边值条件下的椭圆方程

$$F\psi - \Delta\psi = u$$
$$\psi(x,y,t)\mid_{\partial D} = 0$$

可得 $\psi = (FI-\Delta)^{-1}u = B(u)$。利用椭圆正则性理论可知 $B:L^2(D) \to H_0^1(D) \cap H^2(D)$，因此方程(8.1.1)可以改写为

$$u_t + J(\psi,u) - \beta\psi_x = \frac{1}{Re}\Delta u + \left(\frac{F}{Re} - \frac{r}{2}\right)u - F\left(\frac{F}{Re} - \frac{r}{2}\right)\psi + \frac{\mathrm{d}W}{\mathrm{d}t} \tag{8.1.3}$$

其中，$\psi = B(u)$，J 为 Jacob 算子，定义为 $J(\psi,u) = \frac{\partial\psi}{\partial x}\frac{\partial u}{\partial y} - \frac{\partial\psi}{\partial y}\frac{\partial u}{\partial x}$。定义 $G(u) = -J(\psi,u) + \beta\psi_x + \left(\frac{F}{Re} - \frac{r}{2}\right)u - F\left(\frac{F}{Re} - \frac{r}{2}\right)\psi$，从而将问题转化为

$$u_t - \frac{1}{Re}\Delta u = G(u) + \frac{\mathrm{d}W}{\mathrm{d}t} \tag{8.1.4}$$

其边界条件和初值条件分别为

$$\left.\begin{aligned} &u\mid_{\partial D} = 0, \\ &u(x,y,0) = u_0 \end{aligned}\right\} \tag{8.1.5}$$

应该注意到动力系统式(8.1.1)～式(8.1.2)和问题式(8.1.4)～式(8.1.5)是对应的。

8.2 解的存在唯一性

将方程(8.1.4)和方程(8.1.5)写为如下的抽象形式：

$$\left.\begin{aligned} &\mathrm{d}u = -Au\,\mathrm{d}t + G(u)\,\mathrm{d}t + \mathrm{d}W \\ &u(0) = u_0 \end{aligned}\right\} \tag{8.2.1}$$

首先考虑线性问题

$$\left.\begin{aligned} &\mathrm{d}u = -Au\,\mathrm{d}t + \mathrm{d}W \\ &u(0) = u_0 \end{aligned}\right\}$$

此线性问题的解是唯一的，且可以表达为

$$W_A(t) = \int_0^t \mathrm{e}^{-A(t-s)}\,\mathrm{d}W(s)$$

这里 $W_A(t)$ 具有取值于 $D(A^{1/4+\beta})$，$\beta < \beta_1$ 的连续修正，特别地具有 $C_0(D) \xlongequal{\text{def}} \{u: u \in C(D), u$ 在 D 中具有紧支集$\}$ 中的连续修正。

记

$$v(t) = u(t) - W_A(t), \qquad t \geqslant 0$$

当且仅当 v 满足方程

$$\left.\begin{aligned} &\frac{\mathrm{d}v}{\mathrm{d}t} + Av\,\mathrm{d}t = G(v(t) + W_A(t)) \\ &v(0) = u_0 \end{aligned}\right\} \tag{8.2.2}$$

时，u 满足方程(8.2.1)。将此写为积分形式可得

$$v(t) = \mathrm{e}^{-At}u_0 + \int_0^t \mathrm{e}^{-A(t-s)}G(v + W_A)\,\mathrm{d}s \tag{8.2.3}$$

并称满足方程(8.2.3)的解 v 为方程(8.2.2)的 mild 解。

8.2.1 局部存在性

下面将用 Banach 不动点定理证明：存在 $T>0$，使得方程(8.2.3) 在 $C([0,T];L^2(D))$ 中有解。对任意的 $m>0$，定义

$$\Sigma(m,T)=\{v\in C([0,T];L^2(D)):\ |v(t)|_2\leqslant m,\forall t\in[0,T]\}$$

引理 8.2.1　如果对 P-a.e.$\omega\in\Omega$，$u_0\in L^2(D)$ 且 $m>|u_0|_2$，那么存在 T，使得积分方程(8.2.3) 在 $\Sigma(m,T)$ 上有唯一解，而且对 P-a.e.$\omega\in\Omega$，$v\in C((0,T];H^\alpha(D))\left(0\leqslant\alpha<\dfrac{1}{2}\right)$，这里 $H^\alpha(D)$ 是通常的 Sobolev 空间。

证明：首先回顾一下半群 e^{-tA} 的性质，读者可以参见参考文献[31]，

$$e^{-tA}A^\alpha=A^\alpha e^{-tA}$$

$$|A^\alpha e^{-tA}u|_2\leqslant\frac{c}{t^\alpha}|u|_2$$

$$|e^{-tA}u|_2\leqslant c|u|_2$$

这里及以后 c 和 C 将代表正的常数，并由具体的情况所决定。分数阶微分算子 A^α 的定义可以在参考文献[31] 中找到。下面对固定的 $\omega\in\Omega$ 定义：

$$Mv(t)=e^{-tA}u_0+\int_0^t e^{(t-s)(-A)}G(v(s)+W_A(s))ds$$

则

$$|Mv(t)|_2=\sup_{\varphi\in L^2(D),|\varphi|_2=1}|\langle Mv,\varphi\rangle|$$

其中，$\langle\cdot,\cdot\rangle$ 表示 $L^2(D)$ 中的内积，且

$$\langle Mv,\varphi\rangle=\langle e^{-tA}u_0,\varphi\rangle+\int_0^t\langle e^{(t-s)(-A)}G(v(s)+W_A(s)),\varphi\rangle ds$$

假定：$\varphi\in C_0^\infty(D)$，$v+W_A\in H_0^1(D)$(对于一般的 φ，$v\in L^2(D)$，可以根据 C_0^∞ 在 $L^2(D)$ 中的稠密性得到所要求的结论)。这里 C_0^∞ 表示由定义在 D 中且支集紧包含在 D 中的无穷次可微函数的全体构成的空间。

令 $\psi=B(v+W_A)$，以及

$$\begin{aligned}J={}&e^{(t-s)(-A)}G(v(s)+W_A(s)),\varphi\rangle=\\&\int_D e^{(t-s)(-A)}\Big[\frac{\partial\psi}{\partial x}\frac{\partial(v+W_A)}{\partial y}-\frac{\partial\psi}{\partial y}\frac{\partial(v+W_A)}{\partial x}+\\&\beta_0(B(v+W_A))_x+\left(\frac{F}{Re}-\frac{r}{2}\right)(v+W_A)-F\left(\frac{F}{Re}-\frac{r}{2}\right)\psi\Big]\varphi=\\&\int_D e^{(t-s)(-A)}\frac{\partial\psi}{\partial x}\frac{\partial(v+W_A)}{\partial y}\varphi+\int_D e^{(t-s)(-A)}\frac{\partial\psi}{\partial y}\frac{\partial(v+W_A)}{\partial x}\varphi+\\&\int_D e^{(t-s)(-A)}\left(\frac{F}{Re}-\frac{r}{2}\right)(v+W_A)\varphi-\int_D e^{(t-s)(-A)}F\left(\frac{F}{Re}-\frac{r}{2}\right)\psi\varphi+\\&\beta_0\int_D e^{(t-s)(-A)}(B(v+W_A))_x\varphi=J_1+J_2+J_3+J_4+J_5\end{aligned}\tag{8.2.4}$$

首先估计 J_1。应用分部积分以及 Hölder 不等式可得

$$
\begin{aligned}
|J_1| &= \left|\int_D e^{-(t-s)A}\frac{\partial\psi}{\partial x}\frac{\partial(v+W_A)}{\partial y}\varphi\right| = \left|\int_D\left(e^{-(t-s)A}\frac{\partial\psi}{\partial x}\varphi\right)_y(v+W_A)\right| \leqslant \\
&\left(\int_D\left|\left(e^{-(t-s)A}\frac{\partial\psi}{\partial x}\varphi\right)_y\right|^2\right)^{1/2}|v+W_A|_2 \leqslant \\
&\left(\int_D\left|(e^{-(t-s)A}\varphi)_y\frac{\partial\psi}{\partial x}+e^{-(t-s)A}\varphi\frac{\partial^2\psi}{\partial x\partial y}\right|^2\right)^{1/2}|v+W_A|_2 \leqslant \\
&c\left[\left(\int_D\left|(e^{-(t-s)A}\varphi)_y\frac{\partial\psi}{\partial x}\right|^2\right)^{1/2}+|e^{-(t-s)A}\varphi|_\infty|v+W_A|\right]|v+W_A|_2 \qquad (8.2.5)
\end{aligned}
$$

其中,用到了不等式 $\|\psi\|_{H^2}\leqslant c|v+W_A|_2$,$\|\cdot\|_{H^q}$ 表示通常的 $H^q(D)$Sobolev 范数。

利用 Hölder 不等式、Sobolev 嵌入定理、Gagliardo-Nirenberg 不等式以及 Poincaré 不等式,可得

$$
\begin{aligned}
\left(\int_D|(e^{-(t-s)A}\varphi)_y\frac{\partial\psi}{\partial x}|^2\right)^{1/2} &\leqslant \left(\int_D|(e^{-(t-s)A}\varphi)_y|^4\right)^{1/4}\left(\int_D\left|\frac{\partial\psi}{\partial x}\right|^4\right)^{1/4} \leqslant \\
&c\|(e^{-(t-s)A}\varphi)_y\|_{H^{1/2}}\|\psi_x\|_{H^1} \leqslant \\
&c|e^{-(t-s)A}\varphi\|_{H^{3/2}}|v+W_A|_2 \leqslant \\
&c|A^{3/4}e^{-(t-s)A}\varphi_y\|_2|v+W_A|_2 \leqslant \\
&c(t-s)^{-3/4}|\varphi|_2|v+W_A|_2 \qquad (8.2.6)
\end{aligned}
$$

与此类似,可以得到

$$
\begin{aligned}
|e^{-(t-s)A}\varphi)|_\infty|v+W_A|_2^2 &\leqslant c|e^{-(t-s)A}\varphi\|_{H^{1+\varepsilon_0}}|v+W_A|_2^2 \leqslant \\
&c|a^{\frac{1}{2}+\varepsilon_0}e^{-(t-s)A}\varphi\|_2|v+W_A|_2^2 \leqslant \\
&c(t-s)^{-(\frac{1}{2}+\varepsilon_0)}|\varphi|_2|v+W_A|_2^2 \qquad (8.2.7)
\end{aligned}
$$

其中,ε_0 是任意正的常数。利用式(8.2.5) ~ 式(8.2.7) 不难得到

$$
|J_1|\leqslant c(t-s)^{-3/4}|\varphi|_2|v+W_A|_2^2+c(t-s)^{-(\frac{1}{2}+\varepsilon_0)}|\varphi|_2|v+W_A|_2^2 \qquad (8.2.8)
$$

同理可得

$$
|J_2|\leqslant c(t-s)^{-3/4}|\varphi|_2|v+W_A|_2^2+c(t-s)^{-\frac{1}{2}+\varepsilon_0}|\varphi|_2|v+W_A|_2^2 \qquad (8.2.9)
$$

$$
\begin{aligned}
|J_3| &= \left|\frac{F}{Re}-\frac{r}{2}\right|\left|\int_D e^{-(t-s)A}(v+W_A)\varphi\right| \leqslant \\
&c|e^{-(t-s)A}(v+W_A)|_2|\varphi|_2 \leqslant \\
&c|v+W_A|_2|\varphi|_2 \qquad (8.2.10)
\end{aligned}
$$

$$
\begin{aligned}
|J_4| &= \left|F\left(\frac{F}{Re}-\frac{r}{2}\right)\right|\left|\int_D e^{-(t-s)A}\psi\varphi\right| \leqslant \\
&c|e^{-(t-s)A}\psi|_2|\varphi|_2 \leqslant \\
&c|\psi|_2|\varphi|_2 \leqslant \\
&c|v+W_A|_2|\varphi|_2 \qquad (8.2.11)
\end{aligned}
$$

$$
\begin{aligned}
|J_5| &= \beta_0\left|\int_D e^{-(t-s)A}(B(v+W_A))_x\varphi\right| \leqslant \\
&\beta_0\left|\int_D e^{-(t-s)A}(B(v+W_A))_x\right|_2|\varphi|_2 \leqslant \\
&c|(B(v+W_A))_x|_2|\varphi|_2 \leqslant \\
&c|v+W_A|_2|\varphi|_2 \qquad (8.2.12)
\end{aligned}
$$

这样，由式(8.2.4)以及上述关于 J_i 的估计可以得到

$$|Mv(t)|_2 \leqslant |u_0|_2 + c(t^{1/4} + t^{\frac{1}{2}-\varepsilon_0})|v+W_A|_2^2 + ct|v+W_A|_2 \quad (8.2.13)$$

显然对任意 $m > |u_0|_2$，存在 $T_1 > 0$，使得 $Mv \in \Sigma(m, T_1)$。

对任意 $v_1, v_2 \in \Sigma(m, T_1)$，有

$$Mv_1 - Mv_2 = \int_0^t \mathrm{e}^{-(t-s)A}[G(v_1 + W_A(s)) - G(v_2 + W_A(s))]\mathrm{d}s$$

类似于式(8.2.13)，可以得到

$$|Mv_1 - Mv_2|_2 \leqslant c(t^{1/4} + t^{\frac{1}{2}-\varepsilon_0}) \sup_{0\leqslant s\leqslant t}(|v_1(s) + W_A(s)|_2 + |v_2(s) + W_A(s)|_2) \times \sup_{0\leqslant s\leqslant t}|v_1(s) - v_2(s)|_2 + ct\sup_{0\leqslant s\leqslant t}|v_1(s) - v_2(s)|_2$$

从而可以选取适当的 $T_2 > 0$，使得 M 是一个压缩影像。

令 $T = \min\{T_1, T_2\}$。由 Banach 不动点定理可知，方程(8.2.3)在 $\Sigma(m,T)$ 中存在唯一解，记为 v，而且和式(8.2.13)的推导一样，还可以得到 $v \in C((0,T]; H^{\alpha(D)})$，$0 \leqslant \alpha < 1/2$。事实上，可以证明

$$|A^{\alpha/2}Mv|_2 \leqslant t^{\frac{\alpha}{2}}|u_0|_2 + c(t^{\frac{1}{4}-\frac{\alpha}{2}} + t^{\frac{1}{2}-\varepsilon_0-\frac{\alpha}{2}})|v+W_A|_2^2 + ct^{1-\frac{\alpha}{2}}|v+W_A|_2$$

8.2.2 整体存在性

为了得到解的整体性，需要对解作出一定的先验估计。

引理 8.2.2　如果对 P-a.s. $\omega \in \Omega$，$v \in C([0,T]; L^2(D))$ 满足方程(8.2.3)，那么

$$|v(t)|_2^2 \leqslant (|u_0|_2^2 + c\nu_\infty^4 + c\nu_\infty^2)\mathrm{e}^{c(\nu_\infty^2+1)t}$$

其中，$\nu_\infty = \sup\limits_{0\leqslant t\leqslant T}|W_A(t)|_\infty$。

证明：在下面的证明过程中 $\omega \in \Omega$ 是固定的。设 $\{u_0^n\} \subset C_0^\infty(D)$ 在 $L^2(D)$ 中 $u_0^n \to u_0$，且 $\{W_A^n\}$ 是一列充分光滑的随机过程，使得

$$W_A^n(t) = \int_0^t \mathrm{e}^{-(t-s)A}\mathrm{d}W^n(s) \to W_A(t), \qquad C([0,T_0]\times D) \quad \text{a.s.} \quad \omega \in \Omega$$

从引理的证明过程中可以看出 $v^n \in C([0,T^n]; L^2(D))$，使得 $T^n \to T$(可以选取适当的序列 $\{u_0^n\}$ 和 $\{W_A^n\}$ 使得 $T^n \geqslant T$)，而且 $v^n \to v$ 在 $C([0,T]; L^2(D))$ 中强收敛，其中 v 是引理8.2.1 中得到的方程的弱解，从而

$$\frac{\partial v^n}{\partial t} + Av^n = G(v^n + W_A^n(t)), \qquad v^n(0) = u_0^n \quad (8.2.14)$$

利用 v^n 和方程作内积可得

$$\frac{1}{2}\frac{\mathrm{d}}{\mathrm{d}t}|v^n|_2^2 + \frac{1}{Re}\|v^n\|^2 = \int_D G(v^n + W_A^n(d))v^n \quad (8.2.15)$$

由

$$\int_D J(B(v^n), v^n)v^n = 0, \qquad \int_D J(B(W_A^n), v^n)v^n = 0$$

可以得到

$$\left|\int_D G(v^n+W_A^n(d))v^n\right|=$$

$$\left|\int_D\left[-J(B(v^n+W_A^n(t)),v^n+W_A^n)+\beta_0(B(v^n+W_A^n))_x+\right.\right.$$

$$\left.\left.\left(\frac{F}{Re}-\frac{r}{2}\right)\cdot(v^n+W_A^n)-F\left(\frac{F}{Re}-\frac{r}{2}\right)B(v^n+W_A^n)\right]\cdot v^n\right|\leqslant$$

$$\left|\int_D J(B(W_A^n),W_A^n)v^n\right|+\left|\int_D J(B(v^n),W_A^n)v^n\right|+$$

$$\left|\int_D\left(\frac{F}{Re}-\frac{r}{2}\right)\cdot(v^n+W_A^n)v^n\right|+\left|\int_D F\left(\frac{F}{Re}-\frac{r}{2}\right)B(v^n+W_A^n)v^n\right|+$$

$$\beta_0\left|\int_D(B(v^n+W_A^n))_x v^n\right|\overset{\text{def}}{=\!=}I_1+I_2+I_3+I_4+I_5\tag{8.2.16}$$

下面估计 $I_i,1\leqslant i\leqslant 5$。运用分部积分、Hölder 不等式以及 Young 不等式，可得

$$I_1=\left|\int_D\frac{\partial B(W_A^n)}{\partial x}\frac{\partial W_A^n}{\partial y}v^n-\frac{\partial B(W_A^n)}{\partial y}\frac{\partial W_A^n}{\partial x}v^n\right|=$$

$$\left|\int_D\frac{\partial B(W_A^n)}{\partial x}W_A^n\frac{\partial v^n}{\partial y}-\frac{\partial B(W_A^n)}{\partial y}W_A^n\frac{\partial v^n}{\partial x}\right|\leqslant$$

$$|W_A^n|_\infty\left|\frac{\partial B(W_A^n)}{\partial x}\right|_2\left|\frac{\partial v^n}{\partial y}\right|_2+|W_A^n|_\infty\left|\frac{\partial B(W_A^n)}{\partial y}\right|_2\left|\frac{\partial v^n}{\partial x}\right|_2\leqslant$$

$$c|W_A^n|_\infty^2\left(\left|\frac{\partial B(W_A^n)}{\partial x}\right|_2^2+\left|\frac{\partial B(W_A^n)}{\partial y}\right|_2^2\right)|+\varepsilon\|v^n\|_2\leqslant$$

$$c|W_A^n|_\infty^2|W_A^n|_2^2+\varepsilon\|v^n\|^2\leqslant$$

$$c|W_A^n|_\infty^4+\varepsilon\|v^n\|^2$$

这里 $\varepsilon>0$ 是正的常数。与此类似，可得到

$$I_2\leqslant c|W_A^n|_\infty^2|v^n|_2^2+\varepsilon\|v^n\|^2\tag{8.2.17}$$

$$I_3\leqslant c|v^n+W_A^n|_2|v^n|_2\leqslant c|v^n|_2^2+|W_A^n|_\infty^2\tag{8.2.18}$$

$$I_4\leqslant c|B(v^n+W_A^n)|_2|v^n|_2\leqslant c|v^n+W_A^n|_2|v^n|_2\leqslant$$

$$c|v^n|_2^2+|W_A^n|_\infty^2\tag{8.2.19}$$

$$I_5\leqslant c|(B(v^n+W_A^n))_x|_2|v^n|_2\leqslant c|v^n+W_A^n|_2|v^n|_2\leqslant$$

$$c|v^n|_2^2+|W_A^n|_\infty^2\tag{8.2.20}$$

由这一系列的不等式可以得知

$$\frac{1}{2}\frac{\mathrm{d}}{\mathrm{d}t}|v^n|_2^2+\frac{1}{Re}\|v^n\|^2\leqslant 2\varepsilon\|v^n\|_2^2+c(1+|W_A^n|_\infty^2)|v^n|_2^2+$$

$$c|W_A^n|_\infty^4+3|W_A^n|_\infty^2$$

选取充分小的 ε 便得到

$$\frac{\mathrm{d}}{\mathrm{d}t}|v^n|_2^2+\frac{1}{Re}\|v^n\|^2\leqslant c(1+|W_A^n|_\infty^2)|v^n|_2^2+c|W_A^n|_\infty^4+3|W_A^n|_\infty^2$$

由 Gronwall 不等式可得

$$|v^n|_2^2\leqslant|u_0^n|_2^2\mathrm{e}^{\int_0^t c(1+|W_A^n|_\infty^2)\mathrm{d}s}+\int_0^t(c|W_A^n|_\infty^4+3|W_A^n|_\infty^2)\mathrm{e}^{\int_s^t c(1+|W_A^n|_\infty^2)\mathrm{d}\tau}\mathrm{d}s\tag{8.2.21}$$

由此令 $n\to\infty$ 可得

$$
\begin{aligned}
|v(t)|_2^2 \leqslant & |u_0|_2^2 e^{\int_0^t c(1+|W_A^n|_\infty^2)ds} + \int_0^t (c|W_A^n|_\infty^4 + 3|W_A^n|_\infty^2) e^{\int_s^t c(1+|W_A^n|_\infty^2)d\tau} ds \leqslant \\
& |u_0|_2^2 e^{c(\nu_\infty^2+1)t} + c(c\nu_\infty^4 + 3\nu_\infty^2) e^{c(\nu_\infty^2+1)t} \leqslant \\
& (|u_0|_2^2 + c\nu_\infty^4 + c\nu_\infty^2) e^{c(\nu_\infty^2+1)t}
\end{aligned} \tag{8.2.22}
$$

证毕。

定理 8.2.1　设 u_0 是给定的，对 P-a. s. ,$\omega \in \Omega, u_0 \in L^2(D)$，则对任意 $T > 0$，方程(8.2.2) 存在唯一的整体解 $v(x,y,t)$，而且对 P-a. s. ,$\omega \in \Omega, v \in C((0,T];H^\alpha(D))$。其中，$0 \leqslant \alpha < 1/2$。

8.3　随机吸引子的存在性

对任意 $\alpha > 0$，令

$$
z(t) = W_A^\alpha(t) = \int_{-\infty}^t e^{-(t-s)(A+\alpha)} dW(s)
$$

这里 $W_A^\alpha(t)$ 是下面初值问题的弱解：

$$
\left.\begin{aligned}
dz &= -(A+\alpha)z dt + dW(t) \\
z(0) &= \int_{-\infty}^0 e^{s(A+\alpha)} dW(s)
\end{aligned}\right\}
$$

显然如果 u 初值问题(P_1) 的弱解

$$
(P_1)\qquad \left.\begin{aligned}
du - \frac{1}{Re}\Delta u dt &= G(u)dt + dW(t) \\
u(s,\omega) &= u_s \\
u|_{\partial D} &= 0
\end{aligned}\right\}
$$

那么 $v(t) = u(t) - z(t)$ 是如下问题(P_2) 的解：

$$
(P_2)\qquad \left.\begin{aligned}
dv &= -Av + G(v+z)dt + \alpha z \\
v(s,\omega) &= u_s - z(s) \\
v|_{\partial D} &= 0
\end{aligned}\right\} \tag{8.3.1}
$$

8.3.1　问题(P_2) 的解的存在唯一性以及正则性

为了得到问题(P_1) 的解的渐近行为，必须考察关于 v 的更高的正则性。

定理 8.3.1　① 对任意 $T > 0, P$-a. e. $\omega \in \Omega, u_s \in L^2(D)$，问题($P_2$) 对 P-a. s. $\omega \in \Omega$ 在弱解的意义下存在唯一的解 $v \in C(s,T;L^2(D)) \cap L^2(s,T;H_0^1(D))$，问题($P_1$) 的解 $u = v + z$ 满足 $u \in C(s,T;L^2(D)) \cap L^2(s,T;D(A^{\min\{\frac{1}{4}+\beta,\frac{1}{2}\}}))$ a. s. 对任意 $\beta < \beta_1$，这里 β_1 在前面随机过程 $W(t)$ 中定义。

② 如果对某个 $\theta \in (0, 2\beta_1) \cap \left(0, \frac{1}{2}\right], u_s \in D(A^\theta)$ a. s. ，则 $\omega \in \Omega, v \in C(s,T;D(A^\theta)) \cap L^2(s,T;D(A^{\frac{1}{2}+\theta}))$，$P$-a. s. 。

可以利用典型的 Faedo - Galerkin 方法证明定理(参见参考文献[99])。由于这一方法是标准的，下面仅给出关键的先验估计。

1. v 的能量估计

固定 $\omega \in \Omega$。在方程(8.3.1)中选取 v 作试验函数，可以得到

$$\frac{1}{2}\frac{\mathrm{d}|v|_2^2}{\mathrm{d}t}+\frac{1}{Re}\|v\|^2=\int_D G(v+z)v+\alpha\int_D zv \tag{8.3.2}$$

其中

$$\begin{aligned}\int_D G(v+z)v=&-\int_D[J(B(v+z),v+z)v+\beta_0(B(v+z))_x v]+\\&\int_D\left[\left(\frac{F}{Re}-\frac{r}{2}\right)(v+z)v-F\left(\frac{F}{Re}-\frac{r}{2}\right)B(v+z)v\right]\end{aligned} \tag{8.3.3}$$

应用分部积分公式、Hölder 不等式以及 Young 不等式可得

$$\begin{aligned}&-\int_D[J(B(v+z),v+z)v=\\&\int_D J(B(v+z),v+z)z=\\&\int_D J(B(v+z),v)z\leqslant\\&|(B(v+z))_x|_4|v_y|_2|z|_4+|(B(v+z))_y|_4|v_x|_2|z|_4\leqslant\\&c|v+z|_2||v_y|_2|z|_4+c|v+z|_2|v_x|_2|z|_4\leqslant\\&c|v+z|_2^2||z|_4^2+\varepsilon\|v\|^2\leqslant\\&c|v|_2^2|z|_4^2+|z|_2^2|z|_4^2+\varepsilon\|v\|^2\leqslant\\&c|v|_2^2|z|_4^2+|z|_4^4+2\varepsilon\|v\|^2\end{aligned} \tag{8.3.4}$$

$$\begin{aligned}&\left|\beta_0\int_D(B(z))_x v\right|\leqslant c|(B(z))_x|_2|v|_2\leqslant\\&\qquad c|z|_2|v|_2\leqslant c|z|_2^2+\varepsilon|v|_2^2\end{aligned} \tag{8.3.5}$$

与此类似地还可以得到估计

$$\left|\left(\frac{F}{Re}-\frac{r}{2}\right)\int_D zv\right|\leqslant c|z|_2^2+\varepsilon|v|_2^2 \tag{8.3.6}$$

$$\left|-F\left(\frac{F}{Re}-\frac{r}{2}\right)\int_D vB(z)\right|\leqslant c|z|_2^2+\varepsilon|v|_2^2 \tag{8.3.7}$$

由算子 B 的定义以及参数 β_0, F, Re, r 的假设可以得到

$$\beta_0\int_D(B(v))_x v+\left(\frac{F}{Re}-\frac{r}{2}\right)\int_D v^2-F\left(\frac{F}{Re}-\frac{r}{2}\right)\int_D vB(v)\leqslant 0 \tag{8.3.8}$$

利用式(8.3.2) ~ 式(8.3.8)，并选取充分小的 $\varepsilon>0$，有

$$\frac{\mathrm{d}|v|_2^2}{\mathrm{d}t}+\frac{1}{Re}\|v\|^2\leqslant c|z|_4^4|v|_2^2+c|z|_2^2+c|z|_4^4 \tag{8.3.9}$$

由 Poincare 不等式 $\frac{1}{Re}\|v\|^2\geqslant\lambda_1|v|_2^2$ 可知

$$\frac{\mathrm{d}|v|_2^2}{\mathrm{d}t}\leqslant\left(c|z|_4^4-\frac{\lambda_1}{Re}\right)|v|_2^2+c|z|_2^2+c|z|_4^4$$

从而对任意 $t\in[s,T]$，应用 Gronwall 不等式可得

$$\begin{aligned}|v(t)|_2^2\leqslant&\, \mathrm{e}^{\int_s^t(-\lambda_1+c|z(\tau)|_4^4)\mathrm{d}\tau}|v(s)|_2^2+\\&\int_s^t \mathrm{e}^{\int_\sigma^t(-\lambda_1+c|z(\tau)|_4^4)\mathrm{d}\tau}(c|z|_2^2+c|z|_4^4)\mathrm{d}\sigma\end{aligned} \tag{8.3.10}$$

最后在$[t_1,t_2]\subset[s,T]$上关于t积分式(8.3.9)得到

$$\frac{1}{Re}\int_{t_1}^{t_2}\|v(\tau)\|^2\mathrm{d}\tau\leqslant|v(t_1)|_2^2+\int_{t_1}^{t_2}(c|z|_4^4|v|_2^2+c|z|_2^2+c|z|_4^4)\mathrm{d}\tau \tag{8.3.11}$$

为了得到$A^\theta v$的能量估计,先给出如下引理,参见参考文献[34]。

引理 8.3.1　对任意两个实值函数$f,g\in H^{\frac{1}{2}+\theta}(D)$,$0<\theta<1/2$,有

$$\|fg\|_{H^{2\theta}}\leqslant\|f\|_{H^{\frac{1}{2}+\theta}}\|g\|_{H^{\frac{1}{2}+\theta}}$$

2. $A^\theta v$ 的能量估计

考虑问题(P_2)的解$v\in C(s,T;D(A^\theta))\cap L^2(s,T;D(A^{\frac{1}{2}+\theta}))$。由于$\theta=1/2$时的证明是经典的(参见参考文献[40]),这里仅考虑$0<\theta<1/2$。

首先

$$\frac{1}{2}\frac{\mathrm{d}|A^\theta v|_2^2}{\mathrm{d}t}+\frac{1}{Re}|A^{\frac{1}{2}+\theta}v|^2=\int_D A^\theta G(v+z)A^\theta v+\alpha\int_D A^\theta zA^\theta v \tag{8.3.12}$$

利用算子A^θ的定义、插值不等式以及引理 8.3.1 可得

$$\begin{aligned}
&-\int_D[A^\theta J(B(v+z),v+z)A^\theta v=\\
&\quad-\int_D J(B(v+z),v+z)A^{2\theta}z=\\
&\quad-\int_D\left[\frac{\partial B(v+z)}{\partial x}\frac{\partial(v+z)}{\partial y}-\frac{\partial B(v+z)}{\partial y}\frac{\partial(v+z)}{\partial x}\right]A^{2\theta}z=\\
&\quad\int_D\left[\frac{\partial B(v+z)}{\partial x}\frac{\partial A^{2\theta}v}{\partial y}-\frac{\partial B(v+z)}{\partial y}\frac{\partial A^{2\theta}v}{\partial x}\right](v+z)\leqslant\\
&\quad c\left\|\frac{\partial A^{2\theta}v}{\partial y}\right\|_{H^{-2\theta}}\left\|\frac{\partial B(v+z)}{\partial x}(v+z)\right\|_{H^{2\theta}}+\\
&\quad c\left\|\frac{\partial A^{2\theta}v}{\partial x}\right\|_{H^{-2\theta}}\left\|\frac{\partial B(v+z)}{\partial y}(v+z)\right\|_{H^{2\theta}}\leqslant\\
&\quad c\|A^{2\theta}v\|_{H^{1-2\theta}}\left[\left\|\frac{\partial B(v+z)}{\partial x}(v+z)\right\|_{H^{2\theta}}+\left\|\frac{\partial B(v+z)}{\partial y}(v+z)\right\|_{H^{2\theta}}\right]\leqslant\\
&\quad c\|A^{2\theta}v\|_{H^{1-2\theta}}\left[\left\|\frac{\partial B(v+z)}{\partial x}\right\|_{H^{\frac{1}{2}+\theta}}+\left\|\frac{\partial B(v+z)}{\partial y}\right\|_{H^{\frac{1}{2}+\theta}}\right]\|v+z\|_{H^{\frac{1}{2}+\theta}}\leqslant\\
&\quad c|A^{\frac{1}{2}+\theta}v|_2|A^{\frac{1}{2}\theta}(v+z)|_2|A^{\frac{1}{4}+\frac{\theta}{2}}(v+z)|_2\leqslant\\
&\quad \varepsilon|A^{\frac{1}{2}+\theta}v|_2^2+c|A^{\frac{1}{2}\theta}(v+z)|_2^2|A^{\frac{1}{4}+\frac{\theta}{2}}(v+z)|_2^2\leqslant\\
&\quad \varepsilon|A^{\frac{1}{2}+\theta}v|_2^2+c(|A^{\frac{1}{2}\theta}v|_2^2+|A^{\frac{1}{2}\theta}z|_2^2)(|A^{\frac{1}{4}+\frac{\theta}{2}}v|_2^2+|A^{\frac{1}{4}+\frac{\theta}{2}}z|_2^2)\leqslant\\
&\quad \varepsilon|A^{\frac{1}{2}+\theta}v|_2^2+c(|A^\theta v|_2|v|_2+|A^{\frac{1}{2}\theta}z|_2^2)(|A^{\frac{1}{4}+\frac{\theta}{2}}v|_2^2+|A^{\frac{1}{4}+\frac{\theta}{2}}z|_2^2)\leqslant\\
&\quad \varepsilon|A^{\frac{1}{2}+\theta}v|_2^2+c|A^\theta v|_2|v|_2|A^{\frac{1}{4}+\frac{\theta}{2}}v|_2^2+\\
&\quad c|A^\theta v|_2|v|_2|A^{\frac{1}{4}+\frac{\theta}{2}}z|_2^2+|A^{\frac{1}{2}\theta}z|_2^2|A^{\frac{1}{4}+\frac{\theta}{2}}v|_2^2+|A^{\frac{1}{2}\theta}z|_2^2|A^{\frac{1}{4}+\frac{\theta}{2}}z|_2^2\leqslant\\
&\quad \varepsilon|A^{\frac{1}{2}+\theta}v|_2^2+c|A^\theta v|_2^2|v|_2^2+c|A^{\frac{1}{4}+\frac{\theta}{2}}v|_2^4+|A^{\frac{1}{4}+\frac{\theta}{2}}z|_2^4+c|A^{\frac{\theta}{2}}z|_2^4\leqslant\\
&\quad \varepsilon|A^{\frac{1}{2}+\theta}v|_2^2+c|A^\theta v|_2^2|v|_2^2+c|A^{\frac{1}{4}+\frac{\theta}{2}}v|_2^4+c|A^{\frac{1}{4}+\frac{\theta}{2}}z|_2^4
\end{aligned}$$

利用插值不等式和 Young 不等式可以得到

$$|A^{\frac{1}{4}+\frac{\theta}{2}}v|_2^4 \leqslant c|A^{\frac{1}{4}}v|_2^2 |A^{\frac{1}{4}+\theta}v|_2^2 \leqslant$$
$$c|v|_2|A^{\frac{1}{2}}v|_2|A^{\theta}v|_2|A^{\frac{1}{2}+\theta}v|_2 \leqslant$$
$$\varepsilon|A^{\frac{1}{2}+\theta}v|_2^2 + c|v|_2^2|A^{\frac{1}{2}}v|_2^2|A^{\theta}v|_2^2 \tag{8.3.13}$$

综合这两式可得

$$-\int_D A^{\theta}J(B(v+z),v+z)A^{\theta}v \leqslant 2\varepsilon|A^{\frac{1}{2}+\theta}v|_2^2 + c|A^{\theta}v|_2^2|v|_2^2 +$$
$$c|v|_2^2|A^{\frac{1}{2}}v|_2^2|A^{\theta}v|_2^2 + c|A^{\frac{1}{4}+\frac{\theta}{2}}z|_2^4 \tag{8.3.14}$$

由 Hölder 不等式和 Cauchy - Schwarz 不等式得

$$\beta_0\int_D A^{\theta}(B(v+z))_x A^{\theta}v \leqslant c|A^{\theta}(B(v+z))_x|_2|A^{\theta}v|_2 \leqslant$$
$$c|A^{\theta}(B(v+z))_x|_2 + 2 + c|A^{\theta}v|_2^2 \leqslant$$
$$c|v+z|_2^2 + c|A^{\theta}v|_2^2 \leqslant$$
$$c|A^{\theta}v|_2^2 + c|z|_2^2 \tag{8.3.15}$$

类似地还可以得到

$$\left(\frac{F}{Re}-\frac{r}{2}\right)\int_D A^{\theta}(v+z)A^{\theta}v - F\left(\frac{F}{Re}-\frac{r}{2}\right)\int_D A^{\theta}B(v+z)A^{\theta}v \leqslant$$
$$\varepsilon|A^{\frac{1}{2}+\theta}v|_2^2 + c|A^{\theta}v|_2^2 + c|z|_2^2 \tag{8.3.16}$$

由式(8.3.12)、式(8.3.14) ～ 式(8.3.16) 可得

$$\frac{1}{2}\frac{\mathrm{d}|A^{\theta}v|_2^2}{\mathrm{d}t} + \frac{1}{Re}|A^{\frac{1}{2}+\theta}v|^2 \leqslant$$
$$3\varepsilon|A^{\frac{1}{2}+\theta}v|_2^2 + c|v|_2^2|A^{\frac{1}{2}}v|_2^2|A^{\theta}v|_2^2 +$$
$$c|A^{\theta}v|_2^2|v|_2^2 + c|A^{\frac{1}{4}+\frac{\theta}{2}}v|_2^4 + c|A^{\theta}v|_2^2 + c|z|_2^2$$

从而选择充分小的 $\varepsilon > 0$ 便得到

$$\frac{\mathrm{d}|A^{\theta}v|_2^2}{\mathrm{d}t} + \frac{1}{Re}|A^{\frac{1}{2}+\theta}v|^2 \leqslant c|v|_2^2|A^{\frac{1}{2}}v|_2^2|A^{\theta}v|_2^2 + c|A^{\theta}v|_2^2|v|_2^2 +$$
$$c|A^{\frac{1}{4}+\frac{\theta}{2}}v|_2^4 + c|A^{\theta}v|_2^2 + c|z|_2^2 \tag{8.3.17}$$

由 Gronwall 不等式，对任意的 $t \in [s,T]$，有估计

$$|A^{\theta}v(t)|_2^2 \leqslant \mathrm{e}^{\int_s^t (c|v|_2^2|A^{1/2}v|_2^2 + c|v|_2^2 + c)\mathrm{d}\tau}|A^{\theta}v(s)|_2^2 +$$
$$\int_s^t \mathrm{e}^{\int_\sigma^t (c|v|_2^2|A^{1/2}v|_2^2 + c|v|_2^2 + c)\mathrm{d}\tau}(c|z|_2^2 + c|A^{\frac{1}{4}+\frac{\theta}{2}}z|_2^2)\mathrm{d}\sigma \tag{8.3.18}$$

在$[t_1,t_2] \subset [s,T]$上积分式(8.3.17) 可得

$$\frac{1}{Re}\int_{t_1}^{t_2}|A^{\frac{1}{2}+\theta}v|^2\mathrm{d}\tau \leqslant |A^{\theta}v(t_1)|_2^2 + \int_{t_1}^{t_2}c(|v|_2^2|A^{\frac{1}{2}}v|_2^2|A^{\theta}v|_2^2 +$$
$$|A^{\theta}v|_2^2|v|_2^2 + |A^{\frac{1}{4}+\frac{\theta}{2}}v|_2^4 + |A^{\theta}v|_2^2 + |z|_2^2)$$

8.3.2 在 $L^2(D)$ 中的耗散性质

下面研究方程(8.1.1) 在边值条件 $u|_{\partial D} = 0, \psi|_{\partial D}$ 下的动力系统的耗散性质，并得到系统的随机吸引子的存在性，有关随机吸引子的一些基本知识见本书第 4 章。

定理 8.3.2　带有白噪声的二维准地转方程的边值问题

$$\mathrm{d}u = \frac{1}{Re}\Delta u\mathrm{d}t = G(u)\mathrm{d}t + \mathrm{d}W(t), \qquad u\mid_{\partial D} = 0, \qquad \psi\mid_{\partial D} = 0$$

在 $L^2(D)$ 中存在吸引子。

证明：由取值于 $D(A^{\frac{1}{4}+\beta})(\beta<\beta_1)$ 的遍历性质，以及 Sobolev 嵌入 $D(A^{\frac{1}{4}+\beta})\hookrightarrow L^4$ 可知(见参考文献[7])，有

$$\lim_{s_0\to-\infty}\frac{1}{-s_0}\int_{s_0}^{1}\mid z(\tau)\mid_4^4\mathrm{d}\tau = \mathrm{E}(\mid z(0)\mid_4^4)$$

由参考文献[34]的结果可知，若选取充分大的 α，则可使 $\mathrm{E}(\mid z(0)\mid_4^4)$ 充分小，从而

$$\lim_{s\to-\infty}\frac{1}{-s}\int_{s_0}^{1}(-\lambda_1 + c\mid z(\tau)\mid_4^4\mathrm{d}\tau = -\lambda_1 + c\mathrm{E}(\mid z(0)\mid_4^4)\leqslant -\frac{\lambda_1}{2}$$

故存在 $S_0(\omega)$，使得当 $s < S_0(\omega)$ 时，有

$$\int_s^0(-\lambda_1 + c\mid z\mid_4^4)\mathrm{d}\tau\leqslant -\frac{\lambda_1}{4}(-s) \tag{8.3.19}$$

因为当 $s\to-\infty$ 时，$\mid z(s)\mid_2^2$ 以及 $\mid z(s)\mid_4^4$ 至多按多项式增长(见参考文献[34])，从而由式(8.3.10)以及式(8.3.19)可知，存在随机变量 $r_1(\omega)$，a.s.，使得

$$\mid v(t)\mid_2^2\leqslant r_1(\omega), \qquad \text{对任意 } t\in[-1,0], \qquad \text{a.s.} \tag{8.3.20}$$

这里 u_s 属于 $L^2(D)$ 的有界集。

令 $t_1 = -1, t_2 = 0$。由式(8.3.11)以及式(8.3.20)可知，存在 a.s. 有限的随机变量 $r_2(\omega)$，使得

$$\int_{-1}^0\| v(\tau)\|^2\mathrm{d}\tau\leqslant r_2(\omega), \qquad \text{a.s.} \tag{8.3.21}$$

由式(8.3.18)，对 $t = 0, s\in[-1,0]$，下式成立，即

$$\begin{aligned}\mid A^\theta v(0)\mid_2^2\leqslant\ & \mathrm{e}^{\int_s^0(c|v|_2^2|A^{1/2}v|_2^2+c)\mathrm{d}\tau}\mid A^\theta v(s)\mid_2^2 + \\ & \int_s^0\mathrm{e}^{\int_\sigma^0(c|v|_2^2|A^{1/2}v|_2^2+c)\mathrm{d}\tau}(c\mid z\mid_2^2 + c\mid A^{\frac{1}{4}+\frac{\theta}{2}}z\mid_2^2)\mathrm{d}\sigma\end{aligned} \tag{8.3.22}$$

对此式关于 s 在$[-1,0]$积分，便得到

$$\begin{aligned}\mid A^\theta v(0)\mid_2^2\leqslant\ & \mathrm{e}^{\int_{-1}^0(c|v|_2^2|A^{1/2}v|_2^2+c)\mathrm{d}\tau}\int_{-1}^0\mid A^\theta v(s)\mid_2^2\mathrm{d}s + \\ & \int_{-1}^0\mathrm{e}^{\int_\sigma^0(c|v|_2^2|A^{1/2}v|_2^2+c)\mathrm{d}\tau}(c\mid z\mid_2^2 + c\mid A^{\frac{1}{4}+\frac{\theta}{2}}z\mid_2^2)\mathrm{d}\sigma\end{aligned} \tag{8.3.23}$$

结合式(8.3.20)和式(8.3.21)，由式(8.3.23)可以得出存在 a.s. 有限的随机变量 $r_3(\omega)$，使得

$$\mid A^\theta v(0)\mid_2^2\leqslant r_3(\omega), \qquad \text{a.s.}$$

定义 $S(t,s,\omega)u_s = u(t,\omega)$。不失一般性，设 $\Omega = \{\omega:\omega\in C(R, D(A^{-\frac{1}{4}+\beta_1})), \omega(0) = 0\}$，$P$ 为 Wiener 测度，$W(t,\omega) = \omega(t), t\in R, \omega\in\Omega$，从而可在 ω 中定义保测变换 $\{\theta_t\}_{t\in R}$ 使得 $\{\theta_s\omega(t)\} = \omega(t+s) - \omega(s), t,s\in R$。令 $K(\omega)$ 是 $D(A^\theta)$ 中以 $r_3(\omega) + \mid A^\theta z(0,\omega)\mid_2^2$ 为半径的球，$K(\omega)$ 是时刻 $t = 0$ 处的紧的吸收集(利用紧嵌入 $H^{2\theta}(D)\hookrightarrow L^2(D)$)，从而以第 4 章的一般性定理，便得到随机吸引子的存在性。

第 9 章　随机 Landau－Lifshitz 方程

本章考虑随机 Landau－Lifshitz 方程。众所周知，Landau－Lifshitz 在铁磁体理论的研究中是相当重要的，它描述了磁矩的动力学行为。当铁磁介质中产生随机作用时，相应的有如下的随机微分方程：

$$\frac{\mathrm{d}M}{\mathrm{d}t}=-\gamma M\wedge(H_{\mathrm{eff}}+H_{\mathrm{th}})-\alpha\gamma M\wedge(M\wedge(H_{\mathrm{eff}}+H_{\mathrm{th}}))$$

由于大量的微观自由度都对此物理机制产生作用，从而可以认为这里的热场 H_{th} 是均值为 0 的 Gauss 随机过程。另外，为了简化起见，本章仅考虑 $H_{\mathrm{eff}}=\Delta M$ 的情形。本章的目的是讨论该方程解的存在唯一性。读者可以参阅参考文献[100，101，102]。

9.1　问题的提出与随机积分

9.1.1　方程的提出

在确定性情形，Landau－Lifshitz 方程在铁磁体理论的研究中是十分重要的，目前已经有许多关于这方面的研究，可以参见专著[102]及其他参考文献。

当考虑到随机热场的作用时，有前面提出的随机微分方程[101]

$$\frac{\mathrm{d}M}{\mathrm{d}t}=-\gamma M\wedge(H_{\mathrm{eff}}+H_{\mathrm{th}})-\alpha\gamma M\wedge[M\wedge(H_{\mathrm{eff}}+H_{\mathrm{th}})]\tag{9.1.1}$$

当 $\alpha=0$ 时，称此为随机 Landau－Lifshitz 方程。物理事实表明，随机积分应理解为 Stratonovich 积分，而不是 Itô 积分。另外，当 $\alpha\ll1$ 时，等号右端第二项的 H_{th} 可以去掉，而不会影响方程所描述的物理现象，从而

$$\frac{\mathrm{d}M}{\mathrm{d}t}=-\gamma M\wedge(H_{\mathrm{eff}}+H_{\mathrm{th}})-\alpha\gamma M\wedge(M\wedge H_{\mathrm{eff}})\tag{9.1.2}$$

称此方程为随机 Landau-Lifshitz-Gilbert 方程。另外，由于考虑的随机效应具有大量的微观自由度，从而可假设随机场是 Gauss 的。下面仅考虑 $H_{\mathrm{eff}}=\Delta M$ 这一简单情形。

为了从数学上对此问题进行研究，令 $(\Omega,\mathcal{F},(\mathcal{F}_t)_t,P)$ 完备地赋予 σ- 代数流 $(\mathcal{F}_t)_t$ 的概率空间，$W_t=(W_t^{(1)},W_t^{(2)},W_t^{(3)})$ 为其上的三维 $\mathcal{F}_t$ 适应的 Brown 运动，满足下述统计性质：

$$\mathrm{E}W_t^{(i)}=0,\qquad \mathrm{E}[W_t^{(i)}W_s^{(j)}]=\delta_{ij}t\wedge s,\qquad i,j=1,2,3\tag{9.1.3}$$

当 $\alpha=0$ 时，将所有的系数设为 1，可以将如上的随机 Landau－Lifshitz 方程(9.1.1)写为

$$\mathrm{d}u=u\wedge(\Delta u\mathrm{d}t+\circ\,\mathrm{d}W_t)\tag{9.1.4}$$

其中，“$\circ$ d”表示随机积分，应理解为 Stratonovich 积分，$u=(u_1,u_2,u_3):R^d\to\mathbb{S}^2$ 表示磁化向量，$\mathbb{S}^2$ 为 R^3 中单位球面。这是一组具有乘积噪声的随机偏微分方程，其噪声的系数是“$u\ \circ$”的乘积形式。至于为什么用 Stratonovich 积分将在下面推导，然而 Itô 积分却是方便的。利用二者之间的等价关系

$$X \circ \mathrm{d}Y = X\mathrm{d}Y + \frac{1}{2}\mathrm{d}X\mathrm{d}Y \tag{9.1.5}$$

可以将上述方程改写为

$$\mathrm{d}u = u \wedge \Delta u \mathrm{d}t - u \mathrm{d}t + u \wedge \mathrm{d}W \tag{SLL}$$

给定其初始条件为 $u(t=0,x)=u_0$。

下面将主要考虑方程的弱解和光滑解，定义如下。

定义 9.1.1　称$\mathcal{F}_t$- 适应随机过程 $u(t)$ 是方程的弱解，如果对 a. e. $x \in R^d$ 以及 $t \in [0,T]$ 都有 $|u(t)|=1$，$\mathrm{E}\|\nabla u(t)\|_{L^2}^2 < \infty$，且在下述意义下满足方程(SLL)

$$\langle u(t), v(t)\rangle = \langle u_0, v(0)\rangle - \int_0^t \langle u \wedge \nabla u, \nabla v\rangle \mathrm{d}s - \int_0^t \langle u(s), v(s)\rangle \mathrm{d}s + \int_0^t \langle v(s), u(s) \wedge \mathrm{d}W(s)\rangle, \quad \text{a. s.} \tag{9.1.6}$$

对任意的 $v(s) \in L^\infty(0,t;H^1(\Omega))$ 成立。

称 $u(t)$ 是光滑解，指的是过程$(u(t))_{t\geqslant 0}$ 属于任意的 Sobolev 空间 H^k，$k=1,2,\cdots$。其解的存在性部分将利用粘性消去法以及差分方法。为此考虑如下的粘性方程：

$$\mathrm{d}u = -\varepsilon u \wedge u \wedge \Delta u \mathrm{d}t + u \wedge \Delta u \mathrm{d}t - u \mathrm{d}t + u \wedge \mathrm{d}W \tag{SLL$_\varepsilon$ - 1}$$

其粘性系数 $\varepsilon > 0$。等价地可以考虑如下方程：

$$\mathrm{d}u = \varepsilon \Delta u \mathrm{d}t + \varepsilon |\nabla u|^2 u \mathrm{d}t + u \wedge \Delta u \mathrm{d}t - u \mathrm{d}t + u \wedge \mathrm{d}W \tag{SLL$_\varepsilon$ - 2}$$

当 $u(t)$ 具有一定的正则性时，这两个方程是等价的，其等价性将放在本章的末尾。

9.1.2　Strotonovich 积分

本小节说明为什么此处的随机积分应理解为 Stratonovich 积分而不是 Itô 积分。由物理事实出发，做如下假设：如果初始时刻磁化向量场在单位球面$\mathbb{S}^2$ 上，则 $u(t)$ 始终在单位球面上。

假设这里的积分是 Itô 的，方程具有形式

$$\mathrm{d}u = u \wedge \Delta u \mathrm{d}t + B(u)\mathrm{d}W$$

其中，$B(u)$ 是反对称的，且

$$B(u) = \begin{pmatrix} 0 & -u_3 & u_2 \\ u_3 & 0 & -u_1 \\ -u_2 & u_1 & 0 \end{pmatrix}$$

利用 Itô 公式可得

$$|u|^2(t) = |u_0|^2 + 2\int_0^t < u, u \wedge \Delta u > \mathrm{d}s + 2\int_0^t < u, u \wedge \mathrm{d}W > + \int_0^t \mathrm{tr}(BB^*)\mathrm{d}s = \int_0^t \mathrm{tr}(BB^*)\mathrm{d}s$$

这里 $|u|^2 = |u_1|^2 + |u_2|^2 + |u_3|^2$ 表示 R^3 中向量的模。直接计算可得 $\mathrm{tr}(B(u)B^*(u)) = 2|u|^2$，代入上式可得

$$|u|^2(t)=|u_0|^2+2\int_0^t|u|^2\mathrm{d}s$$

这意味着

$$|u|^2(t)=|u_0|^2\mathrm{e}^{2t}=\mathrm{e}^{2t}$$

这表明在 Itô 情况下，方程的解（如果存在）将不会保持在单位球面上，而是随着时间的发展会不断以 e 指数增长，这和物理事实是不吻合的。另一方面，如果积分是 Stratonovich 意义下的，则可以说明解是始终保持在单位球面上的。

9.2 SLL 方程的整体弱解

本节考虑随机 Landau - Lifshitz 方程的整体弱解。

定理 9.2.1 令初值 u_0 对几乎处处的 $x\in R^d$ 都有 $u_0\in\mathbb{S}^2$，$\nabla u_0\in L^2(R^d)$ 且是 $\mathscr{F}_0$ 可测的，则存在 $\mathscr{F}_t$ 适应过程 $u(t)$ 在弱解的意义（定义 9.1.1）下满足方程，随着时间的发展，$u(t)$ 始终保持在单位球面上，且 $E\|\nabla u\|^2$ 是有界的。

利用差分方法证明弱解的存在性。令 $u^h(x_i)$ 为在空间格点 $x_i=\lambda_i h$ 的磁化向量，其中 $\lambda_i=(\lambda_i^{(1)},\cdots,\lambda_i^{(d)})\in\mathbb{Z}^d$。记 $h_j=(0,\cdots,0,h,0,\cdots,0)$，并利用向前差商

$$D_j^+u^h(x_i)=\frac{u^h(t,x_i+h_j)-u^h(t,x_i)}{h}\tag{9.2.1}$$

逼近空间导数 $\partial_{x_j}u$。类似地，可以定义向后差商 $D_j^-u^h(x_i)$。Laplace算子 Δ 则可以由下式逼近，即

$$\widetilde{\Delta}u^h(x_i)=\sum_{j=1}^d D_j^+D_j^-u^h(x_i)=\sum_{j=1}^d D_j^-D_j^+u^h(x_i)$$

记

$$\|u^h\|_{L_h^p}^p=\sum_{i\in\mathbb{Z}^d}|u^h(x_i)|^p h^d$$

当 $p=\infty$ 时，定义 $\|u^h\|_{L_h^\infty}=\sup\limits_{i\in\mathbb{Z}^d}|u^h(x_i)|$。类似地可以定义高阶差商的 Sobolev 范数。

将随机 Landau - Lifshitz 方程（SLL）写成关于未知量 $\{u^h(t,x_i)\}_i$ 的离散形式

$$\mathrm{d}u^h(t,x_i)=u^h(t,x_i)\wedge\widetilde{\Delta}u^h(t,x_i)\mathrm{d}t-u^h(t,x_i)\mathrm{d}t+B(u^h(t,x_i))\mathrm{d}W_t\tag{9.2.2}$$

容易看出，这是一类具有如下形式的随机微分方程组：

$$\mathrm{d}X_t=\sigma(t,X_t)\mathrm{d}t+b(t,X_t)\mathrm{d}W_t\tag{9.2.3}$$

其系数

$$u^h\mapsto u^h\wedge\widetilde{\Delta}u^h-u^h(t,x_i)$$
$$u^h\mapsto B(u^h(t,x_i))$$

是局部 Lipshitz 的。利用标准的随机微分方程理论可知，此方程组存在局部解 $\{u^h(t,x_i)\}_{i\in\mathbb{Z}^d}$。为了由此过渡到随机 Landau - Lifshitz 方程的弱解，需要作一些关于解的先验估计。

1. 零阶估计

利用 Itô 公式可得

$$\mathrm{d}\mid D_i^+u^h(x_j)\mid^2 = 2(u^h(t,x_i),u^h(t,x_i)\wedge\widetilde{\Delta}u^h(t,x_i))\mathrm{d}t - 2(u^h(t,x_i),u^h(t,x_i))\mathrm{d}t + 2(u^h(t,x_i),u^h(t,x_i)\wedge \mathrm{d}W) + \mathrm{tr}[B(u^h(t,x_i))B^*(u^h(t,x_i))]\mathrm{d}t = 0$$

其中，$B(u)$ 在 9.1.2 小节中定义且

$$\mathrm{tr}[B(u)B^*(u)] = 2\mid u\mid^2 \tag{9.2.4}$$

这表明随着时间的发展，$u^h(t,x_i)$ 对 a. e. $\omega\in\Omega$ 始终保持单位长度，i. e. 保持在单位球面$\mathbb{S}^2$ 上。

2. 一阶估计

对方程(9.2.2) 作用差分算子 D_j^+ 可得

$$\mathrm{d}D_j^+u^h(t,x_i) = D_j^+[u^h(t,x_i)\wedge\widetilde{\Delta}u^h(t,x_i)]\mathrm{d}t - D_j^+u^h(t,x_i)\mathrm{d}t + D_j^+u^h(t,x_i)\wedge \mathrm{d}W(t)$$

利用 Itô 公式并求和可得

$$\begin{aligned}&\sum_{j,x_i}\mathrm{d}\mid D_j^+u^h(t,x_i)\mid^2 = \\ &2\sum_{j,x_i} < D_j^+u^h(t,x_i),D_j^+[u^h(t,x_i)\wedge\widetilde{\Delta}u^h(t,x_i)] > \mathrm{d}t - \\ &2\sum_{j,x_i} < D_j^+u^h(t,x_i),D_j^+u^h(t,x_i) > \mathrm{d}t + \\ &2\sum_{j,x_i} < D_j^+u^h(t,x_i),D_j^+u^h(t,x_i)\wedge \mathrm{d}W > + \\ &\sum_{j,x_i}\mathrm{tr}[B(D_j^+u^h(t,x_i))B^*(D_j^+u^h(t,x_i))]\mathrm{d}t = 0\end{aligned}$$

这里用到了离散情形的分部积分公式

$$\sum_{x_i}v^h(x_i)\cdot D_j^+u^h(x_i) = -\sum_{x_i}D_j^-v^h(x_i)\cdot u^h(x_i) \tag{9.2.5}$$

这意味着对 a. s. $\omega\in\Omega$，下式成立，即

$$\| u^h \|_{H_h^1}^2 = \| u_0^h \|_{H_h^1}^2 \tag{9.2.6}$$

现在已经构造了定义在空间 R^d 的网格 $\mathbb{Z}_h^d \overset{\text{def}}{=\!=} \{x_i \mid x_i = \lambda_i h,\lambda_i\in\mathbb{Z}^d\}$ 上的满足随机方程(9.2.2) 的解 u^h。

为了将解延拓到全空间，引入如下的插值步骤(参见参考文献[103])。记 C_i 为第 i^{th} 个格点$\{x_i\}$ 的方格，即

$$C_i = \{x_{i,1},x_{i,1}+h_1\}\times\cdots\times\{x_{i,d},x_{i,d}+h_d\} \tag{9.2.7}$$

对任意的 $x\in C_i$，令 $q_h,p_h,r_h^{(m)}$ 为如下插值算子：

$$q_hu^h(x) = u^h(x_i)$$

$$\begin{aligned}p_hu^h(x) = {} & u^h(x_i) + \sum_{j=1}^{d}D_j^+u^h(x_i)\frac{h_j}{h}\cdot(x-x_i) + \cdots + \\ & \sum_{j=1}^{d}D_1^+\cdots D_{j-1}^+D_{j+1}^+\cdots D_d^+u^h(x_i)\prod_{l=1,l\neq j}^{d}\frac{h_l}{h}\cdot(x-x_i) + \\ & D_1^+\cdots D_d^+u^h(x_i)\prod_{l=1}^{d}\frac{h_l}{h}\cdot(x-x_i)\end{aligned}$$

$$r_h^{(m)} u^h(x) = u^h(x_i) + \sum_{j=1, j\neq m} D_j^+ u^h(x_i) \frac{h_j}{h} \cdot (x - x_i) +$$

$$D_1^+ \cdots D_{m-1}^+ D_{m+1}^+ \cdots D_d^+ u^h(x_i) \prod_{l=1, l\neq m} \frac{h_l}{h} \cdot (x - x_i)$$

对这些算子，关系式$\frac{\partial}{\partial x_m} p_h u^h = r_h^{(m)}(D_m^+ u^h)$成立。更重要的，当 $h \to 0$ 时，如果算子 $p_h u^h, q_h u^h$ 或 $r_h^{(m)}$ 之一在 L^2 中强收敛(对应的，弱收敛)，那么其他两个也在 L^2 中强收敛(对应的，弱收敛)，读者可以参阅参考文献[103]。

利用上面的估计以及 Sobolev 紧性嵌入定理可得

$$\left.\begin{aligned} &p_h u^h(x) \to u(x) \text{ 在 } L^2(\Omega; L^\infty(0,T;\dot{H}^1)) \text{ 中弱}^* \text{ 收敛} \\ &p_h u^h(x) \to u(x) \text{ 在 } L^2(\Omega; L^2(0,T;L^2_{loc})) \text{ 中强收敛} \end{aligned}\right\} \tag{9.2.8}$$

为了说明序列 $\{u^h(t,x_i)\}_h$ 收敛到随机方程的一个弱解 $u(t)$，考虑插值序列 $\{p_h u^h\}_h$。利用式(9.2.2) 以及上述插值算子的定义可知

$$\begin{aligned} &\langle p_h u^h(x), p_h v^h(x)\rangle = \\ &\quad \langle p_h u_0^h(x), p_h v_0^h(x)\rangle + \int_0^t \langle p_h D_i^+(u^h \wedge D_i^- u^h), p_h v^h(x)\rangle \mathrm{d}s - \\ &\quad \int_0^t \langle p_h u^h(x), p_h v^h(x)\rangle \mathrm{d}s + \int_0^t \langle p_h v^h(x), p_h u^h(x) \mathrm{d}W\rangle \end{aligned} \tag{9.2.9}$$

对 a. s. $\omega \in \Omega$ 以及在 $L^\infty(0,T;H^1)$ 中 $p_h v^h$ 收敛到 v 的序列 v^h。

下面考虑上式右端第二项和第四项的收敛，其余项的收敛较为简单，且可以类似地得到。

(1) 第二项的收敛

仅需证明 $p_h D_i^+(u^h \wedge D_i^- u^h)$ 在 $L^\infty(0,T;H_{loc}^{-1})$ 中弱* 收敛到 $\partial_{x_i}(u \wedge \partial_{x_i})$。由于 $u^h \wedge D_i^- u^h$ 是$L^\infty(0,T;L_h^2)$ 中的有界集，故 $p_h(u^h \wedge D_i^- u^h)$，$q_h(u^h \wedge D_i^- u^h)$ 以及 $r_h^{(m)}(u^h \wedge D_i^- u^h)$ 收敛到 $L^\infty(0,T;L^2)$ 中的同一极限。将 $q_h(u^h \wedge D_i^- u^h)$ 写为 $q_h u^h \wedge q_h D_i^- u^h$。利用强收敛结果式(9.2.8) 以及 Riesz 定理可知，在子列的意义下对 a. e. $x \in R^d$，$q_h u^h$ 收敛到 u，且 $q_h D_i^- u^h$ 弱* 收敛到 $\partial_{x_i} u$，从而可以得到

$$p_h(u^h \wedge D_i^+ u^h) \to u \wedge \frac{\partial u}{\partial x_i}, \qquad \text{在 } L^\infty(0,T;L^2) \text{ 弱}^*$$

$$\frac{\partial}{\partial x_i} p_h(u^h \wedge D_i^+ u^h) \to \frac{\partial}{\partial x_i}\left(u \wedge \frac{\partial u}{\partial x_i}\right), \qquad \text{在 } L^\infty(0,T;L^2) \text{ 弱}^*$$

这意味着 $r_h^{(i)} D_i^+(u^h \wedge D_i^- u^h)$，从而 $p_h D_i^+(u^h \wedge D_i^- u^h)$ 在 $L^\infty(0,T;H_{loc}^{-1})$ 弱* 收敛到 $\frac{\partial}{\partial x_i}\left(u \wedge \frac{\partial u}{\partial x_i}\right)$。

(2) 第四项的收敛

记

$$\begin{aligned} \mathscr{Q}_h - \mathscr{Q} &\overset{\text{def}}{=\!=} \int_0^t \langle p_h v^h, p_h u^h \wedge \mathrm{d}W_s\rangle - \int_0^t \langle v, u \wedge \mathrm{d}W_s\rangle = \\ &\int_0^t \langle v, (p_h u^h - u) \wedge \mathrm{d}W_s\rangle + \int_0^t \langle p_h v^h - v, p_h u^h \mathrm{d}W_s\rangle \overset{\text{def}}{=\!=} \\ &\mathscr{M}_h + \mathscr{N}_h \end{aligned}$$

利用 BDG 不等式可得

$$\mathrm{E}\sup_{0\leqslant s\leqslant t}|\mathscr{Q}_h-\mathscr{Q}|^2\leqslant \mathrm{E}\sup_{0\leqslant s\leqslant t}|\mathscr{M}_h|^2+\mathrm{E}\sup_{0\leqslant s\leqslant t}|\mathscr{N}_h|^2\leqslant$$

$$\sup_{0\leqslant s\leqslant t}\mathrm{E}\int_0^t\left|\int_{R^d}v\wedge(p_hu^h-u)\mathrm{d}x\right|^2\mathrm{d}s+$$

$$\sup_{0\leqslant s\leqslant t}\mathrm{E}\int_0^t\left|\int_{R^d}(p_hv^h-v)\wedge p_hu^h\mathrm{d}x\right|^2\mathrm{d}s\rightarrow 0$$

其中，第一项收敛是由于对 a. s. $\omega\in\Omega$，p_hu^h-u 在 $L^2(0,t;\dot{H}^1)$ 中弱收敛到 0，且 v 在 $L^2(0,t;L^2)$ 中是有界的；而第二项收敛到 0 是由于对 a. s. $\omega\in\Omega$，p_hu^h 在 $L^2(0,t;\dot{H}^1)$ 中是有界的，且 p_hv_h-v 在 $L^2(0,t;H^1)$ 中强收敛，从而 $\mathrm{E}\sup_{0\leqslant s\leqslant t}|\mathscr{Q}_h-\mathscr{Q}|^2\rightarrow 0$。利用 Riesz 定理可知，存在子列 $\{p_hu^h(x)\}_h$ 使得对 a. s. $\omega\in\Omega$

$$\int_0^t\langle p_hv^h,p_hu^h\wedge \mathrm{d}W_s\rangle\rightarrow\int_0^t\langle v,u\wedge\mathrm{d}W_s\rangle \tag{9.2.10}$$

在式(9.2.9) 中令 $h\rightarrow 0$ 便得到

$$\langle u,v\rangle=\langle u_0,v_0\rangle+\int_0^t\langle u\wedge\Delta u,v\rangle\mathrm{d}s-\int_0^t\langle u,v\rangle\mathrm{d}s+\int_0^t\langle v,u\wedge\mathrm{d}W\rangle \tag{9.2.11}$$

对任意的 $v\in L^\infty(0,T;H^1)$ 成立，从而上述作为逼近序列 u^h 的极限，u 是随机 Landau - Lifshitz 方程的弱解，从而完成定理的证明。

9.3　光滑解的整体存在性

9.3.1　$\varepsilon>0$ 时的局部解

令 $\Lambda=(-D,D)$。首先建立在 Λ 上周期逼近问题的局部解

$$\mathrm{d}u=\varepsilon\Delta u\mathrm{d}t+\varepsilon|\nabla u|^2u\mathrm{d}t+u\wedge\Delta u\mathrm{d}t-u\mathrm{d}t+u\wedge\mathrm{d}W \tag{SLL$_\varepsilon$ - 2}$$

其中，$\varepsilon>0$ 固定，其初值条件为 u_0。为此目的，考虑差分方程

$$\mathrm{d}u^h(t,x_i)=\varepsilon D^+D^-u^h(t,x_i)\mathrm{d}t+\varepsilon|D^+u^h(t,x_i)|^2u^h(,x_i)\mathrm{d}t+$$
$$u^h(t,x_i)\wedge D^+D^-u^h(t,x_i)\mathrm{d}t-u^h(t,x_i)\mathrm{d}t+u^h(t,x_i)\wedge\mathrm{d}W \tag{9.3.1}$$

其中，$i\in\mathcal{J}\overset{\mathrm{def}}{=\!=}\{0,\pm1,\cdots,\pm J\}$，$h=D/J$ 为步长，而 D^+,D^- 为式(9.2.1) 中定义的一维差分算子。这里周期条件意味着对 $t\geqslant 0$，都有 $u^h(t,x_{-J})=u^h(t,x_J)$。这是一个关于$\{u^h(t,x_i)\}_{i\in\mathcal{J}}$ 的随机常微分方程组，其系数是局部 Lipshitz 的，从而利用随机常微分方程的理论，存在定义在区间$[0,T_h]$上的系统式(9.3.1) 的局部解$\{u^h(t,x_i)\}_{i\in\mathcal{J}}$。接下来将给出独立于步长 $h>0$ 的先验估计，从而令 $h\rightarrow 0$，便可以得到在区间$[0,T_0]$上系统(SLL$_\varepsilon$ - 2) 的局部解。

在开始讨论之前，先引入一些记号。定义在式(9.2.1) 中的一阶差分算子，且定义离散函数 δu^h 为

$$\delta u^h\overset{\mathrm{def}}{=\!=}\{D^+u^h(x_i)\mid i\in\mathcal{J}\}$$

其 L_h^p- 范数定义为

$$\| \delta u^h \|_{L_h^p}^p = \sum_{j\in \mathcal{J}} | D^+ u^h(x_i) |^p h$$

将算子 D^+ 作用在一阶差分算子上，便可以得到离散函数 $\{u^h(x_i): i \in \mathcal{J}\}$ 的二阶差分算子为

$$D^+ D^- u^h(x_i) = \frac{u^h(x_{i+1}) - 2u^h(x_i) + u^h(x_{i-1})}{h^2}, \qquad \text{对所有} -J+1 \leqslant i \leqslant J-1$$

利用周期条件，上述定义能够很容易地延拓到所有的 $i \in \mathcal{J}$ 上。为此，仅需在上式中用 $u^h(x_{-J+1})$ 替换 $u^h(x_{J+1})$，且用 $u^h(x_{J-1})$ 去替换 $u^h(x_{-J-1})$，从而二阶差商对所有的 $i \in \mathcal{J}$ 都是良定的。利用归纳法，可以对所有的 $i \in \mathcal{J}$ 定义 k-阶差商，$k \in \mathbb{N}$，以及离散函数 $\delta^k u^h$ 及其 L_h^p-范数。如下的插值不等式成立[104]。

引理 9.3.1 对任意在有限区间 Λ 上的离散函数 $u^h = \{u_j \mid j = 0, \pm 1, \cdots, \pm J\}$，下式成立，即

$$\| \delta^k u^h \|_{L_h^p} \leqslant c \| u^h \|_{L_h^2}^{1-\frac{k+\frac{1}{2}-\frac{1}{p}}{n}} \left(\| \delta^n u^h \|_{L_h^2} + \frac{\| u^h \|_{L_h^2}}{D^n} \right)^{\frac{k+\frac{1}{2}-\frac{1}{p}}{n}} \tag{9.3.2}$$

其中，$2 \leqslant p \leqslant \infty$，$0 \leqslant k \leqslant n (n \in \mathbb{N})$，且常数 c 独立于 u^h。

引理 9.3.2 令 $u^h(t, x_i)$ 为方程(9.3.1)的局部解，其初值 $u_0 \in \mathbb{S}^2$ 是 $\mathcal{F}_0$ 可测的，且 $\nabla u_0(x) \in L^2$，则存在独立于 h 的 $T_0 > 0$ 以及常数 $C > 0$，使得

$$\sup_{0\leqslant t\leqslant T_0} \mathrm{E} \| u^h(t) \|_{L_h^2}^2 + \sup_{0\leqslant t\leqslant T_0} \mathrm{E} \| \delta u^h(t) \|_{L_h^2}^2 \leqslant C \tag{9.3.3}$$

证明：对 $F(x) = |x|^2$，应用 Itô 公式可得

$$\begin{aligned}
&\mathrm{d} | u^h(t,x_i) |^2 = \\
&\quad 2\varepsilon u^h(t,x_i) \cdot D^+ D^- u^h(t,x_i)\mathrm{d}t + 2\varepsilon u^h(t,x_i) \cdot | D^+ u^h(t,x_i) |^2 u^h(t,x_i)\mathrm{d}t + \\
&\quad 2u^h(t,x_i) \cdot u^h(t,x_i) \wedge D^+ D^- u^h(t,x_i)\mathrm{d}t - 2u^h(t,x_i) \cdot u^h(t,x_i)\mathrm{d}t + \\
&\quad 2u^h(t,x_i) \cdot u^h(t,x_i) \wedge \mathrm{d}W + \mathrm{tr}(B(u^h(t,x_i))B^*(u^h(t,x_i)))\mathrm{d}t
\end{aligned}$$

容易看出最后四项为零。用步长 h 乘以上述等式并对指标求和 i，然后在 $[0,t]$ 上关于时间积分便得到

$$\begin{aligned}
\sum_i | u^h(t,x_i) |^2 h = {} & \sum_i | u_0^h(t,x_i) |^2 h + 2\varepsilon \int_0^t \sum_i u^h(t,x_i) \cdot D^+ D^- u^h(t,x_i)\mathrm{d}\tau + \\
& 2\varepsilon \int_0^t \sum_i u^h(t,x_i) \cdot | D^+ u^h(t,x_i) |^2 u^h(t,x_i) h \mathrm{d}\tau
\end{aligned}$$

由此对 $p = \infty$ 利用引理 9.3.1 可知，对 a.s. $\omega \in \Omega$，有

$$\| u^h \|_{L_h^2}^2 + 2\varepsilon \int_0^t \| \delta u^h \|_{L_h^2}^2 \mathrm{d}\tau \leqslant \| u_0^h \|_{L_h^2}^2 + 2C\varepsilon \int_0^t \| u^h \|_{L_h^2}^4 + \| \delta u^h \|_{L_h^2}^4 \mathrm{d}\tau \tag{9.3.4}$$

另一方面对方程(9.3.2)作用差分算子 D^+，并利用与上述相同的手法可得

$$\begin{aligned}
\sum_i | D^+ D^- u^h(t,x_i) |^2 h \leqslant {} & \sum_i | D^+ D^- u_0^h(t,x_i) |^2 h - \\
& 2\varepsilon \int_0^t \sum_i | D^+ D^- u^h(t,x_i) |^2 h \mathrm{d}\tau + \frac{2\varepsilon}{4} \int_0^t \sum_i | D^+ D^- u^h(t,x_i) |^2 h \mathrm{d}\tau + \\
& 2\varepsilon \int_0^t \max_i | u^h(t,x_i) |^2 \sum_i | D^+ u^h |^4 h \mathrm{d}\tau
\end{aligned}$$

对 $p=\infty$ 和 $p=4$ 应用插值不等式可以得到

$$\|\delta u^h\|_{L_h^2}^2+2\varepsilon\int_0^t\|\delta^2 u^h\|_{L_h^2}^2\mathrm{d}\tau\leqslant\|\delta u_0^h\|_{L_h^2}^2+$$
$$\frac{2\varepsilon}{4}\int_0^t\|\delta^2 u^h\|_{L_h^2}^2\mathrm{d}\tau+2\varepsilon\int_0^t\|u^h\|_{L_h^2}^{\frac{3}{2}}(\|\delta^2 u^h\|_{L_h^2}+\|u^h\|_{L_h^2})^{\frac{1}{2}}\cdot$$
$$\|\delta u^h\|_{L_h^2}^3(\|\delta^2 u^h\|_{L_h^2}+\|\delta u^h\|_{L_h^2})\mathrm{d}\tau$$

最后应用 Hölder 不等式便得到对 a. s. $\omega\in\Omega$，下式成立，即

$$\|\delta u^h\|_{L_h^2}^2+\varepsilon\int_0^t\|\delta^2 u^h\|_{L_h^2}^2\mathrm{d}\tau\leqslant$$
$$\|\delta u_0^h\|_{L_h^2}^2+C\varepsilon\int_0^t(1+\|u^h\|_{L_h^2}^{18}+\|\delta u^h\|_{L_h^2}^{18})\mathrm{d}\tau \tag{9.3.5}$$

由此和不等式(9.3.4) 立即可得

$$\|u^h\|_{L_h^2}^2+\|\delta u^h\|_{L_h^2}^2+\varepsilon\int_0^t\|\delta^2 u^h\|_{L_h^2}^2\mathrm{d}\tau\leqslant$$
$$\|\delta u_0^h\|_{L_h^2}^2+C\varepsilon\int_0^t(1+\|u^h\|_{L_h^2}^{18}+\|\delta u^h\|_{L_h^2}^{18})\mathrm{d}\tau \tag{9.3.6}$$

这表明存在常数 C 以及 T_0，使得对 a. s. $\omega\in\Omega$，下式成立，即

$$\|u^h\|_{L_h^2}^2+\|\delta u^h\|_{L_h^2}^2\leqslant C,\qquad \text{对任意 } t\in[0,T_0]$$
$$\int_0^{T_0}\|\delta u^h\|_{L_h^2}^2\mathrm{d}\tau\leqslant C$$

最后对此不等式取期望便可以得到结论。

引理 9.3.3　令 $u^h(t,x_i)$ 为方程(9.3.1) 的解，其初值 $u_0\in\mathbb{S}^2$ 为 $\mathcal{F}_0$ 可测且 $\nabla u_0(x)\in H^1$，则存在不依赖于 h 的常数 $T_0>0$ 以及 $C>0$，使得

$$\sup_{0\leqslant t\leqslant T_0}\mathrm{E}\|\delta^2 u^h(t)\|_{L_h^2}^2+\int_0^{T_0}\mathrm{E}\|\delta^3 u^h(t)\|_{L_h^2}^2\mathrm{d}t\leqslant C$$

证明：此引理的证明和上面类似。对方程(9.3.1) 作用差分算子 D^+D^-，并对 $F(x)=|x|^2$ 使用 Itô 公式可得

$$\begin{aligned}
&\mathrm{d}\,|D^+D^-u^h(t,x_i)|^2=\\
&\quad 2\varepsilon D^+D^-u^h(t,x_i)\cdot D^+D^-D^+D^-u^h(t,x_i)\mathrm{d}t+\\
&\quad 2\varepsilon D^+D^-u^h(t,x_i)\cdot D^+D^-(|D^+u^h(t,x_i)|^2u^h(t,x_i))\mathrm{d}t+\\
&\quad 2D^+D^-u^h(t,x_i)\cdot D^+D^-(u^h(t,x_i)\wedge D^+D^-u^h(t,x_i))\mathrm{d}t-\\
&\quad 2D^+D^-u^h(t,x_i)\cdot D^+D^-u^h(t,x_i)\mathrm{d}t+\\
&\quad 2D^+D^-u^h(t,x_i)\cdot D^+D^-u^h(t,x_i)\wedge\mathrm{d}W+\\
&\quad \mathrm{tr}(B(D^+D^-u^h(t,x_i))B^*(D^+D^-u^h(t,x_i)))\mathrm{d}t
\end{aligned}$$

同样，右端求和的最后三项为零。关于指标 i 求和便得

$$\sum_i|D^+D^-u^h(t,x_i)|^2h=$$
$$\sum_i|D^+D^-u_0^h(t,x_i)|^2h-2\varepsilon\int_0^t\sum_i|D^+D^-D^+u^h(t,x_i)|^2h\mathrm{d}\tau-$$
$$2\varepsilon\int_0^t\sum_i D^-D^+D^-u^h(t,x_i)\cdot D^-(|D^+u^h(t,x_i)|^2u^h(t,x_i))h\mathrm{d}\tau+$$
$$2\int_0^t\sum_i D^-D^+D^-u^h(t,x_i)\cdot D^-(u^h(t,x_i)\wedge D^+D^-u^h(t,x_i))h\mathrm{d}\tau$$

注意到

$$\int_0^t \sum_i D^- D^+ D^- u^h(t,x_i) \cdot D^-(|D^+ u^h(t,x_i)|^2 u^h(t,x_i))h\mathrm{d}\tau \leqslant$$
$$\frac{1}{4}\int_0^t \sum_i |D^- D^+ D^- u^h(t,x_i)|^2 h\mathrm{d}\tau + c\int_0^t \max_i |D^+ u^h(t,x_i)|^2 \times$$
$$\sum_i |D^+ D^- u^h(t,x_i)|^2 h + \sum_i |D^+ u^h(t,x_i)|^6 h\mathrm{d}\tau$$

以及

$$2\int_0^t \sum_i D^- D^+ D^- u^h(t,x_i) \cdot D^-(u^h(t,x_i) \wedge D^+ D^- u^h(t,x_i))h\mathrm{d}\tau \leqslant$$
$$\frac{2\varepsilon}{4}\int_0^t \sum_i |D^- D^+ D^- u^h(t,x_i)|^2 h\mathrm{d}\tau +$$
$$\frac{2}{\varepsilon}\int_0^t |D^- u^h(t,x_i) \wedge D^+ D^- u^h(t,x_i)|^2 h\mathrm{d}\tau \leqslant$$
$$\frac{2\varepsilon}{4}\int_0^t \sum_i |D^- D^+ D^- u^h(t,x_i)|^2 h\mathrm{d}\tau +$$
$$\frac{2}{\varepsilon}\int_0^t \max_i |D^- u^h(t,x_i)|^2 \sum_i |D^+ D^- u^h(t,x_i)|^2 h\mathrm{d}\tau$$

利用引理 9.3.2 以及引理 9.3.1 中的插值不等式，可得

$$\sup_{i,0\leqslant t\leqslant T_0} |u^h(t,x_i)| \leqslant C \tag{9.3.7}$$

综合上述不等式，最后可以得到

$$\|\delta^2 u^h\|_{L_h^2}^2 + \varepsilon\int_0^t \|\delta^3 u^h\|_{L_h^2}^2 \leqslant \|\delta^2 u_0^h\|_{L_h^2}^2 + c\int_0^t (1+\|\delta^2 u^h\|_{L_h^2}^2)\mathrm{d}\tau$$

取期望并利用 Gronwall 不等式可知，存在独立于 h 的常数 C 以及 T_0，使得

$$\sup_{0\leqslant t\leqslant T_0} \mathrm{E}\|\delta^2 u^h\|_{L_h^2}^2 + \int_0^{T_0} \mathrm{E}\|\delta^3 u^h\|_{L_h^2}^2 \mathrm{d}\tau \leqslant C \tag{9.3.8}$$

证毕。

类似地可以建立高阶估计。

引理 9.3.4 令 $u^h(t,x_i)$ 为方程(9.3.1)的解，其初值 $u_0^h(x_i) \in \mathbb{S}^2$ 为 $\mathscr{F}_0$-可测，且对任意 $k \geqslant 2$，有 $\nabla u_0(x) \in H^k$，则存在常数 $T_0 > 0$ 以及 $C > 0$，使得

$$\sup_{0\leqslant t\leqslant T_0} \mathrm{E}\|\delta^{k+1} u^h(t)\|_{L_h^2}^2 \leqslant C$$

其中，T_0 以及 C 独立于 h。

综合上述引理，对固定的 $\varepsilon > 0$，先验估计独立于步长 $h > 0$，从而可以对 $h \to 0$ 取极限，得到在 Λ 上的周期逼近问题(SLL_ε - 2) 的定义在某个区间$[0,T_0]$上的局部解 $u(t,x)$。

命题 9.3.1 固定 $\varepsilon > 0$。在有限区间 Λ 上的周期逼近问题(SLL_ε - 2) 存在局部解 $u(t,x)$。此解可以由逼近系统(SLL_ε - 2) 对应的差分方程(9.3.2) 的解对 $h \to 0$ 取极限得到。

9.3.2 先验估计与整体解

本小节考虑 $d=1$ 的情形。将给出上节构造的解的独立于粘性系数 $\varepsilon > 0$ 的先验估计，从而可以令 $\varepsilon \to 0$ 而得到方程(SLL) 的整体光滑解。

定理 9.3.1　令 $m \geqslant 1$。对 $\mathcal{F}_0$ 可测且成立 $\nabla u_0 \in H^m$ 以及 $u_0 \in \mathbb{S}^2$ 的初值 u_0，存在唯一的连续的 $\mathcal{F}_t$- 适应过程 $(u(t))_{t\geqslant 0}$，使得对 a.e. $x \in R^1$ 有 $u(t) \in \mathbb{S}^2$，且对 a.s. $\omega \in \Omega$，$\nabla u(t) \in L^\infty(0,T;H^m)$ 为随机 Landau - Lifshitz 方程在 R^1 上 Cauchy 问题的解，且此解是整体的。

引理 9.3.5　令 $u(t)$ 为逼近随机 Landau - Lifshitz 方程($\mathrm{SLL}_\varepsilon - 2$) 的光滑解，其初值 u_0 是 $\mathcal{F}_0$- 可测的，则如下的先验估计成立，即

$$|u(t,x)| = 1, \qquad 对任意(t,x) \in [0,T]\times\Lambda \tag{9.3.9}$$

$$\sup_{0\leqslant t\leqslant T} \mathrm{E}\|\nabla u\|_{L^2(\Lambda)}^2 \leqslant C \tag{9.3.10}$$

其中，常数 C 可以依赖于初值，但是独立于 ε 和 D。

证明:利用 Itô 公式可得

$$\|\nabla u(t)\|^2 = \|\nabla u_0\|^2 + \mathcal{I}_{11} + \mathcal{I}_{12} + \mathcal{I}_{13} \tag{9.3.11}$$

其中

$$\mathcal{I}_{11} = 2\int_0^t \langle \nabla u, \nabla(-\varepsilon u \wedge u \wedge \Delta u + u \wedge \Delta u - u)\rangle \mathrm{d}s$$

$$\mathcal{I}_{12} = 2\int_0^t \langle \nabla u, \nabla u \wedge \mathrm{d}W\rangle$$

$$\mathcal{I}_{13} = \int_0^t \|\mathrm{tr}(BB^*)\|_1^2 \mathrm{d}s$$

下面一一估计：

$$\mathcal{I}_{11} = 2\int_0^t \langle \Delta u, \varepsilon u \wedge u \wedge \Delta u\rangle \mathrm{d}s - 2\int_0^t \|\nabla u\|^2 \mathrm{d}s =$$

$$-2\varepsilon\int_0^t \|u \wedge \Delta u\|^2 \mathrm{d}s - 2\int_0^t \|\nabla u\|^2 \mathrm{d}s$$

$$\mathcal{I}_{12} = 0$$

$$\mathcal{I}_{13} = 2\int_0^t \|\nabla u\|^2 \mathrm{d}s$$

则式(9.3.11) 成为

$$\|\nabla u(t)\|^2 = \|\nabla u_0\|^2 - 2\varepsilon\int_0^t \|u \wedge \Delta u\|^2 \mathrm{d}s \tag{9.3.12}$$

这便得到估计

$$\|\nabla u(t)\|^2 \leqslant \|\nabla u_0\|^2, \qquad \text{a.s.}\ \omega \in \Omega \tag{9.3.13}$$

从而

$$\mathrm{E}\|\nabla u(t)\|^2 \leqslant \mathrm{E}\|\nabla u_0\|^2 \tag{9.3.14}$$

便完成引理的证明。

注 9.3.1　事实上，可以期望更多。由式(9.3.13) 可知 $\sup\limits_{0\leqslant t\leqslant T}\|\nabla u(t)\|^2 \leqslant \|\nabla u_0\|^2$，从而取期望可得

$$\mathrm{E}\sup_{0\leqslant t\leqslant T}\|\nabla u(t)\|^2 \leqslant \|\nabla u_0\|^2 \tag{9.3.15}$$

在后面的引理中同样的注记成立，故不逐一写出。

引理 9.3.6　令 $u(t)$ 逼近 Landau - Lifshitz($\mathrm{SLL}_\varepsilon - 2$) 的光滑解，其初值 u_0 是 $\mathcal{F}_0$- 可测的，则对于任意的 $T > 0$，下式成立，即

$$\sup_{0\leqslant t\leqslant T} \mathrm{E}\|u_{xx}\|_{L^2(\Lambda)}^2 \leqslant C \tag{9.3.16}$$

其中，C 可以依赖于初值，但是不依赖 ε, D。

证明：由于对任意的 $(t,x) \in [0,T]\times\Lambda$，$|u(t,x)|=1$ 成立，从而 $u, u_x, u \wedge u_x$ 构成 R^3 的一组正交基。于是可以有

$$u_{xx} = \alpha u + \beta u_x + \gamma u \wedge u_x \tag{9.3.17}$$

通过直接计算可知

$$\alpha = -|u_x|^2, \qquad \beta = \frac{u_x \cdot u_{xx}}{|u_x|^2}, \qquad \gamma = \frac{(u \wedge u_x)\cdot u_{xx}}{|u_x|^2}$$

利用 Itô 公式，对式($\mathrm{SLL}_\varepsilon - 2$)，下式成立，即

$$\|\partial_x^2 u(t)\|^2 = \|\partial_x^2 u_0\|^2 + \mathcal{I}_{21} + \mathcal{I}_{22} + \mathcal{I}_{23} \tag{9.3.18}$$

其中

$$\mathcal{I}_{21} = 2\int_0^t \langle \partial_x^2 u, \partial_x^2(\varepsilon\Delta u + \varepsilon|\nabla u|^2 u + u \wedge \Delta u - u)\rangle \mathrm{d}s$$

$$\mathcal{I}_{22} = 2\int_0^t \langle \partial_x^2 u, B(\partial_x^2 u)\rangle \mathrm{d}W$$

$$\mathcal{I}_{23} = \int_0^t \|\mathrm{tr}(BB^*)\|_2^2 \mathrm{d}s$$

对于$\mathcal{I}_{23}$，有估计

$$\mathcal{I}_{23} = 2\int_0^t \|u_{xx}\|^2 \mathrm{d}s$$

对于$\mathcal{I}_{21}$，有估计

$$\mathcal{I}_{21} = -2\varepsilon\int_0^t \|u_{xxx}\|^2 \mathrm{d}s - 2\int_0^t \langle u_{xxx}, u_x \wedge u_{xx}\rangle \mathrm{d}s -$$
$$2\varepsilon\int_0^t \langle u_{xxx}, |u_x|^2 u_x + 2(u_x \cdot u_{xx})u\rangle \mathrm{d}s - 2\int_0^t \|u_{xx}\|^2 \mathrm{d}s \overset{\mathrm{def}}{=\!=}$$
$$\mathcal{R}_1 + \mathcal{R}_2 + \mathcal{R}_3 + \mathcal{R}_4$$

对于$\mathcal{R}_i$，有估计

$$\mathcal{R}_2 = -2\int_0^t\int_{-D}^D \left[u_x \wedge \left(-|u_x|^2 u + \frac{(u \wedge u_x)\cdot u_{xx}}{|u_x|^2} u \wedge u_x\right)\right]\cdot u_{xxx} \mathrm{d}x\mathrm{d}s =$$
$$-2\int_0^t\int_{-D}^D |u_x|^2 (u \wedge u_x)\cdot u_{xxx} \mathrm{d}x + \int_{-D}^D \frac{(u \wedge u_x)\cdot u_{xx}}{|u_x|^2} |u_x|^2 u \cdot u_{xxx} \mathrm{d}x\mathrm{d}s =$$
$$-5\int_0^t\int_{-D}^D |u_x|^2 (u \wedge u_x)\cdot u_{xxx} \mathrm{d}x\mathrm{d}s$$

这里最后一步用到关系式

$$u \cdot u_{xxx} = -\frac{3}{2}(|u_x|^2)_x$$

$$\mathcal{R}_3 = 2\varepsilon\int_0^t\int_{-D}^D |u_x|^2 |u_{xx}|^2 \mathrm{d}x\mathrm{d}s + 16\varepsilon\int_0^t\int_{-D}^D |u_x \cdot u_{xx}|^2 \mathrm{d}x\mathrm{d}s$$

另一方面，将算子 ∂_x 作用于方程($\mathrm{SLL}_\varepsilon - 2$)，可得估计

$$\mathrm{d}u_x = \varepsilon\partial_x u_{xx}\mathrm{d}t + \varepsilon\partial_x(|u_x|^2 u)\mathrm{d}t + \partial_x(u \wedge u_{xx})\mathrm{d}t - \partial_x u\mathrm{d}t + \partial_x u \wedge \mathrm{d}W \tag{9.3.19}$$

令 $F(p) = |p|^4 = (|p_1|^2 + |p_2|^2 + |p_3|^2)^2$，从而利用 Itô 公式可得

$$\| \partial_x u \|_{L^4}^4 = \int_{-D}^{D} F(\partial_x u(t))\mathrm{d}x = 4\int_0^t \langle | \partial_x u |^2 \partial_x u, \mathrm{d}u_x \rangle \mathrm{d}s + 4\int_0^t\int_{-D}^{D} | \partial_x u |^4 \mathrm{d}x\mathrm{d}s =$$

$$4\int_0^t\int_{-D}^{D} (-\varepsilon | \partial_x u |^2 | \partial_{xx} u |^2 \mathrm{d}x - 2\varepsilon | \partial_x u \cdot \partial_{xx} u |^2 + \varepsilon | u_x |^6 -$$

$$| u_x |^2 (u \wedge u_x) \cdot u_{xxx})\mathrm{d}x\mathrm{d}s + 4\int_0^t\int_{-D}^{D} | u_x |^2 u_x \cdot u_x \wedge \mathrm{d}x\mathrm{d}W$$

于是

$$\| \partial_x u \|_{L^4}^4 = 4\int_0^t\int_{-D}^{D} (-\varepsilon | \partial_x u |^2 | \partial_{xx} u |^2 \mathrm{d}x - 2\varepsilon | \partial_x u \cdot \partial_{xx} u |^2 +$$

$$\varepsilon | u_x |^6 - | u_x |^2 (u \wedge u_x) \cdot u_{xxx})\mathrm{d}x\mathrm{d}s \tag{9.3.20}$$

综合式(9.3.18) ～ 式(9.3.20) 便得到估计

$$4 \| u_{xx}(t) \|^2 + 8\varepsilon\int_0^t \| u_{xxx}(s) \|^2 \mathrm{d}s + 20\varepsilon\int_0^t\int_{-D}^{D} | u_x(s) |^6 \mathrm{d}x\mathrm{d}s =$$

$$5 \| u_x(t) \|_{L^4}^4 - 5 \| u_{0x} \|_{L^4}^4 + 4 \| u_{0xx} \| + 28\varepsilon\int_0^t\int_{-D}^{D} | u_x |^2 | u_{xx} |^2 \mathrm{d}x\mathrm{d}s +$$

$$104\varepsilon\int_0^t\int_{-D}^{D} | u_x \cdot u_{xx} |^2 \mathrm{d}x\mathrm{d}s \tag{9.3.21}$$

记$\mathcal{A} = 28\int_{-D}^{D} | u_x |^2 | u_{xx} |^2 \mathrm{d}x + 104\int_{-D}^{D} | u_x \cdot u_{xx} |^2 \mathrm{d}x$。对此有估计

$$\mathcal{A} \leqslant 132\int_{-D}^{D} | u_x |^2 | u_{xx} |^2 \mathrm{d}x \leqslant$$

$$\delta\int | u_x |^6 + c(\delta)\int | u_{xx} |^3 \mathrm{d}x \leqslant$$

$$\delta\int_{D}^{D} | u_x |^6 \mathrm{d}x + c(\delta) \| u_x \|^{\frac{5}{4}} \| u_{xxx} \|^{\frac{7}{4}} \leqslant$$

$$\delta\int_{D}^{D} | u_x |^6 \mathrm{d}x + \delta \| u_{xxx} \|^2 - c(\delta) \| u_x \|^{10}$$

令 $\delta = 4$。从式(9.3.21) 可以看出

$$4 \| u_{xx}(t) \|^2 + 4\varepsilon\int_0^t \| u_{xxx}(s) \|^2 \mathrm{d}s + 16\varepsilon\int_0^t\int_{-D}^{D} | u_x(s) |^6 \mathrm{d}x\mathrm{d}s =$$

$$5 \| u_x(t) \|_{L^4}^4 - 5 \| u_{0x} \|_{L^4}^4 + 4 \| u_{0xx} \|^2 + c(\delta)\int_0^t \| u_x \|^{10} \mathrm{d}s \leqslant$$

$$2 \| u_{xx}(t) \|^2 + c \| u_x(t) \|^6 + 4 \| u_{0xx} \|^2 + c(\delta)\int_0^t \| u_x \|^{10} \mathrm{d}s \tag{9.3.22}$$

其中，最后一步用到了如下的插值不等式

$$\| u_x \|_{L^4}^4 \leqslant c \| u_x \|^3 \| u_{xx} \|$$

考虑到引理 9.3.5，从式(9.3.22) 可知，对 a. s. $\omega \in \Omega$，有

$$\| u_{xx} \|_{L^2(\Lambda)}^2 \leqslant C(T, \| u_0 \|_{H^2}) \tag{9.3.23}$$

因此

$$\sup_{0\leqslant t\leqslant T} \mathrm{E} \| u_{xx} \|_{L^2(\Lambda)}^2 \leqslant C \tag{9.3.24}$$

其中，常数 C 依赖于 $\| u_0 \|_{H^2}$，但是不依赖于 ε 以及 D。

引理 9.3.7　令 $u(t)$ 为逼近随机 Landau - Lifshitz 方程(SLL_ε - 2) 的光滑解，则成立估计

$$\sup_{0\leqslant t\leqslant T} \mathrm{E} \| \partial_x^3 u \|_{L^2(\Lambda)}^2 \leqslant C \tag{9.3.25}$$

其中，常数 C 可以依赖于初值，但是不依赖于 ε 以及 D。

证明:估计和引理 9.3.6 的估计类似,这里仅给出关键步骤。将算子$\mathcal{L}=\partial_x^3$ 作用于方程($\mathrm{SLL}_\varepsilon-2$),可以得到

$$\mathrm{d}(\partial_x^3 u)=\varepsilon\partial_x^5 u(t)\mathrm{d}t+\varepsilon\partial_x^3(|u_x|^2 u)\mathrm{d}t+\partial_x^3(u\wedge\Delta u)\mathrm{d}t-\partial_x^3 u\mathrm{d}t+\partial_x^3 u\wedge\mathrm{d}W$$

对 $F(u)=|u|^2$ 利用 Itô 公式可得

$$\|\partial_x^3 u\|^2=\|\partial_x^3 u_0\|^2+\mathcal{I}_{31}+\mathcal{I}_{32}+\mathcal{I}_{33} \tag{9.3.26}$$

其中

$$\begin{aligned}\mathcal{I}_{31}=&2\varepsilon\int_0^t\langle\partial_x^3 u(s),\partial_x^5 u(s)\rangle\mathrm{d}s+2\varepsilon\int_0^t\langle\partial_x^3 u,\partial_x^3(|u_x|^2 u)\rangle\mathrm{d}s+\\&2\int_0^t\langle\partial_x^3 u,\partial_x^3(u\wedge u_{xx})\rangle\mathrm{d}s-2\int_0^t\langle\partial_x^3 u,\partial_x^3 u\rangle\mathrm{d}s\overset{\text{def}}{=\!=\!=}\\&\mathcal{R}_1+\mathcal{R}_2+\mathcal{R}_3+\mathcal{R}_4\end{aligned}$$

$$\mathcal{I}_{32}=2\int_0^t\langle\partial_x^3 u,\partial_x^3 u\wedge\mathrm{d}W\rangle=0$$

$$\mathcal{I}_{33}=\int_0^t\|\mathrm{tr}(BB^*)\|_{H^3}\mathrm{d}s=2\int_0^t\|\partial_x^3 u\|^2\mathrm{d}s$$

对$\mathcal{I}_{31}$ 的右端$\mathcal{R}_i$ 项,有估计

$$\begin{aligned}\mathcal{R}_2=&-2\varepsilon\int_0^t\int(|u_x|^2 u)_{xx}\cdot u_{xxxx}\mathrm{d}x\mathrm{d}s\leqslant\\&C\varepsilon\int_0^t(|u_{xx}|+|u_{xx}|^2+|u_{xxx}|)|u_{xxxx}|\mathrm{d}x\mathrm{d}s\leqslant\\&C\varepsilon t+\frac{\varepsilon}{2}\int_0^t\int|u_{xxxx}|^2\mathrm{d}x\mathrm{d}s+\\&C\varepsilon\int_0^t\int|u_{xxx}|^2\mathrm{d}x\mathrm{d}s+C\varepsilon\int_0^t\int|u_{xx}|^4\mathrm{d}x\mathrm{d}s\leqslant\\&\varepsilon\int_0^t\int|u_{xxxx}|^2\mathrm{d}x\mathrm{d}s+C\varepsilon\int_0^t\int|u_{xxx}|^2\mathrm{d}x\mathrm{d}s+\int_0^t\|u_{xx}\|^{\frac{14}{3}}\mathrm{d}s\end{aligned}$$

其中,用到引理 9.3.6 以及插值不等式

$$\|u_{xx}\|_{L^4}\leqslant c\|u_{xxxx}\|^{\frac{1}{8}}\|u_{xx}\|^{\frac{7}{8}}$$

另一方面,可以将 u_{xxx} 用上述R^3 中的正交基$\{u,u_x,u\wedge u_x\}$ 展开

$$u_{xxx}=\alpha u+\beta u_x+\gamma u\wedge u_x$$

其系数为

$$\alpha=-3u_x\cdot u_{xx},\qquad\beta=\frac{u_x\cdot u_{xxx}}{|u_x|^2},\qquad\gamma=\frac{(u\wedge u_x)\cdot u_{xxx}}{|u_x|^2}$$

则$\mathcal{R}_3$ 可以估计为

$$\begin{aligned}\mathcal{R}_3=&-2\int_0^t\int(u_x\wedge u_{xxx})\cdot u_{xxxx}\mathrm{d}x\mathrm{d}s=\\&-2\int_0^t\int\left[-3(u_x\cdot u_{xx})(u_x\wedge u)+\frac{(u\wedge u_x)\cdot u_{xxx}}{|u_x|^2}|u_x|^2 u\right]\cdot u_{xxxx}\mathrm{d}x\mathrm{d}s=\\&6\int_0^t\int[(u_x\cdot u_{xx})(u_x\wedge u)]_x\cdot u_{xxx}\mathrm{d}x\mathrm{d}s+\\&8\int_0^t\int[(u\wedge u_x)\cdot u_{xxx}]u_x\cdot u_{xxx}\mathrm{d}x\mathrm{d}s+\end{aligned}$$

$$6\int_0^t\int[(u\cdot u_x)\cdot u_{xxx}]|u_{xx}|^2\mathrm{d}x\mathrm{d}s\leqslant$$
$$c\int_0^t\int|u_{xxx}|^2\mathrm{d}x\mathrm{d}s+c\int_0^t\int|u_{xx}|^4\mathrm{d}x\mathrm{d}s\leqslant$$
$$c\int_0^t\int|u_{xxx}|^2\mathrm{d}x\mathrm{d}s+c\int_0^t\|u_{xx}\|^6\mathrm{d}s$$

其中第三步用到事实

$$u\cdot u_{xxxx}=-3|u_{xx}|^2-4u_x\cdot u_{xxx}$$

而最后一步用到插值不等式

$$\|u_{xx}\|_{L^4}\leqslant C\|u_{xx}\|^{\frac{3}{4}}\|u_{xxx}\|^{\frac{1}{4}}$$

利用式(9.3.26)以及$\mathcal{R}_2,\mathcal{R}_3$的估计可以得到

$$\|u_{xxx}\|^2+\varepsilon\int_0^t\|u_{xxxx}\|^2\leqslant\|u_{0xxx}\|^2+c\int_0^t\|u_{xxx}\|^2\mathrm{d}s+C \tag{9.3.27}$$

此式表明

$$\|u_{xxx}\|^2\leqslant C(T,\|u_{0xxx}\|^2),\qquad \text{a. s. }\omega\in\Omega \tag{9.3.28}$$

取期望便得到引理的证明。

引理 9.3.8　令 $u(t)$ 为逼近随机 Landau - Lifshitz 方程(SLL_ε - 2)的光滑解，则对 $k\geqslant 2$，成立估计

$$\sup_{0\leqslant t\leqslant T}\mathrm{E}\|\partial_x^k u\|_{L^2(\Delta)}^2\leqslant C \tag{9.3.29}$$

其中，C 可以依赖于初值，但是不依赖于 ε,D。

证明：将算子$\mathcal{L}=(-\Delta)^{k/2}$作用于方程，并如同上面的估计一样利用Itô公式以及插值不等式便得到引理的证明。

利用这些估计以及在前面得到的局部性理论，可以得到定理9.3.1的证明，即在R^1上随机Landau-Lifshitz方程(SLL)的整体光滑解的存在性。事实上，利用命题9.3.1所证明的逼近方程的局部解的存在性以及上述独立于$\varepsilon>0,D$的估计，可以对$\varepsilon\to 0$以及$D\to\infty$取极限，从而得到R^1上Cauchy问题(SLL)的局部光滑解。而解的整体性则是经典的连续性方法以及上述引理所作的整体先验估计的直接结果，从而仅需要证明解的唯一性，便可以完成定理9.3.1的证明。然而唯一性是可以由解的正则性所保证的，其大致证明如下：

令 u 和 v 为相同初值的两个光滑解，则 $w=u-v$ 满足方程

$$\mathrm{d}w=(u\wedge\Delta w+w\wedge\Delta v)\mathrm{d}t-w\mathrm{d}t+w\wedge\mathrm{d}W \tag{9.3.30}$$

利用Itô公式和关于 x 变量积分可以得到

$$\|w(t)\|^2=\int_0^t\langle w(\tau),u(\tau)\wedge\Delta w(\tau)\rangle\mathrm{d}\tau\leqslant$$
$$C\int_0^t\|w(\tau)\|^2+\|\nabla w(\tau)\|^2\mathrm{d}\tau$$

以及

$$\|\nabla w(t)\|_{L^2}^2=-\langle w(t),\Delta w(t)\rangle=-2\int_0^t\langle w(\tau)\wedge\Delta v(\tau),\Delta w(\tau)\rangle\mathrm{d}\tau\leqslant$$
$$C\int_0^t\|w(\tau)\|^2+\|\nabla w(\tau)\|^2\mathrm{d}\tau$$

利用这两个不等式以及Gronwall不等式便可以得到唯一性的证明。

作为推论，还可以得到具有Gilbert项的随机Landau-Lifshitz方程(9.1.2)($\alpha>0$固定)

在 R^1 上 Cauchy 问题的解的整体存在性。注意到这里 α 扮演着粘性系数 ε 在($SLL_\varepsilon - 2$) 中的作用，从而可以把这两者看成是一致的。

推论 9.3.1　令 $\alpha > 0$ 固定。对任意 $\mathcal{F}_0$ 可测的光滑的初值 u_0，随机 Landau - Lifshitz - Gilbert 方程(9.1.2) 存在整体的光滑解 $u(t)$，且 $u(t)$ 是连续的、在 $H^k, k \in \mathbb{N}$ 中 $\mathcal{F}_t$ 适应的随机过程。

证明：事实上对固定的 $\varepsilon = \alpha > 0$，命题 9.3.1 给出了在 Λ 上周期问题局部解的存在性。由于先验估计是独立于 D 的，从而可以对 $D \to \infty$ 取极限，得到随机 Landau - Lifshitz - Gilbert 方程在 R^1 上 Cauchy 问题式(9.1.2) 光滑解的整体存在性。

同样还可以固定 $D > 0$，而令 $\varepsilon \to 0$ 得到随机 Landau - Lifshitz 方程以及随机 Landau - Lifshitz - Gilbert 方程的周期问题光滑解的存在唯一性。这里不一一写出了。

9.4　方程($SLL_\varepsilon - 1$) 和($SLL_\varepsilon - 2$) 的等价性

为了完整起见，现说明具有相同初值 $u_0 \in \mathbb{S}^2$ 的下述方程是等价的。

$$du = u \wedge u \wedge \Delta u dt + u \wedge \Delta u dt - u dt + u \wedge dW \tag{9.4.1}$$

$$du = \Delta u dt + |\nabla u|^2 u dt + u \wedge \Delta u dt - u dt + u \wedge dW \tag{9.4.2}$$

具有粘性系数 $\varepsilon > 0$ 的相应方程的等价性可以类似地得到。

(1) 式(9.4.1) ⇒ 式(9.4.2)

如同 9.2 节中一样，对任意的 (t,x)，$|u(t,x)| = 1$ 成立，从而 $u \cdot \Delta u = -|\nabla u|^2$。利用公式 $a \wedge (b \wedge c) = (a \cdot c)b - (a \cdot b)c$，便不难得到

$$u \wedge (u \wedge \Delta u) = -|\nabla u|^2 u - \Delta u$$

这说明对正则解，由式(9.4.1) 可以得到式(9.4.2)。

(2) 式(9.4.2) ⇒ 式(9.4.1)

仅需说明随着时间的发展，式(9.4.2) 的解始终位于单位球面 $\mathbb{S}^2$ 上。事实上利用 Itô 公式可得

$$\begin{aligned} d|u|^2 = {} & 2u \cdot \Delta u dt + 2u \cdot (|\nabla u|^2 u) dt + 2u \cdot (u \wedge \Delta u) - \\ & 2u \cdot u dt + 2u \cdot (u \wedge dW) + \mathrm{tr}(BB^*) dt = \\ & 2u \cdot \Delta u dt + 2|\nabla u|^2 |u|^2 \end{aligned}$$

因此利用 $\Delta |u|^2 = 2|\nabla u|^2 + 2u \cdot \Delta u$ 有

$$d|u|^2 = \Delta |u|^2 dt - 2|\nabla u|^2 dt + 2|\nabla u|^2 |u|^2 dt$$

记 $U(t) = |u(t)|^2 - 1$，从而得到方程

$$dU(t) = \Delta U(t) dt + 2|\nabla u(t)|^2 U(t) dt$$

其初值为 $U(0) = 0$。对此方程应用 Itô 公式可得

$$|U(t)|^2 = |U(0)|^2 + 2\int_0^T U(t) \cdot \Delta U(t) dt + 4\int_0^T |\nabla u|^2 |U(t)|^2 dt$$

此式表明

$$|U(t)|^2 + 2\int_0^T |\nabla U(t)|^2 dt = 4 \sup_{t,x} |\nabla u|^2 \int_0^T |U(t)|^2 dt$$

由此可知 $U(t) \equiv 0$。这正是我们所要的结果，从而完成了二者的等价性证明。

第 10 章　随机微分方程在金融中的应用

本章考虑随机微分方程在金融中的应用，介绍一些基本概念，讨论 Girsanov 定理，最后讨论欧式期权的定价和对冲模型。关于更一般、更系统的讨论，可以参见有关专著，如参考文献[29,30,105]。最后一节对倒向随机微分方程作简单的讨论，读者还可以参见参考文献[106,107]。

10.1　一些基本概念及其模型

为了后面讨论的需要，本节首先简单地介绍金融中非常重要的几个概念。谈到金融，自然离不开金融市场。所谓金融市场，指的是货币和外汇市场、贵金属市场以及包括证券在内的金融工具市场的总称。而金融工具则通常可以区分为基本工具和衍生工具。基本金融工具包括银行账户、债券和股票；而衍生工具则包括期权、期货合约、权证、组合期权和复合期权等金融衍生工具。

1. 银行账户

银行账户可以看作债券型证券，其实质在于，银行有义务对人们的账户支付确定利息。通常有两种计算利息的方式：一年 m 次（单利）和连续计算（复利）。如果在一家银行开启一个以利率 $r(m)$ 一年支付 m 次利息的账户，那么当初始成本为 B_0 时，N 年以后总值就变为

$$B_N(m) = B_0\left[1+\frac{r(m)}{m}\right]^{mN}$$

而在以利率 $r(\infty)$ 连续计算利息的情形下，初始资本 B_0 在 N 年后将为

$$B_N(\infty) = B_0 \mathrm{e}^{r(\infty)N}$$

显然随着 $r(m)\to r(\infty)$ 以及 $m\to\infty$，则

$$B_N(m)\to B_N(\infty)$$

如果连续利率为 $r(\infty)=r$，那么对应的“一年支付 m 次的利率”$r(m)$ 应该为

$$r(m) = m(\mathrm{e}^{r/m}-1)$$

等价地，也可以计算出

$$r = m\ln\left[(1+\frac{r(m)}{m}\right]$$

考虑 $m=1$ 的特殊情形，记 $\hat{r}=r(1)$。可以得到这些利率的下列转换公式

$$\hat{r}=\mathrm{e}^r-1,\qquad r=\ln(1+\hat{r})$$

除了年利率 $\hat{r}$，通常还有年贴现率 $\hat{q}$ 的值，它意味着人们必须在账户中存入 $B_0=B_1(1-\hat{q})$ 的初始资本，才能在一年后得到总量为 B_1 的资本。$\hat{r}$ 和 $\hat{q}$ 之间显然成立关系式

$$(1-\hat{q})(1+\hat{r})=1,\qquad \hat{q}=\frac{\hat{r}}{1+\hat{r}}$$

2. 期　权

所谓期权（option），就是由银行、公司或者其他金融机构发行的证券（合约），它赋予购买

者按预定的条件在今后某一时刻或者某一时期内购买或出售某种确定的有价品(如股票、债卷、外汇)的权利。

而期货或者期货合约指的是在未来某个确定的时刻按照在签约时刻承诺的(期货)价格购买或者出售某种确定的有价品(如黄金、谷物、外汇)的承诺义务。

期权合约和期货合约在金融工程师所运用的衍生金融工具中具有显著的位置。通常认为这两者和其他另一些衍生证券都有很高的风险;但与此同时,它们及其各种各样的组合不仅被用来成功地获得(投机)利润,并且也为价格的剧烈变化提供了保护手段。也正是因为这样的原因,期权的研究是目前比较活跃的领域,同时也是数学理论发展最快的领域。

这一节仅限于离散时间模型的讨论,并假设金融活动发生在时刻

$$n = 0, 1, 2, \cdots, N$$

并在 N 时刻完成了每项活动,且当考虑建立在股票上的期权时,股票的价值由下列随机序列描述

$$S = \{S_n\}_{0 \leqslant n \leqslant N}$$

根据通常的术语,期权可以分为两类:

① 买入期权(call option):赋予持有者购买的权利(而没有义务);

② 卖出期权(put option):赋予持有者出售的权利(而没有义务)。

而根据执行时间,期权可以分为欧式期权和美式期权:如果期权提交执行的时刻仅仅是在确定的时刻 N 发生,那么就说 N 是执行时刻,而期权是欧式期权;如果期权提交执行的时刻是任意的(随机)时刻 $\tau \leqslant N$ 发生,那么就说此期权是美式期权。

在接下来的讨论中,以欧式期权为主。设期权的执行时刻是固定的时刻 N 的买入期权。执行时的固定价格设定为 K,这样期权的持有者可以按照这一价格在 N 时刻购买股票或者其他标的物,当然也可以放弃购买(如果购买比不购买更为不利时)。

如果 $SN > K$,此时以价格 K 购买股票而立即在市场以 S_N 的价格出售股票,便可以使得持有者盈利 $S_N - K$。如果 $S_N < K$,则将放弃这一权利。

这样,在 N 时刻,期权持有者(购买者)的盈利 f_N 可以表示为

$$f_N = (S_N - K)^+, \qquad \text{其中 } a^+ = \max(a, 0)$$

由此可见购买者的盈利总是正的。正所谓没有免费的午餐,他必须为他的这一权利付出一定的代价。该代价称为权利金并记为 C_N,即为了获得这一权利事先向支付给期权出售者的金额。此时买入期权购买者的纯盈利将等于

$$\begin{array}{ll} (S_N - K) - C_N, & S_N > K \\ -C_N, & S_N \leqslant K \end{array}$$

而此时期权的出售者将盈利

$$\begin{array}{ll} C_N - (S_N - K), & S_N > K \\ C_N, & S_N \leqslant K \end{array}$$

注意到,在期权合约出售的时刻($n = 0$ 的时刻),未来时刻 N 的股票价格是不知道的,从而会自然产生怎样确定权利金使得双方都愿意签署期权合约的问题,这就是期权定价问题。同时,得到权利金的期权出售方,应该考虑怎样运用各种金融手段来保证在 N 时刻支付 $(S_N - K)^+$ 的证券组合,这便是对冲的问题。"对冲"这一概念在金融数学和金融实践中扮演着特别重要的角色,它是某种防范工具,用来在证券市场上力求确保资本以及达到对合约保

险的最终目标。

下面介绍离散时间模型。

离散时间的金融模型是建立在有限概率空间$(\Omega,\mathscr{F},P)$上的，并设此概率空间赋予滤$\{\mathscr{F}_n\}_{0\leqslant n\leqslant N}$，即递增的$\sigma$-代数列。在实际情形中，可以将$\mathscr{F}_n$理解为在时刻$n$可以获得的信息，从而也通常称为知道时刻$n$的事件$\sigma$-代数。$N$通常代表期权的结束时刻。在下面的讨论中作这样的假设：$\mathscr{F}_0=\{\phi,\Omega\}$，$\mathscr{F}_N=\mathscr{F}$，且对任意的$\omega\in\Omega$，$P(\omega)>0$。市场包含$d+1$中金融资产，它们在时刻$n$的价格由非负随机变量$S_n=(S_n^0,S_n^1,\cdots,S_n^d)$给出，且关于$\mathscr{F}_n$可测。投资者知道过去以及现在的价格，但是不知道将来的价格。S_n^0为无风险资产的价格且假设为$S_0^0=1$。如果无风险资产的回报率为常数r，那么可以得到$S_n^0=(1+r)^n$。系数$\beta_n=\dfrac{1}{S_n^0}$正好是前面提到的 0 时刻到n时刻的贴现因子：如果投资者在 0 时刻投资β_n到无风险资产S^0，那么他将在n时刻得到 1 的回报。设$S^1,S^2,\cdots,S^d$均为风险资产。

投资策略定义为随机过程$\phi=\{(\phi_n^0,\phi_n^1,\cdots,\phi_n^d)\}_{0\leqslant n\leqslant N}$，其中$\phi_n^i$表示在$t$时刻对第$i$项资产$S^i$持有的份额。假设$\phi$是可料的，即

ϕ_0^i是$\mathscr{F}_0$可测的，
且对任意的$n\geqslant 1$，ϕ_n^i是$\mathscr{F}_{n-1}$可测的，　　对任意的$i\in\{0,1,\cdots,d\}$

这意味着在n时刻的投资组合ϕ是由在$(n-1)$时刻所获得的信息决定的，并持续到n时刻。

不难得出投资组合在n时刻的资产总值是

$$V_n(\phi)=\phi_n\cdot S_n=\sum_{i=0}^{d}\phi_n^i S_n^i$$

它在 0 时刻的贴现值是

$$\widetilde{V}_n=\beta_n(V_n(\phi))=\phi\cdot\widetilde{S}_n$$

其中，$\beta_n=1/S_n^0$，而$\widetilde{S}_n=(1,\beta_n S_n^1,\cdots,\beta_n S_n^d)$则表示贴现后的价格。

策略ϕ称为自融资(self－financing)，如果对任意的$n\in\{0,1,\cdots,N-1\}$都有

$$\phi_n\cdot S_n=\phi_{n+1}\cdot S_n$$

则表明在时刻n，一旦新的价格$S_n^0,S_n^1,\cdots,S_n^d$确定，投资者会将其投资策略ϕ_n调整到ϕ_{n+1}，但是不会新增加或者减少(如消费)任何资产。显然自融资等价于条件

$$V_{n+1}(\phi)-V_n(\phi)=\phi_{n+1}\cdot(S_{n+1}-S_n)$$

且等价于下列条件：

① 对任意的$n\in\{1,2,\cdots,N\}$，有

$$V_{n+1}(\phi)=V_0(\phi)+\sum_{j=1}^{n}\phi j\cdot\Delta S_j$$

其中，$\Delta S_j=S_j-S_{j-1}$。

② 对任意的$n\in\{1,2,\cdots,N\}$，有

$$\widetilde{V}_{n+1}(\phi)=V_0(\phi)+\sum_{j=1}^{n}\phi j\cdot\Delta\widetilde{S}_j$$

其中，$\Delta\widetilde{S}_j=\widetilde{S}_j-\widetilde{S}_{j-1}=\beta_j S_j-\beta_{j-1}S_{j-1}$。

上面的讨论并没有假设$\phi_n^i>0$。事实上，如果$\phi_n^0<0$，则将称对无风险资产持有$|\phi_n^0|$的

负债；而当 $\phi_n^i < 0(1 \leqslant i \leqslant d)$ 时，则称对风险资产 S^i 持有份额为 $|\phi_n^i|$ 的空头。

定义 10.1.1 如果策略 ϕ 是自融资的且对任意的 $n \in \{0,1,\cdots,N\}$ 都有 $V_n(\phi) \geqslant 0$，则策略 ϕ 称为容许(admissible)的。套利策略 ϕ 指的是容许策略 ϕ，使得 $V_0(\phi) = 0$，但是最后的资产是正的。如果不存在套利的机会，则称市场是可行的。

读者很容易将套利与随机分析中的鞅概念联系起来。

定理 10.1.1 市场是可行的，当且仅当存在等价于 P 的概率测度 $P^* \sim P$，使得资产贴现后的价格关于 P^* 为鞅。

这里 $P^* \sim P$ 指的是 P^* 和 P 等价，即 P^* 关于 P 绝对连续且反之也成立(等价概念在 10.2 节中将作更详细的讨论)。此定理的证明可以参见参考文献[29]。

在前面介绍的期权模型中，盈利 f_N 仅是 S_N 的函数，此时称由 f_N 定义了一项未定权益。

定义 10.1.2 如果存在一个容许策略使得在 N 时刻的盈利是 f_N，则由 f_N 定义的未定权益称为可达的。如果每一未定权益都是可达的，则称市场为完全(complete)的。

在可行市场中，为了 f_N 是可达的仅需找到某个自融资策略，使得在 N 时刻的盈利是 f_N。事实上，如果 ϕ 是自融资策略，P^* 是等价于 P 的一个概率测度，且使得贴现后的价格关于 P^* 为鞅，那么 $\widetilde{V}_n(\phi)$ 也是 P^*-鞅。因此对于任意的 $n \in \{0,1,\cdots,N\}$，$\widetilde{V}_n(\phi) = \mathrm{E}^*(\widetilde{V}_N(\phi) \mid \mathscr{F}_n)$。显然如果 $\widetilde{V}_n(\phi) \geqslant 0$，特别地 $V_N(\phi) = f_N$，此策略是可达的。

完全市场的假设的限制性是比较强的，但是它使得我们可以推导出未定权益的定价以及对冲的一个简单的理论。Cox-Ross-Rubinstein 模型[108]便是完全市场模型的一个简单的例子。下一定理给出了完全可行金融市场的一个精确描述。

定理 10.1.2 可行金融市场是完全的，当且仅当存在唯一的概率测度 $P^* \sim P$ 时，使得贴现后的价格为 P^*-鞅。

下面说明怎样给一项未定权益定价。假设市场是可行的且是完备的，那么由上一定理可知，存在唯一的等价概率测度 P^*，使得贴现后的价格为鞅。令 f_N 表示 $\mathscr{F}_N$-可测的、非负的随机变量，且 ϕ 表示一个容许策略，使得

$$V_N(\phi) = f_N$$

由序列 $\{\widetilde{V}_n\}_{0 \leqslant n \leqslant N}$ 为 P^*-鞅，从而

$$V_0(\phi) = \mathrm{E}^*(\widetilde{V}_N(\phi))$$

即 $V_0(\phi) = \mathrm{E}^*\left(\dfrac{f_N}{S_N^0}\right)$，或者更一般地

$$V_0(\phi) = S_n^0 \mathrm{E}^*\left(\frac{f_N}{S_N^0} \mid \mathscr{F}_n\right), \qquad n = 0,1,\cdots,N$$

在任意时刻复制 f_N 的容许策略是完全由 f_N 决定，从而很自然地将 $V_n(\phi)$ 作为期权的价格，即为了由策略 ϕ 得到 N 时刻 f_N 的资产，必须得在 0 时刻付出 $V_0(\phi)$ 的价格购买这一权利；反过来，作为以价格 $V_0(\phi)$ 出售这一权利的投资者，将在金融市场复制策略 ϕ，以保证支付 N 时刻 f_N 的资产，也即此投资者是“完美对冲”的。

10.2 Girsanov 定理

无论是理论上还是应用中，Girsanov 定理都是十分重要的。粗略地说，Girsanov 定理是

说即使改变一个给定 Itô 过程的漂移系数(但要求非退化的扩散系数),过程的分布也不会发生本质的变化。事实上,新的过程的分布关于原过程的分布是绝对连续的,并且可以计算其 Radon - Nikodym 导数。

定理 10.2.1(布朗运动的 Lévy 刻画)　设 $X(t)=(X_1(t),X_2(t),\cdots,X_n(t))$ 为概率空间 $(\Omega,\mathscr{H},Q)$ 上取值于 R^d 的连续随机过程,则下列条件 ①,② 等价:

① $X(t)$ 关于 Q 为布朗运动,即 $X(t)$ 关于 Q 的分布和 d- 维布朗运动是一致的。

② $X(t)=(X_1(t),X_2(t),\cdots,X_d(t))$ 关于 Q(以及关于它自身的滤)为鞅;对所有的 $i,j\in\{1,2,\cdots,d\}$, $X_i(t)X_j(t)-\delta_{ij}t$ 关于 Q(以及关于它自身的滤)为鞅。

引理 10.2.1(Bayes's 法则)　设 υ,μ 为在测度空间 $(\Omega,\mathscr{G})$ 上的两个概率测度,并对某个 $f\in L^1(\mu)$,使得 $\mathrm{d}\upsilon(\omega)=f(\omega)\mathrm{d}\mu(\omega)$。令 X 为 $(\Omega,\mathscr{G})$ 上的随机变量使得

$$\mathrm{E}^{\upsilon}[|X|]=\int_{\Omega}|X(\omega)|f(\omega)\mathrm{d}\mu(\omega)<\infty$$

令 $\mathscr{H}\subset\mathscr{G}$ 为 σ- 代数,则

$$\mathrm{E}^{\upsilon}[X\mid\mathscr{H}]\cdot\mathrm{E}^{\mu}[f\mid\mathscr{H}]=\mathrm{E}^{\mu}[fX\mid\mathscr{H}],\qquad \text{a. s.}$$

证明:由条件期望的定义,如果 $H\in\mathscr{H}$,则

$$\int_H\mathrm{E}^{\upsilon}[X\mid\mathscr{H}]f\mathrm{d}\mu=\int_H\mathrm{E}^{\upsilon}[X\mid\mathscr{H}]\mathrm{d}\upsilon=\int_H X\mathrm{d}\mu=$$

$$\int_H Xf\mathrm{d}\mu=\int_H\mathrm{E}^{\upsilon}[fX\mid\mathscr{H}]f\mathrm{d}\mu$$

另一方面,仍然利用条件期望的性质可得

$$\int_H\mathrm{E}^{\upsilon}[X\mid\mathscr{H}]f\mathrm{d}\mu=\mathrm{E}^{\mu}[\mathrm{E}^{\upsilon}[X\mid\mathscr{H}]f\cdot\chi_H]=\mathrm{E}^{\mu}[\mathrm{E}^{\mu}[\mathrm{E}^{\upsilon}[X\mid\mathscr{H}]f\cdot\chi_H\mid\mathscr{H}]=$$

$$\mathrm{E}^{\mu}[\chi_H\mathrm{E}^{\upsilon}[X\mid\mathscr{H}]\cdot\mathrm{E}^{\mu}[f\mid\mathscr{H}]]=\int_H\mathrm{E}^{\upsilon}[X\mid\mathscr{H}]\cdot\mathrm{E}^{\mu}[f\mid\mathscr{H}]\mathrm{d}\mu$$

由此两式便表明

$$\int_H\mathrm{E}^{\upsilon}[X\mid\mathscr{H}]\cdot\mathrm{E}^{\mu}[f\mid\mathscr{H}]\mathrm{d}\mu=\int_H\mathrm{E}^{\upsilon}[fX\mid\mathscr{H}]f\mathrm{d}\mu$$

由 $H\in\mathscr{H}$ 的任意性可知命题成立。

尽管前面已经提到,但还是希望在这里对测度的绝对连续性作简单的介绍。令 $(\omega,\mathscr{F},(\mathscr{F})_{t\geqslant 0},P)$ 为赋予滤的概率空间。固定 $T>0$,且记 Q 为 $\mathscr{F}_T$ 上的另一概率测度。如果

$$P(H)=0\Rightarrow Q(H)=0,\qquad \forall H\in\mathscr{F}_T$$

则称 Q 关于 $P\mid F_T$ 绝对连续,并记为 $Q\ll P$。由 Radon - Nikodym 定理,此等价于存在 $\mathscr{F}_T$- 可测的随机变量 $Z_T(\omega)\geqslant 0$,使得

$$\mathrm{d}Q(\omega)=Z_T(\omega)\mathrm{d}P(\omega),\qquad \text{在 } \mathscr{F}_T$$

此时记

$$\frac{\mathrm{d}Q}{\mathrm{d}P}=Z_T,\qquad \text{在 } \mathscr{F}_T$$

并称 Z_T 为 Q 关于 P 的 Radon - Nikodym 导数。

引理 10.2.2　设 $Q\ll P\mid_{\mathscr{F}_T}$,且在 $\mathscr{F}_T$ 上 $\dfrac{\mathrm{d}Q}{\mathrm{d}P}=Z_T$,则对任意的 $t\in[0,T]$ 有,$Q\mid_{\mathscr{F}_t}\ll P\mid_{\mathscr{F}_t}$。如果定义

$$Z_t \xlongequal{\text{def}} \frac{\mathrm{d}Q\,|_{\mathscr{F}_t}}{\mathrm{d}P\,|_{\mathscr{F}_t}}$$

则 Z_t 为关于 $\mathscr{F}_t$ 以及 P 的鞅。

证明：由 $Q \ll P\,|_{\mathscr{F}_T}$，以及 $\mathscr{F}_t \subset \mathscr{F}_T$ 可知 $Q \ll P\,|_{\mathscr{F}_t}$。选择 $F \in \mathscr{F}_t$，则

$$\mathrm{E}^P[\chi_F \cdot \mathrm{E}^P[Z_T \mid \mathscr{F}_t]] = \mathrm{E}^P[\mathrm{E}^P[\chi_F \cdot Z_T \mid \mathscr{F}_t]] =$$
$$\mathrm{E}^P[\chi_F \cdot Z_T] = \mathrm{E}^Q[\chi_F] = \mathrm{E}^P[\chi_F \cdot Z_t]$$

由于此式对任意的$\mathcal{F} \in \mathscr{F}_t$ 成立，从而

$$\mathrm{E}^P[Z_T \mid \mathscr{F}_t] = Z_t, \qquad \text{a. s.} \quad P\,|_{\mathscr{F}_t}$$

定理 10.2.2（Girsanov 定理） 设 $Y(t) \in R^d$ 为 Itô 过程且满足

$$\mathrm{d}Y(t) = a(t,\omega)\mathrm{d}t + \mathrm{d}B(t); \qquad t \leqslant T, \qquad Y_0 = 0$$

其中，$T \leqslant \infty$ 为一给定常数，$B(t)$ 为 d- 维布朗运动。记

$$M_t = \exp\left(-\int_0^t a(s,\omega)\mathrm{d}B_s - \frac{1}{2}\int_0^t a^2(s,\omega)\mathrm{d}s\right), \qquad 0 \leqslant t \leqslant T$$

如果 M_t 为关于 $\mathscr{F}_t$ 以及 P 的鞅，并定义测度

$$\mathrm{d}Q(\omega) = M_T(\omega)\mathrm{d}P(\omega) \qquad 在\ \mathscr{F}_T \tag{10.2.1}$$

则 Q 为 $\mathscr{F}_T$ 上的概率测度，且 $Y(t)$，$0 \leqslant t \leqslant T$ 为关于 Q 的 d- 维布朗运动。

证明：由于 M_t 是鞅，从而

$$Q(\Omega) = \mathrm{E}^Q[1] = \mathrm{E}^P[M_T] = 1$$

因此 Q 为概率测度。为方便起见，不妨假设 $a(s,\omega)$ 有界，利用布朗运动的 Lévy 刻画，仅需验证

$$Y(t) = (Y_1(t),\cdots,Y_n(t))\ 关于\ Q\ 为鞅 \tag{10.2.2}$$

以及对所有的 $i,j \in \{1,2,\cdots,n\}$，

$$Y_i(t)Y_j(t) - \delta_{ij}t\ 关于\ Q\ 为鞅 \tag{10.2.3}$$

为了证明式(10.2.2)，记 $K(t) = M_tY\,(t)$ 并利用 Itô 公式得到

$$\mathrm{d}K_i(t) = M_t\mathrm{d}Y_i(t) + Y_i(t)\mathrm{d}M_t + \mathrm{d}Y_i(t)\mathrm{d}M_t =$$
$$M_t[a_i(t)\mathrm{d}t + \mathrm{d}B_i(t)] + Y_i(t)M_t\left[\sum_{k=1}^n - a_k(t)\mathrm{d}B_k(t)\right] +$$
$$(\mathrm{d}B_i(t))\left[-M_t\sum_{k=1}^n a_k(t)\mathrm{d}B_k(t)\right] =$$
$$M_t[\mathrm{d}B_i(t) - Y_i(t)\sum_{k=1}^n a_k(t)\mathrm{d}B_k(t)] =$$
$$M_t\gamma^{(i)}(t)\mathrm{d}B(t)$$

其中，$\gamma^{(i)}(t) = (\gamma_1^{(i)}(t),\cdots,\gamma_n^{(i)}(t))$，且

$$\gamma_j^{(i)}(t) = \begin{cases} -Y_i(t)a_j(t), & j \neq i \\ 1 - Y_i(t)a_i(t), & j = i \end{cases} \tag{10.2.4}$$

因此 $K_i(t)$ 关于 P 为鞅，从而由引理 10.2.1 可知，对 $t > s$，有

$$\mathrm{E}^Q[Y_i(t) \mid \mathscr{F}_s] = \frac{\mathrm{E}[M_tY_i(t) \mid \mathscr{F}_s]}{\mathrm{E}[M_t \mid \mathscr{F}_s]} = \frac{\mathrm{E}[K^i(t) \mid \mathscr{F}_s]}{M_s} =$$
$$\frac{K_i(s)}{M_s} = Y_i(s)$$

表明 $Y_i(t)$ 关于 Q 为鞅，从而式(10.2.2)成立。式(10.2.3)的证明类似，这里略去。

定义 10.2.1　称由式(10.2.1)定义的变换 $P \to Q$ 为测度的 Girsanov 变换。

注 10.2.1　定理中要求的条件"M_t 关于$(\mathscr{F}_t, P)$为鞅"可以有 Kazamaki 条件保证[26]：

$$\mathrm{E}\left[\exp\left(\frac{1}{2}\int_0^T a(s,\omega)\mathrm{d}B(s)\right)\right] < \infty$$

或者被更强的 Novikov 条件所保证，即

$$\mathrm{E}\left[\exp\left(\frac{1}{2}\int_0^T a(s,\omega)\mathrm{d}s\right)\right] < \infty$$

定理表明对所有的 Borel 集合 $F_i, \cdots, F_k \subset R^d$ 以及所有的 $t_1, t_2, \cdots, t_k \leqslant T, k = 1, 2, \cdots$，下式成立，即

$$Q[Y(t_1) \in F_1, \cdots, Y(t_k) \in F_k] = P[B(t_1) \in F1, \cdots, B(t_k) \in F_k] \quad (10.2.5)$$

同时式(10.2.1)的一个等价的描述是 $Q \ll P$，且其 Radon - Nikodym 导数为

$$\frac{\mathrm{d}Q}{\mathrm{d}P} = M_T, \qquad 在\ \mathscr{F}_T$$

注意到 $M_T(\omega) > 0$, a. s.，从而也有 $P \ll Q$。于是测度 P, Q 是等价的，并且由式(10.2.5)得到

$$P[Y(t_1) \in F_1, \cdots, Y(t_k) \in F_k] > 0,$$
$$\Leftrightarrow P[Y(t_1) \in F_1, \cdots, Y(t_k) \in F_k] > 0, \quad t_1, \cdots, t_k \in [0, T]$$
$$\Leftrightarrow P[B(t_1) \in F_1, \cdots, B(t_k) \in F_k] > 0,$$

关于 Girsanov 定理，读者还可以参见参考文献[109]以及一般的随机过程著作。

10.3　期权定价模型

这一节介绍期权定价模型。早在 1973 年，Black 和 Scholes 就考虑了建立在无分红股票上的欧式期权的定价与对冲问题。他们的方法和前面介绍的离散模型的思想是类似的，并给出了一些简单的公式。下面将逐步分析讨论这一模型。

10.3.1　欧式期权

1. 模型的描述

考虑仅有一个无风险资产和一个风险资产所构成的市场。无风险资产的价格随时间的变化记为 S_t^0，风险资产的价格运动记为 S_t，其中 t 表示连续时间参数。为定量分析的需要，设 S_t^0 的价格满足如下的微分方程：

$$\mathrm{d}S_t^0 = rS_t^0\mathrm{d}t \quad (10.3.1)$$

其中，r 为常数。不难发现，r 正是前面提到的连续时间情形的利率。不妨设 $S_0^0 = 1$，从而无风险资产的价格运动规律可以表示为

$$S_t^0 = \mathrm{e}^{rt}, \qquad t \geqslant 0$$

对于风险资产，设其价格的运动满足如下的随机微分方程(Samuelson 扩散模型)：

$$\mathrm{d}S_t = S_t(\mu\mathrm{d}t + \sigma\mathrm{d}B_t) \quad (10.3.2)$$

其中，$B(t)$ 为布朗运动，μ, σ 为常数。此方程在$[0, T]$上成立，其中 T 是期权到期的时刻。不难

证明此方程的解可以表示为

$$S_t = S_0 \exp\left(\mu t - \frac{\sigma^2}{2}t + \sigma B_t\right) \tag{10.3.3}$$

S_0 表示初始时刻股票的价格，同时也表明，S_t 的分布服从 log-normal 分布，即它的 log-函数服从正态分布。为了不影响阅读，将解的存在性和唯一性放在这节的末尾。

显然 S_t 具有如下的性质：

① 具有连续的样本轨道；

② 相对增量的独立性：如果 $u \leqslant t$，S_t/S_u（或者等价地，$(S_t - S_u/S_u)$）独立于 $\{S_v\}_{v\leqslant u}$ 生成的 σ-代数；

③ 相对增量的平稳性：如果 $u \leqslant t$，则 $(S_t - S_u/S_u)$ 和 $(S_{t-u} - S_0/S_0)$ 同分布。

这三点性质具体地表示了 $B-S$ 模型关于股票价格的假设。首先对股票价格进行数学描述的是 Lious Bachelier，他在博士论文《投机理论》(*Théorie de la spéculation*) 中首先对巴黎市场的股票价格进行了研究，该文发表在《巴黎科学纪要》(*Annales Scientifiques de l'Ecole Normale Supéerieure*) 第 17 卷 (1900)，21-86 页。有关更多的内容，读者可以参见参考文献[30]。

和离散模型情形类似，定义取值于 R^2 的关于 $\mathscr{F}_t$ 适应的随机过程 $\phi = \{\phi_t\}_{0\leqslant t\leqslant T} = \{(H_t^0, H_t)\}$ 为一策略。其分量 H_t^0 以及 H_t 分别表示 t 时刻持有的无风险资产和风险资产的份额。这样该资产组合在 t 时刻的资产可以表示为

$$V_t(\phi) = H_t^0 S_t^0 + H_t S_t$$

注意到在离散模型中，自融资策略满足下述条件

$$V_{n+1}(\phi) - V_n(\phi) = \phi_{n+1} \cdot (S_{n+1} - S_n)$$

与此类似，在连续时间模型中，自融资条件等价于

$$\mathrm{d}V_t(\phi) = H_t^0 \mathrm{d}S_t^0 + H_t \mathrm{d}S_t \tag{10.3.4}$$

为了使上述条件有意义，令

$$\int_0^T |H_t^0| \mathrm{d}t < \infty \quad \text{a.s.}, \qquad \int_0^T H_t^2 \mathrm{d}t < +\infty \quad \text{a.s.}$$

这样，有

$$\int_0^T H_t^2 \mathrm{d}S_t^0 = \int_0^T H_t^2 r \mathrm{e}^{rt} \mathrm{d}t$$

以及积分

$$\int_0^T H_t \mathrm{d}S_t = \int_0^T (H_t S_t \mu) \mathrm{d}t + \int_0^T \sigma H_t S_t \mathrm{d}B_t$$

是良定的，其中映射 $t \mapsto S_t$ 在 $[0,T]$ 上连续，从而是有界的 a.s.。

定义 10.3.1 自融资策略定义为 $\phi = \{(H_t^0, H_t)\}_{0\leqslant t\leqslant T}$，使得对任意的 $t \in [0,T]$，

① $\int_0^T |H_t^0| \mathrm{d}t + \int_0^T H_t^2 \mathrm{d}t < +\infty$ a.s.；

② $H_t^0 S_t^0 + H_t S_t = H_0^0 S_0^0 + H_0 S_0 + \int_0^t H_u^0 \mathrm{d}S_u^0 + \int_0^t H_u \mathrm{d}S_u$ a.s.。

记 $\widetilde{S}_t = \mathrm{e}^{-rt} S_t$ 为无风险资产贴现后的价格。

命题 10.3.1 令 $\phi = \{(H_t^0, H_t)\}_{0\leqslant t\leqslant T}$ 为取值于 R^2 的适应过程，且满足条件 ①。记

$V_t(\phi) = H_t^0 S_t^0 + H_t S_t$ 以及 $\widetilde{V}_t(\phi) = e^{-rt} V_t(\phi)$，则 ϕ 为自融资策略当且仅当对任意的 $t \in [0,T]$ 时，有

$$\widetilde{V}_t(\phi) = V_0(\phi) + \int_0^t H_u \mathrm{d}\, \widetilde{S}_u, \qquad \text{a. s.} \tag{10.3.5}$$

证明:考虑自融资策略 ϕ。由 $\widetilde{V}_t(\phi)$ 的定义可知

$$\mathrm{d}\, \widetilde{V}_t(\phi) = -r \widetilde{V}_{Vt}(\phi)\mathrm{d}t + e^{-rt}\mathrm{d}V_t(\phi)$$

从而

$$\begin{aligned}\mathrm{d}\,\widetilde{V}_t(\phi) = & -re^{-rt}(H_t^0 e^{rt} + H_t S_t)\mathrm{d}t + e^{-rt}H_t^0\mathrm{d}(e^{rt}) + e^{-rt}H_t\mathrm{d}S_t = \\ & H_t(-re^{-rt}S_t\mathrm{d}t + e^{-rt}\mathrm{d}S_t) = \\ & H_t \mathrm{d}\,\widetilde{S}_t\end{aligned}$$

则式(10.3.5)成立。充分性可以类似地证明。

注:① 通常也称贴现后的价格$\{(1,\widetilde{S}_t)\}$为$\{(S_t^0,S_t)\}$的标准化。相应地称此时的市场为标准化的市场。

② 命题表明 ϕ 为自融资的，当且仅当它在标准化的市场上是自融资的。

最后，讨论方程(10.3.2)的存在唯一性(此假设并不知道式(10.3.3))：

$$\mathrm{d}S_t = S_t(\mu \mathrm{d}t + \sigma \mathrm{d}B_t), \qquad S_0 = x_0$$

为了求解，实际上就是要寻找适应过程$\{S_t\}_{t\geqslant 0}$，使得积分$\int_0^t S_s \mathrm{d}s$ 以及$\int_0^t S_s \mathrm{d}B_s$ 存在并对任意的 t 满足

$$S_t = x_0 + \int_0^t \mu S_s \mathrm{d}s + \int_0^t \sigma S_s \mathrm{d}B_s$$

记 $Y_t = \log(S_t)$。假设 S_t 是非负的，应用 Itô 公式可得(形式上，此时 $f(x) = \log(x)$ 并不是C^2 的)

$$\log(S_t) = \log(S_0) + \int_0^t \frac{\mathrm{d}s_s}{S_s} + \frac{1}{2}\int_0^t \left(\frac{-1}{S_s^2}\right)\sigma^2 S_s^2 \mathrm{d}s$$

从而

$$\begin{aligned}Y_t = Y_0 + \int_0^t (\mu - \sigma^2/2)\mathrm{d}t + \int_0^t \sigma \mathrm{d}B_s = \\ \log(S_0) + (\mu - \sigma^2/2)t + \sigma B_t\end{aligned}$$

于是便求得 S_t 的表达式

$$S_t = x_0 \exp[(\mu - \sigma^2/2)t + \sigma B_t]$$

然而这仅是形式上的，为了证明它的确是方程的解，还必须作下述严格的验证。记 $S_t = g(t,B_t)$，其中

$$g(t,x) = x_0 \exp[(\mu - \sigma^2/2)t + \sigma B_t]$$

利用 Itô 公式可得

$$\begin{aligned}S_t = f(t,B_t) = f(0,B_0) + \int_0^t g_s{}'(s,B_s)\mathrm{d}s + \\ \int_0^t g'_x(s,B_s)\mathrm{d}B_s + \frac{1}{2}\int_0^t g''_{xx}(s,B_s)\mathrm{d}s\end{aligned}$$

从而

$$S_t = x_0 + \int_0^t S_s(\mu - \sigma^2/2)\mathrm{d}s + \int_0^t S_s\sigma \mathrm{d}B_s + \frac{1}{2}\int_0^t S_s\sigma^2 \mathrm{d}s =$$

$$x_0 + \int_0^t S_s\mu \mathrm{d}s + \int_0^t S_s\sigma \mathrm{d}B_s$$

这便证明了方程解的存在性，且式(10.3.3) 的确是它的一个解。下面说明唯一性。

设$\{X_t\}_{t\geqslant 0}$是方程的另一个解。定义

$$Z_t = \frac{S_0}{S_t} = \exp[(-\mu + \sigma^2/2)t - \sigma B_t]$$

记$\mu' = -\mu + \sigma^2, \sigma' = -\sigma$，则过程$Z_t = \exp[(\mu' - \sigma'^2/2)t + \sigma' B_t]$且不难说明(和上述做法一致)

$$Z_t = 1 + \int_0^t Z_s(\mu' \mathrm{d}s + \sigma' \mathrm{d}B_s) = 1 + \int_0^t Z_s[(-\mu + \sigma^2)\mathrm{d}s - \sigma \mathrm{d}B_s]$$

利用第 2 章的分部积分公式可得

$$\mathrm{d}(X_t Z_t) = X_t \mathrm{d}Z_t + Z_t \mathrm{d}X_t + \mathrm{d}\langle X, Z\rangle_t$$

此时

$$\langle X, Z\rangle_t = \langle \int_0 X_s\sigma \mathrm{d}B_s, -\int_0 Z_s\sigma \mathrm{d}B_s\rangle_t = -\int_0^t \sigma^2 X_s Z_s \mathrm{d}s$$

因此(注意到X_t满足方程)

$$\mathrm{d}(X_t Z_t) = X_t Z_t((-\mu + \sigma^2)\mathrm{d}s - \sigma \mathrm{d}B_s) +$$

$$X_t Z_t(\mu \mathrm{d}t + \sigma \mathrm{d}B_s) - X_t Z_t \sigma^2 \mathrm{d}t = 0$$

从而，$X_t Z_t$等于$X_0 Z_0$，即

$$X_t = x_0 Z_t^{-1} = S_t \quad \text{a. s.}, \qquad 对任意的\ t \geqslant 0$$

注意到X_t以及Z_t关于时间的连续性，还可以得到

$$X_t = x_0 Z_t^{-1} = S_t, \qquad 对任意的\ t \geqslant 0, \quad P\text{-a. s.}$$

2. B－S 定价和对冲模型

首先讨论下面的布朗鞅表示定理。令$\{B_t\}_{0\leqslant t\leqslant T}$为概率空间$(\Omega, \mathscr{F}, P)$上的标准布朗运动，$\{\mathscr{F}_t\}_{0\leqslant t\leqslant T}$为其自然滤。利用 Itô 积分的性质可知，如果适应过程$\{H_t\}_{0\leqslant t\leqslant T}$满足$\mathrm{E}\left(\int_0^T H_t^2 \mathrm{d}t\right) < \infty$，则过程$\{\int_0^t H_s \mathrm{d}B_s\}_{0\leqslant t\leqslant T}$为平方可积鞅。下面的鞅表示定理则说明问题的反面也成立，即任意的布朗鞅可以表示为随机积分[26]。

定理 10.3.1 令$\{M_t\}_{0\leqslant t\leqslant T}$为关于滤$\{\mathscr{F}_t\}_{0\leqslant t\leqslant T}$的平方可积鞅，则存在适应过程$\{H_t\}_{0\leqslant t\leqslant T}$，使得$\mathrm{E}\left(\int_0^T H_s^2 \mathrm{d}s\right) < \infty$，且

$$M_t = M_0 + \int_0^t H_s \mathrm{d}B_s \quad \text{a. s.}, \qquad \forall t \in [0, T]$$

对鞅过程$\{M_t\}_{t\in[0,T]} = \{\mathrm{E}(U \mid \mathscr{F}_t)\}_{t\in[0,T]}$，应用上述定理可知，如果$U$为$\mathscr{F}_T$-可测的平方可积随机变量，那么它可以表示为

$$U = \mathrm{E}(U) + \int_0^T H_s \mathrm{d}B_s, \qquad \text{a. s.}$$

其中，$\{H_t\}_{t\in[0,T]}$ 为适应过程且 $E(\int_0^T H_s^2 ds) < \infty$。

接下来证明存在一个等价于 P 的概率测度，使得 $\widetilde{S}_t = e^{-rt}S_t$ 关于此测度为鞅。由 S_t 所满足的随机微分方程为

$$
\begin{aligned}
d\widetilde{S}_t &= -re^{-rt}S_t dt + e^{-rt}dS_t = \\
&\widetilde{S}_t[(\mu - r)dt + \sigma dB_t)] = \\
&\widetilde{S}_t \sigma dW_t
\end{aligned}
\qquad (10.3.6)
$$

其中，$dW_t = \frac{(\mu - r)}{\sigma}dt + B_t$，并对 $a(t,\omega) = \frac{(\mu - r)}{\sigma}$ 应用 Girsanov 定理可知，存在概率测度 $P^* \sim P$，使得 $\{W_t\}_{0\leqslant t\leqslant T}$ 为标准的布朗运动，且在 P^* 下，$\widetilde{S}_t$ 可以表示为

$$
\widetilde{S}_t = \widetilde{S}_0 \exp(\sigma W_t - \sigma^2 t/2)
$$

接下来讨论欧式期权的定价问题。欧式期权可以由非负的 $\mathscr{F}_T$- 可测的随机变量 $h = f(S_T)$ 来刻画。当期权为买入期权时，$f(x) = (x - K)^+$；而当其为卖出期权时，$f(x) = (K - x)^+$。

定义 10.3.2　如果它是自融资的，其相应的投资组合贴现后的资产 $\widetilde{V}_t(\phi) = H_t^0 + H_t S_t$ 是非负的，且关于 P^*，$\sup\limits_{t\in[0,T]} \widetilde{V}_t$ 是平方可积的，则称策略 $\phi = \{(H_t^0, H_t)\}_{0\leqslant t\leqslant T}$ 为容许的。

如果期权在执行时刻的支付(payoff) 等于某个容许策略的最终价值，且该容许策略复制这项期权，则期权称为可复制的(replicable) 或可达的。显然，要使得由 h 定义的期权是可复制的，必须要求 h 关于 P^* 是平方可积的。在买入期权的情形，由于 $E^*(S_T^2) < \infty$，这一条将显然成立；在卖出期权的情形，h 是有界的。

定理 10.3.2　在 Black-Scholes 模型中，由非负的、$\mathscr{F}_T$- 可测的且在 P^* 下平方可积的随机变量 h 定义的期权是可复制的，且任意复制的资产组合在时刻 t 的价值为

$$
V_t = E^*(e^{-r(T-t)}h \mid \mathscr{F}_t), \qquad h = f(S_T)
$$

因此，此项期权在时刻 t 的价值等于 $E^*(e^{-r(T-t)}h \mid \mathscr{F}_t)$。

首先，假设存在容许策略 (H^0, H) 复制这项期权，则 (H_t^0, H_t) 在 t 时刻的价值为

$$
V_t = H_t^0 S_t^0 + H_t S_t
$$

且由假设可知 $V_T = h$。令 $\widetilde{V}_t = e^{-rt}V_t$ 为贴现后的价值，且

$$
\widetilde{V}_t = H_t^0 + H_t \widetilde{S}_t
$$

则由此策略是自融资的、命题 10.3.1 以及式(10.3.6) 可知

$$
\widetilde{V}_t = V_0 + \int_0^t H_u d\widetilde{S}u = V_0 + \int_0^t H_u \sigma \widetilde{S}_u dW_u
$$

在概率测度 P^* 下，$\sup\limits_{t\in[0,T]} \widetilde{V}_t$ 是平方可积的，因此是容许的。进一步，上式表明过程 $\{\widetilde{V}_t\}$ 是关于 $\{W_t\}$ 的随机积分，从而 $(\widetilde{V}_t)$ 是关于 P^* 的平方可积鞅。因此

$$
\begin{aligned}
\widetilde{V}_t &= E^*(\widetilde{V}_T \mid \mathscr{F}_t) \\
V_t &= E^*(e^{-r(T-t)}h \mid \mathscr{F}_t)
\end{aligned}
\qquad (10.3.7)
$$

从而证明了如果投资组合(H^0,H)复制该项期权，且其价值由式(10.3.7)给出。下面证明该项期权的确是可复制的，即要证明存在过程$\{H_t^0\}_{0\leqslant t\leqslant T}$以及$\{H_t\}_{0\leqslant t\leqslant T}$，它们定义了一个容许策略，且使得

$$H_t^0S_t^0+H_tS_t=\mathrm{E}^*(\mathrm{e}^{-r(T_t)h|\mathscr{F}_t})$$

在概率P^*下，过程$M_t=\mathrm{E}^*(\mathrm{e}^{-rT}h\mid\mathscr{F}_t)$为平方可积鞅。令$\{\mathscr{F}_t\}$为$\{B_t\}$生成的自然滤$\mathscr{F}_t$，它也是$\{W_t\}$的自然滤，从而由布朗鞅表示定理可知，存在适应过程$\{K_t\}_{0\leqslant t\leqslant T}$，使得$\mathrm{E}^*(\int_0^T K_s^2\mathrm{d}s)<+\infty$，且

$$M_t=M_0+\int_0^t K_s\mathrm{d}W_S\quad \text{a.s.},\qquad \forall t\in[0,T]$$

定义$H_t=K_t/(\sigma\widetilde{S}_t)$以及$H_t^0=M_t-H_t\widetilde{S}_t$，由命题10.3.1以及式(10.3.6)可知，策略$\phi=(H^0,H)$是自融资策略，且在t时刻的价值为

$$V_t(\phi)=\mathrm{e}^{rt}M_t=\mathrm{E}^*(\mathrm{e}^{-r(T-t)}h\mid\mathscr{F}_t)$$

此表明$V_t(\phi)$为非负的随机变量，$\sup\limits_{0\leqslant t\leqslant T}V_t(\phi)$关于$P^*$平方可积，且$V_T(\phi)=h$，从而该项期权是可复制的。证毕。

特别地，当随机变量h可以表示为$h=f(S_T)$时，V_t的值也可以表示为t和S_t的函数，即

$$\begin{aligned}V_t=&\mathrm{E}^*(\mathrm{e}^{-r(T-t)}f(S_T)\mid\mathscr{F}_t)=\\&\mathrm{E}^*(\mathrm{e}^{-r(T-t)}f(S_t\mathrm{e}^{r(T-t)}\mathrm{e}^{\sigma(W_T-W_t)-(\sigma^2/2)(T_t)})\mid\mathscr{F}_t)\end{aligned}$$

随机变量S_t为$\mathscr{F}_t$-可测，且在概率测度P^*下，W_T-W_t独立于$\mathscr{F}_t$。由下面的引理10.3.1可知

$$V_t=F(t,S_t)$$

其中

$$F(t,x)\xlongequal{\text{def}}\mathrm{E}^*\{\mathrm{e}^{-r(T-t)}f[x\mathrm{e}^{r(T-t)}\mathrm{e}^{\sigma(W_T-W_t)-(\sigma^2/2)(T-t)})]\}\tag{10.3.8}$$

由于在概率测度P^*下，W_T-W_t服从$\mathscr{N}(0,T-t)$，从而

$$F(t,x)=\mathrm{e}^{-r(T-t)}\int_{-\infty}^{+\infty}f(x\mathrm{e}^{(r-\sigma^2/2)(T-t)+\sigma y\sqrt{T-t}})\frac{\mathrm{e}^{-y^2/2}}{\sqrt{2\pi}}\mathrm{d}y$$

从而F可以显示地计算出来。考虑买入期权的情形，此时$f(x)=(x-K)^+$，且

$$\begin{aligned}F(t,x)=&\mathrm{E}^*\{\mathrm{e}^{-r(T-t)}[x\mathrm{e}^{(r-\sigma^2/2)(T-t)}\mathrm{e}^{\sigma(W_T-W_t)}-K]^+\}=\\&\mathrm{E}(x\mathrm{e}^{\sigma\sqrt{\theta}g-\sigma^2\theta/2}-K\mathrm{e}^{-r\theta})^+\end{aligned}$$

其中，g为标准的Gauss变量，$\theta=T-t$。

记

$$d_1=\frac{\log(x/K)+(r+\sigma^2/2)\theta}{\sigma\sqrt{\theta}},\qquad d_2=d_1-\sigma\sqrt{\theta}$$

从而，有

$$\begin{aligned}F(t,x)=&\mathrm{E}[(x\mathrm{e}^{\sigma\sqrt{\theta}g-\sigma^2\theta/2}-K\mathrm{e}^{-r\theta})1_{g+d_2\geqslant 0}]=\\&\int_{-d_2}^{+\infty}(x\mathrm{e}^{\sigma\sqrt{\theta}g-\sigma^2\theta/2}-K\mathrm{e}^{-r\theta})\frac{\mathrm{e}^{-y^2/2}}{\sqrt{2\pi}}\mathrm{d}y=\\&\int_{-\infty}^{d_2}(x\mathrm{e}^{-\sigma\sqrt{\theta}g-\sigma^2\theta/2}-K\mathrm{e}^{-r\theta}\frac{\mathrm{e}^{-y^2/2}}{\sqrt{2\pi}}\mathrm{d}y\end{aligned}$$

将此积分写为两项的差，并对第一项作变量替换 $z = y + \sigma\sqrt{\theta}$，可得

$$F(t,x) = x\Phi(d_1) - K\mathrm{e}^{-r\theta}\Phi(d_2) \tag{10.3.9}$$

其中

$$\Phi(d) = \frac{1}{\sqrt{2\pi}}\int_{-\infty}^{d} \mathrm{e}^{-x^2/2}\,\mathrm{d}x$$

在卖出期权的情形，利用相似的计算可得

$$F(t,x) = K\mathrm{e}^{-r\theta}\Phi(-d_2) - x\Phi(-d_1)$$

在定理的证明过程中，利用鞅表示定理证明了复制资产组合的存在性。但在实际的应用中，仅有存在性结论是不够的，人们关心的是具体的复制资产组合的构造，使得它对冲某项期权。

考虑由随机变量 $h = f(S_T)$ 定义的期权。在任意时刻 t，一个复制资产组合贴现后的价值必须满足

$$\widetilde{V}_t = \mathrm{e}^{-rt}F(t,S_t)$$

其中，F 由式(10.3.8)定义。为了不使问题复杂化，假设 $F \in C^{\infty}([0,T) \times R)$。记

$$\widetilde{F}(t,x) = \mathrm{e}^{-rt}F(t,x\mathrm{e}^{rt})$$

从而 $\widetilde{V}_t = \widetilde{F}(t,\widetilde{S}_t)$，且对任意的 $t < T$，由 Itô 公式可得

$$\widetilde{F}(t,\widetilde{S}_t) = \widetilde{F}(0,\widetilde{S}_0) + \int_0^t \frac{\partial \widetilde{F}}{\partial x}(u,\widetilde{S}_u)\mathrm{d}\widetilde{S}_u +$$

$$\int_0^t \frac{\partial \widetilde{F}}{\partial t}(u,\widetilde{S}_u)\mathrm{d}u + \int_0^t \frac{1}{2}\frac{\partial^2 \widetilde{F}}{\partial x^2}(u,\widetilde{S}_u)\mathrm{d}\langle\widetilde{S}_u,\widetilde{S}_u\rangle_u$$

利用等式 $\mathrm{d}\widetilde{S}_t = \sigma\widetilde{S}_t\mathrm{d}W_t$ 可得

$$\mathrm{d}\langle\widetilde{S}_u,\widetilde{S}_u\rangle_u = \sigma^2\widetilde{S}_u^2\mathrm{d}u$$

以及

$$\widetilde{F}(t,\widetilde{S}_t) = \widetilde{F}(0,\widetilde{S}_0) + \int_0^t \sigma\frac{\partial \widetilde{F}}{\partial x}(u,\widetilde{S}_u)\widetilde{S}_u\mathrm{d}W_u + \int_0^t K_u\mathrm{d}u$$

由于 $\widetilde{F}(t,\widetilde{S}_t)$ 关于 P^* 为鞅，过程 K_u 必定为 0(参见参考文献[109])。

$$\widetilde{F}(t,\widetilde{S}_t) = \widetilde{F}(0,\widetilde{S}_0) + \int_0^t \sigma\frac{\partial \widetilde{F}}{\partial x}(u,\widetilde{S}u)\widetilde{S}_u\mathrm{d}W_u =$$

$$\widetilde{F}(0,\widetilde{S}_0) + \int_0^t \frac{\partial \widetilde{F}}{\partial x}(u,\widetilde{S}_u)\mathrm{d}\widetilde{S}_u$$

从而对冲过程的一个自然的“代表”便是

$$H_t = \frac{\partial \widetilde{F}}{\partial x}(t,\widetilde{S}_t) = \frac{\partial F}{\partial x}(t,S_t)$$

令 $H_{0t} = \widetilde{F}(t,\widetilde{S}_t) - H_t\widetilde{S}_t$，不难说明策略$(H_t^0,H_t)$ 是自融资的，且其贴现后的值为 $\widetilde{V}_t = \widetilde{F}(t,\widetilde{S}_t)$，从而恰好使得资本 $V_T(\phi)$ 复制支付 $f_T = (S_T - K)^+$ 的对冲。有关更一般的自融资策略的存在性可以参见参考文献[109]。

这里仅简单地讨论了欧式期权的定价和对冲模型。由假设模型的参数为常数，更一般

地，还可以考虑如下模型：仍假设市场仅有一项无风险资产 S^0 和一项风险资产 S，其价格运动满足随机微分方程

$$dS_t^0 = \rho(t,\omega)S_t^0 dt$$
$$dS_t = \alpha(t,\omega)S_t dt + \beta(t,\omega)S_t dB(t)$$

关于此模型的讨论可以参见参考文献[109]，然而其本质的思想与上面的简单模型是一致的。

下面补充在定理的证明中用到的一个引理。

引理 10.3.1 考虑取值于$(G,\mathcal{G})$的、$\mathcal{B}$-可测的随机变量X，以及取值于$(F,\mathcal{F})$且独立于$\mathcal{B}$的随机变量Y，则对任意在$(G\times F,\mathcal{G}\otimes\mathcal{F})$上非负的Borel函数$\Phi$，函数

$$\varphi(x) = \mathrm{E}(\Phi(x,Y)), \qquad \forall x \in G$$

是(G,g)上的Borel函数，且

$$\mathrm{E}(\Phi(X,Y) \mid \mathcal{B}) = \varphi(X), \qquad \text{a. s.}$$

证明：记Y的分布为P_Y，则

$$\varphi(x) = \int_F \Phi(x,y)\mathrm{d}P_Y(y)$$

从而由Fubini定理可知φ是可测的。令Z为非负的、$\mathcal{B}$-可测的随机变量(如$Z=1_B, B\in\mathcal{B}$)。如果记(X,Z)的分布为$P_{X,Z}$，则由Y和(X,Z)之间的独立性可得

$$\begin{aligned}\mathrm{E}(\Phi(X,Y)Z) = &\iint \Phi(x,y)z\mathrm{d}P_{X,Z}(x,z)\mathrm{d}P_Y(y) = \\ &\int\left(\int\Phi(x,y)\mathrm{d}P_Y(y)\right)z\mathrm{d}P_{X,Z}(x,z) = \\ &\int\varphi(x)z\mathrm{d}P_{X,Z}(x,z) = \\ &\mathrm{E}(\varphi(X)Z)\end{aligned}$$

从而结论成立。

3. 有益的讨论

下面以短小的篇幅对期权合约的合理价格的Black - Scholes公式的原始推导给出一些注记。在他们的文章中，一个首要的问题是必须说明什么是合理价格。所谓合理，就是指期权的出售者有可能构建对冲组合的初始资本的最小值。下面将其含义公式化。记欧式期权合约的执行时刻为T，偿付函数为f_T。因此在$0\leqslant t\leqslant T$的时刻t，签约的期权合约的合理价格应理解为欧式期权的完善对冲价格

$$\mathbb{C}_{[t,T]} = \inf\{x : \exists\phi, 使得\ V_t(\phi) = x\ 且\ V_T(\phi) = f_T(P\text{-a. s.})\}$$

事实上，在前面的模型中，这样的对冲实际上是存在的，且$\mathbb{C}_{[t,T]} = S_t^0\mathrm{E}^*(f_T/S_T^0 \mid \mathscr{F}_t)$，其中$\mathrm{E}^*$是鞅测度，也由于这样的原因，以上的推导也称为鞅推导。

下面简略提及与鞅方法不同的基本方程方法。在鞅方法以前的著作(见参考文献[110，111])中，$Y_t=\mathbb{C}_{[t,T]}$的计算依赖于下属基本方程的求解。由于过程$S=\{S_t;t\geqslant 0\}$与支付函数$f_T=(S_T-K)^+$都具有Markov特征，从而可以假定$\mathscr{F}_t$-可测的量Y_t仅依赖于S_t：$Y_t=Y(t,S_t)$。在假定$Y=Y(t,S)$在$[0,T)\times(0,\infty)$上充分光滑的条件下，可以得到如下给定终端值的基本方程：

$$\frac{\partial Y}{\partial t}+rS\frac{\partial Y}{\partial S}+\frac{1}{2}\sigma^2S^2\frac{\partial^2 Y}{\partial S^2}=rY,\qquad Y(T,S)=(S-K)^+ \tag{10.3.10}$$

从而问题转化为求解如上基本方程的解。此方程是属于 Feynman - Kac 型的，可以用这类方程的标准技巧求解。

作变量替换

$$\theta=\sigma^2(T-t),\qquad Z=\ln S+\left(r-\frac{\sigma^2}{2}\right)(T-t)$$

且令 $V(\theta,Z)=\mathrm{e}^{r(T-t)}Y(t,S)$，则问题可以转化为

$$\frac{\partial V}{\partial \theta}-\frac{1}{2}\frac{\partial^2 V}{\partial Z^2}=0,\qquad V(0,Z)=(\mathrm{e}^Z-K)^+$$

从而方程的解具有概率表示[30]：

$$V(\theta,Z)=\mathrm{E}(\mathrm{e}^{W\theta+Z}-K)^+$$

其中，$W=\{W_\theta\}$ 为标准的 Wiener 过程。经过计算可以重新得到式(10.3.9)的表达式。

比较这两种推导方法，可以发现鞅方法的推导基于市场模型中存在唯一的鞅测度，这就确立了无套利性，并且给出了 $\mathbb{C}_T=S_0^0\mathrm{E}^*(f_T/S_T^0)$ 来计算合理价格的可能性。而在基于基本方程的推导中，无套利性和完善对冲的思想体现在问题式(10.3.10)的解的唯一性中，所求得的价格自动是无套利的、公平的价格：如果价格小于 $Y(0,S_0)$，那么期权的出售者一般来说不可能履行自己的合约义务；而如果大于 $Y(0,S_0)$，那么出售者显然将有纯收益。

10.3.2　美式期权

接下来，讨论美式期权的定价问题。美式期权和欧式期权的一个主要区别在于，美式期权的购买者在到期日之前的任意时刻都可以执行这一权利，而欧式期权的持有者只能在期权约定的时刻 T 执行。美式期权使得持有者具有更多的自由来选择期权的执行时刻 $\tau\leqslant T$，这就使得美式期权的研究要比欧式期权的研究来得复杂。当然有可能存在美式期权和欧式期权重合的情形，此时美式期权的“最优”时刻 $\tau=T$。下面的分析仍从离散情形开始，以得到一些直观的启发。

1. 离散时间模型

首先假设期权可以在 $0\sim N$ 之间的任意时刻执行，其标的物是股票 S^1 的价格，其执行价格是 K。定义 $\{\mathscr{F}_n\}$ 适应的随机序列 $\{Z_n;0\leqslant n\leqslant N\}$，它表示在 n 时刻执行期权所得到的收益。这样在买入期权的情形下，$Z_n=(S_n^1-K)^+$；而在卖出期权的情形下，$Z_n=(K-S_n^1)^+$。这里采取逆向分析的方法。如果在执行时刻 N，该项期权的价值是 $U_N=Z_N$，那么在 $N-1$ 时刻，应该以怎样的价格出售这份权利呢？如果持有者就在 $N-1$ 时刻执行此权利，他将得到 Z_{N-1} 的利益；如果他等到 N 时刻再执行此项权利，那么期权的出售者将支付他 Z_N 的利益，从而在 $N-1$ 时刻，期权的出售者必须具有 Z_{N-1} 和某一足以在 N 时刻产生 Z_N 的资本的最大值，以支付期权的持有者。换句话说，权利的出售者希望得到 Z_{N-1} 和某一在 N 时刻支付 Z_N 的容许策略在 $N-1$ 时刻的价值之间的最大值，i. e. $S_{N-1}^0\mathrm{E}^*(\widetilde{Z}_N\mid\mathscr{F}_{N-1})$，其中 $\widetilde{Z}_N=Z_N/S_N^0$。这样，将这一期权在 $N-1$ 的价格定义为

$$U_{N-1} = \max\{Z_{N-1}; S_{N-1}^0 \mathrm{E}^*(\widetilde{Z}_N \mid \mathscr{F}_{N-1})\}$$

便是合理的。继续这样的归纳便可以得到该项美式期权在 $n = 1, 2, \cdots, N$ 时刻的价格为

$$U_{n-1} = \max\left[Z_{n-1}, S_{n-1}^0 \mathrm{E}^*\left(\frac{U_n}{S_n^0}\middle| \mathscr{F}_{n-1}\right)\right]$$

如果假设利率(在某一时间段上)是常数 r, $S_n^0 = (1+r)^n$,那么

$$U_{n-1} = \max\left\{Z_{n-1}, \frac{1}{1+r}\mathrm{E}^*(U_n \mid \mathscr{F}_{n-1})\right\}$$

记 $\widetilde{U}_n = U_n / S_n^0$ 为美式期权贴现后的价格。

命题 10.3.2 序列 $\{\widetilde{U}_n; 0 \leqslant n \leqslant N\}$ 为 P^* - 上鞅。它是比序列 $\{\widetilde{Z}_n; 0 \leqslant n \leqslant N\}$ 大的最小的 P^* - 上鞅。

证明:由等式

$$\widetilde{U}_{n-1} = \max\{\widetilde{Z}_{n-1}, \mathrm{E}^*(\widetilde{U}_n \mid \mathscr{F}_{n-1})\}$$

出发,可以得到 $\{\widetilde{U}_n; 0 \leqslant n \leqslant N\}$ 是比序列 $\{\widetilde{Z}_n; 0 \leqslant n \leqslant N\}$ 大的 P^* - 上鞅。考虑比序列 $\{\widetilde{Z}_n; 0 \leqslant n \leqslant N\}$ 大的上鞅 $\{\widetilde{T}_n; 0 \leqslant n \leqslant N\}$,那么 $\widetilde{T}_N \leqslant \widetilde{U}_N$,并且如果 $\widetilde{T}_n \leqslant \widetilde{U}_n$,则

$$\widetilde{T}_{n-1} \leqslant \mathrm{E}^*(\widetilde{T}_n \mid \mathscr{F}_{n-1}) \geqslant \mathrm{E}^*(\widetilde{U}_n \mid \mathscr{F}_{n-1})$$

因此

$$\widetilde{T}_{n-1} \geqslant \max\{\widetilde{Z}_{n-1}, \mathrm{E}^*(\widetilde{U}_n \mid \mathscr{F}_{n-1})\} = \widetilde{U}_{n-1}$$

利用倒向归纳法便得到命题的结论。

不难看出,与欧式期权不同的是,美式期权的贴现价格一般来说不是 P^* - 鞅。这也是自然的,因为它赋予期权购买者更大的权利,使得其有更大的自由在 N 之前的任意时刻执行这一权利。容易看出,美式期权显然是和最优停时问题联系在一起的[29]。

2. 连续时间情形的美式期权

在离散时间模型中已经指出,美式期权的定价是和最优停时问题联系在一起的。在连续时间情形,处理的思路和离散情形是一致的,只不过问题要复杂得多。下面具体考察在 $[0, T]$ 上的美式期权的定价问题。首先指出,美式期权和带消费(consumption)的对冲问题是相关联的。

定义 10.3.3 带消费的策略 ϕ 定义为如下的适应过程:$\phi = \{(H_t^0, H_t); 0 \leqslant t \leqslant T\}$,取值为 R^2,且满足如下性质:

① $\int_0^T |H_t^0| \mathrm{d}t + \int_0^T H_t^2 \mathrm{d}t < +\infty$ a.s.。

② $H_t^0 S_t^0 + H^t S_t = H_0^0 S_0^0 + H^0 S_0 + \int_0^t H_u^0 \mathrm{d}S_u^0 + \int_0^t H_u \mathrm{d}S_u - C_t, \forall t \in [0, T]$,其中 $\{C_t; 0 \leqslant t \leqslant T\}$ 为适应的、连续的、非减的过程,且 $C_0 = 0$;C_t 对应于直到 t 时刻的累计消费。

显然美式期权可以由非负适应过程 $\{h_t; 0 \leqslant t \leqslant T\}$ 定义。为了行文简洁,仅考虑 $h_t = \psi(S_t)$ 的情形,其中 ψ 为 $R^+ \to R^+$ 的连续函数,且使得 $\psi(x) \leqslant A + Bx, \forall x \in R^+, A, B \geqslant 0$。在买入期权情形,$\psi(x) = (x-K)^+$;在卖出期权情形,$\psi(x) = (K-x)^+$。

令 $\phi=\{(H_t^0,H_t);0\leqslant t\leqslant T\}$ 为带有消费的策略，并记 $V_t(\phi)=H_t^0S_t^0+H_tS_t$。如果

$$V_t(\phi)\geqslant\psi(S_t)\quad \text{a. s.},\qquad \forall t\in[0,T]$$

则称 ϕ 对冲美式期权 $h_t=\psi(S_t)$，且记 Φ^ψ 为由这些策略 ϕ 所构成的集合。期权出售者采取策略 $\phi\in\Phi^\psi$，且购买者在 t 时刻执行该项期权，那么他在 t 时刻将至少拥有资产 $\psi(S_t)$，足以保证他支付该项期权的购买者。

定理 10.3.3　设 $u:[0,T]\times R^+\to R$ 定义为

$$u(t,x)=\sup_{\tau\in\tau_{t,T}}\mathrm{E}^*\{\mathrm{e}^{-r(\tau-t)}\psi[x\exp(|r-(\sigma^2/2)|(\tau-t)+\sigma(W_\tau-E_t))]\}$$

其中，$\tau_{t,T}$ 代表取值于 $[t,T]$ 的停时，即

$$\tau_{t,T}\xlongequal{\text{def}}\{\tau=\tau(\omega):t\leqslant\tau(\omega)\leqslant T,\omega\in\Omega\}$$

存在策略 $\bar\phi\in\Phi^\psi$，使得对任意的 $t\in[0,T]$，都有 $V_t(\bar\phi)=u_(t,S_t)$；进一步，对任意策略 $\phi\in\Phi^\psi$，$V_t(\phi)\geqslant u(t,S_t)(t\in[t,T])$ 成立。

下面仅给出证明的大意，读者可以参见参考文献[26]。首先说明过程 $\{\mathrm{e}^{-rt}u(t,S_t)\}$ 为过程 $\{\mathrm{e}^{-rt}\psi(S_t)\}$ 的 Snell 包络，即关于 P^* 的最小的控制 $\{\mathrm{e}^{-rt}\psi(S_t)\}$ 的上鞅。由于可以证明带消费策略的贴现值为 P^* - 上鞅，从而对任意的 $\phi\in\Phi^\psi$，$V_t(\phi)\geqslant u(t,S_t)$ 成立。另一方面，利用上鞅分解定理以及布朗鞅表示定理，可以证明存在策略 $\bar\phi$，使得 $V_t(\bar\phi)=u(t,S_t)$，从而完成证明。

由于 $u(t,S_t)$ 是对冲策略的最小值，显然可以将它作为美式期权在 t 时刻的价格。令 τ 为取值于 $[0,T]$ 的停时，且设某一容许策略（在定义 10.3.2 的意义下）在 τ 的值为 $\psi(S_\tau)$。又由于任意容许策略的贴现值都是 P^* - 鞅，从而该策略 0 时刻的值便可以由 $\mathrm{E}^*(\mathrm{e}^{-r\tau}\psi(S_\tau))$ 给出，$u(0,S_0)=\sup\limits_{\tau\in T_0,T}\mathrm{E}^*(\mathrm{e}^{-r\tau}\psi(S_\tau))$ 为足以对冲在整个可能执行期权时刻支付的初始资本。

命题 10.3.3　设 $\psi(x)=(x-K)^+$，则由定理 10.3.3 给出的 u 满足关系式 $u(t,x)=F(t,x)$。其中，F 为对应的欧式期权的价格，由式(10.3.9)给出。

事实上，考虑 $t=0$ 的情形（$t>0$ 时可作类似的讨论），则仅需验证对任意的停时 τ，成立

$$\mathrm{E}^*[\mathrm{e}^{-r\tau}(S_\tau-K)^+]\leqslant\mathrm{E}^*[\mathrm{e}^{-rT}(S_T-K)^+]=\mathrm{E}^*(\widetilde{S}_T-\mathrm{e}^{-rT}K)^+$$

事实上，由于 $\{\widetilde{S}_t\}$ 为 P^* - 鞅，且

$$\mathrm{E}^*[\widetilde{S}_T-\mathrm{e}^{-rT}K)^+\mid\mathscr{F}_\tau]\geqslant\mathrm{E}^*[\widetilde{S}_T-\mathrm{e}^{-rT}K)\mid\mathscr{F}_\tau]=\widetilde{S}_\tau-\mathrm{e}^{-rT}K$$

从而利用 $r\geqslant 0$ 可得

$$\mathrm{E}^*[(\widetilde{S}_T-\mathrm{e}^{-rT}K)^+\mid\mathscr{F}_\tau]\geqslant(\widetilde{S}\tau-\mathrm{e}^{-r\tau}K)$$

利用左端的非负性还可以得到

$$\mathrm{E}^*[(\widetilde{S}_T-\mathrm{e}^{-rT}K)^+\mid\mathscr{F}_\tau]\geqslant(\widetilde{S}_\tau-\mathrm{e}^{-r\tau}K)^+$$

对此式两端取期望便得到需要的结论。

在美式期权的研究中，应该区分两种情形：第一种是时间参数属于有限区间 $[0,T]$；第二种是时间参数属于无限区间 $[0,\infty)$。后者当然是一种理想化的情形，但在数学上分析起来却比第一种来得简单些。其原因在于第一种情形解本质上依赖于 $T-t$，即依赖于合约结束时的剩余时间。

考虑无限时间参数情形。仍假设银行账户和股票价格按如下随机微分方程所描述的价

格运动

$$dS_t^0 = rS_t^0 dt \tag{10.3.11}$$

$$dS_t = S_t(\mu dt + \sigma dB_t), \qquad S_0 > 0 \tag{10.3.12}$$

对于标准贴现买入期权来说，支付函数具有 $f_t = e^{-\lambda t} g(S_t)$ 这样的形式，其中 $g(x) = (x - K)^+, x \in E = (0,\infty)$。类似于离散时间情形，令

$$V^*(x) = \sup B_0 E_x^* \frac{f\tau}{B_\tau}$$

其中，sup 是关于所有有限停时类来取的，且

$$T_{0,\infty} = \{\tau = \tau(\omega): 0 \leqslant \tau(\omega) < \infty, \omega \in \Omega\}$$

E_x^* 表示关于鞅测度 P_x^* 的数学期望。而关于该测度，过程 $S = \{S_t; t \geqslant 0\}$ 满足

$$dS_t = S_t(rdt + \sigma dB_t), \qquad S_0 = x$$

为了简化，不妨设 $\mu = r$，从而 P_x^* 和 E_x^* 的上标 * 可以略去。设

$$V^*(x) = \sup_{\tau \in \mathscr{T}_{0,\infty 1}} E_x e^{-(\lambda+r)\tau}(S_\tau - K)^+ \tag{10.3.13}$$

还可以考虑这样的停时类：

$$\overline{\mathscr{T}}_{0,\infty} = \{\tau = \tau(\omega): 0 \leqslant \tau(\omega) \leqslant \infty, \omega \in \Omega\}$$

此时

$$\overline{V}^*(x) = \sup_{\tau \in \overline{\mathscr{T}}_{0,\infty}} E_x e^{-(\lambda+r)\tau}(S_\tau - K)^+ I_{\tau<\infty} \tag{10.3.14}$$

求函数 V^* 和 $\overline{V}^*(x)$ 与美式期权的定价有直接的联系：值 V^* 和 $\overline{V}^*(x)$ 恰好重合于合理的价格的值。这里暗含假设期权的购买者在类 $\mathscr{T}_{0,\infty}$ 或 $\overline{\mathscr{T}}_{0,\infty}$ 中选择期权执行时刻，且 $S_0 = x$。如果 τ^* 和 $\overline{\tau}^*$ 是问题式(10.3.13)以及式(10.3.14)中解的最优时刻，那么它们将是购买者提交执行的最优时刻。由此，美式期权是和最优停时问题紧密联系在一起的。在这一情形，有如下结论。

定理 10.3.4 如果 $\lambda > 0$，那么对于每个 $x \in (0,\infty)$.

$$V^*(x) = \overline{V}^*(x) = \begin{cases} x - K, & x \geqslant x^* \\ c^* x^{\gamma_1}, & x < x^* \end{cases}$$

其中

$$\gamma_1 = \left(\frac{1}{2} - \frac{r}{\sigma^2}\right) + \sqrt{\left(\frac{1}{2} - \frac{r}{\sigma^2}\right)^2 + \frac{2(\lambda + r)}{\sigma^2}}$$

$$c^* = \gamma_1^{-\gamma_1}\left(\frac{\gamma_1 - 1}{K}\right)$$

$$x^* = K\frac{\gamma_1}{\gamma_1 - 1}$$

在类 $\overline{\mathscr{T}}_{0,\infty}$ 中存在最优时刻，且可取时刻

$$\tau^* = \inf\{t \geqslant 0: S_t \geqslant x^*\}$$

为这样的时刻。此时

$$P_x(\tau^* < \infty) = \begin{cases} 1, & \text{如果 } r \geqslant \dfrac{\sigma^2}{2} \text{ 或者 } x \geqslant x^* \\ \left(\dfrac{x}{x^*}\right)^{1-\frac{2r}{\sigma^2}}, & \text{如果 } r < \dfrac{\sigma^2}{2} \text{ 或者 } x < x^* \end{cases}$$

对于标准卖出期权，有类似的结论。此时记

$$U_*(x) = \sup_{\tau\in\mathcal{T}_{0,\infty}} \mathrm{E}_x \mathrm{e}^{-(\lambda+r)\tau}(K-S_\tau)^+$$

$$\overline{U}_*(x) = \sup_{\tau\in\overline{\mathcal{T}}_{0,\infty}} \mathrm{E}_x \mathrm{e}^{-(\lambda+r)\tau}(K-S_\tau)^+ I_{\tau<\infty}$$

定理 10.3.5　如果 $\lambda>0$，那么

$$U_*(x) = \overline{U}_*(x) = \begin{cases} K-x, & x\leqslant x_* \\ c_* x^{\gamma_2}, & x>x_* \end{cases}$$

其中

$$r_2 = \left(\frac{1}{2}-\frac{r}{\sigma^2}\right) - \sqrt{\left(\frac{1}{2}-\frac{r}{\sigma^2}\right)+\frac{2(\lambda+r)}{\sigma^2}}$$

$$c_* = |\gamma_2|^{|\gamma_2|}\left(\frac{K}{1+|\gamma_2|}\right)^{1+|\gamma_2|}$$

$$x_* = K\frac{|\gamma_2|}{1+|\gamma_2|}$$

在类 $\overline{\mathcal{T}}_{0,\infty}$ 中存在最优时刻，且可取时刻

$$\tau_* = \inf\{t\geqslant 0: S_t\leqslant x_*\}$$

为这样的时刻。此时

$$P_x(\tau_*<\infty) = \begin{cases} 1, & \text{如果 } r\leqslant\dfrac{\sigma^2}{2} \text{ 或者 } x\leqslant x_* \\ \left(\dfrac{x_*}{x}\right)^{\frac{2r}{\sigma^2}-1}, & \text{如果 } r>\dfrac{\sigma^2}{2} \text{ 或者 } x>x_* \end{cases}$$

上述两定理的证明可以参见参考文献[29,30]。

10.3.3　亚洲期权

亚洲式期权是通过相关证券在特定期间的平均价格而决定回报的期权，即收入依赖于标的资产的平均价格（而不是最终价格）的期权。这个平均价格是期权有效期中至少一段时间内标的资产的平均价格。

例如，一个亚洲式看涨期权的收入可以等于股票最后 3 个月的平均价格减去执行价格的差额（如果该差额为正），或是等于零。这些期权有利于那些想对一段时间内的收益流进行套期保值的公司，且这个收益流依赖于某商品在这段时间内的平均价格。

具体地考虑具有两项资产的市场，其一是无风险资产 $S_t^0=\mathrm{e}^{rt}(r\geqslant 0)$；其二是风险资产 $S=\{S_t;0\leqslant t\leqslant T\}$。设随机过程 S 定义在赋予滤的完备概率空间 $(\Omega,\mathcal{F},\mathcal{F}_t,P)$ 上，其中 $\mathcal{F}_t$ 由标准布朗运动 $\{B_t;0\leqslant t\leqslant T\}$ 生成且 S 满足

$$\mathrm{d}S_t = S_t(\mu\mathrm{d}t+\sigma\mathrm{d}B_t),\qquad \mu\in R,\sigma>0$$

在这样的假设下，将其公式化，可以用如下支付刻画亚洲期权的特征，即

$$h=\left(\frac{1}{T}\int_0^T S_t\mathrm{d}t-K\right)^+$$

10.4 一类倒向随机微分方程

在对上述问题的研究中，实际上遇到了一类重要的随机微分方程——倒向随机微分方程(BSDE)。关于倒向随机微分方程的研究是 20 世纪 70 年代才刚刚起步的：线性情况的研究始于 1978 年(参见参考文献[112])；而非线性情形则始于 1990 年，以 Pardoux 和 Peng[106] 给出，并以证明其解的唯一性为标志。所谓倒向随机微分方程即边值条件给在终端 T 时刻，而通常的正向随机微分方程则是给出边界条件 $t=0$ 时刻的数据。正向随机微分方程是说怎样认识一个客观存在的随机过程(从现在到将来)，而倒向的随机微分方程则是说在一个随机系统中怎样使得一个系统达到预期的目标(从将来分析现在)。意识到这一点，就立即能预言它将在随机金融等理论中扮演的重要角色。事实上也是如此，Duffie 和 Epstein[113] 发现可以用它来描述不确定经济环境下的消费偏好问题，即效用函数理论；El Karoui 和 Quenez[114] 发现，金融市场的许多重要衍生证券(特别是期权期货)的理论价格，都可以用倒向随机微分方程解出；Peng[115] 本人还得到非线性 Feynman - Kac 公式。

下面简单地讨论一类倒向随机微分方程的解的存在唯一性[105,106,107]，至于在上面提到的各种领域中的应用，读者可以参阅相关书籍。

首先给出一些记号：考虑概率空间$(\Omega,\mathscr{F},P)$ 以及取值于 R^n 的布朗运动 W。记$\{\mathscr{F}_t,t\in[0,T]\}$ 为由布朗运动生成的滤，$\mathcal{P}$为 $\Omega\times[0,T]$ 的可料集生成的 σ- 域；$\mathbb{L}_T^2(R^d)$ 为所有使得 $\|X\|^2=\mathrm{E}(|X|^2)<+\infty$ 的 $\mathscr{F}_t$- 可测的随机变量 X 所构成的空间；$\mathbb{H}_T^2(R^d)$ 为所有使得 $\|\phi\|^2=\mathrm{E}\int_0^T|\phi(t)|^2\mathrm{d}t<+\infty$ 的可料的随机过程 $\phi:\Omega\times[0,T]\to R^d$ 所构成的空间；$\mathbb{H}_T^1(R^d)$ 为所有使得 $\|\phi\|=\mathrm{E}\left[\left(\int_0^T|\phi(t)|^2\mathrm{d}t\right)^{1/2}\right]<+\infty$ 的可料的随机过程 $\phi:\Omega\times[0,T]\to R^d$ 所构成的空间；对任意的 $\beta>0$ 以及 $\phi\in\mathbb{H}_T^2(R^d)$。记 $\|\phi\|_\beta^2=\mathrm{E}\int_0^T\mathrm{e}^{\beta t}|\phi(t)|^2\mathrm{d}t$，$\mathbb{H}_{T,\beta}^2(R^d)$，则记赋予范数 $\|\cdot\|_\beta$ 的空间为$\mathbb{H}_T^2(R^d)$。下面简记$\mathbb{L}_T^{2,d}=\mathbb{L}_T^2(R^d)$，$\mathbb{H}_T^{2,d}=\mathbb{H}_T^2(R^d)$，$\mathbb{H}_T^{1,d}=\mathbb{H}_T^1(R^d)$ 以及 $H_{T,\beta}^{2,d}=\mathbb{H}_{T,\beta}^2(R^d)$。

考虑如下的 BSDE

$$-\mathrm{d}Y_t=f(t,Y_t,Z_t)\mathrm{d}t-Z_t^*\mathrm{d}W_t,\qquad Y_T=\xi \tag{10.4.1}$$

或者等价地考虑积分方程

$$Y_t=\xi+\int_t^T f(s,Y_s,Z_s)\mathrm{d}s-\int_t^T Z_s^*\mathrm{d}W_s \tag{10.4.2}$$

其中，W 是取值于 R^d 的布朗运动，$\xi:\Omega\to R^d$ 为 $\mathscr{F}_T$ 可测的随机变量，而 $f:\Omega\times R^+\times R^d\times R^{n\times d}\to R^d$ 是$\mathcal{P}\otimes\mathcal{B}^d\otimes\mathcal{B}^{n\times d}$- 可测的。

定义 10.4.1 如果$Y=\{Y_t\}_{0\leqslant t\leqslant T}$ 是取值于R^d 的连续的适应过程，而 $Z=\{Z_t\}_{0\leqslant t\leqslant T}$ 是取值于 $R^{n\times d}$ 的可料过程，使得$\int_0^T|Z_s|^2\mathrm{d}s<+\infty$，$P$-a.s.，且满足上述方程，则称$(Y,Z)$ 为方程的解。

如果 $\xi\in\mathbb{L}_T^{2,d}$，$f(\cdot,0,0)\in H_T{}^{2,d}$，且 f 一致 Lipshitz 连续，即存在 $C>0$，使得 $\mathrm{d}P\otimes\mathrm{d}t$ a.s.，且

$$|f(\omega,t,y_1,z_1)-f(\omega,t,y_2,z_2)|\leqslant C(|y_1-y_2|+|z_1-z_2|),\quad \forall(y_1,z_2),\quad \forall(y_2,z_2)$$

则称(f,ξ)为标准的。

定理 10.4.1　给定标准的(f,ξ)，方程(10.4.1)存在唯一解$(Y,Z)\in \mathbb{H}_T^{2,d}\times H_T^{2,n\times d}$。

引理 10.4.1(先验估计)　设$(f^i,\xi^i)(i=1,2)$是标准的，且$(Y^i,Z^i)(i=1,2)$为两组平方可积解。记$\delta Y_t=Y_t^1-Y_t^2$，$\delta_2 f_t=f^1(t,Y_t^2,Z_t^2)-f^2(t,Y_t^2,Z_t^2)$以及$C$为$f^1$的 Lipshitz 常数，则对任意使得$\mu>0$，$\lambda^2>C$以及$\beta\geqslant C(2+\lambda^2)+\mu^2$的三元组$(\lambda,\mu,\beta)$成立估计

$$\|\delta Y\|_\beta^2\leqslant T\left[e^{\beta T}E(|\delta Y_T|^2)+\frac{1}{\mu^2}\|\delta_2 f\|_\beta^2\right] \tag{10.4.3}$$

$$\|\delta Z\|_\beta^2\leqslant \frac{\lambda^2}{\lambda^2-C}\left[e^{\beta T}E(|\delta Y_T|^2)+\frac{1}{\mu^2}\|\delta_2 f\|_\beta^2\right] \tag{10.4.4}$$

证明：令$(Y,Z)\in \mathbb{H}_T^{2,d}\times \mathbb{H}_T^{2,n\times d}$为方程(10.4.1)的解，利用积分表达式(10.4.2)可知

$$|Y_t|\leqslant|\xi|+\int_0^T|f(s,Y_s,Z_s)|ds+\sup_t\left|\int_0^T Z_s^* dW_s\right|$$

以及利用 BDG 不等式，有

$$E\left[\sup_t\left|\int_t^T Z_s^* dW_s\right|^2\right]\leqslant 2E\left[\left|\int_t^T Z_s^* dW_s\right|^2\right]+2E\left[\sup_t\left|\int_t^T Z_s^* dW_s\right|^2\right]\leqslant 4E\left[\left|\int_t^T Z_s\right|^2 ds\right]$$

由于(f,ξ)是标准的，可知$|\xi|+\int_0^T|f(s,Y_s,Z_s)|ds$属于$\mathbb{L}_T^{2,1}$，且$\sup_{s\leqslant T}|Y_s|\in\mathbb{L}_T^{2,1}$。

考虑对应于(f^1,ξ^1)以及(f^2,ξ^2)的解(Y^1,Z^1)以及(Y^2,Z^2)。在$[t,T]$上对半鞅$e^{\beta s|\delta Y_s|^2}$利用 Itô 公式可得

$$\begin{aligned}&e^{\beta t}|\delta Y_t|^2+\beta\int_t^T e^{\beta s}|\delta Y_s|^2 ds+\int_t^T e^{\beta s}|\delta Z_s|^2 ds=\\&e^{\beta T}|\delta Y_T|^2+2\int_t^T e^{\beta s}\langle\delta Y_s,f^1(s,Y_s^1,Z_s^1)-f^2(s,Y_s^2,Z_s^2)\rangle ds-\\&2\int_t^T e^{\beta s}\langle\delta Y_s,\delta Z_s^* dW_s\rangle\end{aligned}$$

由于$\sup_{s\leqslant T}|\delta Y_s|\in\mathbb{L}_T^{2,1}$，$e^{\beta s}\delta Z_s\delta Y_s\in\mathbb{H}_T^{1,n}$，且随机积分$\int_t^T e^{\beta s}\langle\delta Y_s,\delta Z_s^* dW_s\rangle$是$P$-可积的，期望为 0，以及

$$\begin{aligned}|f^1(s,Y_s^1,Z_s^1)-f^2(s,Y_s^2,Z_s^2)|&\leqslant|f^1(s,Y_s^1,Z_s^1)-f^1(s,Y_s^2,Z_s^2)|+|\delta_2 f_s|\leqslant\\&C(|\delta Y_s|+|\delta|Z_s)+|\delta_2 f_s|\end{aligned}$$

由不等式$2y(CZ+t)\leqslant C_z{}^2/\lambda^2+t^2/\mu^2+y^2(\mu^2+C\lambda^2)(\lambda,\mu>0)$便可以知道

$$\begin{aligned}&E(e^{\beta t}|\delta Y_t|^2)+\beta E\left(\int_t^T e^{\beta s}|\delta Y_s|^2 ds+\int_t^T e^{\beta s}|\delta Z_s|^2 ds\right)\leqslant\\&E(e^{\beta T}|\delta Y_T|^2)+E\int_t^T e^{\beta s}[C|\delta Y_s|^2(2+\lambda^2)+\\&C\frac{|\delta Z_s|^2}{\lambda^2}+\frac{|\delta_2 f_s|^2}{\mu^2}+\mu^2|\delta Y_s|^2]ds\leqslant\\&E(e^{\beta T}|\delta Y_T|^2)+[C(2+\lambda^2)+\mu^2]E\int_t^T e^{\beta s}|\delta Y_s|^2 ds+\\&\frac{C}{\lambda^2}E\int_t^T e^{\beta s}|\delta Z_s|^2 ds+\frac{1}{\mu^2}E\int_t^T e^{\beta s}|\delta_2 f_s|^2 ds\end{aligned} \tag{10.4.5}$$

选取 $\beta \geqslant C(2+\lambda^2)+\mu^2$ 以及 $C<\lambda^2$，可得

$$\mathrm{E}[\mathrm{e}^{\beta t}\mid \delta Y_t\mid^2] \leqslant \mathrm{E}[\mathrm{e}^{\beta T}\mid \delta Y_T\mid^2]+\mathrm{E}\int_t^T \frac{1}{\mu^2}\mathrm{e}^{\beta s}\mid \delta_2 f_s\mid^2 \mathrm{d}s$$

对此式积分便得到式(10.4.3)的证明，再次利用式(10.4.5)便可得到式(10.4.4)的证明。

定理 10.4.1 的证明：存在性的证明是利用不动点定理。考虑映射$\mathbb{H}_{T,\beta}^{2,d}\times\mathbb{H}_{T,\beta}^{2,n\times d}$ 到自身的映射 $\Gamma:(y,z)\rightarrow(Y,Z)$，有

$$Y_y=\xi+\int_t^T f(s,y_s,z_s)\mathrm{d}s-\int_t^T Z_s^*\,\mathrm{d}W_s$$

这里(f,ξ)是标准的，意味着 $f(t,y_t,z_t),t\in[0,T]$ 属于$\mathbb{H}_T^{2,d}$。考虑平方可积鞅 $\mathrm{E}(\int_0^T f(s,y_s,z_s)\mathrm{d}s+\xi\mid\mathscr{F}_t)$ 的连续修正 M，利用布朗运动的鞅表示定理[26]，存在唯一的可积过程 $Z\in\mathbb{H}_T^{2,n\times d}$，使得 $M_t=M_0+\int_0^t Z_s^*\,\mathrm{d}W_s$。定义适应的连续过程 $Y=\{Y_t\}_{t\in[0,T]}$，$Y_t=M_t-\int_0^t f(s,y_s,z_s)\mathrm{d}s$，由于 Y 还可以表示为

$$Y_t=\mathrm{E}\left(\int_t^T f(s,y_s,z_s)\mathrm{d}s+\xi\mid\mathscr{F}_t\right)$$

从而 Y 是平方可积的。考虑$(y^1,z^1),(y^2,z^2)\in\mathbb{H}_{T,\beta}^{2,d}\times\mathbb{H}_{T,\beta}^{2,n\times d}$，对应的解分别记为$(Y^1,Z^1)$以及$(Y^2,Z^2)$。对 $C=0,\beta=\mu^2$，应用上述先验估计可以得到

$$\|\delta Y\|_\beta^2\leqslant\frac{T}{\beta}\mathrm{E}\int_0^T\mathrm{e}^{\beta s}\mid f(s,y_s^1,z_s^1)-f(s,y_s^2,z_s^2)\mid^2\mathrm{d}s$$

$$\|\delta Z\|_\beta^2\leqslant\frac{T}{\beta}\mathrm{E}\int_0^T\mathrm{e}^{\beta s}\mid f(s,y_s^1,z_s^1)-f(s,y_s^2,z_s^2)\mid^2\mathrm{d}s$$

由于 f 是 Lipshitz 的，其 Lipshitz 常数为 C，从而得到

$$\|\delta Y\|_\beta^2+\|\delta Z\|_\beta^2\leqslant\frac{2(1+T)C}{\beta}(\|\delta y\|_\beta^2+\|\delta z\|_\beta^2)\tag{10.4.6}$$

选取 $\beta>1(1+T)C$，以使得 Γ 为$\mathbb{H}_{T,\beta}^{2,d}\times\mathbb{H}_{T,\beta}^{2,n\times d}$到自身的压缩映射，故存在唯一的不动点，就是该 BSDE 的唯一连续解。

参考文献

[1] Bensoussan A, Temam R. Equations Stochastiques du type Navier – Stokes, J. Funct. Anal. 1973, 13: 195-222.

[2] Pardoux E. Equaytions aux dérivées partielles stochastiques non lineaires monotones: Etude de solutions fortes de typr Ito, Thése Doct. Sci. Math. Univ. Paris Sud, 1975.

[3] Pardoux E. Stochastic partial differential equations and flltering of diffusion processes. Stochastic, 1979: 127-167.

[4] Crauel H, Debussche A, Flandoli F. Random attractors. J. Dynam. Diff. eqns., 1997, 9(2): 307-341.

[5] Crauel H, Flandoli F. Attractors for random dynamical syatems. Prob. Th. Rel. Fields, 1994, 100: 365-393.

[6] Da Prato G, Zabczyk J. Stochastic equations in infinite dimensions, Encyclopedia of Mathematics and its applications. Cambridge University Press, Cambridge, 1992.

[7] Da Prato G, Zabczyk J. Ergodicity for infinite dimensional systems. Cambridge University Press, Cambridge, 1996.

[8] Evans L C. An introduction to stochastic differential equations. Version 1. 2. http://math.berkeley.edu/evans/SDE.course.pdf.

[9] 钱敏平，龚光鲁. 随机过程论. 2 版. 北京：北京大学出版社，1997.

[10] 张恭庆. 泛函分析讲义. 北京：北京大学出版社，1990.

[11] Peszat S, Zabczyk J. Stochastic partial differential equations with Levy noise. Cambridge University Press, Cambridge, 1992.

[12] Kallenberg O. Foundations of modern probability. Springer, Berlin, 2002.

[13] Walsh J B. An introduction to stochastic partial differential equations. Lecture Notes in Math., 1180, Springer, Berlin, New York, 1986: 265-439.

[14] Neveu J. Bases mathematiques du Calcul des probabilites. Masson and Cie, 1970.

[15] Rogers L C G, Williams D. Diffusion, Markov processes and martingales, Vols. I. II, Cambridge University Press, Cambridge, 2000.

[16] Jakubowski A. Towards a general Doob – Meyer decomposition theorem, Probab. Math. Statist. 2006, 26: 143-153.

[17] Protter P. Stochastic Integration and Differential Equations: A New Approach. Springer – Verlag, 1990.

[18] Métivier M. Semimartingales: A course on stochastic process. De Gruyer, Berlin, 1982.

[19] Friedman A. Partial differential equations of parabolic type. Prentice – Hall, 1964.（有中译本，夏宗伟译）

[20] Ciesielski Z. Holder condition for realizations of Gaussin processes. Trans. Amer.

Math. Soc. ,1996,99:403-413.

[21] Levy P. Processus Stochastiques et Mouvement Brownien. Gauthier - Villàrs,Paris, 1948.

[22] 林元烈. 应用随机过程. 北京:清华大学出版社,2002.

[23] Applebaum D. Levy processes and stochastic calculus. Cambridge University Press, Cambridge,2004.

[24] Bertoin J,Levy Processes. Cambridge Tracts in Mathematics. Vol. 121,Cambridge University Press,Cambridge,1996.

[25] Kolmogorov A. Wienersche spiralen und einige andere interessante kurven im Hilbertschen Raum S. R. (Doklady),1940,26(1):115-118.

[26] Karatzas I,Shreve S E. Brownian Motion and Stochastic Calculus,Springer - Verlag,1988.

[27] Yosida K. Functional analysis (sixth edition). Springer - Verlag,1980.

[28] Christiansen P L,Rasmussen K O,Bang O,et al. The temperature - dependent collapse regime in a nonlinear dynamical model of Scheibe aggregates. Phys. D,1995,87:321-324.

[29] Lamberton D,Lapeyre B. Introduction to Stochastic Calculus Applied to Finance. Chapman and Hall,London,1996(English translation by N. Rabeau and F. Mantion).

[30] Shiryaev A N. 随机金融基础. 上下卷. 史树中,译. 北京:高等教育出版社,2008.

[31] Pazy A. Semigroup of linear operators and applications to partial diferential equations. Springer - Verlag,Berlin/New York,1983.

[32] Da Prato G,Kwapien S,Zabczyk J. Regularity of solutions of linear stochastic equations in Hilbert spaces. Stochastics,1987,23:1-23.

[33] Debussche A. Hausdorff dimension of a random invariant set,J. Math. Pures Appl. , 1998,77:967-988.

[34] Flandoli F. Dissipativity and invariant measures for stochastic Navier - Stokes equations. Nonlin. Diff. Eq. Appl. 1994,1:403-423.

[35] Flandoli F,Maslowski. Ergodicity of the 2-D Navier - Stokes equation under random perturbations,Preprint 20,Scuola Normale Superiore di Pisa. Comm. Math. Phys. 1995,172(1):119-141.

[36] Da Prato G,Debusschde A,Temam R. Stochastic Burger's equation. Nonlin. Diff. Eq. Appl,1994,1:389-402.

[37] Da Prato G,Gatarek D. Stochastic Burgers equaiton with correlated noise. Stochas-tics and Stochastic Reports,1995,52(1-2):29-41.

[38] Carmona R,Nualart D. Random non - linear wave equations: Smoothness of the solutions. Prob. Th. Rel. Fields,1988,79:469-508.

[39] Yang D. The asymptotic behavior of the stochastic Ginzburg - Landau equation with multiplicative noise. J. Math. Phys. ,2004,45(11):4064-4076.

[40] Temam R. Infinite dimensional dynamical systems in mechanics and physics. Springer-Verlag, New York, 1998.

[41] Castaing C, Valadier M. Convex analysis and measurable multifunctions. Lecture Notes in Mathematics 580, Springer - Verlag, Berlin, 1977.

[42] Flandoli F, Gatarek D. Martingale and Stationary solutions for Stochastic Navier-Stokes equations. Prob. Th. Rel. Fields, 1995, 102(3): 367-391.

[43] Vishik M I, Fursikov A V. Mathematical Problems of Statistical Hydromechanics. Kluwer, Dordrecht, 1980.

[44] Yashima H F. Equations de Navier - Stokes Stochastiques Non - Homogenes et Applications. Tesi di Perfezionamento, Scuola Normale Superiore, Pisa, 1992.

[45] Brand H R, Deissler R J. Interaction of localized solutions for subcritical bifurcations, Phys, Rev. Lett., 1992, 63: 2801-2804.

[46] 郭柏灵，王国联，李栋龙. 随机广义 Ginzbueg - Landau 方程的吸引子. 中国科学 A 辑, 2007.

[47] Bang O, Christiansen P L. F. If and K. O. Rasmussen, Temperature effects in a nonlinear model of monolayer Scheibe aggregates, Phys. Rev. E, 1994, 49: 4627-4636.

[48] Bang O, Christiansen P L. F. If and K. O. Rasmussen, White noise in the two - dimensional nonlinear Schrödinger equation, Appl. Anal. 1995, 57: 3-15.

[49] de Bouard A, Debussche A. A stochastic nonlinear Schröodinger equation with multiplica tive noise. Comm. Math. Phys., 1999, 205: 161-181.

[50] de Bouard A, Debussche A. The stochastic nonlinear Schröodinger equation in H^1, Stoch. Anal. Appl., 2003, 21(1): 97-126.

[51] Rasmussen K O, Gaididei Yu B O, Bang P L. Christiansen, The influence of noise on critical collapse in the nonlinear Schrödinger equation. Phys. Lett. A, 1995, 204: 121-127.

[52] Sulem C, Sulem P L. The nonlinear Schrödinger equation: Self - Focusing and Wave Collapse. Springer, New York, 1999.

[53] Brzezniak Z. On stochastic convolution in Banach spaces and applications. Stochastics and Stochastic Rep., 1997, 61: 245-295.

[54] Brzezniak Z, Peszat S. Space - time continuous solutions to SPDE's deriven by a ho mogeneous Wiener process. Studia Mathematica, 1999, 137: 261 - 299.

[55] Kato T. On nonlinear Schrodinger equation. Ann. Inst. H. Poincaré Phys. Theor, 1987, 46: 113-129.

[56] Wadati M, Akutsu Y. Stochastic Korteweg de - Vries equation with and without damping. J. Phys. Soc. Japan, 1984, 53: 3342.

[57] de Bouard A, Debussche A. On the stochastic Korteweg - de Vries equation, J. Funct. Anal., 1998, 154: 215-251.

[58] de Bouard A, Debussche A, Tsutsumi Y. White noise driven Korteweg de - Vries

equation, J. Funct. Anal., 1999, 169: 532-558.

[59] Guo B, Chen F. Finite dimensional behavior of global attractors for weakly damped and forced KdV equations coupling with nonlinear Schröodinger equations. Nonl. Anal. TMA, 1997, 29(5): 569-584.

[60] Printems J. The stochastic Korteweg de - Vries equation in $L^2(\mathbb{R})$, J. Diff. Equ., 1999, 153, 338-373.

[61] Scalerandi M, Romano A, Condat C A. Korteweg - de Vries solitons and additive stochastic perturbations. Phys. Rev. E, 1998, 58: 709-712.

[62] Wadati M. Stochastic Korteweg de - Vries equation. J. Phys. Soc. Japan, 1983, 52: 2642-2648.

[63] Kenig C E, Ponce G P, Vega L. Well - posedness of the initial value problem for the Korteweg - de Vries equation. J. Amer. Math. Soc., 1991, 4: 323-347.

[64] Bona J, Zhang B Y. The initial value problem for the forced KdV equation. Proc. Soc. Edinburgh A, 1996, 126: 571-598.

[65] Rubio de Francia J L, Ruiz F J, Torrea J L. Calderon - Zygmund theory for operator - valued kernels, Adv. Math., 1986, 62: 7-48.

[66] Artola M. Sur un tháorème d'interpolation, J. Math. Anal. Appl. 1973, 41: 148-163.

[67] Blasco O. Interpolation between $H^1_{B_0}$ and $L^p_{B_1}$. Studia Math, 1989, 92: 205-210.

[68] Bergh J, Lofström J. Interpolation spaces. Springer Verlag, Berlin, 1976.

[69] Kato T. Quasilinear equation of evolution with applications to partial differential equations. Lect. Notes in Math., Springer, Berlin, 1975, 448: 27-50.

[70] Gardner C S. Korteweg - de Vries equation and generalizations IV: The Korteweg - de Vries equation as a Hamiltonian system. J. Math. Phys., 1971, 12: 1548-1551.

[71] Kato T. On the Cauchy problem for the (generalized) Korteweg - de Vries equation. Stud. Appl. Math., Adv. Math. Suppl. Stud., 1993, 8: 93-128.

[72] Ikeda N, Watanabe S. Stochastic Differential Equations and Diffusion Process. North - Holland, Amsterdam, 1981.

[73] Guo B, Wang G. Attractors for nonlinear Schrödinger equation coupling with stochastic weakly damped, forced KdV equation, Front. Math. China, 2008, 3(4): 495-510.

[74] Kato T, Ogawa T. Analyticity and smoothing effect for the Korteweg de - Vries equation with a single point singularity, Math. Ann., 2000, 316(3): 577-608.

[75] Bourgain J. Fourier restriction phenomena for certain lattice subsets and applications to nonlinear evoution equations. Part Ⅱ, Geom. Funct. Anal., 1993, 3: 209-262.

[76] Kenig C E, Ponce G P, Vega L. A bilinear estimate with application to the KdV equation. J. Amer. Math. Soc., 1996, 9: 573-603.

[77] Rosa R. The global attractor of a weakly damped, forced Korteweg - de Vries equation in $H^1(\mathbb{R})$. Math. Contemp., 2000, 19: 129-152.

[78] Ghidaglia J M. Finite dimensional behavior for weakly damped driven Schrödinger equations. Ann. Inst. H Poincaré, Anal. Nonlinéeaire, 1988, 5(4): 365-405.

[79] Crauel H, Flandoli F. Hausdorff dimenension of invariant set for random dynamical systems. J, Dynam. Diff. Equ., 1998, 10: 449-474.

[80] 王国联. 某些随机非线性发展方程及无穷维动力系统的研究[D]. 绵阳：中国工程物理研究院，2008.

[81] Linares F. L^2 global well - posedness of the initial value problem associated to the Benjamin equation, J. Diff. Equs., 1999, 152: 1425-1433.

[82] Guo B, Huo Z. The well-posedness of the korteweg de Vries-Benjamin-Ono equation. J. Math. Anal. Appl., 2004, 295: 444-458.

[83] Chang H Y, Ch Lien, Sukarto S, et al. Propagation of ion - acoustic solitons in a non - quiescent plasma. Plasma Phys. Control Fusion, 1986, 28: 675-681.

[84] Herman R. The stochastic, damped Korteweg - de Vries equation, J. Phys. A, 1990, 23: 1063-1084.

[85] Matsuno y. Stochastic Bejamin-Ono eguation and its application to the dynamics of nonlinear random waves. Phys. Rev. E, 1996. 54(6): 6313-6322.

[86] Kim J U. On the stochastic Benjamin - Ono equation. J. Diff. Equs., 2006, 228(2): 737-768.

[87] Tao T. Multilinear weighted convolution of L^2 functions, and applicaions to nonlinear dispersive equation. Amer. J. Mth., 2001, 123: 839-908.

[88] 谭绍滨，韩永前. 一般非线性发展方程解答长时间行为. 数学年刊，1995, 16A(2): 127-141.

[89] Kenig C E, Ponce G P, Vega L. Oscillatory integrals and regularity of dispersive equations. Indiana, Univ. Math. J., 1991, 40: 33-69.

[90] Albeverio S, Wu J L, ZhangT S. Parabolic SPDEs driven by Poisson white noise, Stochastic processes and their applications, 1998, 74: 21-36.

[91] Muller C. The heat equation with Lévy noise. Stoch. Proc. Appl., 1998, 74: 67-82.

[92] Muller C, Mytnik L, Stan A. The heat equation with time - independent multiplicative stable Lévy noise. Stoch. Proc. Appl., 2006, 116: 70-100.

[93] Jacod J, Shiryaev A N. Limit theorems for stochastic processes. Springer, Berlin, 1987.

[94] Richardson L F. Weather prediction by numerical press. Cambridge University Press, 1922. (Reprinted Dover, New York, 1965).

[95] Charney J G, Philips N A. Numerical integration of the quasi - geostrophic equations for barotropic simple baroclinic flows. J. Meteor., 1953, 10: 71-99.

[96] Brannan J, Duan J, Wanner T. Dissipative quasi - geostrophic dynamics under random forcing. J. Math. Anal. Anal., 1998, 228: 221-233.

[97] 黄代文. 地球物理流体动力学中某些偏微分方程及其无穷维动力系统的研究[D]. 绵阳：中国工程物理研究院，2007.

[98] Guo B, Huang D. Random attractors for a dissipative quasi - geostrophic dynamics

under stochastic forcing. Adances in Mathematics(China),2008,1(3):147-154.

[99] Lions J L. Quelques méthods de résolutions des problèmes aux limites nonlinéaires. Dunod,Paris,1969.

[100] Guo B,Pu X. Stochastic Landau - Lifshitz equation. Differential and Integral Equations,2009,22(3-4):251-274.

[101] Garcia-Palacios L,Lazaro F J. Langevin-dynamics study of the dynamical properties of small magnetic particles. Phys. Rev. B,1998,58:14937-14958.

[102] Guo B,Ding S. Landau - Lifshitz equations,Frontiers of Research with the Chinese Academy of Sciences. Vol. 1,Singapore: World Scientific,2008.

[103] Ladyzenskaya. The boundary value problems of mathematical physics. Applied Mathematical Science,Vol. 49,Berlin,Heiderberg,New York,Springer - Verlag,1985.

[104] Zhou Y L. Applications of discrete functional analysis to the finite difference method. International Academic Publishers,1990.

[105] El Karoui N,Peng S,Quenez M C. Backward stochastic differential equations in Finance. Mathematical Finance,1997,71(1):1-71.

[106] Pardoux E,Peng S. Adapted solution of a backward stochastic differential equation. System and Control Letters,1990,14:55-61.

[107] 严加安,彭实戈,方诗赞,等. 随机分析选讲. 北京:科学出版社,1997.

[108] Cox J C,Rubinstein M. Options Markets. Prentice - Hall,1985.

[109] Øksendal B. Stochastic differential equations: an introduction with applications. 6th ed. Springer - Verlag,Berlin,2005.

[110] Black F,Scholes M. The pricing of options and corporate liabilities. J. Political Economy,1973,81(3):637-659.

[111] Merton R. Theory of rational option pricing,Bell J. Economics and Management Science Springer,1973,4:141-183.

[112] Bismut J M. An introductory approach to duality in optimal stochastic control. SIAM Rev.,1978,20(1):62-78.

[113] Duffe D,Epstein L. Asset pricing with stochastic differential utilities,Review of Financial Studies,1992,5:411-436.

[114] El Karoui N,Quenez M C. Dynamic programming and pricing of contingent claims in an incomplete market. SIAM J. Control and Optim.,1995,33:29-66.

[115] Peng S. A non linear Feynman - Kac formula and applications,in Proceedings of Symposium of System Sciences and Control Theory. Chen & Yong eds.,World Scientific,Singapore,1992:173-184.

[116] Morimoto H. Attractors of probability measures for semilinear stochastic evolution equations. Stoch. Anal. Appl.,1992,10:205-212.

[117] Moser R. Partial regularity for the Landau - Lifshitz equation in small dimensions.

MPI Preprint 26,2002.

[118] Da Prato G,Röochner M. Weak solutions to stochastic porous media equations. J. Evolution Equ. ,2004,4:249-271.

[119] Visintin A. On Landau - Lifshitz equation for ferromagnetism. Japan J. Appl. Math. , 1985,2(1):69-84.

[120] Itô K. Lectures on stochastic processes,Tata Inst. Fundamental Resear. Bombay,1961.

[121] Tao T. Nonlinear dispersive equations: local and global analysis,CBMS. American Mathematical Society Providence,Rhode Island,2006.

[122] Prévôt C,Röockner M. A concise course on stochastic partial differential equations, Lect. Notes Math. ,Sptinger,Berlin,2007:1905.

[123] Kurtz T G,Pardoux E,Protter P. Stratonovitch stochastic differential equations driven by general semimartingales. Ann. Inst. H. Poincaré B ,1985,31:351-377.

[124] Kallianpur G,Xiong J,Hardy G,et al. The existence and uniqueness of solutions of nuclear space - valued stochastic differential equations driven by Poisson random measures,Stoch. Stoch. Rep. ,1994,50(1-2):85-122.

[125] Knoche C. Mild solutions of SPDE's driven by Poisson Noise in Infinite dimensions and their dependence on initial conditions. PhD thesis,University of Bielefeld,2005.

[126] Rudin W. Real and complex anylysis. 2nd ed. McGraw - Hill,New York,1974.

[127] Fibich G,Papanicolaou G. Self - focusing in the perturbed and unperturbed nonlinear Schröodinger equation in critical dimension. SIAM J. Appl. Math. ,1999,60:183-240.

[128] Da Prato G,Debussche A. Ergodivity for the 3D stochastic Navier-Stokes equations. J. Math. Pures Appl. ,2003,82(8),877-947.

[129] Caraballo T,Langa J A,Robinson J C. A stochastic pitchfork bifurcation in a reaction -diffusion. Proc. R. Soc. London A,2001,457:2041-2061.

[130] Tsutsumi Y. L^2-solitions for nonlinear Schrodinger equations and nonlinear groups, Fumk. Ekva. ,1987,30:115-125.

[131] Stratonovich R L. A new representation for stochastic integrals and equations. J. Soc. Ind. Appl. Math. 1966,4:362-371.

[132] Ueda T,Kath W L. Dynamics of optical pulses in randomly birefrengent fibers. Physica D,1992,55. 166-181.

[133] Debussche A,Di Menza L. Numerical simulation of focusing stochastic nonlinear Schrödinger equation. Phys. D,2002,162:131-154.

[134] Choi H,Temam R,Moin P,et al. Feedback control for unsteady flow and its application to Burgers equation. J. Fluid Mech. ,1993,253:509-543.

[135] Brzezniak Z,Capinski M,Flandoli F. Pathwise global attractors for stationary ran - dom dynamical systems. Prob. Th. Rel. Fields,1993,95:87-102.

[136] Kamppeter T,Mertens F G,et al. Stochastic vortex dynamics in two - dimensional

easy - plane ferromagnets: Multiplicative versus additive noise. Phys. Rev. B,1999, 59(17):11349-11357.

[137] Röchner M. Introduction to stochastic partial differential equations. Lect. Notes in Purdue University,2006.

[138] Taniguchi T,Liu K,Truman A. Existence,Uniqueness,and Asymptotic behavior of mild solutions to stochastic functional differential equations in Hilbert spaces,J. Diff. Equ,2002,181:72-91.

[139] Kato T. On the Cauchy problem for the generalized Korteweg de - Vries equation. Stud. Appl. Math. ,1993,8:93-128.

[140] van Kampen N G. Stochastic process in physics and chemistry. North - Holland, Amsterdam,1981.

[141] Hosokawa I,Yamamoto K. Turbulence in the randomly forced one dimensional Burgers flow. J. Stat. Phys. ,1975,13:245.

[142] Duan J,Kloeden P E,Schmalfuss B. Exponential stability of the quasi - geostrophic equation under random perturbations. Prog. Probab. ,2001,49:241-265.

[143] Adams R A,Fournier J J F. Sobolev spaces. 2nd ed. Elsevier/Academic Press, Amsterdam, 2003.

[144] Albeverio S,Cruzeiro A B. Global flow and invariant(Gibbs) measures for Euler and Navier - Stokes two dimensional fluids. Comm. Math. Phys. ,1990,129:431-444.

[145] Alouges F,Soyeur A. On global weak solutions for Landau - Lifshitz equations: existence and nonuniqueness. Nonlinear Analysis TAM,1992,18(11):1071-1084.

[146] Arnold L. Random dynamical system,Sppringer Monographs in Mathematics. Springer - Verlag,Berlin,1998.

[147] Bennett A F,Kloeden P E,The dissipative quasi - geostrophic equations: existence and uniqueness of strong solutions. Mathematika,1980,27:287-311.

[148] Bona J,Scott R. Solutions of the Korteweg - de Vries equation in fractional order Sobolev spaces. Duke Math. J. ,1976,43:87-99.

[149] Bona J L,Smith R. The initial - value problem for the Korteweg - de Vries equation, Philos. Trans. Roy. Soc. London,Ser A,1975,278: 555-604.

[150] de Bouard A,Debussche A. On the effect of a noise on the solutions of the focusing supercritical nonlinear Schrödinger equation,Probab. Th. Rel. Fields,2002,123:76-96.

[151] de Bouard A,Debussche A. A semi - discrete scheme for the stochastic nonlinear Schrödinger equation,Numer. Math. ,2004,96:733-770.

[152] Brown W F. Thernal fluctuations of a single - domain particle. Phys. Rev. ,1963, 130(5):1677-1686.

[153] Brzezniak Z,Elworthy K D. Stochastic differential equations on Banach manifolds. Meth. Funct. Anal. Top. 2000,6(1):43-84.

[154] Brzezniak Z, Maslowski B, Seidler J. Stochastic nonlinear beam equations, Probab. Th. Rel. Fields, 2005, 132(1): 119-149.

[155] Carbou G, Fabrie P. Regular Solutions for Landau - Lifschitz equations in a bounded domain. Differential Integral Equations, 2001, 14: 213-229.

[156] Caraballo T, Crauel H, Langa J A, et al. The effect of noise on the Chafee - Infante equation: a nonlinear case study, Proc. Amer. Math. Soc. 2007, 135: 373-382.

[157] Caraballo T, Langa J A. Stability and random attractors for a reaction - diffusion equation with multiplicative noise, Discrete Contin. Dyn. Syst. 2000, 6: 876-892.

[158] Caraballo T, Langa J A, Robinson J C. Upper semicontinuity of attractors for random perturbations of dynamical systems, Comm. Partial Diff. Equ., 1998, 23: 1557-1581.

[159] Cazenave T. An introduction to nonlinear Schrodinger equations, Texts de Métodos Matématicos, 26. Instituto de Matématica - UFRJ Rio de Janeiro, Brazil, 1993.

[160] Chen Y M. The weak solutions to the evolution problems of harmonic maps, Math. Z., 1989, 201(1): 69-74.

[161] Colliander J, Stafflani G, Rakaoka H. Global well - posedness for KdV in Sobolev spaces of negative index. 2001, (26): 1-7.

[162] Da Prato G, Elworthy K D, Zabczyk J. Strong Feller property for stochastic semilinear equations. Stoch. Anal. Appl., 1995, 13(1): 35-46.

[163] Debussche A, Odasso C. Markov solutions for the 3D stochastic Navier - Stokes equations with state dependent noise. J. Evol. Equ., 2006, 6(2): 305-324.

[164] Desimone A, Kohn R V, Müuller S, et al. A reduced theory for thin - film micromagnetics. Comm. Pure Appl. Math., 2002, 55: 1408-1460.

[165] Ding S, Guo B. Hausdorff Measure of the Singular Set of Landau - Lifshitz Equations with a Nonlocal Term. Commun. Math. Phys., 2004, 250: 95-117.

[166] E W, Mattingly J C. Ergodicity for the Navier - Stokes equation with degenerate random forcing: finite - dimensional approxiamation, Comm. Pure Appl. Math., 2001, 54(11): 1386-1402.

[167] Fabes E B, Jones B F, Rivièere N M. The initial value problem for the Navier - Stokes equations with data in L^p, Arch. Rational Mech. Anal., 1972, 45: 222-240.

[168] Falkovich G E, Kolokolov I, Lebedev V, et al. Turitsyn, Statistics of soliton - bearing system with additive noise. Phys. Rev. E, 2001, 63(2), 025601.

[169] Friedman A. Stochastic differential equations and applications. Academic Press, 1975. (有中译本,吴让泉译)

[170] Friedman A. Stochastic differential equations and applications. Vol. 1, New York: Academic Press, 1975.

[171] Gątarek D, Goldys B. On weak solutions of stochastic equations in Hilbert spaces. Stochastics Stochastics Rep., 1994. 46(1-2): 41-51.

[172] Ginibre J, Velo G. The global Cauchy problem for the nonlinear Schrödinger equation revisited. Ann. Inst. Henri Poincarée, Anal. Non Linéeaire, 1985, 2: 309-327.

[173] Ginibre J, Tsutsumi Y. Uniqueness of solutions for the generalized Korteweg de - Vries equation. SIAM J. Math. Anal., 1989, 20: 1388-1425.

[174] Gong G. Introduction to stochastic differential equations. (In Chinese). Science Press Publication, 1987.

[175] 郭柏灵. 粘性消去法和差分格式的粘性. 北京:科学出版社, 1993.

[176] Guo B, Hong M. The Landau - Lifshitz equation of the ferromagnetic spin chain and harmonic maps, Calc. Var., 1993, 1: 311-334.

[177] Hairer M, Mattingly J C. Ergodicity of the 2D Navier - Stokes equations with degenerate stochastic forcing. Ann. Math., 2006, 164: 993-1032.

[178] Hale J K. Asymptotic behavior of dissipative dynamical systems. Mathematical Surveys and Monographs, 25, AMS, Providence, 1988.

[179] Haraux A. Attractors of asymptotically compact processes and applications to nonlinear partial differential equations. Comm. PDE, 1988, 13(11): 1383-1414.

[180] Hu Y. Heat equations with fractional white noise potentials. Appl. Math. Optim., 2001, 43(3), 221-243.

[181] Konotop VV, azquez L. Nonlinear random waves. World Scientific Publishing Co., Inc.: River Edge, NJ, 1994.

[182] Krylov N V, Rozovskii B L. Stochastic differential equations. Journal of Soviet Mathematics, 1983, 14: 1233-1277. (Translated from the Russian edition published in 1979)

[183] Landau L, Lifshitz E M. On the theory of the dispersion of magnetic permeability in ferroagnetic bodies. Phsy Z. Sowj 8, 1935: 153. (Reproduced in Collected Papers of L. D. Landau, Pergamon Press, New York, 196: 101-114)

[184] Langa J A. Finite - dimensional limiting dynamics of random dynamical systems. Dynam. Systems, 2003, 18: 57-68.

[185] Langa J A, Robinson J C. A finite number of point observations which determines a non - autonomous fluid flow. Nonlinearity, 2001, 14: 673-682.

[186] Lin F, Wang C. The analysis of Harmonic maps and their heat flows. World Scientific, 2008.

[187] Makhankov V G. Dynamics of calssical solitons. Phys. Rep. (Sect. C of Physics Letters), 1978, 35(1): 1-128.

[188] Manthey R, Maslowski B. Qualitative behaviour of solutions of stochastic reaction - diffusion equations. Stoch. Proc. Appl., 1992, 43: 265-289.

[189] Maslowski B. On probability distributions of solutions of semilinear stochastic evolution equations. Stochastics, 1993, 45: 17-44.

[190] Maslowski B, Seidler J. Invariant measures for Nonlinear SPDE's: uniqueness and stability. Archivum Mathematicum(Brno), 1998, 34: 153-172.

[191] Mikulevicius R, Rozovskii B L. Global L^2-solution of stochastic Navier - Stokes equation. Ann. Probab., 2005, 33(1): 137-176.

[192] Mytnik L. Stochastic partial differential equation driven by stable noise. Probab. Th. Rel. Fields, 2002, 123(2): 157-201.

[193] Pardoux E. Stochastic partial differential equations, a review, Bull. Sc. Math., 1993, 117: 29-47.

[194] Pardoux E, Zhang T. Absolute continuity of the law of the solution of a parabolic SPDE. J. Funct. Anal., 1993, 112: 447-458.

[195] Peszat S, Zabczyk J. Strong Feller property and irreducibility for diffusions on Hilbert spaces. Ann. Probab., 1995, 23(1): 157-172.

[196] Protter P. Volterra equations driven by semimartingales. Ann. Probab., 1985, 13, 519-530.

[197] Rosinski J, Woyczynski W A. On Ito stochastic integration with respect to p - stable motion: inner clock, integrability of sample paths, double and multiple integrals. Ann. Probab., 1986, 14: 271-286.

[198] Roth C. Difference Methods for stochastic partial differential equations. Z. Angew. Math. Mech., 2002, 82(11 - 12): 821-830.

[199] Rozovskii B L. Stochastic evolution systems. Linear theory and applications to nonlinear filtering. Mathematics and its applications(Soviet Series), 35, Kluwer Academic Publishers, 1990.

[200] Schmalfuss B. Measure Attractors of the stochastic navier - Stokes equation, Report 258. Institut für Dynamische System, Bermen, 1991.

[201] Schmalfuss B. Backward cocycles ana attractors of stochastic differential equation, in international Seminar on Applied Mathematics - Nonlinear Dynamics: Attractor Approximation and Global Behaviour, edited by V. Reitmann. T. Riedrich and N. Kokch (Technische Uniberität, Dresden), 1992: 185-192.

[202] Schmalfuss B. The stochastic attractor of the stochastic Lorenz system, A. Angew. Math. phys. 1997, 48: 951-975.

[203] Seidler J. Ergodic behaviour of stochastic parabolic equations, Czechoslovak Math. J, 1997, 47(122): 277-316.

[204] Sulem P L, Sulem C, Bardos C. On the continous limit for a system of classical spins. Comm. Math. Phys., 1986, 107: 431-454.

[205] Stein E M. Singular integrals and differentiability properties of functions. Princeton University Press, Princeton, New Jersey, 1970.

[206] Temam R. Navier - Stokes equations and nonlinear functional analysis, CBMS - NSF

Regional Conference Series in Applied Mathematics, 41, Society for industrial and Applied Mathematics(SIAM). Philadelphia, PA, 1983.

[207] Zhang X C. Smooth solutions of non-linear stochastic partial differential equations. arXiv:0801.3883v1, 2008.

[208] Zhou Y L, Guo B L, Tan S B. Existence and uniqueness of smooth solution for system of ferromagnetic chain. Scientia Sinica, Ser. A, 1991, 34:257-266.

[209] Guo B, Wang G, Wang S. Well posedness for the stochastic Cahn-Hilliard equation driven by Levy space - time white noise, Differential Integral Equations, 2009, 22(5-6):543-560.

[210] Li Y, Guo B. Random attractors for quasi - continuous random dynamical systems and applications to stochastic reaction - diffusion equations, J. Diff. Equs., 2008, 245(7):1775-1800.

[211] Wang G, Guo B, Li Y. The asymptotic behavior of the stochastic Ginzburg-Landau equation with additive noise, Appl. Math. Comput. 2008, 198(2):849-857.

[212] Guo B, Wang G, Li D. The attractor of the stochastic generalized Ginzburg-Landau equation, Science in China Ser. A: Mathematics, 2008, 51(5):955-964.

[213] Li D, Guo B. Asymptotic behavior of 2D generalized stochastic Ginzburg - Landau equation with additive noise, Appl. Math. Mech., 2009, 30(8):945-956.

[214] Huang D, Guo B. On the existence of atmospheric attractors. Science in China Series D: Earth Sciences, 2008, 51(3), 469-480.

[215] Guo B, Huang D. 3D Stochastic Primitive Equations of the Large - Scale Ocean: Global Well - Posedness and Attractors, Comm. Math. Phys., 2008, 285(2):697-723.

[216] Guo B, Lv Y. Dynamics of stochastic zakharov equations. J. Math. Phys. 052703, 2009, 50(5).